# 元素，元素記号，原子量の一覧

| 元素 | 元素記号 | 原子番号 | 原子量 | 元素 | 元素記号 | 原子番号 | 原子量 | 元素 | 元素記号 | 原子番号 | 原子量 |
|---|---|---|---|---|---|---|---|---|---|---|---|
| アインスタイニウム | Es | 99 | 252* | 水銀 | Hg | 80 | 200.592 | ビスマス | Bi | 83 | 208.980 40 |
| 亜鉛 | Zn | 30 | 65.38 | 水素 | H | 1 | 1.008 | ヒ素 | As | 33 | 74.921 595 |
| アクチニウム | Ac | 89 | 227* | スカンジウム | Sc | 21 | 44.955 908 | フェルミウム | Fm | 100 | 257* |
| アスタチン | At | 85 | 210* | スズ | Sn | 50 | 118.710 | フッ素 | F | 9 | 18.998 403 163 |
| アメリシウム | Am | 95 | 243* | ストロンチウム | Sr | 38 | 87.62 | プラセオジム | Pr | 59 | 140.907 66 |
| アルゴン | Ar | 18 | 39.948 | セシウム | Cs | 55 | 132.905 451 96 | フランシウム | Fr | 87 | 223* |
| アルミニウム | Al | 13 | 26.981 538 4 | セリウム | Ce | 58 | 140.116 | プルトニウム | Pu | 94 | 244* |
| アンチモン | Sb | 51 | 121.760 | セレン | Se | 34 | 78.971 | フレロビウム | Fl | 114 | 289* |
| 硫黄 | S | 16 | 32.06 | ダームスタチウム | Ds | 110 | 281* | プロトアクチニウム | Pa | 91 | 231.035 88 |
| イッテルビウム | Yb | 70 | 173.045 | タリウム | Tl | 81 | 204.38 | プロメチウム | Pm | 61 | 145* |
| イットリウム | Y | 39 | 88.905 84 | タングステン | W | 74 | 183.84 | ヘリウム | He | 2 | 4.002 602 |
| イリジウム | Ir | 77 | 192.217 | 炭素 | C | 6 | 12.011 | ベリリウム | Be | 4 | 9.012 183 |
| インジウム | In | 49 | 114.818 | タンタル | Ta | 73 | 180.947 88 | ホウ素 | B | 5 | 10.81 |
| ウラン | U | 92 | 238.028 91 | チタン | Ti | 22 | 47.867 | ボーリウム | Bh | 107 | 270* |
| エルビウム | Er | 68 | 167.259 | 窒素 | N | 7 | 14.007 | ホルミウム | Ho | 67 | 164.930 328 |
| 塩素 | Cl | 17 | 35.45 | ツリウム | Tm | 69 | 168.934 218 | ポロニウム | Po | 84 | 209* |
| オガネソン | Og | 118 | 294* | テクネチウム | Tc | 43 | 97* | マイトネリウム | Mt | 109 | 278* |
| オスミウム | Os | 76 | 190.23 | 鉄 | Fe | 26 | 55.845 | マグネシウム | Mg | 12 | 24.305 |
| カドミウム | Cd | 48 | 112.414 | テネシン | Ts | 117 | 293* | マンガン | Mn | 25 | 54.938 043 |
| ガドリニウム | Gd | 64 | 157.25 | テルビウム | Tb | 65 | 158.925 354 | メンデレビウム | Md | 101 | 258* |
| カリウム | K | 19 | 39.0983 | テルル | Te | 52 | 127.60 | モスコビウム | Mc | 115 | 289* |
| ガリウム | Ga | 31 | 69.723 | 銅 | Cu | 29 | 63.546 | モリブデン | Mo | 42 | 95.95 |
| カリホルニウム | Cf | 98 | 251* | ドブニウム | Db | 105 | 270* | ユウロピウム | Eu | 63 | 151.964 |
| カルシウム | Ca | 20 | 40.078 | トリウム | Th | 90 | 232.0377 | ヨウ素 | I | 53 | 126.904 47 |
| キセノン | Xe | 54 | 131.293 | ナトリウム | Na | 11 | 22.989 769 28 | ラザホージウム | Rf | 104 | 267* |
| キュリウム | Cm | 96 | 247* | 鉛 | Pb | 82 | 207.2 | ラジウム | Ra | 88 | 226* |
| 金 | Au | 79 | 196.966 570 | ニオブ | Nb | 41 | 92.906 37 | ラドン | Rn | 86 | 222* |
| 銀 | Ag | 47 | 107.8682 | ニッケル | Ni | 28 | 58.6934 | ランタン | La | 57 | 138.905 47 |
| クリプトン | Kr | 36 | 83.798 | ニホニウム | Nh | 113 | 286* | リチウム | Li | 3 | 6.94 |
| クロム | Cr | 24 | 51.9961 | ネオジム | Nd | 60 | 144.242 | リバモリウム | Lv | 116 | 293* |
| ケイ素 | Si | 14 | 28.085 | ネオン | Ne | 10 | 20.1797 | リン | P | 15 | 30.973 761 998 |
| ゲルマニウム | Ge | 32 | 72.630 | ネプツニウム | Np | 93 | 237* | ルテチウム | Lu | 71 | 174.9668 |
| コバルト | Co | 27 | 58.933 194 | ノーベリウム | No | 102 | 259* | ルテニウム | Ru | 44 | 101.07 |
| コペルニシウム | Cn | 112 | 285* | バークリウム | Bk | 97 | 247* | ルビジウム | Rb | 37 | 85.4678 |
| サマリウム | Sm | 62 | 150.36 | 白金 | Pt | 78 | 195.084 | レニウム | Re | 75 | 186.207 |
| 酸素 | O | 8 | 15.999 | ハッシウム | Hs | 108 | 270* | レントゲニウム | Rg | 111 | 281* |
| シーボーギウム | Sg | 106 | 269* | バナジウム | V | 23 | 50.9415 | ロジウム | Rh | 45 | 102.905 49 |
| ジスプロシウム | Dy | 66 | 162.500 | ハフニウム | Hf | 72 | 178.49 | ローレンシウム | Lr | 103 | 262* |
| 臭素 | Br | 35 | 79.904 | パラジウム | Pd | 46 | 106.42 | | | | |
| ジルコニウム | Zr | 40 | 91.224 | バリウム | Ba | 56 | 137.327 | | | | |

* 放射性同位体のうち，最も長寿命の同位体の質量数.

●Theodore L. BROWN ●Bruce E. BURSTEN ●Patrick M. WOODWARD
●H. Eugene LEMAY, Jr. ●Catherine J. MURPHY ●Matthew W. STOLTZFUS

# ブラウン 一般化学 I

## 物質の構造と性質

原書13版

荻野和子 監訳
上野圭司 鵜沼英郎 荻野和子 鹿又宣弘 訳

CHEMISTRY
The Central Science
13th Edition

丸善出版

# Chemistry: The Central Science

13th Edition

by

Theodore L. Brown
H. Eugene LeMay, Jr.
Bruce E. Bursten
Catherine J. Murphy
Patrick M. Woodward
Matthew W. Stoltzfus

Authorized translation from the English language edition, entitled CHEMISTRY: THE CENTRAL SCIENCE, 13th Edition, ISBN: 0321910419 by BROWN, THEODORE L.; LEMAY, H. EUGENE, Jr.; BURSTEN, BRUCE E.; MURPHY, CATHERINE J.; WOODWARD, PATRICK M.; STOLTZFUS, MATTHEW W., published by Pearson Education, Inc, Copyright© 2015, 2012, 2009, 2006, 2003, 2000, 1997, 1994, 1991, 1988, 1985, 1981, 1977 Pearson Education, Inc.

All rights reserved. No part of this book may be reproduced or transmitted in any form or by any means, electronic or mechanical, including photocopying, recording or by any information storage retrieval system, without permission from Pearson Education, Inc.

JAPANESE language edition published by MARUZEN PUBLISHING CO., LTD., Copyright© 2015.

JAPANESE translation rights arranged with PEARSON EDUCATION, INC. through JAPAN UNI AGENCY, INC., TOKYO JAPAN.

# 訳者序文

Chemistry: The Central Science は，1977 年に Brown と LeMay の二人の著者による初版が出て以来，著者を加えながら版を重ねてきた．国際版，スペイン語訳も出され世界各国で教科書として広く用いられている．本書は，“化学が *Central Science* である”との表現を世界に広めたことでも有名である．本書が高く評価されてきたのは，基礎化学全般をバランスよくカバーしていることと，社会を支える責任ある市民や理工系学生が化学の基礎を学ぶのに適しているとみなされてきたことによるであろう．

大学の教科書としての本書の特徴を以下に記す．

1．基本概念と物質の理解に重きをおいていること：　豊富な図表，写真は，見やすく理解しやすいよう工夫がこらされている．イメージをつくりながら，読み進められるよういろいろな物質についての具体例を挙げている．また“考えてみよう”の設問が随所にあり，概念を視覚化するような問題が章末に与えられている．分子の形，分子軌道，熱力学，電気化学なども豊富な例，工夫された説明と図表により学習しやすくなっている．

2．現代社会を支える化学：　“物質の状態”の章（11 章）では，超臨界流体，液晶等を基本と結びつけて取り上げ，またその利用に触れている．“固体”の章（12 章）では，水素吸蔵合金，ナノ材料など先端材料も取り上げられている．“電気化学”の章（20 章）ではリチウムイオン電池が詳細にかつわかりやすく説明され，なぜ多彩な用途に使われているかが理解できる．これらは，化学が現代社会に役立っていることを示し，化学を学ぶ意義を感じさせ，意欲を高めるのに役立つのではないだろうか．

3．環境の化学：　本書では独立の章として“環境の化学”を取り上げている．大気圏，水圏の化学，その地球環境問題をそれまでの章で学んだ化学の基礎に結びつけて取り上げている．また，グリーンケミストリーにもかなりのページを割いている．地球環境問題についての教科書は多くが文系学生をターゲットにしており，学生が科学的に興味をもって読むことができるものは少ない．本書では電磁波のエネルギー，結合エネルギー，反応速度など化学の基礎事項に結びつけて環境問題が取り上げられているので，理系学生の関心を高めることができる．現在，多くの大学では，“環境と化学”についてはその重要性にもかかわらず，授業では十分に取り上げられないのが実態であるが，本書ではそれらを学生自ら学ぶこともできる．

4．いろいろな学生の興味に応える：　本書は，初歩的な事項に詳細な説明が加えられている一方，幅広い学生の興味に応える“より深い理解のために”のコラムがある．例えば分子内の各原子の酸化数と形式電荷，実際の電荷の関係はどうなっているかといった基礎的な問題から，シェールオイルの開発に使われる水圧破砕の環境に対する影響といった新しい問題まで広く扱われている．

日本では，高校化学でも IUPAC の規則に従って周期表，化合物の名称が変更されてきたが，米国では IUPAC 勧告は重視されず，大学化学でも著者の考えで最もよい周期表の枠組み，族番号などが使われている．本訳書では，原則として現在日本で使われている IUPAC 周期表の枠組み，族番号を用いた．なお，原著の周期表の枠組みは必要に応じて図 6.29 等で用いた．最近の米国の教科書では，原子質量単位 u を付した原子あるいは分子 1 個の質量を“原子量”，“分子量”としているが，本訳書では，原子量，分子量は無名数として扱った．電子親和力については米国の定義に従った．米国の最近の大学の基礎化学教科書が，理解しやすさを追求していることの現れと考えたからである．

原書は，1248 ページにのぼるものである．日本の大学で教科書として用いるにはあまりにも多いので，各章で重複している箇所，章末問題を減らすなど，ページ数があまり膨大にならないようにした．最初の 4 章は入門的な部分で，日本の高校化学と重なるところであり，原書よりもかなり簡潔にした．5 章の熱化学以降は，おおむね原書に沿ったものとした．米国では日常生活でメートル法は使われておらず，フィート，ポンド，ガロンなどが使われている．日常生活とのつながりを重視する本書ではそのような単位がそのまま使われている箇所もあるが，訳書ではそれぞれ，m，kg，L など，日本の日常生活で用いられている単位に置き換えた．原書の裏表紙にあったそれらの単位の換算表は，“本書で使われる主な単位と換算”の表に置き換えた．

本書の完成までに小野栄美子氏，熊谷現氏をはじめとした丸善出版の方々に大変お世話になった．原著の美しさ，見やすさをこの訳書にも再現できたのは丸善出版の方々のおかげである．深く感謝申しあげる．

本書が，大学生ばかりではなく，教員や市民にとっても役立つことを期待している．

2015 年 10 月

荻野和子
上野圭司
鵜沼英郎
鹿又宣弘

# 訳　者　一　覧

監訳者

**荻 野 和 子**
東北大学医療技術短期大学部名誉教授

訳　者

**上 野 圭 司**
群馬大学大学院理工学府　教授
ueno@gunma-u.ac.jp

**鵜 沼 英 郎**
山形大学大学院理工学研究科　教授
unuma@yz.yamagata-u.ac.jp

**荻 野 和 子**
東北大学医療技術短期大学部名誉教授
oginok@med.tohoku.ac.jp

**鹿 又 宣 弘**
早稲田大学理工学術院　教授
kanomata@waseda.jp

（五十音順，2015 年 11 月現在）

# 原 書 序 文

私たち著者は，全員研究者として活発に研究してきた．そのなかで，化学を学ぶことと，新しいことの発見の双方を楽しんできた．私たちは一般化学の教育を担当した経験が豊富であり，このような多様な経験が本書を制作する共同作業のもととなっている．この教科書の製作にあたり，学生を中心に考えた：すなわち，正確で現代的であるだけではなく，明確で，読みやすいことを意図した．また，化学の広がりばかりではなく，科学の理解に貢献するような新発見をしたときの化学者のわくわくする喜びを伝えるように努めた．化学は，専門的な知識の単なる集積ではなく，再生可能なエネルギー，持続可能な環境，健康増進といった社会的な関心の高い問題を考えるときの中心的な基礎であることを学生に認識してほしいと思う．

本書が 13 版まで版を重ねることができたのは，教科書として成功したことを物語っている．新しい版を出す前に，著者らは改版の意義について議論を重ねてきた．近年，新しい技術があらゆるレベルの科学教育に変化を与えた．インターネットを使った情報へのアクセスや双方向の学習システムといった新しい技術は，教科書の役割を大きく変えた．私たちは，新しい手法を統合しながらも，教科書を学習の中心とするということをやりがいのある目標と考えた．

私たちは，執筆にあたり，あくまでも（インターネット上の学習資源ではなく）紙に印刷されているこの本が学習の中心であるようにした．この本を通じて，化学の基礎，またさらに上のレベルの化学の科目（有機化学，物理化学，無機化学等の科目）の学習に備えることができる．

私たちは，本書が，明瞭でわかりやすいこと，また興味深いものになるように努めた．日常生活への応用例のコラム“化学の役割”“化学と生命”はその例である．章末問題では最初に概念を視覚化するような問題を置いているが，これは好評である．

本文中には“考えてみよう”の設問が挿入されているが，これは教科書を考えながら読むとともに，クリティカルな思考を養うことを意図している．

著者らは，概念の理解とともに問題を解く力を学生が身につけるのに役立つものを盛り込むようにした．

### 本書の構成

最初の 1～5 章は，主として巨視的，現象論的な観点で捉えた化学である．命名法，化学量論，熱化学といった基本概念は，一般化学と並行して学ぶ化学実験に必要なものである※．また熱化学を早い段階で学ぶのは，望ましいことである．なぜなら化学変化は，エネルギー変化を伴うのでつねにエネルギーを考えることが重要だからである．例えば，熱化学がなければ，結合エンタルピーに触れるこ

※　訳注：米国の大学では，本書のような一般化学を 1 年かけて履修するが，その際並行して，化学実験を 1 年にわたって履修するのが普通である．

とができない．

本書における熱化学は，効率的でバランスのとれたものであり，エネルギーの産生，消費といったグローバルな問題を考える際に必要な導入になっている．“高度な内容が多過ぎかつ難解過ぎる”とならず，また“過度に単純化する”ことがないよう注意した．

続く四つの章（6～9 章）では，電子構造と結合を扱っている．軌道の位相のような高度な内容は“より深い理解のために”のコラムで取り上げた．

10～13 章では，物質の別の面：状態について学ぶ．10 章と 11 章は，気体，液体と分子間力を扱っている．12 章は固体についてであるが，先端材料を含む現代的な内容を含んでいる．抽象的な化学結合の概念が現実の世界で驚くべき応用をもたらしていることを示す例である．

13～20 章の溶液，反応速度，熱力学，化学平衡，電気化学の各章は，これまでの版から大きな変更は加えていない．それらの章に挟まれた 18 章は環境の化学である．これまでに学んだことを基礎にして大気圏，水圏を考える章で，人間の活動が地球の大気圏，水圏に大きな影響を与えていることに焦点をあてるようにした．近年グリーンケミストリーが重要性を増してきており，そのために割くページ数は増してきている．

核化学（21 章）に続く最後の三つの章は，記述的な概説である．非金属元素（22 章），配位化学を含む遷移元素（23 章），有機化学と初歩の生化学（24 章）である．これら四つの章は，どのような順序で取り上げてもよい．

## 謝　辞

教科書の出版は，多くのグループの方々の努力と才能の結晶である．彼らの名前は表紙にはないが，その創造性，時間，支援はこの本の製作に役立った．各著者は，同僚との討論，米国および外国の教員，学生とのやりとりで多くのものを得た．同僚たちは，私たちの原稿をレビューし，識見を分かち合い改善のための示唆をくださった．

### Thirteenth Edition Reviewers

Yiyan Bai　Houston Community College
Ron Briggs　Arizona State University
Scott Bunge　Kent State University
Jason Coym　University of South Alabama
Ted Clark　The Ohio State University
Michael Denniston　Georgia Perimeter College
Patrick Donoghue　Appalachian State University
Luther Giddings　Salt Lake Community College
Jeffrey Kovac　University of Tennessee
Charity Lovett　Seattle University
Michael Lufaso　University of North Florida
Diane Miller　Marquette University
Gregory Robinson　University of Georgia
Melissa Schultz　The College of Wooster
Mark Schraf　West Virginia University
Richard Spinney　The Ohio State University
Troy Wood　SUNY Buffalo
Kimberly Woznack　California University of Pennsylvania
Edward Zovinka　Saint Francis University

### Thirteenth Edition Accuracy Reviewers

Luther Giddings　Salt Lake Community College
Jesudoss Kingston　Iowa State University
Michael Lufaso　University of North Florida
Pamela Marks　Arizona State University
Lee Pedersen　University of North Carolina
Troy Wood　SUNY Buffalo

### Thirteenth Edition Focus Group Participants

Tracy Birdwhistle　Xavier University
Cheryl Frech　University of Central Oklahoma
Bridget Gourley　DePauw University
Etta Gravely　North Carolina A&T State University
Thomas J. Greenbowe　Iowa State University
Jason Hofstein　Siena College
Andy Jorgensen　University of Toledo
David Katz　Pima Community College
Sarah Schmidtke　The College of Wooster
Linda Schultz　Tarleton State University
Bob Shelton　Austin Peay State University
Stephen Sieck　Grinnell College
Mark Thomson　Ferris State University

## MasteringChemistry® Summit Participants

| | |
|---|---|
| Phil Bennett | Santa Fe Community College |
| Jo Blackburn | Richland College |
| John Bookstaver | St. Charles Community College |
| David Carter | Angelo State University |
| Doug Cody | Nassau Community College |
| Tom Dowd | Harper College |
| Palmer Graves | Florida International University |
| Margie Haak | Oregon State University |
| Brad Herrick | Colorado School of Mines |
| Jeff Jenson | University of Findlay |
| Jeff McVey | Texas State University at San Marcos |
| Gary Michels | Creighton University |
| Bob Pribush | Butler University |
| Al Rives | Wake Forest University |
| Joel Russell | Oakland University |
| Greg Szulczewski | University of Alabama, Tuscaloosa |
| Matt Tarr | University of New Orleans |
| Dennis Taylor | Clemson University |
| Harold Trimm | Broome Community College |
| Emanuel Waddell | University of Alabama, Huntsville |
| Kurt Winklemann | Florida Institute of Technology |
| Klaus Woelk | University of Missouri, Rolla |
| Steve Wood | Brigham Young University |

## Reviewers of Previous Editions of *Chemistry: The Central Science*

| | |
|---|---|
| S.K. Airee | University of Tennessee |
| John J. Alexander | University of Cincinnati |
| Robert Allendoerfer | SUNY Buffalo |
| Patricia Amateis | Virginia Polytechnic Institute and State University |
| Sandra Anderson | University of Wisconsin |
| John Arnold | University of California |
| Socorro Arteaga | El Paso Community College |
| Margaret Asirvatham | University of Colorado |
| Todd L. Austell | University of North Carolina, Chapel Hill |
| Melita Balch | University of Illinois at Chicago |
| Rosemary Bartoszek-Loza | The Ohio State University |
| Rebecca Barlag | Ohio University |
| Hafed Bascal | University of Findlay |
| Boyd Beck | Snow College |
| Kelly Beefus | Anoka-Ramsey Community College |
| Amy Beilstein | Centre College |
| Donald Bellew | University of New Mexico |
| Victor Berner | New Mexico Junior College |
| Narayan Bhat | University of Texas, Pan American |
| Merrill Blackman | United States Military Academy |
| Salah M. Blaih | Kent State University |
| James A. Boiani | SUNY Geneseo |
| Leon Borowski | Diablo Valley College |
| Simon Bott | University of Houston |
| Kevin L. Bray | Washington State University |
| Daeg Scott Brenner | Clark University |
| Gregory Alan Brewer | Catholic University of America |
| Karen Brewer | Virginia Polytechnic Institute and State University |
| Edward Brown | Lee University |
| Gary Buckley | Cameron University |
| Carmela Byrnes | Texas A&M University |
| B. Edward Cain | Rochester Institute of Technology |
| Kim Calvo | University of Akron |
| Donald L. Campbell | University of Wisconsin |
| Gene O. Carlisle | Texas A&M University |
| Elaine Carter | Los Angeles City College |
| Robert Carter | University of Massachusetts at Boston Harbor |
| Ann Cartwright | San Jacinto Central College |
| David L. Cedeño | Illinois State University |
| Dana Chatellier | University of Delaware |
| Stanton Ching | Connecticut College |
| Paul Chirik | Cornell University |
| Tom Clayton | Knox College |
| William Cleaver | University of Vermont |
| Beverly Clement | Blinn College |
| Robert D. Cloney | Fordham University |
| John Collins | Broward Community College |
| Edward Werner Cook | Tunxis Community Technical College |
| Elzbieta Cook | Louisiana State University |
| Enriqueta Cortez | South Texas College |
| Thomas Edgar Crumm | Indiana University of Pennsylvania |
| Dwaine Davis | Forsyth Tech Community College |
| Ramón López de la Vega | Florida International University |
| Nancy De Luca | University of Massachusetts, Lowell North Campus |
| Angel de Dios | Georgetown University |
| John M. DeKorte | Glendale Community College |
| Daniel Domin | Tennessee State University |
| James Donaldson | University of Toronto |
| Bill Donovan | University of Akron |
| Stephen Drucker | University of Wisconsin-Eau Claire |
| Ronald Duchovic | Indiana University-Purdue University at Fort Wayne |
| Robert Dunn | University of Kansas |
| David Easter | Southwest Texas State University |
| Joseph Ellison | United States Military Academy |
| George O. Evans II | East Carolina University |
| James M. Farrar | University of Rochester |
| Debra Feakes | Texas State University at San Marcos |
| Gregory M. Ferrence | Illinois State University |
| Clark L. Fields | University of Northern Colorado |
| Jennifer Firestine | Lindenwood University |
| Jan M. Fleischner | College of New Jersey |
| Paul A. Flowers | University of North Carolina at Pembroke |
| Michelle Fossum | Laney College |
| Roger Frampton | Tidewater Community College |
| Joe Franek | University of Minnesota |
| David Frank | California State University |
| Cheryl B. Frech | University of Central Oklahoma |
| Ewa Fredette | Moraine Valley College |
| Kenneth A. French | Blinn College |
| Karen Frindell | Santa Rosa Junior College |
| John I. Gelder | Oklahoma State University |
| Robert Gellert | Glendale Community College |
| Paul Gilletti | Mesa Community College |
| Peter Gold | Pennsylvania State University |
| Eric Goll | Brookdale Community College |
| James Gordon | Central Methodist College |
| John Gorden | Auburn University |
| Thomas J. Greenbowe | Iowa State University |

| | |
|---|---|
| Michael Greenlief | University of Missouri |
| Eric P. Grimsrud | Montana State University |
| John Hagadorn | University of Colorado |
| Randy Hall | Louisiana State University |
| John M. Halpin | New York University |
| Marie Hankins | University of Southern Indiana |
| Robert M. Hanson | St. Olaf College |
| Daniel Haworth | Marquette University |
| Michael Hay | Pennsylvania State University |
| Inna Hefley | Blinn College |
| David Henderson | Trinity College |
| Paul Higgs | Barry University |
| Carl A. Hoeger | University of California, San Diego |
| Gary G. Hoffman | Florida International University |
| Deborah Hokien | Marywood University |
| Robin Horner | Fayetteville Tech Community College |
| Roger K. House | Moraine Valley College |
| Michael O. Hurst | Georgia Southern University |
| William Jensen | South Dakota State University |
| Janet Johannessen | County College of Morris |
| Milton D. Johnston, Jr. | University of South Florida |
| Andrew Jones | Southern Alberta Institute of Technology |
| Booker Juma | Fayetteville State University |
| Ismail Kady | East Tennessee State University |
| Siam Kahmis | University of Pittsburgh |
| Steven Keller | University of Missouri |
| John W. Kenney | Eastern New Mexico University |
| Neil Kestner | Louisiana State University |
| Carl Hoeger | University of California at San Diego |
| Leslie Kinsland | University of Louisiana |
| Jesudoss Kingston | Iowa State University |
| Louis J. Kirschenbaum | University of Rhode Island |
| Donald Kleinfelter | University of Tennessee, Knoxville |
| Daniela Kohen | Carleton University |
| David Kort | George Mason University |
| George P. Kreishman | University of Cincinnati |
| Paul Kreiss | Anne Arundel Community College |
| Manickham Krishnamurthy | Howard University |
| Sergiy Kryatov | Tufts University |
| Brian D. Kybett | University of Regina |
| William R. Lammela | Nazareth College |
| John T. Landrum | Florida International University |
| Richard Langley | Stephen F. Austin State University |
| N. Dale Ledford | University of South Alabama |
| Ernestine Lee | Utah State University |
| David Lehmpuhl | University of Southern Colorado |
| Robley J. Light | Florida State University |
| Donald E. Linn, Jr. | Indiana University-Purdue University Indianapolis |
| David Lippmann | Southwest Texas State |
| Patrick Lloyd | Kingsborough Community College |
| Encarnacion Lopez | Miami Dade College, Wolfson |
| Arthur Low | Tarleton State University |
| Gary L. Lyon | Louisiana State University |
| Preston J. MacDougall | Middle Tennessee State University |
| Jeffrey Madura | Duquesne University |
| Larry Manno | Triton College |
| Asoka Marasinghe | Moorhead State University |
| Earl L. Mark | ITT Technical Institute |
| Pamela Marks | Arizona State University |

| | |
|---|---|
| Albert H. Martin | Moravian College |
| Przemyslaw Maslak | Pennsylvania State University |
| Hilary L. Maybaum | ThinkQuest, Inc. |
| Armin Mayr | El Paso Community College |
| Marcus T. McEllistrem | University of Wisconsin |
| Craig McLauchlan | Illinois State University |
| Jeff McVey | Texas State University at San Marcos |
| William A. Meena | Valley College |
| Joseph Merola | Virginia Polytechnic Institute and State University |
| Stephen Mezyk | California State University |
| Eric Miller | San Juan College |
| Gordon Miller | Iowa State University |
| Shelley Minteer | Saint Louis University |
| Massoud (Matt) Miri | Rochester Institute of Technology |
| Mohammad Moharerrzadeh | Bowie State University |
| Tracy Morkin | Emory University |
| Barbara Mowery | York College |
| Kathleen E. Murphy | Daemen College |
| Kathy Nabona | Austin Community College |
| Robert Nelson | Georgia Southern University |
| Al Nichols | Jacksonville State University |
| Ross Nord | Eastern Michigan University |
| Jessica Orvis | Georgia Southern University |
| Mark Ott | Jackson Community College |
| Jason Overby | College of Charleston |
| Robert H. Paine | Rochester Institute of Technology |
| Robert T. Paine | University of New Mexico |
| Sandra Patrick | Malaspina University College |
| Mary Jane Patterson | Brazosport College |
| Tammi Pavelec | Lindenwood University |
| Albert Payton | Broward Community College |
| Christopher J. Peeples | University of Tulsa |
| Kim Percell | Cape Fear Community College |
| Gita Perkins | Estrella Mountain Community College |
| Richard Perkins | University of Louisiana |
| Nancy Peterson | North Central College |
| Robert C. Pfaff | Saint Joseph's College |
| John Pfeffer | Highline Community College |
| Lou Pignolet | University of Minnesota |
| Bernard Powell | University of Texas |
| Jeffrey A. Rahn | Eastern Washington University |
| Steve Rathbone | Blinn College |
| Scott Reeve | Arkansas State University |
| John Reissner | University of North Carolina |
| Helen Richter | University of Akron |
| Thomas Ridgway | University of Cincinnati |
| Mark G. Rockley | Oklahoma State University |
| Lenore Rodicio | Miami Dade College |
| Amy L. Rogers | College of Charleston |
| Jimmy R. Rogers | University of Texas at Arlington |
| Kathryn Rowberg | Purdue University at Calumet |
| Steven Rowley | Middlesex Community College |
| James E. Russo | Whitman College |
| Theodore Sakano | Rockland Community College |
| Michael J. Sanger | University of Northern Iowa |
| Jerry L. Sarquis | Miami University |
| James P. Schneider | Portland Community College |
| Mark Schraf | West Virginia University |
| Gray Scrimgeour | University of Toronto |

| | |
|---|---|
| Paula Secondo | Western Connecticut State University |
| Michael Seymour | Hope College |
| Kathy Thrush Shaginaw | Villanova University |
| Susan M. Shih | College of DuPage |
| David Shinn | University of Hawaii at Hilo |
| Lewis Silverman | University of Missouri at Columbia |
| Vince Sollimo | Burlington Community College |
| David Soriano | University of Pittsburgh-Bradford |
| Eugene Stevens | Binghamton University |
| Matthew Stoltzfus | The Ohio State University |
| James Symes | Cosumnes River College |
| Iwao Teraoka | Polytechnic University |
| Domenic J. Tiani | University of North Carolina,Chapel Hill |
| Edmund Tisko | University of Nebraska at Omaha |
| Richard S. Treptow | Chicago State University |
| Michael Tubergen | Kent State University |
| Claudia Turro | The Ohio State University |
| James Tyrell | Southern Illinois University |
| Michael J. Van Stipdonk | Wichita State University |
| Philip Verhalen | Panola College |
| Ann Verner | University of Toronto at Scarborough |
| Edward Vickner | Gloucester County Community College |
| John Vincent | University of Alabama |
| Maria Vogt | Bloomfield College |
| Tony Wallner | Barry University |
| Lichang Wang | Southern Illinois University |
| Thomas R. Webb | Auburn University |
| Clyde Webster | University of California at Riverside |
| Karen Weichelman | University of Louisiana-Lafayette |
| Paul G. Wenthold | Purdue University |
| Laurence Werbelow | New Mexico Institute of Mining and Technology |
| Wayne Wesolowski | University Of Arizona |
| Sarah West | University of Notre Dame |
| Linda M. Wilkes | University at Southern Colorado |
| Charles A. Wilkie | Marquette University |
| Darren L. Williams | West Texas A&M University |
| Troy Wood | SUNY Buffalo |
| Thao Yang | University of Wisconsin |
| David Zax | Cornell University |
| Dr. Susan M. Zirpoli | Slippery Rock University |

また，同様にピアソンのスタッフにも謝意を表したい．彼らは熱心に働き，アイディアを出し，本書の完成に多大なる貢献をしてくれた．シニアエディターの Terry Haugen は，これまでの版と同様に，素晴らしいエネルギーと想像力をもって取り組んでくれた．化学分野のエディターである Chris Hess は，数多くの新しいアイディアを提供し，熱心に私たちをサポートしてくれた．開発部門のディレクターの Jennifer Hart は，彼女の豊富な経験と洞察力をもってプロジェクト全体を支えてくれた．プロジェクトエディターの Jessica Moro は，この巨大なプロジェクトの複雑に入り組んだ期日を効果的に管理してくれた．マーケティングマネージャーの Jonathan Cottrell は，その熱意と創造力を発揮して本書をプロモーションしてくれた．開発部門のエディターの Carol Pritchard-Martinez は，豊富な経験と素晴らしい判断力，そして細部にまでわたる注意力により，本書の改訂，とくに用語の整理とわかりやすさの向上に多大なる貢献をしてくれた．また，原稿整理編集者の Donna の鋭いチェックにも感謝を申し上げる．プロジェクトマネージャーの Beth Sweeten と，Gina Cheselka は，集められたデザイン，写真，イラスト，著作物の権利を効率的に管理してくれた．ピアソンのスタッフは最上の仕事をしてくれた．

他にも感謝を申し上げるべき方が多数いるが，そのうちの何人かに対して，ここでお礼を申し上げる．プロダクションエディターである Greg Johnson は制作を円滑に進めてくれた．フォトリサーチャーの Kerri Wilson は，学生が化学を身近に感じるような効果的な写真を探し出してくれた．イリノイ大学の Roxy Wilson は，章末の練習問題の解答を用意してくれた．

最後に，愛情をもって私たちを支援し，励まし，そして 13 版の完成まで辛抱してくれた家族と友人たちに感謝する．

Theodore L. Brown
H. Eugene LeMay, Jr.
Bruce E. Bursten
Catherine J. Murphy
Patrick M. Woodward
Matthew W. Stoltzfus

# 著 者 紹 介

## セオドア・L・ブラウン（THEODORE L. BROWN）

1956年ミシガン州立大学で博士号を取得したのち，イリノイ大学アーバナ・シャンペイン校で長い間化学科教授を務めた．現在，名誉教授．イリノイ大学においては，1980～1986年に研究副学長ならびに大学院長，1987～1993年イリノイ大学ベックマン研究所所長．アルフレッド・P・スローン財団フェロー，グッゲンハイム・フェローシップ受賞．1972年米国化学会賞（無機化学研究），1993年米国化学会賞（無機化学の推進）受賞．米国科学推進協会，米国芸術科学アカデミーおよび米国化学会のフェロー．

## H・ユージン・ルメイ，Jr.（H. EUGENE LEMAY, Jr.）

1966年イリノイ大学アーバナ・シャンペイン校で博士号を取得したのち，ネバダ大学リノ校に勤務．現在，名誉教授．ノースカロライナ大学チャペル・ヒル校，英国ウェールズ大学，カリフォルニア大学ロサンゼルス校などの客員教授を務め，年間最優秀教授賞（1991年）など教育上の受賞多数．

## ブルース・E・バーステン（BRUCE E. BURSTEN）

1978年ウィスコンシン大学で博士号を取得，オハイオ州立大学で特別栄誉教授の称号を受けたのち，2005年テネシー大学に特別教授および理学部長として移った．カミール・アンド・ヘンリー・ドレイファス財団およびアルフレッド・P・スローン財団フェローを受賞．スピアーズ記念賞（英国化学会賞）受賞．米国科学振興協会および米国化学会のフェロー．2008年米国化学会会長．現在の研究対象は遷移金属化合物，アクチノイド元素．

## キャサリン・J・マーフィ（CATHERINE J. MURPHY）

1990年ウィスコンシン大学で博士号を取得したのち，カリフォルニア工科大学勤務，サウスカロライナ大学教授を経て，2009年イリノイ大学アーバナ・シャンペイン校教授．カミール・アンド・ヘンリー・ドレイファス財団およびアルフレッド・P・スローン財団フェローを受賞，米国科学振興協会フェロー．*Journal of Physical Chemistry* 副編集長．現在の研究対象は無機ナノ材料および DNA 二重らせん．

## パトリック・M・ウッドワード（PATRICK M. WOODWARD）

1996年オレゴン州立大学で博士号を取得したのち，1998年オハイオ州立大学教授．アルフレッド・P・スローン財団リサーチフェロー受賞．現在の研究対象は無機機能性材料．

## マシュー・W・ストルツフス（MATTHEW W. STOLTZFUS）

2007年オハイオ州立大学で博士号を取得したのち，2009年同大学講師．彼のインターネット上の一般化学のコース “iTunes U general chemistry” は世界中で12万人が登録している．

# 要　約　目　次

## I　巻



## II　巻

# 目　　次

## 11 分子間力と液体　I-253



## 12 固体と先端材料　I-279



## 13 溶液の性質　I-315

# 序論：物質と測定

▲ 秋の樹々を彩る美しい色
これらの色の一部は，夏にクロロフィルによって葉が緑色だったときにすでに存在する．一部は秋になってクロロフィルの産生が止まったのち，葉に日光が作用して生じる．

化学は“セントラルサイエンス”であるといわれる．これは私たちの周りで起こるすべてのことに化学がかかわっているからである．秋になると色づく葉，携帯電話の充電のときに流れる電流，室温に放置すると腐る食べ物，こうした日常経験する変化はすべて化学的なプロセスの例である．

**化学**とは，物質とその変化を学ぶ学問である．化学を学んでいくと，夕食の調理といった日常生活から地球環境のような複雑なプロセスにまで，同じように化学の原理が働いていることを知ることができる．食事で摂取する塩の役割からリチウムイオン電池の働きといった現象は，化学の原理によって理解できるのである．

この最初の章では，化学がどのような学問で，化学者はどのようなことをするのかについて概観する．

## 1.1 化学を学ぶ

私たちの周りで起こるすべてのことに化学は中心的にかかわり，また物質の無数の性質をも説明することができる．これらの変化や性質を理解するために，私たちは身の回りで観察される現象の表面だけではなく，深いところをみていかなくてはならない．

### 原子と分子の面からみた化学

化学が扱う対象は**物質**（matter）である．物質とは宇宙を構成し，質量をもち，空間を占める．ある物質を他の物質と区別できる特性を，物質の**性質**（property）と呼ぶ．例えばこの本，私たちの身体，空気，衣服は，すべて物質の例である．これまでに行われてきた数えきれないほどの実験により，私たちの世界に存在するさまざまな物質が，わずか 100 種あまりの**元素**（element）の組合せでできていることがわかった．本書では，物質の性質をその組成，すなわち物質を構成する元素に関連づけてみていこう．

化学は，物質の性質を**原子**（atom）にも関係づけて理解する基礎ともなる．原子は，物質を構成するきわめて小さい構成要素である

**分子**（molecule）は，二つ以上の原子が結びつき，それぞれ特有の形をとっている．本書では，分子を構成する原子をいろいろな色の球で表している（▶ **図 1.1**）．例えば，図 1.1 をみると，エタノールとエチレングリコールの組成と構造が異なることがわかる．

それぞれの分子の組成や構造の違いは小さいようにみえるが，その性質は大きく異なる．例えば，エタノールはビールやワインのような飲み物に含まれるア

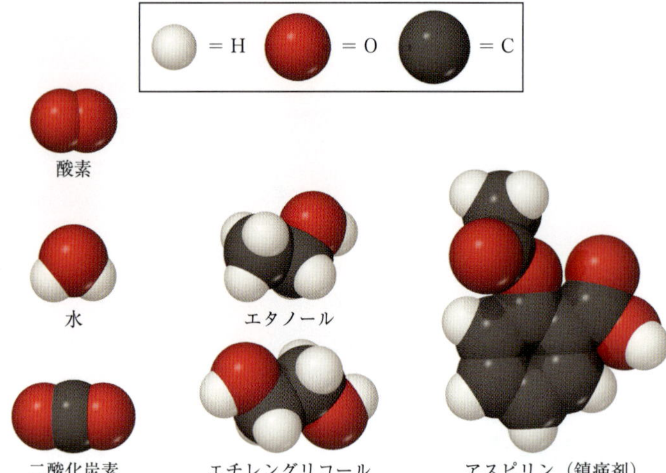


◀ **図 1.1　分子模型**
白い球，黒い球，赤い球はそれぞれ水素，炭素，酸素の原子を表す．

ルコールだが，エチレングリコールは粘り気のある液体で，自動車の不凍液に使われる．二つの液体は生物に対する作用でも異なる．エタノールは世界中で飲用されているが，エチレングリコールは大変毒性が強いため，絶対に飲んではいけない．分子の組成や構造を変化させて，別の性質をもつ新しい物質を創り出すことは，化学者たちが取り組んでいる挑戦の一つである．

現実の世界で起こるあらゆる変化—水の沸騰から，私たちの身体がウイルスと戦うときに起きる変化まで—は，すべて原子と分子の世界にその基礎をおいている．私たちは化学を学んでいくにつれ，二つの領域に目を向けることになる．一つは日常的なサイズの物体をみる**巨視的**（macroscopic）な領域，もう一方は原子や分子をみる**微視的**（submicroscopic，超顕微鏡的）な領域である．私たちは日常の巨視的な世界で観察を行うが，それを理解するには，微視的なレベルで原子・分子の挙動を考察しなければならない．化学とは物質の性質や挙動を，原子・分子の性質や挙動を学ぶことによって理解しようとする学問である．

### 考えてみよう

(a) 元素はおよそ何種類あるか．
(b) 物質の微視的な構成要素は何か．

## なぜ化学を学ぶのか

化学は私たちの毎日の生活に大きな影響を与えている．実際，健康の改善，天然資源の保全，環境保護などの社会問題や，食糧や衣服や住居といった日常生活で必要な物資の供給などの心臓部に，化学がかかわっている．

化学によって，私たちは健康を増進し，寿命を延ばす医薬品を発見してきた．肥料や農薬，スポーツ用品や電子機器，建築資材など，生活にかかわるほとんどすべてのものに化学製品があふれている．しかし，ある種の化学製品が私たちの健康や環境に悪影響を及ぼすこともある．私たちは消費者として，そして教養ある市民として，化学製品の及ぼす正と負の側面を理解し，バランスのとれた利用をすることが大切である．

諸君が化学を学ぼうとするのは，大学を卒業するために化学の単位が必要だからかもしれない．諸君の専攻は化学だけではなく，生物学，工学，薬学，地学，あるいはもっと別の分野もあるだろう．どうして他の専攻でも化学を学ばなければならないのだろうか．

その理由は，化学が“セントラルサイエンス（Central Science）”だからである．化学は，科学や工学の化学以外の分野を理解するための基礎になっているのである．例えば，私たちがある物質について調べようとするとき，その組成や性質，環境との相互作用や，どのように変化していくかがまず疑問として浮かぶ．太陽電池でも，ルネッサンスの画家の使った絵具でも，生物でもこれは大事な問題である（▶ 図 1.2）．化学を学ぶことによって，私たちは物質についての理解を深めるとともに，現代の科学や技術に対する深い洞察力を身につけることが可能になる．

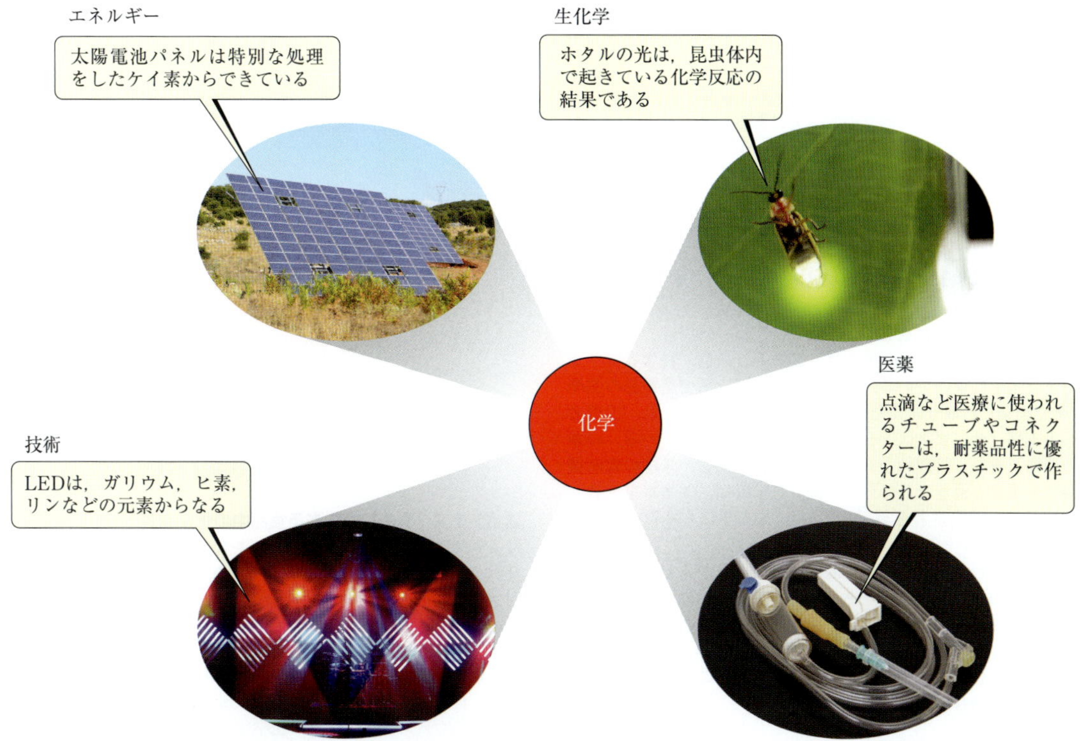


▲図 1.2　化学は，私たちの周りをとりまく世界を理解するのに役立つ.

## 1.2 物 質 の 分 類

化学を学ぶにあたり，まず物質を分類しよう．一つの分類法は物理的な状態（気体，液体，固体）によるもの，もう一つは構成（単体，化合物，混合物）によるものである．

### 物質の状態

物質は気体，液体あるいは固体になり得る．この三態を**物質の状態**（states of matter）という．**気体**（gas）は決まった体積や形がなく，容器の体積や形に従う．**液体**（liquid）は決まった体積をもつが形は一定ではなく，部分的に容器の形に従う．**固体**（solid）は決まった体積と形をもつ．各状態の性質は分子レベルで理解できる（▶ 図 1.3）．

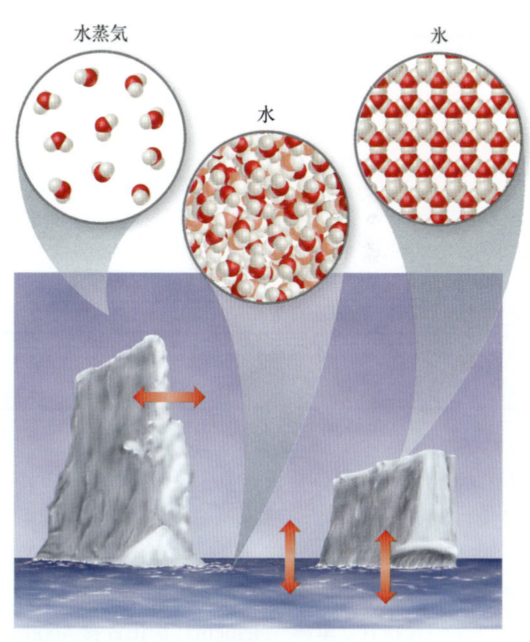


▲図 1.3　水の三態―水蒸気，水，氷
液体と固体は目に見えるが，気体（蒸気）を見ることはできない．赤い矢印は，三つの状態が相互に変化するようすを表している．

### 純 物 質

私たちがよく知っている物質―空気（気体），ガソリン（液体），歩道の敷石や土（固体）は化学的に純粋ではない．しかし，私たちはこれらを**純物質**（pure

## 化学の役割
### 化学と化学工業

化学は私たちの身の回りのすべてにある．多くの人々は，▶図 1.4 のような製品を知っているだろう．しかし，化学工業の規模と重要性を認識している人は少ない．米国の化学工業の年間出荷額は5850億ドルに及び，医薬品の販売額は1800億ドルにもなる．化学産業は，科学者・技術者の1割以上を雇用し，米国経済に大きく寄与している．

米国で生産される化学製品の上位8品目を，▼表 1.1 に示す．

**化学者はどんなことをしているか**

化学の学位を取得した人々は，産業界，政府，科学界でさまざまな地位に就いている．産業界では，研究所で新製品の開発（研究開発）に取り組んだり，製品の分析（品質管理），消費者への支援（サービスエンジニア）にあたったりしている．経験や研修を重ね，管理的な立場に就く場合もある．米国の政府機関でも重要な働きをしている（国立科学財団，エネルギー省，環境保護庁は化学者を雇用している）．大学にも多数の化学者がいる．

化学者が行うことには基本的に次の3種類がある．①新しいタイプの物質（必要な機能をもつ物質，あるいはいくつかの物質の組合せ）の創成，②物質の性質の測定，③物質の性質を説明，あるいは予想できるモデルの開発．

大きな総合化学企業では，これらすべてのことを組み合わせて活発に活動している．

**調べてみよう**

日本の化学工業は，日本の産業の中でどのように位置づけられるだろうか．化学産業の付加価値額は全産業の中で何位だろうか．日本化学工業協会のサイト（http://www.nikkakyo.org/）から，“グラフでみる日本の化学工業”にアクセスして調べてみよう．

**▲図 1.4　身の回りにある食品中の化学物質**
左から食酢（酢酸を含む），ベーキングソーダ（炭酸水素ナトリウムを含む）とヨウ素添加した食塩（塩化ナトリウムと微量のヨウ化カリウムを含む．日本以外のほとんどの国では食塩にヨウ素分が添加されている）．

**表 1.1　米国で多量に生産される化学製品の例（2008 年）***

| 順　位 | 物　質 | 化学式 | 2008 年の生産量（万 t） | 主な用途 |
|---|---|---|---|---|
| 1 | 硫　酸 | $H_2SO_4$ | 3200 | 肥料，化学薬品の製造 |
| 2 | エチレン | $C_2H_4$ | 2300 | プラスチック，不凍液 |
| 3 | 酸化カルシウム | CaO | 2000 | 紙，セメント，鉄鋼 |
| 4 | プロピレン | $C_3H_6$ | 1500 | プラスチック |
| 5 | アンモニア | $NH_3$ | 1000 | 肥　料 |
| 6 | 塩　素 | $Cl_2$ | 1000 | 漂白剤，プラスチック，水質の浄化 |
| 7 | リン酸 | $H_3PO_4$ | 910 | 肥　料 |
| 8 | 水酸化ナトリウム | NaOH | 730 | アルミニウムの製造，石鹸 |

*　主要データは“Chemical and Engineering News”（2009 年 7 月 6 日付 p. 53，p. 56），酸化カルシウムのデータは米国地質調査所による．

substance，通常，単に物質という）に分けることができる．純物質は，それぞれ決まった性質と組成をもつ．海水の主要な成分である水と食塩は，純物質の例である．

すべての純物質は**単体**（element）か**化合物**（compound）のいずれかである．単体は1種類の元素から，化合物は複数の元素からなる（▶図 1.5）．図 1.5（d）は**混合物**（mixture）である．混合物は2種類以上の物質からなり，それぞれの物質の化学的性質はもとのままである．

## 元　素

現在知られている元素の数は118種類あり，その存在量はさまざまである．例えば酸素，ケイ素，アルミ

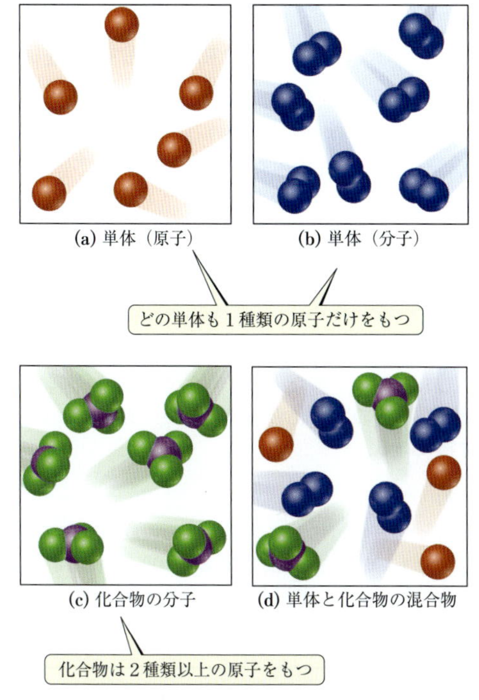


▲図 1.5 単体，化合物，混合物の分子の比較

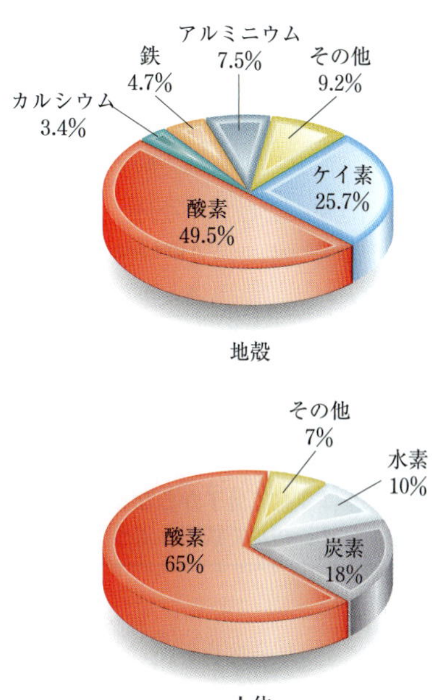


▲図 1.6 元素の相対的存在量
地球の地殻（海洋と大気を含む）と，人体を構成する元素をパーセントで示した．

ニウム，鉄とカルシウムの五つの元素で地球の地殻（海洋と大気を含む）の 90%を占め，酸素，水素，炭素の三つの元素で人体の 90%以上を占める（▶図 1.6）．

▼表 1.2 に身近な元素の記号を示す．すべての元素の記号は表紙裏の周期表にまとめてある．周期表については，§2.5 で詳しく説明する．

## 化 合 物

ほとんどの元素は，他の元素との化合物をつくる．化合物である水は，単体である水素を単体の酸素中で燃焼させるとできる．どのようにしてできた水でも，組成は質量で 89%の酸素，11%の水素からなる．巨視的にみたこの割合は，原子レベルでは水が水素原子 2 個と酸素原子 1 個からなることに一致する．

▶表 1.3 からわかるように，水の性質は成分である水素と酸素の単体の性質とまったく異なる．化合物の組成がつねに一定であることは，**定比例の法則**（組成一定の法則，law of constant composition，あるいは law of definite proportion）と呼ばれる．

**表 1.2 一般に知られている元素とその元素記号**

| 元素名 | 元素記号 | 英語名 | 元素名 | 元素記号 | 英語名 | 元素名 | 元素記号 | 英語名 |
|---|---|---|---|---|---|---|---|---|
| 炭 素 | C | carbon | アルミニウム | Al | aluminium | 銅 | Cu | copper |
| フッ素 | F | fluorine | 臭 素 | Br | bromine | 鉄 | Fe | iron |
| 水 素 | H | hydrogen | カルシウム | Ca | calcium | 鉛 | Pb | lead |
| ヨウ素 | I | iodine | 塩 素 | Cl | chlorine | 水 銀 | Hg | mercury |
| 窒 素 | N | nitrogen | ヘリウム | He | helium | カリウム | K | potassium |
| 酸 素 | O | oxygen | リチウム | Li | lithium | 銀 | Ag | silver |
| リ ン | P | phosphorus | マグネシウム | Mg | magnesium | ナトリウム | Na | sodium |
| 硫 黄 | S | sulfur | ケイ素 | Si | silicon | ス ズ | Sn | tin |

**表 1.3　水，水素，酸素の比較**

| | 水 | 水　素 | 酸　素 |
|---|---|---|---|
| 状　態* | 液　体 | 気　体 | 気　体 |
| 通常の沸点 | 100℃ | −253℃ | −183℃ |
| 密　度 | 1000 g/L | 0.084 g/L | 1.33 g/L |
| 可燃性 | な　し | あ　り | な　し |

*　室温，大気圧における状態.

**考えてみよう**

水素，酸素，水はすべて分子からなる．水が化合物であることを，分子レベルで説明しよう．

## 混　合　物

私たちがよくみかけるものの多くは混合物である．混合物中の各物質はもとの性質を保っている．純物質と対照的なのは組成が一定ではないことである．例えば，甘いコーヒーの中の砂糖の量はさまざまである．

混合物の中には，組成，性質，外観が一様ではないものがある．例えば，岩石や木では，質感や性質の異なる部分がある（▼図 1.7）．このような混合物は**不均一**（heterogeneous）で，不均一混合物という．全体が一様な場合，**均一**（homogeneous）であるといい，そのような混合物は均一混合物という．

空気は窒素，酸素および他の少量の気体からなる均一混合物である．均一混合物は**溶液**あるいは**溶体**（solution）とも呼ばれる．"溶液" という言葉からは液体を想像するが，気体や固体の場合もある．

▶図 1.8 に物質を単体，化合物と混合物に分類する要点をまとめた.

**例題 1.1　単体，化合物，混合物の違い**

"ホワイトゴールド" は，金とパラジウムのような "白い" 金属を含有する合金である．ここに金とパラジウムの組成が異なる2種類のホワイトゴールドがある．それぞれのサンプル中での組成は一様である．図 1.8 を使ってホワイトゴールドを分類せよ．

**解　法**

解　この試料は一様なので，均一である．試料により組成が異なるので，化合物ではない．したがって均一混合物である．

**演　習**

鎮痛剤として使われるアスピリンの組成は，どこから得られたものでも，質量で炭素 60.0%，水素 4.5%，酸素 35.5% である．図 1.8 を使ってアスピリンを分類せよ．

## 1.3　物 質 の 性 質

それぞれの物質には固有の性質がある．例えば，水素，酸素と水は表 1.3 によって区別できる．物質の性質は，物理的性質と化学的性質に分けられる．**物理的性質**（physical property）は，物質そのものと組成を変化させないで観測できる．色，におい，密度，融点，沸点，硬さなどが物理的性質である．**化学的性質**（chemical property）は物質が変化したり，反応して他の物質を生成したりする性質である．可燃性，すな

(a)

(b)

**▶図 1.7　混合物**
(a) 岩石をはじめ，鉱物の多くは不均一な化合物（不均一化合物）である．左の写真の花崗岩は，二酸化ケイ素とその他の酸化した金属（金属酸化物）の混合物である．
(b) 均一混合物は溶液と呼ばれる．右の写真の青い固体［硫酸銅(Ⅱ)］をはじめ，物質の多くは水に溶けて溶液となる．

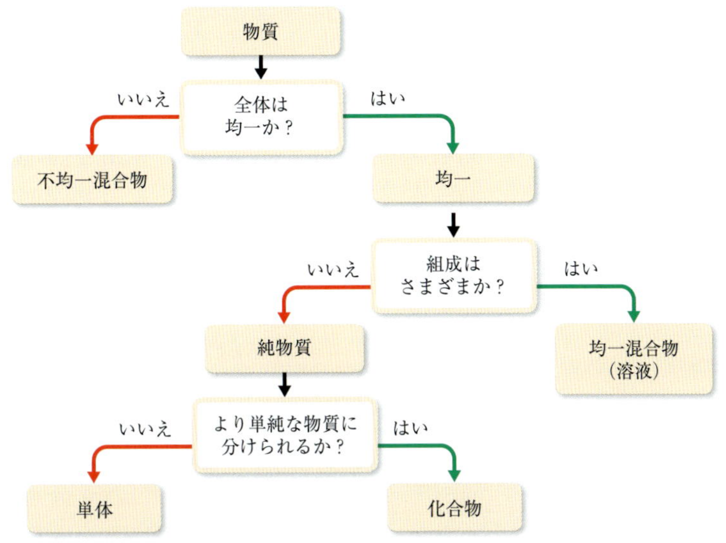


▲図 1.8　**物質の分類**
すべての純物質は，最終的に単体または化合物に分類される．

わち酸素が存在する下で燃焼する性質は化学的性質の例である．

物理変化が起こる間に，物質の組成が変化することはない．**状態の変化**は物理変化である．**化学変化**（**化学反応**）では，物質が化学的に異なった物質に変化する．

温度や融点などの性質は調べようとする試料の量に依存しない．このような性質を**示強性**（intensive property）という．これらは物質の同定に役立つので，化学では大変有用である．質量や体積のように，試料の量に依存する性質は**示量性**（extensive property）という．

## 1.4 単位と測定

物質の多くの性質は**量**，すなわち数字で表される．量を数字で表すときには，**単位**（unit）を明記しなければならない．“鉛筆の長さは 17.5” というのは無意味である．“17.5 cm” のように数字に単位をつけて，はじめて長さを表すことができる．科学の世界で用いられるのは SI 単位である．

### SI 単位

1960 年，世界の科学者たちは，科学的な測定に **SI 単位**（SI unit）を用いることに合意した．この単位の名称 SI は，**国際単位系**を意味するフランス語 *Système International d' Unités* に由来する．この単位系には▼表 1.4 に示す 7 個の**基本単位**（base unit）があり，他の単位はすべて基本単位から導くことができる．質量の基本単位が g ではなく，kg であることに注意されたい（付録 A.1 参照）．

SI 単位では，▶表 1.5 に示す接頭語が用いられる．例えば，“ミリ” は $10^{-3}$ を表す接頭語である．1 mg は $10^{-3}$ g，1 mm は $10^{-3}$ m．その他の単位でも同様である．

非 SI 単位（SI に含まれない単位）は廃止されつつあるが，いくつかは一般に使用されている．本書で非 SI 単位を使う場合には，SI 単位を併記する．

**表 1.4　SI 基本単位**

| 物理量 | 単位の名称 | 記　号 |
|---|---|---|
| 質　量 | キログラム | kg |
| 長　さ | メートル | m |
| 時　間 | 秒 | s |
| 温　度 | ケルビン | K |
| 物質量 | モ　ル | mol |
| 電　流 | アンペア | A |
| 光　度 | カンデラ | Cd |

**表 1.5　SI 単位系で使用する接頭語**

| 接頭語 | 略　称 | 意　味 | 例 | |
|---|---|---|---|---|
| ペ　タ | P | $10^{15}$ | 1 ペタワット（PW） | $= 1 \times 10^{15}$ W* |
| テ　ラ | T | $10^{12}$ | 1 テラワット（TW） | $= 1 \times 10^{12}$ W |
| ギ　ガ | G | $10^{9}$ | 1 ギガワット（GW） | $= 1 \times 10^{9}$ W |
| メ　ガ | M | $10^{6}$ | 1 メガワット（MW） | $= 1 \times 10^{6}$ W |
| キ　ロ | k | $10^{3}$ | 1 キロワット（kW） | $= 1 \times 10^{3}$ W |
| デ　シ | d | $10^{-1}$ | 1 デシワット（dW） | $= 1 \times 10^{-1}$ W |
| センチ | c | $10^{-2}$ | 1 センチワット（cW） | $= 1 \times 10^{-2}$ W |
| ミ　リ | m | $10^{-3}$ | 1 ミリワット（mW） | $= 1 \times 10^{-3}$ W |
| マイクロ | μ** | $10^{-6}$ | 1 マイクロワット（μW） | $= 1 \times 10^{-6}$ W |
| ナ　ノ | n | $10^{-9}$ | 1 ナノワット（nW） | $= 1 \times 10^{-9}$ W |
| ピ　コ | p | $10^{-12}$ | 1 ピコワット（pW） | $= 1 \times 10^{-12}$ W |
| フェムト | f | $10^{-15}$ | 1 フェムトワット（fW） | $= 1 \times 10^{-15}$ W |
| ア　ト | a | $10^{-18}$ | 1 アトワット（aW） | $= 1 \times 10^{-18}$ W |
| ゼプト | z | $10^{-21}$ | 1 ゼプトワット（zW） | $= 1 \times 10^{-21}$ W |

*　ワット（W）は仕事率の SI 単位で，単位時間に生産/消費されるエネルギーを表す．SI 単位でエネルギーを表すのはジュール（J）で，$1\ \mathrm{J} = 1\ \mathrm{kg \cdot m^2/s^2}$．ジュールとワットの関係は，$1\ \mathrm{W} = 1\ \mathrm{J/s}$ である．

**　ギリシャ文字の“ミュー”．

本書の裏表紙裏には，いくつかの非 SI 単位と SI 単位の換算表を掲載している．

**考えてみよう**

1 mg，1 μg と 1 pg のうち最少なのはどれか．

## 例題 1.2　SI 接頭語

次の量に等しい単位は何か．
(**a**) $10^{-9}$ g，(**b**) $10^{-6}$ s

### 解　法

解　表 1.5 から接頭語をみつけることができる．(**a**) ナノグラム，ng．(**b**) マイクロ秒，μs

### 演　習

(**a**) $6.0 \times 10^3$ m を，指数を使わず SI 接頭語を使って表せ．(**b**) 4.22 mg を，指数を使って g で表せ．(**c**) 4.22 mg は，小数を使うと何 g か．

## 温　度

**温度**（temperature）は物体の温かさ，冷たさの尺度で，熱が流れる方向を決める．熱はつねに高温から低温に自発的に流れる．日常生活で使われる温度の尺度は**摂氏**（Celsius scale，セルシウス温度，単位は℃）で，もともとは標高 0 m での水の沸点を 100℃，凝固点を 0℃として決められた．

SI では**ケルビン温度**（Kelvin scale，正式には熱力学的温度という）を使う．ケルビン温度の単位は**ケルビン**（K）である．ケルビン温度のゼロは，あり得る最低の温度，−273.15℃（絶対零度と呼ばれる）である．ケルビン温度とセルシウス温度の関係は，次の式で与えられる．

$$\mathrm{K} = {^\circ\mathrm{C}} + 273.15 \qquad [1.1]$$

米国で日常使われる**華氏**（Fahrenheit scale，ファーレンハイト温度，単位は°F）は，セルシウス温度と次の関係がある．

$$^\circ\mathrm{C} = \frac{5}{9}(^\circ\mathrm{F} - 32) \text{ または } ^\circ\mathrm{F} = \frac{9}{5}(^\circ\mathrm{C}) + 32 \qquad [1.2]$$

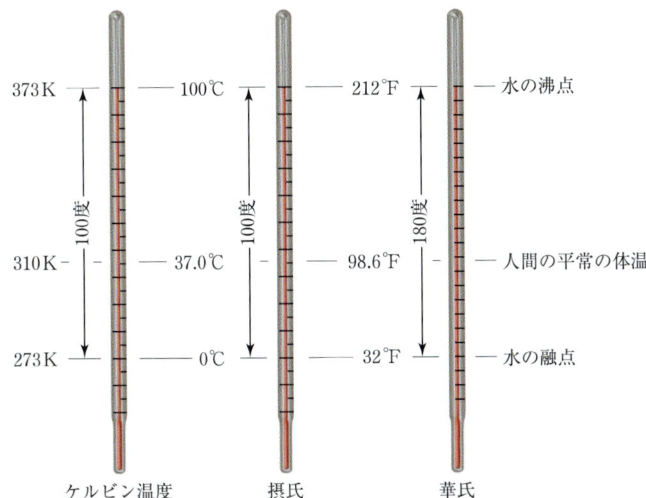


◀ 図 1.9 ケルビン温度，摂氏，華氏の比較

▲ 図 1.9 に，これらの温度と水の沸点などの関係を示す．

## SI 誘導単位

SI 基本単位を用いて，**誘導単位**（derived unit，組立単位ともいう）が得られる．例えば，速度は移動距離と時間の比である．したがって，速度の SI 単位は m/s となる．化学でよく出てくる誘導単位は，体積と密度である．

## 体 積

立方体の**体積**（volume）は，辺の長さの 3 乗である．したがって体積の SI 誘導単位は，長さの SI 単位 m の 3 乗である．立方メートル $m^3$ は 1 辺が 1 m の立方体の体積である（▶ 図 1.10）．より小さい単位として立方センチメートル $cm^3$（cc と書くこともある）があり，化学でよく使う．

化学でよく使う体積の非 SI 単位として，**リットル**（liter）L がある．リットルは立方デシメートル $dm^3$ に等しい．1 L は 1000 mL に，1 mL は 1 $cm^3$ に等しい．

**考えてみよう**

次のうち，体積を表すのはどれか．
15 $m^2$，$2.5 \times 10^2$ $m^3$，5.77 L/s

## 密 度

**密度**（density）は，単位体積の物質の質量と定義される．

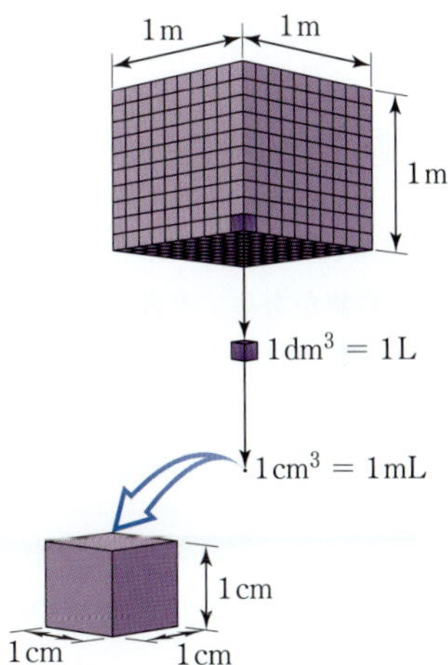


▲ 図 1.10 体積の関係

1 辺の長さが 1 m の立方体の体積は 1 立方メートル（1 $m^3$），
1 $m^3$ は 1000 立方デシメートルである（1 $m^3$ = 1000 $dm^3$）．
1 L は 1 立方デシメートルに等しい（1 L = 1 $dm^3$）．
1 $dm^3$ は 1000 立方センチメートルである（1 $dm^3$ = 1000 $cm^3$）．
1 $cm^3$ は 1 ミリリットル（mL）に等しい．

$$密度 = \frac{質量}{体積} \qquad [1.3]$$

固体と液体の密度は，しばしば 1 $cm^3$ あるいは 1 mL あたりの質量（g/$cm^3$ あるいは g/mL）で表される．いくつかの物質の密度を ▶ 表 1.6 に示した．

水の密度が 1.00 g/mL なのは偶然ではない．かつて，1 g は“4 ℃における 1 mL の水の質量”と定義されたことがあったのである．密度は温度によって変化するので，密度には温度を併記しなければならない．もし温度の記載がないときは，常温の 25 ℃と考える．

**表 1.6　25℃における物質の密度**

| 物　質 | 密度（$g/cm^3$） |
|---|---|
| 空　気 | 0.001 |
| バルサ材 | 0.16 |
| エタノール | 0.79 |
| 水 | 1.00 |
| エチレングリコール | 1.09 |
| 砂　糖 | 1.59 |
| 塩 | 2.16 |
| 鉄 | 7.9 |
| 金 | 19.32 |

密度と重さは混同しやすい．例えば，“鉄は空気より重い”といわれることがあるが，これは鉄が空気より密度が高いことを意味する．

## 1.5 測定の不確実性

科学で扱う数値には，**確か**（exact）な数値と**不確か**（inexact）な数値がある．本書に出てくる確かな数字は，定義された数値である．例えば，1ダースは正確に12個，1 kgは正確に1000 gというように，定義で決まった数値である．個数を数えるとき—例えば，教室に何人いるかは，確かな数字として数えることができる．

測定値はつねに**不確か**である．測定器具にはそれぞれに固有の限界があり（器具の誤差），測定者による違い（ヒューマンエラー）もある．そのため測定された数量にはつねに**不確実性**（uncertainty）が存在する．

**考えてみよう**

不確かな数値はどれか．
（a）教室にいる学生の数，（b）1セント硬貨の質量，
（c）1 kgをg単位で表す数字

### 精度と確度

測定値の不確かさに関連して，**精度**（precision）と**確度**（accuracy，正確さともいう）という用語がある．精度は，個々の測定値がどれだけ一致しているかの尺度である．確度は，個々の測定値が真の値にどれだけ近いかの尺度である．▶**図 1.11**はこれら二つの概念をダーツにたとえた説明である．

### 例題 1.3　密度，体積，質量の関係

（**a**）$1.00 \times 10^2$ gの水銀の体積は7.36 $cm^3$である．水銀の密度を求めよ．
（**b**）液体のメタノールの密度を0.791 g/mLとして，65.0 gのメタノールの体積を計算せよ．
（**c**）1辺が2.00 cmの立方体の金（密度19.32 $g/cm^3$）の質量はどれだけか．

**解　法**

**解**　（**a**）質量と体積から，式1.3を使って密度を求める．

$$密度 = \frac{質量}{体積} = \frac{1.00 \times 10^2\ \mathrm{g}}{7.36\ \mathrm{cm^3}} = 13.6\ \mathrm{g/cm^3}$$

（**b**）式1.3を使って体積を求める．

$$体積 = \frac{質量}{密度} = \frac{65.0\ \mathrm{g}}{0.791\ \mathrm{g/mL}} = 82.2\ \mathrm{mL}$$

（**c**）まず体積を求め，式1.3を使って体積と密度から質量を求める．

$$体積 = (2.00\ \mathrm{cm})^3 = (2.00)^3\ \mathrm{cm^3} = 8.00\ \mathrm{cm^3}$$
$$質量 = 体積 \times 密度 = (8.00\ \mathrm{cm^3})(19.32\ \mathrm{g/cm^3}) = 155\ \mathrm{g}$$

**演　習**

（**a**）374.5 gの銅の体積が41.8 $cm^3$である．銅の密度を求めよ．（**b**）実験のために15.0 gのエタノールが必要である．エタノールの密度が0.789 g/mLならば，何mLのエタノールが必要か．（**c**）25.0 mLの水銀（密度13.6 g/mL）の質量をgで答えよ．

▶図 1.11 **精度と確度** 確度が低く，精度も低い　確度が低く，精度が高い　確度が高く，精度も高い

## 有効数字

10 セント硬貨の質量を 0.001 g の桁まで測定できる天秤ではかると，2.2405 ± 0.001 g という値を出すことがある．この± (プラスマイナス) の記号は，測定値の不確かさの程度を表す．科学の世界ではしばしば±を省略する．**最後の桁の数字にある程度の不確かさがあるということは，科学者には自明だからである．**

▼図 1.12 の温度計では，液面は 25 と 30 の二つの目盛の中間にある．二つの目盛から，私たちは温度を 27℃と見積もることができるが，最後の桁は不確かである．

不確かな数字を含め，測定値のすべての有意義な桁数の数字を**有効数字** (significant figure) という．

測定値の有効桁数 (有効数字の桁数) を数えるときは，数字を左から右に見ていき，最初のゼロでない数字から数える．数え方は以下の通りである．

1. 数値の中でゼロでない数にはさまれたゼロは意味がある．例：1005 kg (有効数字 4 桁)，7.03 cm (有効数字 3 桁)

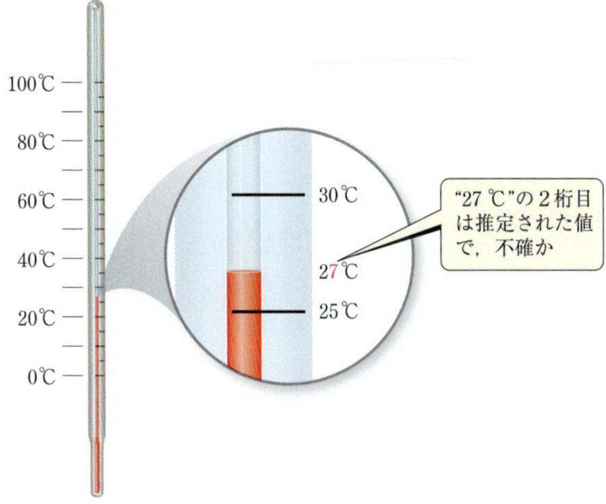


▲図 1.12 測定における不確かさと有効数字

2. 数値の初めにあるゼロは有効でない．単に小数点の位置を示すだけである．例：0.02 g (有効数字 1 桁)
3. 小数点をもつ数値の最後にあるゼロは有効である．例：0.0200 g (有効数字 3 桁)，3.0 cm (有効数字 2 桁)

小数点をもたずゼロで終わる数字の有効数字は問題である．一般にそのようなゼロは有効でない．指数を使うとあいまいさをなくすことができる．10300 g の有効数字は，測定の仕方で次のように表される．

| | |
|---|---|
| $1.03 \times 10^4$ g | 有効数字 3 桁 |
| $1.030 \times 10^4$ g | 有効数字 4 桁 |
| $1.0300 \times 10^4$ g | 有効数字 5 桁 |

この例では，小数点以下のすべてのゼロが有効である．指数部分は有効数字ではない．

## 有効数字と計算

いくつかの測定値を計算に使うとき，最も不確かな数値で計算結果の確かさ，有効数字の桁数が決まる．最終解答の数値では，不確かな数字は最後の 1 桁のみにすべきである．このような計算では，二つの規則をしばしば使う．

1. **加減算では，答となる数値の小数点以下の桁数は，もとの数値のうち小数点以下の桁数が最も少ないものの桁数と同じである．** 演算の結果の桁数が多い場合は，四捨五入で桁数を減らす．次の例では不確かな数字を赤で示した．

| | |
|---|---|
| 20.42 | 小数点以下 2 位 |
| 1.322 | 小数点以下 3 位 |
| 83.1 | 小数点以下 1 位←この数字が小数点以下の桁数が最少 |
| 104.842 | ←四捨五入で桁数を減らし，小数点以下 1 位までにする (104.8) |

答は 104.8 である．

2. **乗除算では，答となる数値の有効数字の桁数は，もとの数値のうち有効数字の桁数が最も少ないものの有効数字の桁数と同じである．**演算結果の桁数が多い場合は，四捨五入で桁数を減らす．例えば，辺の長さが 6.221 cm と 5.2 cm の長方形の面積は 32 $cm^2$ である．

$$\begin{aligned}\text{面積} &= 6.221\ \text{cm} \times 5.2\ \text{cm} \\ &= 32.3492\ \text{cm}^2 \Rightarrow 32\ \text{cm}^2\end{aligned}$$

5.2 cm の有効数字は 2 桁なので，四捨五入して答を有効数字 2 桁にする．

答の桁数を考えるとき，確かな数字は無限の桁数の有効数字をもつと考える．"1 m は 100 cm" のとき，100 は確かな数字である．

### 例題 1.4　有効数字と測定の不確かさ

測定値 4.0 g と 4.00 g には，どのような違いがあるか．

**解　法**

解　4.0 の有効数字は 2 桁で，4.00 の有効数字は 3 桁である．この違いは，4.0 のほうが不確かさが大きいことを意味する．4.0 g は，質量が 3.9 g と 4.1 g の間，すなわち 4.0 ± 0.1 g で表されることを示す．4.00 では不確かさは小数点以下 2 位にあり，3.99 g と 4.01 g の間で，4.00 ± 0.01 g となる．

**演　習**

質量約 25 g の試料を精度± 0.001 g の天秤にのせた．有効数字何桁の測定値を出すべきか．

### 例題 1.5　有効数字と計算

幅，長さ，高さがそれぞれ 15.5 cm，27.3 cm，5.4 cm の箱がある．正しい有効数字で箱の体積を計算せよ．

**解　法**

解　高さの有効数字が最も少なく 2 桁なので，答の有効数字は 2 桁である．

$$\begin{aligned}\text{体積} &= 15.5\ \text{cm} \times 27.3\ \text{cm} \times 5.4\ \text{cm} \\ &= 2285.01\ \text{cm}^3 \quad \Rightarrow \quad 2.3 \times 10^3\ \text{cm}^3\end{aligned}$$

電卓による計算で得られる数字は 2285.01 で，有効数字 2 桁に四捨五入すると 2300 となる．有効数字 2 桁を明確にするには，指数で数値を表すのがよい．

**演　習**

短距離選手が 100.00 m を 10.5 秒で走った．平均速度を m/s で計算し，正しい有効数字で答えよ．

## 1.6　次 元 解 析 法

本書では**次元解析法**（dimensional analysis）で数量のかかわる問題を解く．この方法では，数値と同じように単位を掛けたり，割ったりする．これは体系だった方法で，解が間違っていないかチェックすることもできる．

次元解析法では，単位を変えるために**換算係数**（conversion factor）を使う．換算係数は分子と分母に同じ量を異なる単位でもつ分数である．例えば 1 マイル（mi）と 1.6093 km は等しく，1 mi = 1.6093 km である．この関係から二つの換算係数を導くことができる．

$$\frac{1\ \text{mi}}{1.6093\ \text{km}} = \frac{1.6093\ \text{km}}{1\ \text{mi}} = 1$$

これを使うと，mi と km の換算を行うことができる．2.0 mi を km で表すと，

$$2.0\ \text{mi} = 2.0\ \cancel{\text{mi}} \times \frac{1.6093\ \text{km}}{1\ \cancel{\text{mi}}} = 3.2\ \text{km}$$

一般に，次の式で単位の換算ができる．

$$\cancel{\text{与えられた単位}} \times \frac{\text{目的の単位}}{\cancel{\text{与えられた単位}}} = \text{目的の単位}$$

例題 1.6 のように，複数の換算係数が必要になることは多い．

## 例題 1.6　2個以上の換算係数を用いる単位の換算

25℃の空気中にある窒素分子の速さは515 m/s である．これは時速何マイルか．答を mi/h で表せ．

### 解　法

**解**　与えられた単位 m/s を mi/h にするには，m を mi に，s を h に変換しなければならない．そのためには m から km，km から mi にし，s から min，min から h に変換していく．

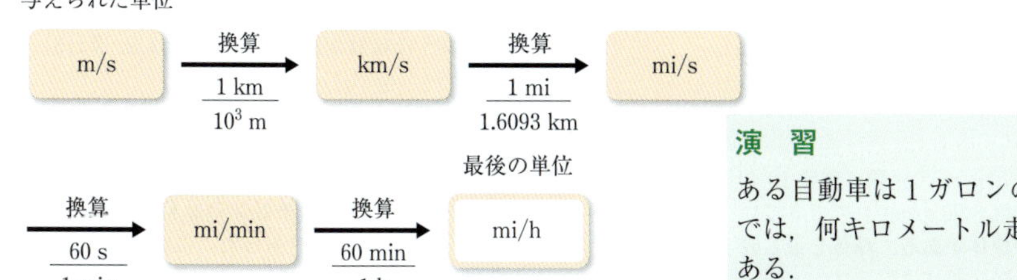


まず長さの換算，次に時間の換算を行うと

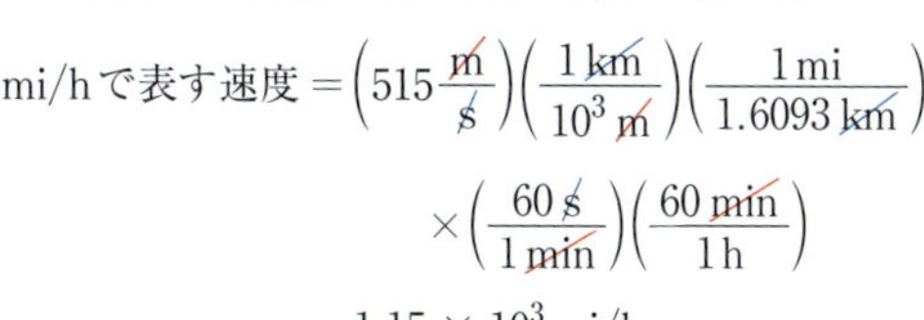

$$\text{mi/h で表す速度} = \left(515\,\frac{\text{m}}{\text{s}}\right)\left(\frac{1\ \text{km}}{10^3\ \text{m}}\right)\left(\frac{1\ \text{mi}}{1.6093\ \text{km}}\right) \times \left(\frac{60\ \text{s}}{1\ \text{min}}\right)\left(\frac{60\ \text{min}}{1\ \text{h}}\right) = 1.15 \times 10^3\ \text{mi/h}$$

### 演　習

ある自動車は1ガロンのガソリンで28 mi 走る．1 L では，何キロメートル走るか．1ガロンは3.785 L である．

## 章のまとめとキーワード

**化学を学ぶ（序論と§1.1）**　**化学**は，**物質**の組成，構造，性質，変化を研究する学問である．物質の組成は，物質に含まれる**元素**の種類と関係しており，物質の構造は，これら元素の原子がどのように配置されているかに関係している．**性質**とは一つの物質が他の物質と区別できる特性のことである．2個以上の**原子**が特定の方法で互いに結びついて**分子**となる．

**物質の分類（§1.2）**　物質は，**物質の状態**として知られる**気体**，**液体**，**固体**という三つの物理的状態で存在している．**純物質**には**単体**と**化合物**の2種類がある．単体は単一の元素からなり，元素記号で表される．元素記号はアルファベット1文字または2文字で構成され，最初の文字は大文字である．化合物は2種類以上の元素が化学的に結合している．**定比例の法則**は，純粋な化合物において元素の組成はつねに一定であるという法則である．物質の多くは**混合物**でできている．混合物の組成はさまざまで，均一な均一混合物と不均一な不均一混合物がある．均一混合物は**溶液**とも呼ばれる．

**物質の性質（§1.3）**　物質には固有の**物理的性質**および**化学的性質**があり，物質を同定する際に用いることができる．**示強性**は調べる物質の量とは無関係な性質で，物質の同定に用いられる．**示量性**は物質の量に関係する．

**単位と測定（§1.4）**　化学では**国際単位系**の **SI 単位**が使われる．**長さ**のメートル（m），**質量**のキログラム（kg），**時間**の秒（s），**温度**のケルビン（K）など7個の基本単位がある．SI 単位では，必要に応じてキロ（k），ギガ（G）やミリ（m）などの接頭語が用いられる．**密度**は，質量÷体積で求められる重要な示強的な性質の一つで SI 誘導単位の $g/cm^3$ が通常使われる．

**測定の不確実性（§1.5）**　すべての測定量にはある程度の不確実性がある．測定の**精度**とは，ある量の測定値が同じものを繰り返し測定して得られた測定値が互いにどの程度近いかを示す尺度である．測定の**確度**は，測定値が認められている値や真値にどの程度近いかを示す尺度である．測定値の最小桁は不確かな数字で，**有効数字**は測定の不確実性の程度を示している．測定値に関する計算では，正しい有効桁数が得られるように，一定の規則に従う必要がある．

**次元解析法（§1.6）**　問題を解くための手法である**次元解析法**では，測定値の計算に単位を含める．単位は掛けることや割ることができ，代数のように約すこともできる．最終結果が正確な単位で表されているかどうかをみることは，計算方法を確認する重要な手段の一つである．単位を変換する場合，**換算係数**を用いる．換算係数は，等量のものの間に成り立つ関係を示す比である．

## 練　習　問　題

**1.1**　次の図のうち，(**a**) 純粋な単体，(**b**) 2種の単体の混合物，(**c**) 純粋な化合物，(**d**) 単体と化合物の混合物を表しているものはどれか（一つ以上の図があてはまる場合もある）．[§1.2]

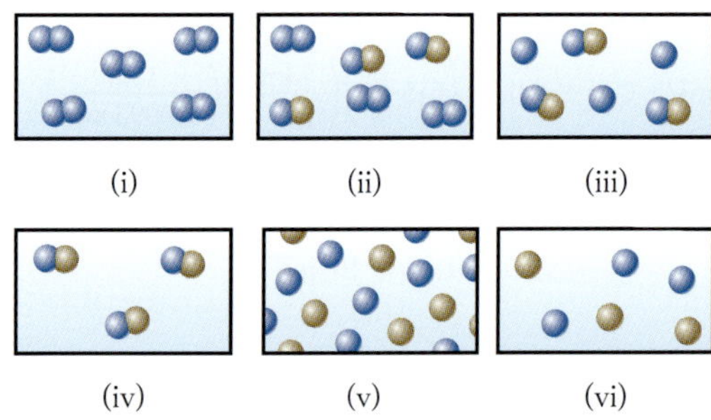


**1.2**　(**a**) アルミニウム（密度 2.70 g/cm$^3$），銀（密度 10.49 g/cm$^3$），ニッケル（密度 8.90 g/cm$^3$）でできている大きさが同じ三つの球体がある．球体を最も軽いものから重いものの順に並べよ．

(**b**) 金（密度 19.32 g/cm$^3$），白金（密度 21.45 g/cm$^3$），鉛（密度 11.35 g/cm$^3$）でできている質量が同じ三つの立方体がある．立方体を最も小さいものから大きいものの順に並べよ．[§1.4]

**1.3**　(**a**) 下の図の定規の目盛がセンチメートルで表示されている場合，鉛筆の長さはいくらか．

(**b**) 自動車の速度計の円形の目盛は，マイル/時間（mph）とキロメートル/時間（km/h）で表示されている．図で示されている速度はいくらか，両方の単位で答えよ．(**a**)，(**b**) それぞれの測定値の有効数字は何桁か．[§1.5]

**1.4**　単位を変換する場合，換算係数のどの部分を分子にし，どの部分を分母にするのか．[§1.6]

**1.5**　次のものを純物質か，混合物に分類せよ．混合物の場合，均一か不均一かを答えよ．

(**a**) ブドウパン，(**b**) 海水，(**c**) マグネシウム，(**d**) 砕いた氷 [§1.2]

**1.6**　白い固体Aを空気のない状態で加熱したところ，分解して白い固体Bと気体Cとなった．気体Cは，炭素を空気中で燃焼させたときにできる気体とまったく同じ性質を示した．これらのことから，固体A，Bおよび気体Cが単体か化合物かを決定できるだろうか．また，どのような結論が得られるか．[§1.2，§1.3]

**1.7**　(**a**) ドライクリーニングで使われる溶剤テトラクロロエチレン（正式名称はテトラクロロエテン）は，ヒトに対する発がん性がおそらくある物質である．テトラクロロエチレンの試料 40.55 g の体積は 25℃で 25.0 mL であった．この温度での密度を求めよ．また，テトラクロロエチレンは水に浮くだろうか．

(**b**) 二酸化炭素 $CO_2$ は常温常圧では気体だが，圧力をかけると超臨界流体になることがある．これはテトラクロロエチレンよりも安全なドライクリーニング剤である．ある圧力で，超臨界 $CO_2$ の密度は 0.469 g/cm$^3$ であった．この圧力における 25.0 mL の超臨界 $CO_2$ の質量を求めよ．[§1.4]

**1.8**　2011 年に，全世界で約 350 億 t の二酸化炭素が化石燃料の燃焼とセメント製造のために放出された．この二酸化炭素の質量を g で表せ．指数を使わないで，適切な SI 接頭語を用いること．[§1.4]

**1.9**　次の測定値の有効数字は何桁か．

(**a**) 601 kg，(**b**) 0.054 s，(**c**) 6.3050 cm，(**d**) 0.0105 L，(**e**) $7.0500 \times 10^{-3}$ m$^3$，(**f**) 400 g [§1.5]

**▲ジェオード（晶洞）の断面**
ジェオードはボール型の鉱物の一種である．ほぼ球形で空洞のある岩石の中（晶洞）には水晶などの鉱物が形成されている．ジェオードの色は成分により異なる．この写真ではメノウが結晶化している．

# 2 原子，分子，イオン

私たちをとりまくものは，さまざまな色や質感，その他の性質にあふれている．庭の草花の色，あなたの着ている服の生地，コーヒーに溶ける砂糖，また写真に示したジェオードの美しさと複雑さ．世界にあまねく存在する物質．その無限の多様性を，私たちはどのように理解し，説明できるだろうか．ダイヤモンドの硬さと美しさはどのように説明できるだろうか．紙はなぜ燃え，水を使うと消火できるのはなぜか．これらすべて，すなわち物質の物理的あるいは化学的性質は，原子の構造に起因している．

世界に存在する物質は多様であるにもかかわらず，すべての物質は 100 種ばかりの元素，すなわち化学的に異なる 100 種ほどの原子からできている．これはある意味，26 個のアルファベットによって英語の膨大な表現が成り立っているのに似ている．原子のつながりにはどのような規則があるのだろうか．物質の性質は原子とどのような関係があるのだろうか．ある元素の原子は他の元素の原子とどのように違うのだろうか．

本章では，原子の基本的な構造を調べ，分子やイオンの成り立ちを調べて，これから後の章を学ぶための基礎をつくる．

## 2.1 原　子　説

世界をつくっている根源的な“もの”について，古代から哲学者たちは考えをめぐらせてきた．デモクリトス（Democritus, 460–370 BC）やその他の古代ギリシャ哲学者たちは，それが小さく“それ以上分割できない”粒子である**原子**（atomos）であるとした．しかし，その後プラトン（Plato）とアリストテレス（Aristotle）は，分割不可能な粒子は存在し得ないという理論を構築した．そのため原子論は，アリストテレス哲学が西欧世界を支配した何世紀にもわたり忘れられていた．

17 世紀に，**原子**（atom）の概念はヨーロッパに再び現れた．単体どうしが反応して化合物ができる反応を定量的に調べる過程で，原子の存在が浮かび上がったのである．ジョン・ドルトン（John Dalton, 1766–1844）の原子説は，▶ **図 2.1** に示した四つの仮定に基づいたものである．

**定比例の法則**（§1.2）など化合物の組成に関する法則は仮定 4 で説明できる．**質量保存の法則**（law of conservation of mass）は仮定 3 で説明できる．

ドルトンは自らの理論から，新しく**倍数比例の法則**

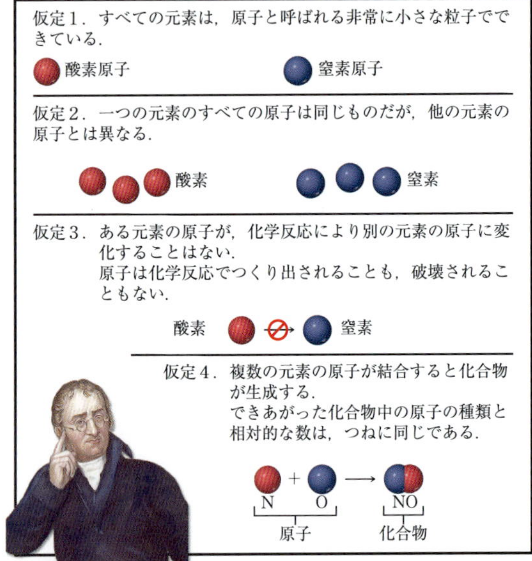


▲ **図 2.1　ドルトンの原子説**
ジョン・ドルトンは英国の貧しい織工の家に生まれ，12 歳にして教師となった．長年気象学に関心をもっていた彼は，そこから気体を研究し，化学を学び，ついに原子説にたどり着いた．研究生活の始まりはつつましかったにもかかわらず，ドルトンの生涯にわたる科学の研究に対する評価は高い．

（複数組成の法則，law of multiple proportions）を導いた．この法則によると，2 種類の元素 A，B からなる複数の化合物がある場合，元素 A の一定量と化合する元素 B の量は，それらの化合物の間で簡単な整数比になる．

### 考えてみよう

炭素と酸素からなる 2 種類の化合物 A，B がある．化合物 A では 1 g の炭素あたり 1.333 g の酸素を含むのに対し，化合物 B では 1 g の炭素あたり 2.666 g の酸素を含む．

(a) これは，どの化学法則で説明できるか．

(b) 化合物 A が同じ数の酸素原子と炭素原子からなるとき，化合物 B の組成についてどのような結論を導くことができるだろうか．

## 2.2 ｜原子構造の発見

ドルトンは原子説を化学実験から導き，いくつかの法則の説明に成功したが，原子の存在はその後 1 世紀の間証明できなかった．しかし，現在では，個々の原子の性質を調べ，その像まで描くことができる（▶ 図 2.2）．

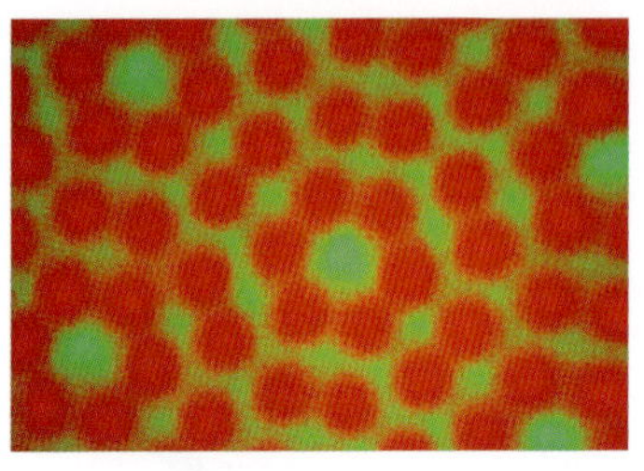

▲ **図 2.2　ケイ素の表面の像**
この画像は，走査型トンネル顕微鏡という技術によって得られた．特徴をわかりやすくするために，コンピュータで着色されている．赤色の球一つ一つがケイ素の原子である．

物質を調べる方法が進歩するにつれ，物質の最小構成単位であると考えられてきた原子がさらに分割可能で，原子よりも小さい粒子である**亜原子粒子**（subatomic particle）からなることがわかった．現代の原子像を紹介する前に，そこに至るランドマークとなる発見に触れる．

これらの粒子の中には電荷をもつものがあるが，同符号の電荷は互いに反発し，正と負の電荷は互いに引き合うことを念頭に入れておこう．

### 陰極線と電子

19 世紀の半ば頃，科学者たちは空気を抜いたガラス管での放電現象を研究し始めた（▼ 図 2.3）．管の中の電極に高電圧をかけると，両極間に放電が起こり，気体が光る．これは，負の極から正の極に向かう線なので**陰極線**（cathode ray）と呼ばれる．陰極線そのものは目に見えないが，**蛍光体**を光らせるので図 2.3 のように見える．

実験を通して，陰極線が磁場や電場で曲がるようすから負の電荷をもつことがわかった．英国の物理学者 J・J・トムソン（Joseph John Thomson, 1856-1940）は 1897 年に，陰極の材質が何であっても陰極線はす

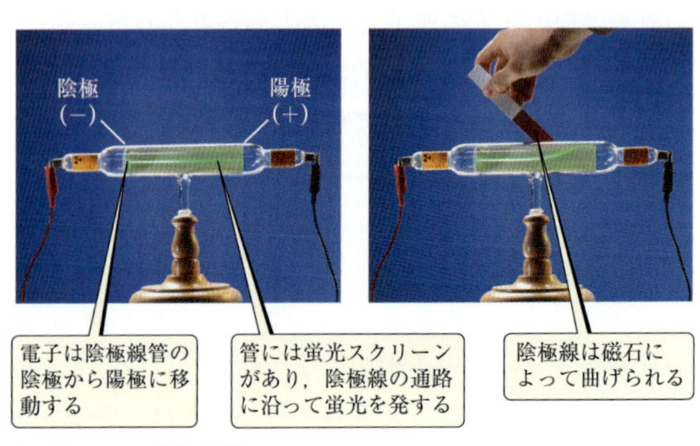


▲ **図 2.3　陰極線管**

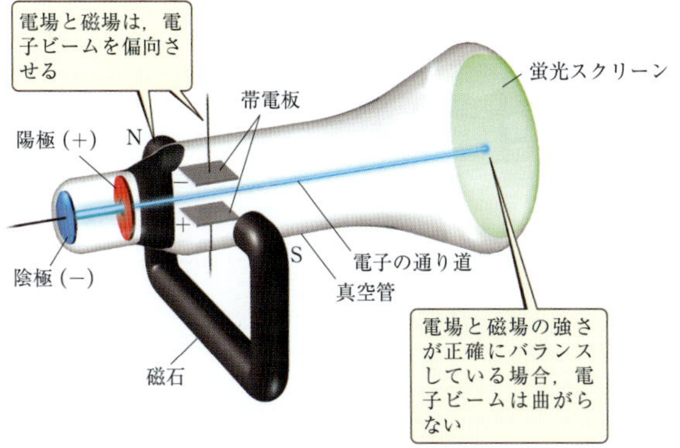


**▲図 2.4 垂直な磁場と電場をもつ陰極線管**
陰極線（電子）が陰極で発生し，陽極（中央に孔が開いている）に向かって加速する．電子の細いビームは孔を通過して蛍光スクリーンに向かう．その際，電場と磁場の強さを調整して，ビームが直進するようにする．

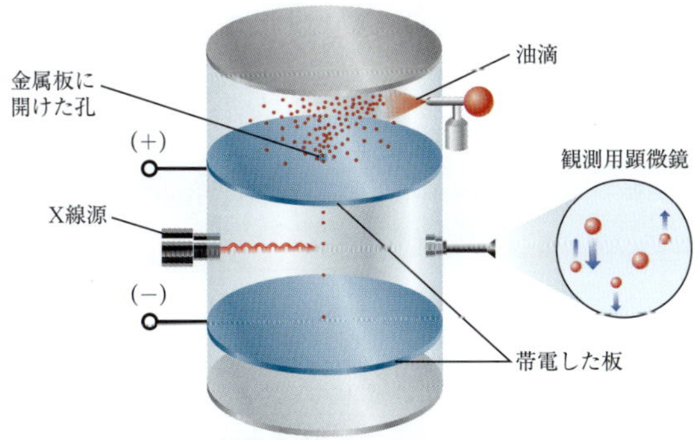


**▲図 2.5 電子の電荷を測定するために行われた，ミリカンの油滴実験**
小さな油滴が帯電した板の間を落ちるようにする．油滴にはX線を照射して電子をくっつけ，負に荷電させる．ミリカンは電圧を変えて板の間を通った油滴の落下速度がどう変わるかを観測し，そのデータから油滴の負の電荷を計算した．どの油滴の電荷もつねに $1.602 \times 10^{-19}$ C の整数倍だったため，ミリカンはこの値が電子1個のもつ電荷だと結論した．

べて同じであることを見出した．彼は，陰極線を負の電荷をもつ粒子の流れと述べた．この論文は“電子（electron）の発見”と一般にみなされている．

トムソンは▲図 2.4 のような陽極に孔の開いた陰極線管を製作した．そこで磁場と電場を調整して，いずれの方向にも曲がることなく電子がスクリーンに直進するようにした．その結果から電子の電荷 $e$ と質量 $m$ の比 $1.76 \times 10^{8}$ C/g*1 が求められた．

1909 年，シカゴ大学のロバート・ミリカン（Robert Millikan, 1868-1953）は，▲図 2.5 に示すような実験で，電子の電荷 $e$ を測定することに成功した．ミリカンはその実験値 $1.602 \times 10^{-19}$ C を用いて，電子の質量を算出した．

$$\text{電子の質量}\, m = \frac{1.602 \times 10^{-19}\,\mathrm{C}}{1.76 \times 10^{8}\,\mathrm{C/g}} = 9.10 \times 10^{-28}\,\mathrm{g}$$

この結果は，今日使われている電子の質量 $9.109\,38 \times 10^{-28}$ g とよく一致する．

## 放射能

1896 年，フランスの科学者アンリ・ベクレル（Henri Becquerel, 1852-1908）は，ウランの化合物が高いエネルギーの放射線を出すことを見出した．自発的に放射線を出す性質は**放射能**（radioactivity）と呼ばれる．ベクレルの示唆によりマリー・キュリー（Marie Curie，▼図 2.6）と夫のピエールは，その化合物から放射性の成分を取り出す実験を始めた．

放射能をさらに研究した英国の科学者アーネスト・ラザフォード（Ernest Rutherford, 1871-1937）は，放射線には α（アルファ）線，β（ベータ）線，γ（ガンマ）線の3種があることを見出した．α線とβ線は電場により曲がるが，その方向は逆で，γ線は曲がらない（▶図 2.7）．

ラザフォードは，α線とβ線が高速で運動する粒子であることを示した．実際β粒子は高速の電子で陰極線と等価と考えられ，正の極板に引きつけられる．α粒子は正の電荷をもち，負の極板に引きつけられる．β粒子の電荷は −1，α粒子の電荷は +2（電気素量を

**▲図 2.6 マリー・スクウォドフスカ=キュリー（1887-1934）**
1903 年，アンリ・ベクレルとマリー・キュリー，そして彼女の夫ピエールは，放射能（彼女が名づけた用語）にかかわる先駆的な業績に対してノーベル物理学賞を共同受賞した．1911 年，彼女はポロニウムとラジウムの発見によって2度目のノーベル賞（化学賞）を受賞した．

*1 C（クーロン）は電気量を表す SI 単位．

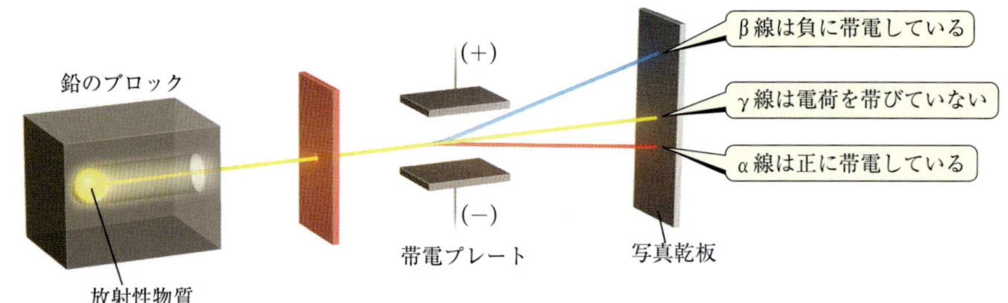


▲図 2.7　電場における α 線，β 線，γ 線

単位として表している)，その質量は電子の約 7400 倍である．γ 線は高エネルギーの電磁波で粒子ではなく，電荷もない．

## 原子モデル

原子がさらに小さい粒子からなることがわかってくると，原子の成り立ちが問題になってきた．1900 年代初期，トムソンは電子の質量が小さいことから，電子は正の電荷をもつ球状の中に電子がちりばめられている**ブドウパンモデル**（プラムプディングモデル，plum-pudding model，▼図 2.8）を考えた．

1910 年，ラザフォードは α 粒子が金箔を通るとき，曲がるか**散乱**するかを調べていた（▶図 2.9）．ほとんどの粒子は曲がることなく金箔を通り抜けたが，ブドウパンモデルから予想されるように，わずかな粒子が 1° ほど曲がった．ラザフォードは，実験していた学生アーネスト・マースデンに，さらに大きく曲がるものがないかどうかを調べさせた．驚いたことに，少数だが，大きく曲がった粒子がみつかった．中には反対方向に戻るものもあった．これはブドウパンモデルでは説明できない．

ラザフォードは，この結果を**有核原子モデル**（nuclear model）で説明した．正の電荷は，彼が**核**（nucleus）と名づけた，非常に小さく質量の集中した部分にある．彼はまた，原子の空間はほとんど空で，その空間を電子が核を中心に運動していると考えた．α 粒子散乱の実験では，大部分の粒子は，金原子の原子核にあたらずに箔を通り抜けた．しかし，原子核の近くをたまたま通った α 粒子は，電気的な反発によって図 2.9 のように曲げられたのである．

その後の実験により，1919 年にラザフォードにより原子核の中に正の電荷をもつ**陽子**（proton）が，1932 年にジェームズ・チャドウィック（Sir James Chadwick, 1891-1972）により電荷をもたない**中性子**（neutron）が発見された．

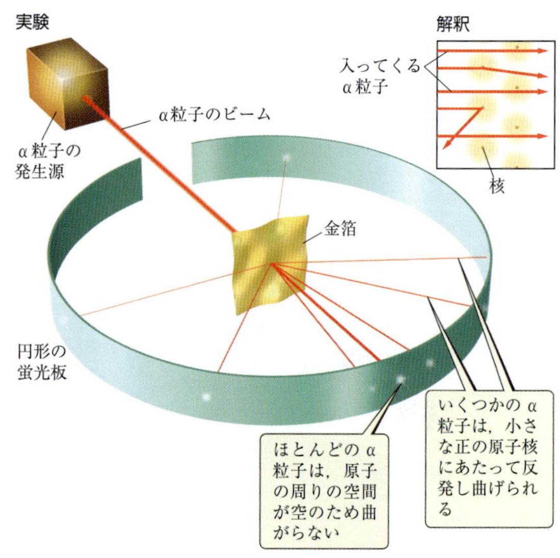


▲図 2.9　ラザフォードの α 粒子散乱実験
α 粒子が金箔を通るとき，ほとんどの粒子はまっすぐ通り抜けるが，いくらかは曲がり，わずかだがとても大きく曲げられたものもあった．ブドウパンモデルによれば，粒子はごく小さくしか曲がらないはずである．有核原子モデルでは，なぜごく少数の α 粒子が大きく曲がるのかが説明できる．わかりやすくするために，ここでは核をもつ原子を色のついた球体のように示しているが，動きまわる小さな電子を除いては，核の周りの空間のほとんどは空である．

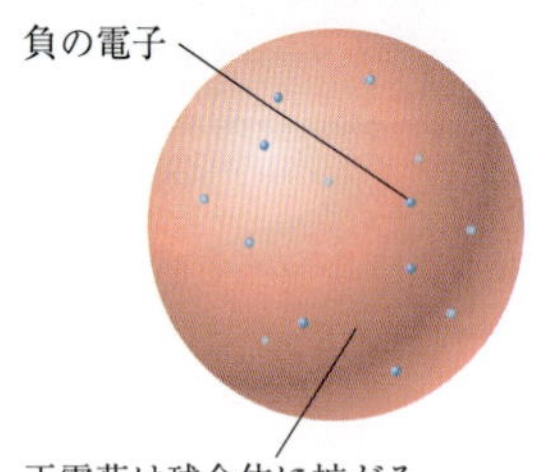


▲図 2.8　トムソンのブドウパンモデル
このモデルはラザフォードの実験により間違っていることが証明された．

**考えてみよう**

ラザフォードの実験で，大部分の α 粒子は金箔にあたったとき，どのような挙動を示したか．それはなぜだろうか．

## 2.3 現代の原子観

ラザフォードの時代から，原子核についての研究は大きく進み，原子核を構成する粒子も多く知られるようになった．しかし，化学者にとって原子核の基本的構成粒子は陽子と中性子である．原子の構成粒子として，**陽子**，**電子**および**中性子**だけを考えれば，化学的な挙動を説明できる．

すでに述べたように，電子の電荷は $-1.602 \times 10^{-19}$ C である．陽子の電荷の大きさは電子と同じ $1.602 \times 10^{-19}$ C である．この電気量は**電気素量**と呼ばれ，$e$ で表される．小さい粒子やイオンなどの電荷は，通常，クーロン単位ではなく電気素量を単位として表される．電子の電荷は 1−，陽子の電荷は 1+ と表す．中性子は，その名の通り電気的に中性である．**原子は同数の陽子と電子をもち，電荷をもたない．**

陽子と中性子は小さな原子核の中にあり，原子の空間の大部分は電子の存在する場所である（▼ **図 2.10**）．後の章で，陽子と電子の引力と原子の構造についての議論を紹介する．

原子の質量は大変小さく，重いものでも $4 \times 10^{-22}$ g 程度である．そこで，小さい粒子の質量を原子質量単位（atomic mass unit, u）※1 で表す．$1\ \mathrm{u} = 1.66054 \times 10^{-24}$ g である．原子を構成する粒子の質量と電荷を▲ **表 2.1** に示す．電子の質量は陽子や中性子の 1846 分の 1 しかないので，原子核が原子の質量の大部分を担う．

**表 2.1 陽子，中性子，電子の比較**

| 粒　子 | 電　荷 | 質量（u） |
|---|---|---|
| 陽　子 | 正（1+） | 1.0073 |
| 中性子 | な　し | 1.0087 |
| 電　子 | 負（1−） | $5.486 \times 10^{-4}$ |

多くの原子の大きさは $1 \times 10^{-10}$〜$5 \times 10^{-10}$ m である．原子の大きさを表すのに，ナノメートル（nm）がよく使われる．非 SI 単位のオングストローム（Å）も使われることがある．$1\ \text{Å} = 1 \times 10^{-10}$ m である．この単位で表すと，原子の大きさは 1〜5 Å といえる．SI 単位では 0.1〜0.5 nm である．

※1 訳注：米国では amu が使われるが，本書では国際的な取り決めに従い u を用いる．

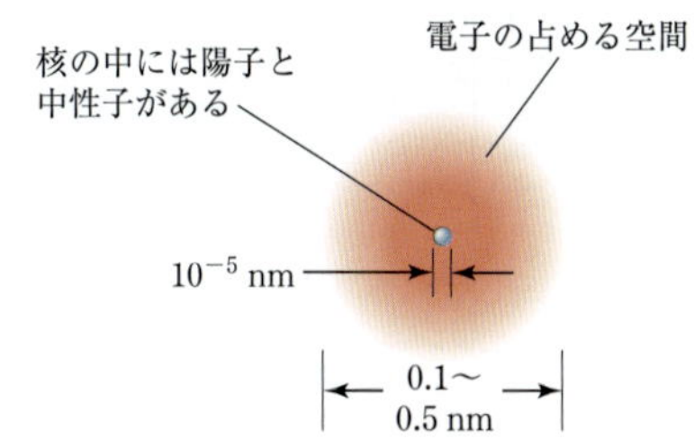


▲ **図 2.10 原子の構造**
高速で運動する電子の雲が原子の空間のほとんどを占める．核は原子の中心のごく小さな部分にあり，陽子と中性子からなる．核は実質的には，原子の質量のすべてを担う．

### 例題 2.1 原子の大きさ

10 セント硬貨の直径は 17.9 mm である．この直径に，直径 2.88 Å の銀原子を何個並べられるだろうか．

**解　法**

**解**　mm と m，Å と m の単位の換算を行いながら解く．

Ag 原子

$$= (17.9\ \mathrm{mm})\left(\frac{10^{-3}\ \mathrm{m}}{1\ \mathrm{mm}}\right)\left(\frac{1\ \text{Å}}{10^{-10}\ \mathrm{m}}\right)\left(\frac{1\ \text{Ag 原子}}{2.88\ \text{Å}}\right)$$

$$= 6.22 \times 10^{7}\ \text{Ag 原子}$$

**演　習**

炭素原子の直径は 1.54 Å である．
(**a**) この直径を pm 単位で表せ．(**b**) 鉛筆で書いた太さ 0.2 mm の線の幅には，何個の炭素原子が並べられるか．

原子核の直径は約 $10^{-5}$ nm で，原子よりはるかに小さい．水素原子をフットボールスタジアムの大きさとすると，原子核はビー玉程度の大きさである．原子核の密度は $10^{13}$〜$10^{14}$ g/cm$^3$ ときわめて高い．これだけの密度のビー玉があれば，10 億 t もの重さになる！

より深い理解のために

### 基本的な力

自然界には4種の力が知られている．(1) 重力（万有引力），(2) 電磁気力 (3) 強い力，(4) 弱い力である．**重力**（gravitational force）は，質量をもつすべての物体の間にその質量に比例して働く引力である．原子間あるいは亜原子粒子間に働く重力は小さいので，化学では問題にならない．**電磁気力**（electromagnetic force）は，電気あるいは磁気を帯びた物体間に働く引力あるいは斥力である．

原子の化学的なふるまいを理解するには，電気的な力が重要である．帯電した2個の粒子間の電気的な力の大きさは**クーロンの法則**（Coulomb's law）で与えられる．

$$F = kQ_1Q_2/d^2$$

ここで $Q_1$ と $Q_2$ は2個の帯電粒子の電荷，$d$ はそれらの粒子の中心間の距離，$k$ は定数である．これが負の場合は引力，正の場合は斥力である．この電気力（クーロン力とも呼ばれる）は，元素の化学的な性質を決める最も重要な力である．

水素以外のすべての原子は2個以上の陽子をもつが，正の電荷をもつ陽子どうしは反発し合うので，強い力がなければ離れ離れに分かれてしまう．**強い力**（強い核力）は小さい核の中で素粒子間に働く．このような近距離では，強い力は電気的な反発より強く，原子核をまとめている．**弱い力**は電気力より弱いが重力よりは強い．放射線，原子核の壊変に関係している．

## 原子番号，質量数，同位体

ある元素の原子と他の元素の原子との違いは**陽子の数**である．陽子の数を**原子番号**（atomic number）という．例えば炭素原子は，すべて陽子6個と電子6個をもつ．すべての元素の原子番号は，元素名とともに本書の表紙の裏に示されている．

同じ元素の原子でも，中性子の数が異なることがある．例えば，大部分の炭素原子は中性子6個をもつが，中性子5個の炭素原子も8個の炭素原子もある．$^{12}_{6}C$（炭素-12と呼ぶ）は陽子6個，中性子6個の炭素原子を表す．陽子の数と中性子の数との和を**質量数**（mass number）という．原子番号は元素記号の左側の下付き文字で，質量数は上付き文字で示す．原子番号は記載しないことが多い．

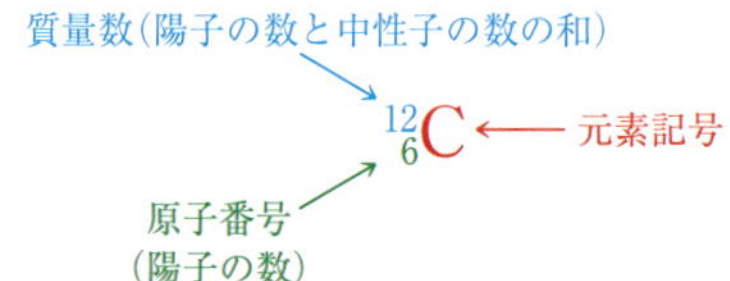

より深い理解のために

### 質量分析法（mass spectrometry）

原子量を最も正確に決めることができるのは**質量分析器**（mass spectrometer）である（▼図2.11）．Aから気体試料を入れ，Bで高エネルギーの電子を分子に衝突させると，試料分子の電子が放出され正の電荷をもったイオンになる．イオンは負の電荷をもったグリッドCによって加速され，さらに磁場を通過させられる．イオンが磁場の中を通過すると，イオンに横向きの力が働き，曲げられる．電荷が同じなら，質量の小さいイオンほど大きく曲げられる．その結果，イオンは質量によって分けられる．質量分析の結果得られる，横軸に質量（正しくは $m/z$ 値），縦軸に検出強度をとったスペクトルは，マススペクトル（mass spectrum, MS）と呼ばれる（▼図2.12）．

質量分析器は，現代では広く化合物の同定や混合物の分析に使われている．分子が電子を失うとばらばらに壊れ，正の電荷をもったフラグメントになる．質量スペクトルから，これらのフラグメントの質量がわかるが，これはもとの分子の指紋のようなもので，もとの分子の中での原子のつながり方を推定する手がかりとなる．化学者は，質量分析を新化合物の構造決定や環境汚染物質の同定に使っている．

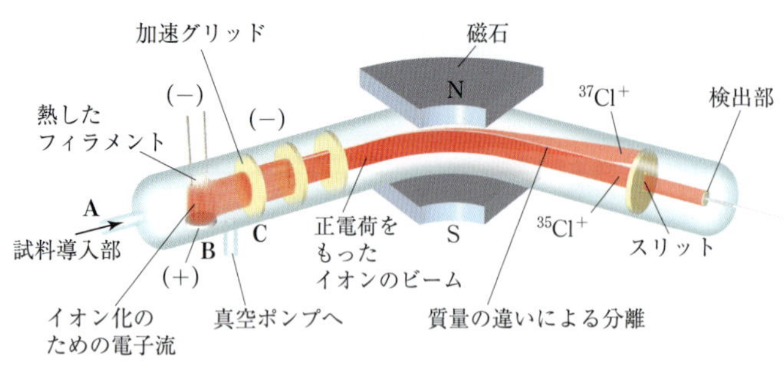


**▲図2.11　質量分析器**
Cl原子をAから導入し，ついで $Cl^+$ にイオン化する．磁場によって方向を曲げるとClの2種の同位体は分かれる．

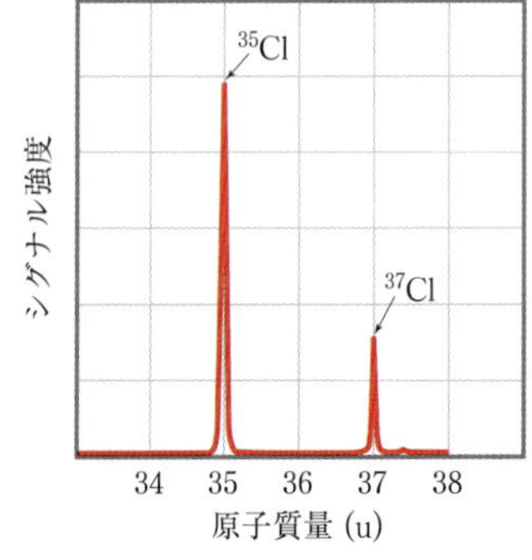


**▲図2.12　塩素原子のマススペクトル**
$^{35}Cl$ と $^{37}Cl$ の存在比は，シグナルの相対的強度で示される．

表 2.2 炭素の同位体*

| 記 号 | 陽子の数 | 電子の数 | 中性子の数 |
|---|---|---|---|
| $^{11}C$ | 6 | 6 | 5 |
| $^{12}C$ | 6 | 6 | 6 |
| $^{13}C$ | 6 | 6 | 7 |
| $^{14}C$ | 6 | 6 | 8 |

* 自然界に存在するおよそ 99%の炭素は $^{12}C$ である.

原子番号が同じで質量数が異なる原子は**同位体**(isotope)と呼ばれる.炭素の同位体を▲ **表 2.2** に示す.

## 2.4 原 子 量

19 世紀の科学者は原子の質量が元素により異なることを知っていた.例えば,水分子の中の水素と酸素の質量比は 1 : 8 である.もし,水が酸素原子 1 個につき水素原子 2 個の割合でできているとすると,酸素原子の質量は水素原子の 16 倍あることになる.最も軽い水素原子の質量を 1 として,他の元素の原子の質量を相対的に表すことにし,これを原子量(atomic mass,単位をもたない無名数)と呼んだ.酸素原子の原子量は 16 ということになる.

現在では個々の原子の質量を測定できる.例えば $^{1}H$ の質量は $1.6735 \times 10^{-24}$ g である.このように軽い粒子の質量を示すには,前に述べた原子質量単位 u が便利である.原子質量単位は,$^{12}C$ 同位体の質量を正確に 12 u とすることで定義されている.

ほとんどの元素は自然界では同位体の混合物として存在している.それらの原子の加重平均*2 質量は次のように求められる.

原子の加重平均質量

$$= \sum(\text{同位体の質量} \times \text{同位体の存在比})$$

[すべての同位体について] [2.1]

u 単位で求められた平均質量の数値をその元素の**原子量**(atomic weight,単位をもたない)という※2.

自然界の炭素は,98.93% の $^{12}C$(質量 12 u)と 1.07% の $^{13}C$(質量 13.003 35 u)からなる.ここから炭素の原子量を求めると,

炭素の加重平均質量

$$= (0.9893 \times 12\ \mathrm{u}) + (0.0107 \times 13.003\,55\ \mathrm{u})$$
$$= 12.01\ \mathrm{u}$$

炭素の原子量は,12.01 となる.各元素の原子量は,表紙の裏に周期表および表の形で示した.

*2 値を単純に平均するのではなく,値の重み(量や個数)を加味して平均すること.

※2 訳注:米国の大学向教科書では,原子量を u の単位つきの数値としている.分子量,式量も同様である.

## 2.5 周 期 表

18 世紀初めに,多数の元素が知られるようになるにつれ,それぞれの化学的性質のパターンを調べようという試みが行われた.このような積み重ねから,1869 年に周期表が生まれた.周期表は 6 章と 7 章で詳細に学ぶが,ここで周期表を簡単に説明する.**周期表は,化学的事実を組織的に考えるときに最も重要な道具である.**

多くの元素には類似した点がある.例えば,リチウム,ナトリウム,カリウムの金属は,いずれも軟らかく反応性が高い.元素を原子番号の順に並べると,化学的あるいは物理的に類似したものが繰り返し,つまり**周期的に**現れる.元素を原子番号順に並べ,類似した性質のものが縦に揃うように表にしたものが,**周期表**(periodic table)である(▶ **図 2.13**)※3.

水平の行は**周期**(period)と呼ばれる.第一周期は水素 H とヘリウム He の 2 個だけである.第二および第三周期にはそれぞれ 8 個の元素が,第四および第五周期には 18 個の元素が含まれる.第六周期には 32 個の元素が含まれるが,そのうち 15 個は表の下に置かれる.第七周期は,現在まだ完全ではないが,15 個の元素がやはり表の下に置かれる.

周期表の縦の並びは**族**(group)と呼ばれる.最新の国際的な取り決めでは,左から 1 族,2 族…のように 18 族まで番号がつけられている.しかし,歴史的にはさまざまな族番号が使われてきた.米国では 1A,2A,3B,4B … 7B,8B,1B,2B,3A … 8A の番号

※3 訳注:この周期表および表紙裏の周期表は,IUPAC の周期表で,日本で広く使われているものである.米国の大学化学教科書ではこの周期表は採用されておらず,教科書によって異なる周期表が使われている.米国の多くの教科書が日本語に訳されているが,訳書ではほとんどすべて IUPAC の周期表に改められている.本書では原著の周期表を図 6.29 に示した.127 ページの訳注参照.

周期—水平の行

元素は原子番号の順に並んでいる

金属と非金属を分ける階段状の区切り線

族—同じような性質をもつ元素をまとめた縦の列

| 周期 | 1A<br>1 | 2A<br>2 | 3B<br>3 | 4B<br>4 | 5B<br>5 | 6B<br>6 | 7B<br>7 | 8B<br>8 | 8B<br>9 | 8B<br>10 | 1B<br>11 | 2B<br>12 | 3A<br>13 | 4A<br>14 | 5A<br>15 | 6A<br>16 | 7A<br>17 | 8A<br>18 |
|---|---|---|---|---|---|---|---|---|---|---|---|---|---|---|---|---|---|---|
| 1 | 1 H | | | | | | | | | | | | | | | | | 2 He |
| 2 | 3 Li | 4 Be | | | | | | | | | | | 5 B | 6 C | 7 N | 8 O | 9 F | 10 Ne |
| 3 | 11 Na | 12 Mg | | | | | | | | | | | 13 Al | 14 Si | 15 P | 16 S | 17 Cl | 18 Ar |
| 4 | 19 K | 20 Ca | 21 Sc | 22 Ti | 23 V | 24 Cr | 25 Mn | 26 Fe | 27 Co | 28 Ni | 29 Cu | 30 Zn | 31 Ga | 32 Ge | 33 As | 34 Se | 35 Br | 36 Kr |
| 5 | 37 Rb | 38 Sr | 39 Y | 40 Zr | 41 Nb | 42 Mo | 43 Tc | 44 Ru | 45 Rh | 46 Pd | 47 Ag | 48 Cd | 49 In | 50 Sn | 51 Sb | 52 Te | 53 I | 54 Xe |
| 6 | 55 Cs | 56 Ba | 57〜71 ランタノイド | 72 Hf | 73 Ta | 74 W | 75 Re | 76 Os | 77 Ir | 78 Pt | 79 Au | 80 Hg | 81 Tl | 82 Pb | 83 Bi | 84 Po | 85 At | 86 Rn |
| 7 | 87 Fr | 88 Ra | 89〜103 アクチノイド | 104 Rf | 105 Db | 106 Sg | 107 Bh | 108 Hs | 109 Mt | 110 Ds | 111 Rg | 112 Cn | 113 Nh | 114 Fl | 115 Mc | 116 Lv | 117 Ts | 118 Og |

| | | | | | | | | | | | | | | |
|---|---|---|---|---|---|---|---|---|---|---|---|---|---|---|
| 57 La | 58 Ce | 59 Pr | 60 Nd | 61 Pm | 62 Sm | 63 Eu | 64 Gd | 65 Tb | 66 Dy | 67 Ho | 68 Er | 69 Tm | 70 Yb | 71 Lu |
| 89 Ac | 90 Th | 91 Pa | 92 U | 93 Np | 94 Pu | 95 Am | 96 Cm | 97 Bk | 98 Cf | 99 Es | 100 Fm | 101 Md | 102 No | 103 Lr |

金　属

メタロイド

非金属

▲図 2.13　元素周期表

がしばしば使われている．

同じ族の元素には物理的にも化学的にも似た性質がある．例えば 11 族の銅 Cu，銀 Ag，金 Au は“貨幣金属”とも呼ばれ，化学的に安定で硬貨に使われてきた．いくつかの族の名称を▼表 2.3 に示す．

図 2.13 は元素の分類によって色分けされている．周期表の左側と中ほどにある水素以外の元素は，**金属元素**（metallic element）あるいは単に**金属**（metal）と呼ばれる．周期表の右上の元素と水素は，**非金属元素**（nonmetallic element）あるいは単に**非金属**（nonmetal）と呼ばれる．金属と非金属はホウ素 B からアスタチン At に至る階段状の線で分けられている．この線に沿った多くの元素は，金属と非金属の間にあるような性質があり，**メタロイド**（metalloid）と呼ばれる．

**表 2.3　周期表における族の名称**

| 族 | 名　称 | 元　素 |
|---|---|---|
| 1（1A） | アルカリ金属 | Li，Na，K，Rb，Cs，Fr |
| 2（2A） | アルカリ土類金属 | Be，Mg，Ca，Sr，Ba，Ra |
| 16（6A） | カルコゲン | O，S，Se，Te，Po |
| 17（7A） | ハロゲン | F，Cl，Br，I，At |
| 18（8A） | 貴ガス | He，Ne，Ar，Kr，Xe，Rn |

### 例題 2.2　周期表を使う

次の元素のうち，互いに最もよく似た化学的性質，物理的性質をもつのはどれとどれか．
B，Ca，F，He，Mg，P

**解　法**

**解**　周期表で同じ族の元素が似た性質をもつと考えられる．したがって，2 族アルカリ土類金属の Ca と Mg が最も似ている．

**演　習**

Na と Br は周期表でどの位置にあるか．それぞれの原子番号と分類（金属元素，非金属元素，メタロイド）を答えよ．

## 2.6 ▍分子と分子性化合物

原子は最も小さいものの代表だが，孤立した原子として自然界に存在しているのは貴ガスのみで，大部分の物質は分子あるいはイオンからなる．本節では分子について，次節ではイオンについて学ぶ．

## 分子と化学式

いくつかの単体は自然界で分子として存在する．例えば，空気中の酸素は酸素原子 2 個が結合した分子として存在する．これは，$O_2$ という**化学式**（chemical formula）で表す．原子 2 個からなる分子を**二原子分子**（diatomic molecule）という．

酸素のみからなる分子にはオゾン $O_3$ もある．これらは性質がまったく異なる．$O_2$ が無臭で，多くの生命にとって不可欠であるのに対し，$O_3$ は有毒で特有の悪臭がある．

単体が二原子分子で存在する元素には，$H_2$，$O_2$，$N_2$ とハロゲンがある．これらの元素は，水素以外は周期表の右側に位置する．

分子からなる化合物を**分子性化合物**（molecular compound）という．水 $H_2O$，過酸化水素 $H_2O_2$，二酸化炭素 $CO_2$，一酸化炭素 CO，メタン $CH_4$，エチレン $C_2H_4$ はその例である．これらは非金属元素のみからなることに留意しよう．**多くの分子性化合物は，非金属元素のみからなる．**

## 分子式と実験式

分子を構成する原子の数を示す化学式を**分子式**（molecular formula）という．それに対し，構成原子の相対的な数を示す化学式を**実験式**（empirical formula）という．実験式中の数字は，できるだけ小さい整数にする．例えば，エチレン $C_2H_4$ の実験式は $CH_2$ である．

### 考えてみよう

化学式 $SO_2$，$B_2H_6$，CH，$C_4H_2O_2$ について，次の問に答えよ．
(a) 実験式はどれか．(b) 分子式はどれか (c) 分子式，実験式いずれにもあたるのはどれか．

## 分子を描く

分子の中の原子どうしのつながりは，**構造式**（structural formula）で示される．各原子は元素記号で，結合は線で表す．

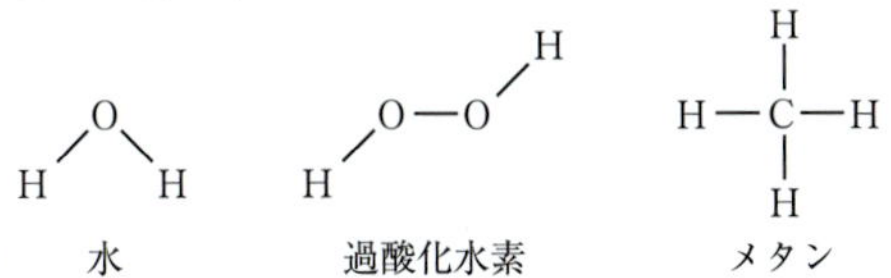


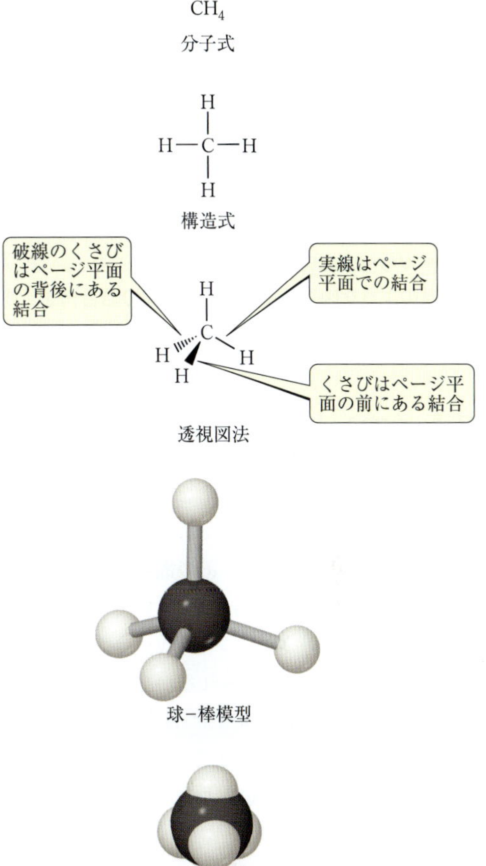


▲ **図 2.14 いろいろな図法で描いたメタン $CH_4$ の分子**
分子式に対応する構造式，透視図法，球-棒模型，空間充填模型．それぞれの方法で原子が互いにつながっているようすを視覚化できる．

構造式では，結合角[※4]はわからないことが多い．立体的な形を示すいくつかの描き方を▲ 図 2.14 に示す．構造式を**透視図法**（perspective drawing）で示すのはその一つである．

**球-棒模型**（ボールアンドスティックモデル，ball-and-stick model）は結合角がわかりやすい．元素記号はしばしば省略されるが，その場合各元素が色分けされてわかるようになっている．**空間充填模型**（space-filling model）は，原子の相対的な大きさや分子の形がわかりやすい．

※4 訳注：分子の中で，原子どうしがつながっている角度．詳細は §9.1 で扱う．

### 考えてみよう

エタンは次の構造式をもつ．

```
     H   H
     |   |
H — C — C — H
     |   |
     H   H
```

(a) エタンの分子式を書け．
(b) エタンの実験式を書け．
(c) どのような図法を使うと，原子間の結合角を示すことができるだろうか．

## 2.7 イオンとイオン性化合物

化学変化の際，原子核は変化しないが，電子は失われたり加えられたりすることがあり，電荷をもった粒子，**イオン**（ion）が生じる．正の電荷をもつのは**陽イオン**（cation，カチオンともいう），負の電荷をもつのは**陰イオン**（anion，アニオンともいう）である．

イオンがどのようにつくられるかを考えてみよう．ナトリウム原子は11個の陽子と11個の電子をもつ．ナトリウム原子は簡単に電子を1個失い，11個の陽子と10個の電子をもつ陽イオンとなり，全体で1+の電荷を帯びる．

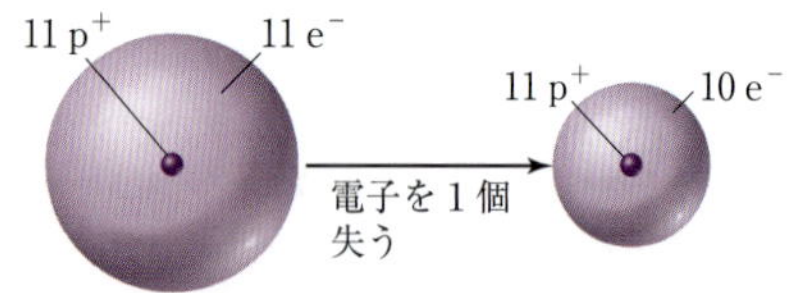


Na（ナトリウム）原子　　　$Na^+$

イオンのもつ電荷は上付きの文字で表される．上付きの文字+，2+，3+は，それぞれ電子を1個，2個，3個失って正の電荷を帯び，1価，2価，3価の陽イオンになったことを意味する．また−，2−，3−はそれぞれ電子を一つ，二つ，三つ取り込んで，全体で負の電荷を帯び −1価，−2価，−3価の陰イオンになったことを意味する．

塩素の原子は17個の陽子と17個の電子をもつが，化学反応によって電子を取り込むと −1価の $Cl^-$ となる．

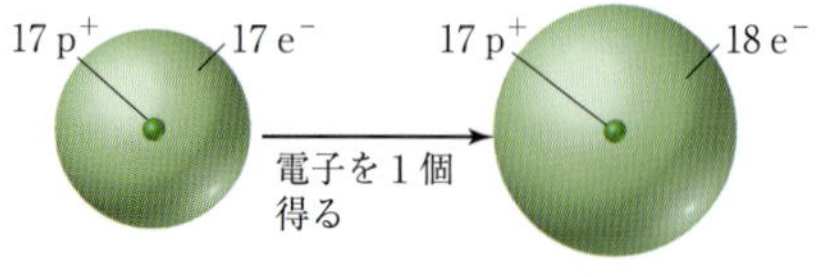


Cl（塩素）原子　　　$Cl^-$

$Na^+$ や $Cl^-$ のように1個の原子からなるイオンを**単原子イオン**（monoatomic ion）という．それに対し，$NH_4^+$（アンモニウムイオン）や $SO_4^{2-}$（硫酸イオン）のように2個以上の原子が集まり全体として正あるいは負の電荷をもつイオンをつくることがある．このように複数の原子からなるイオンを**多原子イオン**（polyatomic ion）という．

イオンの性質が，もとの原子とは全く異なることは知っておいてほしい．

### 例題 2.3　イオンの化学式

次のイオンを化学式で示せ．
(a) 陽子22個，中性子26個，電子19個をもつイオン
(b) 中性子16個，電子18個をもつ硫黄のイオン

**解　法**

解　(a) 陽子数は原子番号である．周期表から原子番号22はチタンである．中性子26個の同位体の質量数は 22 + 26 = 48 である．電子19個は陽子の数より3少ないので，イオンの電荷は3+ である．したがって，化学式は $^{48}Ti^{3+}$ となる．
(b) 周期表から硫黄の原子番号は16である．したがって，陽子の数は16である．中性子が16個なので，質量数は 16 + 16 = 32 である．電子の数18は陽子の数16より2多いので，イオンの電荷は2− である．したがって，化学式は $^{32}S^{2-}$ となる．

**演　習**

$^{79}Se^{2-}$ の陽子，中性子および電子の数を求めよ．

### イオンの電荷の推定

多くの原子は，電子を失ったり取り込んだりした結果，周期表で最も近い貴ガスと同数の電子をもつイオンになる．例えば，ナトリウムは1価の陽イオンになるが，電子数はネオンに等しい．同様に塩素は，アルゴンと電子数の同じ −1価の陰イオンになる．周期表は，このことを頭に入れるのに便利である（▶ 図 2.15）．

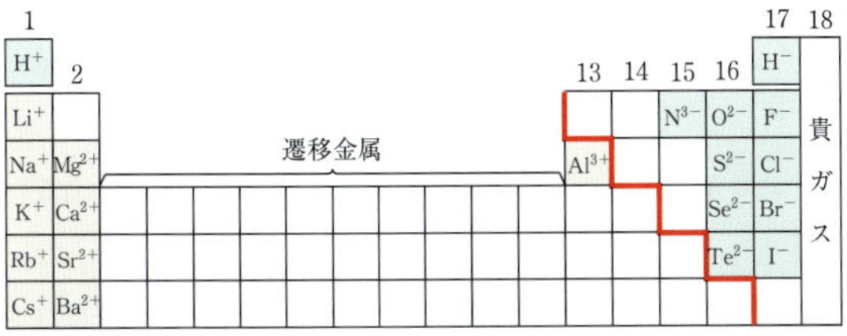

| 1 | 2 | 遷移金属 | 13 | 14 | 15 | 16 | 17 | 18 |
|---|---|---|---|---|---|---|---|---|
| $H^+$ | | | | | | | $H^-$ | 貴ガス |
| $Li^+$ | | | | | $N^{3-}$ | $O^{2-}$ | $F^-$ | |
| $Na^+$ | $Mg^{2+}$ | | $Al^{3+}$ | | | $S^{2-}$ | $Cl^-$ | |
| $K^+$ | $Ca^{2+}$ | | | | | $Se^{2-}$ | $Br^-$ | |
| $Rb^+$ | $Sr^{2+}$ | | | | | $Te^{2-}$ | $I^-$ | |
| $Cs^+$ | $Ba^{2+}$ | | | | | | | |

**▲図 2.15 よく出てくるイオンの電荷の予測**
1族元素（アルカリ金属）は1価の陽イオン，17族元素（ハロゲン）は −1価の陰イオンをつくる．赤い階段状の線で，金属と非金属が分かれるが，この線で陽イオンと陰イオンも分かれる．水素には1価の陽イオンと陰イオンの両方がある．

### イオン性化合物

ナトリウムの単体と塩素の単体が反応するときには，ナトリウムから塩素へ電子が移動して $Na^+$ と $Cl^-$ ができる．これらのイオンは塩化ナトリウム NaCl の化合物となる（**▼図 2.16**）．このような陽イオンと陰イオンからなる化合物は，**イオン性化合物**（ionic compound）という．

化合物の組成から，分子性かイオン性かをある程度予測できる．**イオン性化合物は，一般に金属元素と非金属元素から，分子性化合物は非金属元素のみからなる．**

#### 例題 2.4 イオン性化合物と分子性化合物

次の化合物のうち，イオン性化合物はどれか．
$N_2O$，$Na_2O$，$CaCl_2$，$SF_4$

**解 法**

**解** $Na_2O$ と $CaCl_2$ は，金属元素と非金属元素からなるので，イオン性化合物である．非金属元素どうしの化合物は，$N_2O$ と $SF_4$ で，これらは分子性化合物と推定できる．

**演 習**

次の化合物のうち，分子性化合物はどれか．
$CBr_4$，FeS，$P_4O_6$，$PbF_2$

イオン性化合物の中で，イオンは図 2.16 のように三次元構造をとっている．そこにははっきりした NaCl "分子" はないので，このような化合物は分子式ではなく実験式で表す．電荷の絶対値が同じ陽イオンと陰イオンからなる化合物の実験式では，数字は省略される．価数が異なる陽イオンと陰イオンからなる化合物では，価数の絶対値を下付きの数字にすればよい．

## 2.8 無機化合物の名称

化合物の名称は化学ではきわめて重要である．名前のつけ方は**化学命名法**（chemical nomenclature）と呼ばれる．

500 万種以上の物質が知られているが，それらにそれぞれ独立に名前をつけると，大変複雑になってしまう．古くから知られている重要な物質，例えば，水（$H_2O$）やアンモニア（$NH_3$）は伝統的な名称である．これを慣用名という．

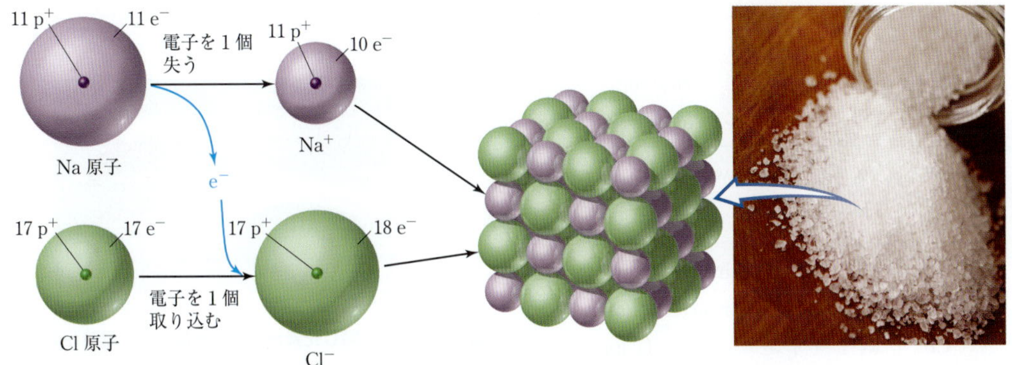


**▲図 2.16 イオン性化合物の生成**
Na 原子から1個の電子が Cl 原子に移動し，$Na^+$ と $Cl^-$ をつくる．固体の塩化ナトリウム NaCl 中では，それらのイオンは格子状に配列している．

## 化学と生命
## 必須元素

▼図 **2.17** の色づけされた部分は，生命に必須の元素を示す．多くの生き物の質量の97%以上はわずか6種の元素—酸素，炭素，水素，窒素，硫黄，リン—である．水が最も多い化合物で，大部分の細胞の質量の70%以上を占める．細胞の固体成分では，炭素が最も多い．炭素は膨大な種類の有機化合物に含まれる．炭素原子どうし，あるいは他の原子と結合して，タンパク質，炭水化物をはじめいろいろな化合物となる．

そのほか，23個の元素が多様な生物にみられる．そのうち5個はすべての生き物に必須のイオン $Ca^{2+}$，$Cl^-$，$Mg^{2+}$，$K^+$，$Na^+$ である．例えば，$Ca^{2+}$ は，骨や神経系の伝達に使われる．他の元素はごく微量で，**微量元素**（trace element）と呼ばれる．例えば，微量の銅はヘモグロビンの合成にかかわっているため，摂取する必要がある．

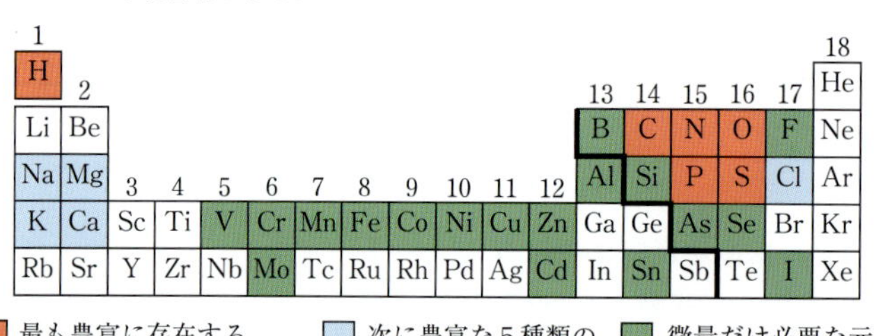


最も豊富に存在する6種の必須元素　次に豊富な5種類の必須元素　微量だけ必要な元素

▲図 **2.17**　**生命の必須元素**

大部分の物質に対しては，その組成に応じ，特有の名称を決める規則がある．命名法は大きく**有機化合物**と**無機化合物**に対するものに分けられる．ここでは，三つのカテゴリーの無機化合物—イオン性化合物，分子性化合物，および酸の名称について基本的な規則を紹介する．

### イオン性化合物の名称と化学式

イオン性化合物は，一般に金属陽イオンと非金属元素の陰イオンからなる．

1. 陽イオン

a. 金属元素からの陽イオンの名称は金属と同じである．

| | | |
|---|---|---|
| $Na^+$ | ナトリウムイオン | sodium ion |
| $Zn^{2+}$ | 亜鉛イオン | zinc ion |
| $Al^{3+}$ | アルミニウムイオン | aluminium ion |

b. 電荷がいろいろな陽イオンがある場合，価数をローマ数字で表す．

| | | |
|---|---|---|
| $Fe^{2+}$ | 鉄(II)イオン | iron(II) ion |
| $Fe^{3+}$ | 鉄(III)イオン | iron(III) ion |
| $Cu^+$ | 銅(I)イオン | copper(I) ion |
| $Cu^{2+}$ | 銅(II)イオン | copper(II) ion |

同じ元素でも電荷が違えば，性質も異なる（▼図 **2.18**）．

価数の異なる陽イオンをもつのは，一般に**遷移金属**である．価数が決まっているのは，1族，2族の元素と $Al^{3+}$，また，2個の遷移元素 $Ag^+$ と $Zn^{2+}$ である．本書ではこれらの価数を省略する．しかし，ローマ数字で価数を明記しても間違いではない．なお，英語では，鉄と銅のイオンに対し，ラテン語に由来する慣用名が使われることがある（日本語の第一，第二の表現は，現在では使われない）．

▲図 **2.18**　**同じ元素からなる物質でも，電荷が違うと性質が異なる．**
これらはどちらも鉄の酸化物である．左の物質は四酸化三鉄（マグネタイト）$Fe_3O_4$ で，$Fe^{2+}$ と $Fe^{3+}$ を含む．右の物質は酸化鉄(III) $Fe_2O_3$ で，$Fe^{3+}$ を含む．

| | | |
|---|---|---|
| $Fe^{2+}$ | 第一鉄 | ferrous ion |
| $Fe^{3+}$ | 第二鉄 | ferric ion |
| $Cu^{+}$ | 第一銅 | cuprous ion |
| $Cu^{2+}$ | 第二銅 | cupric ion |

c. 非金属元素からの陽イオンの語尾は"-ウム(-ium)"である.

| | | |
|---|---|---|
| $NH_4^+$ | アンモニウムイオン | ammonium ion |
| $H_3O^+$ | オキソニウムイオン | oxonium ion |

この種の陽イオンのうち,本書で出てくるのはこの二つだけである.

▼**表 2.4** に,よく出てくる陽イオンの式と名称をまとめた.

2. **陰イオン**

a. 非金属元素の陰イオンの語尾は,"-化物(-ide)イオン"である.

| | | |
|---|---|---|
| $H^-$ | 水素化物イオン | hydride ion |
| $O^{2-}$ | 酸化物イオン | oxide ion |
| $N^{3-}$ | 窒化物イオン | nitride ion |

多原子陰イオンの中にも,語尾に"-化物イオン"とつくものがある.

| | | |
|---|---|---|
| $OH^-$ | 水酸化物イオン | hydroxide ion |
| $CN^-$ | シアン化物イオン | cyanide ion |
| $O_2^{2-}$ | 過酸化物イオン | peroxide ion |

b. 酸素を含む多原子イオンは,**オキソ酸イオン**(oxyanion)と呼ばれ,語尾は"-酸イオン"(-ate あるいは-ite)である.-酸イオン(-ate)は最も普通のイオンに使われ,接頭語"亜-"(接尾語-ite)は酸素原子が1個少ないイオンに使われる.

| | | |
|---|---|---|
| $NO_3^-$ | 硝酸イオン | nitrate ion |
| $NO_2^-$ | 亜硝酸イオン | nitrite ion |
| $SO_4^{2-}$ | 硫酸イオン | sulfate ion |
| $SO_3^{2-}$ | 亜硫酸イオン | sulfite ion |

ハロゲンの4種のオキソ酸イオンの命名には,接頭語と接尾語が使われる.

**表 2.4 よく出てくる陽イオン**

| 電 荷 | 化学式 | 名 称 | 化学式 | 名 称 |
|---|---|---|---|---|
| 1+(1価) | $\mathbf{H^+}$ | **水素イオン** | $\mathbf{NH_4^+}$ | **アンモニウムイオン** |
| | $Li^+$ | リチウムイオン | $Cu^+$ | 銅(I)イオン |
| | $\mathbf{Na^+}$ | **ナトリウムイオン** | | |
| | $\mathbf{K^+}$ | **カリウムイオン** | | |
| | $Cs^+$ | セシウムイオン | | |
| | $\mathbf{Ag^+}$ | **銀イオン** | | |
| 2+(2価) | $\mathbf{Mg^{2+}}$ | **マグネシウムイオン** | $Co^{2+}$ | コバルト(II)イオン |
| | $\mathbf{Ca^{2+}}$ | **カルシウムイオン** | $\mathbf{Cu^{2+}}$ | **銅(II)イオン** |
| | $Sr^{2+}$ | ストロンチウムイオン | $\mathbf{Fe^{2+}}$ | **鉄(II)イオン** |
| | $Ba^{2+}$ | バリウムイオン | $Mn^{2+}$ | マンガン(II)イオン |
| | $\mathbf{Zn^{2+}}$ | **亜鉛イオン** | $Hg_2^{2+}$ | 水銀(I)イオン |
| | $Cd^{2+}$ | カドミウムイオン | $\mathbf{Hg^{2+}}$ | **水銀(II)イオン** |
| | | | $Ni^{2+}$ | ニッケル(II)イオン |
| | | | $\mathbf{Pb^{2+}}$ | **鉛(II)イオン** |
| | | | $Sn^{2+}$ | スズ(II)イオン |
| 3+(3価) | $\mathbf{Al^{3+}}$ | **アルミニウムイオン** | $Cr^{3+}$ | クロム(III)イオン |
| | | | $Fe^{3+}$ | 鉄(III)イオン |

* 本書でよく使うイオンは太字で示した.最初に覚えよう.

| | | |
|---|---|---|
| $ClO_4^-$ | 過塩素酸イオン | perchlorate ion |
| $HClO_4$ | 過塩素酸 | perchloric acid |
| $ClO_3^-$ | 塩素酸イオン | chlorate ion |
| $HClO_3$ | 塩素酸 | chloric acid |
| $ClO_2^-$ | 亜塩素酸イオン | chlorite ion |
| $HClO_2$ | 亜塩素酸 | chlorous acid |
| $ClO^-$ | 次亜塩素酸イオン | hypochlorite ion |
| $HClO$ | 次亜塩素酸 | hypochlorous acid |

これらの関係を，▼図 2.19 に示す．

▼図 2.20 にオキソ酸イオンの酸素の数と電荷を示す．第二周期の C と N のオキソ酸イオンは酸素原子が 3 個しかないのに対し，第三周期の P，S，Cl には酸素原子 4 個のイオンがある．図 2.20 の右から左に向かって，イオンの電荷は 1− から 3− と大きくなる．

### 考えてみよう

ホウ酸イオンとケイ酸イオン（いずれも B あるいは Si 原子 1 個をもつものについて）の化学式を推定し，図 2.20 の傾向を調べよう．

c. 水素イオン $H^+$ を加えた形のオキソ酸イオンは，その数に応じて“水素”あるいは“二水素”をつける．

よく出てくる陰イオンの化学式と名称を，▶表 2.5 と本書の裏表紙裏にまとめた．

| | | |
|---|---|---|
| $CO_3^{2-}$ | 炭酸イオン | carbonate ion |
| $HCO_3^-$ | 炭酸水素イオン | hydrogencarbonate ion |
| $PO_4^{3-}$ | リン酸イオン | phosphate ion |
| $H_2PO_4^-$ | リン酸二水素イオン | dihydrogenphosphate ion |

### 3. イオン性化合物

イオン性化合物の化学式は陽イオン→陰イオンの順だが，日本語の名称は，陰イオンの名称の後に陽イオンの名称を書く．英語の名称は，陽イオン→陰イオンの順である．

| | | |
|---|---|---|
| $CaCl_2$ | 塩化カルシウム | calcium chloride |
| $Al(NO_3)_3$ | 硝酸アルミニウム | aluminium nitrate |
| $Cu(ClO_4)_2$ | 過塩素酸銅(II) | copper(II) perchlorate |

硝酸アルミニウムと過塩素酸銅(Ⅱ)のように複数の多原子イオンを含む場合，多原子イオンの式をかっこ内に入れ，その数を下つき文字で示す．

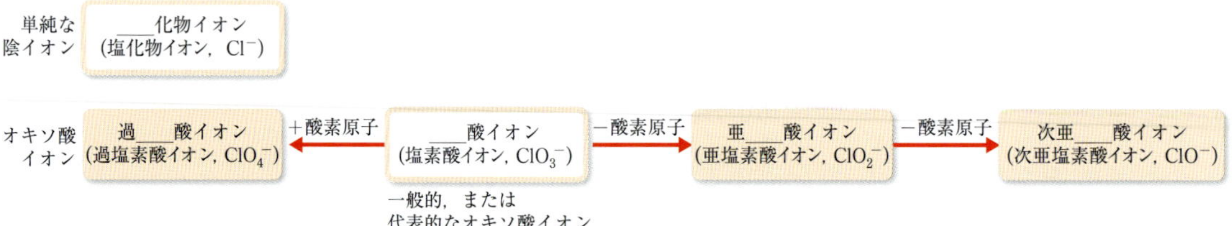


▲図 2.19　陰イオンの命名規則
空欄には塩素の“塩”あるいは“塩素”，硫黄の“硫”など，元素名由来の文字が入る．

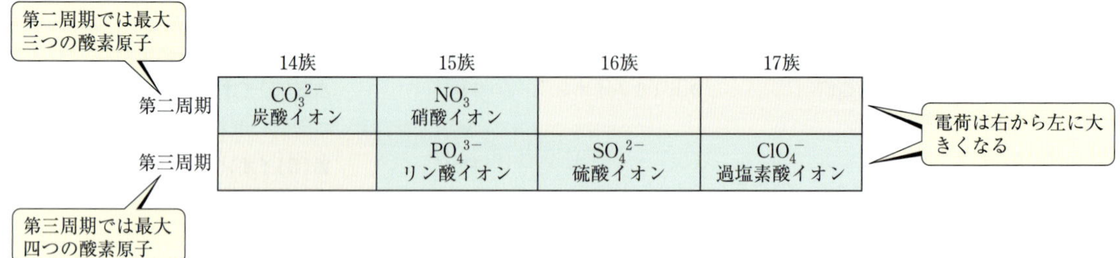


▲図 2.20　一般的なオキソ酸イオン
一般的なオキソ酸イオンの組成と電荷は，周期表での位置に関連している．

**表 2.5 よく出てくる陰イオン**

| 電　荷 | 化学式 | 名　称 | 化学式 | 名　称 |
|---|---|---|---|---|
| 1−（1価） | $H^-$ | 水素化物イオン | $CH_3COO^-$（または $C_2H_3O_2^-$） | **酢酸イオン** |
| | $F^-$ | **フッ化物イオン** | $ClO_3^-$ | 塩素酸イオン |
| | $Cl^-$ | **塩化物イオン** | $ClO_4^-$ | **過塩素酸イオン** |
| | $Br^-$ | **臭化物イオン** | $NO_3^-$ | **硝酸イオン** |
| | $I^-$ | **ヨウ化物イオン** | $MnO_4^-$ | 過マンガン酸イオン |
| | $CN^-$ | シアン化物イオン | | |
| | $OH^-$ | **水酸化物イオン** | | |
| 2−（2価） | $O^{2-}$ | 酸化物イオン | $CO_3^{2-}$ | **炭酸イオン** |
| | $O_2^{2-}$ | 過酸化物イオン | $CrO_4^{2-}$ | クロム酸イオン |
| | $S^{2-}$ | **硫化物イオン** | $Cr_2O_7^{2-}$ | 二クロム酸イオン |
| | | | $SO_4^{2-}$ | **硫酸イオン** |
| 3−（3価） | $N^{3-}$ | 窒化物イオン | $PO_4^{3-}$ | **リン酸イオン** |

* 本書でよく使うイオンは太字で示した．最初に覚えよう．

## 例題 2.5 オキソ酸イオンの化学式をその名称から書く

硫酸イオンの化学式をもとに（a）セレン酸イオン，（b）亜セレン酸イオンの化学式を書け（硫黄とセレンはともに16族で，類似のオキソ酸イオンをつくる）．

### 解　法

解　(a) 硫酸イオンが $SO_4^{2-}$ なので，類似のセレン酸イオンは $SeO_4^{2-}$ である．
(b) 接頭語“亜”は，電荷が同じで酸素原子が1個少ないことを意味するので，亜セレン酸イオンは $SeO_3^{2-}$ である．

**演　習**

臭素酸イオンの命名は，塩素酸イオンの命名に類似している．次亜臭素酸イオンおよび亜臭素酸イオンの化学式を示せ．

## 例題 2.6 イオン性化合物の化学式をその名称から書く

次の化合物の化学式を書け．
(a) 硫化カリウム，(b) 炭酸水素カルシウム，(c) 過塩素酸ニッケル(II)

### 解　法

解　(a) カリウムイオンは $K^+$，硫化物イオンは $S^{2-}$，化合物は電気的に中性なので，化学式は $K_2S$ である．
(b) カルシウムイオンは $Ca^{2+}$，炭酸水素イオンは $HCO_3^-$ なので，化学式は $Ca(HCO_3)_2$ である．
(c) ニッケル(II)イオンは $Ni^{2+}$，過塩素酸イオンは $ClO_4^-$ なので，化学式は $Ni(ClO_4)_2$ である．

**演　習**

次の化合物の化学式を書け．
(a) 硫酸マグネシウム，(b) 硝酸鉛(II)

## 酸の名称と化学式

酸は重要な化合物である．ここでは，水に溶けて水素イオン $H^+$ を生じるものを酸（acid）としよう．酸の化学式は，HCl のように H で始まると考えてよい．

陰イオンの電荷を中和するのにちょうどの $H^+$ をつけると酸になる．例えば，$SO_4^{2-}$ に 2 個の $H^+$ がついて $H_2SO_4$ になる．酸の名称は，▼図 2.21 のように構成する陰イオンの名称に関係づけられる．

1. “-化物” で終わる陰イオンの酸は “-化水素酸” となる．

| 陰イオン | | 対応する酸 | |
|---|---|---|---|
| $Br^-$ | 臭化物イオン<br>bromide | HBr | 臭化水素酸<br>hydrobromic acid |
| $S^{2-}$ | 硫化物イオン<br>sulfide | $H_2S$ | 硫化水素酸<br>hydrosulfuric acid |

例外は塩化物イオン $Cl^-$ に対応する酸で，HCl は単に塩酸（英語は規則通り hydrochloric acid）という．

2. “-酸” で終わる陰イオンの酸は “-酸” となる．

| 陰イオン | | 対応する酸 | |
|---|---|---|---|
| $ClO_4^-$ | 過塩素酸イオン<br>perchlorate | $HClO_4$ | 過塩素酸<br>perchloric acid |
| $ClO_3^-$ | 塩素酸イオン<br>chlorate | $HClO_3$ | 塩素酸<br>chloric acid |
| $ClO_2^-$ | 亜塩素酸イオン<br>chlorite | $HClO_2$ | 亜塩素酸<br>chlorous acid |
| $ClO^-$ | 次亜塩素酸イオン<br>hypochlorite | HClO | 次亜塩素酸<br>hypochlorous acid |

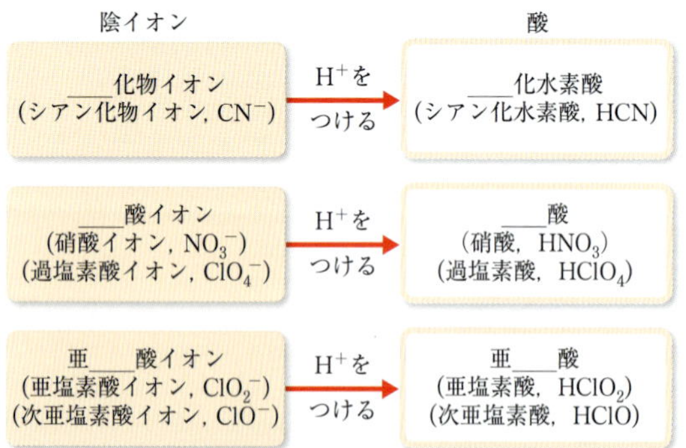


▲図 2.21　**酸の名称は陰イオンの名称に関連づけられる．** 陰イオンについている接頭語 “過”，“亜” と “次亜” は，酸の名前に保持される．

### 例題 2.7　酸の化学式と名称

次の酸の名称を書け．
(a) HCN，(b) $H_2SO_3$

**解　法**

**解**　(a) シアン化物イオンからの酸なので，シアン化水素酸．
(b) 亜硫酸イオンの酸なので，亜硫酸．

**演　習**

臭化水素酸および炭酸の化学式を示せ．

## 2 種の元素からなる分子性化合物の名称と化学式

2 種の元素からなる分子性化合物の名称は，イオン性化合物に似ている．

1. 2 種の元素のうち，**周期表で右側にある元素名に “化” をつけ，その後にもう一方の元素名を書く．** 例外は，フッ素以外のハロゲンと酸素との化合物である．この種の化合物の名称は，“酸化” で始まる．
2. 同族の元素どうしの化合物の場合，**上の元素名が先になる．**
3. **原子の数は漢数字**で示す．英語の命名法ではギリシャ語の接頭語（▶表 2.6）を用いる．原子数 1 を表す “一” は，必要でなければ省略する．英語では語頭に “mono-” は使わない．接頭語が母音で終わり，続く元素名が母音で始まる場合，接頭語の最後の母音は略される．

以上の規則は次の例で示される．

| | |
|---|---|
| $Cl_2O$ | 一酸化二塩素<br>dichlorine monoxide |
| $NF_3$ | 三フッ化窒素<br>nitrogen trifluoride |
| $N_2O_4$ | 四酸化二窒素<br>dinitrogen tetroxide |
| $P_4S_{10}$ | 十硫化四リン<br>tetraphosphorus decasulfide |

**表 2.6 非金属元素の二元化合物の英語名称に使われる接頭語**

| 接頭語 | 意 味 | 読 み |
|---|---|---|
| mono- | 1 | モ ノ |
| di- | 2 | ジ |
| tri- | 3 | ト リ |
| tetra- | 4 | テトラ |
| penta- | 5 | ペンタ |
| hexa- | 6 | ヘキサ |
| hepta- | 7 | ヘプタ |
| octa- | 8 | オクタ |
| nona- | 9 | ノ ナ |
| deca- | 10 | デ カ |

## 2.9 簡単な有機化合物

炭素を含む化合物の化学は**有機化学**（organic chemistry）と呼ばれる．炭素と水素を含み，しばしば酸素，窒素や他の元素も組み合わされた**有機化合物**は，物質全体の中で圧倒的な種類を占める．有機化合物については 24 章で系統的に学ぶが，本書全体にわたり例として挙げる．ここでは，簡単に有機化合物について学ぶ．

### アルカン

炭素と水素のみからなる化合物は**炭化水素**（hydrocarbon）と呼ばれる．炭化水素のうち最も単純なものが**アルカン**（alkane）で，各炭素原子は 4 個の原子と結合している．最も小さいものから 3 個のアルカンはメタン，エタン，プロパンで，構造式は以下の通りである．

$$
\begin{array}{c}
\mathrm{H} \\
| \\
\mathrm{H{-}C{-}H} \\
| \\
\mathrm{H} \\
\text{メタン}
\end{array}
\qquad
\begin{array}{c}
\mathrm{H\ \ H} \\
|\ \ \ | \\
\mathrm{H{-}C{-}C{-}H} \\
|\ \ \ | \\
\mathrm{H\ \ H} \\
\text{エタン}
\end{array}
\qquad
\begin{array}{c}
\mathrm{H\ \ H\ \ H} \\
|\ \ \ |\ \ \ | \\
\mathrm{H{-}C{-}C{-}C{-}H} \\
|\ \ \ |\ \ \ | \\
\mathrm{H\ \ H\ \ H} \\
\text{プロパン}
\end{array}
$$

これらは二元分子性化合物だが，これらの命名法は無機化合物の場合とはまったく異なる．アルカンの語尾はアン（-ane）である．炭素数 4 のアルカンはブタンである．炭素 5 個以上のアルカンは表 2.6 の接頭語から導かれる．炭素数 8 個のアルカンはオクタン（octane）で，接頭語 octa- と語尾 -ane が結合してできる．

### アルカンのいくつかの誘導体

アルカンの水素原子 1 個あるいはそれ以上を官能基で置き換えると他の化合物となる．例えば，アルカンの水素原子 1 個をヒドロキシ基 −OH で置き換えると**アルコール**（alcohol）になる．その名称はもとになったアルカンの語尾をオール（-ol）に変える．アルコールの性質はもとになったアルカンとはまったく異なる．

$$
\begin{array}{c}
\mathrm{H} \\
| \\
\mathrm{H{-}C{-}OH} \\
| \\
\mathrm{H} \\
\text{メタノール}
\end{array}
\qquad
\begin{array}{c}
\mathrm{H\ \ H} \\
|\ \ \ | \\
\mathrm{H{-}C{-}C{-}OH} \\
|\ \ \ | \\
\mathrm{H\ \ H} \\
\text{エタノール}
\end{array}
\qquad
\begin{array}{c}
\mathrm{H\ \ H\ \ H} \\
|\ \ \ |\ \ \ | \\
\mathrm{H{-}C{-}C{-}C{-}OH} \\
|\ \ \ |\ \ \ | \\
\mathrm{H\ \ H\ \ H} \\
\text{1-プロパノール}
\end{array}
$$

1-プロパノールの名称の前にある 1- は，アルカンの水素原子の置換が端の炭素原子で起こったことを表す．2-プロパノールは，真ん中の炭素原子に −OH がついた別の化合物である（▼ 図 2.22）．

分子式が同じだが，原子の配列が異なる化合物を**異性体**（isomer）という．1-プロパノールと 2-プロパノールは構造が異なるので，構造異性体である．本書では，これからいろいろな異性体を扱う．

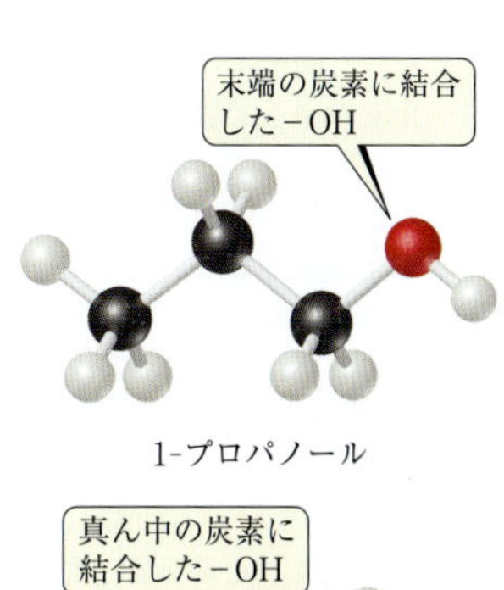

**▲ 図 2.22 プロパノールの 2 種類の形（異性体）**

## 章のまとめとキーワード

**原子説と原子の構造（§2.1，§2.2）** **原子**は物質の基本的な構成要素である．物質を構成する最小単位である原子は他の原子と結合することができる．

原子は，さらに小さな粒子（**亜原子粒子**）で構成されている．これらの粒子の中には荷電したものがあり，通常の荷電粒子のように，同じ電荷をもつ粒子は互いに反発するのに対して，異なる電荷をもつ粒子は互いに引きつけ合う．本章では，そのような粒子のうち，電子と原子核の発見やその特徴づけにつながった重要な実験の一部をたどった．

磁場や電場での**陰極線**の挙動に関するトムソンの実験により**電子**が発見され，電子の質量電荷比が求められた．ミリカンの油滴実験では，電子の電荷が特定された．ベクレルは放射性元素の**放射能**を発見し，原子には構造があるというさらなる証拠が得られた．ラザフォードは金箔を用いた α 粒子の散乱を調べた研究に基づき，**有核原子モデル**を発表した．その結果，原子にはきわめて密度が高く正電荷をもつ**原子核**があることが明らかになった．

**現代の原子観（§2.3）** 原子には**陽子**と**中性子**からなる核があり，電子は核の周りの空間内を運動している．電子 1 個がもつ電気量は $1.602 \times 10^{-19}$ C で，**電気素量**と呼ばれる．粒子の電荷は，通常この電荷の倍数として表される．電子 1 個は 1−，陽子 1 個は 1+ の電荷をもつ．原子の質量は通常，**原子質量単位**（$1\ \mathrm{u} = 1.66054 \times 10^{-24}$ g）という単位で表される．原子の大きさはナノメートル，ピコメートル，あるいはオングストローム（$1\ \text{Å} = 10^{-10}$ m）の単位で表されることが多い．

元素は，原子核内に存在する陽子の数である**原子番号**により分類することができる．ある特定の元素の原子はすべて同じ原子番号をもつ．陽子と中性子の合計数を原子の**質量数**という．同一元素の原子で質量数の異なるものは**同位体**と呼ばれる．

**原子量（§2.4）** 原子質量単位は，$^{12}$C 原子の質量を正確に 12 u とすることで定義されている．元素の**原子量**は，元素の同位体の相対的な存在比と質量から求めることができる．質量分析器を用いると，原子量（および分子量）を直接的かつ正確に求めることができる．

**周期表（§2.5）** **周期表**は，元素を原子番号が増加する順に並べたものである．類似した特性をもつ元素が縦に並び，この縦の列は**族**と呼ばれる．元素の横の列は**周期**と呼ばれる．元素の大多数を占める**金属元素**（**金属**）は周期表の左側と中央部に位置し，**非金属元素**（**非金属**）は右上部に位置している．金属と非金属を分ける境界線上にある元素の多くは**メタロイド**である．

**分子と分子性化合物（§2.6）** 原子が結合して**分子**ができる．分子からなる化合物（**分子性化合物**）には，通常非金属元素が含まれている．2 個の原子からなる分子は**二原子分子**と呼ばれる．物質の組成は**化学式**で表される．分子は，各元素の組成比を示す**実験式**で表すことができるが，通常は分子を構成する各原子の実数を示す**分子式**によって表される．

**構造式**は分子内の原子が結合する順序を示す化学式である．分子を表すため，球-棒模型や空間充填模型が用いられることが多い．

**イオンとイオン性化合物（§2.7）** 原子が電子を得るかまたは電子を失うと，**イオン**と呼ばれる帯電した粒子になる．金属は電子を失いやすく，正電荷をもつイオン（**陽イオン**）になるが，非金属は電子を取り込む傾向があり，負電荷をもつイオン（**陰イオン**）になる．**イオン性化合物**は陽イオンと陰イオンからなり，電気的に中性である．イオン性化合物の中に含まれる陽イオンがもつ正電荷の合計は，陰イオンの負電荷の合計に等しい．イオン性化合物には，通常金属元素と非金属元素の両方が含まれる．複数の原子が結合したものが全体として電荷をもつイオンを，**多原子イオン**と呼ぶ．イオン性化合物に使用される化学式は，実験式であるが，イオンの電荷がわかっている場合は容易に実験式を書くことができる．

**無機化合物の名称（§2.8）** 化合物の命名に関する一連の規則は，**化学命名法**と呼ばれる．本節では，イオン性化合物，酸，分子性化合物という 3 種の無機物質の命名法を扱った．イオン性化合物を命名するには，まず陰イオン，その後に陽イオンの名前を続ける．金属原子の陽イオンの名前は，金属と同じである．金属イオンが複数の電荷をとり得る場合，ローマ数字を用いて電荷を示す．単原子陰イオンの名前は，-化物（-ide）で終わる．酸素と他の元素を含む多原子陰イオン（**オキソ酸イオン**）の名前は，酸（-ate または-ite）で終わる．

**有機化合物（§2.9）** 炭素を含む化合物の化学は**有機化学**と呼ばれる．炭素と水素のみからなる化合物は**炭化水素**と呼ばれる．炭化水素のうち最も単純なものが**アルカン**で，各炭素原子は 4 個の原子と結合している．メタン，エタンのようにアルカンの語尾はアン（-ane）である．炭化水素の水素を官能基で置き換えるといろいろな有機化合物になる．例えば，ヒドロキシ基で置き換えるとアルコールになる．**アルコール**の名称の語尾はオール（-ol）である．分子式が同じで，原子の配列が異なる化合物を**異性体**という．

# 練 習 問 題

**2.1** 以下に示したように，荷電粒子を2枚の帯電した板の間を移動させるとする.

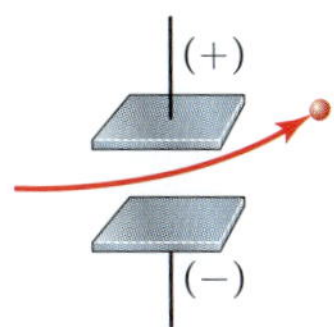


(a) なぜ荷電粒子は曲がるのか.
(b) 粒子の電荷の符号は何（＋か−）か.
(c) 板上の電荷が増えると粒子の曲がり方は大きくなる，小さくなる，変化しないのうちいずれか.
(d) 粒子の速度は変化せず，粒子の質量が増加した場合，粒子の曲がり方は大きくなる，小さくなる，変化しないのうちいずれか. [§2.2]

**2.2** 以下の図は中性の原子またはイオンのどちらを表しているか. 質量数，原子番号，電荷（該当する場合）を含む元素記号を書け. [§2.3, §2.7]

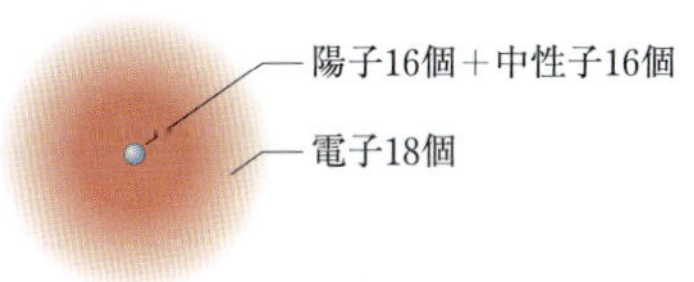


**2.3** 次の化合物の化学式を書け. この化合物はイオン性，分子性のいずれか. 化合物を命名せよ. [§2.6, §2.8]

**2.4** 1.000 g の水を単体に分解すると，水がどこから得られたかにかかわらず，つねに 0.111 g の水素と 0.889 g の酸素が得られるという実験事実は，ドルトンの原子説によってどのように説明できるか. [§2.1]

**2.5** 次の表の空欄を埋めよ. [§2.3]

| 原子の記号 | $^{79}Br$ | | | | |
|---|---|---|---|---|---|
| 陽子の数 | | 25 | | | 82 |
| 中性子の数 | | 30 | 64 | | |
| 電子の数 | | | 48 | 86 | |
| 質量数 | | | | 222 | 207 |

**2.6** (a) 原子質量単位の基準をつくるのに使われた同位体は何か.
(b) ホウ素の原子量は 10.81 である. しかし，質量 10.81 u のホウ素原子の存在は報告されてない. このことについて説明せよ. [§2.4]

**2.7** 次の各元素について元素記号を示し，金属・非金属・メタロイドのいずれかを答えよ.
(a) クロム，(b) ヘリウム，(c) リン，(d) 亜鉛，(e) マグネシウム，(f) 臭素，(g) ヒ素 [§2.5]

**2.8** 次の分子模型で示される化合物の分子式と構造式を示せ. [§2.6]

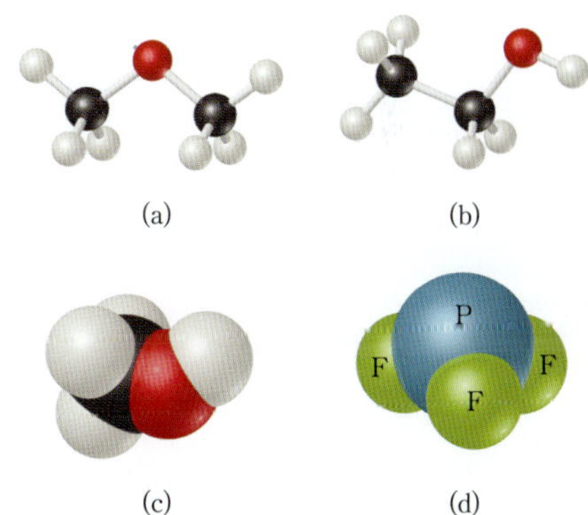


(a)　(b)　(c)　(d)

**2.9** 周期表を参照して，次の元素からなる化合物の化学式と名称を書け.
(a) Ga と F，(b) Li と H，(c) Al と I，(d) K と S [§2.7, §2.8]

**2.10** 次の化合物を構成するイオンの電荷と名称，化合物の名称を書け.
(a) CaO，(b) $Na_2SO_4$，(c) $KClO_4$，(d) $Fe(NO_3)_2$，(e) $Cr(OH)_3$ [§2.7, §2.8]

**2.11** クロロプロパンは，プロパンの水素原子1個を塩素原子で置き換えた誘導体である.
(a) クロロプロパンの異性体の構造式を示せ.
(b) これらの化合物の名称を書け. [§2.9]

# 3

▲パンやビールの口あたりや風味は，イーストが糖を発酵させて二酸化炭素とアルコールを生じるときの化学反応に支配される．

# 化学量論：化学式に基づく計算

重曹に酢を加えると泡が出る．この泡は，重曹の成分である炭酸水素ナトリウムと酢に含まれる酢酸との化学反応の結果発生した二酸化炭素である．

炭酸水素ナトリウムと酸が反応して発生する泡は，パンケーキやクッキーを焼くときに生地をふくらませる．調理で二酸化炭素を利用する別の例は，イースト発酵である．この場合，砂糖がイーストにより二酸化炭素，エタノールと他の有機化合物になる．二酸化炭素を生じる化学反応は，調理のときだけに起こるのではない．人体の細胞の中や自動車のエンジン内部などいろいろな場面でも起こっている．

本章では，化学変化の基本的な考え方，すなわち化学式による反応の表現，また反応に関与する物質の量的な情報に焦点をあわせる．**化学量論**（stoichiometry, ストイキオメトリー）は，化学反応の際に生成あるいは消滅した物質の量を求める計算法である．

化学量論は，原子の質量（§2.4），化学式および質量保存の法則（§2.1）の上に築かれている．フランスの貴族で科学者であるアントワーヌ・ラヴォアジエ（Antoin Lavoisier, ▶図 3.1）は，18 世紀末に質量保存の法則を発見し，“新たに何物かがつくり出されることはない．どんな過程においても，その始めと終わりで物質の量はつねに等しい．この原理はすべての化学実験を支配する法則である”と述べた．ドルトンの原子説の出現で，化学者は，この法則を理解するようになった．**化学変化では，原子は新たに生まれた**

▲図 3.1　アントワーヌ・ラヴォアジエ（1734-1794）
燃焼について多くの重要な知見を見出したラヴォアジエの研究は，フランス革命によって突然終わってしまった．恐怖政治の中1794 年にギロチンにかけられたのである．ラヴォアジエは，注意深く制御された実験を行い，定量的な測定を研究に導入したことで，一般に近代化学の父と呼ばれている．

り，消滅することはない．

## 3.1 化学反応式

化学変化は**化学反応式**（chemical equation）で表される．水素の気体が燃えるとき，空気中の酸素と反応して水となる．この反応は次の反応式で表される．

$$2H_2 + O_2 \longrightarrow 2H_2O \qquad [3.1]$$

矢印の左辺にあるのは初めの物質で**反応物**（reactant），右辺は生成する物質で**生成物**（product）と呼ばれる．化学式の前の数値は係数と呼ばれ，反応に関与する分子の相対的な数を示す．

化学反応の前後で，原子はつくられることも壊れることもないので，各元素の原子の数は，矢印の両側で等しい．このようなとき化学反応式は**つり合っている**という．式 3.1 の反応では▼ 図 3.2 に示すように水素原子と酸素原子の数は矢印の両側で等しい．

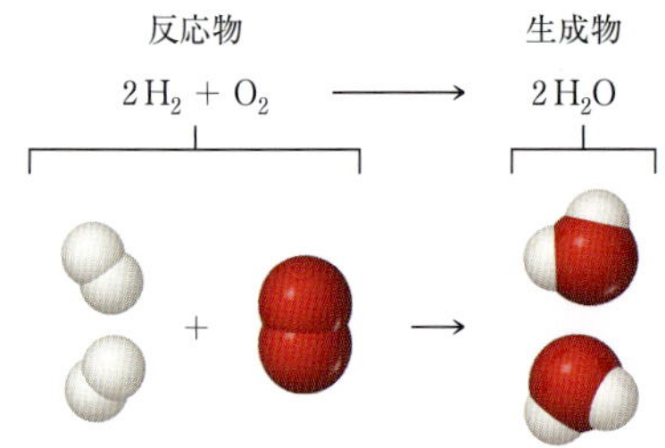


▲図 3.2　つり合った化学反応式

### 反応式をつり合わせる

反応物と生成物の化学式がわかれば，化学反応式を書くことができる．次に係数を決めてつり合いをとる．

メタンが燃焼して二酸化炭素と水を生じる反応の反応式を書いてみよう．つり合いをとる前の式は

$$CH_4 + O_2 \longrightarrow H_2O + CO_2 \qquad [3.2]$$

つり合いをとる際はできるだけ少数の物質に含まれる元素にまず着目するのがよい．この例で C は反応物 $CH_4$ と生成物 $CO_2$ に含まれる．H も同様（$CH_4$，$H_2O$）である．O は反応物（$O_2$）と 2 種の生成物（$H_2O$，$CO_2$）に含まれる．まず C 原子から始めよう．$CH_4$ と $CO_2$ はいずれも C 1 個を含むので，反応式中のこれらの係数は等しい．まず，係数を 1 とする．次に H についてみると $CH_4$ には 4 個，$H_2O$ には 2 個なので，つり合いをとるために $H_2O$ の係数を 2 とする．

$$CH_4 + O_2 \longrightarrow 2H_2O + CO_2 \qquad [3.3]$$

（まだつり合っていない）

最後に O の数を合わせるために $O_2$ の係数を 2 とする．

$$CH_4 + 2O_2 \longrightarrow 2H_2O + CO_2 \qquad [3.4]$$

（つり合っている）

分子を図示すると▼ 図 3.3 の通りである．

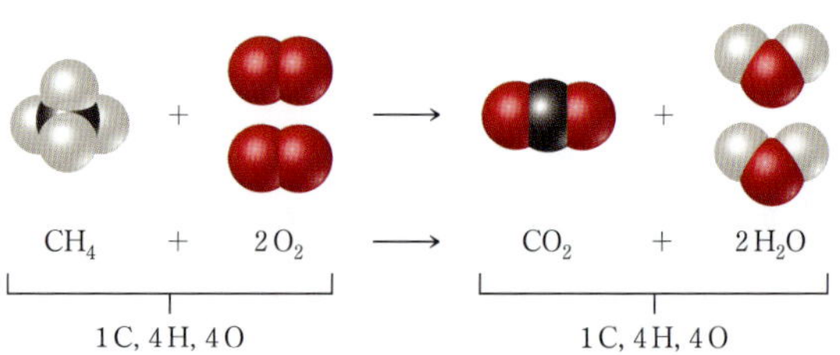


▲図 3.3　メタン $CH_4$ の燃焼を示すつり合った化学式

### 反応物と生成物の状態

反応物と生成物の状態を化学反応式に示すことがある．その場合 (g)，(l)，(s) および (aq) で，気体，液体，固体および水溶液を表す．式 3.4 は

$$CH_4(g) + 2O_2(g) \longrightarrow 2H_2O(g) + CO_2(g) \qquad [3.5]$$

となる．

### 例題 3.1　化学反応式をつり合わせる

次の化学反応式をつり合わせよ．

$$Na(s) + H_2O(l) \longrightarrow NaOH(aq) + H_2(g)$$

**解　法**

**解**　各原子の矢印の両側の数を調べる．左側には Na，O が 1 個ずつ，H が 2 個あり，右側には Na，O が 1 個ずつ，H が 3 個ある．左側の H を増やすために $H_2O$ の係数を 2 にしてみよう．そうすると H も O もつり合わなくなるが，NaOH の係数を 2 にすると H と O がつり合う．しかし，Na がつり合わなくなってしまった．Na をつり合わせるために左側の Na の係数を 2 にする．これで，すべての原子の数が両側で等しいつり合いのとれた化学反応式が得られる．

$$2Na(s) + 2H_2O(l) \longrightarrow 2NaOH(aq) + H_2(g)$$

このように化学反応式のつり合いをとるときには，いろいろな原子について順に着目していき，再び同じ原子に戻るというようなステップを踏むこともある．最終的にすべての原子の数が合っているか，チェックすることを忘れてはならない．

**演　習**

下線部に係数を入れて，次の反応式をつり合わせよ．

(a) $\_\mathrm{Fe}(s) + \_\mathrm{O_2}(g) \longrightarrow \_\mathrm{Fe_2O_3}(s)$

(b) $\_\mathrm{C_2H_4}(g) + \_\mathrm{O_2}(g) \longrightarrow \_\mathrm{CO_2}(g) + \_\mathrm{H_2O}(g)$

(c) $\_\mathrm{Al}(s) + \_\mathrm{HCl}(aq) \longrightarrow \_\mathrm{AlCl_3}(aq) + \_\mathrm{H_2}(g)$

**表 3.1　化合と分解**

| 化　合 | |
|---|---|
| A + B ⟶ C | 2 種類以上の反応物が反応して，一つの生成物となる．多くの単体は互いに反応し，化合物を生成する． |
| $\mathrm{C}(s) + \mathrm{O_2}(g) \longrightarrow \mathrm{CO_2}(g)$ | |
| $\mathrm{N_2}(g) + 3\mathrm{H_2}(g) \longrightarrow 2\mathrm{NH_3}(g)$ | |
| $\mathrm{CaO}(s) + \mathrm{H_2O}(l) \longrightarrow \mathrm{Ca(OH)_2}(s)$ | |
| **分　解** | |
| C ⟶ A + B | 一つの反応物が二つ以上の物質に分かれる．多くの化合物は，熱せられると分解する． |
| $2\mathrm{KClO_3}(s) \longrightarrow 2\mathrm{KCl}(s) + 3\mathrm{O_2}(g)$ | |
| $\mathrm{PbCO_3}(s) \longrightarrow \mathrm{PbO}(s) + \mathrm{CO_2}(g)$ | |
| $\mathrm{Cu(OH)_2}(s) \longrightarrow \mathrm{CuO}(s) + \mathrm{H_2O}(l)$ | |

## 3.2 単純な化学反応の型

この節では，本章でよく出てくる三つの型の反応，化合反応，分解反応および燃焼反応に触れる．その第一の理由は，まず反応式に慣れることである．二番目の理由は，反応物から生成物をどのように推定するかを考えることである．簡単ないくつかの型を認識すれば，単なる暗記よりも反応についての理解を深めることができる．なお，日本語では，これらを単に化合，分解，燃焼という．

### 化合と分解

**化合**（combination reaction）と**分解**（decomposition reaction）の例を▶**表 3.1** に示す．

多くの化合の場合，反応物から生成物を予想できる．

**考えてみよう**

Na と S が化合する反応をつり合いのとれた化学反応式で示せ．

分解の例を挙げよう．多くの炭酸塩は加熱（記号 Δ で表す）すると分解して，酸化物と二酸化炭素になる．

$$\mathrm{CaCO_3}(s) \xrightarrow{\Delta} \mathrm{CaO}(s) + \mathrm{CO_2}(g) \qquad [3.6]$$

この反応は，工業的に大規模に行われている．米国ではおよそ $2 \times 10^{10}$ kg の CaO（しばしば生石灰と呼ばれる）が石灰石から作られ，ガラスやモルタルの製造，製鉄に使われている．

### 燃　焼

**燃焼反応**（combustion reaction）は，炎を上げて起こる激しい反応である．私たちが出会う燃焼は，ほとんど酸素との反応である．式 3.5 は燃焼の例である．

炭化水素の燃焼では，水と二酸化炭素が生成物である．酸素が十分にないときには，二酸化炭素のほかに一酸化炭素ができる．これは不完全燃焼と呼ばれる．さらに酸素が少ないときには，炭素の微粒子であるすすができる．とくに断らない限り，燃焼は完全燃焼を意味する．

炭素，水素と酸素からなる化合物の燃焼でも，生成物は水と二酸化炭素である．例えば，メタノール $\mathrm{CH_3OH}$ の燃焼は

$$2\mathrm{CH_3OH}(l) + 3\mathrm{O_2}(g) \longrightarrow 2\mathrm{CO_2}(g) + 4\mathrm{H_2O}(g)$$

の反応式で表される．

## 3.3 式　　量

化学式および化学反応式は，**量的**（quantitative）な意味ももっている．化学式中の下付き数字は，原子の個数を表す．化学式の係数は，反応物や生成物の相対的な数を示す数字である．これらは実験室で扱う物質の量とどのような関係があるだろうか．化学反応の量的関係を調べる前に，原子や分子の質量について考えよう．

### 式量と分子量

化学式中のすべての原子の原子量の和を**式量**

(formula weight) という．例えば，硫酸 $H_2SO_4$ の式量は 98.1 である．次の式で，FW は式量，AW は原子量の略号を示す．

$H_2SO_4$ の FW
$= 2 \times (\text{H の AW}) + (\text{S の AW}) + 4 \times (\text{O の AW})$
$= 2 \times (1.0) + 32.1 + 4 \times (16.0)$
$= 98.1$

わかりやすくするため，計算は小数点以下 1 位までとした．本書ではしばしばこのような計算を行う．

化学式が元素記号のときは，式量はその元素の原子量と等しい．化学式が分子式のとき，式量は**分子量** (molecular weight, MW) とも呼ばれる．例えばグルコース $C_6H_{12}O_6$ の分子量は

$C_6H_{12}O_6$ の MW
$= 6(12.0) + 12(1.0) + 6(16.0)$
$= 180.0$

と計算される．グルコース 1 分子の質量は 180.0 u である．

イオン性物質は三次元にイオンが配列しており，分子としては考えにくい．そのような場合，**化学式単位** (formula unit) で考える．NaCl の例を次に示す．

$$\text{NaCl の FW} = 23.0 + 35.5 = 58.5$$

## 3.4 アボガドロ定数と物質量※1

実験室で扱う微量の試料でも，数えられないほど多数の原子，イオン，分子を含む．例えば，小さじ 1 杯の水 (約 5 mL) は $2 \times 10^{23}$ 個の水分子を含む．そのように大きな数字は想像を絶するので，化学者は分子や原子を数える単位を考え出した．

日常生活では，ダース (12 個) とかグロス (12 ダース，144 個) といった，数についての単位が使われている．化学では原子，イオンあるいは分子を数える単位として**モル** (mole, 記号 mol) を用いる．1 mol は，12 g の $^{12}C$ に含まれる原子数に等しい数のもの (原子，分子あるいはその他のもの) を含む物質の量である．実験からその数は $6.022\,1421 \times 10^{23}$ と求められている．

1 mol の物質中の原子や分子の個数なので，“1 mol あたり”を意味する $mol^{-1}$ (パーモルと読む) の単位をつけた $6.022\,1421 \times 10^{23}\ mol^{-1}$ を**アボガドロ定数**と呼び，$N_A$ の記号で表す．この名前は，イタリアの科学者 A. アボガドロ (Amedeo Avogadro, 1776-1856) に因んでつけられた．本書ではしばしば $6.02 \times 10^{23}\ mol^{-1}$ と，有効数字 3 桁にして使う．

1 mol の $^{12}C$ = $6.02 \times 10^{23}$ 個の $^{12}C$
1 mol の $H_2O$ = $6.02 \times 10^{23}$ 個の $H_2O$
1 mol の $NO_3^-$ = $6.02 \times 10^{23}$ 個の $NO_3^-$

アボガドロ定数がいかに大きいかは，想像するのが難しい．$6.02 \times 10^{23}$ 個のビー玉を地球表面に敷き詰めると，5000 m もの厚さになる．$6.02 \times 10^{23}$ 枚の 1 セント硬貨を真っ直ぐ並べると，地球を 500 兆 ($5 \times 10^{14}$) 周もする．

### 例題 3.2 原子数を見積もる

次の試料中の炭素原子数を多いものから並べよ．計算機を使ってはならない．
(**a**) 12 g の $^{12}C$，(**b**) 1 mol の $C_2H_2$，(**c**) $9 \times 10^{23}$ 個の $CO_2$ 分子

**解　法**

**問題の分析**　3 個の試料の量の単位は，g，mol，分子数と異なっている．これらの試料中の C 原子の数を比べる．

**方針**　試料中の C 原子の数を求める．g，mol から個数への変換には，アボガドロ定数とモルの定義を使う．

**解**

(**a**) モルの定義から，12 g の $^{12}C$ 原子は 1 mol で，その中の炭素原子数は $6.02 \times 10^{23}$ である．

(**b**) 1 mol の $C_2H_2$ には $6.02 \times 10^{23}$ 個の分子がある．各分子は C 原子 2 個をもつ．したがって，この試料中の C 原子は $12.04 \times 10^{23}$ 個である．

(**c**) $CO_2$ 分子には C 原子が 1 個あるので，試料中の C 原子は $9 \times 10^{23}$ 個である．

以上を比べると (**b**) > (**c**) > (**a**)．

**チェック**　試料中の C 原子の数は，物質量に比例するので mol で比べてもよい．(**c**) の C 原子は 1.5 mol なので，やはり (**b**) > (**c**) > (**a**) と同じ結果になる．

**演　習**

次の試料中の O 原子数を多いものから並べよ．計算機を使ってはならない．
(**a**) 1 mol の $H_2O$，(**b**) 1 mol の $CO_2$，(**c**) $3 \times 10^{23}$ 個の $O_3$ 分子

## モル質量

1 ダースの卵と 1 ダースの象の質量が異なるように，**1 mol の物質の質量は物質によって異なる**．1 mol の $^{12}C$ の質量は 12 g（定義によって）である．それでは酸素 1 mol の質量はどうだろうか．原子 1 個の質量と原子 1 mol の質量は比例する．1 個の $^{12}C$ は 12 u で酸素原子の加重平均質量が 16.0 u なので，酸素 1 mol は 16.0 g である．つまり原子量に g をつけるとその原子 1 mol の質量になる．例えば，

Cl の原子量 35.5 ⇒ 1 mol の Cl の質量は 35.5 g

この関係は，分子やイオンなどについても成り立つ．

$H_2O$ の式量 18.0 ⇒ 1 mol の $H_2O$ の質量は 18.0 g（▼ 図 3.4）

$NO_3^-$ の式量 62.0 ⇒ 1 mol の $NO_3^-$ の質量は 62.0 g

NaCl の式量 58.5 ⇒ 1 mol の NaCl の質量は 58.5 g

物質 1 mol の質量を**モル質量**（molar mass）という．通常，g/mol の単位で表し，**原子量，式量と同じ数値をもつ**．いくつかの物質についてのモルに関する量を▼ 表 3.2 および▼ 図 3.5 に示す．

表 3.2 の N および $N_2$ についてみると，モルの概念では化学式が重要であることがわかる．1 mol の窒素

**表 3.2　モルの関係**

| 物質名 | 化学式 | 式 量 | モル質量 (g/mol) | 1 mol の粒子の数と種類 |
|---|---|---|---|---|
| 窒素原子 | N | 14.0 | 14.0 | $6.02 \times 10^{23}$ 個の N 原子 |
| 窒素分子 | $N_2$ | 28.0 | 28.0 | $6.02 \times 10^{23}$ 個の $N_2$ 分子<br>$2(6.02 \times 10^{23})$ 個の N 原子 |
| 銀 | Ag | 107.9 | 107.9 | $6.02 \times 10^{23}$ 個の Ag 原子 |
| 銀イオン | $Ag^+$ | 107.9* | 107.9 | $6.02 \times 10^{23}$ 個の $Ag^+$ |
| 塩化バリウム | $BaCl_2$ | 208.2 | 208.2 | $6.02 \times 10^{23}$ 個の $BaCl_2$ 化学式単位<br>$6.02 \times 10^{23}$ 個の $Ba^{2+}$<br>$2(6.02 \times 10^{23})$ 個の $Cl^-$ |

* 電子の質量は無視できることを思い出そう．したがって，イオンと原子は実質的に同じ質量をもつ．

1 molの水の中にはアボガドロ定数個の水分子が含まれる

分子 1 個

水分子 1 個 (18.0 u)

実験室サイズの試料

水分子 1 mol (18.0 g)

**▲ 図 3.4　水分子 1 個と 1 mol の質量を比較する．**
両方の質量は同じ数値だが，単位が異なる（原子質量単位とグラム）．質量をグラムに揃えるとその違いの大きさがわかる．水分子 1 個の質量が $2.99 \times 10^{-23}$ g なのに対し，1 mol の水の質量は 18.0 g である．

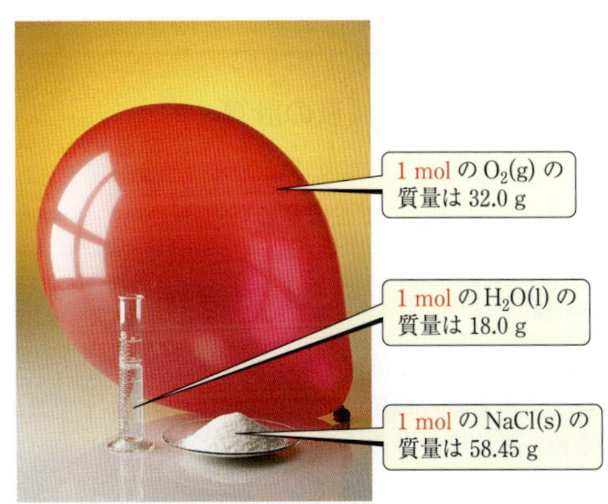


**▲ 図 3.5　1 mol の固体（NaCl），液体（$H_2O$），気体（$O_2$）**
いずれの場合も，1 mol の質量—すなわちモル質量—の数値は式量に等しい．ここに挙げたどの物質も，$6.02 \times 10^{23}$ 化学式単位を含む．

※1　訳注：2019 年 5 月に SI 基本単位の定義が変更された．これに伴い，モルの定義とアボガドロ定数が本書の記載と異なるものになった．これまでの 1 mol は “0.012 kg の $^{12}C$ の中に存在する原子の数に等しい数の要素粒子を含む系の物質量” であり，その数を示すアボガドロ定数は実験により求められていたため不確かさが存在した．新しい定義では，1 mol は “$6.022\,140\,76 \times 10^{23}$ 個の物質量” である．

$$1\ \text{mol} = 6.022\,140\,76 \times 10^{23}/N_A$$

$N_A$ はアボガドロ定数で正確に $N_A = 6.022\,140\,76 \times 10^{23}\ \text{mol}^{-1}$ と定義される定義値である．

モル質量の定義（1 mol の物質の質量，通常 g/mol で表される）は変わらないが，数値は厳密には同じではない．これまで 1 mol の $^{12}C$ は 12 g，$^{12}C$ のモル質量は正確に 12 g/mol であった．新しい定義に従うと，1 mol の $^{12}C$ の質量は 11.999 999 995 8 g，つまりモル質量は 11.999 999 995 8 g/mol である．しかし，12 g/mol との違いはわずかであり，本書の議論には影響しない．他の基礎物理定数にも今回の改訂で影響を受けるものはあるが，本書の計算問題（有効数字 6 桁以下）には影響ない．

▲図 3.6 質量，物質量と粒子数の相互換算の手順

は何 g だろうか．とくに記載がないとき，窒素とは $N_2$ で，1 mol は 28 g である．なぜなら $N_2$ が窒素単体の通常の形だからである．化学式 $N_2$ で示せば間違いがない．

## 質量，モルと粒子数の計算

質量，モルの換算はしばしば必要になる計算である．

モルの概念を使うと質量と粒子数の換算を行うことができる．1 セント硬貨中の銅の原子数を求めてみよう．1 セント硬貨は 3 g で，100% の銅としよう．

$$\begin{aligned}&\text{Cu 原子}\\&= (3\ \text{g Cu})\left(\frac{1\ \text{mol Cu}}{63.5\ \text{g Cu}}\right)\left(\frac{6.02\times10^{23}\ \text{Cu 原子}}{1\ \text{mol Cu}}\right)\\&= 3\times10^{22}\ \text{Cu 原子}\end{aligned}$$

これらの量の換算では物質量が計算の中心となる（▲図 3.6）．

### 例題 3.3　モル質量の計算

グルコース $C_6H_{12}O_6$ のモル質量を求めよ．

**解　法**

**問題の分析**　化学式からモル質量を求める問題である．

**方針**　モル質量の数値は式量と等しいので，まず式量を求め，単位をつける．

**解**　分子量は

$$\begin{aligned}&C_6H_{12}O_6\ \text{の MW}\\&\quad = 6(12.0) + 12(1.0) + 6(16.0) = 180.0\end{aligned}$$

モル質量は 180.0 g/mol である

**コメント**　グルコースは血糖とも呼ばれ，自然界ではハチミツや果物にも含まれる．食品に含まれる他の糖類は，胃や肝臓でグルコースに変換されてから体内でエネルギー源として使われる．グルコースはそのまま体内で利用できるので，緊急に栄養補給が必要な患者に静脈注射される．

**演　習**

$Ca(NO_3)_2$ のモル質量を求めよ．

### 例題 3.4　質量と物質量

5.380 g のグルコース $C_6H_{12}O_6$ は何 mol か．

**解　法**

**問題の分析**　試料の質量と化学式から物質量を求める問題である．

**方針**　モル質量がこの換算では鍵となる．グルコース $C_6H_{12}O_6$ のモル質量は例題 3.3 で求められている．

**解**　1 mol $C_6H_{12}O_6$ = 180.0 g $C_6H_{12}O_6$ なので，

$\dfrac{1\ \text{mol}\ C_6H_{12}O_6}{180.0\ \text{g}\ C_6H_{12}O_6}$ の換算係数を使う．

$$\begin{aligned}&C_6H_{12}O_6\ \text{の物質量}\\&\quad = (5.380\ \text{g}\ C_6H_{12}O_6)\left(\frac{1\ \text{mol}\ C_6H_{12}O_6}{180.0\ \text{g}\ C_6H_{12}O_6}\right)\\&\quad = 0.02989\ \text{mol}\ C_6H_{12}O_6\end{aligned}$$

**チェック**　5.380 g はグルコースのモル質量より小さいので，答は 1 mol よりずっと小さくなるはずである．物質量が問われているので，解答の単位は正しい．問題の数値の有効数字は 4 桁なので，答は有効数字 4 桁にすべきである．

**演　習**

508 g の炭酸水素ナトリウム $NaHCO_3$ は何 mol か．

### 例題 3.5　質量から分子数，原子数を計算する

(a) 5.23 g のグルコース $C_6H_{12}O_6$ には何個のグルコース分子があるか．

(b) この試料には酸素原子は何個あるか．

**解　法**

(a)

**方針**　図 3.6 の関係を使う．グルコース $C_6H_{12}O_6$ のモル質量は例題 3.3 で求められている．

**解**　1 mol $C_6H_{12}O_6$ = 180.0 g $C_6H_{12}O_6$ なので，

$\dfrac{1\ \text{mol}\ C_6H_{12}O_6}{180.0\ \text{g}\ C_6H_{12}O_6}$ の換算係数を使う．

$C_6H_{12}O_6$ の分子数

$$= (5.23\ \mathrm{g}\ \cancel{C_6H_{12}O_6})\left(\frac{1\ \mathrm{mol}\ C_6H_{12}O_6}{180.0\ \mathrm{g}\ \cancel{C_6H_{12}O_6}}\right)$$
$$\times\left(\frac{6.02 \times 10^{23}\ C_6H_{12}O_6\ \text{分子}}{1\ \cancel{\mathrm{mol}\ C_6H_{12}O_6}}\right)$$
$$= 1.75 \times 10^{22}\ C_6H_{12}O_6\ \text{分子}$$

**チェック**　試料の質量はグルコース 1 mol の質量より小さいので，答は $6 \times 10^{23}$ より小さくなるはずである．上の答はそうなっているが，さらに概算でチェックしよう．試料を 5 g，モル質量を 200 g/mol とすると，物質量は 5/200 mol = $2.5 \times 10^{-2}$ mol で，分子数は $2.5 \times 10^{-2} \times 6 \times 10^{23} = 1.5 \times 10^{22}$ である．解答はこの値に近い．解答の単位と有効数字もこれでよい．

**(b)**

**方針**　$C_6H_{12}O_6$ 1 分子には O 原子が 6 個ある．(**a**) の解答に 6(= 6 O 原子/$C_6H_{12}O_6$ 1 分子) を掛ければよい．

**解**　O 原子

$$= (1.75 \times 10^{22}\ \cancel{C_6H_{12}O_6\ \text{分子}})\left(\frac{6\ \text{O 原子}}{1\ \cancel{C_6H_{12}O_6\ \text{分子}}}\right)$$
$$= 1.05 \times 10^{23}\ \text{O 原子}$$

**演　習**

(**a**) 4.20 g の硝酸 $HNO_3$ には何個の $HNO_3$ 分子があるか．(**b**) この試料には酸素原子は何個あるか．

## 3.5 元素分析から実験式を求める

実験式は物質中の各原子の相対的な数を表す．例えば，実験式 $H_2O$ は，酸素原子 1 個に対し水素原子 2 個を含むことを意味するが，それは物質量についても成立する．1 mol の $H_2O$ は 2 mol の H 原子と 1 mol の O 原子を含む．逆に，**化合物中の各元素の物質量の比は，実験式中の各原子の数（下付き文字で示される）となる**．このことを利用して実験式を決定できる．

例を挙げよう．水銀と塩素は，質量で水銀 73.9%，塩素 26.1% の化合物をつくる．この化合物 100 g（他の質量を考えてもよいが，100 g としたのは計算が簡単だからである）を考えると，73.9 g の水銀と 26.1 g の塩素を含む．モル質量を使って，化合物 100 g 中の各元素の物質量を計算できる．

$$(73.9\ \cancel{\mathrm{g\ Hg}})\left(\frac{1\ \mathrm{mol\ Hg}}{200.6\ \cancel{\mathrm{g\ Hg}}}\right) = 0.368\ \mathrm{mol\ Hg}$$

$$(26.1\ \cancel{\mathrm{g\ Cl}})\left(\frac{1\ \mathrm{mol\ Cl}}{35.5\ \cancel{\mathrm{g\ Cl}}}\right) = 0.735\ \mathrm{mol\ Cl}$$

次に大きいほうの数字を小さいほうの数字で割る．

$$\frac{\text{Cl の物質量}}{\text{Hg の物質量}} = \frac{0.735\ \mathrm{mol\ Cl}}{0.368\ \mathrm{mol\ Hg}} = \frac{1.99\ \mathrm{Cl}}{1\ \mathrm{Hg}}$$

実験値には誤差があるため，原子の比は整数にならないこともある．1.99 は 2 に近いので実験式を $HgCl_2$ とすることができる．元素の百分率組成から実験式を求める一般的な手順を▼ **図 3.7** に示す．

### 実験式から分子式を決める

分子量あるいはモル質量がわかっているとき，実験式から分子式を決めることができる．分子式は，必ず実験式の整数倍である．その倍数は次式で与えられる．

$$\text{倍数} = \frac{\text{分子式の式量}}{\text{実験式の式量}} \qquad [3.7]$$

ある化合物の実験式が $C_3H_4O_3$ であれば，この式量は 88.0 である．分子量が 176 であれば，

$$\text{倍数} = \frac{176}{88.0} = 2$$

実験式にこの倍数を掛けると分子式 $C_6H_8O_6$ が得られる．

### 燃焼による元素分析

実験室で実験式を決める方法の一つが元素分析である．よく使われる元素分析法に**燃焼分析**（combustion

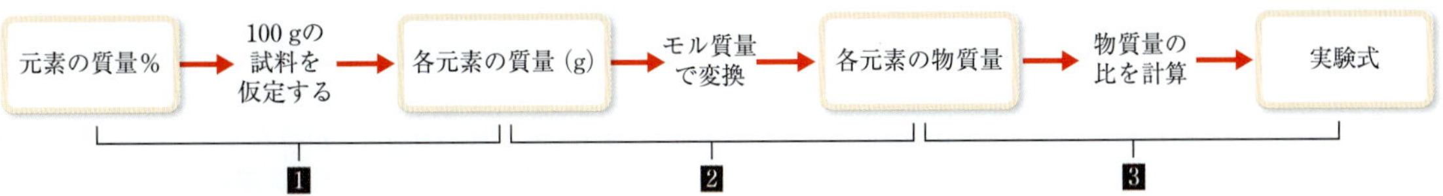


▲ **図 3.7　組成から実験式を計算する手順**
計算の鍵となるのは2である．ここで化合物に含まれる各元素の物質量が決まる．

analysis）がある．炭素と水素を含む化合物を▶図 3.8 のような装置で完全燃焼させると，炭素は $CO_2$ に，水素は $H_2O$ に変わる．生じた $CO_2$ と $H_2O$ の質量から，試料中の C と H の物質量を求め，さらに実験式を決めることができる．試料に第三の元素が含まれているときは，試料の質量から C と H の質量を差し引いて第三の元素の質量を求めることができる．

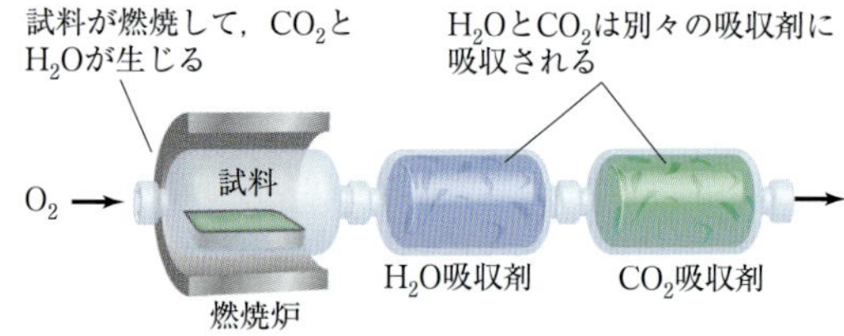


▲図 3.8　燃焼分析装置

## 例題 3.6　元素分析から実験式を決める

消毒用アルコールとして使われるイソプロピルアルコールは C，H および O からなる化合物である．0.255 g を燃焼させたところ，$CO_2$ 0.561 g と $H_2O$ 0.306 g が得られた．イソプロピルアルコールの実験式を求めよ．

### 解　法

**問題の分析**　イソプロピルアルコールが C，H，O の 3 元素からなること，試料の質量，試料から生じた $CO_2$ と $H_2O$ の質量が与えられている．これらから C，H，O の物質量を求める問題である．

**方針**　実験式を決めるには，C，H，O の物質量を求めなければならない．試料中の C の物質量は $CO_2$ の物質量に等しい．試料中の H の物質量は，$H_2O$ の物質量の 2 倍である．O の物質量を計算するには，試料中の O の質量が必要である．そのためには試料中の C と H の質量を求める．試料の質量から C と H の質量を差し引けば O の質量，さらに物質量が求められる．各元素の物質量の比を計算して実験式を決める．

**解**　C の物質量と質量を求める：C の物質量は $CO_2$ の物質量に等しい．

C の物質量

$$= (0.561\ \mathrm{g\ \cancel{CO_2}})\left(\frac{1\ \mathrm{mol\ \cancel{CO_2}}}{44.0\ \mathrm{\cancel{g\ CO_2}}}\right)\left(\frac{1\ \mathrm{mol\ C}}{1\ \mathrm{\cancel{mol\ CO_2}}}\right)$$
$$= 0.0128\ \mathrm{mol\ C}$$

C の質量

$$= (0.0128\ \mathrm{\cancel{mol\ C}})\left(\frac{12.0\ \mathrm{g\ C}}{1\ \mathrm{\cancel{mol\ C}}}\right) = 0.153\ \mathrm{g\ C}$$

H の物質量と質量を求める：H の物質量は $H_2O$ の物質量の 2 倍である．

H の物質量

$$= (0.306\ \mathrm{g\ \cancel{H_2O}})\left(\frac{1\ \mathrm{mol\ \cancel{H_2O}}}{18.0\ \mathrm{\cancel{g\ H_2O}}}\right)\left(\frac{2\ \mathrm{mol\ H}}{1\ \mathrm{\cancel{mol\ H_2O}}}\right)$$
$$= 0.0340\ \mathrm{mol\ H}$$

H の質量

$$= (0.0340\ \mathrm{\cancel{mol\ H}})\left(\frac{1.01\ \mathrm{g\ H}}{1\ \mathrm{\cancel{mol\ H}}}\right)$$
$$= 0.0343\ \mathrm{g\ H}$$

O の質量

＝試料の質量－（C の質量＋H の質量）

$$= 0.255\ \mathrm{g} - (0.153\ \mathrm{g} + 0.0343\ \mathrm{g})$$
$$= 0.068\ \mathrm{g}$$

O の物質量

$$= (0.068\ \mathrm{\cancel{g\ O}})\left(\frac{1\ \mathrm{mol\ O}}{16.0\ \mathrm{\cancel{g\ O}}}\right) = 0.0043\ \mathrm{mol\ O}$$

3 元素の物質量のうち，最小の 0.0043 で割り，比を求める．

$$\mathrm{C}: \frac{0.0128}{0.0043} = 3.0 \qquad \mathrm{H}: \frac{0.0340}{0.0043} = 7.9$$

$$\mathrm{O}: \frac{0.0043}{0.0043} = 1.0$$

最初の 2 個は整数 3 と 8 に近い．したがって実験式は $C_3H_8O$ である．

**チェック**　得られた答は，妥当な大きさの整数である．

### 演　習

(**a**) カプロン酸は汚れた靴下のにおいの原因物質で C，H，O からなる．試料 0.225 g を燃焼したところ $CO_2$ 0.512 g と $H_2O$ 0.209 g が得られた．カプロン酸の実験式を求めよ．(**b**) カプロン酸のモル質量は 116 g/mol である．分子式を書け．

## 3.6 つり合った反応式から得られる量についての情報

反応式の係数は，反応に関与する各分子の相対的な数を表す．物質量の概念を導入すると各物質の質量の関係を示すものとなる．例えば

$$2\,H_2\,(g) + O_2\,(g) \longrightarrow 2\,H_2O\,(l) \qquad [3.8]$$

| $2\,H_2\,(g)$ | $O_2\,(g)$ | $2\,H_2O\,(l)$ |
|---|---|---|
| 2 分子 | 1 分子 | 2 分子 |
| 2 mol | 1 mol | 2 mol |

のようにつり合いのとれた反応式の係数は，各反応物，各生成物の相対的な分子数，物質量を表す．▼図 3.9 は，このようなことが質量保存の法則につながることを示す．

式 3.8 において 2 mol $H_2$，1 mol $O_2$，2 mol $H_2O$ は，化学量論的に等価といわれ，次のように≏の記号で表される．

$$2\ \text{mol}\ H_2 \triangleq 1\ \text{mol}\ O_2 \triangleq 2\ \text{mol}\ H_2O$$

この関係は，反応物，生成物の量の換算に使われる．例えば，1.57 mol $O_2$ から生じる $H_2O$ の物質量は

$$H_2O\text{の物質量} = (1.57\ \text{mol}\ O_2)\left(\frac{2\ \text{mol}\ H_2O}{1\ \text{mol}\ O_2}\right) = 3.14\ \text{mol}\ H_2O$$

反応式中のある物質の質量から，化学量論的に等価な他の物質の質量を▼図 3.10 のスキームで求めることができる．

### 例題 3.7 反応物と生成物の量を求める

グルコース $C_6H_{12}O_6$ 1.00 g の燃焼で水は何 g 生じるか．

$$C_6H_{12}O_6\,(s) + 6\,O_2\,(g) \longrightarrow 6\,H_2O\,(l) + 6\,CO_2\,(g)$$

**解 法**

**問題の分析** 反応式と反応物 1 種の質量から生成物の質量を求める問題である．

**方針** 図 3.10 の戦略では 3 段階を要する．

1. $C_6H_{12}O_6$ の質量を物質量に換算する．
2. 化学量論的な等価の関係により，$H_2O$ の物質量を求める．
3. $H_2O$ の物質量を質量に換算する．

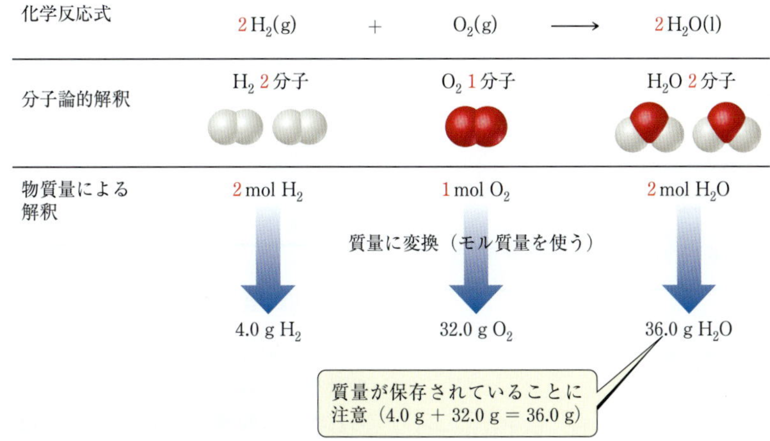


▲図 3.9 つり合った化学反応式を量的に説明する．

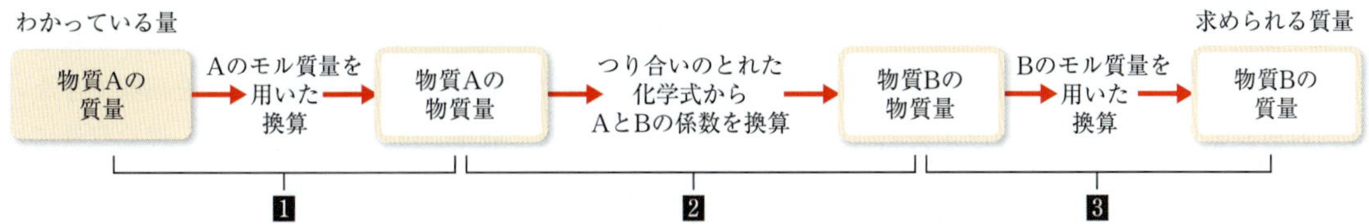


▲図 3.10 反応によって消費される反応物，または生成する生成物の量を計算する手順
このような計算は，任意の反応物または生成物の質量から始め，3 段階で計算できる．モル質量と反応式の係数が使われていることに注意しよう．

**解**

1. $C_6H_{12}O_6$ の物質量

$$= (1.00\ \text{g}\ \cancel{C_6H_{12}O_6})\left(\frac{1\ \text{mol}\ C_6H_{12}O_6}{180.0\ \text{g}\ \cancel{C_6H_{12}O_6}}\right)$$

2. $H_2O$ の物質量

$$= (1.00\ \text{g}\ \cancel{C_6H_{12}O_6})\left(\frac{1\ \text{mol}\ \cancel{C_6H_{12}O_6}}{180.0\ \text{g}\ \cancel{C_6H_{12}O_6}}\right) \times \left(\frac{6\ \text{mol}\ H_2O}{1\ \text{mol}\ \cancel{C_6H_{12}O_6}}\right)$$

3. $H_2O$ の質量

$$= (1.00\ \text{g}\ \cancel{C_6H_{12}O_6})\left(\frac{1\ \text{mol}\ \cancel{C_6H_{12}O_6}}{180.0\ \text{g}\ \cancel{C_6H_{12}O_6}}\right) \times \left(\frac{6\ \text{mol}\ \cancel{H_2O}}{1\ \text{mol}\ \cancel{C_6H_{12}O_6}}\right)\left(\frac{18.0\ \text{g}\ H_2O}{1\ \text{mol}\ \cancel{H_2O}}\right)$$

$$= 0.600\ \text{g}\ H_2O$$

**チェック**　概算をして答の妥当性を調べよう．グルコース1 g の物質量は，1/180 mol である．水はグルコースの物質量の6倍生じるので，6/180 mol = 1/30 mol である．水のモル質量は 18 g/mol なので，生じる水の質量は，$1/30 \times 18 = 6/10 = 0.6$ g $H_2O$，これは答と合っている．最初の数字の有効数字は3桁なので，答も3桁にする．

**コメント**　成人は1日平均2Lの水を摂取し，2.4Lを排出する．余分の0.4Lは，グルコースの酸化のような食品の代謝による．逆にカンガルーネズミは，水を飲まず，自身の代謝水で生命を維持している．

**演　習**

塩素酸カリウム $KClO_3$ は少量の酸素を実験室でつくるのに使う．

$$2\,KClO_3(s) \rightarrow 2\,KCl(s) + 3\,O_2(g)$$

この分解で $KClO_3$ 4.5 g から何 g の $O_2$ ができるか．

## 3.7 制限反応物

複数の物質が関与する化学反応では，いずれか一つの反応物がなくなると反応は止まる．例えば，10 mol の $H_2$ と 7 mol の $O_2$ が反応して

$$2\,H_2(g) + O_2(g) \longrightarrow 2\,H_2O(g)$$

の水になるとき，10 mol $H_2$ と反応する $O_2$ は，

$$O_2\text{の物質量} = (10\ \cancel{\text{mol}\ H_2})\left(\frac{1\ \text{mol}\ O_2}{2\ \cancel{\text{mol}\ H_2}}\right) = 5\ \text{mol}\ O_2$$

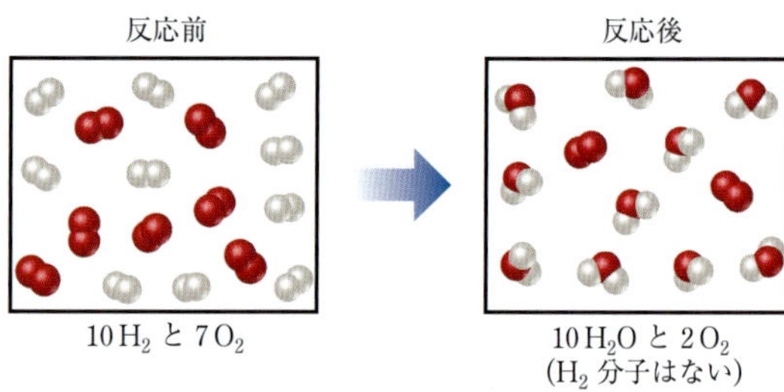


**▲図 3.11　制限反応物**
$H_2$ は完全に反応したので，制限反応物である．$O_2$ は反応が完全に終わっても残っているので，過剰反応物である．生成する $H_2O$ の量は，制限反応物である $H_2$ の量に依存する．

である．最初に 7 mol の $O_2$ があったので，$H_2$ がすべて反応すると 2 mol の $O_2$ が残る．すべて反応してしまうほうの試薬を**制限反応物**（limiting reactant）という．生成物の量がこれによって制限されるからである．反応後に残る反応物は**過剰反応物**（excess reactant）という．上の例は，**▲図 3.11** のように図示される．$H_2$ が制限反応物で，$H_2$ がなくなると反応は止まる．

多くの化学反応では，一つの反応物が過剰になっている．例えば，開放した空間で燃焼させるとき，酸素は多量にあるので，燃料に対して過剰反応物となる．自動車を運転していてガス欠で自動車が止まるのは，ガソリンが制限反応物だからである．

図 3.11 は次のようにまとめられる．

| | $2\,H_2(g)$ | $+\ O_2(g)$ | $\longrightarrow\ 2\,H_2O(g)$ |
|---|---|---|---|
| 最初の量 | 10 mol | 7 mol | 0 mol |
| 変化（反応） | −10 mol | −5 mol | +10 mol |
| 最後の量 | 0 mol | 2 mol | 10 mol |

### 理論収量

制限反応物がすべて消費されたときに生じる生成物の量を**理論収量**（theoretical yield）という．実際に得られた量は**収量**（yield）といい，ほとんどの場合理論収量より少なく，絶対にこれを超えることはない．収量が理論収量より少ないのは，反応物がすべて反応せずに残る，意図したのと別の反応（副反応）が起こるなどが原因である．また生成物すべてを回収できないこともある．**収率**（percent yield）は，理論収量に対する実際の収量の百分率である．

$$\text{収率} = \frac{\text{収量}}{\text{理論収量}} \times 100\% \qquad [3.9]$$

## 例題 3.8　制限反応物から生成物の量を求める

空気中の $N_2$ から窒素の化合物を製造する最も重要なプロセスは

$$N_2(g) + 3H_2(g) \longrightarrow 2NH_3(g)$$

である．3 mol の $N_2$ と 6 mol の $H_2$ から得られる $NH_3$ は何 mol か．

### 解　法

**問題の分析**　各反応物の物質量から生成物の物質量を求める制限反応物の問題である．

**方針**　一方の反応物が完全に反応するとして，もう一方の反応物の必要量を計算する．この結果と実際に反応に使うことができる量とを比較すると，どちらが制限反応物かがわかる．その制限反応物の物質量をもとにして生成物の量を計算する．

**解**　3 mol $N_2$ を完全に反応させるのに必要な $H_2$ の物質量は，

$$H_2\text{ の物質量} = (3.0\,\text{mol N}_2)\left(\frac{3\,\text{mol H}_2}{1\,\text{mol N}_2}\right) = 9.0\,\text{mol H}_2$$

これは，実際の $H_2$ の物質量より多いので，$H_2$ が制限反応物である．6 mol $H_2$ から得られる $NH_3$ は，

$$NH_3\text{ の物質量} = (6.0\,\text{mol H}_2)\left(\frac{2\,\text{mol NH}_3}{3\,\text{mol H}_2}\right) = 4.0\,\text{mol NH}_3$$

**コメント**　この例は次の表のようにまとめられる．

| | $N_2(g)$ | + $3H_2(g)$ | $\longrightarrow 2NH_3(g)$ |
|---|---|---|---|
| 最初の量 | 3.0 mol | 6 mol | 0 mol |
| 変化（反応） | −2.0 mol | −6 mol | +4.0 mol |
| 最後の量 | 1.0 mol | 0 mol | 4.0 mol |

**チェック**　上の表2行目の“変化”の物質量の割合は 2：6：4 となっている．これは反応式の係数の割合 1：3：2 と一致する．また，有効数字も適切である．

**演　習**
(a) Al と $Cl_2$ は $2Al(s) + 3Cl_2(g) \longrightarrow 2AlCl_3(s)$ の反応で化合する．Al 1.50 mol と $Cl_2$ 3.00 mol を反応させるとき，制限反応物はどれか．(b) 反応後，過剰の反応物は何 mol 残るか．

## 例題 3.9　理論収量と収率を求める

ナイロンの製造に使われるアジピン酸 $(CH_2)_4(COOH)_2$ は，シクロヘキサン $C_6H_{12}$ と $O_2$ との反応でつくられている．

$$2C_6H_{12}(l) + 5O_2(g) \longrightarrow 2(CH_2)_4(COOH)_2(l) + 2H_2O(g)$$

(a) シクロヘキサンが制限反応物であり，それを 25 g 使ってこの反応を行うとする．その場合，アジピン酸の理論収量はどれだけか．
(b) もしアジピン酸が 33.5 g 得られたとすると収率はどれだけか．

### 解　法

**問題の分析**　反応式と制限反応物の質量が与えられている．それから生成物 $(CH_2)_4(COOH)_2$ の理論収量と収量が 33.5 g の場合の収率を求める問題である．

**方針**　(a) アジピン酸の理論収量を図 3.10 に従って求める．
(b) 理論収量と実際の収量から収率を計算する．

**解**　(a) アジピン酸の分子式は $C_6H_{10}O_4$ である．アジピン酸の理論収量は，

$C_6H_{10}O_4$ の質量

$$= (25.0\,\mathrm{g\,C_6H_{12}})\left(\frac{1\,\mathrm{mol\,C_6H_{12}}}{84.0\,\mathrm{g\,C_6H_{12}}}\right) \times\left(\frac{2\,\mathrm{mol\,C_6H_{10}O_4}}{2\,\mathrm{mol\,C_6H_{12}}}\right)\left(\frac{146.0\,\mathrm{g\,C_6H_{10}O_4}}{1\,\mathrm{mol\,C_6H_{10}O_4}}\right) = 43.5\,\mathrm{g\,C_6H_{10}O_4}$$

(**b**) 収率 $= \dfrac{収量}{理論収量}\times 100\% = \dfrac{33.5\,\mathrm{g}}{43.5\,\mathrm{g}}\times 100\% = 77.0\%$

**演　習**

鉄鉱石から鉄を得るプロセス

$$Fe_2O_3(s) + 3CO_2(g) \longrightarrow 2Fe(s) + 3CO_2(g)$$

について，

(**a**) 制限反応物である $Fe_2O_3$ 150 g から得られる Fe の理論収量を求めよ．(**b**) 実際に 87.9 g 得られたとすると収率はどれだけか．

## 章のまとめとキーワード

**化学反応式（序論と §3.1）**　化学式と化学反応式の量的関係を明らかにする理論を**化学量論**という．化学量論における重要な法則の一つは，質量保存の法則である．化学反応前後で各原子の数には増減がない．つり合った**化学反応式**では，各元素の原子の数は反応式の左右で同じになる．反応式をつり合わせるには，**反応物**と**生成物**の化学式の前に係数をつけるが，化学式の下付きの数字は変えてはならない．

**単純な化学反応の型（§3.2）**　本章で説明した反応の種類は，以下の三つである．(1) 2 個の反応物が結合して 1 個の生成物になる**化合**，(2) 1 個の反応物が 2 個以上の生成物になる**分解**，(3) 炭化水素や関連化合物が $O_2$ と反応して $CO_2$ や $H_2O$ ができる**燃焼**．

**式量（§3.3）**　原子量を用いて，化学式やつり合った化学反応式から多くの量的な情報を特定することができる．化合物の**式量**は，化学式に含まれる原子の原子量の和である．化学式が分子式である場合，式量は**分子量**とも呼ばれる．

**アボガドロ定数と物質量（§3.4）**　物質 1 mol を構成する粒子数（化学式単位で数える）は一定で，**アボガドロ定数**（$6.02\times10^{23}\,\mathrm{mol^{-1}}$）に等しい．原子や分子またはイオン 1 mol の質量（**モル質量**）は，式量にグラムをつけた値である．例えば，$H_2O$ 1 分子の質量は 18 u で，$H_2O$ 1 mol の質量は 18 g，つまり，$H_2O$ のモル質量は 18 g/mol になる．

**元素分析値から実験式を求める（§3.5）**　化合物の実験式は，その質量の百分率（質量百分率）から計算できる．化合物が分子性で，分子量がわかっている場合，分子式は実験式から決定することができる．

**つり合った反応式から得られる量についての情報と制限反応物（§3.6，§3.7）**　モルの概念を用いて，化学反応における反応物と生成物の相対的な量を計算することができる．つり合った化学反応式の係数は，反応物と生成物の相対的な物質量を表している．

反応物の質量から生成物の質量を求めるには，まず反応物の質量を物質量に変換する．その後，反応式の係数を用いて反応物の物質量を生成物の物質量に変換し，最後に生成物の質量に変換する．

**制限反応物**は，反応により完全に消費される．制限反応物がすべて使い果たされると，反応が停止するため，生じる生成物の量は制限反応物の量で限定される．反応の**理論収量**は，制限反応物がすべて反応した際に生成する理論上の生成物の量である．実際の収量はつねに理論収量を下回る．**収率**は，実際の収量と理論収量を比較したものである．

## 練 習 問 題

**3.1** 以下の図は，反応物A（青色の球）と反応物B（赤色の球）の反応を示している．

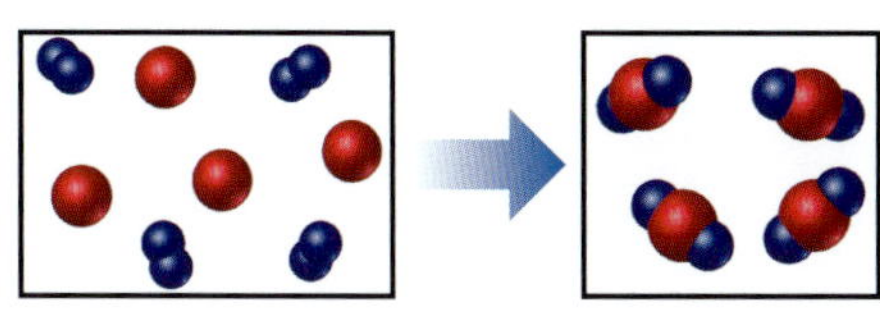

図をもとにして，この反応を最もよく表している反応式を選べ．
(a) $A_2 + B \longrightarrow A_2B$
(b) $A_2 + 4B \longrightarrow 2AB_2$
(c) $2A + B_4 \longrightarrow 2AB_2$
(d) $A + B_2 \longrightarrow AB_2$
[§3.1]

**3.2** 以下の図は，分解反応によって生じた単体の集まりを表している．

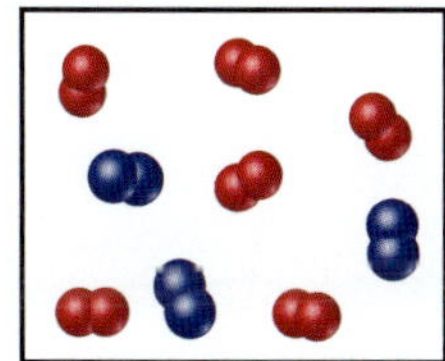

(a) 青色の球がN原子，赤色の球がO原子を表している場合，もとの化合物の実験式は何か．
(b) 分解したもとの化合物の分子を表す図を描くことができるかどうか，その理由もあわせて説明せよ．
[§3.2]

**3.3** タンパク質をつくるために生物が利用するアミノ酸のグリシンは，以下の分子モデルで表される．なお，白：H，黒：C，青：N，赤：O を表す．

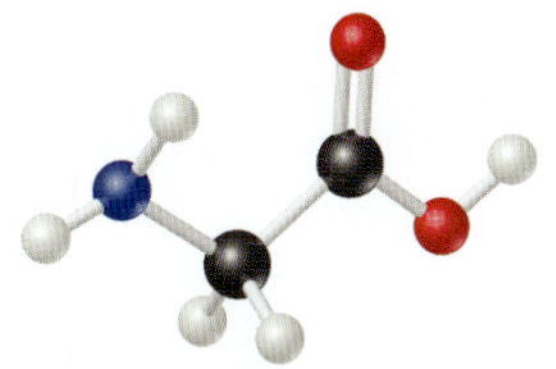

(a) グリシンの分子式を書け．
(b) グリシンのモル質量を求めよ．
(c) 3 mol のグリシンの質量を計算せよ．
(d) グリシン中の窒素の質量百分率を計算せよ．
[§3.3，§3.5]

**3.4** 窒素 $N_2$ と水素 $H_2$ が反応してアンモニア $NH_3$ になる．次図に示す $N_2$ と $H_2$ の混合物があるとする．青色の球はN，白色の球はHを表している．

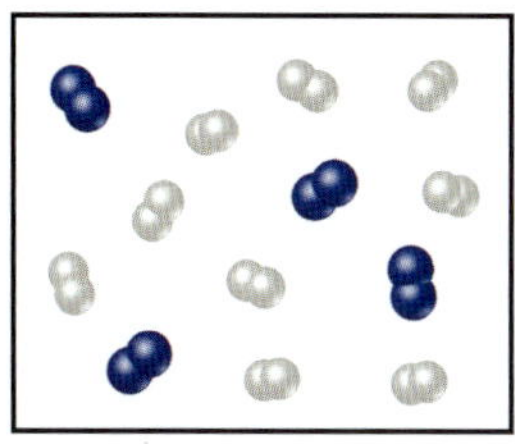

反応が終了したとして，生成物はどのような混合物になるか，その理由もあわせて説明せよ．また，この場合の制限反応物は何か．
[§3.7]

**3.5** 次の記述を化学反応式で表せ．
(a) カーバイド $CaC_2$ の固体が水と反応して水酸化カルシウムの水溶液とアセチレンの気体を生じる．
(b) 塩素酸カリウムの固体を加熱すると，分解して塩化カリウム固体と酸素の気体が生じる．
(c) 金属亜鉛は硫酸と反応して，気体の水素と硫酸亜鉛水溶液を生じる．
(d) 三塩化リンの液体を水に加えると，亜リン酸 $H_3PO_3$ (aq) と塩酸の水溶液になる．
[§3.1]

**3.6** 次の反応式のつり合いをとり，化合，分解，燃焼のいずれかに分類できるかを答えよ．
(a) $C_3H_6(g) + O_2(g) \longrightarrow CO_2(g) + H_2O(g)$
(b) $NH_4NO_3(s) \longrightarrow N_2O(g) + H_2O(g)$
(c) $C_5H_6O(l) + O_2(g) \longrightarrow CO_2(g) + H_2O(g)$
(d) $N_2(g) + H_2(g) \longrightarrow NH_3(g)$
(e) $K_2O(s) + H_2O(l) \longrightarrow KOH(aq)$
[§3.2]

**3.7** 次の各化合物の式量を求めよ．
(a) 硝酸 $HNO_3$，(b) $KMnO_4$，(c) $Ca_3(PO_4)_2$，
(d) 石英 $SiO_2$，(e) 硫化ガリウム，
(f) 硫酸クロム(III)，(g) 三塩化リン
[§3.3]

**3.8** 正確な計算をせずに，次の試料中の原子数を少ないものから順に並べよ．ただし，原子量が記載された周期表を用いよ．0.50 mol $H_2O$，23 g Na，$6.0 \times 10^{23}$ $N_2$ 分子．
[§3.4]

**3.9** 次の化合物の分子式を書け．
(a) 実験式 $CH_2$，モル質量 = 84 g/mol
(b) 実験式 $NH_2Cl$，モル質量 = 51.5 g/mol
[§3.5]

**3.10** 胃酸は主として塩酸である．市販されているある制酸薬には $Al(OH)_3$ が胃酸と反応する成分として使われている．

$$Al(OH)_3(s) + HCl(aq) \longrightarrow AlCl_3(aq) + H_2O(l)$$

(**a**) この反応式をつり合わせよ．
(**b**) $Al(OH)_3$ 0.5000 g と反応する HCl の質量を求めよ．
(**c**) $Al(OH)_3$ 0.5000 g が反応するとき，生成する $AlCl_3$ と $H_2O$ の質量を求めよ．
(**d**) (**b**) および (**c**) の計算結果が質量保存の法則に従っていることを示せ．[§3.6]

**3.11** ベンゼン $C_6H_6$ が臭素 $Br_2$ と反応するとブロモベンゼン $C_6H_5Br$ が得られる．

$$C_6H_6 + Br_2 \rightarrow C_6H_5Br + HBr$$

(**a**) ベンゼン 30.0 g と臭素 65.0 g が反応すると，ブロモベンゼンの理論収量はどれだけか．
(**b**) もし，実際の収量が 42.3 g ならば，収率は何％か．[§3.7]

# 4 水溶液中の反応

▲ **深海熱水噴出孔は驚異的なところである．**
ここでは，過熱された熱水（400℃にもなる）が海底の割れ目から噴出する．岩石は溶解したり，再形成したりしている．局所的に高濃度のミネラルや硫黄を含む水は，他にみられない特殊な生き物の生存に有利な環境となっている．

地球の表面のおよそ3分の2は，水で覆われている．水はきわめて単純な物質でありながら，地球の進化に深くかかわってきた．最初の生命が水中で誕生したことは疑いようがない．すべての生命体は水を求めて，その姿をさまざまに変遷させてきたのである．

深海熱水噴出孔が1979年に発見される前にも，海洋にかかわる化学は長く研究されてきた．噴出孔の近くで繰り広げられる化学反応の研究が困難であることは想像に難くないが，試料採取アームをとりつけた深海潜水艇のおかげで，このような高温で有毒な水中での化学反応がわかってきた．

このような場所で起こる反応の一つに，FeS からの $FeS_2$ の生成がある．

$$FeS\,(s) + H_2S\,(g) \longrightarrow FeS_2\,(s) + H_2\,(g) \qquad [4.1]$$

反応式では簡単に表されるが，噴出孔付近の鉄原子は，電子を失ったり獲得したり，またさまざまな場所で溶けたり析出したりする（▶ 図 4.1）．

水が溶媒であるような溶液を**水溶液**（aqueous solution）という．本章では，水溶液中で進行する化学反応を取り上げる．さらに，3章で学んだ化学量論の考え方を拡張して，溶液の濃度の表現方法と使い方についても学ぶ．

## 4.1 水溶液の一般的性質

溶液とは，2種以上の物質の均一混合物である（§1.2）．そのうち，最も量の多いものを**溶媒**（solvent）と呼び，それ以外のものを**溶質**（solute）と呼ぶ．溶質は溶媒に**溶解**（dissolve）している．多量の水に少量の塩化ナトリウム NaCl が溶けているときには，水が溶媒，塩化ナトリウムが溶質である．

### 電解質と非電解質

子どもの頃，電気で動くものを浴槽に入れると感電すると教わった人は多いはずだ．その通り，日常生活で触れる水は電気を通す．しかし，純粋な水はほとんど電気を通さない．浴槽のお湯が電気を通すのは，お湯に溶けている物質の性質によるもので，水そのものの性質のためではない．

とはいえ，何かが溶けている水がつねに電気を通すとも限らない．カップ1杯の水に，スプーン1杯の食塩（塩化ナトリウム）を溶かした溶液と，砂糖（ショ糖）を溶かした溶液を考えてみよう（▶ 図 4.2）．ど

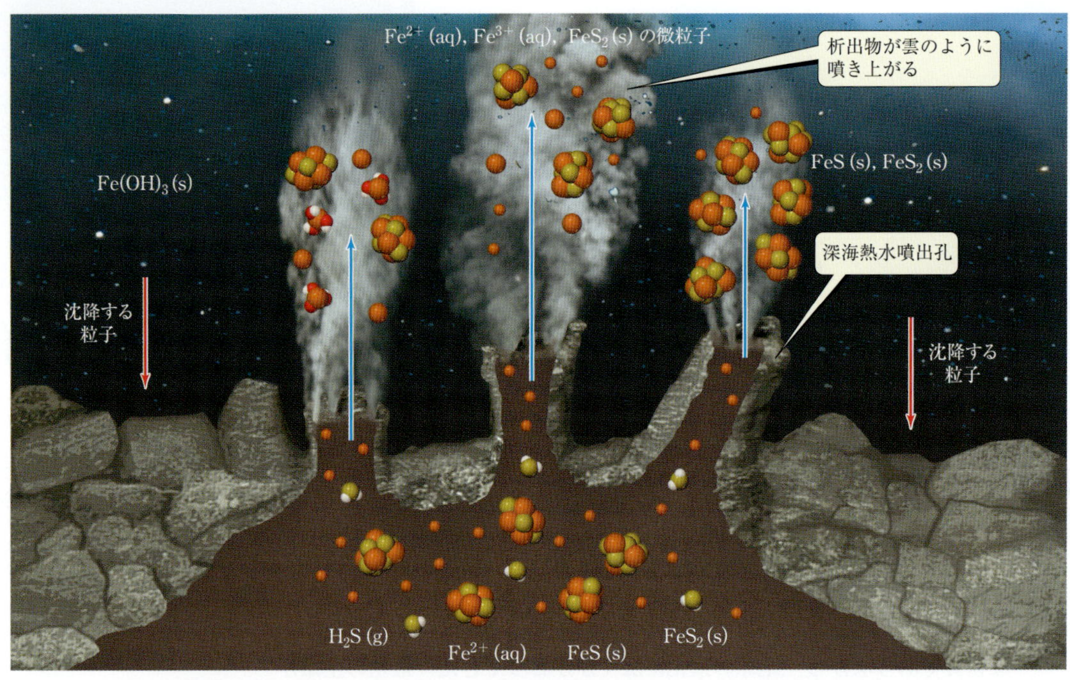


▲図 4.1　深海熱水噴出孔の中では鉄，硫黄，酸素などが複雑に反応し合う．

ちらの溶液も無色透明だが，電気の通し方はまったく違う．食塩水は，それを通して電球が点くことから電気を通すことがわかる．

図 4.2 の電球が点灯するためには，溶液に浸した 2 本の電極の間に電流が流れなくてはならない．電流とは，荷電粒子の流れである．純水中には，荷電粒子は事実上ないといっていいので，純水は電気を通さず，そのため図 4.2 の電球も点灯しない．しかし，水溶液中にイオンが存在する場合には，状況が変わる．

イオンは荷電粒子なので，一方の電極からもう一方の電極へ電気を運ぶことができ，その結果電気回路がつながり電球が点灯する．したがって，NaCl 水溶液が電気を通すということは，この水溶液にはイオンが含まれていることを意味し，砂糖水が電気を通さないのは，その中にイオンが含まれていないことを意味する．NaCl を水に溶かすと，溶液には $Na^+$ と $Cl^-$ ができる．正確にはどちらも水分子で囲まれたイオンとして存在する．ショ糖を水に溶かすと，溶液中には水分子に囲まれた中性のショ糖分子があるだけである．

NaCl のように，水に溶かすとイオンを生じる物質を**電解質**（electrolyte），ショ糖のように，水に溶かしてもイオンを生じない物質を**非電解質**（nonelectrolyte）と呼ぶ．NaCl とショ糖の性質の違いのおおもとは，NaCl がイオン性化合物で，ショ糖が分子性化合物だ

純水［$H_2O$ (l)］

砂糖水［$C_{12}H_{22}O_{11}$ (aq)］

食塩水［NaCl (aq)］

▲図 4.2　電解質溶液によって回路がつながることで電球が点く．

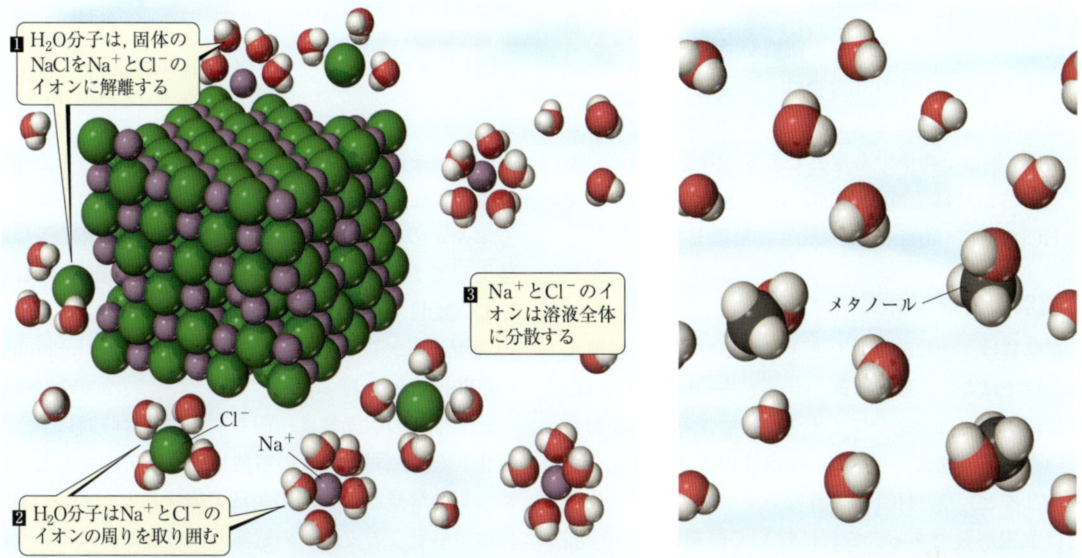


(a) NaClのようなイオン性化合物は，水に溶けるとイオンを形成する

(b) $CH_3OH$のような分子性化合物は，水に溶けてもイオンを形成しない

**▲ 図 4.3 水への溶解**
(a) 塩化ナトリウムNaClのようなイオン性化合物は，水に溶けると$H_2O$分子に囲まれて液体の中に均一に分散する．(b) メタノール$CH_3OH$のような分子性化合物が水に溶ける場合は，通常，イオンを形成せず，2種類の分子が単純に混ざり合っていると考えてよい．(a) (b) どちらの場合も，溶質の粒子がはっきり見えるよう，水分子はばらばらに離して描いてある．

ということである．

## 化合物の水への溶けかた

図2.16で，固体のNaClは$Na^+$と$Cl^-$が規則的に配列してできていることを示した．水に溶ける際には，それぞれのイオンは固体の構造から離れていき，溶液全体に散らばっていく［▲ 図4.3(a)］．イオン性固体は，水に溶けるときイオンに**解離**する．

水はイオン性化合物を溶解するのに適した物質である．$H_2O$分子自体は中性であるが，酸素原子は電子に富んでいて負の部分電荷をもっており，二つの水素原子は正の部分電荷をもっている．部分電荷を表すときにはギリシャ文字のデルタの小文字（$\delta$）が用いられ，負の部分電荷は$\delta-$（デルタマイナス），正の部分電荷は$\delta+$（デルタプラス）となる．水溶液に溶けている陽イオンは，水分子の酸素原子側に引き寄せられ，陰イオンは水素原子側に引き寄せられる．

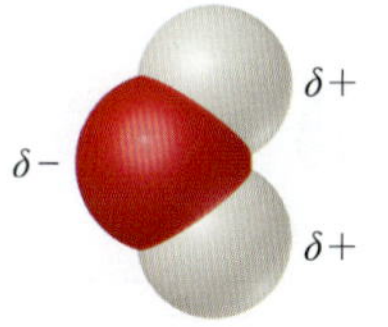


イオン性化合物を水に溶かすと，図4.3(a)に描いたようにイオンが水分子に取り囲まれる．このとき，イオンは**溶媒和**（solvation）したという（溶媒が水の場合は“水和”という）．化学式で表すときには，水和イオンを$Na^+(aq)$や$Cl^-(aq)$のように表す．“aq”はaqueousの略である（§3.1）．溶媒和が起こるとイオンは安定化され，陽イオンと陰イオンとが再び結びつきにくくなる．さらに，イオンも，それを囲んでいる水の層も自由に移動することができるので，イオンはやがて溶液全体に拡がっていく．

通常，イオン性化合物が水に溶けたときにできるイオンの種類を，その化合物名から推測することができる．例えば，硫酸ナトリウムならば，水に溶けたときにはナトリウムイオンと硫酸イオンとに解離する．

**考えてみよう**

次の物質を水に溶かしたときにできるイオンはどのようなものか．
(a) KCN，(b) $NaClO_4$

## 水中の分子性化合物

ショ糖やメタノールのような分子性化合物を水に溶

かしたときには［図4.3(b)］，もとの分子がそのまま溶液全体に散らばったような溶液ができる．したがって，ほとんどの分子性化合物は非電解質である．

水に溶けてイオンを生じるような分子性化合物も存在する．酸はその中でも重要である．例えば，HCl(g)を水に溶かせば塩酸 HCl(aq) ができるが，この中では HCl は $H^+$(aq) と $Cl^-$(aq) に解離している．

## 強電解質と弱電解質

電解質は，水に溶かしたときにすべて完全に解離するわけではない．**強電解質**（strong electrolyte）とは，水に溶かすとほぼ完全にイオンに解離するような物質をいう．基本的に，すべての水溶性のイオン性化合物（NaCl など）や，HCl のようないくつかの分子性化合物は強電解質である．これに対して**弱電解質**（weak electrolyte）とは，水に溶けたとき大部分が中性の分子として存在し，ごく一部がイオンに解離するような物質をいう．酢酸の水溶液中では，大部分の酢酸は $CH_3COOH$(aq) 分子として存在し，ごく一部（約1%）が $H^+$(aq) と $CH_3COO^-$(aq) に解離しているに過ぎないので，酢酸は弱電解質である．

ここで注意しなくてはならないのは，ある物質の溶解度が高いからといって，強電解質だということにはならないことである．酢酸は水によく溶けるが，弱電解質である．それとは逆に，$Ca(OH)_2$ は水にはあまり溶けないが，溶けたものはほぼ完全にに解離しているので強電解質である．

酢酸のような弱電解質が水中で解離する反応は，次のように表される．

$$CH_3COOH\,(aq) \rightleftharpoons CH_3COO^-\,(aq) + H^+\,(aq) \qquad [4.2]$$

両方向を向いた矢印は，この反応がどちらの方向にも進むことを表している．あらゆる瞬間において，いくぶんかの $CH_3COOH$ 分子が $H^+$ と $CH_3COO^-$ に解離し，また同時に $H^+$ と $CH_3COO^-$ とが結合して $CH_3COOH$ 分子に戻ることを繰り返している．両方向の反応がつり合った状態を**化学平衡**（chemical equilibrium）と呼ぶ．

化学平衡の状態では，両者の相対量は時間によって変化しない．弱電解質の解離は両方向矢印で表し，強電解質の解離は一方向の矢印で表すことが多い．HCl は強電解質なので，その解離の反応式は次式のように表される．ここで左向き矢印を描き入れないのは，$H^+$ と $Cl^-$ が再結合して HCl になる反応が，事実上起こらないからである．

$$HCl\,(aq) \longrightarrow H^+\,(aq) + Cl^-\,(aq) \qquad [4.3]$$

一般に，水溶性のイオン性化合物はすべて強電解質である．

**考えてみよう**

$CH_3OH$，NaOH，$CH_3COOH$ のうち，水に溶かしたときに図4.2の電球を最も明るく点灯させられるものはどれか．ただし，同じ体積の水に同じ物質量を溶かすものとする．

## 例題 4.1　陰イオン・陽イオンの相対量と化学式との関係

右の図は，ある水溶液中の陽イオン・陰イオンの相対量とそれぞれの電荷を表している．この図で表されている水溶液の溶質は，$MgCl_2$，KCl または $K_2SO_4$ のうちどれか．

### 解　法

**方針**　与えられた物質それぞれについて，水に溶かしたときにできる陽イオン・陰イオンの相対量と電荷がどうなるかを調べる．その中で，図と最もよく一致するものを選ぶ．

**解**　図には，陽イオンが陰イオンの2倍の数だけ描かれており，これは $K_2SO_4$ の化学式中の陽イオン・陰イオン比と一致している．

**チェック**　図に描かれている電荷の総和がゼロであることに注意せよ．イオン性化合物では，つねに陽イオンと陰イオンの電荷のつり合いがとれていて，電荷の総和はゼロになる．

### 演　習

次の (**a**)～(**d**) のイオン性化合物の水溶液中のようすを，前問の図のように描くことを考える．図に陽イオンを6個描いたとすれば，それぞれ何個の陰イオンを描き入れればよいか．

(**a**) $NiSO_4$，(**b**) $Ca(NO_3)_2$，(**c**) $Na_3PO_4$，(**d**) $Al_2(SO_4)_3$

## 4.2 沈 殿 反 応

▼**図 4.4** は，透明なヨウ化カリウム KI 水溶液を透明な硝酸鉛 $Pb(NO_3)_2$ 水溶液に加えると，反応が起こって，不溶性の黄色の固体ができるようすを示している．不溶性の固体ができる反応を**沈殿反応**（precipitation reaction）と呼び，この反応で生じる固体を**沈殿**（precipitate）という．図 4.4 でできた沈殿は，水にきわめて溶けにくいヨウ化鉛 $PbI_2$ である．

$$Pb(NO_3)_2\,(aq) + 2KI\,(aq) \longrightarrow PbI_2\,(s) + 2KNO_3\,(aq) \quad [4.4]$$

この反応のもう一つの生成物である硝酸カリウム $KNO_3$ は，溶液中に溶けたままで存在する．

沈殿ができるのは，反対符号のイオンが互いに強く引き合って，不溶性のイオン性固体をつくるためである．あるイオンの組合せが不溶性の化合物をつくるか

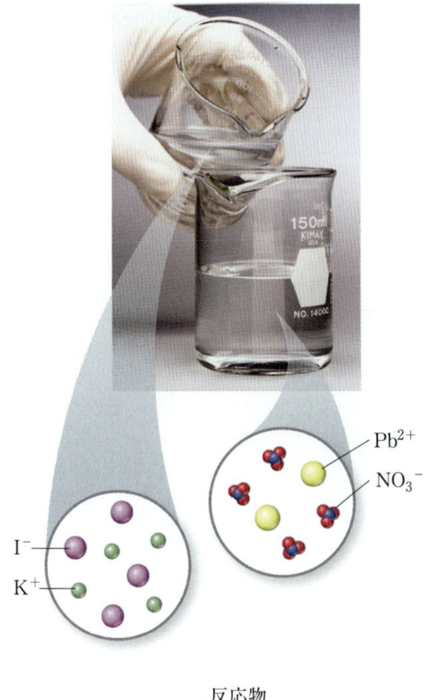


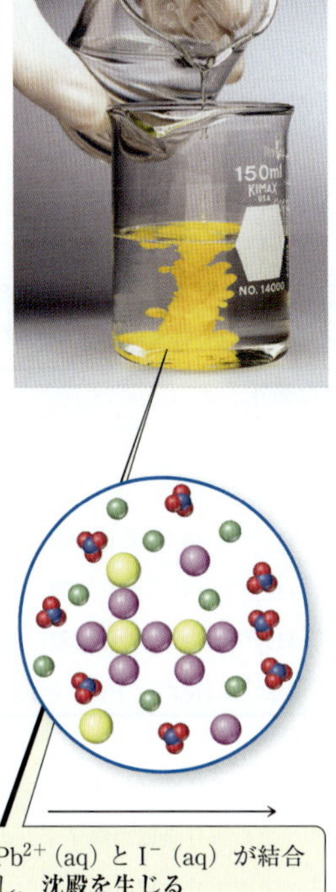


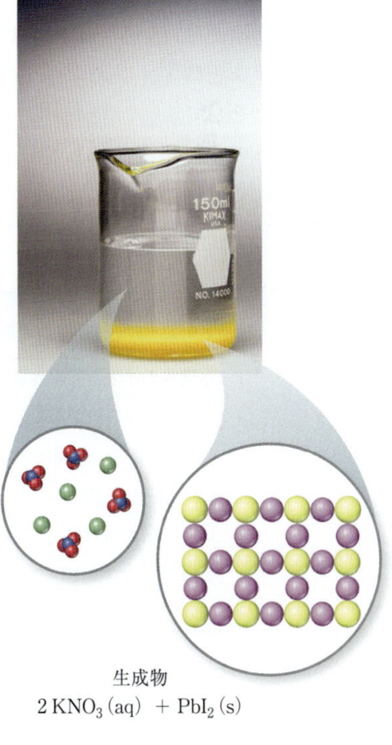


▲**図 4.4　沈殿反応**

どうかを予測するには，一般的なイオン性化合物の溶解度を考えればよい．

## イオン性化合物の溶解度に関する指針

**溶解度**（solubility）とは，ある温度において，一定量の溶媒に物質が溶けることのできる量をいう．本書では，溶解度が 0.01 mol/L よりも小さい物質を**不溶性**と呼ぶことにする．不溶性化合物では，固体内での反対符号のイオンの引合いが非常に強いために，水分子がやってきても両方のイオンを引き離すことができない．そのため，その物質の大部分は水に溶けない．

イオン性化合物の溶解度には明確な法則はないが，経験則的な指針がある．例えば，硝酸イオンを含むイオン性化合物は，すべて水に溶ける．このような指針を▼**表 4.1** にまとめた．この表は陰イオンごとにまとめられているが，陽イオンに関する重要なことがらもみてとれる．例えば，アルカリ金属（周期表の 1 族）イオンやアンモニウムイオン $NH_4^+$ を含むイオン性化合物は，ほとんどすべて水に溶ける．

強電解質を溶かした二つの水溶液を混合したときに沈殿ができるかどうかを予測するには，次の手順を踏むとよい．すなわち，

1. 反応物中に存在するイオンをすべて数え上げ，
2. 陽イオンと陰イオンのすべての可能な組合せを考え，そして
3. それらの中に不溶性のものがないかどうかを表 4.1 を使ってみつける

というものである．

例えば，硝酸マグネシウム $Mg(NO_3)_2$ と水酸化ナトリウム NaOH の水溶液を混ぜたときに沈殿ができるかどうかを考えてみよう．どちらの化合物も水溶性のイオン性化合物で強電解質なので，二つの溶液を混ぜれば $Mg^{2+}$，$NO_3^-$，$Na^+$ および $OH^-$ が共存することになる．$Mg(NO_3)_2$ と NaOH が水溶性であることは表 4.1 からわかる．問題は $Mg^{2+}$ と $OH^-$ の化合物と，$Na^+$ と $NO_3^-$ の化合物が不溶性かどうかである．

表 4.1 には，たいていの水酸化物が不溶性であると記されており，$Mg^{2+}$ は例外に含まれていないから，$Mg(OH)_2$ は沈殿することが予測される．$NaNO_3$ は水溶性なので，溶液の中に溶けたままで存在する．この沈殿反応に関して，つり合いのとれた化学反応式は次のようになる．

$$Mg(NO_3)_2\,(aq) + 2\,NaOH\,(aq) \longrightarrow Mg(OH)_2\,(s) + 2\,NaNO_3\,(aq) \quad [4.5]$$

### 例題 4.2　指針に基づいた溶解度の予測

(**a**) 炭酸ナトリウム $Na_2CO_3$ と (**b**) 硫酸鉛 $PbSO_4$ が，それぞれ水溶性か不溶性であるかを予測せよ．

**解　法**

**方針**　表 4.1 を用いる．表 4.1 は陰イオンごとに分類されているので，問題の化合物の陰イオンに注目する．

**表 4.1　水中における一般的なイオン化合物の溶解度に関する指針**

| 水溶性のイオン性化合物 | 重要な例外 |
|---|---|
| $NO_3^-$ を含む化合物 | な　し |
| $CH_3COO^-$ を含む化合物 | な　し |
| $Cl^-$ を含む化合物 | $Ag^+$，$Hg_2^{2+}$，$Pb^{2+}$ の化合物 |
| $Br^-$ を含む化合物 | $Ag^+$，$Hg_2^{2+}$，$Pb^{2+}$ の化合物 |
| $I^-$ を含む化合物 | $Ag^+$，$Hg_2^{2+}$，$Pb^{2+}$ の化合物 |
| $SO_4^{2-}$ を含む化合物 | $Sr^{2+}$，$Ba^{2+}$，$Hg_2^{2+}$，$Pb^{2+}$ の化合物 |
| **不溶性のイオン性化合物** | **重要な例外** |
| $S^{2-}$ を含む化合物 | $NH_4^+$，アルカリ金属の陽イオン，$Ca^{2+}$，$Sr^{2+}$，$Ba^{2+}$ の化合物 |
| $CO_3^{2-}$ を含む化合物 | $NH_4^+$，アルカリ金属の陽イオンの化合物 |
| $PO_4^{3-}$ を含む化合物 | $NH_4^+$，アルカリ金属の陽イオンの化合物 |
| $OH^-$ を含む化合物 | $NH_4^+$，アルカリ金属の陽イオン，$Ca^{2+}$，$Sr^{2+}$，$Ba^{2+}$ の化合物 |

**解** (**a**) 表4.1によれば，ほとんどの炭酸塩は不溶性だが，ナトリウムのようなアルカリ金属の炭酸塩は例外となっている．したがって，$Na_2CO_3$ は水溶性である．
(**b**) 表4.1によれば，ほとんどの硫酸塩は水溶性だが，鉛の塩は例外となっている．したがって，$PbSO_4$ は不溶性である．

**演 習**
次の (**a**)～(**c**) の化合物は，それぞれ水溶性か不溶性かを予測せよ．
(**a**) 水酸化コバルト(II)，(**b**) 硝酸バリウム，
(**c**) リン酸アンモニウム

## イオン反応式と傍観イオン

水溶液反応の化学反応式を書く際に，ある物質がイオンになって溶けているのか，それとも分子のままで溶けているのかを明示したほうがよい場合がある．$Pb(NO_3)_2$ と KI が反応して沈殿をつくる次の反応を考えてみよう．

$$Pb(NO_3)_2\,(aq) + 2KI\,(aq) \longrightarrow PbI_2\,(s) + 2KNO_3\,(aq) \quad [4.6]$$

式4.6のように書かれた化学反応式には，反応物と生成物の化学組成が示されていて，イオンに関する情報は示されていない．実際には，$Pb(NO_3)_2$ も KI も $KNO_3$ も，すべて水溶性のイオン性化合物であり，したがって強電解質なので，イオンとして溶けているものを明示して，次のように書くこともできる．

$$Pb^{2+}\,(aq) + 2NO_3^-\,(aq) + 2K^+\,(aq) + 2I^-\,(aq) \longrightarrow PbI_2\,(s) + 2K^+\,(aq) + 2NO_3^-\,(aq) \quad [4.7]$$

水溶性の強電解質をすべてイオンの形で表現したこのような反応式を，**全イオン反応式** (complete ionic equation) と呼ぶ．ここで，$K^+$ (aq) と $NO_3^-$ (aq) が式4.7の両辺に現れていることに注目する．全イオン反応式の両辺に同じ状態で現れるイオンは，実質的には化学反応に寄与しておらず，**傍観イオン** (spectator ion) と呼ばれる．両辺の傍観イオンを消去すると，化学反応に関与するイオンや分子だけを示す正味の**イオン反応式** (ionic equation) が得られる．

$$Pb^{2+}\,(aq) + 2I^-\,(aq) \longrightarrow PbI_2\,(s) \quad [4.8]$$

つり合いのとれたイオン反応式では，左右各辺のイオンの価数の総計が等しい．この例では，左辺の陽イオンの価数 (+2) と，2個の陰イオンの価数 ($-1 \times 2 = -2$) を合計すると，右辺の電荷 (±0) と一致する．全イオン反応式中のすべてのイオンが傍観イオンである場合には，化学反応は起こらない．

**考えてみよう**

$$AgNO_3\,(aq) + NaCl\,(aq) \longrightarrow AgCl\,(s) + NaNO_3\,(aq)$$

の反応において，傍観イオンはどれだろうか．

イオン反応式は，電解質が関与するさまざまな化学反応に類似性があることを示す．例えば，式4.8は，$Pb^{2+}$ (aq) を含む強電解質であればどのようなものであっても，$I^-$ (aq) を含む強電解質と反応して $PbI_2$ の沈殿をつくることを示している．つまり，ある化学反応を起こす反応物の組合せは何通りもあるのである．例えば，KI のかわりに $MgI_2$ を使っても，$Pb(NO_3)_2$ 水溶液と反応すれば式4.8の反応が起こって $PbI_2$ を生じる．

イオン反応式を書くための手順を以下にまとめる．

1. つり合いのとれた化学反応式を書く．
2. 上の化学反応式のうち，強電解質だけをイオンに書き表し直す．
3. 傍観イオンを消去する．

## 例題 4.3 イオン反応式の組立て

塩化カルシウム $CaCl_2$ 水溶液と炭酸ナトリウム $Na_2CO_3$ 水溶液を混ぜたときに起こる沈殿反応のイオン反応式を書け．

### 解　法

**方針**　まず，反応物と生成物の化学式を書き，それらのうちどれが不溶性であるかを判断し，そこからつり合いのとれた化学反応式を書く．次に，水溶性の強電解質をイオンに解離させた全イオン反応式を書き，そこから傍観イオンを消去する．

**解**　$CaCl_2$ は，カルシウムイオン $Ca^{2+}$ と塩化物イオン $Cl^-$ からできているので，その水溶液は $CaCl_2$ (aq) と表される．$Na_2CO_3$ は，ナトリウムイオン $Na^+$ と炭酸イオン $CO_3^{2-}$ からできているので，その水溶液は $Na_2CO_3$ (aq) と表される．沈殿反応では陽イオンと陰イオンがそれぞれに相手を交換するように反応するので，$Ca^{2+}$ と $CO_3^{2-}$ とが結びついて $CaCO_3$ になり，$Na^+$ と $Cl^-$ が結びついて NaCl になる．ここで表 4.1 をみると，$CaCO_3$ が不溶性で NaCl が水溶性であることがわかる．したがって，つり合いのとれた化学反応式は次のように表される．

$$CaCl_2\,(aq) + Na_2CO_3\,(aq) \longrightarrow CaCO_3\,(s) + 2\,NaCl\,(aq)$$

全イオン反応式では，溶けている強電解質（水溶性のイオン性化合物）だけが解離しているように書く．つまり，(aq) のついた $CaCl_2$，$Na_2CO$，および NaCl はすべて解離した状態で溶液中に存在している．$CaCO_3$ はイオン性化合物であるが不溶性なので，これは解離しているようには表さない．以上のことから，全イオン反応式は次のようになる．

$$Ca^{2+}\,(aq) + 2\,Cl^-\,(aq) + 2\,Na^+\,(aq) + CO_3^{2-}\,(aq) \longrightarrow CaCO_3\,(s) + 2\,Na^+\,(aq) + 2\,Cl^-\,(aq)$$

$Cl^-$ と $Na^+$ は傍観イオンなので，これらを消去すると目的のイオン反応式を得る．

$$Ca^{2+}\,(aq) + CO_3^{2-}\,(aq) \longrightarrow CaCO_3\,(s)$$

**チェック**　答が正しいかどうか確かめるには，両辺の各原子の個数と電荷がつり合っているかどうかを調べるとよい．上の答では，両辺とも Ca と C が 1 個ずつ，O が 3 個ずつあり，電荷の合計が両辺ともゼロなので，正しいことがわかる．

### 演　習

硝酸銀水溶液とリン酸カリウム水溶液を混合したときに起こる沈殿反応のイオン反応式を書け．

## 4.3 酸塩基と中和反応

### 酸

§2.8 に記したように，酸（acid）とは水溶液中で解離して水素イオン $H^+$ (aq) を放出する物質である．水素原子は 1 個の陽子と 1 個の電子からできているから，水素イオンは陽子つまりプロトンそのものである．そのため，酸は**プロトン供与体**（proton donor）とも呼ばれる．水溶液中の水素イオンは，他の陽イオンと同様に水和している．そのため，水溶液中の水素イオンが関与する化学反応式を書く場合には，水素イオンを $H^+$ (aq) のように表す．

水溶液中で酸が解離したときに放出される水素イオンの数は，酸の種類によって異なる．塩酸 HCl や硝酸 $HNO_3$ は一価の酸と呼ばれ，1 分子あたり 1 個の水素イオンを放出する．硫酸 $H_2SO_4$ は二価の酸で，1 分子あたり 2 個の水素イオンを放出する．二価の酸の解離は 2 段階で進行する．

$$H_2SO_4\,(aq) \longrightarrow H^+\,(aq) + HSO_4^-\,(aq) \qquad [4.9]$$

$$HSO_4^-\,(aq) \rightleftharpoons H^+\,(aq) + SO_4^{2-}\,(aq) \qquad [4.10]$$

$H_2SO_4$ は強電解質だが，完全に解離するのは 1 段目（式 4.9）だけであり，硫酸水溶液中には，$H^+$ (aq)，$HSO_4^-$ (aq)，$SO_4^{2-}$ (aq) が共存している．

酢酸 $CH_3COOH$ は食酢の主要な成分である．酢酸分子には 4 個の水素があるが，水中で解離できるのは COOH 中の 1 個の水素だけである．他の 3 個の水素は炭素原子と結合していて，水中では炭素-水素（C—H）結合が切れることはない．4 個の水素の挙動の違いの理由については 16 章で学ぶ．

### 考えてみよう

柑橘類の主要成分であるクエン酸の構造は次のようになっている．水中ではクエン酸 1 分子あたり，何個の $H^+$ (aq) が放出されるだろうか．

```
      H
      |
  H — C — COOH
      |
 HO — C — COOH
      |
  H — C — COOH
      |
      H
```

## 塩 基

**塩基**（base）とは，水素イオンを受け取る（あるいは水素イオンと反応する）物質であり，塩基が水に溶けると水酸化物イオン $OH^-$ ができる．NaOH，KOH，$Ca(OH)_2$ といったイオン性の水酸化物は，典型的な塩基である．

$OH^-$ を含んでいない物質であっても塩基として作用することがある．例えば，アンモニア $NH_3$ が水に溶けると，水分子から $H^+$ を受け取り，$OH^-$ を生じる（▼図 4.5）．

$$NH_3\,(aq) + H_2O\,(l) \rightleftharpoons NH_4^+\,(aq) + OH^-\,(aq) \qquad [4.11]$$

アンモニアのように，$H^+$ を受け取るものは，**プロトン受容体**（proton acceptor）で塩基である．アンモニアが水に溶けるときは，ほんの 1% 程度しか $NH_4^+$ と $OH^-$ に生成しないので，アンモニアは弱電解質である．

### 強酸・強塩基と弱酸・弱塩基

酸や塩基のうち，強電解質である（水溶液中で完全に解離する）ものを**強酸**（strong acid）あるいは**強塩基**（strong base）という．それに対し，弱電解質である（一部しか解離しない）ものを**弱酸**（weak acid）あるいは**弱塩基**（weak base）という．

▶表 4.2 に，代表的な強酸と強塩基を示す．表中の物質を記憶しておくと，イオン反応式を書くときに便利である．表中の強酸の数が少ないことからも推しはかれる通り，ほとんどの酸は弱酸である．代表的な強塩基は，1 族と 2 族の元素の水酸化物である．他の元素の水酸化物の多くは水に溶けにくい．代表的な弱塩基にはアンモニアがある．

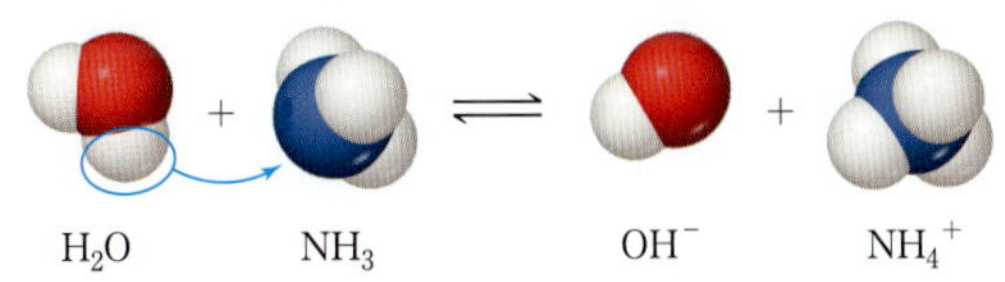


▲図 4.5　**水素イオンの移動**
$H_2O$ 分子はプロトン供与体（酸）として働き，$NH_3$ はプロトン受容体（塩基）として働く．$NH_3$ 分子のうち $H_2O$ と反応するのはごくわずかである．したがって，$NH_3$ は弱電解質である．

**表 4.2　主な強酸と強塩基**

| 強　酸 | 強塩基 |
|---|---|
| 塩酸 HCl | 1 族金属の水酸化物（LiOH，NaOH，KOH，RbOH，CsOH） |
| 臭化水素酸 HBr | 重い 2 族金属の水酸化物［$Ca(OH)_2$，$Sr(OH)_2$，$Ba(OH)_2$］ |
| ヨウ化水素酸 HI | |
| 塩素酸 $HClO_3$ | |
| 過塩素酸 $HClO_4$ | |
| 硝酸 $HNO_3$ | |
| 硫酸 $H_2SO_4$ | |

**考えてみよう**

$Al(OH)_3$ が強塩基に分類されないのはなぜだろうか．

### 強電解質と弱電解質の識別

代表的な強酸と強塩基の種類を覚えてしまえば，多くの種類の水溶性化合物について，強電解質か弱電解質かを予測することができる．

まず，その物質がイオン性であるか分子性であるかを考える．イオン性であるなら，その物質は強電解質である．その物質が分子性であるなら，次にその物質が酸であるか塩基であるかを考える．その物質が酸であるなら，表 4.2 を用いてそれが強酸か弱酸かを考える．その物質が表 4.2 に載っていなければ，その物質はおそらく弱酸であり，したがって弱電解質である．

その物質が塩基であるなら，表 4.2 を用いてそれが強塩基かどうかを判断する．酸でも塩基でもない分子性物質は，おそらく非電解質である．

### 中和反応と塩

酸の水溶液と塩基の水溶液を混ぜると**中和反応**（neutralization reaction）が起こる．この反応でできる生成物は，酸の性質も塩基の性質も示さない．例えば，塩酸と水酸化ナトリウム水溶液を混ぜると，次の反応が起こる．

$$\underset{\text{酸}}{HCl\,(aq)} + \underset{\text{塩基}}{NaOH\,(aq)} \longrightarrow \underset{\text{水}}{H_2O\,(l)} + \underset{\text{塩}}{NaCl\,(aq)} \qquad [4.12]$$

その結果，**塩**（えん）（salt）と水ができる．この反応でで

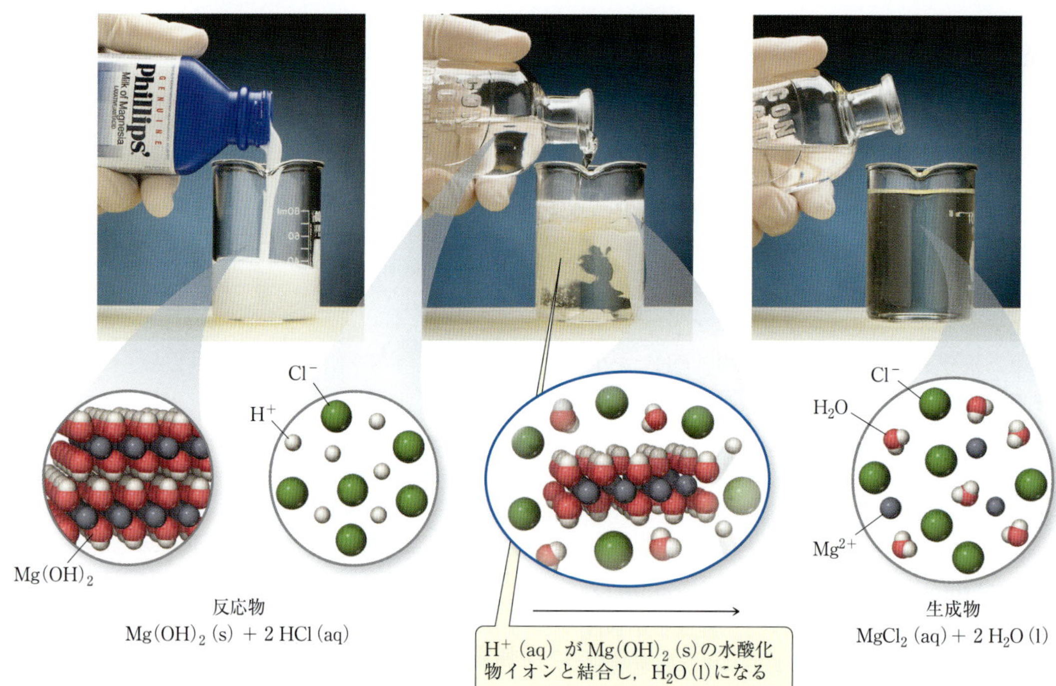


**▲図 4.6　水酸化マグネシウムと塩酸との中和反応**
マグネシア乳（米国で市販されている家庭用制酸剤，緩下剤）は，水に不溶性の水酸化マグネシウム $Mg(OH)_2$ (s) が懸濁した液体である．十分な量の塩酸 HCl (aq) を加えると反応が起こり $Mg^{2+}$ (aq) と $Cl^-$ (aq) を含む水溶液になる．

きる塩は NaCl である．塩という用語は，塩基の陽イオンと酸の陰イオンからできるイオン性化合物一般をさす．一般に，酸と金属水酸化物との中和反応によって，水と塩ができる．

HCl，NaOH，それに NaCl はいずれも水溶性の強電解質なので，式 4.12 の全イオン反応式は，

$$H^+ (aq) + Cl^- (aq) + Na^+ (aq) + OH^- (aq) \longrightarrow H_2O (l) + Na^+ (aq) + Cl^- (aq) \quad [4.13]$$

となり，イオン反応式は

$$H^+ (aq) + OH^- (aq) \longrightarrow H_2O (l) \quad [4.14]$$

となる．

ところで，式 4.14 はあらゆる強酸とあらゆる強塩基との間の中和反応の本質，つまり，$H^+$ (aq) と $OH^-$ (aq) が結合して $H_2O$ になることを示している．

**▲図 4.6** に，塩酸と不溶性の $Mg(OH)_2$ との間の中和反応のようすを示す．この反応は，

$$Mg(OH)_2 (s) + 2\,HCl (aq) \longrightarrow MgCl_2 (aq) + 2\,H_2O (l) \quad [4.15]$$

と表され，イオン反応式は，

$$Mg(OH)_2 (s) + 2\,H^+ (aq) \longrightarrow Mg^{2+} (aq) + 2\,H_2O (l) \quad [4.16]$$

である．ここでも，$OH^-$（この場合は不溶性の固体の $Mg(OH)_2$ に由来している）と $H^+$ が結合して $H_2O$ を生じることに注目しよう．

## 気体の生成を伴う中和反応

$OH^-$ 以外の多くの塩基も $H^+$ と反応して分子性化合物をつくる．その中でも，実験室でよくみかけるものとして，硫化物イオンと炭酸イオンがある．どちらも，酸と反応すると水への溶解度の小さい気体になる．硫化水素 $H_2S$ は腐った卵のようなにおいをもつ物質で，$Na_2S$ のような金属硫化物が HCl (aq) と反応するときにできる．この化学反応式は，

$$2\,HCl (aq) + Na_2S (aq) \longrightarrow H_2S (g) + 2\,NaCl (aq) \quad [4.17]$$

で表され，イオン反応式は，

$$2\,H^+ (aq) + S^{2-} (aq) \longrightarrow H_2S (g) \quad [4.18]$$

である．

炭酸塩や炭酸水素塩が酸と反応すると，$CO_2$ (g) ができる．じつは，最初にできるのは炭酸 $H_2CO_3$ である．例えば，塩酸と炭酸水素ナトリウムとの反応は次の通りであるが，

$$HCl\,(aq) + NaHCO_3\,(aq) \longrightarrow NaCl\,(aq) + H_2CO_3\,(aq) \qquad [4.19]$$

実際には炭酸は不安定で，水中にある程度の濃度で存在するときには $H_2O$ と $CO_2$ に分解し，$CO_2$ は気体になって溶液から逃げていく．

$$H_2CO_3\,(aq) \longrightarrow H_2O\,(l) + CO_2\,(g) \qquad [4.20]$$

この全体を表す化学反応式は，

$$HCl\,(aq) + NaHCO_3\,(aq) \longrightarrow NaCl\,(aq) + H_2O\,(l) + CO_2\,(g) \qquad [4.21]$$

で，イオン反応式は，

$$H^+\,(aq) + HCO_3^-\,(aq) \longrightarrow H_2O\,(l) + CO_2\,(g) \qquad [4.22]$$

となる．

$NaHCO_3$ も $Na_2CO_3$ も，酸性物質の中和剤として用いられる．酸性物質にこれらを作用させると，$CO_2$ が発生して発泡するが，それが止むまで中和剤を加えればよい．炭酸水素ナトリウム $NaHCO_3$ は，胃の制酸剤としても使われる．このときには，$HCO_3^-$ が胃酸と反応して $CO_2$ (g) になる．

**考えてみよう**

本文を参考にして，$Na_2SO_3$ (s) と HCl (aq) とが反応したときにどのような気体が生成するか考えてみよう．

## 例題 4.4 中和反応の化学反応式の組立て

酢酸 $CH_3COOH$ 水溶液と水酸化バリウム $Ba(OH)_2$ 水溶液との反応について，(**a**) つり合いのとれた化学反応式，(**b**) 全イオン反応式，および (**c**) イオン反応式を書け．

### 解　法

**方針**　式 4.12 から，中和反応では $H_2O$ と塩ができることがわかる．したがって，塩基の陽イオンと酸の陰イオンが何であるかに注目すれば，塩の化学組成がわかる．

**解**　(**a**) 塩は，塩基の陽イオン ($Ba^{2+}$) と酸の陰イオン ($CH_3COO^-$) の化合物になる．したがって，塩の化学式は $Ba(CH_3COO)_2$ である．表 4.1 によれば，この化合物は水溶性である．つり合いのとれていない化学反応式は，

$$CH_3COOH\,(aq) + Ba(OH)_2\,(aq) \longrightarrow H_2O\,(l) + Ba(CH_3COO)_2\,(aq)$$

になるが，このつり合いをとるためには，まず $CH_3COO^-$ を 2 個にするために $CH_3COOH$ を 2 分子にしなくてはならない．そうすると 2 個の $H^+$ が 2 個の $OH^-$ と反応するから，つり合いのとれた化学反応式は，

$$2\,CH_3COOH\,(aq) + Ba(OH)_2\,(aq) \longrightarrow 2\,H_2O\,(l) + Ba(CH_3COO)_2\,(aq)$$

となる．

(**b**) 全イオン反応式を書くためには，強電解質がどれであるかを特定して，それらを解離したイオンの形で書き直す．この場合，$Ba(OH)_2$ と $Ba(CH_3COO)_2$ は水溶性の強電解質である．したがって，全イオン反応式は次のようになる．

$$2\,CH_3COOH\,(aq) + Ba^{2+}\,(aq) + 2\,OH^-\,(aq) \longrightarrow 2\,H_2O\,(l) + Ba^{2+}\,(aq) + 2\,CH_3COO^-\,(aq)$$

(**c**) 上の式から $Ba^{2+}$ を消去し，係数を簡単にするとイオン反応式ができる．

$$CH_3COOH\,(aq) + OH^-\,(aq) \longrightarrow H_2O\,(l) + CH_3COO^-\,(aq)$$

**チェック**　イオン反応式両辺の原子やイオンの数，電荷が等しいかを調べること．

### 演　習

リン酸 $H_3PO_4$ と水酸化カリウム KOH との反応について，(**a**) つり合いのとれた化学反応式と，(**b**) イオン反応式を書け．

## 4.4 ▌酸化還元反応

本節では，電子がある反応物から他の反応物に移る反応を考える．このような反応は**酸化還元反応**（oxidation-reduction reaction）または**レドックス反応**（redox reaction）と呼ばれる．本節では，一方の反応物が金属単体であるような例を取り上げる．

### 酸化と還元

最も身近な酸化還元反応は，金属の腐食である．腐食は金属の表面だけに留まる場合があり，銅の屋根や銅像にできる緑青の被膜などがこれに相当する．また，腐食が金属の奥深くまで進行して，全体を崩壊させてしまうこともある．鉄の錆はその重要な例である．

金属の腐食は，金属が周囲の何らかの物質と反応して，化合物になってしまうことである．金属が錆びるときには個々の金属原子が電子を失って陽イオンになり，何らかの陰イオンと結びついてイオン性化合物になる．銅像の表面の緑青の被膜は，$Cu^{2+}$ が炭酸イオンおよび水酸化物イオンと結びついた物質でできている．鉄錆は，$Fe^{3+}$ が酸化物イオンや水酸化物イオンと結びついた物質でできており，また銀器の変色は $Ag^{+}$ と硫化物イオンとの化合物が原因である．

$Cu \longrightarrow Cu^{2+}$のように，原子，イオンや分子の電荷が増加する（電子を失う）ことを**“酸化された”**と表現する．つまり他の物質によって電子が失われることを**酸化**（oxidation）という．多くの金属は空気中の酸素と直接反応して金属酸化物を生じる．最も身近な例は，水の存在下で鉄が酸素に触れて錆びる現象であろう．このときには，鉄が酸化されて（電子を失って）$Fe^{3+}$ になる．

鉄と酸素の反応はゆっくりと進行するのが普通だが，アルカリ金属やアルカリ土類金属のような金属は空気にさらしただけでも即座に酸素と反応する．▼ **図 4.7** には，金属カルシウムの新鮮な表面が，CaO 被膜ができていくにつれて曇っていくようすを示している．その反応は次式で示される．

$$2\,Ca(s) + O_2(g) \longrightarrow 2\,CaO(s) \qquad [4.23]$$

この反応では，Ca は酸化されて $Ca^{2+}$ になり，$O_2$ は還元されて $O^{2-}$ になっている．$O_2 \longrightarrow O^{2-}$ のように原子，イオンや分子の負の電荷が増す，すなわち電子を獲得することを**“還元された”**と表現する．他の物質から電子を獲得することを**還元**（reduction）という．ある物質が電子を失う（酸化される）ときには，他の物質がその電子を獲得する（還元される）．ある物質の酸化と，他の物質の還元は，必ず一緒に進行する．

### 酸化数

酸化還元反応が起きたかどうかを判断する前に，私たちは電子のやり取りを追跡する方法を学ぶ必要がある．酸化される物質から還元される物質へ何個の電子が移動したのかを追跡するために，酸化数（または**酸化状態**）という概念がある．つまり，物質を構成する1個1個の原子に**酸化数**（oxidation number）を割り当てるのである．

単原子イオンに関しては，その酸化数はイオンの価数に等しい．中性分子や多原子イオンについては，個々の原子には仮想的な電荷が割り当てられる．ここで仮想的というのは，複数の原子で共有されている電

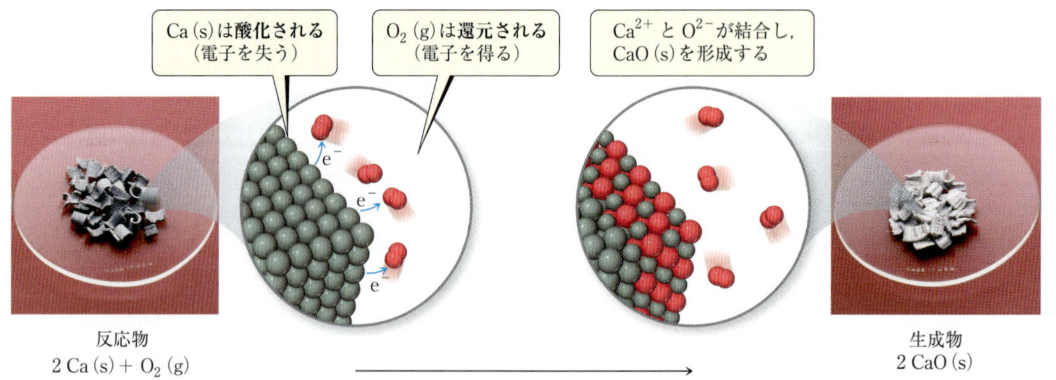


▲ **図 4.7　金属カルシウムの酸素分子による酸化**

子を，ある規則によってどれかの原子に割り当てたものだからである．ここでいう酸化数の割り当ては，次の規則に沿って行う．

1. **単体中の原子の酸化数はゼロである．** したがって，$H_2$ 分子中の H 原子の酸化数も，$P_4$ 分子中の P 原子の酸化数も，ゼロである．
2. **単原子イオン中の原子の酸化数は，イオンの価数に等しい．** したがって，$K^+$ の酸化数は +1，$S^{2-}$ の酸化数は −2 である．アルカリ金属（1 族元素）のイオンはつねに +1 の価数をとるので，それらの酸化数は +1 である．同様に，イオン性化合物中でのアルカリ土類金属（2 族元素）のイオンの酸化数は +2，アルミニウム（13 族元素）イオンの酸化数は +3 である．酸化数を書くときには，符号の後に数値を書く．これはイオンの価数の表現（数値の後に符号）と区別するためである．
3. **非金属元素はたいてい負の酸化数をとるが，ときには正の酸化数をとることもある．**
   (a) **イオン性化合物中でも分子性化合物中でも，酸素の酸化数は通常 −2 である．** 過酸化物と呼ばれる化合物中では，酸素は $O_2{}^{2-}$ の形をとっており，例外的に −1 の酸化数が割り当てられる．
   (b) **水素の酸化数は，非金属と結合している場合は通常 +1 であり，金属と結合している場合は −1 である．**
   (c) **フッ素の酸化数はつねに −1 である．** 他のハロゲン元素も，ほとんどの二元化合物中では −1 の酸化数をとるが，オキソ酸イオン中で酸素と結合している場合には正の酸化数をとる．
4. **中性分子を構成している全原子の酸化数の総和はゼロになり，多原子イオンを構成している全原子の酸化数の総和はイオンの価数に等しくなる．** 例えば，オキソニウムイオン（$H_3O^+$，ヒドロキソニウムイオン，ヒドロニウムイオンともいう）の場合，水素の酸化数は +1，酸素の酸化数は −2 であり，それらの総和をとると $3 \times (+1) + (-2) = +1$ となってオキソニウムイオンの価数と等しくなる．例題 4.5 に示すように，この規則を用いれば，化合物中のある原子の酸化数を，他の全原子の酸化数から推測することができる．

酸化還元反応の前後では，少なくとも二つの原子の酸化数に変化が起こる．つまり，酸化される原子の酸化数は増え，還元される原子の酸化数は減る．

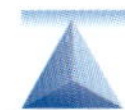

**考えてみよう**

(a) 窒化アルミニウム AlN，および (b) 硝酸 $HNO_3$ 中の窒素の酸化数はそれぞれいくつだろうか．

## 例題 4.5 酸化数の決定

(a) $H_2S$，(b) $S_8$，(c) $SCl_2$，(d) $Na_2SO_3$，(e) $SO_4{}^{2-}$ 中の硫黄原子の酸化数を求めよ．

### 解　法

**方針**　それぞれの化学種を構成する個々の原子の酸化数の総和は，化学種全体の電荷の値と等しくなる．上述の規則を用いて，硫黄原子に酸化数を割り当てる．

**解**　(a) 硫黄は非金属元素なので，硫黄に結合している水素の酸化数は +1 である（規則 3 (b)）．$H_2S$ 分子の電荷はゼロだから，全原子の酸化数の総和もゼロになる必要がある（規則 4）．硫黄原子の酸化数を $x$ とおくと，$2(+1) + x = 0$ という式が書けるので，ここから $x = -2$，すなわち硫黄の酸化数は −2 となる．

(b) $S_8$ は硫黄の単体だから，硫黄原子の酸化数はゼロである（規則 1）．

(c) $SCl_2$ は二元化合物だから，塩素の酸化数は −1 と考える（規則 3 (c)）．全原子の酸化数の総和はゼロにならなくてはならない（規則 4）．硫黄の酸化数を $x$ とおくと，$x + 2(-1) = 0$ なので，ここから $x = +2$，すなわち硫黄の酸化数は +2 となる．

(d) アルカリ金属のナトリウムは，化合物中ではつねに +1 の酸化数になる（規則 2）．酸素は通常 −2 の酸化数をとる（規則 3 (a)）．硫黄の酸化数を $x$ とすると $2(+1) + x + 3(-2) = 0$ となる．ここから，硫黄の酸化数が +4 であるとわかる．

(e) 酸素の酸化数は −2 である（規則 3 (a)）．酸化数の総和は，$SO_4{}^{2-}$ の電荷の −2 に等しくなる（規則 4）．ここから $x + 4(-2) = -2$ という式が導かれ，硫黄の酸化数は +6 と求められる．

**コメント**　ここに挙げた例から，同じ元素であってもどのような化合物の中に存在するかによってその酸化数がさまざまに変化することがわかる．硫黄の酸化数は −2 から +6 の間で変化し得る．

**演　習**

次の化合物中の下線で示した元素の酸化数を求めよ．
(**a**) $\underline{P}_2O_5$，(**b**) $Na\underline{H}$，(**c**) $\underline{Cr}_2O_7^{2-}$，(**d**) $\underline{Sn}Br_4$，(**e**) $Ba\underline{O}_2$

## 酸や塩による金属の酸化

金属と，酸または金属塩との間の反応は，一般に次の形で表すことができる．

$$\mathrm{A + BX \longrightarrow AX + B} \qquad [4.24]$$

具体例としては，次のようなものがある．

$$\mathrm{Zn(s) + 2HBr(aq) \longrightarrow ZnBr_2(aq) + H_2(g)}$$

$$\mathrm{Mn(s) + Pb(NO_3)_2(aq) \longrightarrow Mn(NO_3)_2(aq) + Pb(s)}$$

酸と反応して，金属塩と水素ガスを発生させるような金属はたくさんある．例えば，金属マグネシウムは塩酸と反応して，塩化マグネシウムと水素ガスを生じる（▼**図 4.8**）．

$$\mathrm{Mg(s) + 2HCl(aq) \longrightarrow MgCl_2(aq) + H_2(g)} \qquad [4.25]$$

酸化数　0　　+1 −1　　+2 −1　　0

マグネシウムの酸化数は 0 から +2 へと変化するが，酸化数が増えるということは電子を失ったことだから，酸化されたことになる．$H^+$ の酸化数は +1 から 0 に減少するが，これは電子を獲得した，すなわち還元されたことを意味する．塩素の酸化数は反応前後ともに −1 なので，酸化も還元もされなかったことになる．実際，$Cl^-$ は傍観イオンで，イオン反応式には含まれない．

$$\mathrm{Mg(s) + 2H^+(aq) \longrightarrow Mg^{2+}(aq) + H_2(g)} \qquad [4.26]$$

金属はさまざまな塩の水溶液によって酸化されこ

▲**図 4.8　金属マグネシウムと塩酸との反応**
金属マグネシウムは容易に酸によって酸化され，気体の水素 $H_2(g)$ と塩化マグネシウムの水溶液 $MgCl_2(aq)$ を生成する．

## 例題 4.6 酸化還元反応の組立て

金属アルミニウムと臭化水素酸とが反応するときの化学反応式とイオン反応式を書け．

### 解 法

**方針** 金属が酸と反応すると，塩と $H_2$ ができる．つり合いのとれた化学反応式を書くためには，まず二つの反応物の化学式と，生成物の塩の化学式を知らなくてはならない．塩は，金属の陽イオンと酸の陰イオンとの化合物になる．

**解** 反応物の化学式は，Al と HBr である．Al からできる陽イオンは $Al^{3+}$ であり，HBr からできる陰イオンは $Br^-$ である．したがって，この反応でできる塩は $AlBr_3$ になる．反応物と生成物を書いて両辺をつり合わせれば，次のような化学反応式ができる．

$$2\,Al\,(s) + 6\,HBr\,(aq) \longrightarrow 2\,AlBr_3\,(aq) + 3\,H_2\,(g)$$

HBr も $AlBr_3$ も，強電解質で水によく溶けるので，全イオン反応式は次のようになり，

$$2\,Al\,(s) + 6\,H^+\,(aq) + 6\,Br^-\,(aq) \longrightarrow 2\,Al^{3+}\,(aq) + 6\,Br^-\,(aq) + 3\,H_2\,(g)$$

傍観イオンの $Br^-$ を両辺から消去すれば，イオン反応式が書ける．

$$2\,Al\,(s) + 6\,H^+\,(aq) \longrightarrow 2\,Al^{3+}\,(aq) + 3\,H_2\,(g)$$

**コメント** この反応で，アルミニウムの酸化数は 0（金属）から +3（陽イオン）に増えたので，アルミニウムが酸化されたことになる．その一方で，水素の酸化数は +1（$H^+$）から 0（$H_2$）に減ったので，水素イオンが還元されたことになる．

### 演 習

(a) マグネシウム Mg と硫酸コバルト(II) $CoSO_4$ が反応するときの化学反応式とイオン反応式を書け．
(b) 何が酸化され，何が還元されたかを答えよ．

---

とがある．例えば金属鉄は，硝酸ニッケル $Ni(NO_3)_2$ 水溶液のような $Ni^{2+}$ を含む水溶液に入れると，$Fe^{2+}$ に酸化される．

化学反応式：

$$Fe\,(s) + Ni(NO_3)_2\,(aq) \longrightarrow Fe(NO_3)_2\,(aq) + Ni\,(s) \quad [4.27]$$

イオン反応式：

$$Fe\,(s) + Ni^{2+}\,(aq) \longrightarrow Fe^{2+}\,(aq) + Ni\,(s) \quad [4.28]$$

この反応では，Fe が $Fe^{2+}$ に酸化され，$Ni^{2+}$ が Ni に還元される．

## イオン化傾向

金属の種類が異なれば，酸化の受けやすさも異なる．例えば，金属亜鉛は $Cu^{2+}$ を含む水溶液中で酸化されるが，銀は酸化されない．このことから，亜鉛は銀よりも酸化を受けやすいといえる．

金属の酸化されやすさを示す相対的な尺度を**イオン化傾向**（**活性化系列**，activity series）という．▶ **表 4.3** の上部にあるアルカリ金属やアルカリ土類金属は酸化されやすいので**活性な金属**と呼ばれ，8 族〜10 族の下のほうの金属や 11 族の元素は酸化されにくく，**貴金属**（noble metal）と呼ばれる．

表 4.3 から，金属が酸あるいは金属塩により酸化されるかどうか予測できる．表の中の**どの金属でも，それ自身より下にある金属イオンによって酸化される**．このことを踏まえれば，ある金属と酸，あるいはある金属と何らかの塩とが，反応するかどうかを予測することができるようになる．例えば，表中で銅は銀よりも上にあるので，金属銅は銀イオンによって酸化される．

$$Cu\,(s) + 2\,Ag^+\,(aq) \longrightarrow Cu^{2+}\,(aq) + 2\,Ag\,(s) \quad [4.29]$$

また，金属銅が銅イオンに酸化されるときには，銀イオンが金属銀に還元される．実際，▶ **図 4.9** に示すように，硝酸銀水溶液に銅線を浸しておくと銅線の表面に銀が析出し，それと同時に溶液が硝酸銅 $Cu(NO_3)_2$ 特有の青色を帯びるようすがわかる．

### 考えてみよう

(a) 金属亜鉛を入れた試験管に塩化ニッケル水溶液 $NiCl_2$ (aq) を入れたとき，および (b) 硝酸亜鉛水溶液 $Zn(NO_3)_2Cl$ (aq) を入れた試験管に塩化ニッケル水溶液を入れたときに，反応が起こるだろうか．

**表 4.3　水溶液中における金属のイオン化傾向**

| 金　属 | 酸化反応 |
|---|---|
| リチウム | $Li(s) \longrightarrow Li^{+}(aq) + e^{-}$ |
| カリウム | $K(s) \longrightarrow K^{+}(aq) + e^{-}$ |
| バリウム | $Ba(s) \longrightarrow Ba^{2+}(aq) + 2e^{-}$ |
| カルシウム | $Ca(s) \longrightarrow Ca^{2+}(aq) + 2e^{-}$ |
| ナトリウム | $Na(s) \longrightarrow Na^{+}(aq) + e^{-}$ |
| マグネシウム | $Mg(s) \longrightarrow Mg^{2+}(aq) + 2e^{-}$ |
| アルミニウム | $Al(s) \longrightarrow Al^{3+}(aq) + 3e^{-}$ |
| マンガン | $Mn(s) \longrightarrow Mn^{2+}(aq) + 2e^{-}$ |
| 亜　鉛 | $Zn(s) \longrightarrow Zn^{2+}(aq) + 2e^{-}$ |
| クロム | $Cr(s) \longrightarrow Cr^{3+}(aq) + 3e^{-}$ |
| 鉄 | $Fe(s) \longrightarrow Fe^{2+}(aq) + 2e^{-}$ |
| コバルト | $Co(s) \longrightarrow Co^{2+}(aq) + 2e^{-}$ |
| ニッケル | $Ni(s) \longrightarrow Ni^{2+}(aq) + 2e^{-}$ |
| ス　ズ | $Sn(s) \longrightarrow Sn^{2+}(aq) + 2e^{-}$ |
| 鉛 | $Pb(s) \longrightarrow Pb^{2+}(aq) + 2e^{-}$ |
| 水　素 | $H_2(s) \longrightarrow 2H^{+}(aq) + 2e^{-}$ |
| 銅 | $Cu(s) \longrightarrow Cu^{2+}(aq) + 2e^{-}$ |
| 銀 | $Ag(s) \longrightarrow Ag^{+}(aq) + e^{-}$ |
| 白　金 | $Pt(s) \longrightarrow Pt^{2+}(aq) + 2e^{-}$ |
| 金 | $Au(s) \longrightarrow Au^{3+}(aq) + 3e^{-}$ |

（↑ 酸化反応が起こりやすい）

酸と反応して $H_2$ を発生する金属は，イオン化傾向が水素よりも大きい（上方に位置する）金属だけである．例えば，金属ニッケルが塩酸 HCl(aq) と反応すると $H_2$ が発生する．

$$Ni(s) + 2HCl(aq) \longrightarrow NiCl_2(aq) + H_2(g) \qquad [4.30]$$

銅のように，イオン化傾向が水素よりも小さい（下方に位置する）金属は，酸と反応しない．銅は硝酸と反応するが，その場合は金属銅が $H^+$ によって酸化されるのではなく，硝酸イオンによって酸化される．このとき，硝酸イオンは二酸化窒素 $NO_2(g)$ に還元される．窒素の酸化数は，硝酸イオンの +5 から二酸化窒素の +4 に減少する．この種の反応は 20 章で詳しく取り上げる．

$$Cu(s) + 4HNO_3(aq) \longrightarrow Cu(NO_3)_2(aq) + 2H_2O(l) + 2NO_2(g) \qquad [4.31]$$

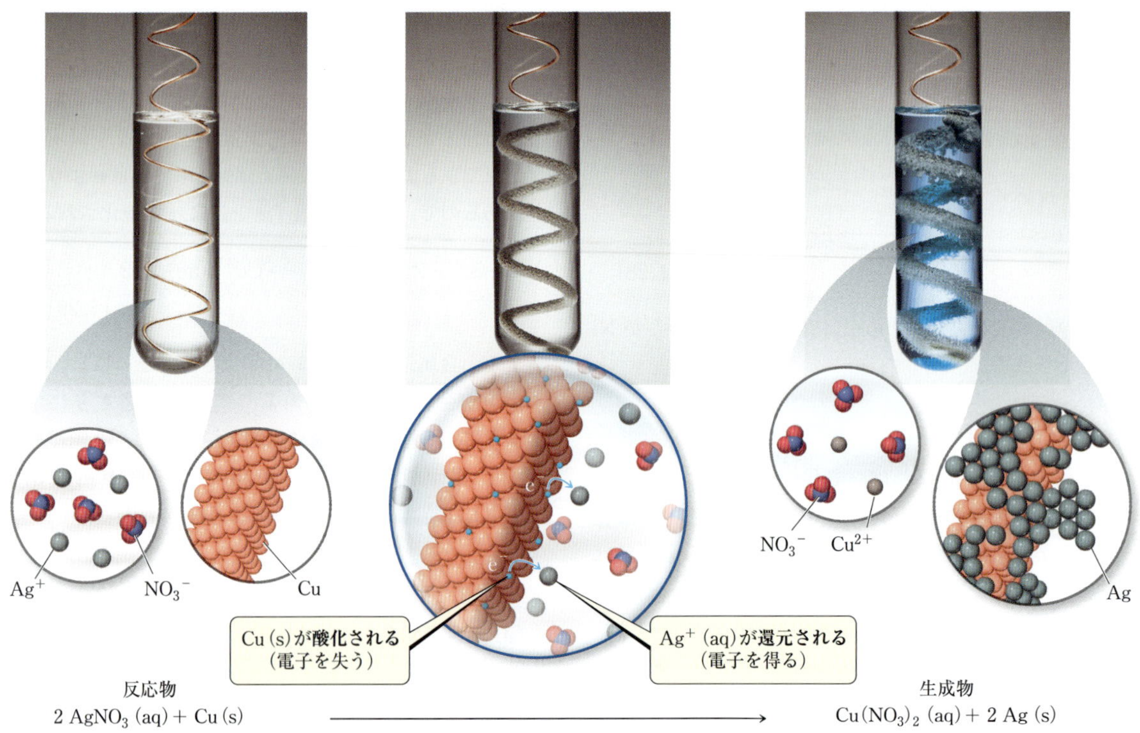


**▲図 4.9　金属銅と銀イオンの反応**
金属銅を硝酸銀の溶液に浸すと，酸化還元反応によって金属銀と硝酸銅(II)の青い溶液を生成する．

**例題 4.7** 酸化還元反応の予測

塩化鉄(II)水溶液 $FeCl_2$(aq) は金属マグネシウムを酸化するかどうかを予測せよ．もしその反応が進行するのであれば，つり合いのとれた化学反応式とイオン反応式を書け．

**解 法**

**方針** 反応が起こるのは，金属のイオン化傾向が，陽イオンになっている元素のイオン化傾向よりも大きいとき（表4.3で上方に位置するとき）である．反応が起こるならば，$FeCl_2$ 中の $Fe^{2+}$ が Fe に還元され，Mg が $Mg^{2+}$ に酸化されることになる．

**解** Mg は Fe よりも表4.3で上方に位置するので，両者の間に化学反応は起こる．反応の結果生じる塩の化学式を書くためには，マグネシウムイオンは +2 価（$Mg^{2+}$）を，塩化物イオンは −1 価（$Cl^-$）をとることを思い出せば，生成物が $MgCl_2$ と書けることがわかる．つり合いのとれた化学反応式は，

$$\mathrm{Mg\,(s) + FeCl_2\,(aq) \longrightarrow MgCl_2\,(aq) + Fe\,(s)}$$

となる．$FeCl_2$ も $MgCl_2$ も強電解質で水溶性なので，解離したイオンの形で書き表すことができる．$Cl^-$ が傍観イオンであることがわかるのでそれを消去して，イオン反応式とする．

$$\mathrm{Mg\,(s) + Fe^{2+}\,(aq) \longrightarrow Mg^{2+}\,(aq) + Fe\,(s)}$$

**チェック** イオン反応式が，電荷でも原子数でもつり合っていることを確認すること．

**演 習**

Zn，Cu，Fe のうち，硝酸鉛 $Pb(NO_3)_2$ によって酸化されるものはどれか．

## 4.5 溶液の濃度

一定量の溶媒あるいは溶液に溶けている溶質の量を表すときには，**濃度**（concentration）を用いる．一定量の溶媒に溶けている溶質の量が多いほど，溶液は高濃度である．化学では，濃度を定量的に表現しなくてはならないことが多い．

### モル濃度

**モル濃度**（molarity，単位 mol/L あるいは M）とは溶液の濃度の表現で，溶液 1 L（リットル）に溶けている溶質の物質量（mol）で表される．

$$\text{モル濃度 (M)} = \frac{\text{溶質の物質量 (mol)}}{\text{溶液の体積 (L)}} \qquad [4.32]$$

したがって，1.00 M の溶液は，溶液 1 L あたりに 1.00 mol の溶質を含んでいる．

**例題 4.8** モル濃度の計算

23.4 g の硫酸ナトリウム $Na_2SO_4$ を水に溶かして 125 mL にした溶液のモル濃度を計算せよ．

**解 法**

**方針** 式 4.32 を用いればモル濃度が計算できる．その前に，溶質の量を質量（g）から物質量（mol）に換算し，溶液の体積を mL から L に換算する．

**解** $Na_2SO_4$ の物質量を式量を用いて計算する．

$$(23.4\,\text{g Na}_2\text{SO}_4)\left(\frac{1\,\text{mol Na}_2\text{SO}_4}{142\,\text{g Na}_2\text{SO}_4}\right) = 0.165\,\text{mol Na}_2\text{SO}_4$$

溶液の体積を換算すると，

$$(125\,\text{mL})\left(\frac{1\,\text{L}}{1000\,\text{mL}}\right) = 0.125\,\text{L}$$

となる．したがって，溶液のモル濃度は，

$$\frac{0.165\,\text{mol Na}_2\text{SO}_4}{0.125\,\text{L 溶液}} = 1.32\,\frac{\text{mol Na}_2\text{SO}_4}{\text{L 溶液}} = 1.32\,\text{M}$$

となる．

**演　習**

5 g のグルコース $C_6H_{12}O_6$ を水に溶かして 100 mL の溶液とした．この溶液のモル濃度を計算せよ．

**考えてみよう**

21.0 g（0.500 mol）の NaF を水に溶かして 500 mL にした溶液と，10.5 g（0.250 mol）の NaF を水に溶かして 100 mL にした溶液とでは，どちらの濃度が高いだろうか．

## 電解質の濃度

電解質を溶かしたときのイオンの濃度は，電解質の化学式の表現方法によって異なる場合がある．例えば，1.0 M の NaCl 水溶液には 1.0 M の $Na^+$ と 1.0 M の $Cl^-$ が含まれているが，1.0 M の $Na_2SO_4$ 水溶液には 2.0 M の $Na^+$ と 1.0 M の $SO_4^{2-}$ が含まれている．したがって，電解質の濃度を表すときには，もとの化合物のモル濃度（例えば，1.0 M $Na_2SO_4$）でも，イオンのモル濃度（例えば，2.0 M $Na^+$ と 1.0 M $SO_4^{2-}$）でも表現することができる．

## モル濃度，物質量および体積の相互換算

式 4.32 に示されている 3 個の量のうち 2 個がわかっていれば，3 個目を計算で求めることができる．例えば，0.200 M の硝酸 $HNO_3$ 水溶液は 1 L あたり 0.200 mol の $HNO_3$ を含んでいることになるから，この溶液の体積を与えられればそこに含まれる $HNO_3$ の物質量を計算で求めることができる．仮に体積が 2 L だとすると，$HNO_3$ の物質量は

$$\begin{aligned}&HNO_3\text{の物質量 (mol)}\\&=(2.0\,\cancel{\text{L 溶液}})\left(\frac{0.200\text{ mol }HNO_3}{1\,\cancel{\text{L 溶液}}}\right)=0.40\text{ mol}\end{aligned}$$

となる．

物質量から体積を算出する例として，0.30 M の $HNO_3$ 水溶液が何 L あれば $HNO_3$ を 2.00 mol 含むことになるかを計算してみると，次のようになる．

$$(2.0\,\cancel{\text{mol }HNO_3})\left(\frac{1\text{ L 溶液}}{0.30\,\cancel{\text{mol }HNO_3}}\right)=6.7\text{ L}$$

この場合には，$HNO_3$ の物質量をモル濃度で割るので，モル濃度の逆数を掛けることになる．

溶質が液体であるような場合には，密度がわかれば質量から体積を計算できる．例えば，体積で 5.0% のエタノール $C_2H_5OH$ を含む水溶液の場合，エタノールの密度が 0.789 g/mL であることを用いてエタノールのモル濃度を計算することができる．

この水溶液 1 L には，0.050 L のエタノールが含まれる．エタノールの密度とモル質量（46.0 g/mol）を使うとエタノールの物質量を計算できる．

$$\begin{aligned}&\text{エタノールの物質量}\\&=(0.050\,\cancel{\text{L}})\left(\frac{1000\,\cancel{\text{mL}}}{\cancel{\text{L}}}\right)\left(\frac{0.789\,\cancel{\text{g}}}{\cancel{\text{mL}}}\right)\left(\frac{1\text{ mol}}{46.0\,\cancel{\text{g}}}\right)\\&=0.858\text{ mol}\end{aligned}$$

上記のエタノールのモル濃度は，有効数字を考えると 0.86 M である．

### 例題 4.9　モル濃度から溶質の質量を計算する

0.500 M の $Na_2SO_4$ 水溶液を 0.350 L つくるには，何 g の $Na_2SO_4$ が必要か．

**解　法**

**方針**　モル濃度の定義の式（式 4.32）を用いれば，必要な溶質の物質量（mol）がわかるので，これを質量に換算するには式量を使えばよい．

$$\begin{aligned}&Na_2SO_4\text{のモル濃度 }c_{Na_2SO_4}\\&=\frac{Na_2SO_4\text{の物質量 (mol)}}{\text{溶液の体積 (L)}}\end{aligned}$$

**解**　溶液のモル濃度と体積から，必要な $Na_2SO_4$ の物質量を計算すると，

$$\begin{aligned}&Na_2SO_4\text{の物質量 (mol)}\\&=\text{溶液の体積 (L)}\times c_{Na_2SO_4}\\&=(0.350\,\cancel{\text{L 溶液}})\left(\frac{0.500\text{ mol }Na_2SO_4}{1\,\cancel{\text{L 溶液}}}\right)\\&=0.175\text{ mol}\end{aligned}$$

となる．1 mol の $Na_2SO_4$ の質量は 142 g だから，0.175 mol の $Na_2SO_4$ の質量は

$$\begin{aligned}&(0.175\,\cancel{\text{mol }Na_2SO_4})\left(\frac{142\text{ g }Na_2SO_4}{1\,\cancel{\text{mol }Na_2SO_4}}\right)\\&=24.9\text{ g }Na_2SO_4\end{aligned}$$

となる．

**演　習**

(**a**) 15 mL の 0.50 M $Na_2SO_4$ には何 g の $Na_2SO_4$ が含まれているか.

(**b**) 0.50 M $Na_2SO_4$ が何 mL あれば, 0.038 mol の $Na_2SO_4$ を供給できることになるか.

## 希　釈

実験室でよく使用される溶液は, 高い濃度で調製したり購入したりする. このような溶液を原液 (またはストック溶液) と呼ぶ. 原液に水を加えて濃度の低い溶液をつくることを, **希釈** (dilution) という[*1].

いま, 1.00 M $CuSO_4$ 溶液を希釈して 0.100 M の水溶液を 250.0 mL (0.2500 L) つくるものとする. 水を加えて希釈しても, 溶質の物質量は変化しないことを念頭におく. すなわち,

$$\text{希釈前の溶質の物質量} = \text{希釈後の溶質の物質量} \qquad [4.33]$$

である.

いまの場合, 希釈後の溶液の体積 (250 mL) とその濃度 (0.100 M) がわかっているから, それに含まれるべき $CuSO_4$ の物質量は, 次のように計算できる.

$$(0.2500\ \text{L 溶液})\left(\frac{0.100\ \text{mol}\ CuSO_4}{1\ \text{L 溶液}}\right) = 0.0250\ \text{mol}\ CuSO_4$$

0.0250 mol の $CuSO_4$ を供給するための原液の体積は次のように計算できる.

$$(0.0250\ \text{mol}\ CuSO_4)\left(\frac{1\ \text{L 溶液}}{1.00\ \text{mol}\ CuSO_4}\right) = 0.0250\ \text{L}$$

**考えてみよう**

0.50 M の KBr 水溶液に水を加えて体積を 2 倍にしたら, モル濃度はいくらになるだろうか.

実験室では, この種の計算は日常的に行われている. そのためには, 希釈前後で溶質の物質量が変わらないことと, (物質量) = (モル濃度) × (体積) の関係式をいつでも思い出せるようにしておく必要がある.

$$\text{希釈前の溶質の物質量} = \text{希釈後の溶質の物質量}$$
$$\text{希釈前の濃度}\ c_{\text{conc}} \times \text{希釈前の体積}\ V_{\text{conc}} = \text{希釈後の濃度}\ c_{\text{dil}} \times \text{希釈後の体積}\ V_{\text{dil}} \qquad [4.34]$$

*1　濃い酸や塩基を希釈するときには, 水に酸またはアルカリを加えて, その後さらに水で希釈するようにする. 濃い酸や塩基に直接水を加えると, 希釈熱によって酸や塩基が飛び跳ねることがあるので危険である.

### 例題 4.10　希釈による溶液の調製

0.10 M $H_2SO_4$ 水溶液を 450 mL つくるためには, 3.0 M $H_2SO_4$ の原液を何 mL とって薄めればよいか.

**解　法**

**方針**　まず, 目的とする希釈溶液中に含まれるべき $H_2SO_4$ の物質量を計算する. 次に, その物質量の $H_2SO_4$ を供給するために必要な原液の体積を計算する. もう一つの方法としては式 4.34 を用いる方法がある. ここでは両方の方法を比較してみる.

**解**　目的とする希薄溶液中の $H_2SO_4$ の物質量を計算すると,

$$(0.450\ \text{L 溶液})\left(\frac{0.10\ \text{mol}\ H_2SO_4}{1\ \text{L 溶液}}\right) = 0.045\ \text{mol}\ H_2SO_4$$

となる. 次にこの物質量の $H_2SO_4$ を含むような原液の体積を計算すると,

$$(0.045\ \text{mol}\ H_2SO_4)\left(\frac{1\ \text{L 溶液}}{3.0\ \text{mol}\ H_2SO_4}\right) = 0.015\ \text{L 溶液}$$

となる. L を mL に変換すると, 答は 15 mL となる.

式 4.34 を用いても, 次のように同じ結果を得る.

$$(3.0\ \text{M})(V_{\text{conc}}) = (0.10\ \text{M})(450\ \text{mL})$$

$$V_{\text{conc}} = \frac{(0.10\ \text{M})(450\ \text{mL})}{3.0\ \text{M}} = 15\ \text{mL}$$

どちらのやり方を用いても，3.0 M $H_2SO_4$ を 15 mL とって 450 mL に希釈すれば，目的とする 0.10 M の溶液が得られるということがわかる．

**コメント**　上記の解法のうち，初めの方法は，もう少し複雑な場合にも用いることができて，例えば，異なる濃度の二つの溶液を混ぜたときの濃度なども計算することができる．しかし，式 4.34 を用いるあとのほうの方法は，高濃度の溶液を希釈するときにのみ用いることができる．

**演　習**

(a) 0.0500 mol の鉛(II)イオンを必要とするときには，2.50 M の硝酸鉛(II) $Pb(NO_3)_2$ 水溶液を何 mL とればよいか．

(b) 250 mL の 0.10 M $K_2Cr_2O_7$ 水溶液をつくるときには，5.0 M の原液を何 mL とって希釈すればよいか．

(c) 10.0 mL の 10.0 M NaOH 原液を 250 mL に希釈すると，その濃度はいくらになるか．

## 4.6 水溶液中の反応の化学量論

つり合いのとれた反応式における反応物，生成物の量的関係について 3 章で学んだ．ここでは水溶液中の反応の化学量論を考えよう．その場合，反応式中の反応物や生成物の量を物質量で表す必要がある．

物質の質量（g）から物質量（mol）に換算するには，モル質量を用いる．また，溶液中の溶質の濃度がわかっていれば，モル濃度と体積から溶質の物質量がわかる（溶質の物質量＝モル濃度 $c$ ×体積 $V$）．

### 滴　定

溶液中の特定の溶質の濃度を定量するときには，**滴定**（titration）がよく用いられる．これは，濃度が未知の溶液に，濃度が既知の**標準溶液**（standard solution）を，溶質どうしの反応がちょうど完結する量だけ加える操作である．化学量論的に当量の反応が完結した点を**当量点**（equivalent point）という．

滴定には，中和反応，沈殿反応あるいは酸化還元反応を用いるものがある．▼図 4.10 は，未知濃度の HCl 水溶液を 0.100 M の NaOH 水溶液（この場合の標準溶液）で中和滴定するようすを示す．

HCl 濃度を定量するときには，まず一定量（例えば，20.0 mL）の HCl 水溶液をフラスコに入れる．次に酸塩基指示薬を数滴加える．この酸塩基指示薬は，当量点を通過するときに変色するような色素であり，例えば，フェノールフタレインのように酸性では無色，塩基性ではピンク色を呈するものなどがある．ついで，滴下量が正確にわかるようにビュレットを使って，溶液がピンク色に変わるまで標準溶液を滴下する．このときにちょうど HCl と NaOH の中和が完了したことになる．両方の溶液の体積と標準溶液の濃度から未知だった溶液の濃度を計算することができる．

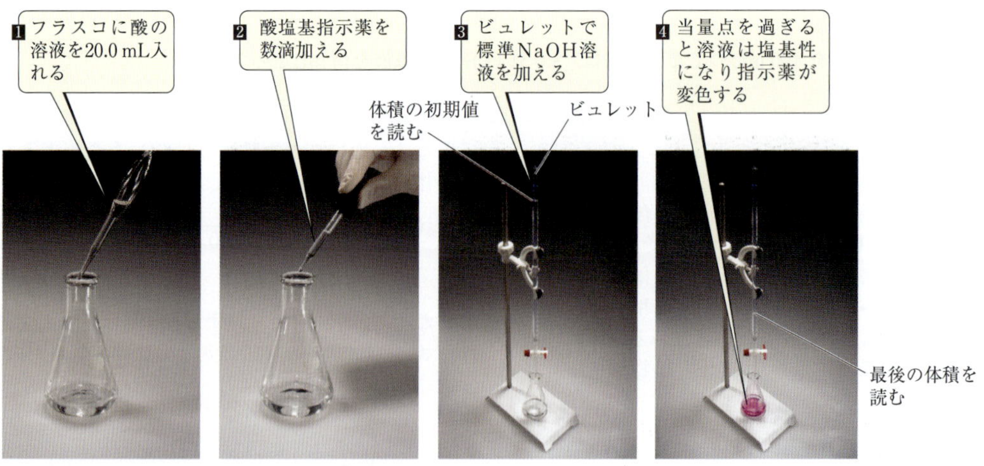


▲図 4.10　標準 NaOH 溶液を用いて酸を滴定する手順
酸塩基指示薬であるフェノールフタレインは，酸性溶液中では無色だが，塩基性溶液中ではピンク色を示す．

## 例題 4.11 中和反応における量的関係

25.0 mL の 0.100 M $HNO_3$ 水溶液を中和するには何 g の $Ca(OH)_2$ が必要となるか.

### 解 法

**方針** $HNO_3$ 水溶液のモル濃度と体積から，$HNO_3$ の物質量がわかる．次に反応式の係数を比べれば，1 mol の $HNO_3$ に対して何 mol の $Ca(OH)_2$ が反応すべきかがわかる．最後に，$Ca(OH)_2$ の物質量を g の単位に換算する.

$V_{HNO_3} \times c_{HNO_3} \Rightarrow$ $HNO_3$ の物質量(mol) $\Rightarrow$ $Ca(OH)_2$ の物質量(mol) $\Rightarrow$ $Ca(OH)_2$ の質量(g)

**解** $HNO_3$ の物質量は，体積とモル濃度との積で与えられるので,

$$HNO_3 の物質量 = V_{HNO_3} \times c_{HNO_3} = (0.0250\ \cancel{L})\left(\frac{HNO_3\ 0.100\ mol}{\cancel{L}}\right) = 2.50 \times 10^{-3}\ mol$$

となる．この反応は中和反応だから，$HNO_3$ と $Ca(OH)_2$ とが反応して，$H_2O$ と，$Ca^{2+}$ と $NO_3^-$ からなる塩ができる.

$$2\,HNO_3\,(aq) + Ca(OH)_2\,(s) \longrightarrow 2\,H_2O\,(l) + Ca(NO_3)_2\,(aq)$$

2 mol の $HNO_3$ と 1 mol の $Ca(OH)_2$ が反応する．したがって，以下のように算出される.

$$Ca(OH)_2 の質量 = (2.50 \times 10^{-3}\ \cancel{mol\ HNO_3})\left(\frac{1\ \cancel{mol\ Ca(OH)_2}}{2\ \cancel{mol\ HNO_3}}\right) \times \left(\frac{74.1\ g\ Ca(OH)_2}{1\ \cancel{mol\ Ca(OH)_2}}\right) = 0.0926\ g$$

### 演 習

(a) 20.0 mL の 0.150 M $H_2SO_4$ 水溶液を中和するには，何 g の NaOH が必要か.

(b) $Pb(NO_3)_2$ (aq) と HCl (aq) が反応すると $PbCl_2$ (s) ができる．0.100 mol の $Pb(NO_3)_2$ をすべて $PbCl_2$ にするには 0.500 M の HCl (aq) は何 L 必要か.

## 例題 4.12 酸塩基滴定により濃度を求める

食品工業では，ジャガイモの皮をむくために，NaOH 水溶液にジャガイモを短時間浸して取り出し，水を吹きつけて皮を吹き飛ばす方法が用いられる．NaOH 水溶液の濃度は通常 3〜6 M で，これは定期的に分析する必要がある．あるとき分析したところ，NaOH 水溶液を中和するのに 0.500 M の $H_2SO_4$ 水溶液が 45.7 mL 必要であった．このときの NaOH 水溶液の濃度はいくらか.

### 解 法

**方針** $H_2SO_4$ 水溶液のモル濃度と体積から，$H_2SO_4$ の物質量を計算する．次につり合いのとれた反応式を使って，$H_2SO_4$ と反応する NaOH の物質量を計算する．最後に NaOH の物質量と体積から NaOH のモル濃度を求める.

**解** $H_2SO_4$ の物質量は，体積とモル濃度の積から次のように求められる.

$$H_2SO_4 の物質量 = (45.7\ \cancel{mL\ 溶液})\left(\frac{1\cancel{L\ 溶液}}{1000\ \cancel{mL\ 溶液}}\right) \times \left(\frac{0.500\ mol\ H_2SO_4}{1\cancel{L\ 溶液}}\right) = 2.28 \times 10^{-2}\ mol$$

$H_2SO_4$ と NaOH が反応すると水と塩になるので，つり合いのとれた反応式は次のようになる.

$$H_2SO_4\,(aq) + 2\,NaOH\,(aq) \longrightarrow 2\,H_2O\,(l) + Na_2SO_4\,(aq)$$

ここから，1 mol の $H_2SO_4$ と 2 mol の NaOH が反応することがわかるので，NaOH の物質量は次のようになる.

$$NaOH の物質量 = (2.28 \times 10^{-2}\ \cancel{mol\ H_2SO_4}) \times \left(\frac{NaOH\ 2\ mol}{1\ \cancel{mol\ H_2SO_4}}\right) = 4.56 \times 10^{-2}\ mol$$

20.0 mL 中の NaOH の物質量がわかったので，モル濃度は次のように計算される.

$$\text{NaOHのモル濃度} = \frac{\text{NaOHの物質量(mol)}}{\text{溶液の体積(L)}}$$
$$= \left(\frac{4.56\times10^{-2}\,\text{mol NaOH}}{20.0\,\cancel{\text{mL 溶液}}}\right)\left(\frac{1000\,\cancel{\text{mL 溶液}}}{1\,\text{L溶液}}\right)$$
$$= 2.28\,\frac{\text{mol NaOH}}{\text{L 溶液}} = 2.28\,\text{M}$$

**演　習**

0.144 M の $H_2SO_4$ 水溶液 35.0 mL でちょうど中和できる 48.0 mL の NaOH 水溶液がある．NaOH のモル濃度はいくらか．

## 章のまとめとキーワード

**水溶液の一般的性質（序論と §4.1）**　水を溶媒とする溶液を**水溶液**という．溶液の成分のうち，最も量の多い物質を**溶媒**という．溶媒以外の物質を**溶質**という．

水に溶けてイオンに解離する物質を**電解質**，水に溶けてもイオンに解離しない物質を**非電解質**という．溶液の中で完全に解離する物質を**強電解質**，部分的にしか解離しない物質を**弱電解質**という．イオン性化合物は，水に溶けるときにイオンに解離するので強電解質である．イオン性化合物の溶解は，イオンと極性溶媒分子との相互作用である**溶媒和**によってもたらされる．分子性化合物のほとんどは非電解質である．しかし中には**弱電解質**や**強電解質**もある．弱電解質のイオン解離を表現する際には両方向を向いた半矢印を用いる．これは反応が両方向に進んで**化学平衡**に落ち着くことを意味する．

**沈殿反応（§4.2）**　**沈殿反応**とは，不溶性の**沈殿**ができる反応である．イオン性化合物が水溶性であるかどうかを知るための指針がある．溶解度とは一定量の溶媒に溶解する物質の量をさす．

溶質がイオンに解離しているかどうかを示すような化学反応式の書き方がある．**全イオン反応式**では，溶解している強電解質を構成するすべてのイオンを解離した状態で示す．正味の**イオン反応式**では，反応に関与しない**傍観イオン**を消去する．

**酸塩基と中和反応（§4.3）**　酸と塩基は重要な電解質である．**酸**は水素イオン供与体であり，水溶液に加えると $H^+$ (aq) の濃度が高くなる．**塩基**は水素イオン受容体で，水溶液に加えると $OH^-$ (aq) の濃度が高くなる．強電解質の酸や塩基を，**強酸**，**強塩基**といい，弱電解質の酸や塩基を，**弱酸**，**弱塩基**という．酸と塩基の溶液を混合すると中和反応が起こる．酸と金属水酸化物との中和反応は水と塩を生ずる．中和反応で気体が生ずることもある．硫化物と酸が反応すると $H_2S$ (g) ができる．炭酸塩と酸が反応すると $CO_2$ (g) ができる．

**酸化還元反応（§4.4）**　**酸化**は他の物質に電子を奪われること，**還元**は他の物質から電子を得ることである．**酸化数**は，ある規則に従って原子に割り振られる数で，これを用いると反応の過程で電子がどのように移動したかを知ることができる．酸化されると酸化数が増し，還元されると酸化数が減る．酸化が起こるときには必ず還元も起こる．これらは**酸化還元反応**または**レドックス反応**と呼ばれる．

多くの金属は，$O_2$，酸，塩により酸化される．酸化されやすさを示す相対的な尺度を**イオン化傾向**（**活性化系列**）という．系列の上位にある金属は，下位にある金属のイオンによって酸化される．

**溶液の濃度（§4.5）**　溶液の**濃度**は，溶解している溶質の量を表す．一般的な濃度の表現方法は，**モル濃度**である．これは溶液 1 L あたりの溶質の物質量である．モル濃度を用いると，溶液の量と溶質の物質量とを関連づけることができる．溶質が液体の場合には，密度を用いれば溶質の質量，体積，物質量を相互に関連づけることができる．所定のモル濃度の溶液を調製するときには溶質をはかりとって一定の体積になるように溶解するか，あるいは濃度既知の高濃度溶液（原液）を**希釈**する．

**水溶液中の反応の化学量論（§4.6）**　**滴定**は，濃度が既知の溶液（標準溶液）と濃度が未知の溶液とを反応させて，未知濃度の溶液の濃度を知る方法である．化学量論的に等価な量の反応物が反応する点を**当量点**という．

## 練 習 問 題

**4.1** $Li_2SO_4$ の水溶液中のイオンのようすを最もよく表しているものは，次の三つのうちどれか．ただし，簡略化のため水分子は描いていない．［§4.1］

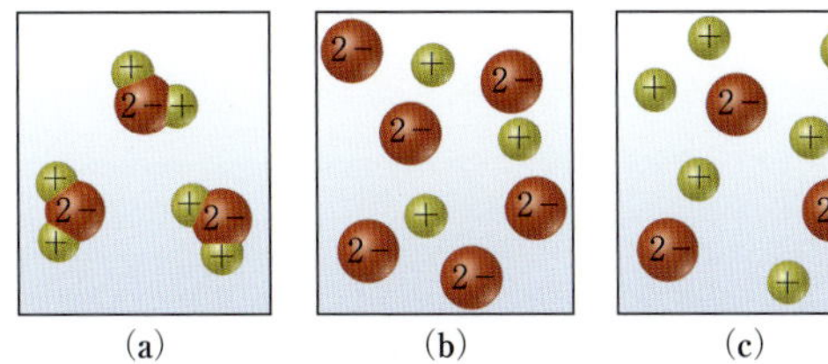


**4.2** 塩化バリウム，塩化鉛もしくは塩化亜鉛のいずれかである白い固体がある．これをビーカーに入れて水を加えたところ，固体が溶けて透明な溶液になった．次に，これに $Na_2SO_4$ 水溶液を加えたところ白色沈殿が生じた．この固体は何だろうか．［§4.2］

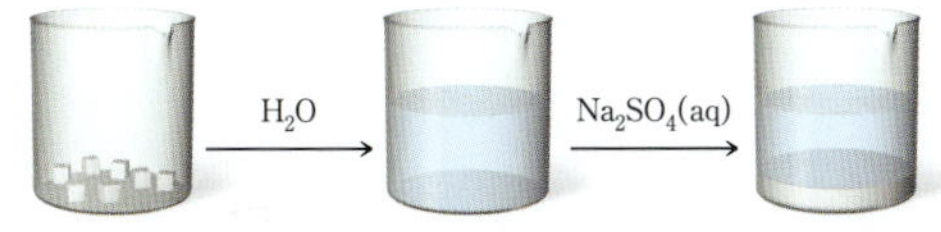


**4.3** 次のイオンのうち，沈殿反応においてつねに傍観イオンとなるものはどれか．
(**a**) $Cl^-$，(**b**) $NO_3^-$，
(**c**) $NH_4^+$，(**d**) $S^{2-}$，
(**e**) $SO_4^{2-}$ ［§4.2］

**4.4** 次の物質を水に溶かしたときに生じるイオンを答えよ．
(**a**) $FeCl_2$，(**b**) $HNO_3$，(**c**) $(NH_4)_2SO_4$，
(**d**) $Ca(OH)_2$ ［§4.1］

**4.5** 溶解度に関する指針を用いて次の化合物が水溶性か不溶性かを予測せよ．
(**a**) $MgBr_2$，(**b**) $PbI_2$，(**c**) $(NH_4)_2CO_3$，
(**d**) $Sr(OH)_2$，(**e**) $ZnSO_4$ ［§4.2］

**4.6** 次の溶液のうち，最も酸性を強く示すものはどれか．
(**a**) 0.2 M LiOH，(**b**) 0.2 M HI，
(**c**) 1.0 M メタノール $CH_3OH$ ［§4.3］

**4.7** 次の化合物中の下線で示された元素の酸化数を答えよ．
(**a**) $\underline{S}O_2$，(**b**) $\underline{C}OCl_2$，(**c**) $K\underline{Mn}O_4$，(**d**) $H\underline{Br}O$，
(**e**) $\underline{P}F_3$，(**f**) $K_2\underline{O}_2$ ［§4.4］

**4.8** 氷酢酸とも呼ばれる純粋な酢酸は，25℃ で 1.049 g/mL の密度をもつ液体である．25℃ において，20.00 mL の氷酢酸を水に溶かして 250.0 mL の溶液をつくった．この溶液中の酢酸のモル濃度を求めよ．［§4.5］

**4.9** (**a**) 50.00 mL の 0.0875 M NaOH 水溶液を過不足なく中和するには，0.115 M $HClO_4$ 水溶液は何 mL 必要か．
(**b**) 2.87 g の $Mg(OH)_2$ を過不足なく中和するためには，0.128 M HCl は何 mL 必要か．
(**c**) 785 mg の KCl が溶けている水溶液中の $Cl^-$ をすべて AgCl として沈殿させるために，未知濃度の $AgNO_3$ 溶液を 25.8 mL 要した．この $AgNO_3$ 溶液の濃度を求めよ．
(**d**) 未知濃度の KOH 溶液を過不足なく中和するのに 0.108 M HCl を 45.3 mL 要した．溶けていた KOH の質量を求めよ．［§4.6］

# 5 熱化学

**▲ 太陽電池パネル**
パネルの一つ一つは複数の太陽電池が集まってできている．太陽電池は光電池とも呼ばれ，さまざまな材料が利用されてきたが，最も一般的なものは結晶シリコンである．

**私たちの活動はすべて，何かしらのかたちでエネルギーと結びついている．私たちが暮らす現代社会のみならず生命そのものも，エネルギーに依存している．エネルギーをとりまく諸問題―資源，生産，流通，消費―は，科学や政治，経済の話題として登場し，環境問題や公共政策にかかわっている．**

太陽光エネルギーを除き，日常生活で使われるエネルギーの大部分は化学反応で発生する．ガソリンの燃焼や石炭を使った発電，ガスによる暖房，電化製品に動力を供給する電池といったものはすべて，化学がエネルギーの生産に利用されている実例である．本章冒頭の写真で紹介した太陽電池の場合でも，シリコンなどの材料生産は化学の力を必要としており，それにより直接太陽光エネルギーを電気に変換することが可能となる．

加えて，化学反応は生命系を維持するエネルギーをも供給している．植物は太陽エネルギーを利用し，光合成を行うことで成長する．さらには，植物は私たち人間の食糧を提供している．食糧は，人間が活動し，体温を維持し，あらゆる身体機能を司るエネルギーの供給源となっている．

エネルギーとは正確には何だろうか．そしてエネルギーの生産，消費，変換にはどのような原理がかかわっているのだろうか．

本章では，はじめにエネルギーとその変化を探る．そしてエネルギーが日常生活に与える影響のみならず，化学を理解するために必要な化学反応に伴うエネルギー変化について理解を深めていこう．

エネルギーとその変換に関する学問は**熱力学**（thermodynamics，ギリシャ語で熱と力を意味する *thérme-* と *dýnamis* に由来する）として知られており，産業革命の時代に蒸気機関における熱，仕事，燃料の関連性を詳細に説明するために生まれた学問分野である．本章では，化学反応とエネルギー変化の中で熱にかかわる関係を扱う**熱化学**（thermochemistry）について学ぶこととし，さらなる熱力学の側面については 19 章で取り扱うこととする．

## 5.1 エネルギー

エネルギーは，一般的に**仕事**（work）**を行う能力**，**あるいは熱**（heat）**を伝える能力**として定義される．まずはじめに，仕事と熱の概念を理解することが必要である．

**仕事**とは**力に逆らって物体を動かすために使われるエネルギー**のことであり，**熱**とは**物体の温度を上昇させるために使われるエネルギー**のことである（▶ **図 5.1**）．上の定義をさらに詳しく学ぶ前に，物質がど

(a)

(b)

▲図 5.1　**仕事と熱：エネルギーの二つのかたち**
(a) 仕事は物体を動かすために使われるエネルギー，(b) 熱は物体の温度を上げるために使われるエネルギーである．

のようにしてエネルギーをもち，そのエネルギーがどのように物質間で移動するかを考えることから始めよう．

## 運動エネルギーとポテンシャルエネルギー

野球のボールであれ分子であれ，物体は**運動エネルギー**（kinetic energy）をもつ．その大きさ $E_k$ は，物体の質量 $m$ と速度 $v$ に依存する．

$$E_k = \frac{1}{2}mv^2 \qquad [5.1]$$

式 5.1 より，物体の速度が大きくなれば運動エネルギーは増加することがわかる．また，速度が一定のとき，質量が増せば運動エネルギーは増加する．時速 80 km で走るトラックと乗用車とでは，質量の大きなトラックのほうがより大きな運動エネルギーをもっている．

化学では，原子・分子の運動エネルギーに注目する．これらは小さな粒子であるが，質量があり動いているため，運動エネルギーをもつ．

それ以外のエネルギーは，すべて**ポテンシャルエネルギー**（potential energy）である．例えば縮んだばねに蓄えられるエネルギー，頭上に持ち上げたおもりがもつエネルギー，そして化学結合中に存在するエネルギーがこれにあたる．

物体には，別の物体との相対的な位置関係によって，ポテンシャルエネルギーが生ずる．これは本質的には物体間に生じる引力や斥力によって“蓄えられる”エネルギーである．

ポテンシャルエネルギーが運動エネルギーに変換される例はお馴染みであろう．例えば，自転車に乗った人が坂の上にいるとする（▶図 5.2）．重力という引力があるため，乗り手と自転車は，坂の下にいるときよりも大きなポテンシャルエネルギーをもつ．その結果，自転車は速度を上げながら坂を下り，ポテンシャルエネルギーが減少して運動エネルギーが増加する（式 5.1）．一方が減少し，他方が増加するこのエネルギー変換こそが，熱力学の最初の基礎である．

原子・分子間の相互作用を考えるうえで，重力は無視できるほどの小さな影響しか与えない．それよりも，電荷（2 章参照）により生じる力が重要である．

化学における最も重要なポテンシャルエネルギーは，**静電ポテンシャルエネルギー**（electrostatic potential energy）$E_{el}$ である．このエネルギーは荷電粒子間の相互作用により生じ，2 個の対象物の電荷 $Q_1$，$Q_2$ に比例し，それらの間の距離 $d$ に反比例する．

$$E_{el} = \frac{\kappa Q_1 Q_2}{d} \qquad [5.2]$$

式 5.2 で，$\kappa$（カッパ）は比例定数であり，その値は $8.99 \times 10^9$ J·m/C$^2$［C は電荷の単位を表すクーロン（§2.2），J はエネルギーの単位であるジュール］である．分子レベルにおける電荷 $Q_1$，$Q_2$ は，通常は電気素量 $1.60 \times 10^{-19}$ C と同程度である．

式 5.2 より，距離が無限大に離れていれば静電ポテンシャルエネルギーはゼロである．言い換えれば，荷

◀ **図 5.2　ポテンシャルエネルギーと運動エネルギー**
丘の上にいるとき，ポテンシャルエネルギーは静止した自転車と人物に蓄えられている．自転車が丘を下ると，ポテンシャルエネルギーは運動エネルギーに変換されて失われる．

電粒子（4章参照）が無限大に離れている場合，それらの静電ポテンシャルエネルギーはゼロと定義される．

▼**図 5.3** に，$E_{el}$ の値が電荷の符号の違いによってどのように変化するかを示した．電荷 $Q_1$，$Q_2$ が同符号であれば荷電粒子は反発し，その力で互いに離れていく．この場合 $E_{el}$ は正の値となり，粒子がさらに遠ざかるにつれてポテンシャルエネルギーは減少する．一方，符号が逆であれば粒子どうしは引きつけ合い，この引力により互いの距離を縮めていく．このとき $E_{el}$ の値は負となり，ポテンシャルエネルギーは粒子が遠ざかるにつれて増加（絶対値は減少）する．

こうした静電ポテンシャルエネルギーの性質は，化学でよく用いられる．

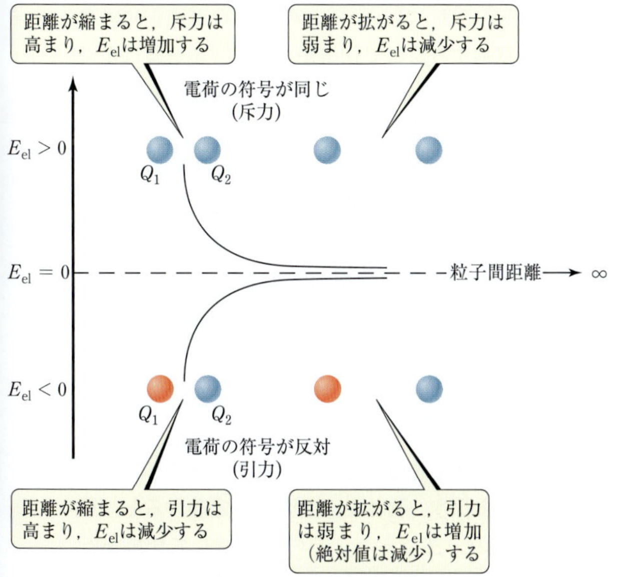


▲ **図 5.3　静電ポテンシャルエネルギー**
二つの荷電粒子間に相互作用が働くとき，$E_{el}$ は電荷の符号が同じなら正となり，反対なら負となる．粒子が移動して遠く離れると，それらの静電ポテンシャルエネルギーはゼロに近づく．

化学を学ぶ目標の一つに，巨視的世界のエネルギー変化を分子レベルにおける物質の運動エネルギーやポテンシャルエネルギーと関連づけ，理解することが挙げられる．例えば燃料のように，多くの物質は化学反応によって化学エネルギーを放出するが，このエネルギーは原子配列の中に蓄えられたポテンシャルエネルギーによるものである．燃料を燃やすと化学エネルギーは熱エネルギーに変わるが，これは分子レベルでの運動エネルギーが増加するためである．

**考えてみよう**

図 5.2 の人物と自転車が丘のふもとで止まるとき，
(a) ポテンシャルエネルギーは丘の上にいるときと同じだろうか．
(b) 運動エネルギーは丘の上と同じだろうか．

## エネルギーの単位

エネルギーの SI 単位はジュール（joule，J）であり，仕事と熱の研究者であった英国の科学者，ジェームス・ジュール（1818-1889）の栄誉をたたえてつけられたものである（$1\,\mathrm{J} = 1\,\mathrm{kg{\cdot}m^2/s^2}$）．

式 5.1 により，質量 2 kg の物体が 1 m/s の速度で動いているときに有する運動エネルギーが 1 J となる．

$$E_k = \frac{1}{2}mv^2 = \frac{1}{2}(2\,\mathrm{kg})(1\,\mathrm{m/s})^2$$
$$= 1\,\mathrm{kg{\cdot}m^2/s^2} = 1\,\mathrm{J}$$

1 J はそれほど大きな量のエネルギーではないので，化学反応にまつわるエネルギーを論じるときには**キロジュール**（kJ）を使うことが多い．

化学反応に伴うエネルギー変化は伝統的に非 SI 単

位である**カロリー**（calorie, cal）が用いられてきたが，いまでも化学，生物，生化学の分野で広く使われている．

カロリーは元来，1 g の水を 14.5℃から 15.5℃に上げるために必要なエネルギー量だったが，現在ではジュール単位と関連づけて正確に 1 cal = 4.184 J と定義されている．

## 系と外界

エネルギー変化の解析を行う場合，ある限定された空間で生じたエネルギー変化を追跡する．その空間を**系**（system），それ以外のすべてを**外界**（surroundings）と呼ぶ．実験室で化学反応に伴うエネルギー変化を考察するとき，反応物と生成物が系である．反応容器やその外側にあるものは，すべて外界である．

系には，開放系，閉鎖系，孤立系がある．**開放系**（open system）では，物質もエネルギーも外界と出入りがある．図 5.1(**b**) のように，蓋のない耐熱ガラス容器の中で沸騰している水がその例である．熱はコンロから供給され，水蒸気として外界に出ていく．

熱化学で考えやすい系は**閉鎖系**（closed system）と呼ばれるものである．この系では外界とエネルギーの移動は可能だが，物質は移動できない．例えば，ピストンのついたシリンダーの中の水素ガスと酸素ガスの混合物を考えてみよう（▶ **図 5.4**）．ここで系は水素ガスと酸素ガスのみであり，シリンダーやピストン，その他のすべてが（この実験を観察している私たちも含めて）外界となる．この気体が反応して水が生じるとき，エネルギーが放出される．

$$2H_2(g) + O_2(g) \longrightarrow 2H_2O(l) + \text{エネルギー}$$

水素と酸素は化学的に変化するが，系の質量は増加も減少もしないことから，物質は系と外界の間を行き来していないことがわかる．しかし，外界とのエネルギーの交換は**仕事**や**熱**のかたちで起こる．

一方，エネルギーと物質がいずれも出入りできない系もある．これを**孤立系**（isolated system）という．温かいコーヒーを入れた断熱保温容器は孤立系に近い．ただし，コーヒーはやがて冷めてしまうため，実際は完全な孤立系ではない．

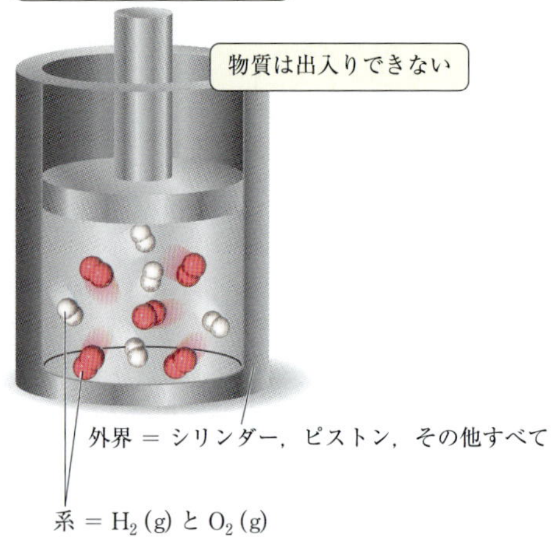


▲**図 5.4**　閉鎖系

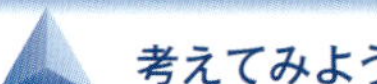

**考えてみよう**

人体は，開放系，閉鎖系，孤立系のいずれだろうか．

## エネルギーの移動：仕事と熱

図 5.1 では，仕事と熱という，日常生活で体験する 2 通りのエネルギー変換について示した．

図 5.1(**a**) では，ピッチャーの腕からボールにエネルギーが移動することで仕事が行われ，ボールはホームベースめがけて高速で飛んでいく．図 5.1(**b**) では，エネルギーは熱の状態で移動する．力に逆らって物体を移動させることや温度を変えることは系のエネルギーを出し入れする一般的な方法である．

仕事とは，力が物体を動かしたときに移動するエネルギーのことである．仕事の大きさ $w$ は，物体にかかった力 $F$ と，物体が移動した距離 $d$ の積で与えられる．

$$w = F \times d \qquad [5.3]$$

例えば，物体を重力に逆らって持ち上げるときに私たちは仕事を行う．物体を一つの系と定義すると，私たちは外界の一部であり，その系に対して仕事を行い，エネルギーを移動させたことになる．

もう一つの方法は，熱としてのエネルギー移動である．熱は熱い物体から冷たい物体へと移動するエネルギーである．図 5.1(b) にガスが燃える例を示したが，燃焼では燃料分子に蓄えられている化学エネルギーが放出される（§3.2）．この反応に関与する物質を系と定義し，その他をすべて外界とすれば，放出されたエネルギーが系の温度上昇を引き起こすことがわかる．その後熱エネルギーは，高温の系から低温の外界へと移動する．

## 5.2 熱力学第一法則

前節では，系のポテンシャルエネルギーと運動エネルギーとが相互に変換可能であること，そして系と外界の間で仕事や熱のかたちでエネルギーの移動が可能であることを確認した．

エネルギーの変換と移動においてエネルギーは生み出されることも，消滅することもない．これは，科学における最も重要な知見の一つである．すなわち，系で失われるエネルギーは外界で獲得されるはずであり，その逆もまた真である．この**エネルギーは保存される**という重要な知見は，**熱力学第一法則**（first law of thermodynamics）として知られている．

この法則を定量的に用いるために，系のエネルギーをさらに正確に定義していく．

### 例題 5.1 エネルギー変化の説明と計算

ボウリング選手が重さ 5.4 kg のボールを地面から 1.6 m の高さに持ち上げ，それを振り下ろすとしよう．

(a) ボールを持ち上げると，ポテンシャルエネルギーはどうなるか．

(b) ボールを持ち上げるためにはどのぐらいの仕事（J）が必要か．

(c) ボールは振り下ろされたのち，運動エネルギーを獲得する．もし (b) で行った仕事が，ボールが接地するまでにすべて運動エネルギーに変換されたとすると，接地直前のボールの速さはいくらか（重力は $F = m \times g$，$m$ は物質の質量，$g$ は重力加速度定数 $g = 9.8\ \mathrm{m/s^2}$）．

#### 解 法

**問題の分析**　ボールのポテンシャルエネルギーと地面からの距離を関係づけ，仕事とポテンシャルエネルギーの変化との関係を確立する．最後に，ボールが落とされたときのポテンシャルエネルギーの変化と，ボールが獲得する運動エネルギーを結びつけて考える．

**方針**　ボールを持ち上げたときの仕事は，$w = F \times d$（式 5.3）を用いて計算できる．ボールが接地する直前の運動エネルギーは，初めのポテンシャルエネルギーに等しい．運動エネルギーと式 5.1 を用いて，ボールが接地する直前の速さ $v$ を計算する．

**解**　(a) ボールは地面から持ち上げられるため，地面に対する相対的なポテンシャルエネルギーが増加する．

(b) ボールの質量は 5.4 kg で，1.6 m まで持ち上げられる．ボールを持ち上げる仕事の計算には，式 5.3 と重力の式である $F = m \times g$ を使う．

$$
\begin{aligned}
w &= F \times d = m \times g \times d \\
&= (5.4\ \mathrm{kg})(9.8\ \mathrm{m/s^2})(1.6\ \mathrm{m}) = 85\ \mathrm{kg\cdot m^2/s^2} \\
&= 85\ \mathrm{J}
\end{aligned}
$$

したがって，選手は 1.6 m の高さまでボールを持ち上げるのに，85 J の仕事を行ったことになる．

(c) ボールが落下するとき，ボールのポテンシャルエネルギーは運動エネルギーに変換される．接地する直前の運動エネルギーは (b) でなされた仕事 85 J に等しいと考えられる．

$$E_\mathrm{k} = \frac{1}{2}mv^2 = 85\ \mathrm{J} = 85\ \mathrm{kg\cdot m^2/s^2}$$

そこで次の等式を $v$ に関して解く．

$$
\begin{aligned}
v^2 &= \left(\frac{2E_\mathrm{k}}{m}\right) = \left(\frac{2(85\ \cancel{\mathrm{kg}}\cdot\mathrm{m^2/s^2})}{5.4\ \cancel{\mathrm{kg}}}\right) = 31.5\ \mathrm{m^2/s^2} \\
v &= \sqrt{31.5\ \mathrm{m^2/s^2}} = 5.6\ \mathrm{m/s}
\end{aligned}
$$

#### 演 習

以下の運動エネルギーは，J 単位でいくらか．

(a) 650 m/s の速さで動く 1 個のアルゴン原子

(b) 650 m/s の速さで動く 1 mol のアルゴン原子（ヒント：$1\ \mathrm{u} = 1.66 \times 10^{-27}\ \mathrm{kg}$）

## 内部エネルギー

熱力学第一法則を用いて，化学反応系のエネルギー変化を分析するためには，系のすべての運動エネルギーとポテンシャルエネルギーを考えなければならない．ここで，系に含まれる構成成分のすべての運動エネルギーとポテンシャルエネルギーの合計値を，**内部エネルギー**（internal energy）$E$ と定義する．

例えば，図 5.4 の系において，内部エネルギーは単に $H_2$ や $O_2$ 分子だけではなく，そこに含まれる原子核と電子の動きや相互作用も含まれる．熱力学では一般に，系の内部エネルギーの数値自体を問題にすることはなく，もっぱら系の変化に伴って生じる **E の変化**に関心を払う．

ここで，内部エネルギーの初期値（initial）が $E_{initial}$ である系を考えてみよう．この系が変化すると，それに伴って仕事がなされたり，熱が移動したりして，最終的（final）な内部エネルギーの値が $E_{final}$ になるとする．このときの**内部エネルギー変化**を $\Delta E$（デルタ）と表記し，$E_{final}$ と $E_{initial}$ の差として定義する．

$$\Delta E = E_{final} - E_{initial} \qquad [5.4]$$

通常，対象となる系の $E_{final}$ および $E_{initial}$ の真の値を求めることはできない．しかし熱力学第一法則のすばらしい点は，$\Delta E$ さえわかれば，この法則を利用できることである．実際，たいていの場合は $\Delta E$ の値を決定できる．

$\Delta E$ のような熱力学量には，(1) 数値，(2) 単位，(3) 符号の 3 要素が含まれている．前の二者はともに変化の大きさを，後者は変化の方向を示すものである．$E_{final} > E_{initial}$ であるとき $\Delta E$ は正となり，系が外界からエネルギーを獲得したことを意味する．逆に，$E_{final} < E_{initial}$ であるとき $\Delta E$ は負となり，系が外界へエネルギーを放出したことを意味する．系がエネルギーを獲得することは外界がエネルギーを失うことを意味しており，またその逆も成り立つことを忘れてはならない．

これらのエネルギー変化の特徴を，▼ **図 5.5** にまとめた．

化学反応では，系の初期状態は反応物であり，最終状態は生成物である．例えば，

$$2H_2(g) + O_2(g) \longrightarrow 2H_2O(l)$$

の反応において，初期状態は $2H_2(g) + O_2(g)$，最終状態は $2H_2O(l)$ である．水素と酸素がある温度で水になるとき，系はエネルギーを失い，エネルギーは外界へ移る．系からエネルギーが放出されるため，生成物（最終状態）の内部エネルギー値は反応物（初期状態）の値よりも低下し，$\Delta E$ は負の値となる．▶ **図 5.6** に示した略図では，$H_2$ と $O_2$ の混合物の内部エネルギーのほうが，反応で生じる $H_2O$ の内部エネルギーよりも大きいことを示している．

## 熱と仕事と ΔE の関係

系が化学変化あるいは物理変化を伴うとき，付随する内部エネルギー変化 $\Delta E$ は，系に出入りする熱 $q$ と仕事 $w$ の合計となる．

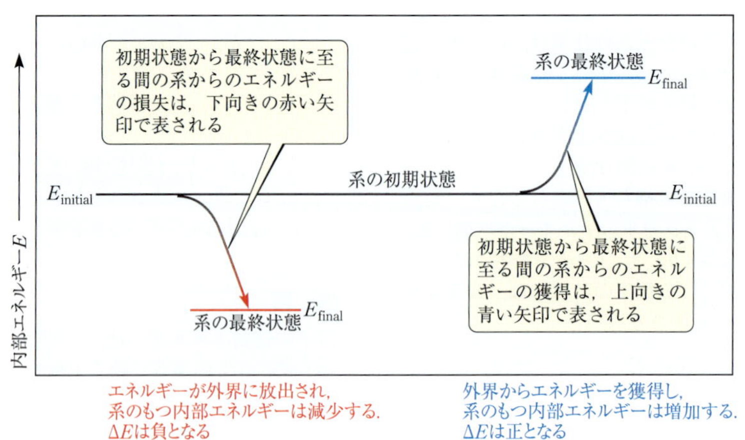


▲ **図 5.5**　内部エネルギーの変化

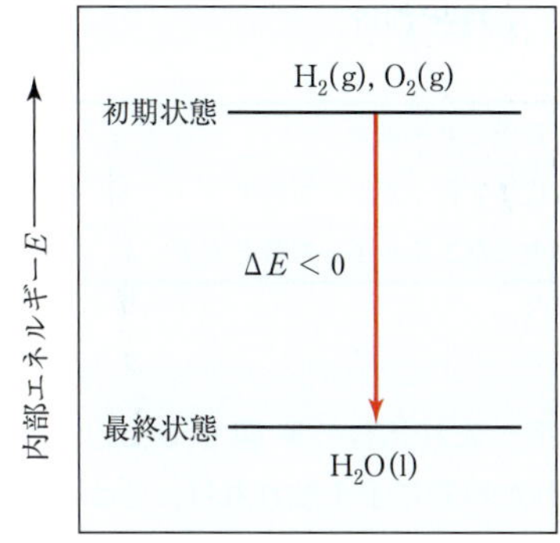


**▲図 5.6　$2H_2(g) + O_2(g) \longrightarrow 2H_2O(l)$ の反応におけるエネルギー変化の略図**

$$\Delta E = q + w \qquad [5.5]$$

$\Delta E$ の符号は，銀行口座の預金残高にたとえると覚えやすい（**▼図 5.7**）．銀行の預金口座と同じように，“エネルギー口座”というものがあると考えてみよう．熱や仕事の増加分が預金の預け入れに，減少分が預金の引き出しに対応する．前者は系のエネルギー増加（正の $\Delta E$），後者は系のエネルギー減少（負の $\Delta E$）に相当する．

**系に熱が加わるか仕事がなされれば，内部エネルギーは増加する．**したがって，外界から系に熱が移動するとき，$q$ は正となる．それは，エネルギー口座への入金と同じで，系のエネルギーは増加する（図 5.7）．同様に，系に対して外界から仕事がなされれば，$w$ は正となる．

逆に，系が熱を失う，あるいは系が外界に対して仕事をする場合，$q$ および $w$ はともに負となり，系の内部エネルギーは減少する．これは，エネルギー口座の引き出しによって，系のエネルギー残高が低下したことを意味する．

これらの符号の取り決めを，**▶表 5.1** にまとめた．系にエネルギーが入る場合はすべて，熱であれ仕事であれ，符号は正となる．

系は金庫の内部

系から預け入れられたエネルギー
$\Delta E > 0$

系から引き出されたエネルギー
$\Delta E < 0$

**▲図 5.7　熱と仕事についての符号の取り決め**
系から得られる熱 $q$ と，系が行う仕事 $w$ の両方が正のとき，系から内部エネルギーへの“預け入れ”が起こる．反対に，系から外界へ移動する熱と，系が外界に対して行う仕事は，どちらも系からの内部エネルギーの“引き出し”である．

**表 5.1　$q$, $w$, $\Delta E$ の符号の取り決め**

| | | |
|---|---|---|
| $q$ | ＋は熱を得ることを表す | −は熱を失うことを表す |
| $w$ | ＋は系に対して仕事がなされたことを表す | −は系が仕事を行ったことを表す |
| $\Delta E$ | ＋は系が得たエネルギーの量を表す | −は系が失ったエネルギーの量を表す |

### 例題 5.2　内部エネルギーと熱，仕事の関係

気体 A と気体 B を図 5.4 のようなシリンダーとピストンの容器に閉じ込め，反応させると，固体の生成物 C が生じる：A (g) + B (g) ⟶ C (s)．反応が起こると，この系は周囲に 1150 J の熱を放出する．気体が反応して固体になるにつれてピストンは圧縮する方向に動く．大気圧一定で気体の体積が減少すると，周囲はこの系に対して 480 J の仕事をする．この系の内部エネルギーの変化はいくらか．

**解　法**

**問題の分析**　この質問は，与えられた $q$ と $w$ の情報をもとに $\Delta E$ を求める問題である．

**方針**　はじめに表 5.1 から $q$ と $w$ の符号を確定し，$\Delta E = q + w$（式 5.5）を用いて $\Delta E$ を計算する．

**解**　熱は系から外界へと移動し，仕事は外界から系に入るので，$q$ は負の値（$q = -1150$ J），$w$ は正の値（$w = 480$ J）である．したがって，

$$\Delta E = q + w = (-1150\ \mathrm{J}) + (480\ \mathrm{J}) = -670\ \mathrm{J}$$

$\Delta E$ が負の値になるということは，670 J が系から外界へと移動したということである．

**チェック**　このエネルギー変化は，系のエネルギー口座において，差し引き 670 J 減少したと捉えることができる（つまり符号はマイナス）．480 J が仕事として預け入れられると，同時に 1150 J は熱として引き出される．気体の体積が減少する際に，外界から系に対して仕事がなされることに注意したい．

**演　習**

外界から 140 J の熱吸収と外界に 85 J の仕事をする系について，内部エネルギー変化を計算せよ．

## 発熱と吸熱

系が熱を吸収する過程は**吸熱**（endothermic）と呼ばれる．吸熱過程では氷が融けるときのように，熱は外界から系へ流れ込む［▶ 図 5.8(a)］．もし解凍中の氷を入れた容器に手を触れれば，手から容器に熱が移動するため，容器は冷たく感じられる．系が熱を失う過程は**発熱**（exothermic）と呼ばれる．発熱過程では，ガソリンの燃焼のように，熱は系から外界に放出される［▶ 図 5.8(b)］．

**考えてみよう**

$H_2$(g) と $O_2$(g) が反応して $H_2O$(l) になるとき，熱が外界に放出される．この逆反応，すなわち $H_2O$(l) から $H_2$(g) と $O_2$(g) が生じる $2H_2O(l) \longrightarrow 2H_2(g) + O_2(g)$ の反応は発熱反応か，それとも吸熱反応か（ヒント：図 5.6 参照）．

## 状態関数

系の内部エネルギー $E$ の値を正確に知るすべはないものの，系の条件が決まっていれば，何がしかの値をもつことは確かである．内部エネルギーに影響を与える状態には，温度や圧力がある．さらに，エネルギーが示量性の物理量（§1.3）であることから，内部エネルギーは系に存在する物質の総量に比例する．

25℃ の水が 50 g あるという系を考えてみよう（▶ 図 5.9）．この状態にするには，100℃ の水 50 g を 25℃ に冷やしてもよいし，あるいは 50 g の氷を融かして 25℃ に温めてもよい．

25℃ の水の内部エネルギーは，どちらの場合も同じである．内部エネルギーは**状態関数**（state function）の一例であり，系の性質は系の状態（温度，圧力など）を特定することで一義的に定まる．**状態関数の値，すなわち状態量は系の現在の状態だけに依存し，その状態への到達経路には依存しない．** $E$ は状態関数なので，$\Delta E$ は系の初期状態と最終状態だけに依存し，変化の過程には影響を受けない．

状態量とそうでないものの違いは，次の例を考えるとわかりやすい．

系：反応物と生成物
外界：初期状態では室温の溶媒

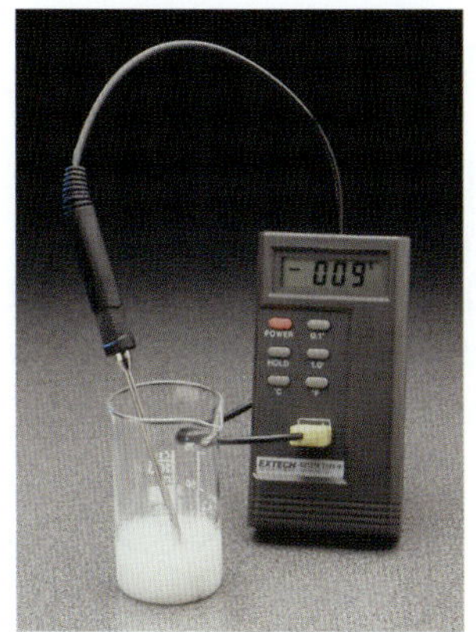


(a) 吸熱反応

熱は外界から系に流れ込む．外界の温度は下がり，温度計の示す室温以下になる

系：反応物と生成物
外界：反応物の周りの空気

(b) 発熱反応

熱は激しく系から外界に放出される．外界の温度は上がる

◀ **図 5.8 吸熱過程と発熱過程**
(a) チオシアン酸アンモニウムと水酸化バリウム八水和物を室温で混合すると，温度が下がる．(b) $Fe_2O_3$ と粉末アルミニウムの反応（テルミット反応）は激しく進行し，熱を放出して $Al_2O_3$ と溶融鉄を生成する．

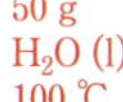

最初熱湯であった水を25 ℃に冷やす．この温度に達したとき，系は内部エネルギー$E$に達する

氷を25 ℃に温めると，系は内部エネルギー$E$に達する

▲ **図 5.9 内部エネルギー $E$ と状態関数**
状態関数は，系の現在の状態にのみ依存し，その状態に至る経路には依存しない．

仮に，標高 182 m にあるシカゴから標高 1609 m にあるデンバーまで車で移動したとする．どのようなルートを選んだとしても，標高差は 1427 m である．しかし，その道のりは選択したルート（経路）に依存する．標高は状態関数に対応しており，その差は経路に依存しない．一方，道のりは状態関数ではない．

熱力学の物理量には $E$ のような状態関数が存在するが，$q$ や $w$ は状態関数ではない．したがって，$\Delta E = q + w$ は変化の経路に依存しないが，内訳として発生する熱量と仕事はどのように変化が起きるかに依存する．

ただし，初期状態から最終状態への変化の経路を変えることで $q$ の値が増加すれば，$w$ はまったく同じ値だけ減少することとなる．結果として，二つの異なる経路に対する $\Delta E$ は同じである．

この原理を説明する例として，電池を系として考えよう．電池を放電すると，エネルギーが外界へと放出されるため，内部エネルギーは減少する．▶ **図 5.10** において，一定温度において 2 通りの放電の方法を考える．

もし電池を単に短絡（ショート）させると，仕事は行われずに，すべてのエネルギーが熱のかたちで失われる（導線が熱くなり，熱が外界へと放出される）．もし，電池でモーターを回転させると，放電により仕事がなされる．熱も少し出るが，短絡させた場合よりも少ない．

これら 2 通りの放電の仕方によって，$q$ と $w$ の値が異なることがわかる．もし，この 2 通りの場合とも電池の初期状態と最終状態が同じであれば，$\Delta E$ は状態関数であることから，$\Delta E = q + w$ はいずれの場合も同じである．

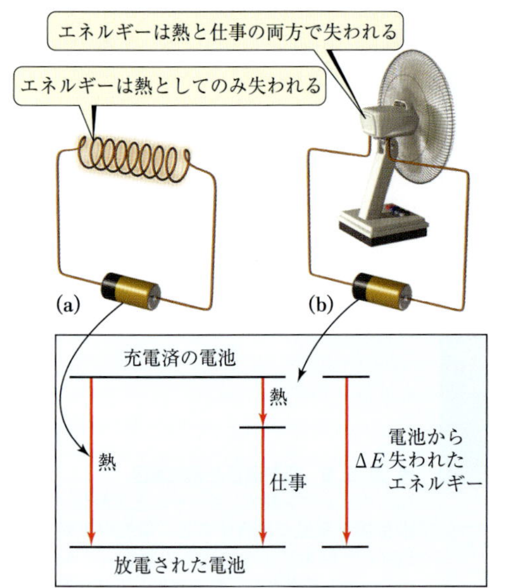


**▲図 5.10　内部エネルギーは状態関数だが，熱と仕事は状態関数ではない．**
(a) 電池の両極を電線で短絡させた場合，エネルギーは熱としてのみ外界に放出され，仕事は行われない．(b) 両極の間にモーターをつなぐと，エネルギーは仕事（扇風機の羽根を回す）として消費され，同時に熱としてもエネルギーを失う．(a) の $q$ と $w$ の値が (b) の値と異なっていても，$\Delta E$ の値はどちらも同じである．

## 5.3 | エンタルピー

植物の葉で起こる光合成や湖水の蒸発，あるいは実験室のビーカー内で進む化学反応など，身の回りで起きている化学変化や物理変化は，一定の大気圧下で起きている．これらの変化は熱の放出と吸収，もしくは系による（あるいは系に対する）仕事を伴うことがある．

このような変化を調べるうえでは，**エンタルピー**（enthalpy，ギリシャ語で熱を意味する *enthalpein* に由来する）という新しい状態関数を考えるとよい．この新しい関数は，一定の（あるいはほぼ一定の）圧力下で起こる過程に対して熱の流れを考える際に，とくに使い勝手がよい．エンタルピー（以降，$H$ で表す）は，内部エネルギーに系の圧力 $P$ と体積 $V$ の積を足した値として定義される．

$$H = E + PV \qquad [5.6]$$

内部エネルギーと同じく，$P$ および $V$ はいずれも状態関数である．したがって，これらは現在の系の状態にのみ依存する量であり，その状態への到達経路には依存しない．

### *PV* 仕事（圧力容積仕事）

エンタルピーの意義をよりよく理解するために，もう一度式 5.5 を見直し，$\Delta E$ が熱 $q$ と仕事 $w$ の両方を含んでいたことを思い出そう．

化学変化あるいは物理変化によって，大気に対する仕事として最も一般的なものは，体積変化に伴う機械的な仕事である．例えば，金属亜鉛が塩酸と反応すると，次に示す化学反応が起こる．

$$\mathrm{Zn}(s) + 2\mathrm{H}^+(aq) \longrightarrow \mathrm{Zn}^{2+}(aq) + \mathrm{H_2}(g) \qquad [5.7]$$

▶ **図 5.11** に示す反応装置の中で，式 5.7 の化学反応が一定圧力の下で進行し，容器中の圧力を一定に維持するようピストンが上下に動く．ピストンに重さがないと仮定すると，装置中の圧力は大気圧と同じである．反応が進むにつれて $H_2$ が生じ，ピストンが押し上がる．このときフラスコ内の気体は，大気圧の力に逆らってピストンを持ち上げることで，外界に対して仕事を行う．

気体の膨張と収縮を伴う仕事は，***PV* 仕事**（*P*-*V* work）または**圧力容積仕事**（pressure-volume work）と呼ばれている．仕事の過程で圧力が一定のもとでは，前の例に示したように，*PV* 仕事の符号と大きさは次のように表される．

$$w = -P\Delta V \qquad [5.8]$$

ここで $P$ は圧力，$\Delta V = V_{\mathrm{final}} - V_{\mathrm{initial}}$ は系の体積変化である（$V_{\mathrm{initial}}$ は初期状態，$V_{\mathrm{final}}$ は最終状態における体積）．式 5.8 のマイナスは，表 5.1 に示した符号の取り決めに合わせるために必要なものである．圧力 $P$ はつねにゼロか正の数値である．気体の体積が増えれば，同様に $\Delta V$ は正となる．系が膨張すれば外界に対して仕事をすることになるので，$w$ は負の値となる．一方で気体が収縮すれば $\Delta V$ は負となり，$w$ は正の値となる．これは外界が系に対して仕事をすることを意味する．式 5.8 は，圧力一定の下で起こる過程に対して適用される，ということを覚えておこう．

**考えてみよう**
変化の過程において系の体積が変化しない場合，この仕事は *PV* 仕事か．

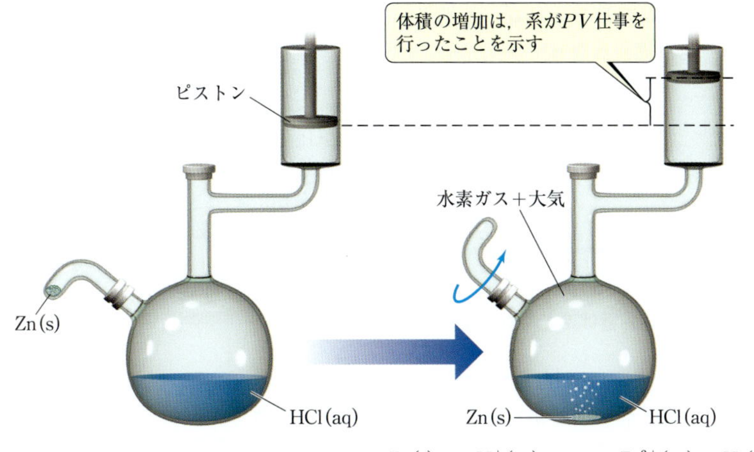


▲図 5.11　外界に対して仕事を行う系

**例題 5.3　仕事の計算**

ピストンのついた容器の中で燃料を燃やすと，体積が 0.250 L から 0.980 L に変化した．仮に 1.35 atm の一定圧力のもとでピストンが大気を押し返したとすると，どれだけの仕事がなされたのであろうか（1 L・atm = 101.3 J とする）．

**解　法**

**方針**　$w = -P\Delta V$ の式を使えば，与えられた情報をもとに系が行った仕事を計算できる．

**解**　体積は以下のように変化する．

$$\Delta V = V_{\text{final}} - V_{\text{initial}} = 0.980\ \text{L} - 0.250\ \text{L} = 0.730\ \text{L}$$

したがって，仕事は，

$$\begin{aligned} w &= -P\Delta V = -(1.35\ \text{atm})(0.730\ \text{L}) \\ &= -0.9855\ \text{L·atm} \end{aligned}$$

となり，単位である L・atm を J に置き換えると，以下のように求められる．

$$-(0.9855\ \text{L·atm})\left(\frac{101.3\ \text{J}}{1\ \text{L·atm}}\right) = -99.8\ \text{J}$$

**演　習**

大気圧 0.985 atm のもとで体積が 1.55 L から 0.85 L に減少したとする．このときの仕事を J 単位で求めよ．

## エンタルピー変化

ある変化が一定の圧力で進むとき，エンタルピー変化 $\Delta H$ は，次の関係で示される．

$$\begin{aligned} \Delta H &= \Delta(E + PV) \\ &= \Delta E + P\Delta V \quad (\text{圧力一定}) \end{aligned} \qquad [5.9]$$

すなわち，エンタルピー変化は，内部エネルギー変化に圧力（一定）と体積変化の積を足した値に等しい．

$\Delta E = q + w$（式 5.5）と $w = -P\Delta V$（式 5.8）を思い出し，式 5.9 の $\Delta E$ に $q + w$ を，$P\Delta V$ に対して $-w$ をそれぞれ代入すると，式 5.9 は次のように変換される．

$$\Delta H = \Delta E + P\Delta V = (q_p + w) - w = q_p \qquad [5.10]$$

熱 $q$ の添字 p は，変化が圧力一定の下で起こることを示す．したがって，**エンタルピー変化は圧力一定の下で出入りする熱 $q_p$ に等しい**．この熱 $q_p$ は，測定や計算で求めることができる．

多くの変化が圧力一定の下で起こることを勘案すると，エンタルピーはほとんどの化学反応において，内部エネルギーよりも役に立つ関数である．付け加えると，$P\Delta V$ の値は小さいため，ほとんどの化学反応で $\Delta H$ と $\Delta E$ の差は小さい．

$\Delta H$ が正であるとき（すなわち $q_p$ が正であるとき），系は外界から熱を獲得する（表 5.1），すなわち吸熱過程であることを意味する．$\Delta H$が負であれば，系は外界に熱を放出するため，発熱過程となる．

預金のたとえに戻ると，圧力一定の条件下において，吸熱過程では熱として系にエネルギーを預け入れ，発熱過程では熱のかたちで系からエネルギーを引き出す（▼図 5.12）．

**考えてみよう**

フラスコで反応が起きたときに容器は冷たくなった．このとき $\Delta H$ の符号は正か負か．

$H$は状態関数なので，$\Delta H$（$q_p$と同じ値）は系の初期状態と最終状態のみに依存し，その到達経路には依存しない．一見するとこの記述は§5.2 で学んだこと，すなわち“$q$は状態関数ではない”ということと矛盾しているようにもみえる．しかし，これは矛盾ではなく，“$\Delta H$と$q_p$の関係が成り立つのは変化の過程に$PV$仕事以外の仕事は関与せず，かつ圧力が一定の場合だけである”という特別の制限があるためである．

系の圧力は一定に保たれている

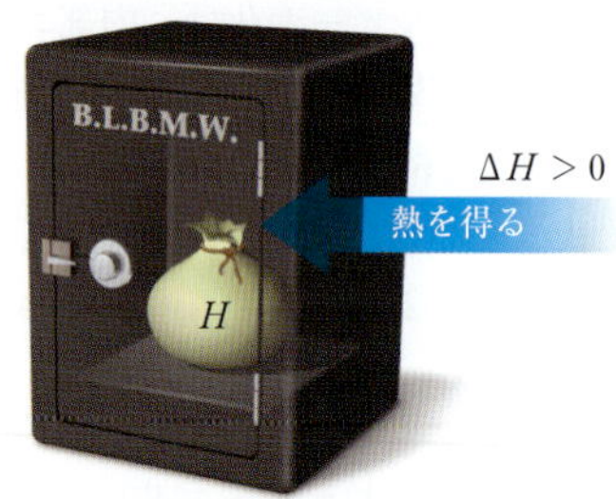


(a) 吸熱反応

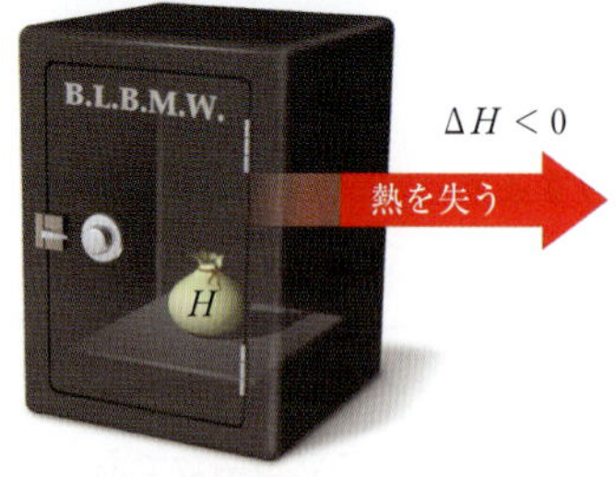


(b) 発熱反応

$\Delta H$は圧力一定の下で，系に出入りする熱の量

**▲図 5.12　吸熱過程と発熱過程**
(a) 吸熱過程（$\Delta H > 0$）では系に熱を預ける．(b) 発熱過程（$\Delta H < 0$）では系から熱を引き出す．

**例題 5.4　$\Delta H$の符号の決定**

大気圧下で進む以下の過程で，エンタルピー変化$\Delta H$の符号を示し，それらの過程が吸熱・発熱のどちらであるか答えよ．

(a) 角氷が融ける．

(b) 1 g のブタン $C_4H_{10}$ が十分な酸素の下で燃焼し，$CO_2$ と $H_2O$ になる．

**解　法**

**問題の分析**　目標は，それぞれの過程で$\Delta H$の値が正か負かを決めることである．どの過程も一定の圧力の下で起こるので，エンタルピー変化は吸収あるいは放出した熱に等しい（$\Delta H = q_p$）．

**方針**　それぞれの過程で熱が吸収されたのか，放出されたのかを予測しなければならない．熱が吸収される過程は吸熱なので，$\Delta H$は正の値になる．熱が放出される過程は発熱なので，$\Delta H$は負の値になる．

**解**　(a) 氷は融けるときに周囲から熱を吸収する．したがって$\Delta H$は正の値で，この過程は吸熱である．

(b) 系は 1 g のブタンと，それを完全燃焼させるのに必要な酸素である．ブタンの燃焼は熱を放出するので，$\Delta H$は負の値で，この過程は発熱である．

**演　習**

溶融した金を鋳型に注ぎ込み，大気圧下で凝固させる．金を系とすると，凝固は発熱か吸熱か．

## 5.4 反応におけるエンタルピー変化

エンタルピー変化では$\Delta H = H_{final} - H_{initial}$の関係が成立することから，化学反応のエンタルピー変化は以下の式で与えられる（product は生成物，reactant は反応物を表す）．

$$\Delta H = H_{product} - H_{reactant} \qquad [5.11]$$

化学反応に伴うエンタルピー変化は，**反応エンタルピー**（enthalpy of reaction）あるいは**反応熱**（heat of reaction）と呼ばれ，$\Delta H_{rxn}$と記されることがある（添字の rxn は“reaction”の略）．

$\Delta H_{rxn}$に数値を与える場合，まずその反応を特定する必要がある．例えば，圧力一定の条件下，2 mol の $H_2$(g) が燃焼して 2 mol の $H_2O$(g) が生成するとき，系は 483.6 kJ の熱を出す．以上の情報は，次のようにまとめられる．

$$2\,H_2(g) + O_2(g) \longrightarrow 2\,H_2O(g) \qquad \Delta H = -483.6\ \text{kJ} \quad [5.12]$$

負の $\Delta H$ は発熱反応であることを示す．$\Delta H$ は反応式の右側に書き，反応に関与する物質の量は特定していない．このような場合，その反応式中の係数が反応物と生成物の物質量（mol）を表している．このように反応に伴うエンタルピー変化を併記した化学反応式を，**熱化学反応式**（thermochemical equation）と呼ぶ．

この反応が発熱であることは，▼**図 5.13** の右下に示す**エンタルピーダイヤグラム**で示すことも可能である．ここでは，反応物のエンタルピーが生成物のエンタルピーよりも大きい（より正の値をとる）ことに注目しよう．したがって，$\Delta H = H_{\text{product}} - H_{\text{reactant}}$ は負の値となる．

**考えてみよう**

水を生じる反応式が $H_2(g) + \frac{1}{2}O_2(g) \longrightarrow H_2O(g)$ として記述されている場合，$\Delta H$ の値は式 5.12 と同じ値になるであろうか．その理由とともに答えよ．

熱化学反応式やエンタルピーダイヤグラムを使うときは，以下のガイドラインが便利である．

1. **エンタルピーは示量性の物理量である**．$\Delta H$ の大きさは反応で消費される反応物の量に比例する．例えば，1 mol の $CH_4$ が圧力一定の下で燃焼するとき，890 kJ の熱が発生する．

$$CH_4(g) + 2\,O_2(g) \longrightarrow CO_2(g) + 2\,H_2O(l) \qquad \Delta H = -890\ \text{kJ} \quad [5.13]$$

1 mol の $CH_4$ は 2 mol の $O_2$ と燃焼反応を起こし 890 kJ の熱を放出するため，2 mol の $CH_4$ が 4 mol の $O_2$ と燃焼反応する場合は，2 倍の熱である 1780 kJ を放出する．

2. **逆反応のエンタルピー変化は，正反応のそれと絶対値は等しく，符号が逆となる**．例えば，式 5.13 の逆反応に対し，その $\Delta H$ は +890 kJ である．

$$CO_2(g) + 2\,H_2O(l) \longrightarrow CH_4(g) + 2\,O_2(g) \qquad \Delta H = +890\ \text{kJ} \quad [5.14]$$

逆反応では，正反応の生成物と反応物が互いに入れかわる．そのため，式 5.11 から $\Delta H$ は同じ大きさで，符号が逆となることがわかる（▶**図 5.14**）．

3. **反応のエンタルピー変化は，反応物と生成物の状態に依存する**．例えば，式 5.13 の生成物が $H_2O(l)$ ではなく $H_2O(g)$ なら，$\Delta H_{\text{rxn}}$ の値は −890 kJ ではなく，−802 kJ となる．外界に放出される熱が減少するのは，$H_2O(g)$ のエンタルピーが $H_2O(l)$

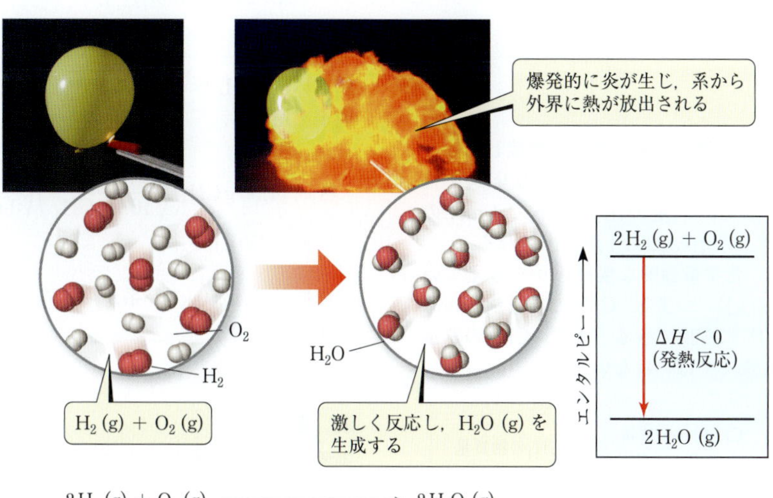


▲**図 5.13 酸素と水素の発熱反応**
$H_2(g)$ と $O_2(g)$ の混合物に点火して $H_2O(g)$ が生成する際，反応は爆発的に進んで炎の球が生じる．系は外界に熱を放出するので，この反応は発熱反応である．これはエンタルピーダイヤグラムで示すことができる．

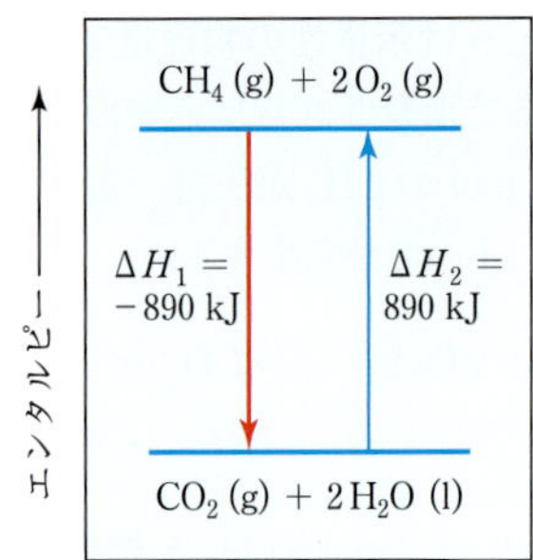


**▲図 5.14　逆反応における $\Delta H$**
反応を逆にすると符号が変わるが，エンタルピーの変化の大きさは変わらない（$\Delta H_2 = -\Delta H_1$）．

のエンタルピーより大きいためである．一つの考え方として，初めは液体の水が生成すると考えてみよう．液体の水が水蒸気に変わる，すなわち 2 mol の $H_2O(l)$ が $H_2O(g)$ に変わるのは吸熱過程で，88 kJ の熱を吸収する．

$$2H_2O(l) \longrightarrow 2H_2O(g) \quad \Delta H = +88\ \mathrm{kJ} \quad [5.15]$$

このように，熱化学反応式では反応物と生成物の状態を明記することが重要である．今後断りのない限り，反応物と生成物はともに25℃とする．

## 5.5 熱 量 測 定

圧力一定の下で化学反応を行い，それに付随する熱の流れを測定することで，$\Delta H$ の値を実験的に決定することができる．典型的な場合，熱の流れの大きさは，それによって生じる温度変化を測定することで求めることができる．

熱の流れの測定は**熱量測定**（calorimetry）といい，測定に使われる装置を**熱量計**（calorimeter）という．

### 熱容量と比熱

物体は熱を得ると温まる．すべての物質は温められると温度が変わるが，同じ熱量を与えたときの温度変化は物質ごとに異なる．

物体が一定の熱量を吸収したときに起こる温度変化は，**熱容量**（heat capacity，$C$）によって求められる．物体の熱容量は，その物体の温度を 1 K（1℃）上昇させるために必要な熱量である．熱容量が大きければ，一定の温度上昇に必要な熱量は多くなる．

純物質の場合，熱容量は通常既定の物質量に対して

### 例題 5.5　$\Delta H$ と反応物と生成物の量の関係

メタンガス 4.50 g を一定の圧力の下で燃焼したら，どのぐらいの熱が放出されるか（式 5.13 を利用して考えよ）．

**解　法**

**問題の分析**　ある一定量のメタンガスが燃焼したときに発生する熱を計算するために，熱化学反応式を使う．式 5.13 によると，一定の圧力の下で 1 mol の $CH_4$ が燃えるとき，系から 890 kJ が放出される．

**方針**　式 5.13 は，化学量論的な変換因子を与えている（1 mol = −890 kJ）．つまり，$CH_4$ の物質量（mol）をエネルギー（kJ）に変換できる．まず，$CH_4$ の質量を物質量に変換しなくてはいけない．

$CH_4$の質量(g)（わかっている） → $CH_4$のモル質量 16.0 g/mol → $CH_4$の物質量(mol) → $\Delta H =$ −890 kJ/mol → 熱(kJ)（わかっていない）

**解**　1 mol $CH_4$ = 16.0 g $CH_4$，kJ 単位への適切な変換因子を用いる．

$$熱 = (4.50\ \mathrm{g}\ CH_4)\left(\frac{1\ \mathrm{mol}\ CH_4}{16.0\ \mathrm{g}\ CH_4}\right)\left(\frac{-890\ \mathrm{kJ}}{1\ \mathrm{mol}\ CH_4}\right)$$
$$= -250\ \mathrm{kJ}$$

負の符号は，250 kJ が系から外界へ放出されることを示す．

**演　習**
過酸化水素は，水と酸素に分解する．

$$2H_2O_2(l) \longrightarrow 2H_2O(l) + O_2(g) \quad \Delta H = -196\ \mathrm{kJ}$$

5.00 g の $H_2O_2(l)$ が一定の圧力の下で分解するとき，放出される熱を計算せよ．

与えられる．例えば，物質 1 mol の熱容量は**モル熱容量**（molar heat capacity，$C_m$）と呼ばれている．また物質 1 g の熱容量は**比熱容量**（specific heat capacity，$C_s$），もしくは単に**比熱**（specific heat）という．

物質の比熱 $C_s$ は，その物質に対して一定の熱量 $q$ が出入りするときに生じる温度変化 $\Delta T$ と，その質量 $m$ により実験的に求められる．

$$\text{比熱} = \frac{(\text{出入りする熱量})}{(\text{物質の質量}) \times (\text{温度変化})}$$

$$C_s = \frac{q}{m \times \Delta T} \qquad [5.16]$$

例えば，50.0 g の水を 1.00 K 上昇させるために必要な熱量が 209 J であるとき，水の比熱は以下のように求められる．

$$C_s = \frac{209\ \text{J}}{(50.0\ \text{g})(1.00\ \text{K})} = 4.18\ \text{J/g·K}$$

絶対温度で示される温度変化の大きさは，摂氏の温度変化の大きさと等しい（§1.4）．したがって，水の比熱は 4.18 J/g·℃としてもよい．

比熱は，測定する温度範囲によって若干異なる値を示すため，測定温度を精密に定めておく必要がある．ここで用いた水の比熱 4.18 J/g·K は，14.5℃の水に対する値である（▶ 図 5.15）．この温度における水の比熱は，§5.1 で取り上げたカロリー単位（厳密に 1 cal = 4.184 J）の定義として使用されている．

試料が熱（$q$，正の値）を吸収すると，温度が上昇する（$\Delta T$，正の値）．式 5.16 を変形すると，次のようになる．

$$q = C_s \times m \times \Delta T \qquad [5.17]$$

この式により，物質が獲得もしくは失う熱を，質量，温度変化と比熱を用いて計算できる．

▶ **表 5.2** にいくつかの物質の比熱を示した．液体の水の比熱が，他の物質よりも大きいことに注目してほしい．水の比熱が大きいということは，海洋が温度の変化を受けにくいことを意味しており，この特徴が地球の気候に影響を及ぼしている．

**考えてみよう**

表 5.2 に示す各物質が同じ質量で存在し，同じ熱量を吸収したとすると，最も大きな温度変化を示す物質はどれだろうか．

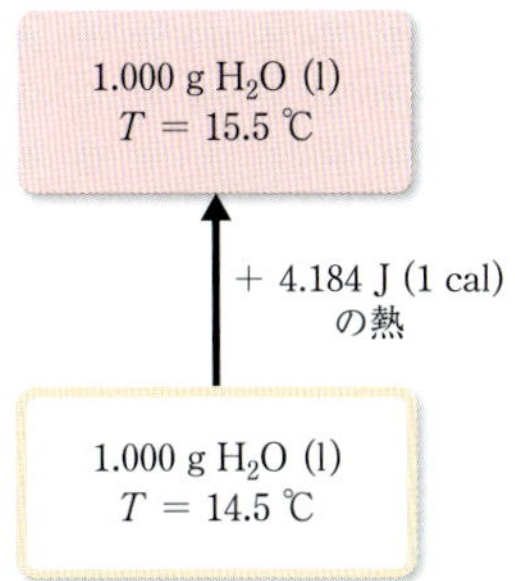


▲ **図 5.15 水の比熱**

**表 5.2 298 K におけるさまざまな物質の比熱**

| 物質 | 比熱（J/g·K） | 物質 | 比熱（J/g·K） |
|---|---|---|---|
| $N_2$ (g) | 1.04 | $H_2O$ (l) | 4.18 |
| Al (s) | 0.90 | $CH_4$ (g) | 2.20 |
| Fe (s) | 0.45 | $CO_2$ (g) | 0.84 |
| Hg (l) | 0.14 | $CaCO_3$ (s) | 0.82 |

## 例題 5.6 熱と温度変化，熱容量の関係

(a) 250 g の水（およそカップ 1 杯）を 22℃（室温）から 98℃（沸点近く）まで温めるのに，どのぐらいの熱が必要か．

(b) 水のモル熱容量はいくらか．

### 解 法

**問題の分析** (a) 水を温めるのに必要な熱量（$q$）を，水の質量（$m$）と温度変化（$\Delta T$），比熱（$C_s$）から求める．

(b) 比熱から，水のモル熱容量（1 mol あたりの熱容量，$C_m$）を計算する．

**方針** (a) $C_s$，$m$ と $\Delta T$ が与えられているので，式 5.17 を用いて熱 $q$ を計算できる．

(b) 水のモル質量と次元解析を用いて，1 g あたりの熱容量から 1 mol あたりの熱容量へ変換できる．

**解** (a) 水の温度変化は

$$\Delta T = 98℃ - 22℃ = 76℃ = 76\ \text{K}$$

式 5.16 を用いて

$$q = C_s \times m \times \Delta T = (4.18\ \text{J/}\cancel{\text{g}}\text{·}\cancel{\text{K}})(250\ \cancel{\text{g}})(76\ \cancel{\text{K}}) = 7.9 \times 10^4\ \text{J}$$

(b) モル熱容量は物質 1 mol の熱容量である．水のモル質量（1 mol $H_2O$ = 18.0 g $H_2O$）を使うと，

$$C_m = \left(4.18 \frac{J}{g \cdot K}\right)\left(\frac{18.0\,g}{1\,mol}\right) = 75.2\ J/mol \cdot K$$

**演習**

同じ重さの二つの物体A，Bがあるとする．それらに同じ熱量を加えたところ，Aは14℃，Bは22℃，温度が上昇した．次のうち正しい記述はどれか．
(a) 熱容量はBのほうがAよりも大きい．(b) 比熱はAのほうがBよりも大きい．(c) モル熱容量はBのほうがAよりも大きい．(d) 体積はAのほうがBよりも大きい．(e) モル質量はAのほうがBよりも大きい．

## 定圧熱量計

化学反応の多くは溶液の中で起こるため，圧力の制御が容易であり，直接 $\Delta H$ を測定できる．正確な測定を行うためには精密機器である熱量計を用いるが，化学実験室では熱量計の原理を習得する目的で，簡易なコーヒーカップ熱量計（▶ **図5.16**）がよく用いられる．この熱量計は密封されていないため，反応は大気圧という圧力一定の条件下で進行する．

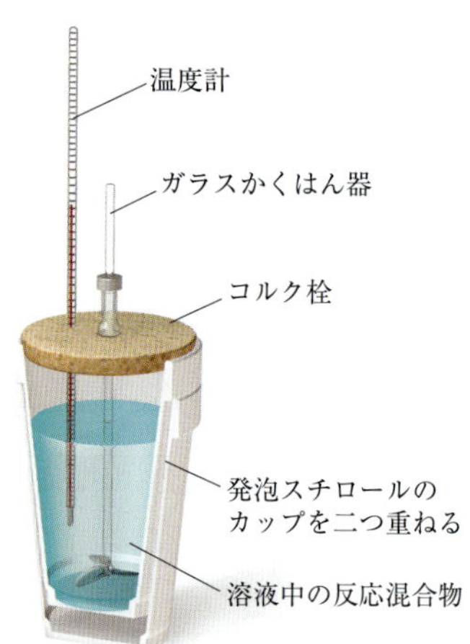


▲ **図 5.16　コーヒーカップ熱量計**
この単純な装置は，一定の圧力下における反応の温度変化を測定するために使用される．

コーヒーカップ熱量計の中で2種の反応物を混ぜて反応させる．この場合，反応物と生成物は系であり，これらを溶かしている水は外界の一部である（熱量計の装置自体も外界の一部である）．この熱量計が完全に保温されていると仮定すると，反応に伴って放出や吸収されるすべての熱が，溶液の水温を上昇ないしは下降させるために使われることとなる．溶液の温度変化を測定すれば，系（溶液中の反応物と生成物）と外界（溶液の大部分である水）の間の熱の流れがわかる．

発熱過程では，その熱を溶液中の水が吸収し，溶液の温度が上昇する．吸熱過程ではその逆の現象が起こり，溶液の温度が低下する．溶液に移った熱を $q_{soln}$ とすると，化学反応によって吸収・放出される熱 $q_{rxn}$ は同じ大きさで異なる符号の値，すなわち $q_{soln} = -q_{rxn}$ となる．ここで $q_{soln}$ の値は，溶液の質量と比熱，温度変化から容易に計算できる．

$$q_{soln} = (\text{溶液の比熱}) \times (\text{溶液の質量(g)}) \times \Delta T = -q_{rxn} \qquad [5.18]$$

希薄水溶液の場合，溶液の比熱が水の比熱4.18 J/g·Kと等しいものと仮定する．式5.18により，反応溶液の温度変化から $q_{rxn}$ を算出することができる．温度の上昇（$\Delta T > 0$）は反応が発熱（$q_{rxn} < 0$）であることを意味している．

## ボンベ熱量計（定容熱量計）

燃焼熱は，**ボンベ熱量計**（bomb calorimeter）を用いて，きわめて正確に測定できる（▶ **図5.17**）．

測定対象の物質を，ボンベと呼ばれる密封保温された反応容器中の小さなカップの中に置く．このボンベは高圧に耐えられるように設計されている．試料をボンベの中に入れたのち，ボンベを閉じ，酸素ガスで加圧する．このボンベを熱量計（正確に計量した水で満たされている）の中に置く．

試料には導線に電流を流して点火する．試料の燃焼で放出される熱は，熱量計の中の水とその他のあらゆる構成物（そのすべてが外界である）によって吸収され，水温が上昇する．

測定された温度上昇から燃焼熱を計算するために，熱量計自体の全熱容量 $C_{cal}$ が必要である．この値を求めるためには，すでに燃焼熱がわかっている試料を燃焼させて温度変化を測定すればよい．

例えば，ボンベ熱量計で安息香酸 $C_6H_5COOH$ を正確に1g燃焼させると，26.38 kJの熱が生じる．この安息香酸1.000 gを燃焼させたとき，4.857℃の温度上昇が生じたとすると，熱量計の熱容量は $C_{cal} = 26.38\ kJ/4.857℃ = 5.431\ kJ/℃$ となる．いったん $C_{cal}$ の値が求まれば，その他の反応で生じる温度変化を測定することで，それらの反応に起因する熱 $q_{rxn}$ が求

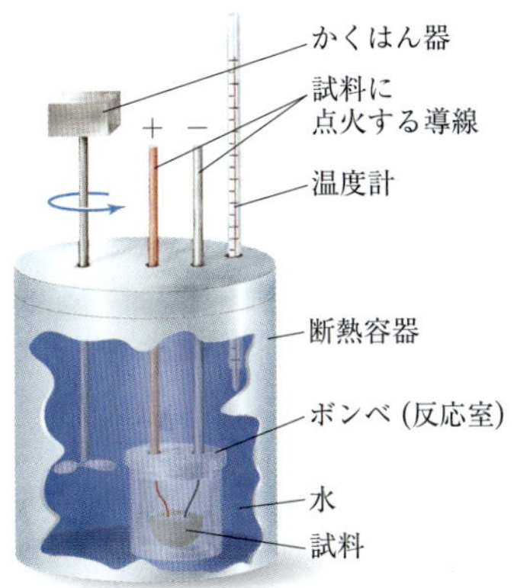


▲図 5.17 ボンベ熱量計

められる.

$$q_{\mathrm{rxn}} = -C_{\mathrm{cal}} \times \Delta T \qquad [5.19]$$

ボンベ熱量計では容積一定の下で反応が起こるため，求められる熱量はエンタルピー変化$\Delta H$ではなく，内部エネルギー変化$\Delta E$に相当する（式5.9）．しかし，ほとんどの化学反応では$\Delta E$と$\Delta H$の差は約1 kJ/mol程度であり，この差は測定値の0.1%にも満たない．また，$\Delta H$は$\Delta E$から計算によって求めることが可能であるが，詳細は割愛する．

## 例題 5.7 コーヒーカップ熱量計を使った$\Delta H$の測定

1.0 MのHCl溶液50 mLと1.0 MのNaOH溶液50 mLをコーヒーカップ熱量計の中で混ぜたとき，反応溶液の温度が21.0℃から27.5℃へと上昇した．この反応のエンタルピー変化をkJ/mol単位で計算せよ．なお，このとき熱量計による熱損失は無視できるものと仮定し，反応溶液の全量は100 mL，密度は1.0 g/mL，比熱は4.18 J/g·Kとする．

### 解　法

**問題の分析**　HClとNaOHの混合溶液は，酸-塩基反応により以下のようになる．

$$\mathrm{HCl\,(aq) + NaOH\,(aq) \longrightarrow H_2O\,(l) + NaCl\,(aq)}$$

溶液の温度上昇および関与したHClとNaOHの物質量，溶液の密度と比熱が与えられており，これらの値からHCl 1 molあたり発生する熱を計算する．

**方針**　発生したすべての熱は式5.17を用いて計算できる．HClの物質量は，体積とモル濃度から計算する．HCl 1 molあたりの反応熱を決定するのに利用できる．

**解**　溶液の全量は100 mLなので，その質量は

$$(100\ \mathrm{mL})\,(1.0\ \mathrm{g/mL}) = 100\ \mathrm{g}$$

温度変化は$\Delta T = 27.5℃ - 21.0℃ = 6.5℃ = 6.5\ \mathrm{K}$．式5.18を用いて

$$\begin{aligned} q_{\mathrm{rxn}} &= -C_{\mathrm{s}} \times m \times \Delta T \\ &= -(4.18\ \mathrm{J/g\cdot K})\,(100\ \mathrm{g})\,(6.5\ \mathrm{K}) \\ &= -2.7 \times 10^3\ \mathrm{J} = -2.7\ \mathrm{kJ} \end{aligned}$$

これは一定の圧力の下で起こるので，

$$\Delta H = q_{\mathrm{p}} = -2.7\ \mathrm{kJ}$$

HClの物質量を，体積（50 mL = 0.050 L）とHCl溶液の濃度（1.0 M）から求めると

$$(0.050\ \mathrm{L})\,(1.0\ \mathrm{M}) = 0.050\ \mathrm{mol}$$

したがって，HCl 1 molあたりのエンタルピー変化は，

$$\Delta H = -2.7\ \mathrm{kJ}/0.050\ \mathrm{mol} = -54\ \mathrm{kJ/mol}$$

**チェック**　$\Delta H$は負（発熱）である．これは，酸と塩基の反応に対して予想される結果であり，また溶液の温度が上昇する結果とも一致する．

### 演　習

0.100 M $\mathrm{AgNO_3}$ 50.0 mLと0.100 M HCl 50.0 mLを一定の圧力の熱量計内で混ぜると，混合物の温度は22.30℃から23.11℃へと上昇する．この温度上昇は次の反応によって生じるものである．

$$\mathrm{AgNO_3\,(aq) + HCl\,(aq) \longrightarrow AgCl\,(s) + HNO_3\,(aq)}$$

この反応の$\mathrm{AgNO_3}$ 1 molあたりの$\Delta H$を，kJ/mol単位で計算せよ．混ぜた溶液の質量を100.0 g，比熱を4.18 J/g·℃とする．

### 例題 5.8　ボンベ熱量計を使った $q_{rxn}$ の測定

ロケットの液体燃料であるメチルヒドラジン $CH_6N_2$ が燃焼すると，$N_2(g)$，$CO_2(g)$ と $H_2O(l)$ になる．

$$2CH_6N_2(l) + 5O_2(g) \longrightarrow 2N_2(g) + 2CO_2(g) + 6H_2O(l)$$

4.00 g のメチルヒドラジンをボンベ熱量計で燃焼させたところ，熱量計の温度は 25.00℃ から 39.50℃まで上昇した．別の実験で，熱量計の熱容量は 7.794 kJ/℃とわかっている．$CH_6N_2$ 1 mol の燃焼における反応熱を計算せよ．

**解　法**

**問題の分析**　温度変化と熱量計の全熱容量が与えられている．また，試料の質量も与えられている．目的は，反応物 1 mol あたりの燃焼熱を計算することである．

**方針**　はじめに，4.00 g の試料が燃焼する際に放出される熱量を計算する．そして，これを 1 mol あたりの熱量に変換する．

**解**　メチルヒドラジン 4.00 g の燃焼では，熱量計の温度変化は，

$$\Delta T = (39.50℃ - 25.00℃) = 14.50℃$$

反応熱を計算するために，$\Delta T$ と $C_{cal}$ の値を使う（式 5.19）．

$$q_{rxn} = -C_{cal} \times \Delta T = -(7.794\ \text{kJ/℃})(14.50℃) = -113.0\ \text{kJ}$$

この値を，$CH_6N_2$ 1 mol の燃焼における反応熱に変換する．

$$\left(\frac{-113.0\ \text{kJ}}{4.00\ \text{g}\ CH_6N_2}\right)\left(\frac{46.1\ \text{g}\ CH_6N_2}{1\ \text{mol}\ CH_6N_2}\right) = -1.30 \times 10^3\ \text{kJ/mol}\ CH_6N_2$$

**演　習**

乳酸 $HC_3H_5O_3$ 0.5865 g を熱容量 4.812 kJ/℃の熱量計で燃焼したところ，温度は 23.10℃から 24.95℃まで上昇した．乳酸の燃焼エンタルピー変化を
(**a**) 1 g あたり，(**b**) 1 mol あたり，でそれぞれ計算せよ．

## 5.6 ヘスの法則

ある反応の $\Delta H$ は別の反応の $\Delta H$ から計算で求められることが多い．したがって，すべての反応に対して熱量測定をする必要はない．

エンタルピーは状態関数なので，化学変化のエンタルピー変化 $\Delta H$ は，関与する物質量と反応物の初期状態と生成物の最終状態に依存する．すなわち，ある特定の化学反応が 1 段階で進行しようと多段階で進行しようと，エンタルピー変化は同じ値となるはずである．

例として，メタン $CH_4(g)$ の燃焼により $CO_2(g)$ と $H_2O(l)$ が生じるとき，この反応は▶図 5.18 の左側に示すように 1 段階で起こるものとして考えることもできるし，同図の右側のように 2 段階で起こるものと考えることもできる．後者の場合は (1) まず $CH_4(g)$ が燃焼して $CO_2(g)$ と $H_2O(g)$ が生じ，(2) 続いて $H_2O(g)$ が液化して $H_2O(l)$ となる 2 段階の過程である．このとき，全体のエンタルピー変化は，2 段階の過程におけるそれぞれのエンタルピー変化の和となる．

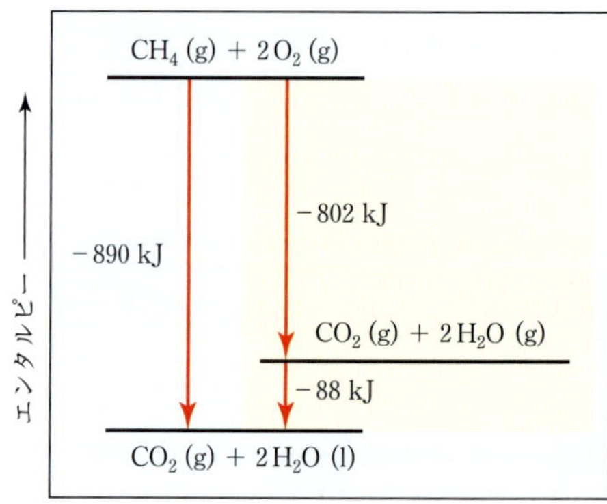


**▲図 5.18　メタン 1 mol の燃焼のエンタルピーダイヤグラム**
一段階反応のエンタルピー変化は，2 段階で起こる反応のエンタルピー変化の和に等しい．$-890\ \text{kJ} = -802\ \text{kJ} + (-88\ \text{kJ})$．

$$CH_4(g) + 2O_2(g) \longrightarrow CO_2(g) + 2H_2O(g) \quad \Delta H = -802\ kJ$$
$$2H_2O(g) \longrightarrow 2H_2O(l) \quad \Delta H = -88\ kJ$$

$$CH_4(g) + 2O_2(g) + 2H_2O(g) \longrightarrow CO_2(g) + 2H_2O(l) + 2H_2O(g) \quad \Delta H = -890\ kJ$$

正味の熱化学反応式は，以下のようになる．

$$CH_4(g) + 2O_2(g) \longrightarrow CO_2(g) + 2H_2O(l) \quad \Delta H = -890\ kJ$$

**ヘスの法則**（Hess's law）によれば，**反応が連続する多段階で起こる場合，反応全体の $\Delta H$ は各段階のエンタルピー変化の総和に等しい**．全体のエンタルピー変化は，その反応がどのような経路で進んだかということとは無関係である．この法則が成立する前提は，エンタルピーが状態関数であるということにほかならない．したがって，どの過程の $\Delta H$ を求める場合でも，個々の $\Delta H$ が明らかとなっている過程を組み合わせたルートさえみつかれば，その算出が可能である．したがって，膨大な数の化学反応の $\Delta H$ を，限られた数の $\Delta H$ から求めることができる．

ヘスの法則を使うと，直接測定することが難しいエネルギー変化を計算で求めることが可能になる．一例を挙げよう．炭素の燃焼で一酸化炭素を生成する反応のエンタルピーを直接測定することは不可能である．実際，1 mol の炭素を 0.5 mol の $O_2$ で燃やしても CO と $CO_2$ がともに生成し，未反応の炭素が残ってしまう．しかし，固体の炭素と CO は，それぞれ別々に完全燃焼させれば $CO_2$ を生成することから，これらの反応におけるエンタルピー変化を用いて，炭素の燃焼で CO を与える反応の反応熱を求めることができる．

**考えてみよう**

次の場合，反応の $\Delta H$ はどうなるか．
(a) 逆反応が起こる場合
(b) 反応式のすべての係数が 2 倍になった場合

## 例題 5.9 ヘスの法則を用いた $\Delta H$ の計算

炭素の燃焼反応のエンタルピー変化は −393.5 kJ/mol であり，CO の燃焼反応のエンタルピー変化は −283.0 kJ/mol である．

(1) $C(s) + O_2(g) \longrightarrow CO_2(g) \quad \Delta H = -393.5\ kJ$

(2) $CO(g) + \frac{1}{2}O_2(g) \longrightarrow CO_2(g) \quad \Delta H = -283.0\ kJ$

これらのデータを用いて，C から CO への燃焼におけるエンタルピー変化を計算せよ．

(3) $C(s) + \frac{1}{2}O_2(g) \longrightarrow CO(g) \quad \Delta H = ?$

### 解 法

**問題の分析** 二つの熱化学反応式を使って三つ目の式を得ることと，そのエンタルピー変化を求めることが目的である．

**方針** ヘスの法則を用いる．そのために，まずはじめに目標の式 (3) に出てくる反応物と生成物の物質量を書き留める．そして，出てくる物質の物質量が同じになるように式 (1) と (2) を書き換え，結果の式を足して目標の式を得る．このとき，同様にエンタルピー変化も足し算によって得られる．

**解** 式 (1)，(2) を用い，目標の式 (3) に合わせて矢印の反応物側に C(s) を，生成物側に CO(g) がくるように変形する．式 (1) は C(s) が反応物であるので，この式はそのまま使える．しかし，式 (2) は CO(g) が生成物となるように，逆反応に変形する必要がある．

反応を逆向きにするとき，$\Delta H$ の符号を入れ換える．これらの式を加え合わせて，求める式を得る．

$$C(s) + O_2(g) \longrightarrow CO_2(g) \quad \Delta H = -393.5\ kJ$$
$$CO_2(g) \longrightarrow CO(g) + \frac{1}{2}O_2(g) \quad \Delta H = +283.0\ kJ$$

$$C(s) + \frac{1}{2}O_2(g) \longrightarrow CO(g) \quad \Delta H = -110.5\ kJ$$

式を加えたとき，$CO_2(g)$ は矢印の両側に現れるので相殺される．同様に，$\frac{1}{2}O_2(g)$ も両辺から除かれる．

**演 習**

炭素はグラファイトとダイヤモンドという２種類の形で存在する．燃焼の反応エンタルピーは，グラファイトの場合は $-393.5$ kJ/mol，ダイヤモンドでは $-395.4$ kJ/mol である．

$$\mathrm{C\ (グラファイト)} + O_2(g) \longrightarrow CO_2(g) \quad \Delta H = -393.5\ \mathrm{kJ}$$

$$\mathrm{C\ (ダイヤモンド)} + O_2(g) \longrightarrow CO_2(g) \quad \Delta H = -395.4\ \mathrm{kJ}$$

グラファイトをダイヤモンドへと変換する反応の $\Delta H$ を計算せよ．

$$\mathrm{C\ (グラファイト)} \longrightarrow \mathrm{C\ (ダイヤモンド)} \quad \Delta H = ?$$

## 例題 5.10 三つの式を使ったヘスの法則による $\Delta H$ の計算

次の反応の $\Delta H$ を計算せよ．

$$2C(s) + H_2(g) \longrightarrow C_2H_2(g)$$

その際，次の熱化学反応式を利用すること．

$$C_2H_2(g) + \frac{5}{2}O_2(g) \longrightarrow 2CO_2(g) + H_2O(l) \qquad \Delta H = -1299.6\ \mathrm{kJ}$$

$$C(s) + O_2(g) \longrightarrow CO_2(g) \qquad \Delta H = -393.5\ \mathrm{kJ}$$

$$H_2(g) + \frac{1}{2}O_2(g) \longrightarrow H_2O(l) \qquad \Delta H = -285.8\ \mathrm{kJ}$$

### 解 法

**問題の分析** 化学反応式が与えられており，その $\Delta H$ を３個の熱化学反応式を使って計算するよう求められている．

**方針** ヘスの法則を使って，三つの反応式やその逆反応の式を足したり，適当な係数を掛けることで，目標の化学反応式を導く．$\Delta H$ の値も同様に計算して求める．

**解** 目標の式では $C_2H_2$ が生成物なので１番目の式を逆反応の式にする．２番目の式と $\Delta H$ はそれぞれ２倍にする．３番目の式はそのままでよい．最後に３個の式とエンタルピー変化をヘスの法則通り加え合わせる．

$$\cancel{2CO_2(g)} + \cancel{H_2O(l)} \longrightarrow C_2H_2(g) + \cancel{\frac{5}{2}O_2(g)} \qquad \Delta H = 1299.6\ \mathrm{kJ}$$

$$2C(s) + \cancel{2O_2(g)} \longrightarrow \cancel{2CO_2(g)} \qquad \Delta H = -787.0\ \mathrm{kJ}$$

$$H_2(g) + \cancel{\frac{1}{2}O_2(g)} \longrightarrow \cancel{H_2O(l)} \qquad \Delta H = -285.8\ \mathrm{kJ}$$

$$\overline{2C(s) + H_2(g) \longrightarrow C_2H_2(g) \qquad \Delta H = 226.8\ \mathrm{kJ}}$$

式を加えると，矢印の両側に $2CO_2$ と $\frac{5}{2}O_2$，$H_2O$ が現れる．これらは正味の熱化学反応式を書く際に相殺される．

**演 習**

次の反応の $\Delta H$ を計算せよ．

$$NO(g) + O(g) \longrightarrow NO_2(g)$$

その際，以下の熱化学反応式を用いよ．

$$NO(g) + O_3(g) \longrightarrow NO_2(g) + O_2(g) \qquad \Delta H = -198.9\ \mathrm{kJ}$$

$$O_3(g) \longrightarrow 3/2\,O_2(g) \qquad \Delta H = -142.3\ \mathrm{kJ}$$

$$O_2(g) \longrightarrow 2O(g) \qquad \Delta H = +495.0\ \mathrm{kJ}$$

## 5.7 生成エンタルピー

これまでの節で，多くの反応のエンタルピー変化が，$\Delta H$の一覧表から計算できることがわかった．例えば，液体の気化や固体の融解，物質の燃焼など，広範囲にわたるエンタルピー表が存在する．

熱化学データの表をまとめるうえで，とりわけ重要なのは，化合物を構成元素の単体から生成する反応である．この過程で生じるエンタルピー変化は，**生成エンタルピー**（enthalpy of formation）あるいは**生成熱**（heat of formation）と呼ばれ，$\Delta H_f$と表記する．

エンタルピー変化の値は，反応物と生成物の温度や圧力，その状態に依存する．したがって，異なる反応のエンタルピーを比較するためには，**標準状態**（standard state）と呼ばれる一定の条件を定義する必要がある．そこで物質の標準状態を，大気圧（1 atm）かつ通常は 298 K（25℃）*1 における純物質とする．また，化学反応の**標準エンタルピー変化**（standard enthalpy change）は，すべての反応物と生成物が標準状態にあるときのエンタルピー変化として定義される．標準エンタルピー変化を$\Delta H^\circ$（上付きの°印は標準状態を示す）として記すこととする．

すべての物質が標準状態であるとの前提条件の下で，ある化合物 1 mol を構成元素の単体から生成する反応のエンタルピー変化を，その化合物の**標準生成エンタルピー**（standard enthalpy of formation，$\Delta H_f^\circ$）とする．

条件：
単体（標準状態）⟶ 化合物（1 mol，標準状態）
このとき，$\Delta H = \Delta H_f^\circ$

通常，$\Delta H_f^\circ$は 298 K における値を用いる．標準状態において単体が二つ以上の状態で存在する場合は，通常その単体の最も安定な状態を使う．例えば，エタノール $C_2H_5OH$ の標準生成エンタルピーは，式 5.20 の反応におけるエンタルピー変化である．

$$2C\text{（グラファイト）} + 3H_2(g) + \frac{1}{2}O_2(g) \longrightarrow C_2H_5OH(l) \qquad \Delta H_f^\circ = -277.7\ \mathrm{kJ} \qquad [5.20]$$

酸素は大気圧 298 K において $O_2$ が最も安定であることから，元素の供給源には $O_2$ を用い，O や $O_3$ は使用しない．同じく，炭素の供給源としてはダイヤモンドでなく，グラファイトを用いる．これはグラファイトが大気圧 298 K において，より安定な（エネルギーがより低い）状態だからである．同様に，水素の標準状態は $H_2(g)$ である．

生成反応の化学式は，式 5.20 のように，問題の物質 1 mol が生成する反応として表す．したがって，標準生成エンタルピーは生成する化合物について kJ/mol 単位で表す．▶**表 5.3**にその値をいくつか示した．さらに詳しい表は付録Cにある．

定義により，**最安定状態の単体の標準生成エンタルピーは 0 である**．例えば，C（グラファイト）や $H_2(g)$，$O_2(g)$ などの標準状態における $\Delta H_f^\circ$ の値は定義上 0 である．

**考えてみよう**

オゾン $O_3(g)$ は酸素 $O_2(g)$ の電気放電により生じる酸素の同素体である．$O_3(g)$ の $\Delta H_f^\circ$ は 0 だろうか．

### 反応エンタルピー計算における生成エンタルピーの使い方

ヘスの法則と，表 5.3 または付録Cに示す $\Delta H_f^\circ$ の値を用いると，反応物と生成物の $\Delta H_f^\circ$ がすべて既知である反応について，標準エンタルピー変化を計算で求められる．

例えば，プロパンガス $C_3H_8(g)$ が標準状態の条件で燃焼し，$CO_2(g)$ と $H_2O(l)$ となる反応について考えてみる．

$$C_3H_8(g) + 5O_2(g) \longrightarrow 3CO_2(g) + 4H_2O(l)$$

この反応式を三つの生成反応に関連させると，次のようになる．

*1 標準状態の圧力は，以前は 1 atm であったが，現在は 1 bar（$10^5$ Pa，パスカル）と定義されている．1 atm は 1.013 bar で，差はわずかなので，他の多くの教科書同様，本書では 1 atm を用いる．

**表 5.3　標準生成エンタルピー $\Delta H_f^\circ$ (298 K)**

| 物 質 | 化学式 | $\Delta H_f^\circ$ (kJ/mol) | 物 質 | 化学式 | $\Delta H_f^\circ$ (kJ/mol) |
|---|---|---|---|---|---|
| アセチレン | $C_2H_2$ (g) | 226.7 | 塩化水素 | HCl (g) | −92.30 |
| アンモニア | $NH_3$ (g) | −46.19 | フッ化水素 | HF (g) | −268.60 |
| ベンゼン | $C_6H_6$ (l) | 49.0 | ヨウ化水素 | HI (g) | 25.9 |
| 炭酸カルシウム | $CaCO_3$ (s) | −1207.1 | メタン | $CH_4$ (g) | −74.80 |
| 酸化カルシウム | CaO (s) | −635.5 | メタノール | $CH_3OH$ (l) | −238.6 |
| 二酸化炭素 | $CO_2$ (g) | −393.5 | プロパン | $C_3H_8$ (g) | −103.85 |
| 一酸化炭素 | CO (g) | −110.5 | 塩化銀 | AgCl (s) | −127.0 |
| ダイヤモンド | C (s) | 1.88 | 炭酸水素ナトリウム | $NaHCO_3$ (s) | −947.7 |
| エタン | $C_2H_6$ (g) | −84.68 | 炭酸ナトリウム | $Na_2CO_3$ (s) | −1130.9 |
| エタノール | $C_2H_5OH$ (l) | −277.7 | 塩化ナトリウム | NaCl (s) | −410.9 |
| エチレン | $C_2H_4$ (g) | 52.30 | ショ糖 | $C_{12}H_{22}O_{11}$ (s) | −2221 |
| グルコース | $C_6H_{12}O_6$ (s) | −1273 | 水 | $H_2O$ (l) | −285.8 |
| 臭化水素 | HBr (g) | −36.23 | 水蒸気 | $H_2O$ (g) | −241.8 |

## 例題 5.11　生成エンタルピーに対応する化学反応式

25℃において，以下のどの反応のエンタルピー変化が，標準生成エンタルピーを表しているか．もし表していないならば，$\Delta H$が生成エンタルピーを表す式にするためには，どのように変える必要があるか．

(**a**) $2\,Na(s) + \frac{1}{2}O_2(g) \longrightarrow Na_2O(s)$

(**b**) $2\,K(l) + Cl_2(g) \longrightarrow 2\,KCl(s)$

(**c**) $C_6H_{12}O_6(s) \longrightarrow 6\,C$（ダイヤモンド）$+ 6\,H_2(g) + 3\,O_2(g)$

### 解 法

**問題の分析**　標準生成エンタルピーは，それぞれの反応物が標準状態の単体，生成物が化合物 1 mol となる反応で表される．

**方針**　それぞれの式が，(1) 単体から 1 mol の物質が生成する反応であるか，(2) 反応する単体が標準状態であるかを吟味する必要がある．

**解**　(**a**) 1 mol の $Na_2O$ が固体の Na と気体の $O_2$ から生成している．したがって，反応 (**a**) のエンタルピー変化は，標準生成エンタルピーに一致する．

(**b**) カリウムが液体で与えられている．これは室温での標準状態である固体の形に変えるべきである．さらに生成物 2 mol が生成しているので，この反応のエンタルピー変化は KCl (s) の標準生成エンタルピーの 2 倍である．KCl (s)1 mol の生成反応の式は以下のように表す．

$$K(s) + \frac{1}{2}Cl_2(g) \longrightarrow KCl(s)$$

(**c**) は，単体から物質が生成する式ではない．物質が単体に分解する式なので，この反応は逆にすべきである．次に，炭素の単体がダイヤモンドで与えられているが，室温かつ 1 atm における炭素の標準状態はグラファイトである．単体からグルコースの生成エンタルピーを表す正しい式は，以下のようになる．

$$6\,C\text{（グラファイト）} + 6\,H_2(g) + 3\,O_2(g) \longrightarrow C_6H_{12}O_6(s)$$

### 演 習

液体の四塩化炭素 $CCl_4$ の標準生成エンタルピーに一致する式を書け．

$$C_3H_8(g) \longrightarrow 3C(s) + 4H_2(g)$$
$$\Delta H_1 = -(1\,\mathrm{mol})\Delta H_f^\circ[C_3H_8(g)] \quad [5.21]$$
$$3C(s) + 3O_2(g) \longrightarrow 3CO_2(g)$$
$$\Delta H_2 = (3\,\mathrm{mol})\Delta H_f^\circ[CO_2(g)] \quad [5.22]$$
$$4H_2(g) + 2O_2(g) \longrightarrow 4H_2O(l)$$
$$\Delta H_3 = (4\,\mathrm{mol})\Delta H_f^\circ[H_2O(l)] \quad [5.23]$$

---

$$C_3H_8(g) + 5O_2(g) \longrightarrow 3CO_2(g) + 4H_2O(l)$$
$$\Delta H^\circ_{rxn} = \Delta H_1 + \Delta H_2 + \Delta H_3 \quad [5.24]$$

(各反応と $\Delta H$ 値の関連性を認識しやすくするため，エンタルピー変化に添字をつけた)

ここでヘスの法則を使うと，式 5.24 の標準エンタルピー変化が式 5.21 から 5.23 のエンタルピー変化の総和で表せる．そこで表 5.3 を用いて，この反応の $\Delta H^\circ_{rxn}$ を次のように計算する．

$$\begin{aligned}\Delta H^\circ_{rxn} &= \Delta H_1 + \Delta H_2 + \Delta H_3 \\ &= -(1\,\mathrm{mol})\Delta H_f^\circ[C_3H_8(g)] \\ &\quad + (3\,\mathrm{mol})\Delta H_f^\circ[CO_2(g)] \\ &\quad + (4\,\mathrm{mol})\Delta H_f^\circ[H_2O(l)] \\ &= -(1\,\mathrm{mol})(-103.85\,\mathrm{kJ/mol}) \\ &\quad + (3\,\mathrm{mol})(-393.5\,\mathrm{kJ/mol}) \\ &\quad + (4\,\mathrm{mol})(-285.8\,\mathrm{kJ/mol}) \\ &= -2220\,\mathrm{kJ}\end{aligned} \quad [5.25]$$

式 5.24 のエンタルピーダイヤグラム（▼**図 5.19**）では，プロパンの燃焼反応を三つの反応に分解して示している．この計算の仕方は，§5.4 で学んだガイドラインに則したものである．

1. **分解**．式 5.21 は $C_3H_8(g)$ の生成反応の逆反応であり，この分解反応のエンタルピー変化は，プロパン生成反応における $\Delta H_f^\circ$ の符号を入れ換えた値，$-\Delta H_f^\circ[C_3H_8(g)]$，である．
2. **$CO_2$ の生成**．式 5.22 は 3 mol の $CO_2(g)$ の生成反応である．エンタルピーは示量性の物理量なので，このエンタルピー変化は $3H_f^\circ[CO_2(g)]$ である．
3. **$H_2O$ の生成**．式 5.23 のエンタルピー変化は，4 mol の $H_2O$ の生成であり，その値は $4\Delta H_f^\circ[H_2O(l)]$ である．この反応は $H_2O(l)$ が生成物として生じることを特定しているため，$H_2O(g)$ ではなく，$H_2O(l)$ に対する $\Delta H_f^\circ$ を使うことに気をつけよう．

この解析において，化学反応式の係数が mol を表していることに目を向けよう．したがって，式 5.24 の $\Delta H^\circ_{rxn} = -2220$ kJ は，1 mol の $C_3H_8$ と 5 mol の $O_2$ が反応して 3 mol の $CO_2$ と 4 mol の $H_2O$ を与える反応のエンタルピー変化を表している．モル単位の物質量と kJ/mol 単位のエンタルピー変化との積は，mol × kJ/mol = kJ 単位である．ゆえに，$\Delta H^\circ_{rxn}$ は kJ 単位で表す．

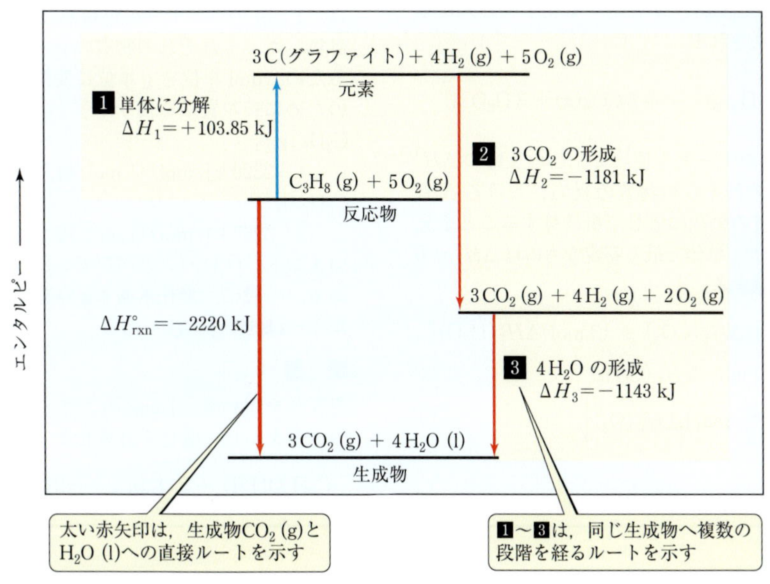


▲**図 5.19** プロパンの燃焼のエンタルピーダイヤグラム

ここで行ったように，どんな反応でも複数の生成反応に分割することが可能である．このとき，反応の標準エンタルピー変化は，生成物の標準生成エンタルピーの総和から反応物の標準生成エンタルピーの総和を差し引いた値に等しいという，一般化された結果が得られる．

$$\Delta H^\circ_{\mathrm{rxn}} = \sum n\Delta H^\circ_{\mathrm{f}}(\text{生成物}) - \sum m\Delta H^\circ_{\mathrm{f}}(\text{反応物}) \quad [5.26]$$

ここで，Σ は総和を表し，$n$ および $m$ は化学反応式におけるそれぞれの物質の係数，すなわち物質量である．このようにして得られる $\Delta H^\circ_{\mathrm{rxn}}$ の単位は KJ となる．

## 例題 5.12　生成エンタルピーを用いた反応エンタルピーの計算

(**a**) 1 mol のベンゼン $C_6H_6$ (l) を燃やして $CO_2$ (g) と $H_2O$ (l) にする．この反応の標準エンタルピー変化を計算せよ．

(**b**) 1.00 g のプロパンの燃焼によって発生する熱量と，1.00 g のベンゼンの燃焼によって発生する熱量を比較せよ．

### 解　法

**方針**　(**a**) まず $C_6H_6$ が燃焼する化学反応式を書く．そして付録 C や表 5.3 を参照して $\Delta H^\circ_{\mathrm{f}}$ の値を求め，式 5.26 を使って反応のエンタルピー変化を計算する．(**b**) エンタルピー変化を mol あたりから g あたりに変換するために，$C_6H_6$ のモル質量を使う．$C_3H_8$ の g あたりのエンタルピー変化を計算するためには，単純に $C_3H_8$ のモル質量と，式 5.24 と式 5.25 で以前に計算したエンタルピー変化を使う．

**解**　(**a**) 1 mol の $C_6H_6$ (l) が燃焼する化学反応式は以下のように書き表される．

$$C_6H_6(\mathrm{l}) + \frac{15}{2}O_2(\mathrm{g}) \longrightarrow 6\,CO_2(\mathrm{g}) + 3\,H_2O(\mathrm{l})$$

式 5.26 と表 5.3 のデータを使って，この反応の $\Delta H^\circ$ を計算できる．それぞれの物質の反応における $\Delta H^\circ_{\mathrm{f}}$ の値を，その物質の係数に応じて掛け算することを忘れないように．また，単体で最も安定なものは $\Delta H^\circ_{\mathrm{f}} = 0$ ということも考慮する．

$$\begin{aligned}\Delta H^\circ_{\mathrm{rxn}} &= [(6\,\mathrm{mol})\Delta H^\circ_{\mathrm{f}}(CO_2) + (3\,\mathrm{mol})\Delta H^\circ_{\mathrm{f}}(H_2O)] \\ &\quad -\left[(1\,\mathrm{mol})\,\Delta H^\circ_{\mathrm{f}}(C_6H_6) + \left(\frac{15}{2}\,\mathrm{mol}\right)\Delta H^\circ_{\mathrm{f}}(O_2)\right] \\ &= [(6\,\mathrm{mol})(-393.5\,\mathrm{kJ/mol}) + (3\,\mathrm{mol})(-285.8\,\mathrm{kJ/mol})] \\ &\quad -\left[(1\,\mathrm{mol})(49.0\,\mathrm{kJ/mol}) + \left(\frac{15}{2}\,\mathrm{mol}\right)(0\,\mathrm{kJ/mol})\right] \\ &= (-2361 - 857.4 - 49.0)\,\mathrm{kJ} \\ &= -3267\,\mathrm{kJ}\end{aligned}$$

(**b**) 式 5.25 で行った計算から，1 mol のプロパンの燃焼熱は $\Delta H^\circ = -2220$ kJ である．この例題の (**a**) では，1 mol のベンゼンの燃焼熱は $\Delta H^\circ = -3267$ kJ と計算した．それぞれの物質の g あたりの燃焼熱を求めるため，mol 単位を g 単位に変換する必要があり，そのためにモル質量を使う．

$C_3H_8$ (g)：

$$(-2220\,\mathrm{kJ/mol})(1\,\mathrm{mol}/44.1\,\mathrm{g}) = -50.3\,\mathrm{kJ/g}$$

$C_6H_6$ (l)：

$$(-3267\,\mathrm{kJ/mol})(1\,\mathrm{mol}/78.1\,\mathrm{g}) = -41.8\,\mathrm{kJ/g}$$

**コメント**　プロパンとベンゼンはどちらも炭化水素である．一般に，炭化水素 1 g の燃焼から得られるエネルギーは 40〜50 kJ である．

### 演　習

表 5.3 を用いて，1 mol のエタノールが燃焼する反応のエンタルピー変化を計算せよ．

$$C_2H_5OH(\mathrm{l}) + 3\,O_2(\mathrm{g}) \longrightarrow 2\,CO_2(\mathrm{g}) + 3\,H_2O(\mathrm{l})$$

**例題 5.13** 
### 反応エンタルピーを用いた生成エンタルピーの計算

$CaCO_3(s) \longrightarrow CaO(s) + CO_2(g)$ の反応における標準エンタルピー変化は 178.1 kJ である．表 5.3 を用いて，$CaCO_3(s)$ の標準生成エンタルピーを計算せよ．

**解　法**

**問題の分析**　目標は $\Delta H_f^\circ[CaCO_3(s)]$ を得ることである．

**方針**　反応のエンタルピー変化を表す式を書くことから始める．

$$\Delta H_{rxn}^\circ = (1\ mol)\Delta H_f^\circ[CaO(s)] + (1\ mol)\Delta H_f^\circ[CO_2(g)] - (1\ mol)\Delta H_f^\circ[CaCO_3(s)]$$

**解**　与えられた $\Delta H_{rxn}^\circ$ と表 5.3 や付録 C の $\Delta H_f^\circ$ の値を代入して，

$$178.1\ kJ = (1\ mol)(-635.5\ kJ/mol - 393.5\ kJ/mol - \Delta H_f^\circ[CaCO_3(s)])$$

$\Delta H_f^\circ[CaCO_3(s)]$ について解くと，

$$\Delta H_f^\circ[CaCO_3(s)] = -1207.1\ kJ/mol$$

**チェック**　炭酸カルシウムのように安定な固体の生成エンタルピーは，計算で得られたように負の値になると予想できる．

**演　習**

次の反応の標準エンタルピー変化と，表 5.3 の標準生成エンタルピーの値を用いて $CuO(s)$ の標準生成エンタルピーを計算せよ．

$$CuO(s) + H_2(g) \longrightarrow Cu(s) + H_2O(l) \quad \Delta H^\circ = -129.7\ kJ$$

## 5.8 燃　料

物質 1 g が燃焼したときに放出される熱量を物質の**燃焼価**（fuel value）という．

燃料の完全燃焼では，炭素は $CO_2$ に，水素は $H_2O$ に変換される．これらの生成エンタルピーはいずれも負で，絶対値が大きい．したがって，燃料に占める炭素や水素の比率が大きいと，燃焼価は大きくなる．

一例として，▶**表 5.4** に示した瀝青炭（れきせいたん）と木材の組成・燃焼価を比べてみよう．瀝青炭は炭素の含有比が高く，燃焼価が大きいことがわかる．

### 化 石 燃 料

世界の主要なエネルギー源である石炭，石油，天然ガスは，**化石燃料**（fossil fuel）として知られている．これらは何百万年の時を経て，動植物が分解して生成したものである．現在では生成よりも速く枯渇が進行している．

**天然ガス**（natural gas）の成分は，炭素と水素の化合物である炭化水素の気体である．主成分はメタン $CH_4$ であり，そのほか少量のエタン $C_2H_6$ やプロパン $C_3H_8$，ブタン $C_4H_{10}$ が含まれる．例題 5.12 ではプロパンの燃焼価を求めた．

**石油**（petroleum）は何百もの化合物を含む液体であり，その主成分は炭化水素で，残りは硫黄や窒素，酸素を含む有機物である．

**石炭**（coal）は分子量の大きな炭化水素を含む固体であり，そのほかに硫黄，酸素あるいは窒素の化合物が含まれる．石炭は化石燃料の中で最も豊富に存在し，現在と同じ消費量を維持しても 100 年以上はもつと予想されている．

石炭はさまざまな物質の複雑な混合物であり，大気汚染物質の原因となる成分を含んでいる．石炭を燃やすと，石炭に含まれる硫黄が主に大気汚染物質である二酸化硫黄 $SO_2$ に変わる．石炭は固体であるため，地下に埋蔵されたものを採掘するためのコストがかかり，ときに危険を伴う．さらに，石炭の埋蔵地はエネルギー消費の中心地に近いとは限らず，輸送コストもかなりかかる．

化石燃料を燃やすと $CO_2$ が放出されるが，大気中の $CO_2$ 含有量の増加によって世界規模での気候変動につながることが懸念されているため，科学政策や公共政策を巻き込む大きな問題となってきた．この問題については 18 章で取り扱う．

### その他のエネルギー

核エネルギーは原子核の分裂や融合により放出されるエネルギーであり，原子力発電は米国における使用電力の約 21% を占めている．原子力エネルギーは化石燃料の主要な問題である汚染物質の排出の心配はないものの，原子力発電所より生ずる使用済み核燃料の問題があるため，その是非について論争が続いてい

**表 5.4　一般的な燃料の燃焼価と組成**

| | おおよその元素組成（質量%） | | | |
|---|---|---|---|---|
| | C | H | O | 燃焼価（kJ/g） |
| 木材（松） | 50 | 6 | 44 | 18 |
| 無煙炭（ペンシルベニア州） | 82 | 1 | 2 | 31 |
| 瀝青炭（ペンシルベニア州） | 77 | 5 | 7 | 32 |
| 木　炭 | 100 | 0 | 0 | 34 |
| 原油（テキサス州） | 85 | 12 | 0 | 45 |
| ガソリン | 85 | 15 | 0 | 48 |
| 天然ガス | 70 | 23 | 0 | 49 |
| 水　素 | 0 | 100 | 0 | 142 |

る．核エネルギーについては 21 章で取り上げる．

化石燃料や原子力エネルギーは再生不可能なエネルギー源である．これらは有限の資源であり，生成するよりもはるかに速く消費されている．これらの燃料は，遅かれ早かれ使い果たされる定めにあるため，現在では実質的に無尽蔵な**再生可能エネルギー**（renewable energy source）に関する研究が盛んに行われている．

このようなエネルギー源には，**太陽光エネルギー**や**風力エネルギー**，**地熱エネルギー**，**水力エネルギー**，**バイオマスエネルギー**がある．現在では水力とバイオマスを主力とする再生可能エネルギー源により，米国の年間エネルギー消費量の約 7.4%が供給されている．

未来のエネルギー需要を満たすためには，太陽エネルギーをいまよりも効率的に利用する技術の開発が必要である．太陽光エネルギーの効果的な利用には，エネルギーの蓄積と輸送方法の開発が重要である．実用的な手段としては，蓄積されたエネルギーを後で放出することのできる吸熱化学反応が利用される．そのような反応の一例を以下に示す．

$$CH_4(g) + H_2O(g) + \text{熱} \longrightarrow CO(g) + 3H_2(g)$$

太陽炉で作り出されるような高温では，この反応は右に進む．この反応で得られる CO と $H_2$ は貯蔵が可能であり，後で反応させて熱を放出させ，それを仕事として利用する．

植物は太陽光エネルギーを利用して**光合成**を行い，$CO_2$ と $H_2O$ を炭水化物と $O_2$ に変換している．

$$6CO_2(g) + 6H_2O(l) + \text{太陽光} \longrightarrow C_6H_{12}O_6(s) + 6O_2(g) \quad [5.27]$$

光合成は地球の生態系において重要な要素である．大気中の $CO_2$ を一部消費して $O_2$ を再供給し，また燃料として利用可能なエネルギーを多く含む分子を生産している．

太陽光エネルギーを最も直接的に使う方法は，光起電力素子による電気エネルギーへの変換であり，そのような素子は**太陽電池**（solar cell）と呼ばれている．この素子のエネルギー変換効率はここ数年で急激に向上している．技術の進歩によって寿命が長く発電効率の優れた太陽光パネルが開発され，その単価も徐々に下がりつつある．太陽光エネルギーの未来は，その源である太陽のごとく，まことに輝かしい．

## 化学の役割
# バイオ燃料

21 世紀における最大の課題の一つは，食糧と燃料という二つのエネルギー源をいかにして作り出すかということである．

世界の人口は 10 年間に 7 億 5 千万人の割合で増え続けており，2012 年末時点での世界人口は推定 70 億人である．とくにアジア・アフリカ地域の人口は世界人口の 75% 以上を占めており，これらの地域での人口増加は世界規模での食糧需要の増加を招いている．

人口の増加は，輸送や工業，電気，冷暖房に必要な燃料需要も増加させている．さらには，中国やインドのように人口の多い国々では，近代化により一人あたりのエネルギー消費が大幅に増加してきた．例えば中国の場合，一人あたりのエネルギー消費量は 1990 年から 2010 年の間にほぼ倍増し，2010 年には米国を抜いて最大のエネルギー消費国となった（ただし一人あたりのエネルギー消費量は米国の 20% である）．

2012 年における世界の燃料エネルギー消費量は $5 \times 10^{17}$ kJ という大きな値であった．現在のエネルギー需要の 80% 以上は，再生不可能な化石燃料，とくに石炭と石油の燃焼によりまかなわれている．化石燃料の新たな探索は環境上問題があることが多く，政治的な論争の的になっている．

石油の重要性はかなり大きく，これは主に輸送需要への供給をまかなう目的でガソリンなどの液体燃料を提供しているためである．石油を母体とする燃料の代替源として有望なものの一つが，生物資源から得られる液体の**バイオ燃料**である．しかし，これには賛否両論がある．

最も一般的なバイオ燃料の生産手段は，植物から得られる砂糖やその他の炭水化物を可燃性液体へと転換する方法である．最も一般的に生産されているバイオ燃料は**バイオエタノール**であり，これは植物から得られる炭水化物を発酵して得られるエタノール $C_2H_5OH$ である．エタノールの燃焼価はガソリンの約 2/3 であり，石炭とほぼ同じである（表 5.4）．バイオエタノールの生産拠点は米国とブラジルであり，両国で世界の 85% を占めている．

米国では，現在生産されているバイオエタノールのほぼすべてが飼料用の黄色トウモロコシを原料としている．このトウモロコシに含まれるグルコース $C_6H_{12}O_6$ が，エタノールと $CO_2$ へ変換される．

$$C_6H_{12}O_6(s) \longrightarrow 2\,C_2H_5OH(l) + 2\,CO_2(g) \qquad \Delta H = +15.8\ \mathrm{kJ}$$

この反応は酸素を必要としない**嫌気性**の反応である．エンタルピー変化は正であり，その絶対値はほとんどの燃焼反応と比べてもきわめて小さい．その他の炭水化物も同様にエタノールへと変換が可能である．

トウモロコシをバイオエタノール生産の原料として用いることには賛否両論がある．その理由は主に二つである．

一つ目の理由として，トウモロコシの栽培と輸送がエネルギー集約的な過程であること，栽培には肥料が必要なことが挙げられる．トウモロコシを原料とするバイオエタノールの**エネルギー収支比**は概算でわずか 34% であり，これはトウモロコシの栽培に 1.0 J を使って得られるバイオエタノールから，1.34 J のエネルギーが生み出される計算となる．

**▲ 図 5.20　さとうきびは持続可能なバイオエタノールの原料になる．**

2 つ目の理由は，バイオエタノールの生産にトウモロコシを使うと，食物連鎖の重要な要素としての用途と競合してしまうことである（いわゆる“食糧か燃料か”を巡る論争）．

現在では，**セルロース系**植物に含まれるセルロースからのバイオエタノールづくりが盛んに研究されている．セルロースは容易に代謝されず，そのため食糧供給とは競合しない．しかし，セルロースをエタノールへ変換する化学反応は，トウモロコシを変換することよりもはるかに複雑である．

セルロース由来のバイオエタノールは，食用ではない野草やスイッチグラスなどの植物を促成栽培することで生産することができるだろう．これらは肥料を使わなくても，すぐに世代交代を繰り返すだけの生命力をもっている．

ブラジルのバイオエタノール産業は供給原料にサトウキビを使っている（**▲ 図 5.20**）．サトウキビはトウモロコシより格段に速く生長し，肥料を与えたり手入れをする必要がない．

この違いにより，サトウキビのエネルギー収支比はトウモロコシの値よりもはるかに大きい．概算では，サトウキビの栽培に 1.0 J のエネルギーを使って得られるバイオエタノールのエネルギーは 8.0 J である．

その他のバイオ燃料として世界経済の要となりつつあるものに**バイオディーゼル**があり，石油から生産される軽油の代替燃料として位置づけられている．バイオディーゼルは一般的に油分含有量の高いダイズやナタネなどの収穫物から生産される．そのほかにも食品業界や外食産業から出される動物性脂肪や植物油の廃油からも生産が可能である．

## 章のまとめとキーワード

**エネルギー（序論と§5.1）** **熱力学**は，エネルギーおよびエネルギー変換を研究する学問である．本章では，化学反応中に起こるエネルギーの変換のうち，とくに熱のエネルギー変換にかかわる**熱化学**に焦点を当てた．

物体は運動エネルギーとポテンシャルエネルギーという，2種のエネルギーをもつことができる．(1) **運動エネルギー**は物体の運動によるエネルギー，(2) **ポテンシャルエネルギー**は，他の物体に対する位置により物体がもつエネルギーである．

例えば，陽子の近くを動いている電子は，その動きによる運動エネルギーと陽子に対する静電引力によるポテンシャルエネルギーをもっている．エネルギーの SI 単位は**ジュール**（J）で，$1\,\mathrm{J} = 1\,\mathrm{kg{\cdot}m^2/s^2}$ である．ジュールのほかによく使用されるエネルギーの単位は**カロリー**（cal）で，かつては水 1 g の温度を 1℃上昇させるのに必要なエネルギー量と定義されていた．現在は，$1\,\mathrm{cal} = 4.184\,\mathrm{J}$ である．

熱力学的な特性を検討する際，ある量の物質を**系**とし，系外にあるものはすべて**外界**となる．化学反応を検討する場合は，通常反応物と生成物が系である．閉鎖系とは，周囲とエネルギーを交換できるが，物質は交換できない系をさす．

エネルギーは，系と外界との間を仕事や熱として移動することができる．**仕事**とは，**力**を使って物体を動かすのに費やされるエネルギーのことで，**熱**は温度の高い物体から温度の低い物体へと伝達されるエネルギーである．**エネルギー**は，仕事をする能力または熱を伝達する能力のことである．

**熱力学第一法則（§5.2）** 系の**内部エネルギー**は，系を構成する要素のすべての運動エネルギーとポテンシャルエネルギーを合計したものである．系と外界との間でエネルギーが移動するため，系の内部エネルギーは変化する．

**熱力学第一法則**によると，系の内部エネルギーの変化（$\Delta E$）は，系に出入りした熱（$q$）と，系に対して行われた仕事または系が行った仕事（$w$）の和，$\Delta E = q + w$ になる．

$q$ と $w$ には，エネルギーが移動する方向を示す符号がつく．外界から系に熱が伝達される場合，$q > 0$ となり，同様に外界が系に対して仕事を行う場合は，$w > 0$ となる．**吸熱過程**では系は外界から熱を吸収し，**発熱過程**では系は外界に熱を放出する．

内部エネルギー（$E$）は**状態関数**である．状態関数の値は，その状態や条件だけに依存し，どのようにその状態になったかの経路には左右されない．熱（$q$）や仕事（$w$）は状態関数ではなく，系の変化の仕方に依存する．

**エンタルピー（§5.3，§5.4）** 定圧で起こる化学反応で気体が生成するか消費される場合，周囲の圧力に逆らって，系が ***PV***（**圧力容積**）**仕事**を行う可能性がある．このため，新たに**エンタルピー**（$H$）と呼ばれる新しい状態関数，$H = E + PV$ を定義する．

$PV$ 仕事だけがかかわる系では，系のエンタルピーの変化（$\Delta H$）は，定圧で系が得た熱または失った熱に等しく，$\Delta H = q_{\mathrm{p}}$ となる（下付きの p は定圧を表す）．吸熱過程では $\Delta H > 0$，発熱過程では $\Delta H < 0$ となる．

**反応のエンタルピー変化**は，生成物のエンタルピーから反応物のエンタルピーを引いた値，$\Delta H_{\mathrm{rxn}} = H_{\mathrm{product}} - H_{\mathrm{reactant}}$ になる．反応のエンタルピー変化は，以下の簡単な三つの規則に従う．(1) 反応のエンタルピー変化は，反応する反応物の量に比例する．(2) 逆反応では $\Delta H$ の符号が変わる．(3) 反応のエンタルピー変化は，反応物と生成物の物理的状態に依存する．

**熱量測定（§5.5）** 系と外界との間を移動する熱量は，**熱量測定**により実験的に測定できる．

**熱量計**は，化学反応や状態変化に伴う温度の変化を測定する装置である．熱量計の温度変化は，温度を 1 K 上昇させるのに必要な熱量である**熱容量**に依存する．純物質 1 mol の熱容量は**モル熱容量**，物質 1 g の熱容量は**比熱**と呼ばれる．水の比熱は非常に大きく，4.18 J/g·K である．物質によって吸収される熱量（$q$）は，その物質の比熱（$C_{\mathrm{s}}$），質量，温度変化の積，$q = C_{\mathrm{s}} \times m \times \Delta T$ となる．

熱量測定が一定の圧力下で行われる場合，測定される熱は，反応のエンタルピー変化を直接示している．**ボンベ熱量計**による熱量測定は，一定体積の容器内で行われる．ボンベ熱量計は，燃焼反応で放出される熱を測定するのに用いられる．一定の容積下で移動する熱は $\Delta E$ と等しい．$\Delta E$ の値を補正して，燃焼エンタルピーを求めることができる．

**ヘスの法則（§5.6）** エンタルピーは状態関数であるため，系の初期と最終の状態にのみ依存する．したがって，ある過程のエンタルピー変化は，その過程が 1 段階で行われていても複数の段階を経て行われていても同じになる．

**ヘスの法則**は，反応が複数の段階を経て行われる場合，その反応の $\Delta H$ は，各段階のエンタルピー変化の合計に等しいという法則である．したがって $\Delta H$ がわかっている複数の段階を経る過程では，$\Delta H$ を計算により求めることができる．

**生成エンタルピー（§5.7）** 物質の**生成エンタルピー**（$\Delta H_{\mathrm{f}}$）は，物質を構成する元素の単体から物質を合成する反応のエンタルピー変化である．通常，エンタルピーの値は表で示されており，反応物と生成物が標準状態で示される．すべての反応物と生成物が標準状態にある場合のエンタルピーの変化を，反応の**標準エンタルピー変化**（$\Delta H^\circ$）という．

物質の**標準生成エンタルピー**（$\Delta H_{\mathrm{f}}^\circ$）は，標準状態において，構成元素の単体から物質 1 mol が合成される反応のエンタルピー変化である．標準状態の単体はすべて，$\Delta H_f^\circ = 0$ である．任意の反応の標準エンタルピーの変化は，反応物と生成物の標準生成エンタルピーから，次の式で容易に計算することができる．

$$\Delta H_f^\circ = \sum n\Delta H_f^\circ（生成物）- \sum m\Delta H_f^\circ（反応物）$$

**燃料（§5.8）** 物質 1 g が燃焼した場合に放出される熱量を物質の**燃焼価**という．燃料は成分により燃焼価が異なる．

最も一般的な燃料は，**天然ガス**，**石油**，**石炭**といった**化石燃料**にみられる炭化水素である．**再生可能エネルギー**には太陽エネルギー，風力エネルギー，バイオマス，水力発電によるエネルギーがある．原子力は化石燃料を使用しないが，放射性廃棄物処理の問題が論争の的になっている．

## 練 習 問 題

**5.1** 本棚から落下している 1 冊の本がある．落下中のある瞬間，この本は 24 J の運動エネルギーと，床に対して 47 J のポテンシャルエネルギーをもっているとする．
(a) 落下している間，本の運動エネルギーとポテンシャルエネルギーはどのように変化するか．
(b) 床にぶつかる直前のこの本の運動エネルギーはいくらか．
(c) より重い本が同じ本棚から落下した場合，床にぶつかる際の運動エネルギーはどのようになるか．［§5.1］

**5.2** 山に登っているとする．
(a) 山頂までの距離は状態関数か．理由とともに説明せよ．
(b) ベースキャンプから山頂までの高度の変化は状態関数か．理由とともに説明せよ．［§5.2］

**5.3** 一定の温度と圧力で下図の化学反応が起こるとする．
(a) この変化による $w$ の符号は正負どちらになるか．
(b) この過程が吸熱過程である場合，シリンダー内の系の内部エネルギーは，反応中増加するか，それとも減少するか．また，$\Delta E$ の符号は正負どちらになるか．［§5.2，§5.3］

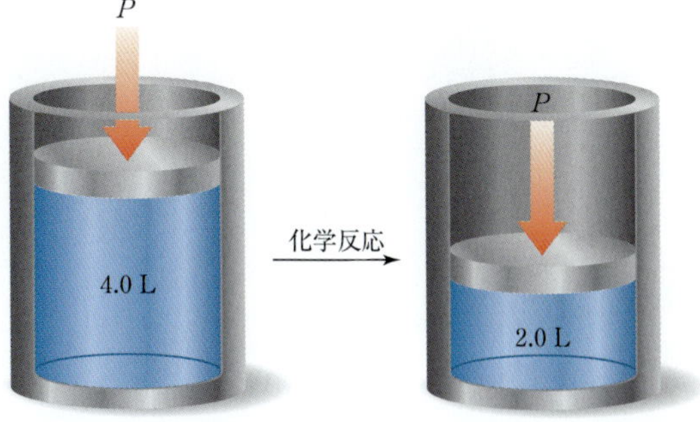


**5.4** 次の二つの図について考える．
(a) 図 (i) について，$\Delta H_A$ が $\Delta H_B$ や $\Delta H_C$ とどのような関係にあるかを式で示せ．図 (i) とその式は，エンタルピーが状態関数であることとどのような関係があるか．
(b) 図 (ii) について，$\Delta H_Z$ と図中の他のエンタルピー変化との関係を式で示せ．
(c) これらの図とヘスの法則にはどのような関係があるか．［§5.6］

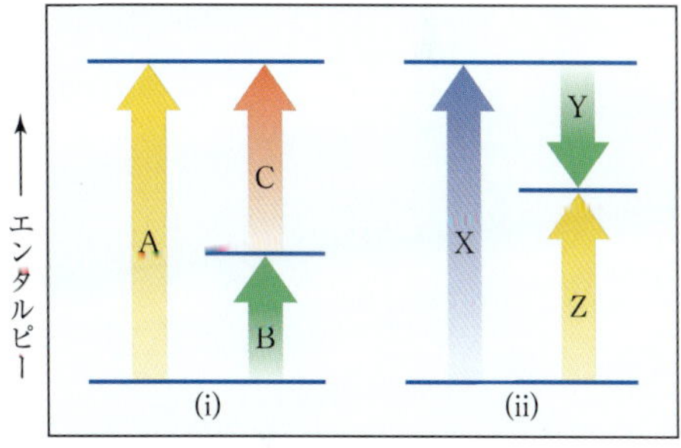


**5.5** 1200 kg の自動車が 18 m/s の速度で動いている．
(a) 運動エネルギーを J 単位で計算せよ．
(b) このエネルギーを cal 単位に変換せよ．
(c) この自動車がブレーキをかけて停車したとき，エネルギーはどうなるか．［§5.1］

**5.6** 次の場合について $\Delta E$ を計算し，発熱か吸熱かを示せ．
(a) $q = 0.763$ kJ かつ $w = -840$ J．
(b) 系が 66.1 kJ の熱を外界に放出し，外界が系に対して 44.0 kJ の仕事をする場合．［§5.2］

**5.7** 銀イオンと塩化物イオンが溶液中で混ざると塩化銀が沈殿する．

$$Ag^+(aq) + Cl^-(aq) \longrightarrow AgCl(s) \quad \Delta H = -65.5\ kJ$$

(a) この反応で 0.450 mol の AgCl が生成するときの $\Delta H$ を求めよ．
(b) 9.00 g の AgCl が生成するときの $\Delta H$ を求めよ．
(c) $9.25 \times 10^{-4}$ mol の AgCl が水に溶けるときの $\Delta H$ を求めよ．［§5.3，§5.4］

**5.8** コーヒーカップ熱量計（図 5.16）の中で固体の水酸化ナトリウム 6.50 g が水 100.0 g に溶けるとき，温度が 21.6℃から 37.8℃へ上昇した．
(a) この反応で放出される熱量を kJ 単位で求めよ．
(b) (a) の結果を使い，溶解過程の $\Delta H$(kJ/mol) を求めよ．ただし，この溶液の比熱は純水の比熱と同じとする．［§5.5］

**5.9** 下記の通り各反応の反応エンタルピーが与えられている．

$$H_2(g) + F_2(g) \longrightarrow 2HF(g) \quad \Delta H = -537\ kJ$$
$$C(s) + 2F_2(g) \longrightarrow CF_4(g) \quad \Delta H = -680\ kJ$$
$$2C(s) + 2H_2(g) \longrightarrow C_2H_4(g) \quad \Delta H = +52.3\ kJ$$

このとき，エチレン $C_2H_4$ と $F_2$ の反応エンタルピーを計算せよ．

$$C_2H_4(g) + 6F_2(g) \longrightarrow 2CF_4(g) + 4HF(g)$$

[§5.6]

**5.10** 付録Cの値を使い，次の反応の標準エンタルピー変化を計算せよ．

(**a**) $2SO_2(g) + O_2(g) \longrightarrow 2SO_3(g)$

(**b**) $Mg(OH)_2(s) \longrightarrow MgO(s) + H_2O(l)$

(**c**) $N_2O_4(g) + 4H_2(g) \longrightarrow N_2(g) + 4H_2O(g)$

(**d**) $SiCl_4(l) + 2H_2O(l) \longrightarrow SiO_2(s) + 4HCl(g)$

[§5.7]

**5.11** 気体のプロピン $C_3H_4$，プロピレン $C_3H_6$ およびプロパン $C_3H_8$ の標準生成エンタルピーはそれぞれ＋185.4，＋20.4 および －103.8 kJ/mol である．

(**a**) それぞれの物質 1 mol が燃焼して $CO_2(g)$ と $H_2O(g)$ が生じるときに発生する熱量を計算せよ．

(**b**) それぞれの物質 1 kg を燃焼して発生する熱量を計算せよ．

(**c**) 単位質量あたりに発生する熱量から，最も効率よい燃料はどれか．[§5.8]

# 6 原子の電子構造

▲ **レーザー光を使ったショーの演出**
レーザーは独特の色をした光を放つ．これはレーザー物質中の電子がとびとびの値のエネルギー間を遷移するためである．

20 世紀初頭は科学の新発見という点で，まさに画期的な一時代であった．二つの理論の発展が私たちの宇宙観に劇的な変化をもたらした．一つはアインシュタインの相対性理論であり，空間と時間の関係について，従前の私たちの認識を完全に覆したことである．もう一つは，この章の主題である**量子論**（quantum theory）であり，原子中の電子のふるまいを大きく解明したことである．

量子論は 20 世紀の技術開発に莫大な発展をもたらした．例えば，発光ダイオード（light-emitting-diode, LED）やレーザーなどの新しい優れた光源が開発され，いまではエネルギー消費の少ない高品質な光源として利用されており，これらは私たちの生活におけるさまざまな場面に大変革をもたらした．一方で量子論は固体電子工学の発展をももたらし，コンピュータや携帯電話，そのほか数え切れないほどの電子機器に応用され，私たちの日常生活を一変させた．

本章では，量子論と化学におけるその重要性について学ぶ．はじめに，光についての見方が量子論によってどのように変わったかをみていく．そして，現代の原子像へと私たちを導いた新しい物理学，すなわち**量子力学**（quantum mechanics）で用いられるいくつかの手法を探る．さらには，量子論を用いることにより，**電子構造**（electronic structure）と呼ばれている原子の中の電子の配置について説明する．

原子の電子構造は，原子中の電子数だけでなく原子核周辺における電子分布と電子のエネルギーにも関係している．量子論による原子の電子構造を学ぶと，例えば，なぜナトリウムとカリウムはどちらも軟らかく反応性に富んだ金属なのか，一方，なぜヘリウムとネオンはともに反応性に乏しい気体なのかといった，周期表における元素の配列の意味を理解できるようになる．

## 6.1 光の波動性

原子の電子構造は，物質が吸収あるいは放出する光を解析することにより理解されるようになった．そこで，私たちもはじめに光について学ぶことにしよう．目に見える光，すなわち**可視光**（visible light）は，**電磁波**（electromagnetic radiation）の一種である．電磁波は空間を通ってエネルギーを伝搬する．

可視光のほかにも，いろいろな電磁波がある．ラジオに音楽を届ける電波（ラジオ波）や赤々と燃える暖炉からの赤外線（熱），そしてX線．これらはそれぞれかなり違うように思えるかもしれないが，すべて一定の基本的性質を共有している．

電磁波はすべて，真空中では $2.998 \times 10^8$ m/s の**光速**で伝わる．電磁波はいずれも，水の波とよく似た波の性質をもっている．水の波は，例えば石が落下したり水面をボートが移動したりして水にエネルギーが与えられ，その結果として生じるものである．このエネルギーは水の上下動で表される（▼**図 6.1**）．

水の波の断面図（▼**図 6.2**）は周期的で，山と谷のパターンは規則的な間隔で繰り返し現れる．隣接する二つの山（あるいは谷）の距離は，**波長**（wavelength）と呼ばれる．1 秒間に定点を通過する波の数，すなわち周期（cycle）は，波の**振動数**（frequency）である．

水の波と同様，電磁波にも振動数と波長を考えることができる（◀ **図 6.3**）．電磁波の波動性（波の性質）は，電磁波の電場と磁場の大きさが，周期的に振動することによるものである．

▲**図 6.1　水の波**
ボートが動くと波が生まれ，やがてボートから離れて拡がっていく．

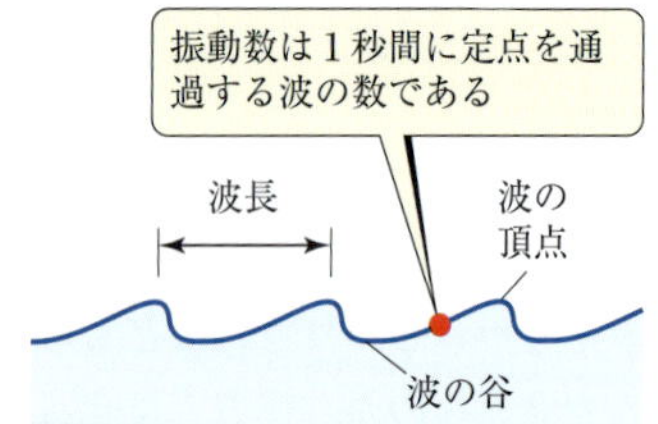


▲**図 6.2　水の波**
波長は，隣接する二つの頂点，または隣接する二つの谷の間の距離を表す．

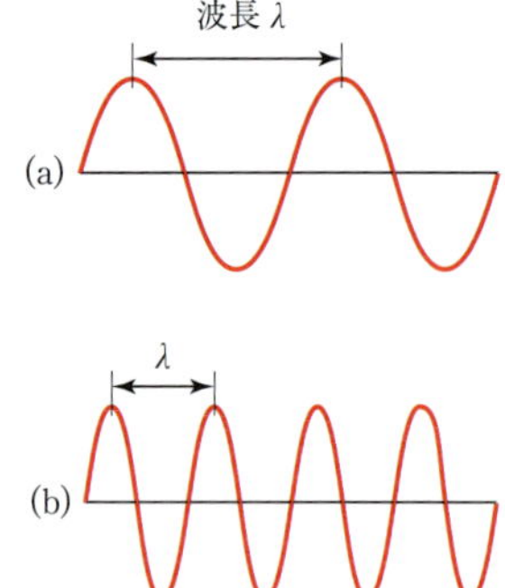


▲**図 6.3　電磁波**
水の波と同じように，電磁波も波長によって特徴づけられる．波長 $\lambda$ が短くなると，振動数 $\nu$ が大きくなることに注意しよう．(b)の波長は(a)の波長の半分，したがって(b)の振動数は(a)の振動数の 2 倍である．

水の波の速度は，それらがどのように発生したかによってさまざまである．例えば高速のモーターボートが生み出す波は，手こぎボートが生み出す波よりも速く進む．対照的に，電磁波はすべて同じ速度，すなわち光速で移動する．その結果，電磁波の波長と振動数の関係は明確で，波長が長ければ，振動数は小さい．逆に振動数の大きい波は，波長が短い．この振動数と波長が反比例する関係を式で表すと，以下のようになる．

$$\lambda\nu = c \qquad [6.1]$$

ここで，$\lambda$（ラムダ）は波長，$\nu$（ニュー）は振動数，$c$ は光速である．

電磁波は，種類によって異なった性質を示す．これは波長の違いによるものである．▶ **図 6.4** にさまざまな種類の電磁波を，波長が増加する順に並べた．この図を**電磁スペクトル**と呼ぶ．

波長が広大な範囲に及んでいることに着目してほしい．ガンマ線の波長は原子核の直径に匹敵するのに対し，ラジオ波の波長はアメリカンフットボールの競技場よりも長い．可視光は，波長が約 400〜750 nm（$4 \sim 7 \times 10^{-7}$ m）に相当し，電磁スペクトルの中では非常に小さな領域でしかない．▶ **表 6.1** に示すように，波長を表す長さの単位は，電磁波の種類によって異なっている．

振動数は 1 秒間に繰り返される回数で，単位は**ヘルツ**（Hz）である．通常は単純に毎秒で表すことが多く，$s^{-1}$ あるいは/s と表記する．電波の振動数はしばしば**周波数**とも呼ばれる．例えば，810 キロヘルツ（kHz）は，AM ラジオ局の典型的な周波数で，810 kHz，あるいは 810 000 Hz，810 000 $s^{-1}$，810 000/s などと記される．

**考えてみよう**

X 線は私たちの体を透過するが，可視光は透過しない．これは，X 線が可視光よりも速いためなのだろうか．

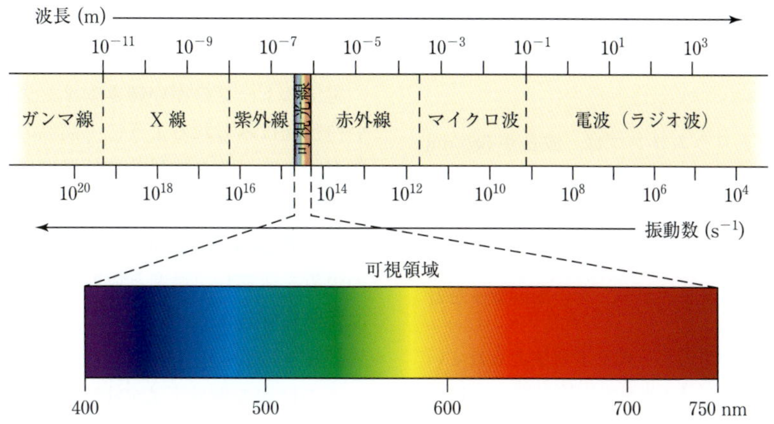


▲図 6.4 電磁スペクトル
電磁波の波長はきわめて短いガンマ線から非常に長い電波まで，広い範囲にわたる．

**表 6.1 電磁波の波長を表す主な単位**

| 単 位 | 記 号 | 長さ（m） | 電磁波の種類 |
|---|---|---|---|
| オングストローム | Å | $10^{-10}$ | X線 |
| ナノメートル | nm | $10^{-9}$ | 紫外線，可視光線 |
| マイクロメートル | μm | $10^{-6}$ | 赤外線 |
| ミリメートル | mm | $10^{-3}$ | マイクロ波 |
| センチメートル | cm | $10^{-2}$ | マイクロ波 |
| メートル | m | 1 | テレビ，ラジオの電波（FM） |
| キロメートル | km | 1000 | 船舶無線，ラジオの電波（中波） |

## 例題 6.1 波長と振動数の概念

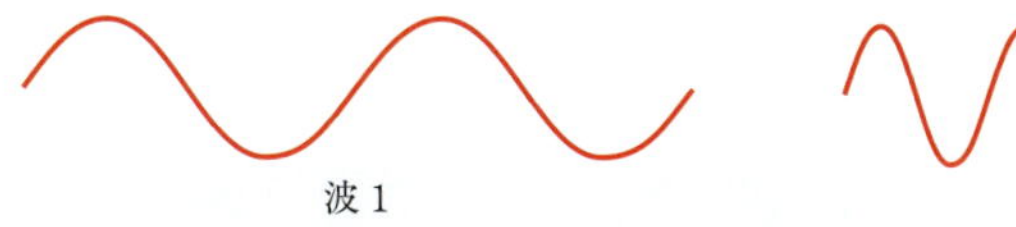


上の図には二つの電磁波が描かれている．
(a) 振動数が大きいのはどちらか．
(b) 一方の波が可視光で，もう一方が赤外線だとすると，どちらの波がどちらに対応するか．

### 解 法

解 (a) 波1は波2よりも波長が長い（ピークの間が長い）．波長が長いほど振動数は小さくなる ($\nu = c/\lambda$)．したがって，振動数は波1が相対的に小さく，波2が大きい．
(b) 図6.4より，赤外線は可視光よりも波長が長い．したがって，波1が赤外線に対応する．

### 演 習

左の波の一方が青色光で，もう一方が赤色光を表すとすると，どちらの波がどちらに対応するか．

### 例題 6.2 波長から振動数を計算する

照明に使われるナトリウムランプは，波長が 589 nm の黄色い光である．この電磁波の振動数はいくらか．

**解 法**

**問題の分析** 電磁波の波長 $\lambda$ から，その振動数 $\nu$ を計算するよう求められている．

**方針** 波長と振動数の関係が，式 6.1 で与えられている．これを $\nu$ について解き，$\lambda$ と $c$ の値を使って計算する（光速 $c$ は $3.00 \times 10^8$ m/s とする）．

**解** 式 6.1 を $\nu$ について解くと，$\nu = c/\lambda$ である．$c$ と $\lambda$ の値を代入するとき，これら二つの量の長さの単位が異なることに注意しよう．波長を nm から m に変換すると単位は相殺され，以下の値となる．

$$\nu = \frac{c}{\lambda} = \left(\frac{3.00 \times 10^8\ \text{m/s}}{589\ \text{nm}}\right)\left(\frac{1\ \text{nm}}{10^{-9}\ \text{m}}\right)$$
$$= 5.09 \times 10^{14}\ \text{s}^{-1}$$

**チェック** 振動数は“秒あたり”，すなわち $\text{s}^{-1}$ 単位であるため，単位も妥当である．

**演 習**

(a) 整形外科の脊髄手術では，波長が 2.10 μm のレーザー光が用いられる．この電磁波の振動数を計算せよ．(b) あるFMラジオ局は周波数 103.4 MHz（メガヘルツ，$1\ \text{MHz} = 10^6\ \text{s}^{-1}$）で放送している．この電磁波の波長を計算せよ．光速 $c$ は有効数字 4 桁では $2.998 \times 10^8$ m/s である．

## 6.2 量子化されたエネルギーと光子

波動モデルは光の挙動を多面的に説明できるが，このモデルでは説明できない現象がいくつかある．そのうち次の三つは，電磁波と原子の相互作用を理解するうえで，とくに関係が深い．(1) 高温の物体からの光の放出［対象の物体が加熱前に黒く見えることから，**黒体放射**（black body radiation）として知られている］，(2) 光があたった金属表面からの電子の放出（**光電効果**），そして (3) 気体状原子の中の電子を励起したときにみられる発光（**発光スペクトル**）である．ここでは初めの二つの現象について考え，三つ目の現象については§6.3で検証する．

### 高温物体とエネルギーの量子化

電気ストーブの赤い輝きやタングステン電球の明るい白色光にみられるように，高温の固体からは光の放射が起こる．その波長分布は温度に依存し，例えば赤熱状の物体は黄色光や白色光を放つ物体よりも温度が低い（▼図 6.5）．1800 年代末に多くの物理学者がこの現象を研究し，温度と放射される光の強度と波長の関係を理解しようと試みたが，当時の物理学ではこれらの観察結果を説明することができなかった．

この問題を解決したのは，ドイツの物理学者マックス・プランク（Max Planck, 1858–1947）である．1900 年，彼は原子によるエネルギーの吸収または放出は，ある決まった量を最小単位として起こるという仮説を立てた．プランクは，電磁波として吸収・放出される最小単位のエネルギー量を**量子**（quantum，固定量という意味）と名づけ，量子 1 個のエネルギー $E$ は電磁波の振動数に比例すると提案した．

$$E = h\nu \qquad [6.2]$$

比例定数 $h$ は**プランク定数**（Planck's constant）と呼ばれ，$6.626 \times 10^{-34}$ ジュール秒（J·s）の値をもつ．

プランクの理論によれば，物質は $h\nu$ の整数倍，すなわち $h\nu$，$2h\nu$，$3h\nu$ …という値でのみ，エネルギーを吸収・放出できる．仮に原子が放出したエネルギーが $3h\nu$ であったとすると，量子 3 個分のエネルギーが放出されたことになる．エネルギーは特定の値でのみ放出され得ることから，放出を許容される**エネルギーは量子化されている**，すなわち，ある一定量に制

▲図 6.5 色と温度
溶鋼のような高温の物質が放つ色と光の強さは，その物質の温度に依存する．

限されることがわかる．エネルギーが量子化されているという革命的な提案は正しいことが証明され，プランクは1918年にノーベル物理学賞を受賞した．

“量子化されたエネルギー”という概念は奇異に感じられるかもしれないが，なだらかな斜面と階段に例えると理解しやすいだろう（▼図 6.6）．なだらかな斜面を登るにつれて，ポテンシャルエネルギー（位置エネルギー）は一様に連続的に増加する．一方，階段を登るときは，**一段ごと**の単位でしか進むことができず，**段の途中**に足を置くことはできない．したがって，階段を登る人のポテンシャルエネルギーは，ある限られた値のみに制限されており，量子化されている．

プランクの量子論が正しいにもかかわらず，その影響が日常生活の中で感じられないのはなぜだろうか．エネルギーの変化が量子化されたギザギザの状態ではなく，連続的にみえるのはなぜだろうか．

ここで注目したいのは，プランク定数が極端に小さい数値であるということである．したがって，一つの量子のエネルギー $h\nu$ もきわめて小さな量である．プランクの法則は，私たちが通常経験している巨視的な尺度での物体でも，非常に小さな原子レベルのものでも，つねに同等に成り立つ．しかし，日常の尺度では，量子1個分のエネルギーの出入りはあまりに小さいため，まったく気づくことがない．反対に，原子レベルでは，量子化されたエネルギーの影響は大きな意味をもつ．

斜面を登る人のポテンシャルエネルギーは，一様に連続して増えていく

階段を登る人のポテンシャルエネルギーは，量子化されたかのように1段分ずつ増えていく

▲図 6.6 エネルギーの量子化のたとえ

**考えてみよう**

ピアノの音色を考えてみよう．ピアノはどのような点で量子化された系と同じか．そのたとえでいうと，バイオリンは連続した系か，それとも量子化された系か．

## 光電効果と光子

プランクが量子仮説を提唱してから数年後，さまざまな実験結果へこの仮説が適用可能かどうかの検証が開始された．1905年に，アルバート・アインシュタイン（Albert Einstein, 1879-1955）は，プランクの量子仮説を用いて**光電効果**（photoelectric effect）を説明することに成功した（▼図 6.7）．

切ったばかりの真新しい金属表面に光をあてると，電子が放出される（これを光電効果という）．金属の種類によって，電子の放出に必要な光の最小振動数は異なる．例えば，振動数が $4.60 \times 10^{-14}\ s^{-1}$ よりも大きな光は，金属セシウムから電子を放出させることができるが，それより小さな振動数の光は，まったく光電効果を示さない．

光電効果を説明するため，アインシュタインは，金属表面にあたる光のエネルギーがあたかもたくさんの微小なエネルギーの塊が流れているかのようにふるまうと考えた．その一つ一つの塊はエネルギーの“粒子”のようなもので，**光子**（photon）と呼ばれる．アインシュタインはプランクの量子仮説を拡張し，一つ

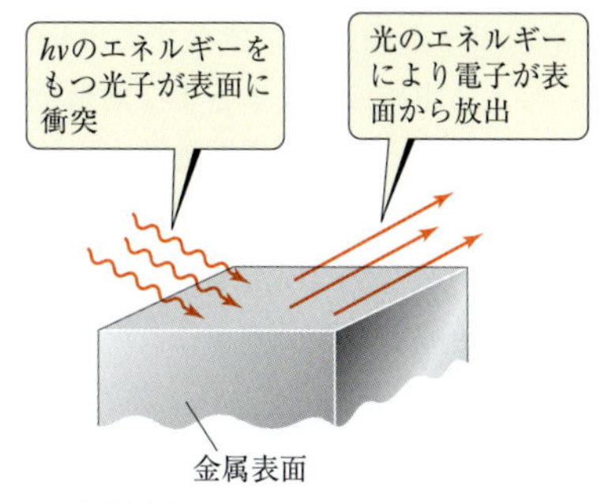


▲図 6.7 光電効果

の光子がプランク定数と光の振動数との積に等しいエネルギーをもつと推論した．

$$\text{光子のエネルギー} = E = h\nu \qquad [6.3]$$

つまり，光のエネルギーも量子化されているのである．

適切な条件の下で金属表面に光子があたると，光子はそのエネルギーを金属内部の電子に受け渡すことができる．電子が金属中で受けている引力を振り切って飛び出すには，ある一定量のエネルギー［**仕事関数**（work function）と呼ばれている］が必要である．金属にあたる光子のエネルギーがこの仕事関数よりも小さければ，電子は十分なエネルギーを獲得することができず，たとえ光の強さ（光量，明るさ）が大きくても金属原子の中から逃れることはできない．

一方，光子のエネルギーがその金属の仕事関数よりも大きい場合は，電子が放出される．光の強さは表面にあたる単位時間あたりの光子の数に関係するが，個々の光子のエネルギーとは無関係である．アインシュタインは光電効果を解明した功績により，1921年にノーベル物理学賞を受賞した．

**考えてみよう**

**図 6.7 で，放出される電子の運動エネルギーは，それを引き起こす光子のエネルギーと同じか．**

光子をよりよく理解するために，単一の波長をもつ電磁波の光源を考えてみよう．光のスイッチのオンとオフを繰り返し，その操作をだんだん速めていくと，それに応じてどんどんと小さなエネルギーの連射となるであろう．アインシュタインの光子理論によると，最後には $E = h\nu$ で与えられる最小単位のエネルギーの連射に行き着く．これこそが1光子でつくられる光の連射である．

光のエネルギーが振動数に依存するという考え方は，物質に与える電磁波のさまざまな効果を理解するのに役立つ．例えば，X線は高振動数（短波長）なので（図 6.4），X線の光子は組織の損傷やがんを引き起こす原因となる．したがって，通常X線装置の周辺には，高エネルギー放射線源であることを警告する標示が掲げられている．

光を，波動としてよりも，光子の流れとして捉えるアインシュタインの理論は，光電効果やその他の多くの観測結果を説明することができるが，ジレンマも含んでいる．光は波だろうか？　それとも粒子のようなものだろうか？　このジレンマを解くためには，突飛とも思える考え方―光が波のような性質と粒子のような性質の両方を兼ね備えているという考え―をとらなければならない．つまり，光は状況によってはより波に近く，あるいはより粒子に近くふるまう．私たちはこの二面性こそが光の特徴でもあることを，この後すぐに学ぶこととなる．

**考えてみよう**

**虹は光の波としてのふるまいと粒子としてのふるまいのどちらをより強くもつ現象か．**

## 例題 6.3　光子のエネルギー

波長 589 nm の黄色い光がある．この光の光子 1 個のエネルギーを計算せよ．

### 解　法

**方針**　式 6.1 を用いて波長を振動数に変換できる：

$$\nu = c/\lambda$$

エネルギーを計算するために，式 6.3 を使う：

$$E = h\nu$$

**解**　振動数 $\nu$ は，例題 6.2 と同様に与えられた波長から計算できる．

$$\nu = c/\lambda = 5.09 \times 10^{14}\ \mathrm{s^{-1}}$$

プランク定数 $h$ の値は，本書の本文中および裏表紙裏に記載されている物理定数の表に示されているので，$E$ は簡単に計算できる．

$$\begin{aligned} E &= (6.626 \times 10^{-34}\ \mathrm{J{\cdot}s})(5.09 \times 10^{14}\ \mathrm{s^{-1}}) \\ &= 3.37 \times 10^{-19}\ \mathrm{J} \end{aligned}$$

**コメント**　1 光子が $3.37 \times 10^{-19}$ J の放射エネルギーを与えるとすると，光子 1 mol のエネルギーは以下のように求まる．

$$\begin{aligned} &(6.02 \times 10^{23}\ \text{光子/mol})(3.37 \times 10^{-19}\ \text{J/光子}) \\ &\qquad = 2.03 \times 10^{5}\ \mathrm{J/mol} \end{aligned}$$

### 演　習

**(a)** レーザーが振動数 $4.69 \times 10^{14}\ \mathrm{s^{-1}}$ の光を放出する．この光の 1 光子のエネルギーはいくらか．

(b) この光の光子を $5.0 \times 10^{17}$ 個含んだパルスの全エネルギーはいくらか．
(c) レーザーが1パルス間に，$1.3 \times 10^{-2}$ J のエネルギーを放出するなら，いくつの光子が放出されているか．

## 6.3 輝線スペクトルとボーアモデル

プランクとアインシュタインの研究により，原子中の電子配置を解き明かす道筋がつけられた．1913年にはデンマークの物理学者ニールス・ボーア（Niels Bohr，▼図6.8）が，19世紀に多くの科学者を悩ませたもう一つの物理現象である輝線スペクトルの理論的説明を提案した．

### 原子の輝線スペクトル

ある種の光源では，レーザー光のように，単一波長の光の放出が可能である．単一波長の光を**単色光**というが，電球や星の光などの一般的な光源からの光はさまざまな波長を含んでおり，**多色光**といわれる．そのような光源から発せられる光を波長で分けると，▼図6.9に示した**スペクトル**（spectrum）となる．ここで生じるスペクトルは，紫色から藍色，青色，さらにはその次へと色が連続し，すべての波長の光を含む**連続スペクトル**（continuous spectrum）である．連続スペクトルの中で最もお馴染みのものといえば虹である．雨滴や霧が太陽光のプリズムとなって生じる現象である．

**▲図 6.8　量子論の巨人たち：ニールス・ボーア（左）とアルバート・アインシュタイン**
ボーア（1885-1962）は量子論の確立に大きな貢献をし，1922年にノーベル物理学賞を受賞した．

すべての光源が連続スペクトルを生じるわけではない．減圧した管に閉じ込めた気体に高電圧をかけると，気体はいろいろな色の光を発する（▶図6.10）．ネオンの発光は赤橙色だが，ナトリウムの蒸気は黄色光を発する．

このような発光管が放つ光をプリズムに通すと，生じるスペクトルには数箇所の波長にだけ光（輝線）が観測される（▶図6.11）．これらのスペクトルに現れる光は，それぞれが一つの波長に対応している．1本，あるいは複数の特定の波長だけの電磁波を含むスペクトルは，**輝線スペクトル**（line spectrum）と呼ばれている．

1800年代半ばに水素の輝線スペクトルが初めてみつかったとき，科学者たちはその単純さに魅了された．当時は，410 nm（紫），434 nm（青），486 nm（青緑），656 nm（赤）のわずか4本の波長のみが観測された（図6.11）．1885年にスイスの教師であったヨハン・バルマー（Johann Balmer, 1825-1898）は，これら4本の波長が大変興味深いことに，整数に関連する単純明快な式にあてはまることを発表した．

その後，紫外線と赤外線の領域でも新たな水素の輝線スペクトルが発見されると，ただちにバルマーの式はより一般的な**リュードベリ式**（Rydberg equation）へと拡張され，水素のすべての輝線の波長が計算で求められるようになった．

$$\frac{1}{\lambda} = (R_{\mathrm{H}})\left(\frac{1}{n_1{}^2} - \frac{1}{n_2{}^2}\right) \qquad [6.4]$$

ここで，$\lambda$ は輝線の波長，$R_{\mathrm{H}}$ は**リュードベリ定数**

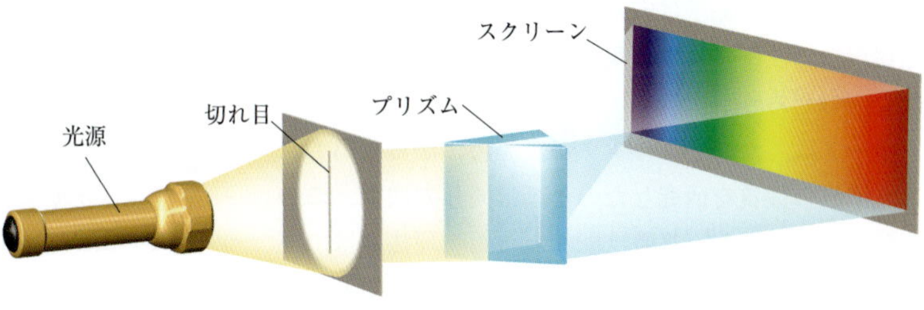


**▶図 6.9　スペクトルをつくる．**
可視光線の連続スペクトルは，白色光を細いビームにしてプリズムを通すと現れる．白色光は太陽光でも白熱灯でもよい．

ネオン（Ne）　　水素（H）

▶ **図 6.10　水素とネオンの原子発光**
気体に電流が流れると，その種類によってそれぞれ特徴的な色を発する．

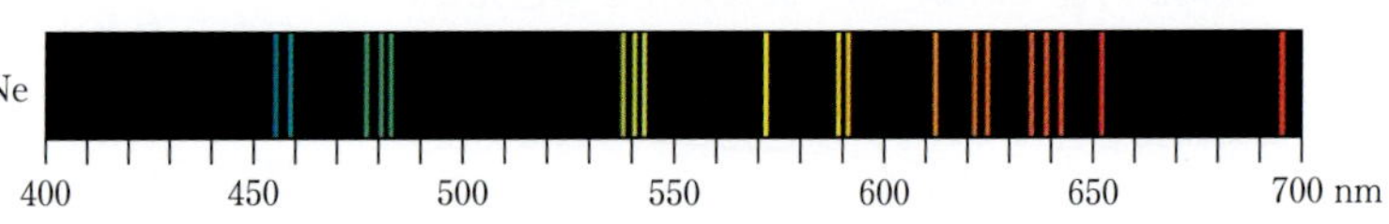


▶ **図 6.11　水素とネオンの輝線スペクトル**
色つきの線で示す波長が発光により現れる．黒い部分の波長には光が放出されない．

$(1.097\,373 \times 10^{7}\ \mathrm{m}^{-1})$，$n_1$ と $n_2$ は正の整数（$n_2 > n_1$）を表す．この式の驚くほどの簡潔さは，いったいどのようにして説明できるだろうか．その解答に至るまでには，さらに30年近くの年月がかかった．

## ボーアモデル

ボーアは水素の輝線スペクトルを説明するため，水素原子内の電子が原子核の周りの円軌道の上を動いていると仮定した．古典力学によると，電子などの電荷をもつ粒子が周回軌道を動く場合，たえずエネルギーが失われ続けるはずである．したがって，電子はエネルギーを失うにつれて，正電荷をもつ核に渦を描きながら落ちていくはずである．しかしこのような現象は起こらず，水素原子は安定に存在する．では，この一見物理学の法則に反する現象を，どのように説明すればよいのだろうか．

ボーアは，かつてプランクが高温物体から放出される電磁波の性質を研究したのとほぼ同じ方法で，この問題に取り組んだ．当時支配的だった物理法則は，原子のすべての側面を表現するためには不十分であると考え，黒体放射のエネルギーが量子化されているとしたプランクの考え方を取り入れた．

ボーアは三つの仮説に基づいて原子モデルを提案した．

1. 水素原子の電子は，ある特定のエネルギーに対応する特定の半径の軌道だけをとり得る．
2. そのような軌道に存在する電子は，“許容された”エネルギー状態にある．そのような電子はエネルギーを失うことはなく，したがって原子核に落下していくこともない．
3. 電子がエネルギーを放出したり吸収したりするのは，電子が一つの許容されたエネルギー状態から他のエネルギー状態へと移るときだけである．このエネルギーは光子として吸収・放出され，そのエネルギーは $E = h\nu$ で表される．

**考えてみよう**

図6.6との関係で，水素のボーアモデルはどのような点で斜面より階段に近いか．

## 水素原子のエネルギー状態

前述の三つの仮説と，古典力学の運動方程式ならびに電荷相互作用の式を用いて，ボーアは水素原子内において電子がとり得る軌道を計算した．計算されたエネルギーは下式にあてはまる．

$$E = (-hcR_{\mathrm{H}})\left(\frac{1}{n^2}\right) = (-2.18 \times 10^{-18}\,\mathrm{J})\left(\frac{1}{n^2}\right) \qquad [6.5]$$

ここで，$h$ はプランク定数，$c$ は光の速度，$R_{\mathrm{H}}$ はリュードベリ定数を表す．また，整数 $n$ は1から無限大の自然数であり，**主量子数**（principal quantum number）と呼ばれる．それぞれの軌道は異なる $n$ に対応し，$n$ が大きいほど軌道半径が大きくなる．最も原子核に近いのは $n = 1$ の軌道であり，その次の軌道は $n = 2$ という具合に順次大きくなる．水素原子の電子はどの軌道に入ることも可能で，軌道のエネルギーは式6.5で示される．

式6.5のエネルギーが，すべての $n$ に対して負の値をとることに注意しよう．これは，基準として $n = \infty$ の状態をゼロとしたためである．このようなエネルギーを，**エネルギー準位**（energy level）という．エネルギーの値が低いほど（より負に大きな値であるほど），原子はより安定である．エネルギーは，$n = 1$ のときに最小となり，$n$ の値が増えるにつれて順次増加する．

このことは，はしご段にたとえるとわかりやすい．各段に下から番号がついているとすると，最小エネルギーの状態（$n = 1$，すなわち一番下のはしご段）は原子の**基底状態**（ground state）と呼ばれる．電子がよりエネルギーの高い状態（$n > 2$）にあるとき，原子は**励起状態**（excited state）にあるという．▶**図6.12**は，いくつかの $n$ に対応する電子のエネルギーを示したものである．

**考えてみよう**

半径のより大きな軌道のほうが半径のより小さな軌道よりもエネルギーが大きい．なぜか．

$n$ の値が無限大になると，軌道半径はどうなるであろうか．原子半径は $n^2$ に応じて増加し，$n = \infty$ では電子は完全に原子核から離れ，そのエネルギーはゼロとなる．

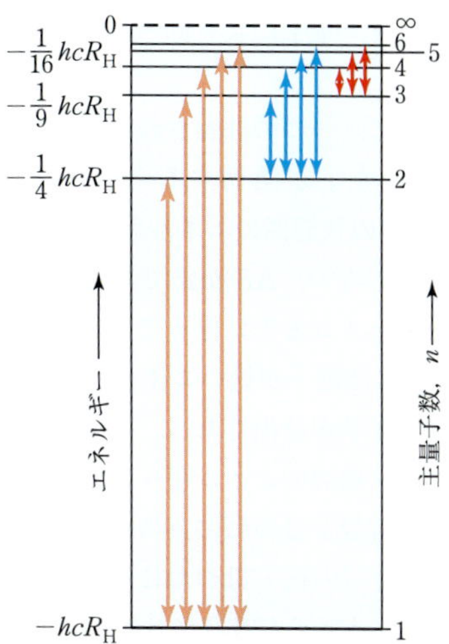


▲**図6.12　ボーアモデルから求めた水素原子のエネルギー準位**
矢印は許容エネルギー状態間の電子遷移に対応する．$n = 1$ から $n = 6$ までと，エネルギー $E$ がゼロとなる $n = \infty$ を示してある．

$$E = (-2.18 \times 10^{-18}\,\mathrm{J})\left(\frac{1}{\infty^2}\right) = 0$$

このように，電子が原子核から無限遠に離れた状態が水素原子の基準状態で，エネルギーのゼロ点である．

ボーアの第3仮説によると，電子は二つの軌道の間を飛び移ることが可能で，そのときには正確にそれらの軌道エネルギーの差に相当する光子のエネルギーを吸収もしくは放出する．電子がより高いエネルギー状態（より大きな $n$ の値）に移動するためには，エネルギーを吸収しなければならない．反対に低いエネルギー状態（より小さな $n$ の値）へ移動するときには，エネルギーを電磁波として放出することとなる．

主量子数が $n_{\mathrm{i}}$，エネルギーが $E_{\mathrm{i}}$ の初めの状態から，主量子数が $n_{\mathrm{f}}$，エネルギーが $E_{\mathrm{f}}$ の終わりの状態へ電子が飛び移ると，エネルギーの変化は式6.5を用いて以下のように求められる．

$$\Delta E = E_{\mathrm{f}} - E_{\mathrm{i}} = (-2.18 \times 10^{-18}\,\mathrm{J})\left(\frac{1}{n_{\mathrm{f}}^2} - \frac{1}{n_{\mathrm{i}}^2}\right) \qquad [6.6]$$

ここで，$\Delta E$ の符号にはどういう意味があるだろうか．$n_{\mathrm{f}}$ が $n_{\mathrm{i}}$ より大きければ $\Delta E$ は正の値となる．これは電子がより大きいエネルギーをもつ軌道へ跳び上ったことを意味する．逆に $n_{\mathrm{f}}$ が $n_{\mathrm{i}}$ より小さければ，$\Delta E$

は負の値となり，電子はより低いエネルギーをもつ軌道へ落ちたことになる．

前述のように，一つの許容された状態から別の状態への遷移には光子が関係する．光子のエネルギー（$E_{光子}$）は二つの状態間のエネルギー差（$\Delta E$）に等しくなくてはならない．$\Delta E$ が正であれば電子が高いエネルギーへ励起されるのに伴って光子は吸収される．$\Delta E$ が負であれば電子が低いエネルギー準位へ降下するのに伴って光子が放出される．いずれも光子のエネルギーはこの状態間のエネルギー差に一致しなくてはならない．周波数 $\nu$ はつねに正の値であることから，光子のエネルギー（$h\nu$）はつねに正である．したがって，$\Delta E$ の符号は光子が吸収されたのか放出されたのかを示している．

$\Delta E > 0(n_f > n_i)$：
　$E_{光子} = h\nu = \Delta E$ のエネルギーをもつ光子を**吸収**

$\Delta E < 0(n_f < n_i)$：
　$E_{光子} = h\nu = -\Delta E$ のエネルギーをもつ光子を**放出**

[6.7]

この二つの状況を▼**図 6.13** にまとめた．ボーアの水素原子モデルから，式 6.7 を満たす特定の振動数をもつ光だけが原子によって吸収・放出されることがわかる．

例えば，$n_i = 3$ から $n_f = 1$ へ電子が移動する場合，下式の通りとなる．

$$\Delta E = (-2.18\times10^{-18}\,\mathrm{J})\left(\frac{1}{1^2}-\frac{1}{3^2}\right)$$
$$= (-2.18\times10^{-18}\,\mathrm{J})\left(\frac{8}{9}\right) = -1.94\times10^{-18}\,\mathrm{J}$$

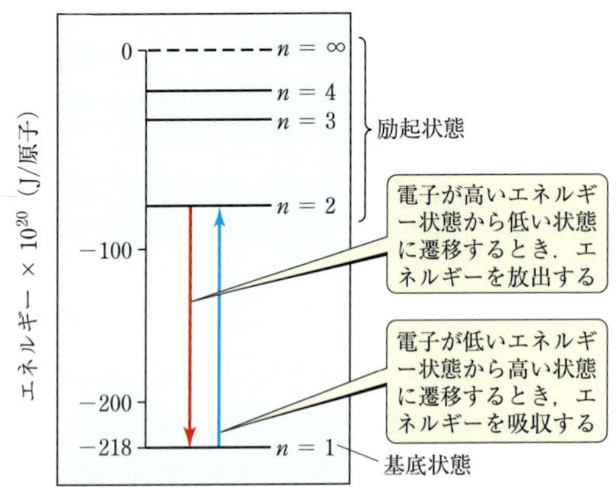


▲**図 6.13　水素原子のエネルギー状態**

電子がエネルギーの高い軌道（$n = 3$）から低い軌道（$n = 1$）へ降下したことから，$\Delta E$ が負であることは理解できる．放出される光のエネルギーは $E_{光子} = h\nu = -\Delta E = +1.94\times10^{-18}\,\mathrm{J}$ である．

放出される光子のエネルギーから，その振動数もしくは波長を計算できる．波長は下式で求める．

$$\lambda = \frac{c}{\nu} = \frac{hc}{E_{光子}} = \frac{hc}{-\Delta E}$$
$$= \frac{(6.626\times10^{-34}\,\mathrm{J\cdot s})(2.998\times10^{8}\,\mathrm{m/s})}{1.94\times10^{-18}\,\mathrm{J}}$$
$$= 1.02\times10^{-7}\,\mathrm{m}$$

したがって，波長 $1.02\times10^{-7}$ m（102 nm）の光子が放出されたこととなる．

**考えてみよう**

上式の $\Delta E$ の前にある負号にはどのような意味があるか．

以上の説明によって，バルマーが初めて発見した，きわめて単純な水素の輝線スペクトルが理解できたことになる．すなわち，輝線スペクトルが $E_{光子} = hc/\lambda = -\Delta E$ で表される光子のエネルギーに対応しているのである．式 6.5 と式 6.6 から以下の式が求められる．

$$E_{光子} = \frac{hc}{\lambda} = -\Delta E = hcR_H\left(\frac{1}{n_f^2}-\frac{1}{n_i^2}\right)$$

これより，

$$\frac{1}{\lambda} = \frac{hcR_H}{hc}\left(\frac{1}{n_f^2}-\frac{1}{n_i^2}\right) = R_H\left(\frac{1}{n_f^2}-\frac{1}{n_i^2}\right)$$
（ここで，$n_f < n_i$）

したがって，不連続な輝線スペクトルの存在は，量子化されたエネルギー準位間を電子が飛び移ることで説明できた．

**考えてみよう**

$n$ の値が小さい軌道から大きい軌道へ電子が遷移するとき，$\dfrac{1}{\lambda}$ と $\Delta E$ はどういう関係になるか．

### 例題 6.4 水素原子の電子遷移

図 6.12 を使って，どの電子遷移が最も長い波長の輝線を出すか予測せよ．
(a) $n=2$ から $n=1$，(b) $n=3$ から $n=2$，
(c) $n=4$ から $n=3$

#### 解 法

**解** 波長は振動数が小さくなるに従って長くなる．よって，最も長い波長は，振動数が最も小さい．プランクの式 $E=h\nu$ によれば，エネルギーは振動数に比例する．図 6.12 で，互いに最も近いエネルギー準位（水平の線）間の遷移のエネルギー変化が最小である．したがって，(c) $n=4$ から $n=3$ の遷移が最長波長（最低振動数）の輝線となる．

#### 演 習

次のそれぞれの電子遷移は，エネルギーを放出するか，それともエネルギーの吸収を必要とするか，指摘せよ．
(a) $n=3$ から $n=1$，(b) $n=2$ から $n=4$

### ボーアモデルの限界

ボーアモデルは水素原子の輝線スペクトルを説明できるものの，その他の原子のスペクトルについては，大まかな説明しか与えることができない．ボーアは負の電荷をもつ電子が正電荷をもつ原子核になぜ落ちていかないのかという問題について，単にそのようなことが起こらないという想定をすることで，この問題と向き合うことを回避した．さらに，電子が単なる小さな粒子として原子核の周りをまわっているという考えにも問題がある．この後の§6.4で考えるように，電子は波としての性質も示す．原子の電子構造のモデルは，このこととも必ず整合しなければならない．

ボーアモデルは，さらに広範に適用できるモデルへの発展に向けた重要な一歩に過ぎなかったことが後になって明らかにされた．それでも，ボーアモデルの大きな意義は，次の二つの重要な概念を導入した点にある．

1. 電子は，特定のとびとびのエネルギー準位にのみ存在する．各エネルギー準位は，主量子数によって区別される．
2. 電子が一つのエネルギー準位から他の準位に移るとき，エネルギーの出入りがある．

私たちは，ここでボーアモデルにかわる新たなモデルを考えることとする．そのためには，物質の挙動について，さらに詳しくみていく必要がある．

## 6.4 物質の波としての挙動

### 物 質 波

水素原子のボーアモデルが提出されてから数年後には，電磁波の二面性という概念が受け入れられるようになった．実験環境により，光は波としての性質，あるいは粒子としての性質（光子）のいずれかを示すのである．

パリのソルボンヌ大学で物理学の博士論文を作成中であったルイ・ド・ブロイ（Louis de Broglie, 1892–1987）は，この考え方を大胆に発展させた．電磁波のエネルギーが適当な条件下において粒子の流れ（光子）であるのなら，物質は適当な条件下において波動性を示す可能性があるのではないだろうか．

ド・ブロイは，原子核の周りを動く電子が，特定の波長をもつ波の性質も有すると考えた．そして，その波長が質量 $m$ と速度 $v$ を用いて表されることを提案した．

$$\lambda=\frac{h}{mv} \qquad [6.8]$$

ここで，$h$ はプランク定数を表す．$mv$ の値は**運動量**（momentum）と呼ばれる．この式は電子ばかりではなく，一般の物質をも対象とするもので，ド・ブロイは**物質波**（matter wave）という用語を用いて，物質粒子の波動性を記述した．

ド・ブロイの仮説はすべての物質にあてはめることができるので，質量 $m$ で速度 $v$ の物体はすべて特有の物質波をもつことになる．式 6.8 が示すように，例えばゴルフボールのような通常の大きさの物体の波長は，非常に小さくてまったく観測できない．しかし，次の例題 6.5 で示すように，非常に質量の小さな電子では，波長が意味をもつ．

ド・ブロイの理論が発表された数年後，電子の波動性が実験的に明らかにされた．X線が結晶を透過する際には，波動性に特徴的な干渉縞が現れることが知られており，これはX線回折と呼ばれている現象であ

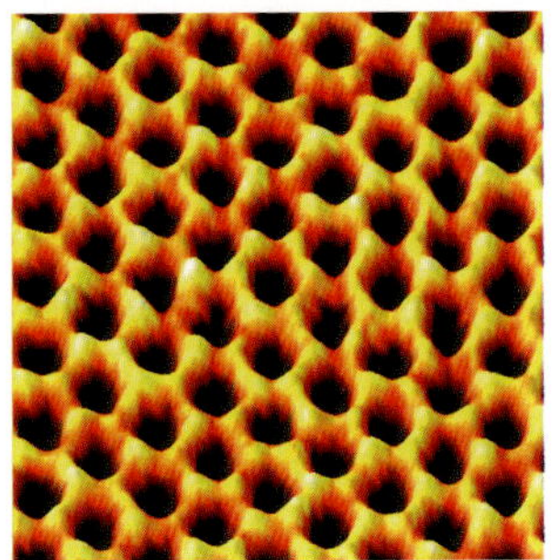

▲図 6.14　波としての電子
グラフェンの透過型電子顕微鏡画像．炭素原子が六角形の蜂の巣状に配列している．明るく黄色い凸部分が炭素原子である．

る．これと同様に，電子線が結晶を透過するときにも回折現象が起こる．すなわち，動く電子の流れはX線や他の電磁波と同じような波の挙動を示す．

電子顕微鏡では，原子レベルの大きさを画像として捉える手段として電子の波動性が応用されている（▲図 6.14）．電子顕微鏡では物体を 300 万倍という，光学顕微鏡の倍率（1000 倍）をはるかにしのぐ倍率で観察することができる．これは可視光の波長よりも電子線の波長がはるかに短いためである．

考えてみよう

プロ野球の投手が投げる速球は，時速 150 km/h にも達する．この動くボールは物質波を生み出しているだろうか．そうだとしたら，私たちはこの物質波を観測することができるだろうか．

## 例題 6.5　物　質　波

電子が $5.97 \times 10^6$ m/s の速さで運動しているとき，その波長はいくらか．電子の質量は $9.11 \times 10^{-31}$ kg である．

### 解　法

**問題の分析**　質量 $m$ と速度 $v$ が与えられており，物質波の波長 $\lambda$ を計算する．

**方針**　運動している粒子の波長は式 6.8 より得られるので，既知の量である $h$ と $m$，$v$ を代入して $\lambda$ を計算する．単位に注意して計算すること．

**解**　プランク定数 $h = 6.626 \times 10^{-34}$ J·s を使うと，次のようになる：

$$\lambda = \frac{h}{mv}$$
$$= \frac{(6.626 \times 10^{-34}\ \mathrm{J \cdot s})}{(9.11 \times 10^{-31}\ \mathrm{kg})(5.97 \times 10^6\ \mathrm{m/s})} \times \left(\frac{1\ \mathrm{kg \cdot m^2/s^2}}{1\ \mathrm{J}}\right)$$
$$= 1.22 \times 10^{-10}\ \mathrm{m} = 0.122\ \mathrm{nm} = 1.22\ \text{Å}$$

**コメント**　この値と図 6.4 の電磁波の波長を比べると，この電子の波長はだいたいX線の波長と同じであることがわかる．

**演　習**

物質波の波長が 505 pm となる中性子の速度を計算せよ．中性子の質量は本書の裏表紙裏にある表に与えられている．

## 不確定性原理

物質の波動性の発見は，新たな興味深い疑問を生み出すこととなった．例えば，斜面をボールが転がり落ちることを考えてみよう．古典力学の式を使えば，私たちはボールの位置や動きの方向，あるいはその速度を，いつでもきわめて正確に計算することができる．同じことが波動性を示す電子でも可能だろうか．

ドイツの物理学者ヴェルナー・ハイゼンベルク（Werner Heisenberg，▶図 6.15）は，物質が粒子性と波動性という二面性をもつ限り，その物体の精密な位置と運動量を同時に知ることができないという基本的な制約が生じると唱えた．この制約は，私たちが原子よりも小さい物質（すなわち，質量が電子と同じくらいに小さい）を扱うときにのみ重要となる．

ハイゼンベルクが提案したこの原理は，**不確定性原理**（uncertainty principle）と呼ばれる．原子の中の電子にこの原理を適用すると，電子の正確な運動量と空間における正確な位置情報とを同時に把握することができない，ということになる．

ハイゼンベルクは，位置の不確定性を示す $\Delta x$ と運動量の不確定性を示す $\Delta(mv)$ の関係を，プランク定数を含む量を用いて数学的に関連づけた．

$$\Delta x \cdot \Delta(mv) \geq \frac{h}{4\pi} \qquad [6.9]$$

簡単な計算により，式 6.9 が意味するところを示そう．電子の質量は $9.11 \times 10^{-31}$ kg で，平均 $5 \times 10^6$

▲図 6.15 ヴェルナー・ハイゼンベルク (1901-1976)
ハイゼンベルクは博士号を得たのち，ニールス・ボーアのもとで有名な不確定性原理を公式化した．彼は 32 歳のとき，当時史上最年少でノーベル賞を受賞した．

m/s の速度で水素原子中を動いている．いま，私たちは電子の速度を 1 % の誤差で知ることができ，それ以外には不確定な要素はないと考えよう [すなわち，不確定性は $(0.01)(5 \times 10^6\ \mathrm{m/s}) = 5 \times 10^4\ \mathrm{m/s}$]．つまり，$\Delta(mv) = m\Delta v$ とする．式 6.9 を用いて電子の位置の不確定性を計算すると次のようになる．

$$\begin{aligned}\Delta x &\geq \frac{h}{4\pi m \Delta v}\\ &= \left(\frac{6.626 \times 10^{-34}\ \mathrm{J{\cdot}s}}{4\pi\,(9.11 \times 10^{-31}\ \mathrm{kg})(5 \times 10^4\ \mathrm{m/s})}\right)\\ &= 1 \times 10^{-9}\ \mathrm{m}\end{aligned}$$

水素原子の直径は約 $1 \times 10^{-10}$ m なので，原子中における電子の位置の不確定性は原子の大きさより 1 桁大きいことになる．こうなると，電子が原子のどこに位置するかについては必然的にわからなくなる．また，電子の速度を正確に知るほど，その位置の不確定さが増す．

一方で，テニスボールのような日常的な物体について計算してみると，不確定性はとるに足らないほど非常に小さいことがわかる．$m$ の値が大きく，$\Delta x$ は測定できないほど小さいため，このような場合には不確定性原理は実質上考えなくてよい．

ド・ブロイの仮説とハイゼンベルクの不確定性原理は，新しい原子構造の理論を導くきっかけとなった．電子の波動性が認識され，電子の挙動が波として捉えられるようになった．その結果，電子のエネルギーが精密に計算されるかわりに，位置については精密さのかわりに確率で記述するモデルが提唱されることとなった．

**考えてみよう**

巨視的な世界では不確定性原理を考慮しなくてもよいのに，電子や他の素粒子（原子よりも小さな粒子）について論ずる場合には，不確定性原理を考慮しなければならない．その理由は何か．

## 6.5 量子力学と原子軌道

1926 年にオーストリアの物理学者エルヴィン・シュレーディンガー（Erwin Schrödinger, 1887-1961）は，シュレーディンガーの波動方程式を提案した．これは，電子の波動性と粒子性をともに組み込んだ方程式である．彼の功績により，原子よりも小さな粒子を扱うための新しい研究手法，すなわち**量子力学**あるいは**波動力学**として知られる研究分野が切り開かれた．

シュレーディンガー方程式の応用には高度な計算法を必要とするため，詳しくは立ち入らない．しかし，シュレーディンガーが得た結果は，電子構造を考える新しい強力な方法なので，定性的に取り扱うこととする．まずは，最も簡単な原子である水素の電子構造を検討することから始めよう．

シュレーディンガーは水素原子中の電子を，ギターの弦をはじくときに生じる波（▶図 6.16）に見立てて取り扱った．この波は空間を移動することがないため，**定常波**（standing wave）と呼ばれる．ギターの弦をはじくと，基音と倍音を奏でる定常波が生まれるように，電子は最安定エネルギーの定常波と，よりエネルギーの高い定常波とを示す．また，弦の倍音には波の振幅がゼロとなる点，すなわち**節**（node）があるように，電子の波にも同様の現象が現れる．

水素原子のシュレーディンガー方程式を解くと，一連の**波動関数**（wave function）と呼ばれる数学的な関数が導出され，原子中の電子のようすが表される．波動関数は通常 $\psi$（小文字のギリシャ文字，プサイ）という記号で表す．波動関数は直接的な物理的意味をもたないが，波動関数の 2 乗である $\psi^2$ は電子が許容

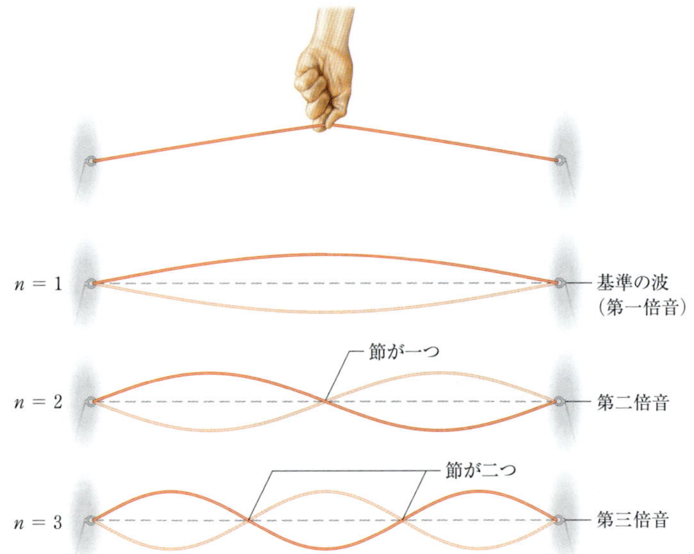


▶ **図 6.16　弦を振動させて生まれる定常波**

されたエネルギー状態にあるときの位置情報を提供する．

水素原子に関しては，許容されるエネルギーはボーアモデルで予測されたものと同じである．ただし，ボーアモデルでは，電子が原子核の周りを特定の半径をもった円軌道の中に存在すると考えたが，量子力学モデルでは電子の位置をそれほど簡単に記述することはできない．

不確定性原理によれば，もし電子の運動量が正確に求められるなら，同時に得られる位置情報はきわめて不正確になってしまう．したがって，原子核を周回する個々の電子の位置を正確に特定することはできない．むしろ，ある種の統計的な認識に留める必要がある．すなわち，電子はある瞬間において，空間中のある位置範囲の中にみつかる**確率**で捉えなくてはならない．空間中のある点における波動関数の 2 乗 $\psi^2$ は，電子がその場所でみつかる確率を表している．このため，$\psi^2$ は**確率密度**（probability density），あるいは**電子密度**（electron density）と呼ばれている．

**考えてみよう**

**"電子は空間の中の特定の位置に存在する" ことと "電子は空間の中の特定の位置に存在する確率が高い" こととは，どこが違うか．**

原子内のさまざまな位置で電子がみつかる確率は，▼**図 6.17** のように図示できる．ここでは，電子がみつかる確率が点の密度によって示されている．点が高密度に分布している領域は $\psi^2$ の値が比較的大きく，電子がみつかる確率が高い．私たちはしばしば，原子核の周りを電子の雲（電子雲）が取り囲んだ構造をしたものとして原子を考える．

## 軌道と量子数

水素原子のシュレーディンガー方程式を解けば，**軌道**（orbital，オービタル）と呼ばれる一連の波動関数

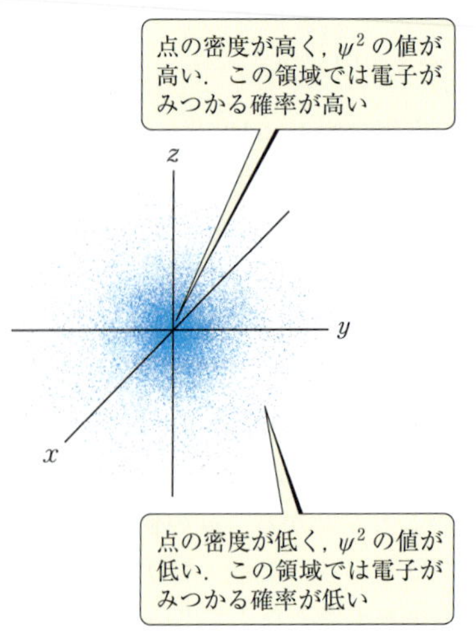


▲ **図 6.17　電子密度分布**
この図は，基底状態にある水素原子中の電子を見出す確率 $\psi^2$ を表している．座標系の原点は，原子核である．

が求められる[※1]．個々の軌道は特徴的な形状とエネルギーをもつ．例えば，最もエネルギーの低い軌道は，図 6.17 に図示した球状の軌道で，エネルギーは $-2.18 \times 10^{-18}$ J である．

量子力学モデルの軌道（orbital）が，ボーアモデルの軌道（orbit）とは同じではない点に注意してほしい．量子力学モデルの軌道（orbital）は，電子雲として確率が視覚化されるが，ボーアモデルの軌道（orbit）では，恒星の周りを公転する惑星のように物理的な軌道の中を周回するものとして電子を描く．量子力学モデルでは，原子中の電子の動きを精密に決定できない（ハイゼンベルクの不確定性原理）．

ボーアモデルでは軌道（orbit）を記述する手段として 1 種類の量子数，$n$ が用いられた．量子力学モデルでは軌道（orbital）の記述に，数学的に導き出される三つの量子数，$n$ および $l$，$m_l$ が使われる．

1. **主量子数**（principal quantum number）$n$ は正の整数，1，2，3…である．$n$ が大きくなると軌道は大きくなり，電子は原子核から遠く離れた場所にある時間が長くなる．また，電子のエネルギーは大きくなるため，原子核への束縛が緩まる．水素原子については，ボーアモデルと同様，$E_n = -(2.18 \times 10^{-18}\,\mathrm{J})(1/n^2)$ となる．
2. **方位量子数**［azimuthal quantum number，あるいは**角運動量量子数**（angular momentum quantum number）］$l$ は，それぞれの $n$ の値に対して，0 から（$n-1$）の整数値をとる．この量子数は軌道の形状を定めている．下の表のように，$l$ の値が 0，1，2，3 の軌道に対して，それぞれ s，p，d，f の文字記号が使われる．

| $l$ の値 | 0 | 1 | 2 | 3 |
|---|---|---|---|---|
| 文字記号 | s | p | d | f |

3. **磁気量子数**（magnetic quantum number）$m_l$ は，$-l$ から $l$ までの 0 を含む整数をとり得る．この量子数は §6.6 で学ぶように，空間における軌道の方向を決める．

$n$ は正の整数なので，水素原子には無限の軌道が考えられる．しかし水素原子中の電子は，どの瞬間においても，そのうちのいずれか一つの軌道上にある．このような場合，電子がその軌道を**占有している**という．残りはすべて，**占有されていない**軌道である．

**考えてみよう**

ボーアモデルでの水素原子の軌道（orbit）と，量子力学モデルでの軌道（orbital）との違いは何だろうか．

$n$ が同じ値の軌道の集まりを，**電子殻**（electron shell）と呼ぶ．例えば，“$n = 3$ の軌道はすべて 3 番目の電子殻に存在する”という．また，$n$ も $l$ も同じ値の軌道どうしをまとめて**副殻**（subshell）と呼ぶ．個々の副殻は，数値（$n$ の値）と文字記号（$l$ の値に相当する s もしくは p，d，f）によって表す．例えば，$n = 3$ かつ $l = 2$ の値をもつ 5 本の軌道はいずれも 3d 軌道と呼ばれ，すべて 3d 副殻内に存在する．

▶**表 6.2** に $n = 1 \sim 4$ の軌道に対し，可能な $l$ と $m_l$ の値をまとめた．この表から，次に示す大変重要な知見が得られる．

1. 主量子数 $n$ の殻は，ちょうど $n$ 個の副殻で構成されている．個々の副殻はそれぞれ許容される 0 から（$n-1$）までの $l$ 値をもつ．したがって，最初の殻（$n = 1$）は $1s(l = 0)$ という一つの副殻だけがあり，2 番目の殻（$n = 2$）は $2s(l = 0)$ と $2p(l = 1)$ の二つの副殻で，3 番目の殻は 3s，3p，3d の三つの副殻で構成されている（以下同様）．
2. 個々の副殻は決まった数の軌道で構成されている．ある一つの $l$ 値に対しては，（$2l+1$）個の許容される $m_l$ 値が存在し，その値は $-l$ から $l$ までの値をとる．したがって，副殻 $s(l = 0)$ は一つの軌道を，副殻 $p(l = 1)$ は三つの軌道を，副殻 $d(l = 2)$ は五つの軌道をもつ（以下同様）．
3. 一つの電子殻に含まれるすべての軌道の数は $n^2$ である．ここで，$n$ はその電子殻の主量子数である．主量子数 1 から 4 の各電子殻に含まれる軌道の総数は，それぞれ 1，4，9，16 である．この数は周期表の形と関連がある．すなわち，周期表の各行（周期）に含まれる元素数，2，8，18，32 は，軌道の総数のちょうど 2 倍となっている．これらの関係については，§6.9 でさらに詳しく学ぶ．

※1　訳注：英語では，ボーアモデルの軌道を orbit，量子力学で得られる電子の波動関数を“軌道のようなもの”を意味する orbital として区別している．日本語では，いずれも“軌道”と呼ぶ．本書では以後，“軌道”は量子力学の orbital のみをさす．

**表 6.2　$n=1$ から $n=4$ までの $n$, $l$, $m_l$ の関係**

| $n$ | $l$ のとり得る値 | 副殻の表示 | $m_l$ のとり得る値 | 副殻中の軌道の数 | 電子殻内の軌道の総数 |
|---|---|---|---|---|---|
| 1 | 0 | 1s | 0 | 1 | 1 |
| 2 | 0 | 2s | 0 | 1 | 4 |
|  | 1 | 2p | 1, 0, −1 | 3 |  |
| 3 | 0 | 3s | 0 | 1 | 9 |
|  | 1 | 3p | 1, 0, −1 | 3 |  |
|  | 2 | 3d | 2, 1, 0, −1, −2 | 5 |  |
| 4 | 0 | 4s | 0 | 1 | 16 |
|  | 1 | 4p | 1, 0, −1 | 3 |  |
|  | 2 | 4d | 2, 1, 0, −1, −2 | 5 |  |
|  | 3 | 4f | 3, 2, 1, 0, −1, −2, −3 | 7 |  |

## 例題 6.6　水素原子の副殻

(a) 表6.2を見ずに，4番目の殻 $n=4$ にいくつの副殻があるか予測せよ．
(b) これらの副殻の記号を示せ．
(c) これらの副殻にはそれぞれいくつの軌道があるか．

### 解　法

**問題の分析と方針**　主量子数 $n$ が与えられている．この $n$ の値に対して許容される $l$ と $m_l$ の値を決定し，それぞれの副殻にある軌道を数える．

**解**　(a) 4番目の殻には，$l$ の四つの可能な値（0，1，2，3）に対応した四つの副殻がある．

(b) これらの副殻の記号は 4s, 4p, 4d, 4f である．副殻の記号に現れる数字は主量子数 $n$ である．副殻の記号は方位量子数 $l$ の値に対応する．$l=0$ は s, $l=1$ は p, $l=2$ は d, $l=3$ は f である．

(c) 4s 軌道は1個だけ存在する（$l=0$ のとき，$m_l$ の可能な値はただ一つである：0）．4p 軌道は3個存在する（$l=1$ のとき，$m_l$ の可能な値は3個ある：1，0，−1）．4d 軌道は5個存在する（$l=2$ のとき，$m_l$ の可能な値は5個ある：2，1，0，−1，−2）．4f 軌道は7個存在する（$l=3$ のとき，$m_l$ の可能な値は7個ある：3，2，1，0，−1，−2，−3）．

### 演　習

(a) $n=5$ と $l=1$ で表される副殻の名称は何か．(b) この副殻にはいくつの軌道があるか．(c) それぞれの軌道に対応する $m_l$ の値を示せ．

▼**図 6.18** に，水素の原子軌道の相対的なエネルギーを $n=3$ まで示した．四角の箱は軌道を表す．箱が3個，5個とつながったものは，同じ副殻の軌道（例えば3個の p 軌道）である．1本の水平線に並んだ箱の集まりは一つの主殻を表す．水素の1個の電子が最も安定な軌道（1s）を占有しているとき，水素原子は**基底状態**にあるという．電子が他のいずれかの軌道にあるとき，水素原子は**励起状態**にあるという．常温では，すべての水素原子は基底状態にある．

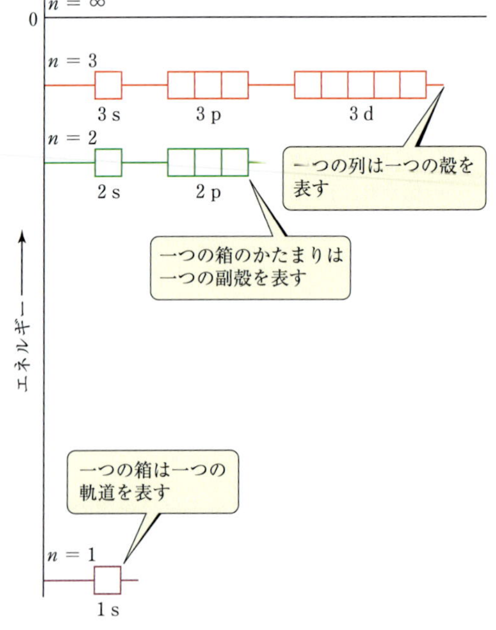


▲**図 6.18　水素原子のエネルギー準位**

**考えてみよう**

図 6.18 を見ると，$n=1$ と $n=2$ のエネルギー差は，$n=2$ と $n=3$ のエネルギー差よりもはるかに大きい．なぜか．

## 6.6 軌道の表示

ここまでは，軌道のエネルギーを中心にみてきた．しかしながら，波動関数は空間における電子の位置についても情報を提供する．波動関数の形は電子密度がどのように原子核の周りに分布しているかを可視化するのに役立つので，軌道を描く方法について検討してみよう．

### s 軌道

水素原子の最も安定な軌道である 1s の表示法については，すでに確認済みである（図 6.17）．注意すべきことは，1s 軌道の電子密度が球形の対称性をもつ点である．言い換えると，原子核から一定の距離であればどこでも，電子密度は同じである．他の s 軌道（2s，3s，4s など）も同様に，原子核を中心とした球形の対称性をもつ．

s 軌道については方位量子数 $l$ は 0 であり，磁気量子数 $m_l$ も 0 となる．したがって，どの主量子数 $n$ に対しても，s 軌道は一つだけである．それでは，主量子数が異なる s 軌道は互いにどのように異なるだろうか．例えば，1s 軌道から 2s 軌道に電子が励起すると，水素原子の電子密度分布はどう変化するだろうか．この問題に取り組むための一つの方法は，原子核からの距離に応じて電子がみつかる確率を示す**動径確率関数**（radial probability function）あるいは**動径確率密度**（radial probability density）をみることである．

▼**図 6.19** に水素原子の 1s，2s および 3s 軌道について，原子核からの距離 $r$ の関数である動径確率関数を示す．このグラフについて注目に値する特徴が三つある．一つ目はピークの数，二つ目は**節**（node）と呼ばれる確率関数がゼロになる点の数である．三つ目は分布の拡がり，つまり軌道の大きさである．

1s 軌道に関しては，確率は原子核から離れると急激に増加し，約 0.05 nm で最大値に達する．すなわち，電子が 1s 軌道を占めるとき，原子核からこの距離の地点でみつかる可能性が最も高い*1．また，1s 軌道では，原子核から 0.3 nm 以上離れた地点において電子がみつかる確率は実質的にゼロである．この点にも注目すべきである．

1s，2s，3s 軌道の動径確率関数を比較してみると，次の 3 点が明らかとなる．

1. ピークの数は，$n$ 値の増加とともに増え，最も

*1　量子力学モデルでは，1s 軌道の電子が最も高い確率でみつかる場所は，実際には 0.0529 nm 離れたところであり，これはボーアが $n=1$ の軌道において予言した軌道の半径と一致する．この 0.0529 nm の距離をボーア半径と呼ぶ．

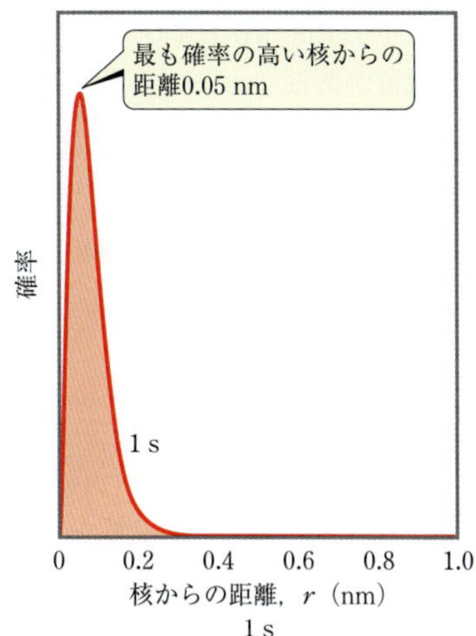


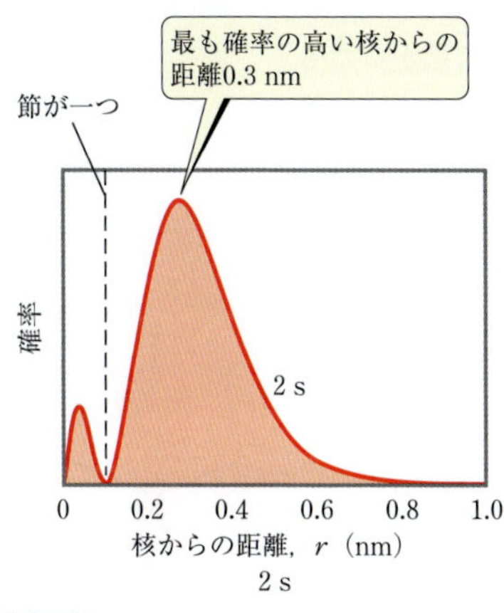


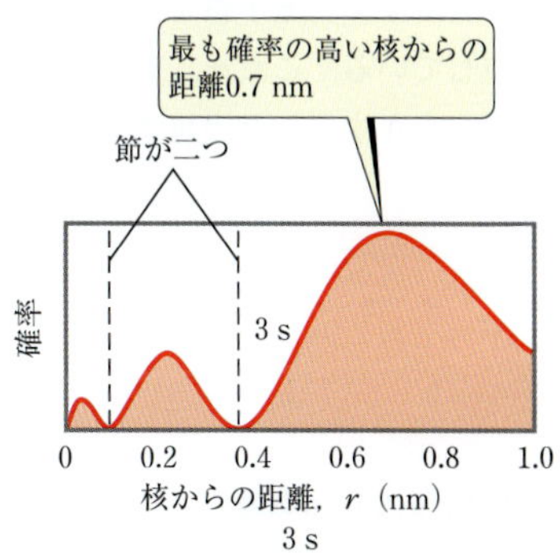


▲**図 6.19　水素の 1s，2s，3s 軌道の動径確率関数**

これらの動径確率関数グラフは，電子がみつかる確率を核からの距離の関数として図示している．$n$ が増加するにつれて，電子がみつかる最も可能性の高い距離（グラフの山の頂点）は原子核から遠くに移動する．

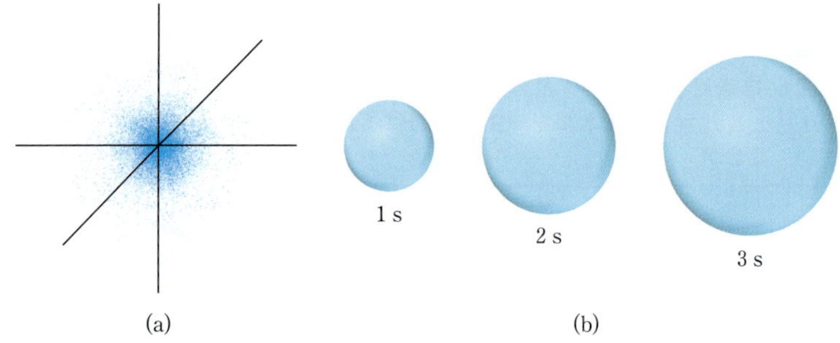


**▶図 6.20　1s，2s，3s 軌道の比較**
(a) 1s 軌道の電子密度分布，(b) 1s，2s，3s 軌道の輪郭表示．各球は原子核を中心とし，90％の確率で電子がみつかる可能性のある領域を示す．

外側のピークが内側のものよりも大きい．

2. 節の数は $n-1$ に等しい．
3. 電子密度は $n$ 値の増加に伴ってより大きく拡がり，電子の存在確率は原子核からより離れたところで大きくなる．

軌道の形を描く方法として最もよく利用されるものは，例えば“軌道の電子密度が 90％の部分”というように，境界面を区切って示す方法である．この種の描法は，**輪郭表示**（contour representation）と呼ばれる．s 軌道の輪郭表示は球状となる（**▲図 6.20**）．s 軌道はすべて球状で，$n$ 値の増加に伴ってより大きくなる．これは，$n$ が増えると，電子密度がより拡散することを反映している．輪郭表示では，その内側で電子密度がどのように変化しているかを示すことはできないが，それほど不都合はない．定性的な解釈に留まる限り，軌道の最も重要な特徴はその形と相対的な大きさで，これらは輪郭表示でも十分表すことができる．

## p 軌道

**▼図 6.21(a)** に 2p 軌道の電子密度分布を示した．その電子密度は s 軌道のような球状に拡がったものではなく，原子核を節とした両側の二つの領域に集中している．これを，ダンベル形の軌道に二つの**ローブ**が存在する，と表現する．図の(a)は，2p 軌道における電子密度分布を描いたものである．

主量子数が $n=2$ 以上の殻では，それぞれ三つの p 軌道がある．p 軌道の方位量子数 $l$ の値は 1 で，磁気量子数 $m_l$ は $-1$，0，1 という三つの値をとる．これら三つの $m_l$ の値に応じ，3 個の 2p 軌道，3 個の 3p 軌道，それ以降も同様に 3 個存在する．3 個の 2p 軌道は，図 6.21(a)に示したダンベル形で，大きさと形は同じだが，空間に配置する方向が互いに異なる．通常，図の(b)に示すような描き方によって，波動関数の形と方向を示す．これらの軌道は通常 $p_x$，$p_y$，$p_z$ 軌道と表される．ここで，下付きの添字はこれらの軌道の向きに沿った $xyz$ 座標の軸を表している*2．s 軌道と同様に，p 軌道においても 2p，3p，4p …と主量子数 $n$ の増加につれてその領域は大きくなっていく．

## d 軌道と f 軌道

主量子数 $n$ が 3 以上になると，d 軌道（$l=2$）が出現する．d 軌道では，方位量子数 $m_l$ は $-2$，$-1$，0，1，2 と 5 個の値が可能なので，3d，4d およびそれ以降のいずれでも 5 個の d 軌道がある．

*2　ここで使われる添字（$x, y, z$）と磁気量子数 $m_l$ の値（$-1$, 0, 1）とは単純な対応関係にない．その理由については一般化学の教科書のレベルを超えるため，説明は割愛する．

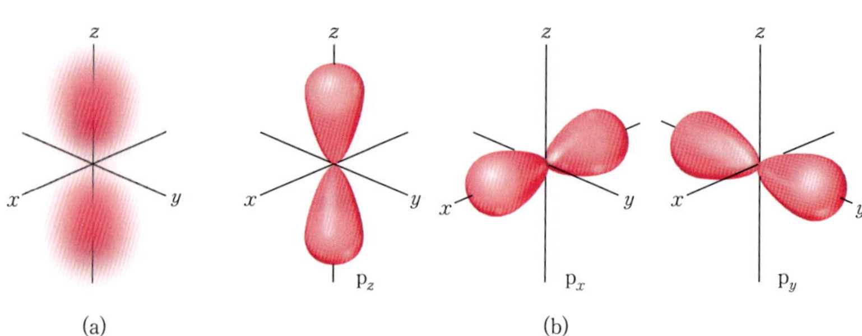


**▶図 6.21　p 軌道**
(a) 2p 軌道の電子密度分布．(b) 三つの p 軌道の輪郭表示．ラベル p の添字は，軌道が伸びる軸方向を示している．

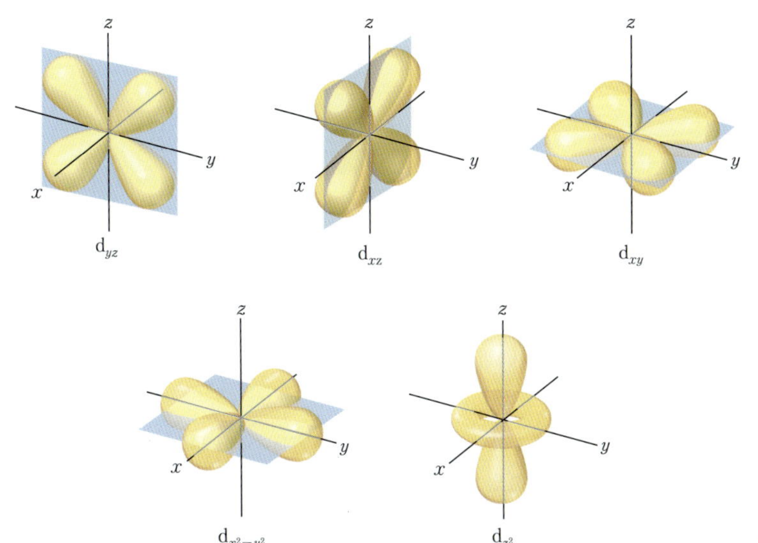


◀ **図 6.22　5個のd軌道の輪郭表示**

それぞれのd軌道は，▲**図 6.22** に示した通り，形と方向が異なる．このうち4個のd軌道の輪郭表示は四つ葉のクローバー形をしており，おおむね平面内にある．$d_{xy}$，$d_{xz}$，$d_{yz}$ 軌道はそれぞれ $xy$，$xz$，$yz$ 平面内にあり，ローブが座標軸の間に存在する．$d_{x^2-y^2}$ 軌道も $xy$ 平面に存在するが，ローブは $x$ 軸と $y$ 軸に沿って拡がっている．$d_{z^2}$ 軌道だけは他の四つの軌道とは形がまったく異なり，$z$ 軸に沿ったローブと $xy$ 平面内のドーナツ形のローブの二つをもっている．$d_{z^2}$ 軌道の形は他のd軌道と異なっているが，エネルギーは他の4軌道と同じである．図6.22のような表示が，d軌道の表示法として一般によく使われている．

主量子数 $n$ が4以上の場合には，7個の等価なf軌道（$l = 3$）が存在する．その形はd軌道よりもさらに複雑で，ここでは表示しない．しかしながら，次節で説明するように，周期表の下方に位置する原子について電子構造を考えるには，f軌道の存在を認識しておかなければならない．原子軌道の数と形を知っておくことは，化学を分子レベルで理解することに役立つ．図6.20〜22に示したs，p，d軌道の形を覚えておくとよい．

## 6.7 多電子原子

本章の目的の一つは，原子の電子配置を明らかにすることである．これまで，量子力学によって水素原子が見事に説明できることをみてきた．水素原子には電子が1個しかない．それでは，2個以上の電子をもつ原子（**多電子原子**）を考えるときには，どのように説明が変わるのだろうか．そのためには，軌道の相対的なエネルギーとともに，軌道への電子の入り方を考えなければならない．

### 軌道とエネルギー準位

多電子原子の電子構造は，水素原子の軌道と同じ軌道を用いて説明することができる．

多電子原子の軌道の形は水素原子と同じであるものの，2個以上の電子の存在により，軌道エネルギーは大きく変化する．水素原子では，副殻の3s，3p，3dのエネルギーはすべて同じ（図6.18）だが，多電子原子では電子間の反発のため，▶**図 6.23** に示すように，それぞれの副殻が互いに異なるエネルギーをもつ*3．すなわち，多電子原子では，**ある主量子数 $n$ に対し，方位量子数 $l$ の値が大きくなるにつれて軌道エネルギーが増加する**．例えば，図6.23に示した $n = 3$ の軌道エネルギーは，3s < 3p < 3d の順に増加する．なお，これらの副殻の軌道（例えば5個の3d軌道）はすべて，互いにエネルギーが同じである．複数の軌道のエネルギーが同じであるとき，これらの軌道は**縮重（縮退）している**（degenerate）と表現する．

図6.23は定性的なエネルギー準位を示した図で，実際の軌道エネルギーとその間隔は原子ごとに異なる．

＊3　これを説明するためには，電子間に働く力の存在とそれらの力が軌道の形によってどのように影響を受けるかを考える必要がある．この点については7章で扱う．

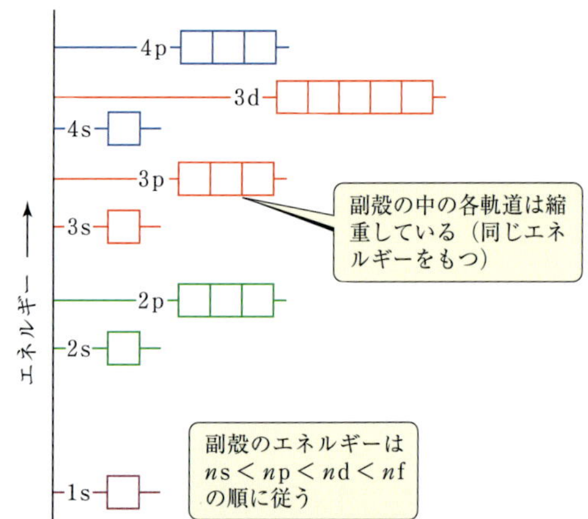


▲図 6.23　多電子原子の軌道の一般的なエネルギーの順序

**考えてみよう**

多電子原子において 4s 軌道のエネルギーが 3d 軌道のエネルギーよりも低いもしくは高いことを確実に予測できるか．

## 電子スピンとパウリの排他原理

科学者が多電子原子の輝線スペクトルを詳細に研究した際，大変不可解な現象が見出されていた．それは，本来単一線と考えられていた輝線が実際には近接した 2 本の線，つまり二重線だったことである．このことは，想定されたものと比べて 2 倍の数のエネルギー準位が存在することを意味する．1925 年にオランダの物理学者ジョージ・ウーレンベック（George Uhlenbeck, 1900–1988）とサミュエル・ゴーズミット（Samuel Goudsmit, 1902–1978）が，このジレンマを解決する提案を行った．彼らは電子が**電子スピン**（electron spin）と呼ばれる固有の性質をもち，そのため個々の電子がまるで自転する小球のようにふるまうとする仮説を立てた．

電子スピンが量子化されているということに，諸君はもはや驚かないだろう．この結果，これまでに学んだ量子数 $n$，$l$，$m_l$ とは別に，新たな量子数を電子に割り当てることとなった．この新たな量子数，**スピン磁気量子数**（spin magnetic quantum number）には，$m_s$ という記号（添字の $s$ は spin の頭文字）が与えられている．$m_s$ の値は，$+1/2$ と $-1/2$ の二つであり，当初は電子が回転する方向が互いに逆であるものと解釈されていた．荷電粒子が回転すると磁場を生じる．

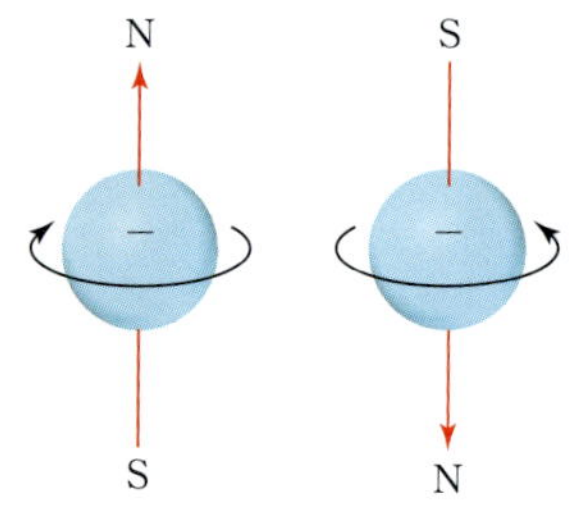


▲図 6.24　電子スピン
電子は軸の周りを回転するような挙動を示し，回転の向きに依存する磁場を発生する．磁場の二つの方向は，スピン量子数のとり得る二つの値，$m_s$ に対応している．

これにより，二つの逆方向への回転が逆の磁場を誘発する（▲図 6.24）*4．これらの二つの磁場により，輝線は近接する一組の二重線に分裂する．

電子スピンは原子の電子構造を理解するうえできわめて重要である．1925 年にオーストリア出身の物理学者ヴォルフガング・パウリ（Wolfgang Pauli, 1900–1958）は，多電子原子における電子の配置を支配する原理を発見した．この**パウリの排他原理**（Pauli exclusion principle）によると，**同一原子中にある二つの電子が同じ 4 種類の量子数（$n$，$l$，$m_l$，$m_s$）の組合せをもつことはない**．ある一つの軌道に対しては，$n$，$l$，$m_l$ の値がすでに定まっているため，同じ軌道に電子を二つ入れ，なおかつパウリの排他原理を満たそうとすれば，互いの電子は異なる $m_s$ 値をとる．スピン量子数は二つの値しかとり得ないため，**一つの軌道には最大で 2 個の電子が収容可能で，それらは互いに逆のスピンをもつ**と結論することができる．この制限により，原子中の電子に対して量子数を与え，電子が最もみつかりやすい領域を限定することが可能となった．またこのことが，元素の周期表のすばらしいつくりを理解する鍵となる．

## 6.8　電　子　配　置

軌道の相対的なエネルギーとパウリの排他原理を学んだことで，原子内における電子の配置を考える準備が整った．原子のさまざまな軌道の中に電子がどのように入っているかを示すものが原子の**電子配置**（elec-

*4　前に学んだように，電子は粒子と波動の双方の性格をもつ．したがって図 6.24 で描いた荷電した球の自転の図は，電子が二方向の磁場をもつことをわかりやすく示すための表現に過ぎない．

tron configuration）である．最も安定な電子配置である基底状態では，最もエネルギーの低い軌道に電子が存在する．電子がとり得る量子数の値に制限がなければ，すべての電子は最も安定な 1s 軌道に入るであろう（図 6.23）．しかし，パウリの排他原理により，一つの軌道には最大 2 個の電子しか収容できない．したがって，**軌道はエネルギーの低いものから順に，最大 2 個の電子で満たされていく．**

例えば，リチウム原子について考えてみよう．この原子は 3 個の電子をもつ．1s 軌道には 2 個の電子が収容され，3 個目の電子は 2 番目にエネルギーの低い 2s 軌道に入る．

電子の収容されている副殻を記号で記し，その副殻に収容されている電子数を右肩に上付きで示すこと

化学と生命

## 核磁気共鳴画像法（MRI）

人の体内を直接見ることは，医療診断において最も有益な手法である．近年までは，もっぱらその手段はX線技術によるものであった．しかし，X線は折り重なる体内の臓器を高い分解能で画像化することが難しく，場合によっては病巣や傷ついた組織を確認することができないこともある．さらに，X線は高エネルギー放射線であるため，少量でも潜在的に生理的悪影響を及ぼしかねない．1980 年代に，**核磁気共鳴画像法**（MRI, magnetic resonance imaging）と呼ばれる新たな画像処理技術が開発され，これらの問題点が克服された．

MRI の基礎は**核磁気共鳴**（NMR）であり，1940 年代半ばに発見された技術である．今日では NMR は化学で用いられる最も重要な分光法の一つとなっている．多くの元素では原子核が電子と同様にスピンをもつことが観測されており，これが NMR の基礎となっている．電子スピンのように核スピンも量子化されている．例えば，$^{1}$H の原子核は二つの核スピン量子数 $+1/2$ と $-1/2$ をとり得る．

回転する水素原子核は小さな磁石のような挙動をする．外部からの影響がない場合は二つのスピン状態が同じエネルギーをもつ．しかし，外部磁場の中に原子核が置かれると，核はそのスピンの状態に応じて，磁場に平行または反平行に配列する．平行配列のほうが反平行配列よりも $\Delta E$ だけエネルギーが低い（▶ **図 6.25**）．もし核が $\Delta E$ と同じエネルギーをもつ光子の照射を受けると，核スピンは反転し，平行スピンから反平行スピンへ励起する．二つのスピン状態間で核スピンの反転を観測したデータが NMR スペクトルである．NMR で用いられる照射は 100〜900 MHz のラジオ波の領域であり，1 光子あたりのエネルギーがX線よりもはるかに小さい．

水素は水分の多い体液や脂肪組織の主要な構成元素であることから，水素原子核は MRI の対象として最も好都合である．MRI では人の体を強い磁場の中に寝かせて検査を行う．ラジオ波のパルスを人体に照射し，高度な検出技術を用いることで，医療技術者は体内の特定の深度における組織を可視化し，鮮明な画像を提供する（▶ **図 6.26**）．深度に応じた画像を組み合わせることで，体の三次元画像をつくり出すことが可能となる．

MRI は現代の臨床医学に多大な影響を与え，化学者であるポール・ラウターバー（Paul Lauterbur）と物理学者のピーター・マンスフィールド（Peter Mansfield）は MRI に関する発見により，2003 年ノーベル生理学・医学賞を受賞した．この技術の欠点は費用である．臨床応用されている標準的な MRI 装置の値段は 1 億 5 千万円ほどである．2000 年代に入り常電導磁石を用いた PMRI と呼ばれる新技術が開発され，この重要な診断手法に必要な装置を低価格化し，さらに広く応用する道が開けた．

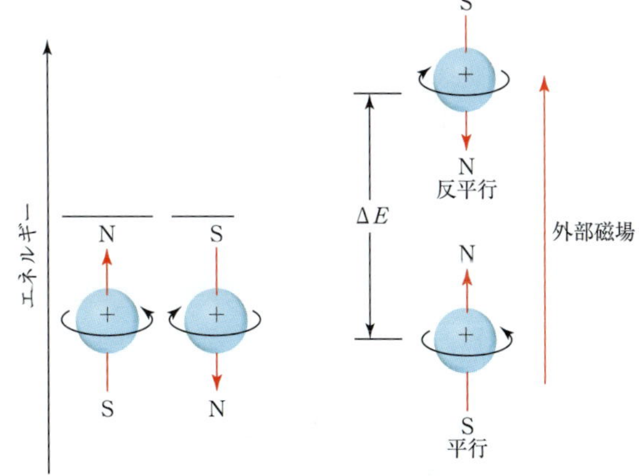


▲**図 6.25　核スピン**
電子スピンと同じく，核スピンは小さな磁場を発生し，二つの許容量をもつ．(a) 外部磁場がない場合は二つのスピンはエネルギーが同じである．(b) 外部磁場がかかると磁場の方向に対して平行となるスピン状態のほうが，磁場方向に対して反平行となるスピン状態よりもエネルギーが低くなる．このエネルギー差 $\Delta E$ は電磁波のラジオ波領域となる．

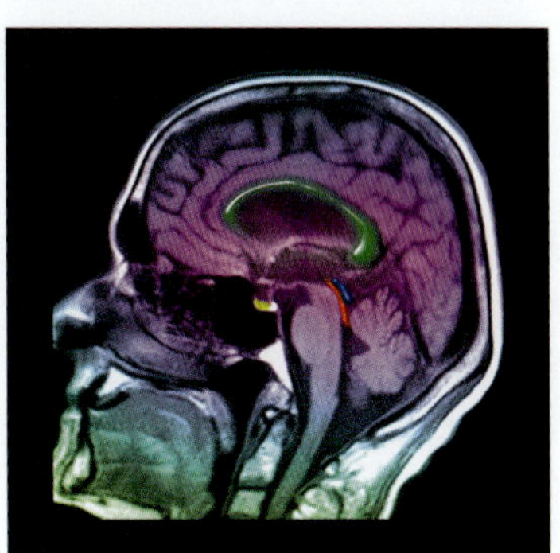

▲**図 6.26　MRI 画像**
この人の頭部の MRI 画像は正常な脳と気道，顔面組織を示している．

で，電子配置を表記する．リチウムの例では$1s^2 2s^1$（“1sに，2sいち”と読む）である．この電子配置は，以下のように表すこともできる．

Li [⥮] [↿]
1s　2s

**軌道図**（orbital diagram）と呼ばれるこの表記では，それぞれの軌道を四角の箱で，電子を半矢印で記す．上向きの矢印（↿）は正のスピン磁気量子数（$m_s = +1/2$）の電子を，下向きの矢印（⇂）は負のスピン磁気量子数（$m_s = -1/2$）を表す．この電子スピンの表示は，図6.24で示した磁場の方向に対応しているため，大変使い勝手がよい．

同じ軌道に互いに逆のスピンをもつ電子が収容される場合（⥮），それらの電子は**電子対**と呼ばれる．また，逆スピンの相方を伴わない電子は**不対電子**と呼ばれる．リチウム原子では1s軌道の2個の電子が電子対で，2s軌道の1個は不対電子である．

## フントの規則

周期表の構成に沿って，元素の電子配置がどう変わるかみてみよう．水素の電子数は1であり，基底状態では1s軌道に収容される．

H [↿] : $1s^1$
1s

ここでは上向きのスピン表記を任意に選んでいる．下向きスピンの電子で基底状態を示しても同じ意味であるが，慣例により不対電子を示すときには上向きスピンで表す．

ヘリウムは二つの電子をもつため，逆のスピンをもつ電子が2個，同じ1s軌道に入ることができる．

He [⥮] : $1s^2$
1s

その結果，最初の殻はすべて満たされる．この配置は，ヘリウムが化学的に不活性であることからわかるように，きわめて安定な配置である．

リチウムと，それに続くいくつかの元素を▶**表6.3**に示した．リチウムの3番目の電子は，主量子数が$n = 2$へと変化している．これは大きなエネルギーの上昇と，原子核・電子間の平均距離の増大を意味している．言い換えれば，この変化は電子が新たな電子殻を占有し始めたということである．周期表を見るとわかるように，リチウムから表の新しい行が始まっている．また，リチウムはアルカリ金属（1族）の最初の構成元素でもある．

リチウムの次に現れる元素ベリリウムの電子配置は$1s^2 2s^2$である（表6.3）．原子番号5番のホウ素は$1s^2 2s^2 2p^1$の電子配置をもち，5番目の電子は2p軌道に入る．2p軌道には三つの軌道があるが，どれもエネルギーが同じであるため，5番目の電子がどの2p軌道に入るかは問題とはならない．

次の炭素では，新たな状況に直面する．6番目の電子がp軌道に入ることはわかるが，この新たな電子はすでに1電子を収容している軌道に入るのか，あるいはその他の2個のp軌道のいずれかに入るのか，どちらだろうか．

この疑問に答えてくれるのが**フントの規則**（Hund's rule）で，**縮重した軌道に対しては同じスピンをもつ電子の数が最大になるとき，最もエネルギーの低い状態が得られる**ことが示されている．すなわち，電子は可能な限り1個ずつ別々の軌道を占有し，副殻に存在するこれらの不対電子はすべて同じスピン磁気量子数をもつということである．このように配置される電子は**平行スピン**と呼ばれる．それゆえ，炭素原子が最も安定となるためには2個の2p電子が同じスピンをもつはずである．そのようになるためには，表6.3に示すように，電子は異なる2p軌道に入らなければならない．したがって，基底状態の炭素原子には2個の不対電子がある．

同様に，基底状態の窒素原子はフントの規則により，3個の2p電子が3個の2p軌道を別々に占めることとなる．これが3個の電子がすべて同じスピンをもつ唯一の方法である．酸素とフッ素については，それぞれ4ないし5個の電子を2p軌道におくこととなる．そのため，例題6.7に示すように，2p軌道において電子の対をつくることとなる．

フントの規則は，電子が互いに反発するという事実に基づくものである．別々の軌道を占めることで，電子は互いに可能な限り離れて存在し，電子どうしの反発を最小限に抑えている．

**表 6.3 いくつかの原子番号の小さい元素の電子配置**

| 元素 | 電子の総数 | 軌道図 1s | 2s | 2p | | | 3s | 電子配置 |
|---|---|---|---|---|---|---|---|---|
| Li | 3 | ⥮ | ↿ | | | | | $1s^2 2s^1$ |
| Be | 4 | ⥮ | ⥮ | | | | | $1s^2 2s^2$ |
| B | 5 | ⥮ | ⥮ | ↿ | | | | $1s^2 2s^2 2p^1$ |
| C | 6 | ⥮ | ⥮ | ↿ | ↿ | | | $1s^2 2s^2 2p^2$ |
| N | 7 | ⥮ | ⥮ | ↿ | ↿ | ↿ | | $1s^2 2s^2 2p^3$ |
| Ne | 10 | ⥮ | ⥮ | ⥮ | ⥮ | ⥮ | | $1s^2 2s^2 2p^6$ |
| Na | 11 | ⥮ | ⥮ | ⥮ | ⥮ | ⥮ | ↿ | $1s^2 2s^2 2p^6 3s^1$ |

## 例題 6.7 軌道図と電子配置

原子番号 8 の酸素の軌道図と電子配置を図示せよ．また，酸素原子の不対電子の数はいくつか．

### 解 法

**問題の分析と方針** 酸素は原子番号が 8 なので，酸素原子は 8 個の電子をもつ．図 6.23 に軌道の順番が示されている．電子（矢印で表す）は最も低エネルギーの軌道である 1s 軌道（箱で示されている）から配置される．どの軌道も最大 2 個の電子を収容できる（パウリの排他原理）．2p 軌道は縮重しているので，これらの軌道にそれぞれ一つずつ電子を入れてから（上向きのスピン），二つ目の電子を対にして入れる（フントの規則）．

**解** 1s と 2s 軌道には，それぞれスピンが対になった 2 電子が一組ずつ入る．これにより，残りの 4 個の電子が 3 個の縮重した 2p 軌道に入ることになる．フントの規則に従い，3 個の 2p 軌道それぞれに一つずつ電子を入れる．4 番目の電子は，すでに 1 電子が収容されている 3 個の 2p 軌道のうちの一つに，対にして入れる．軌道図は以下のようになる．

| 1s | 2s | 2p | | |
|---|---|---|---|---|
| ⥮ | ⥮ | ⥮ | ↿ | ↿ |

上の軌道図に相当する電子配置は $1s^2 2s^2 2p^4$ である．この原子には不対電子が 2 個ある．

**演 習**

(a) 原子番号 14 のケイ素の電子配置を書け．(b) ケイ素原子の基底状態にはいくつの不対電子があるか．

## 電子配置の表示

2p 軌道の充塡はネオンで完結し（表 6.3），ネオンは最外殻に 8 電子（**オクテット**）が収容された安定な電子配置となる．次の元素，原子番号 11 番のナトリウムから，周期表の次の行が新たに始まる．ナトリウムは，ネオンの安定な配置の外に，3s 軌道に 1 電子を有するので，ナトリウムの電子配置は以下のように略記する．

$$\mathrm{Na : [Ne]3s^1}$$

［Ne］の記号はネオンの電子配置である $1s^2 2s^2 2p^6$ を表している．電子配置を $[Ne]3s^1$ と書くことで，ナトリウムの化学反応性に大きな影響を与える最外殻の 1 電子に着目させる効果がある．このような**短縮電子配置**（condensed electron configuration）の表記法は一般化することができる．目的の元素より原子番号の小さいもののうちで，最も近くに位置する貴ガスの元素記号を括弧に入れる．リチウムを例にとると，以下のように書き表せる．

$$\mathrm{Li:[He]2s^1}$$

この［　］で括られた記号によって表される電子を，原子の**貴ガス内殻**（noble-gas core）という．より一般的には，これら内側の電子殻を占める電子は，**内殻電子**（core electron）と呼ばれる．その外側に位置する電子は**外殻電子**（outer-shell electron）である．そのうち，化学結合に関与する電子は**価電子**（valence electron）と呼ばれる．原子番号が30以下の元素については，すべての外殻電子が価電子である．リチウムとナトリウムの短縮電子配置を比べると，これらの2元素がなぜよく似た化学的挙動を示すかがわかるだろう．これらの元素は，最外殻の電子配置が同じ型である．実際，アルカリ金属（1族）はすべて，貴ガス配置のほかに，s軌道に価電子を1個もつ（▼**図6.27**）．

## 遷移金属

ナトリウムから始まる周期は，貴ガスのアルゴン（$1s^2 2s^2 2p^6 3s^2 3p^6$）で終わる．次の原子番号19のカリウムKは，アルカリ金属の一つである．この元素の性質からも，カリウムの最外殻電子がs軌道に存在することは疑う余地がない．19個目の電子は3d軌道ではなく，よりエネルギーの低い4s軌道（図6.23）に収容され，以下の電子配置となる．

$$\mathrm{K:[Ar]4s^1}$$

4s軌道の次に電子は3d軌道に入る．スカンジウムScから亜鉛Znまでの元素において，5個の3d軌道がすべて満たされるまで電子が入っていく．したがって，周期表の第四周期は，その上二つの周期よりも10元素分長くなる．この10元素は**遷移元素**（transition element），あるいは**遷移金属**（transition metal）として知られている．これらの元素が周期表の中に占める位置を確認しておこう．

遷移元素の電子配置もフントの規則に従う．二つの例を以下に示す．

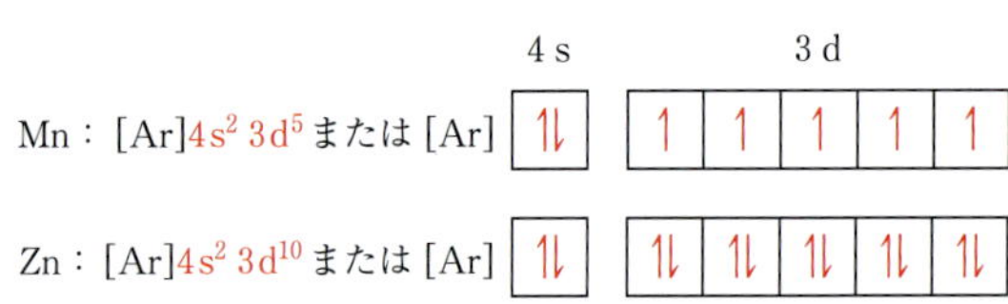


3d軌道がすべて満たされると，次に4p軌道を満たすまで電子が入り，原子番号36の貴ガス元素クリプトンKrで外殻電子のオクテット（$4s^2 4p^6$）が完成する．第五周期はルビジウムRbで始まる．この周期は，第四周期と類似している．

**考えてみよう**

6s軌道と5d軌道では，どちらが先に電子で満たされるだろうか．周期表の構造から考えてみよ．

## ランタノイドとアクチノイド

ここで，表紙裏や2章図2.13の周期表をみながら元素の配列をみよう．第六周期は，6s軌道に電子が1個のセシウムCsと，2個のバリウムBaから始まる．しかし，ここで周期表に中断が入り，原子番号57～71の元素は表下の欄外に置かれる．この中断箇所で，私たちは新たな4f軌道にお目にかかることとなる．

4f軌道には縮重した7個の軌道が存在する．したがって，この4f軌道を満たすには14個の電子が必要である．この4f軌道の占有に相当する14元素と次のルテチウムは，**ランタノイド元素**（lanthanoid element）と呼ばれる．3族のスカンジウム，イットリウムYとランタノイド元素は**希土類元素**（rare earth element）あるいは**レアアース**として知られている．ランタノイド元素は周期表の下に分けて置かれているが，これは周期表が不必要に長くなるのを避けるためである．ランタノイド元素の性質はどれも似通っており，またこれらは自然界にまとまって存在している．

| 1 |
| --- |
| 3<br>Li<br>[He]$2s^1$ |
| 11<br>Na<br>[Ne]$3s^1$ |
| 19<br>K<br>[Ar]$4s^1$ |
| 37<br>Rb<br>[Kr]$5s^1$ |
| 55<br>Cs<br>[Xe]$6s^1$ |
| 87<br>Fr<br>[Rn]$7s^1$ |
| アルカリ金属 |

▲**図6.27**　アルカリ金属（周期表1族）の短縮電子配置

長年の間，これらの元素を互いに分離することは実質的に不可能であった．

4f 軌道と 5d 軌道のエネルギーはとても近いため，ランタノイド元素の中には 5d 軌道に電子をもつものも少なくない．例えば，ランタン La，セリウム Ce，プラセオジム Pr は，次に示す電子配置をもつ．

| [Xe]$6s^2 5d^1$ | [Xe]$6s^2 5d^1 4f^1$ | [Xe]$6s^2 4f^3$ |
|---|---|---|
| ランタン | セリウム | プラセオジム |

ランタノイド元素の次に 3 番目の遷移元素群が続き，5d 軌道が満たされると完了する．これに続いて 6p 軌道に電子が入っていく．この段階で，既知の貴ガス元素として最大のラドン Rn の電子配置が完成する．

最後の周期は 7s 軌道の充塡から始まる．次に 5f 軌道に電子が入っていく**アクチノイド元素**（actinoid element）が続く．アクチノイドとしては，ウラン U（原子番号 92）とプルトニウム Pu（原子番号 94）が最もよく知られている．アクチノイド元素はいずれも放射性で，自然界にはほとんど存在しない．

## 6.9 電子配置と周期表

ここまで，元素の電子配置が周期表の場所と対応することをみてきた．周期表の同じ列にある元素は同じような型の外殻電子（価電子）配置をもっている．▶**表 6.4** には，外殻に $ns^2$ の電子配置をもつ 2 族と $ns^2np^1$ の電子配置をもつ 13 族について，原子番号が大きくなる順にすべてを列挙した．

**表 6.4　2 族，13 族の電子配置**

| 2 族 | | 13 族 | |
|---|---|---|---|
| Be | [He]$2s^2$ | B | [He]$2s^2 2p^1$ |
| Mg | [Ne]$3s^2$ | Al | [Ne]$3s^2 3p^1$ |
| Ca | [Ar]$4s^2$ | Ga | [Ar]$3d^{10} 4s^2 4p^1$ |
| Sr | [Kr]$5s^2$ | In | [Kr]$4d^{10} 5s^2 5p^1$ |
| Ba | [Xe]$6s^2$ | Tl | [Xe]$4f^{14} 5d^{10} 6s^2 6p^1$ |
| Ra | [Rn]$7s^2$ | | |

▶**図 6.28** に示すように，周期表は軌道が充塡される順序に基づいて，四つのブロックに分類することができる．左の二つの青い列は，アルカリ金属（1 族）とアルカリ土類金属（2 族）であり，原子価軌道としての s 軌道が充塡される元素である．この 2 列が s ブロックを構成する．

右のピンク色の 6 列は p ブロックを構成し，これらは p 軌道の充塡にかかわる元素である．この s ブロックと p ブロックの元素はともに**典型元素**（representative element）あるいは**主族元素**（main-group element）である．

オレンジ色のブロックには遷移金属を含む 10 列があり，これらの元素は d 軌道の充塡に関連する d ブロックを構成する．

褐色の 2 行 14 列は，f 軌道の充塡に関与する f ブロックを構成している．そのため，これらの元素はしばしば **f ブロック金属**（f-block metal）と呼ばれる．IUPAC 周期表では，La ～ Lu および Ac ～ Lr を含めて 2 行 15 列を f ブロックとしている．

f ブロックはスペースを効果的に利用するため，ほとんどの場合，周期表の下に置かれる．原著の周期表を▶**図 6.29** に示す[※2]．

電子配置を書くために周期表を使ってみよう．ここでは原子番号 34 のセレン Se について考える．セレンの原子番号より小さい元素の中で最も原子番号が近い貴ガスは，原子番号 18 のアルゴンである．したがって，Se の貴ガス内殻は [Ar] となる．次頁の図の矢印に従って電子を充塡していくことで，Se の短縮電子配置が [Ar]$4s^2 3d^{10} 4p^4$ と求められる（図 6.28 の通

※2　訳注：この節の本文および図 6.29 で示した周期表は原著の周期表の枠組みに従ったものである．米国では周期表はいろいろなものが使われており，教科書によっても異なる．原著に採用されている周期表は非常にわかりやすいものであるが，読者の混乱を避けるため，本書では図 6.29 以外日本ですべての教科書に使われている IUPAC の周期表を使うこととした．図 6.29 の周期表で使われているランタニド，アクチニドの語は，米国でランタノイド，アクチノイドに対して使われている用語である．
図 6.29 の周期表枠組には，優れている点が多い．
1．d ブロック元素と f ブロック元素の位置が明確なこと．
2．各周期に d ブロック元素が 10 個，f ブロック元素が 14 個配置されているが，これらは d および f 副殻の軌道の数と一致すること．
3．この枠組みでは，3 族元素として Sc，Y の下に Lu，Lr が並ぶ．Lu の電子配置は Sc，Y と類似している．つまり Lu を d ブロック元素とするのは妥当であること．
4．図 6.28 の超長周期の周期表に元素名を入れると図 6.29 に一致すること．IUPAC 周期表の場合には超長周期の周期表と元素の配置が異なる．

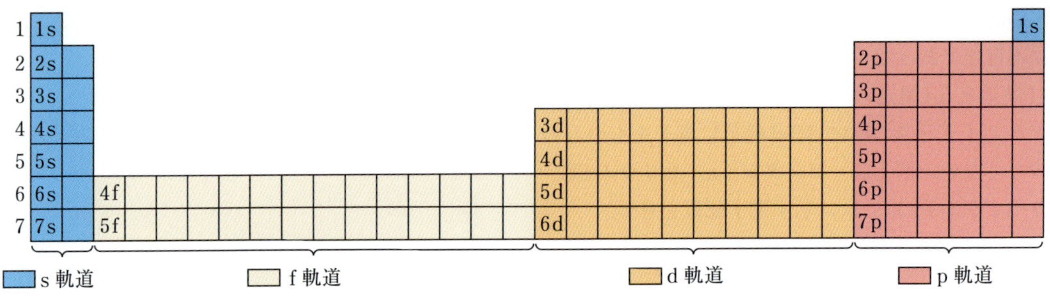


▲図 6.28　周期表の領域区分

り，d ブロックの主量子数は直前の s ブロック元素よりもつねに 1 小さい）．電子配置の書き方として，主量子数の増加する順に表すこともできる．その場合は，[Ar]$3d^{10}4s^{2}4p^{4}$ となる．

確認のため電子数を計算すると，[Ar] の内殻が 18，4s，3d，4p 副殻の電子数がそれぞれ 2，10，4 で，合計数が 34 となり Se の原子番号と一致する．

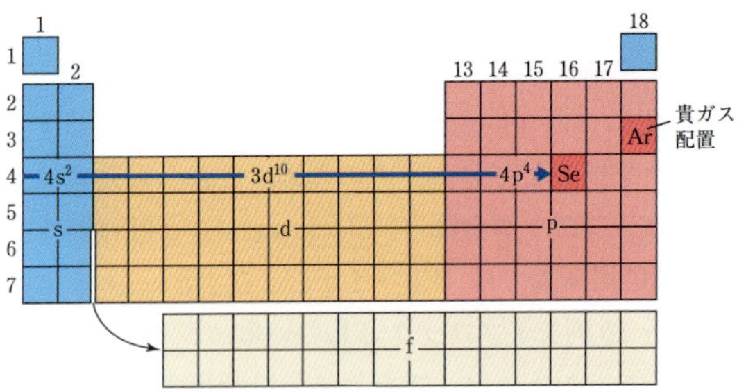


図 6.29 に全元素の基底状態における価電子の電子配置を示す．この図を使って，電子配置を書く練習を行うときに答を確認することができる．

図 6.29 を用いて価電子の考え方を再度検証してみよう．例えば，Cl([Ne]$3s^{2}5p^{5}$) から Br([Ar]$3d^{10}4s^{2}4p^{5}$) までの電子配置をみると，途中の元素では [Ar] 内殻の外側にある 3d 副殻が順に電子で満たされていく．Br の 3d の電子は確かに外殻電子ではあるが，これらは化学結合にかかわることはなく，そのため価電子とはみなされない．Br の価電子は 4s と 4p 軌道の電子 ($4s^{2}4p^{5}$) だけである．一般的に，典型元素の場合，すべて電子で満たされた d と f の副殻は価電子とはみなさない．また，遷移元素の場合，すべて充塡されている f 副殻は価電子に含めない．

### 例題 6.8　族の電子配置

17 族元素ハロゲンの価電子の電子配置における特徴は何か．

#### 解　法

**問題の分析と方針**　最初に周期表でハロゲンの位置を確かめ，初めの 2 個のハロゲン元素の電子配置を書き，共通の類似点を見極める．

**解**　ハロゲン族の初めの元素はフッ素である（F，原子番号 9）．F より前の元素をたどると，内殻の貴ガス構造である [He] がみつかる．He から次の大きい元素に移ると，3 番元素の Li がある．Li は s ブロックの第二周期にあるので，2s 副殻に電子を入れる．このブロックで $2s^{2}$ となる．周期表をさらに右へ進むと p ブロックに入る．F までのマス目を数えると，F は $2p^{5}$ であることがわかる．したがって，フッ素の短縮電子配置は以下の通りである．

$$\mathrm{F:[He]}2s^{2}2p^{5}$$

2 番目のハロゲンである塩素の電子配置は，

$$\mathrm{Cl:[Ne]}3s^{2}3p^{5}$$

これら 2 例から，ハロゲンの特徴的な価電子配置は $ns^{2}np^{5}$ であるとわかる．ここで，$n$ の範囲はフッ素の 2 からアスタチンの 6 までである．

#### 演　習

最外殻の電子配置が $ns^{2}np^{2}$ となる元素は，どの族に属するか．

| 貴ガス内殻 | 1 | 2 | 3 | 4 | 5 | 6 | 7 | 8 | 9 | 10 | 11 | 12 | 13 | 14 | 15 | 16 | 17 | 18 |
|---|---|---|---|---|---|---|---|---|---|---|---|---|---|---|---|---|---|---|
| | 1 H $1s^1$ | | | | | | | | | | | | | | | | | 2 He $1s^2$ |
| [He] | 3 Li $2s^1$ | 4 Be $2s^2$ | | | | | | | | | | | 5 B $2s^22p^1$ | 6 C $2s^22p^2$ | 7 N $2s^22p^3$ | 8 O $2s^22p^4$ | 9 F $2s^22p^5$ | 10 Ne $2s^22p^6$ |
| [Ne] | 11 Na $3s^1$ | 12 Mg $3s^2$ | | | | | | | | | | | 13 Al $3s^23p^1$ | 14 Si $3s^23p^2$ | 15 P $3s^23p^3$ | 16 S $3s^23p^4$ | 17 Cl $3s^23p^5$ | 18 Ar $3s^23p^6$ |
| [Ar] | 19 K $4s^1$ | 20 Ca $4s^2$ | 21 Sc $4s^23d^1$ | 22 Ti $4s^23d^2$ | 23 V $4s^23d^3$ | 24 Cr $4s^13d^5$ | 25 Mn $4s^23d^5$ | 26 Fe $4s^23d^6$ | 27 Co $4s^23d^7$ | 28 Ni $4s^23d^8$ | 29 Cu $4s^13d^{10}$ | 30 Zn $4s^23d^{10}$ | 31 Ga $4s^23d^{10}4p^1$ | 32 Ge $4s^23d^{10}4p^2$ | 33 As $4s^23d^{10}4p^3$ | 34 Se $4s^23d^{10}4p^4$ | 35 Br $4s^23d^{10}4p^5$ | 36 Kr $4s^23d^{10}4p^6$ |
| [Kr] | 37 Rb $5s^1$ | 38 Sr $5s^2$ | 39 Y $5s^24d^1$ | 40 Zr $5s^24d^2$ | 41 Nb $5s^24d^3$ | 42 Mo $5s^14d^5$ | 43 Tc $5s^24d^5$ | 44 Ru $5s^14d^7$ | 45 Rh $5s^14d^8$ | 46 Pd $4d^{10}$ | 47 Ag $5s^14d^{10}$ | 48 Cd $5s^24d^{10}$ | 49 In $5s^24d^{10}5p^1$ | 50 Sn $5s^24d^{10}5p^2$ | 51 Sb $5s^24d^{10}5p^3$ | 52 Te $5s^24d^{10}5p^4$ | 53 I $5s^24d^{10}5p^5$ | 54 Xe $5s^24d^{10}5p^6$ |
| [Xe] | 55 Cs $6s^1$ | 56 Ba $6s^2$ | 71 Lu $6s^24f^{14}5d^1$ | 72 Hf $6s^24f^{14}5d^2$ | 73 Ta $6s^24f^{14}5d^3$ | 74 W $6s^24f^{14}5d^4$ | 75 Re $6s^24f^{14}5d^5$ | 76 Os $6s^24f^{14}5d^6$ | 77 Ir $6s^24f^{14}5d^7$ | 78 Pt $6s^14f^{14}5d^9$ | 79 Au $6s^14f^{14}5d^{10}$ | 80 Hg $6s^24f^{14}5d^{10}$ | 81 Tl $6s^24f^{14}5d^{10}6p^1$ | 82 Pb $6s^24f^{14}5d^{10}6p^2$ | 83 Bi $6s^24f^{14}5d^{10}6p^3$ | 84 Po $6s^24f^{14}5d^{10}6p^4$ | 85 At $6s^24f^{14}5d^{10}6p^5$ | 86 Rn $6s^24f^{14}5d^{10}6p^6$ |
| [Rn] | 87 Fr $7s^1$ | 88 Ra $7s^2$ | 103 Lr $7s^25f^{14}6d^1$ | 104 Rf $7s^25f^{14}6d^2$ | 105 Db $7s^25f^{14}6d^3$ | 106 Sg $7s^25f^{14}6d^4$ | 107 Bh $7s^25f^{14}6d^5$ | 108 Hs $7s^25f^{14}6d^6$ | 109 Mt $7s^25f^{14}6d^7$ | 110 Ds $7s^25f^{14}6d^8$ | 111 Rg $7s^25f^{14}6d^9$ | 112 Cn $7s^25f^{14}6d^{10}$ | 113 Nh $7s^25f^{14}6d^{10}7p^1$ | 114 Fl $7s^25f^{14}6d^{10}7p^2$ | 115 Mc $7s^25f^{14}6d^{10}7p^3$ | 116 Lv $7s^25f^{14}6d^{10}7p^4$ | 117 Ts $7s^25f^{14}6d^{10}7p^5$ | 118 Og $7s^25f^{14}6d^{10}7p^6$ |

| | | | | | | | | | | | | | | | |
|---|---|---|---|---|---|---|---|---|---|---|---|---|---|---|---|
| [Xe] | ランタニド | 57 La $6s^25d^1$ | 58 Ce $6s^24f^15d^1$ | 59 Pr $6s^24f^3$ | 60 Nd $6s^24f^4$ | 61 Pm $6s^24f^5$ | 62 Sm $6s^24f^6$ | 63 Eu $6s^24f^7$ | 64 Gd $6s^24f^75d^1$ | 65 Tb $6s^24f^9$ | 66 Dy $6s^24f^{10}$ | 67 Ho $6s^24f^{11}$ | 68 Er $6s^24f^{12}$ | 69 Tm $6s^24f^{13}$ | 70 Yb $6s^24f^{14}$ |
| [Rn] | アクチニド | 89 Ac $7s^26d^1$ | 90 Th $7s^26d^2$ | 91 Pa $7s^25f^26d^1$ | 92 U $7s^25f^36d^1$ | 93 Np $7s^25f^46d^1$ | 94 Pu $7s^25f^6$ | 95 Am $7s^25f^7$ | 96 Cm $7s^25f^76d^1$ | 97 Bk $7s^25f^9$ | 98 Cf $7s^25f^{10}$ | 99 Es $7s^25f^{11}$ | 100 Fm $7s^25f^{12}$ | 101 Md $7s^25f^{13}$ | 102 No $7s^25f^{14}$ |

金属　メタロイド　非金属

**▲図 6.29 元素の外殻電子配置**

この周期表の枠組みは原著に従ったもので，IUPAC 周期表とは異なる．

## 電子配置の不規則性

元素の中には，これまで学んできた規則に合わない電子配置をもつものがある．図 6.29 に示したクロム（原子番号 24）の例では，電子配置は予想される $[Ar]3d^44s^2$ ではなく，$[Ar]3d^54s^1$ である．同様に，銅（原子番号 29）は $[Ar]3d^94s^2$ ではなく，$[Ar]3d^{10}4s^1$ である．

この変則的な挙動は，3d 軌道と 4s 軌道のエネルギーが近いことによる．縮重している軌道がちょうど半分電子で満たされる場合（クロム）や，d 軌道が完全に満たされる場合（銅）に，しばしば起こる現象である．類似の事例が原子番号がより大きい遷移金属（4d あるいは 5d 軌道が部分的に満たされている場合など）や，f ブロックの金属でも起こることがある．

**考えてみよう**

Ni，Pd，Pt は，すべて同じ族の元素である．図 6.29 でこれらの元素の電子配置を調べると，この族の $nd$ 軌道および $(n+1)$ s 軌道の相対エネルギーについて，いかなる結論が得られるだろうか．

## 例題 6.9　周期表から電子配置を求める

(a) 周期表の位置に基づき，83 番元素であるビスマスの短縮電子配置を書け．
(b) ビスマス原子には不対電子がいくつ存在するか．

### 解　法

解　(a) まず貴ガス内殻を調べる．周期表でビスマスの位置を確かめる．そしてビスマスより前の元素をたどると，最も近い貴ガスは 54 番元素の Xe である．したがって，貴ガス内殻は [Xe] である．

次に，Xe から Bi まで原子番号が大きくなる順にたどっていく．Xe から 55 番元素の Cs へ進むと s ブロックの第六周期になる．ここで 2 電子を加える：$6s^2$.

s ブロックの 56 番元素から 57 番元素へ移ると，周期表の下に示した曲がり矢印に従って f ブロックに入る．f ブロックの最初の行は副殻 4f に相当する．このブロックを通過する段階で，さらに 14 電子を加える：$4f^{14}$.

71 番元素から d ブロックの 3 行目に入る．d ブロックの最初の行は 3d なので，2 行目，3 行目はそれぞれ 4d，5d である．したがって，71 番元素から 80 番元素までの 10 元素を通過すると，副殻 5d に 10 個の電子が入ることになる：$5d^{10}$.

81 番元素から副殻 6p の p ブロックになる（p ブロックの主量子数は s ブロックと同じであることを思い出そう）．Bi までたどり着くのに 3 電子が必要である：$6p^3$．ここまでたどってきた順路を右上の図に示す．

これまでの構成要素を合わせると，短縮電子配置が得られる：$[Xe]6s^2 4f^{14} 5d^{10} 6p^3$．この配置は，主量子数の順に副殻を並べ替えて書き表してもよい：$[Xe]4f^{14} 5d^{10} 6s^2 6p^3$.

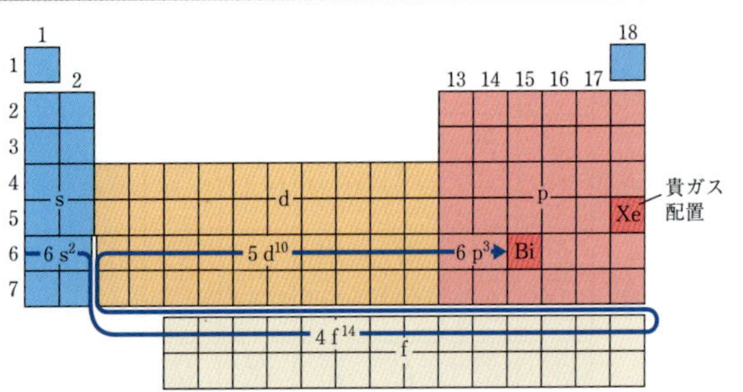


最後に，電子の数が Bi の原子番号 83 に等しいか，結果をチェックする．Xe は 54 個の電子をもっている（原子番号が 54 である）ので，54 + 2 + 14 + 10 + 3 = 83.

(b) 電子配置から，副殻 6p には電子が 3 個あることがわかる．その軌道図は以下のようになる．

フントの規則より，3 個の電子は 3 個の 6p 軌道を一つずつ占有する．これらのスピンは平行なので，ビスマス原子には 3 個の不対電子がある．

**演　習**

周期表を使って (a) Co（27 番元素），(b) In（49 番元素）の短縮電子配置を書け．

## 総合例題　これまでの章の概念も含めた例題

原子番号 5 のホウ素には二つの同位体があり，自然界には $^{10}B$ と $^{11}B$ がそれぞれ 19.9%，80.1% の比で存在する．

(a) 二つの同位体はどの点が互いに異なるか．$^{10}B$ の電子配置は $^{11}B$ のそれと異なるか．
(b) $^{11}B$ の原子の軌道図を書け．どの電子が価電子か．
(c) ホウ素の 1s 軌道と 2s 軌道の違いについて，主な点を三つ指摘せよ．
(d) 単体のホウ素とフッ素が反応すると，気体の $BF_3$ が生じる．固体のホウ素と気体のフッ素の反応について，化学反応式を書け．
(e) $BF_3(g)$ の $\Delta H_f^\circ$ は −1135.6 kJ/mol である．ホウ素とフッ素の反応における標準エンタルピー変化を計算せよ．
(f) $^{10}BF_3$ と $^{11}BF_3$ で F の質量% は同じか．異なる場合はなぜそうなるか．

## 解　法

解　(a) ホウ素の同位体は原子核内の中性子の数が異なる（§2.3，§2.4）．それぞれの同位体は5個の陽子と5個の電子をもつので，まったく同じ電子配置，$1s^2 2s^2 2p^1$ である．

(b) 完全な軌道図は以下の通り．

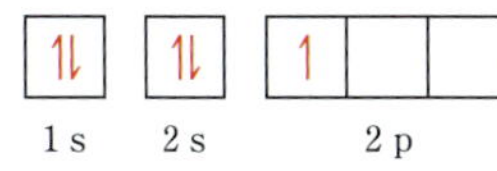

価電子は最も外側の殻，$2s^2$ と $2p^1$ の電子である．$1s^2$ 電子は短縮電子配置，[He]$2s^2 2p^1$ の [He] で示した内殻を構成している．

(c) 1sと2s軌道はどちらも球状であるが，主に三つの点で異なる：はじめに，1s軌道のほうが2s軌道に比べてよりエネルギーが低い．2番目に，1s軌道は2s軌道に比べて小さい．3番目に，2s軌道には一つの節があるが，1s軌道には節がない（図6.19）．

(d) 化学反応式は　$2B(s) + 3F_2(g) \longrightarrow 2BF_3(g)$

(e) $\Delta H^\circ = 2(-1135.6) - (0 + 0) = -2271.2$ kJ
反応は大きな発熱を伴う．

(f) 異なる．物質中の元素の質量%はその物質の式量に依存する．$^{10}BF_3$ と $^{11}BF_3$ は同位体の質量が異なるため，それぞれ式量が異なる（$^{10}B$ と $^{11}B$ の質量はそれぞれ 10.01294 u，11.00931 u）．

## 章のまとめとキーワード

**光の波長と振動数（序論と§6.1）**　原子の**電子構造**は，原子核の周りの電子のエネルギーと電子の配置を表したものである．原子の電子構造は，光と物質の相互作用の研究結果から明らかになったものが多い．

可視光やその他の**電磁波**は，真空中を光速，$c = 2.998 \times 10^8$ m/s で伝わる．電磁波には，周期的に波状に変化する電場成分と磁場成分がある．電磁波は**波長** $\lambda$ と**振動数** $\nu$ で表すことができ，その関係は $\lambda\nu = c$ となる．

**量子化されたエネルギーと光子（§6.2）**　プランクは，物体が得る，または失う放射エネルギーは，最小量の倍数であるとした．この最小量 $E$ は電磁波の振動数 $\nu$ と $E = h\nu$ の関係にある．この最小量は**量子**，定数 $h$ は**プランク定数**と呼ばれ，$h = 6.626 \times 10^{-34}$ J·s である．量子論では，エネルギーは量子化されている．これはエネルギーが不連続なとびとびの値しかとらないことを意味する．

アインシュタインは量子論を用いて，金属表面に光をあてると電子が放出される**光電効果**を説明した．光は**光子**と呼ばれる量子化されたエネルギーの塊で構成されているとアインシュタインは提唱した．光子1個のエネルギーは，$E = h\nu$ である．

**輝線スペクトルとボーアモデル（§6.3）**　電磁波を波長ごとに分散させるとスペクトルが得られる．すべての波長を含むスペクトルを**連続スペクトル**，特定の波長だけしか含まないスペクトルを**輝線スペクトル**と呼ぶ．励起状態の水素原子が発するのは輝線スペクトルである．

ボーアは，このことを説明できる水素原子のモデルを提案した．このモデルでは，水素原子の軌道と電子のエネルギーは**主量子数**と呼ばれる量子数 $n$ の値に依存する．$n$ の値は正の整数（1，2，3…）である．$n = 1$ のとき，軌道半径は最も小さく，エネルギーが最低である．$n$ が大きくなると，軌道もエネルギーも増す．$n = \infty$ つまり電子が原子核から無限遠に離れた状態は，電子のエネルギーの基準で，ゼロとする．この基準によるエネルギーを**エネルギー準位**という．$n = 1$ の軌道に電子が存在するとき，水素原子は**基底状態**にあるという．$n = 1$ 以外の軌道に電子が存在するときは，水素原子は**励起状態**にあるという．

電子が高エネルギー準位から低エネルギー準位の軌道に移るとき光が放出され，光が吸収されると電子は低エネルギー準位から高エネルギー準位の軌道へ励起される．放出あるいは吸収される光の振動数は，$h\nu$ が各軌道のエネルギー差に等しい値となる．

**物質の波としての挙動（§6.4）**　ド・ブロイは電子のような物質粒子は波のような性質をもつという考えを提唱した．この**物質波**の仮説は，電子が回折する現象が観察されて，実証された．物体にはその**運動量** $mv$ に依存する特徴的な波長があり，$\lambda = h/mv$ の関係がある．

電子に波としての性質があるという発見は，ハイゼンベルクの**不確定性原理**につながった．これは粒子の位置と運動量を同時に正確に測定するには本来限界があるという理論である．

**量子力学と原子軌道（§6.5）**　水素原子の量子力学的モデルでは，電子の挙動は**波動関数**と呼ばれる関数によって表され，ギリシャ文字 $\psi$ で表示される．各波動関数では，エネルギー状態は正確に把握されるが，電子の位置を正確に特定することはできず，空間内の特定の点に電子がみつかる確率が**確率密度**（$\psi^2$）から得られる．**電子密度**分布は，空間内で電子がみつかる確率を表した図である．

水素原子の波動関数は軌道と呼ばれる．**軌道**は，整数1個と1文字を組み合わせて表示され，3種の量子数の値に対応している．**主量子数** $n$ は，整数1，2，3…で表され，軌道の大きさとエネルギーに最も直接的に関係している．

**方位量子数** $l$ は，数字の0，1，2，3の値に対応する文字s，p，d，fで表される．方位量子数により軌道の形が決まる．ある $n$ の値に対して，$l$ は0から $(n-1)$ までの整数となる．**磁気量子数** $m_l$ は空間中の軌道の方向に関係している．ある $l$ の値に対して，$m_l$ は0を含む $-l$ から $l$ までの整数となる．下付きの文字は軌道の向きを示すのに用いられる．例えば，3個の3p軌道は $3p_x$，$3p_y$，$3p_z$ と呼ばれ，下付きの文字は軌道が沿う軸を表している．

電子殻とは3s，3p，3dのように同じ $n$ をもつ軌道の集まりのことである．水素原子では，電子殻中の軌道のエネルギーはすべて同じである．**副殻**は，同じ $n$ と $l$ の値をもつ1個以上の軌道の集まりのことである．例えば3s，3p，3dは $n=3$ の電子殻の副殻である．副殻にある軌道の数は，s副殻が1，p副殻が3，d副殻が5，f副殻が7である．

**軌道の表示（§6.6）**　軌道の形を視覚化するには，輪郭表示が有用である．この方法で表した場合，s軌道は球体で，$n$ が大きくなると球体が大きくなる．**動径確率関数**を用いると，核から一定の距離のところに電子がみつかる確率が求められる．各p軌道の波動関数では，核を挟んだ両側に，$x$ 軸，$y$ 軸，$z$ 軸に沿った2個のローブで表される．5個のd軌道のうち4個は，核の周りに4個のローブがある形であり，5個目の $d_{z^2}$ 軌道は $z$ 軸に沿う二つのローブと $xy$ 平面上の“ドーナツ形”で表される．

波動関数がゼロの領域は，**節**と呼ばれる．節に電子がみつかる可能性はゼロである．

**多電子原子（§6.7）**　多電子原子では，同じ電子殻の各副殻のエネルギーはそれぞれ異なる．$l$ の値が大きくなると，副殻のエネルギーは増加し，$ns < np < nd < nf$ となる．同じ副殻内の軌道は**縮重**（縮退），すなわち同じエネルギー準位にある．

電子には量子化された**電子スピン**と呼ばれる固有の性質がある．**スピン磁気量子数**（$m_s$）は $+1/2$ と $-1/2$ の二つの値をとるが，これは軸の周りを回転している電子の方向が二つあると想定することができる．**パウリの排他原理**によると，一つの原子の2個の電子が，同じ $n$，$l$，$m_l$，$m_s$ の値をとることはない．この原理により，1個の原子軌道に入る電子の数は2個に制限される．この2個の電子は，異なる $m_s$ 値をもつ．

**電子配置と周期表（§6.8，§6.9）**　原子の**電子配置**は，電子が各軌道にどのように配置されているかを示すものである．基底状態の電子配置では，各軌道に入る電子は2個以下であるという制限に従い，通常，最も低いエネルギーの原子軌道から順に電子が配置される．2p副殻のように縮重した軌道が三つ以上ある副殻に電子が入る場合，**フントの規則**に従う．この規則では，同じ電子スピンの電子の数を最大にするとエネルギーが最も低くなるとされる．例えば，炭素の基底状態の電子配置では，2個の2p電子は同じスピンをもち，それぞれ別の2p軌道に入る．

周期表において同じ族に属している元素は，最外殻の電子配置が同じである．例えば，ハロゲン元素であるフッ素の電子配置は $[He]2s^22p^5$，塩素の電子配置は $[Ne]3s^23p^5$ である．外殻電子とは，原子番号がより小さい直近の貴ガス元素の電子が満たす軌道の外側に位置する電子のことである．化学結合に関与する外殻電子は原子の**価電子**と呼ばれる．原子番号30以下の元素では，すべての外殻電子が価電子である．価電子ではない電子は**内殻電子**と呼ばれる．

電子配置に基づいて，周期表を分割し，元素をさまざまな種類に分けることができる．最も外側の副殻がsまたはp副殻である元素は**典型元素**（または**主族元素**）と呼ばれる．アルカリ金属（1族），ハロゲン（17族），貴ガス（18族）は典型元素である．原子番号の増加に従い，d副殻が電子で満たされていく元素は**遷移元素**（または**遷移金属**）と呼ばれる．周期表の枠組みは第四周期以降，IUPAC周期表と異なるものもある．以下の文中カッコ内は，原書で使われている図6.29についてのものである．4f副殻が電子で満たされていく元素は**ランタノイド（ランタニド）元素**，これにSc，Yを加えた17元素は**希土類元素**と呼ばれる．**アクチノイド（アクチニド）元素**は5f副殻が電子で満たされていく元素のことである．ランタノイド（ランタニド）元素とアクチノイド（アクチニド）元素をまとめて**fブロック金属**と呼ぶ．これらの元素は，周期表の主要部分の下に15（14）個の元素を1列に並べて2列で示されている．図6.29にまとめた周期表の元素の位置から電子配置を書くことができる．

# 練 習 問 題

**6.1** ある調理器具からは2450 MHzの振動数をもつ電磁波が出る．図6.4を参考にして以下の問いに答えよ．
(a) この電磁波の波長を算定せよ．
(b) この器具から生じる電磁波は目で見ることができるか．
(c) もし，見えない場合，この電磁波の光子がもつエネルギーは可視光の光子と比べて大きいかまたは小さいか．
(d) この調理器具は何か．英語と日本語で答えよ．
[§6.1]

**6.2** 身近な現象である虹は，日光が雨粒で屈折，反射することにより生じる．
(a) 虹の最も内側の帯から外側に進むにつれて，光の波長は増加するかまたは減少するか．
(b) 外側に進むにつれて光の振動数は増加するかまたは減少するか．
(c) 日光のかわりに水素放電管（図6.10）から出る可視光が光源として使用されたとする．結果として生じる“水素放電による虹”はどのようなものだと考えられるか．[§6.3]

**6.3** 水素原子の$n = 3$の殻の軌道の一つを輪郭表示で表したものを以下に示す．
(a) この軌道の量子数$l$はいくつか．
(b) この軌道の名前は何か．
(c) $n = 4$の殻の類似した軌道を表すには，この絵をどのように変えればよいか．[§6.6]

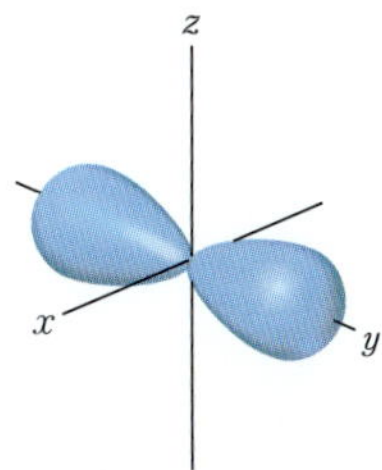


**6.4** (a) バクテリアとほぼ同じ大きさである10 μmの波長をもつ電磁波について，その振動数を求めよ．
(b) $5.50 \times 10^{14}\ \mathrm{s^{-1}}$の振動数をもつ電磁波の波長を求めよ．
(c) (a)，(b)の電磁波は目に見える光か．
(d) 電磁波が50.0 μsの間に進む距離を求めよ．
[§6.1]

**6.5** 金属モリブデンは$1.09 \times 10^{15}\ \mathrm{s^{-1}}$以上の振動数をもつ電磁波を吸収すると光電効果によって表面から電子を放出する．
(a) 電子を放出する最小エネルギーを求めよ．
(b) このエネルギーに相当する光子の波長を求めよ．
(c) モリブデンに120 nmの光を照射するとき，放出される電子がとり得る最大の運動エネルギー$E_k$を求めよ．[§6.2]

**6.6** 水素原子の発光スペクトルのうちの一つは，93.07 nmの波長をもつ．
(a) この発光は電磁スペクトルのどの領域に観測されるか．
(b) この発光について，初め（$n_i$）と終わり（$n_f$）の$n$値を求めよ．[§6.3]

**6.7** ド・ブロイの式を用いて，次の物体の波長を求めよ．
(a) 体重85 kgの人がスキーで50 km/hのスピードを出しているとき．
(b) 10.0 gの弾が250 m/sの速度で飛んでいるとき．
(c) リチウム原子が$2.5 \times 10^5$ m/sで動いているとき
(d) オゾン分子$O_3$が大気の上層で550 m/sで動いているとき．[§6.4]

**6.8** (a) 水素原子の1s軌道と2s軌道の類似点，相違点を説明せよ．
(b) 2p軌道はどのような点で方向性をもつか．また，$p_x$軌道と$d_{x^2-y^2}$軌道の方向性を比較せよ．
(c) 2s軌道の電子は3s軌道の電子に比べて，原子核からの平均距離はどのようになっているか．
(d) 水素原子について，4f，6s，3d，1s，2pの各軌道をエネルギーの小さな順に並べよ．
[§6.5，§6.6]

**6.9** (a) 価電子とは何か．
(b) 内殻電子とは何か．
(c) 軌道図の四角は何を意味するものか．
(d) 軌道図の中に図示される片矢印はどのような量を表すものか．[§6.8]

**6.10** 次の原子について，適当な貴ガスの電子配置を用いて短縮電子配置を示せ．
(a) Cs，(b) Ni，(c) Se，(d) Cd，(e) U，(f) Pb
[§6.8]

# 7

▲ 金属カリウムと水の反応

# 元素の周期的な性質

ある元素は他の元素よりも激しく反応するのはなぜだろう？ 金属の一種である金を水に入れても何も起こらない．金属リチウムを水に入れると，ゆっくりと反応が起こり，金属の表面から徐々にあぶくが発生する．対照的に，金属カリウムは，写真に示すように，水と即座にかつ激しく反応する．リチウムとカリウムはなぜ，周期表の同族元素でありながら，水との反応がこれほど異なるのだろうか？ この違いを理解するために，原子のいくつかの重要な性質が，周期表を横切るとどのように系統的に変化するかを学ぼう．

6章でみたように，周期表に周期的な性質が現れるのは，元素の電子配置に繰り返し現れるパターンがあるからである．同じ族の元素は，**原子価軌道**（valence orbital）に存在する電子の数が同じである．

原子価軌道とは，結合に関与する電子をもつ軌道である．例えば，O（$[He]2s^22p^4$）とS（$[Ne]3s^23p^4$）は，どちらも16族の元素である．電子配置が似ているため，両者は類似した性質をもつ．

元素の違いや類似性を説明するのに電子配置を使うことができる．しかし，単体としての酸素と硫黄の物性は，電子配置が似ているにもかかわらず，根本的に異なっている．例えば，室温で酸素は無色の気体だが，硫黄は黄色い固体である．

これらの物理的な違いは，Oの最外殻電子が主量子数2の殻にあるのに対し，Sの最外殻電子が主量子数3の殻にあるということで説明できるだろうか．周期表で同じ列（族）に属する元素は，類似性をもつけれど，行（周期）が違うと異なる性質をもつことを本章で学ぶ．

本章では，周期表の周期や族に沿って，元素の重要な性質のいくつかがどのように変化するかを調べる．多くの場合，周期や族にみられる傾向から，元素の物理的・化学的性質を予測することができる．

## 7.1 周期表の発展

化学元素の発見は，古代に始まり今日なお続いている（▶図7.1）．金Auなど，ある種の元素は単体で自然界に存在しており，数千年前には発見されていた．これとは対照的に，テクネチウムTcなどのように放射性で本質的に不安定な元素もある．これらの元素が知られるようになったのは，20世紀に科学・技術の向上があったからである．

大多数の元素は化合物をつくりやすいため，自然界

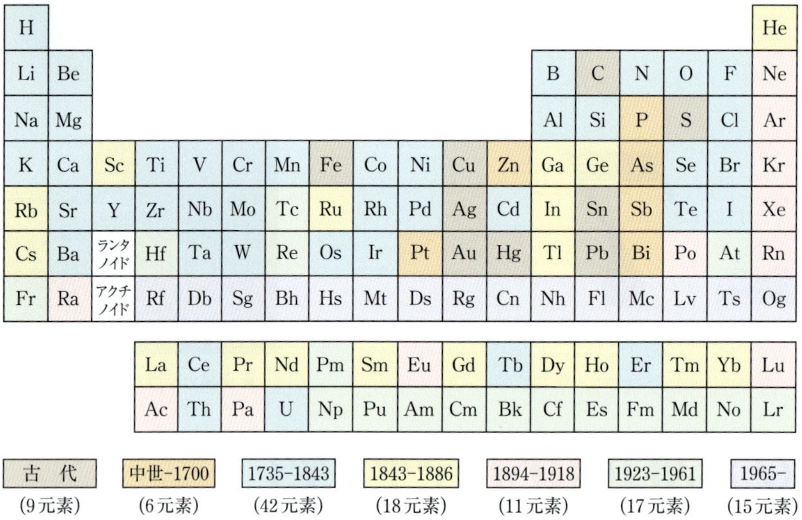

| H | | | | | | | | | | | | | | | | | He |
|---|---|---|---|---|---|---|---|---|---|---|---|---|---|---|---|---|---|
| Li | Be | | | | | | | | | | | B | C | N | O | F | Ne |
| Na | Mg | | | | | | | | | | | Al | Si | P | S | Cl | Ar |
| K | Ca | Sc | Ti | V | Cr | Mn | Fe | Co | Ni | Cu | Zn | Ga | Ge | As | Se | Br | Kr |
| Rb | Sr | Y | Zr | Nb | Mo | Tc | Ru | Rh | Pd | Ag | Cd | In | Sn | Sb | Te | I | Xe |
| Cs | Ba | ランタノイド | Hf | Ta | W | Re | Os | Ir | Pt | Au | Hg | Tl | Pb | Bi | Po | At | Rn |
| Fr | Ra | アクチノイド | Rf | Db | Sg | Bh | Hs | Mt | Ds | Rg | Cn | Nh | Fl | Mc | Lv | Ts | Og |

| La | Ce | Pr | Nd | Pm | Sm | Eu | Gd | Tb | Dy | Ho | Er | Tm | Yb | Lu |
|---|---|---|---|---|---|---|---|---|---|---|---|---|---|---|
| Ac | Th | Pa | U | Np | Pu | Am | Cm | Bk | Cf | Es | Fm | Md | No | Lr |

| 古代 | 中世-1700 | 1735-1843 | 1843-1886 | 1894-1918 | 1923-1961 | 1965- |
|---|---|---|---|---|---|---|
| (9元素) | (6元素) | (42元素) | (18元素) | (11元素) | (17元素) | (15元素) |

**▲図 7.1　元素の発見**

で単体としてみつかることはない．そのため，科学者たちは何世紀もの間その存在に気づかなかった．19世紀の前半，化学の進歩のおかげで，化合物から元素を単体として分離することが格段に容易になった．その結果，既知の元素の数は，1800年の31個から，1865年には63個へと倍増した．

既知の元素の数が増えてくると，科学者たちは元素を分類するようになった．1869年，ロシアのドミトリ・メンデレーエフ（Dmitri Mendeleev）とドイツのロタ・マイヤー（Lothar Meyer）が，ほとんど同一の分類法を発表した．二人とも，原子量が小さい順番に元素を並べると，よく似た化学的・物理的性質が周期的に現れることを指摘した．

当時の科学者たちは，原子番号という概念をまだもっていなかった．しかし，一般に原子量は原子番号が増えるにつれ大きくなるので，メンデレーエフもマイヤーも，偶然ながら元素をほぼしかるべき順序に並べたのだった．メンデレーエフとマイヤーは，元素の性質の周期性について本質的に同じ結論に至ったが，メンデレーエフのほうに自説を積極的に押し進め，新しい研究を刺激した功労が認められている．

彼は，性質が似た元素どうしを同じ縦列に置くことにこだわったので，彼の周期表には空白の箇所が残ってしまった．例えば，ガリウム Ga とゲルマニウム Ge は，当時発見されていなかった．彼は大胆にも，これらの元素が存在するということを，その性質も含め予測し，周期表でこれらの元素が入る位置のすぐ上にある元素の名称を使って命名して，それぞれ**エカ・アルミニウム**（アルミニウムの一つ下），**エカ・ケイ素**（ケイ素の一つ下）と呼んだ[※1]．のちにこれらの元素が発見されたとき，その性質は，**▶表 7.1** に示すように，メンデレーエフが予測したものとよく一致していた．

1913年，ラザフォードが有核原子モデル（**§2.2**）を提案した2年後，英国の物理学者ヘンリー・モーズリー（Henry Moseley, 1887-1915）は，原子番号という概念を考え出した．モーズリーは，さまざまな元素に高エネルギー電子を照射する実験を行い，それぞれの元素が固有の周波数のX線を放出し，しかも**原子質量**（atomic mass）が増加するにつれ，その周波数は高くなることを発見した．彼は，それぞれの元素に**原子番号**（atomic number）という固有の番号を割り当てることによって，X線を順番に並べた．こうしてモーズリーは，原子番号は原子核の中に存在する陽子の数にあたると，正しく突き止めたのである（**§2.3**）．

原子番号という概念が登場したおかげで，当時の**原子量**（atomic weight）に基づく周期表が抱えていた問題のいくつかが解決された．例えば，Ar（原子番号18）の原子量はK（原子番号19）よりも大きかったが，Arの化学的・物理的性質は，NaやRbよりもNeやKrに似ていた．原子番号が増える順番に元素を並べると，ArとKrは周期表のしかるべき場所に現れ

※1　訳注：エカ（*eka*）とは，サンスクリット語の1である．

**表 7.1 メンデレーエフによって予測されたエカ・ケイ素の性質と，実測されたゲルマニウムの性質の比較**

| 性 質 | エカ・ケイ素に対するメンデレーエフの予測（1871年予測） | 実測されたゲルマニウムの性質（1886年発見） |
|---|---|---|
| 原子量 | 72 | 72.59 |
| 密度（$g/cm^3$） | 5.5 | 5.35 |
| 比熱（J/g·K） | 0.305 | 0.309 |
| 融点（℃） | 高い | 947 |
| 色 | 濃い灰色 | 灰色がかった白色 |
| 酸化物の化学式 | $XO_2$ | $GeO_2$ |
| 酸化物の密度（$g/cm^3$） | 4.7 | 4.7 |
| 塩化物の化学式 | $XCl_4$ | $GeCl_4$ |
| 塩化物の沸点（℃） | 100をやや下回る | 84 |

る．モーズリーの研究によって，周期表の中に，あるはずの元素がない“穴”の存在を特定することも可能になり，新元素の発見につながった．

**考えてみよう**

表紙裏の周期表をみて，Ar と K 以外に，原子量が大きくなる順番に並べると順序が入れ替わってしまう元素を探せ．

## 7.2 有効核電荷

原子の性質の多くが，電子配置と，原子の外殻電子が原子核にどれだけ強く引きつけられているかという二つの事柄で決まる．クーロンの法則によれば，2個の電荷の相互作用の強さは，それぞれの電荷の大きさと，電荷どうしの距離に依存する（§2.3）．したがって，電子と原子核が引きつけ合う力は，核電荷の大きさと，電子と原子核の平均距離で決まる．つまり，核電荷が大きくなるほど大きくなり，電子が原子核から離れるほど小さくなる．

水素原子の原子核と電子間の引力は，ただ一つの陽子と電子を考えればよいので理解しやすい．しかし，多電子系では状況が複雑である．原子核と個々の電子との引力に加えて，電子間の反発を考慮しなければならない．この電子間反発は，原子核-電子間の引力を打ち消すので，電子は他の電子がない場合と比べてより小さな引力しか受けない．つまり，多電子原子における個々の電子は，他の電子によって原子核から**遮蔽**（しゃへい）されている．それゆえ，他の電子が存在しないと仮定した場合より弱い引力しか受けない．

では，注目している電子に対する原子核による引力と電子間の反発はどのように見積もればよいだろうか．最も簡単な方法は，原子核による引力から電子反発分を差し引いて得られる引力を，電子が受けていると考えることである．この部分的に遮蔽された核電荷を**有効核電荷**（effective nuclear charge, $Z_{\rm eff}$）と呼ぶ．有効核電荷は，実際の原子核の電荷から電子反発分減少しているので，つねに実際の核電荷よりも小さくなる（$Z_{\rm eff} < Z$）．有効核電荷は，遮蔽定数 $S$ を用いて次式により定義できる．

$$Z_{\rm eff} = Z - S \qquad [7.1]$$

ここで，$S$ は正の数値である．価電子では，遮蔽のほとんどはより核に近い内殻電子によって起こる．その結果，原子の価電子では，$S$ の値は通常原子の内殻電子の数に近い（同じ原子価殻に存在する電子による遮蔽はあまり有効ではなく，$S$ の値にわずかに影響を与える）．

有効核電荷の概念は，すりガラスの覆いの中にある電球にたとえて理解することができる（▶図 7.2）．電球は原子核を示し，観測者は注目している電子（通常，価電子）である．観測者が見ている光の量は，電子が受ける原子核による引力に相当する．原子中の他の電子，とくに内殻電子は，すりガラスの覆いのように，観測者に届く光の量を減少させる．同じ覆いのまま電球の発する光をより明るくすると，より強い光が観測される．同様に，透明度のより低いすりガラスの

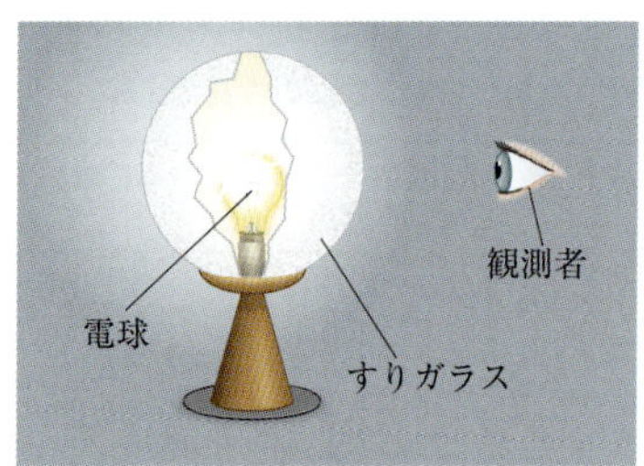


▲図 7.2　**有効核電荷のたとえ話**
電球を原子核に，観測者を価電子にたとえる．観測される光の強さは，すりガラスの覆いによる遮蔽によって変化する．

覆いを使うと，少ない量の光しか観測されない．有効核電荷について議論するときは，このたとえを思い出すと役立つ．

$Z_{eff}$ の大きさを調べるために，Na 原子をみてみよう．ナトリウムの電子配置は [Ne]$3s^1$ である．核電荷は $Z = 11+$ で，3s 電子にとって核電荷を遮蔽する覆いとして働く内殻電子は 10 個ある（$1s^22s^22p^6$）．したがって，最も単純に考えると $S$ は 10 に等しく，3s 電子に及ぶ有効核電荷は $Z_{eff} = 11 - 10 = 1+$ と期待される（▼図 7.3）．しかし実際には，3s 電子は内殻電子が占めるより核に近い領域に存在する確率もわずかにあるため，状況はこれよりも複雑である（§6.6）．つまり，3s 電子は $S = 10$ という単純なモデルから予想されるよりも大きな引力を受け，Na の 3s 電子の $Z_{eff}$ の値は，2.5+ となる．言い換えれば，3s 電子が原子核の近くに存在する小さな確率によって式 7.1 の $S$ の値は 10 ではなく 8.5 となる．

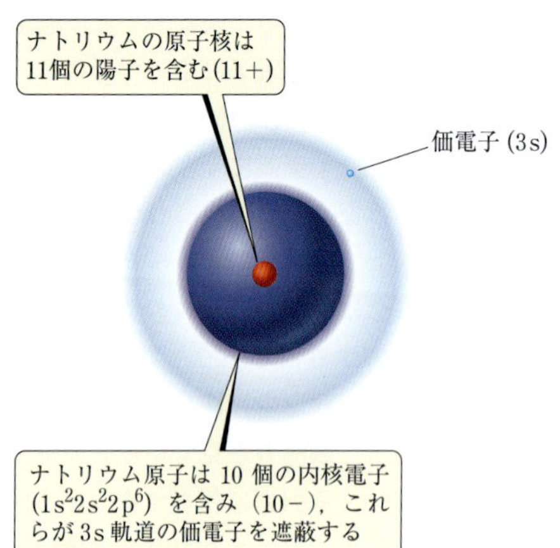


▲図 7.3　**有効核電荷**
ナトリウム原子中の 3s 電子が感じる有効核電荷は，核の 11+ の電荷と内殻電子の 10− の電荷によって決まる．

有効核電荷の概念を使えば，§6.7 で学んだ**多電子原子では，主量子数 $n$ が等しい軌道のエネルギーは，方位量子数 $l$ が大きくなるにつれて増加する**という重要な効果も説明することができる．例えば，電子配置が $1s^22s^22p^2$ の炭素原子の場合，2p 軌道も 2s 軌道も同じ $n = 2$ の電子殻に存在するにもかかわらず，2p 軌道のエネルギー（$l = 1$）は，2s 軌道（$l = 0$）よりも高くなる（図 6.23）．このエネルギー差は，それぞれの軌道の動径確率関数の違いから生じる（▶図 7.4）．1s 電子は原子核に非常に近い位置にあり，2s と 2p 電子に対して効果的な覆いとして働く．また，2s の確率関数は原子核のかなり近くに小さな極大をもち，一方 2p の確率関数はもたないことに注意しよう．結果として，2s 電子が内殻電子によって受ける遮蔽は，2p 電子ほどではない．2s 電子と原子核との間に働く引力のほうが大きいため，2s 軌道のほうが 2p 軌道よりもエネルギーが低くなる．これと同じ考え方で，多電子原子全般にみられる軌道エネルギーの傾向（$ns < np < nd$）を説明することができる．

最後に，価電子の $Z_{eff}$ 値の傾向を検討しておこう．**有効核電荷は，周期表の左から右へ向かって増加する**．一つの周期において，内殻電子の数は一定だが，陽子の数は増加する．電球のたとえでは，同じ覆いのままで電球の明るさを増すことに相当する．増加する核電荷とつり合いをとるために価電子が加わっていくが，価電子どうしは核電荷をあまり効果的には遮蔽し合わない．このため，$Z_{eff}$ は徐々に増加する．

例えば，リチウム（$1s^22s^1$）の内殻電子は，2s 軌道に存在する電子に対して 3+ の核電荷をかなり効果的に遮蔽する．その結果，価電子に及ぶ有効核電荷は，およそ $3 - 2 = 1+$ となる．ベリリウム（$1s^22s^2$）の場合，それぞれの価電子に及ぶ有効核電荷はこれより大きくなる．というのも，ベリリウムの 1s 電子は 4+ の核電荷を遮蔽するが，個々の 2s 電子は互いにあまり遮蔽し合わないからである．その結果，それぞれの 2s 電子に及ぶ有効核電荷はおよそ $4 - 2 = 2+$ となる．

**周期表の縦の列を上から下へとみると，価電子が感じる有効核電荷は，表の横の列をみたときほどには変化しない**．例えば，リチウムとナトリウムそれぞれの価電子が感じる有効核電荷は，単純な $S$ の見積もりだと，リチウムの場合は $3 - 2 = 1$，ナトリウムの場合

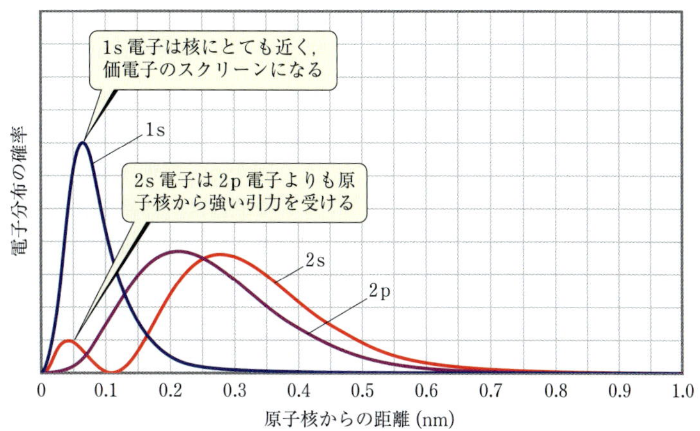


▲図 7.4　1s，2s，2p 軌道の動径確率関数の比較

は 11 − 10 = 1 と，ほぼ同じであろうと期待される．しかし実際には，列を上から下に縦にたどると，有効核電荷はわずかではあるが徐々に増加する．これは，内殻電子の電子雲が拡がるにつれ，価電子を核電荷から遮蔽する効果が弱まるためである．アルカリ金属の場合，表を上から下へたどると，$Z_{eff}$ の値は，リチウムで 1.3+，ナトリウムで 2.5+，カリウムでは 3.5+ と，しだいに増加する．

**考えてみよう**

Ne 原子の 2p 電子と Na 原子の 3s 電子とでは，どちらのほうが大きな有効核電荷を感じると推測できるだろうか．

## 7.3 原子とイオンの大きさ

原子は，硬い球形の物体と考えてよいだろうか．量子力学的な原子モデルによると，原子には，そこで電子分布がゼロになるという，明確に定義された境界があるわけではない（§6.5）．とはいえ，さまざまな状況における原子どうしの距離に基づき，原子の大きさを定義する方法がいくつか存在する．

気体状態にあるアルゴン原子の集団を思い浮かべてみよう．このうち 2 個の原子が互いに衝突すると，ビリヤードの玉が衝突したときと同じように，両者は互いに跳ね返って相手から遠ざかる．このように原子が反跳（はんちょう）するのは，衝突し合った 2 個の原子の電子雲が相互に突き抜けることが実質的に不可能だからである．このような衝突過程における 2 個の原子核の最短距離を，原子の半径の 2 倍と考えることができる．この半径を**非結合原子半径**（nonbonding atomic radius），もしくは**ファンデルワールス半径**（van der Waals radius）と呼ぶ（▼図 7.5）．

分子内で隣り合う任意の 2 個の原子の間に存在する引力相互作用は，化学結合として認識される．結合については 8 章および 9 章で議論する．ここでは，結合した 2 個の原子は，互いに反跳して遠ざかる非結合衝突の際よりも，もっと近くに存在することを知っておく必要がある．

2 個の原子が結合しているときの原子核どうしの距離，すなわち図 7.5 に示す距離 $d$ に基づいて，原子半径を定義することができる．一つの分子内にある任意の原子の**結合原子半径**（bonding atomic radius）は，結合距離 $d$ の 2 分の 1 に等しい．図 7.5 では，結合原

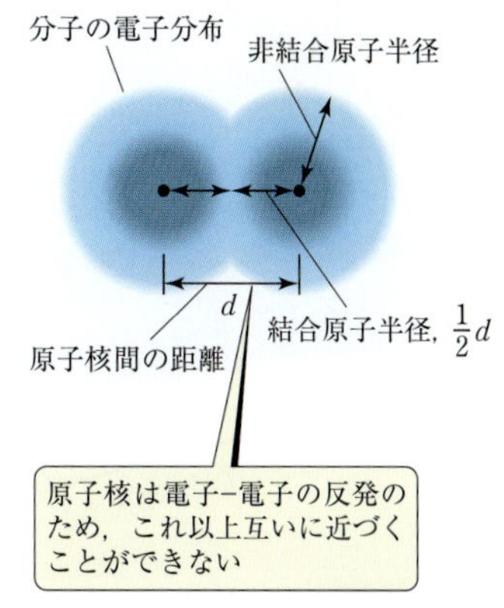


▲図 7.5　分子内における非結合原子半径と結合原子半径の違い

子半径［**共有結合半径**（covalent radius）とも呼ばれる］は非結合原子半径よりも小さいことに注目しよう．とくに断りのない限り，原子の“大きさ”というときは結合原子半径をさす．

科学者たちは，分子中での原子核どうしの距離を測定するさまざまな技術を考案してきた．いろいろな分子の中で，原子核間の距離から各元素の結合原子半径を決めることができる．例えば，$I_2$ 分子においては，原子核どうしを隔てる距離は 0.266 nm であることが知られており，ヨウ素の結合原子半径は (0.266 nm)/2 = 0.133 nm となる．同様に，ダイヤモンド（炭素原子が三次元の堅固なネットワークをなしたもの）の中で隣接する炭素原子の距離は 0.154 nm であり，したがってダイヤモンド中の炭素の結合原子半径は 0.077 nm となる．▼ **図 7.6** は，30 000 例以上の構造データを用いて，炭素や他の元素の結合原子半径を定義したものである．なおヘリウムとネオンについては，これらの元素を含む化合物が知られていないので，結合原子半径は推測するほかない．

図 7.6 の原子半径データから，分子内の結合距離を推定することができる．例えば，Cl と C の結合原子半径は，それぞれ 0.102 nm および 0.076 nm である．$CCl_4$ の C—Cl 結合距離は 0.177 nm と測定されているが，これは C と Cl それぞれの結合原子半径の和（0.102 + 0.076 nm）にきわめて近い．

## 原子半径の周期的傾向

図 7.6 から，二つの興味深い傾向がみてとれる．

1. 一つの族の中では，結合原子半径は上から下に向かって増加する．このような傾向が生じる主な原因は，外殻電子の主量子数（$n$）が増加することにある．周期表の族を下へたどるほど，外殻電子が原子核から遠く離れて存在する確率が大きくなり，原子半径が増加する．
2. それぞれの周期の中で，結合原子半径は左から右へ進むほど減少する傾向がある（ただし，Cl から Ar，As から Se のような例外が少しある）．この傾向をもたらしている大きな要因は，周期表を右へ進むにつれて有効核電荷（$Z_{eff}$）が増加することにある．有効核電荷が大きくなるにつれ，価電子はしだいに原子核に引き寄せられ，そのため結合原子半径は減少していく．

**考えてみよう**

§7.2 では，周期表の族を上から下に進むにつれて一般に $Z_{eff}$ は増加すると述べた．一方 6 章では，主量子数（$n$）が増加するにつれ軌道の“大きさ”は増加するということを学んだ．原子半径に対してこれらの二つの傾向がそれぞれ及ぼす影響は，互いに強め合うか，それとも互いに打ち消し合うか，どちらだろうか．さらに，どちらの傾向のほうが大きいだろうか．

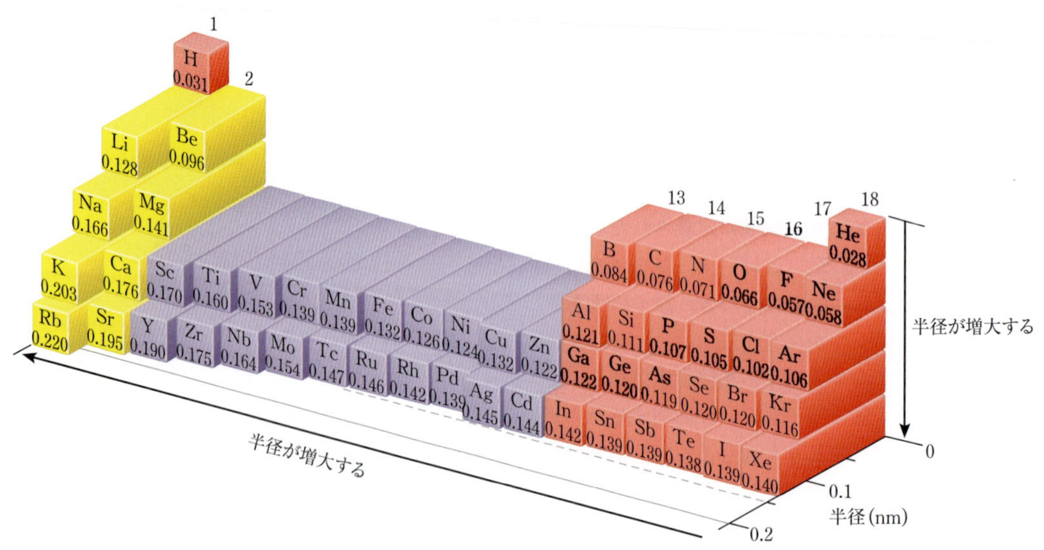


▲**図 7.6**　第一～第五周期元素の結合原子半径の傾向

## 例題 7.1 結合距離

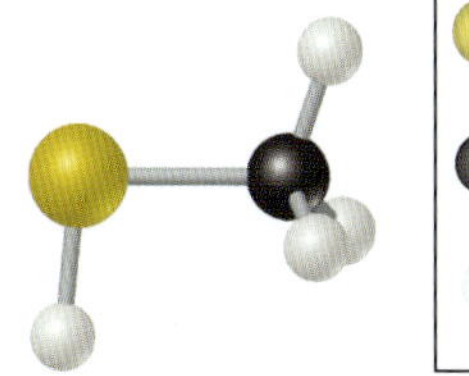

メチルメルカプタン

家庭の暖房や調理に使われている天然ガスは無臭である．天然ガスが漏れると，爆発や窒息の危険があるため，漏れた際にわかるように，天然ガスには悪臭をもつさまざまな物質が添加されている．そのような物質の一つがメチルメルカプタン $CH_3SH$ である．図 7.6 を使い，メチルメルカプタン分子の C—S, C—H，S—H 結合の長さをそれぞれ求めよ．

### 解 法

**解** C—S の結合距離

= C の結合原子半径 + S の結合原子半径

= 0.076 nm + 0.105 nm = 0.181 nm

C—H の結合距離

= 0.076 nm + 0.031 nm = 0.107 nm

S—H の結合距離

= 0.105 nm + 0.031 nm = 0.136 nm

**チェック** 実験的に決定された結合距離は，それぞれ，C—S = 0.182 nm，C—H = 0.110 nm，S—H = 0.133 nm である（一般的に，水素を含む結合の長さは，他の結合に比べて，結合原子半径から予測される長さから大きくはずれる傾向がある）．

**コメント** ここで求めた結合距離の推測値は，測定された結合距離に近いが，厳密に一致してはいない．結合距離を推定するのに結合原子半径を使う際には注意が必要である．

### 演 習

図 7.6 を使い，$PBr_3$ の P—Br 結合と，$AsCl_3$ の As—Cl 結合のどちらが長いかを予測せよ．

## 例題 7.2 原子半径の相対的大きさを推測する

周期表上の位置関係だけを利用して，B，C，Al および Si 原子を，原子半径が大きくなる順に可能な限り並べよ．

### 解 法

**分析と方針** 4 種類の元素の元素記号が与えられている．これらの元素の周期表の相対的な位置関係から，それらの原子半径の大きさを予測する．この問題を解くのに，すでに学んだ二つの周期的傾向が利用できる．

**解** C と B は同じ周期に属し，C は B の右側にある．通常，半径は同周期内で右に進むに従って減少するので，C の半径は B よりも小さいことが期待される．同様に，Si の半径は Al よりも小さいと期待される．周期表で，Al と Si はそれぞれ B および C の真下に位置する．したがって，B の半径は Al より小さく，C の半径は Si より小さいと期待される．ここまでをまとめると，C < B，B < Al，C < Si，Si < Al となるので，C が最小，Al が最大の半径をもつことがわかる．つまり，C < ? < ? < Al である．

原子半径の大きさに関する二つの周期的傾向からは，B と Si（これらは上式の？部分に当てはまる）のどちらが大きいかを決定するための十分な情報が得られない．周期表で B から Si に移るには，下に移動して（半径は大きくなる傾向にある），右に移動する（半径は減少する傾向にある）ことになる．各原子の半径の数値を掲載している図 7.6 を見ることによってのみ，Si の半径が B よりも大きいことがわかる．もし，この図を注意深く検討すると，s および p ブロック元素では，周期表で同族内を下に移動することによる原子半径の増大のほうが，横方向の移動よりも大きな影響をもつ傾向にあることがわかるだろう．しかし，例外も存在する．

**チェック** 図 7.6 から，下記の順であることがわかる．C（0.076 nm）< B（0.084 nm）< Si（0.111 nm）< Al（0.121 nm）

**コメント** 本文中で議論した周期的傾向は，s および p ブロック元素に対するものである．図 7.6 からわかるように，遷移金属は周期表を横断するとき，規則的な半径の減少を示さない．

### 演 習

Be，C，K，Ca を原子半径が増加する順に並べよ．

## イオン半径の周期的傾向

結合原子半径が分子内の原子間距離から決定できるのと同様に，イオン半径はイオン化合物内での原子間距離から決定できる．原子の大きさと同じく，イオンの大きさも核電荷，電子の数，そして価電子が存在している軌道に依存する．中性原子から陽イオンが形成されるとき，原子核から最も遠いところまで空間的に拡がる原子軌道を占有していた電子が取り除かれる．このとき，電子間の反発力も減少する．したがって，**陽イオンはもとの原子よりも小さい**（▼図 7.7）．陰イオンに対しては逆のことが成り立つ．原子に電子が加わって陰イオンになるとき，電子間の反発が増加し，そのため電子は空間内により大きく拡がるようになる．したがって，**陰イオンはもとの原子よりも大きい**．

**同じ電荷をもつイオンについては，周期表で縦列を下にいくほどイオン半径は大きくなる**（図 7.7）．言い換えれば，イオンの電子が占有している最も外側の軌道の主量子数が増加するにつれ，イオン半径も増加する．

一連の同数の電子をもつイオンを**等電子系列**（isoelectronic series）という．例えば，$O^{2-}$，$F^-$，$Na^+$，$Mg^{2+}$，$Al^{3+}$ の等電子系列では，いずれのイオンも 10 個の電子をもつ．等電子系列では，イオンを原子番号が小さいものから順番に並べると，核電荷は増加していく．電子数は一定なので，核電荷の増加につれ，電子は核により強く引きつけられ，イオン半径は減少していく．

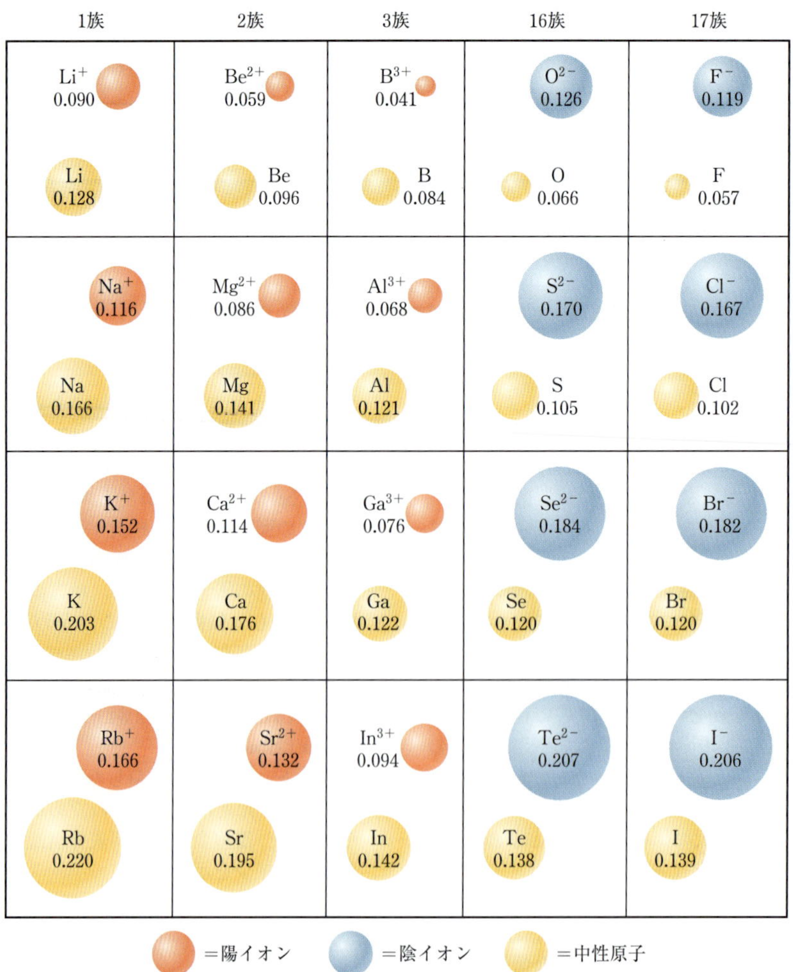


**▲図 7.7　陽イオンと陰イオンの大きさ**
代表的な五つの族の元素の原子と，それらのイオンの半径（nm）．

——— 核電荷が増加する ———→

| $O^{2-}$ | $F^-$ | $Na^+$ | $Mg^{2+}$ | $Al^{3+}$ |
|---|---|---|---|---|
| 0.126 nm | 0.119 nm | 0.116 nm | 0.086 nm | 0.068 nm |

——— イオン半径が減少する ———→

周期表で，これらの元素の位置と原子番号を確認しよう．非金属陰イオン $O^{2-}$，$F^-$ は貴ガス Ne の前に位置し，金属陽イオン $Na^+$，$Mg^{2+}$，$Al^{3+}$ は Ne の後に位置する．この等電子系列で最大のイオンである酸素の原子番号は最も小さい 8 で，最小のイオンであるアルミニウムの原子番号は 13 と，最大である．

### 例題 7.3　原子半径とイオン半径

$Mg^{2+}$，$Ca^{2+}$，Ca を半径が大きい順に並べよ．

**解　法**

**解**　陽イオンはもとの元素よりも小さいので，$Ca^{2+}$ < Ca である．Ca は 2 族で Mg の下に位置するので，$Ca^{2+}$ のほうが $Mg^{2+}$ よりも大きい．したがって，Ca > $Ca^{2+}$ > $Mg^{2+}$ となる．

**演　習**

次の原子とイオンのうち，最も大きなものはどれか：$S^{2-}$，S，$O^{2-}$．

### 例題 7.4　等電子系列のイオン半径

$K^+$，$Cl^-$，$Ca^{2+}$，$S^{2-}$ を半径が大きい順に並べよ．

**解　法**

**解**　これらのイオンは等電子系列をなし，どのイオンも電子は 18 個である．等電子系列では，核電荷（原子番号）が増加するにつれてイオンは小さくなる．これらのイオンの原子番号は，S が 16，Cl が 17，K が 19，Ca が 20 である．したがってイオン半径の順番は，$S^{2-}$ > $Cl^-$ > $K^+$ > $Ca^{2+}$ となる．

**演　習**

$Rb^+$，$Sr^{2+}$，$Y^{3+}$ の等電子系列で，最も大きいイオンはどれか．

## 7.4 イオン化エネルギー

原子やイオンの化学的性質は，電子のとれやすさに大きく左右される．孤立した気体の原子またはイオンから電子を 1 個取り除くのに必要な最小のエネルギーを**イオン化エネルギー**（ionization energy）という．イオン化については，すでに水素のボーアモデルに関する議論の中で学んだ（§6.3）．水素原子中の電子を $n = 1$（基底状態）から $n = \infty$ に励起させると，その電子は原子から完全に取り除かれ，原子はイオン化される．**第一イオン化エネルギー**（$I_1$）とは，中性原子から電子を 1 個取り除くのに必要なエネルギーである．例えば，ナトリウム原子の $I_1$ とは，次の過程に必要なエネルギーである．

$$\mathrm{Na\ (g) \longrightarrow Na^+\ (g) + e^-} \qquad [7.2]$$

**第二イオン化エネルギー**（$I_2$）とは，2 個目の電子を取り除くのに必要なエネルギーである．3 個目以降も同様に定義される．したがって，ナトリウム原子の $I_2$ は，

$$\mathrm{Na^+\ (g) \longrightarrow Na^{2+}\ (g) + e^-} \qquad [7.3]$$

という過程に伴うエネルギーである．

### 高次のイオン化エネルギーの傾向

イオン化エネルギーの大きさは，電子を取り除くのに必要なエネルギーを教えてくれる．

イオン化エネルギーが大きいほど，電子を取り除くのは難しくなる．▶ **表 7.2** をみると，ある原子のイオン化エネルギーは，多くの電子が取り除かれていくほど大きくなり，$I_1 < I_2 < I_3 \cdots$ という傾向があることがわかる．これは，電子が 1 個取り除かれるたびに，その結果生じるイオンの正電荷がますます大きくなって，そこから次の電子を取り除くのに必要なエネルギーが増加するからである．

**考えてみよう**

原子やイオンから電子を取り除くのに光を使うことができる．式 7.2 と式 7.3 に示した過程のうち，どちらが波長の短い光を必要とするか．

**表 7.2　ナトリウムからアルゴンに至る原子のイオン化エネルギー I の値（kJ/mol）**

| 元素 | $I_1$ | $I_2$ | $I_3$ | $I_4$ | $I_5$ | $I_6$ | $I_7$ |
|---|---|---|---|---|---|---|---|
| Na | 496 | 4562 | | | （内殻電子） | | |
| Mg | 738 | 1451 | 7733 | | | | |
| Al | 578 | 1817 | 2745 | 11577 | | | |
| Si | 786 | 1577 | 3232 | 4356 | 16091 | | |
| P | 1012 | 1907 | 2914 | 4964 | 6274 | 21267 | |
| S | 1000 | 2252 | 3357 | 4556 | 7004 | 8496 | 27107 |
| Cl | 1251 | 2298 | 3822 | 5159 | 6542 | 9362 | 11018 |
| Ar | 1521 | 2666 | 3931 | 5771 | 7238 | 8781 | 11995 |

表 7.2 からわかるもう一つの重要な特徴は，内殻電子が取り除かれる際にはイオン化エネルギーが急激に増加することである．例としてケイ素について考えてみよう．電子配置は $1s^2 2s^2 2p^6 3s^2 3p^2$ である．3s, 3p 軌道の 4 個の電子に対しては，イオン化エネルギーは 786 kJ/mol から 4356 kJ/mol まで徐々に増加する．ところが，5 番目の電子は 2p 軌道から取り除くことになり，これにははるかに大きなエネルギー，16091 kJ/mol が必要となる．このようにイオン化エネルギーが大幅に増加するのは，4 個の主量子数 3 の電子に比べて 2p 電子のほうが原子核の近くでみつかる確率が高く，したがって 2p 電子は 3s，3p 電子よりもはるかに大きな有効核電荷を受けているからである．

**考えてみよう**

ホウ素原子の $I_1$ と，炭素原子の $I_2$ のどちらが大きいと推測されるか．

すべての元素において，内殻電子の最初の 1 個が取り除かれるときにはイオン化エネルギーが著しく増加する．この事実は，化学結合や化学反応を起こす電子の共有や移動に関与するのは最外殻電子だけであるという知見を裏づける．8 章や 9 章で化学結合について学ぶときに触れるが，内殻電子は原子核にたいへん強く結びついているので，原子から離れるどころか他の原子と共有されることすらない．

## 第一イオン化エネルギーの周期的な変化

▶ **図 7.8** は，原子番号 54 までの元素について，周期表の中で元素を次々とたどっていくときに第一イオン化エネルギーがどのように変化するかを示している．次のような重要な傾向がある．

1. $I_1$ は，一般的に周期の中で右に進むにつれて大きくなり，貴ガス元素で最大となる．この規則から外れる箇所もあるが，この点についてはこのあとすぐに論じる．
2. $I_1$ は，一般的に周期表の族を下に進むほど小さくなる．例えば，貴ガスのイオン化エネルギーは，He > Ne > Ar > Kr > Xe の順に小さくなる．
3. s ブロック，p ブロックの元素は，遷移元素に比べて $I_1$ の値の違いが大きい．一般に，遷移金属のイオン化エネルギーは，周期表を左から右へ進むにつれて少しずつ大きくなる．f ブロック金属（図 7.8 には示されていない）の場合も，$I_1$ の値の差は小さい．

## 例題 7.5　イオン化エネルギーの傾向

Na，Ca および S のうち，第二イオン化エネルギーが最も大きいものはどれか．

### 解　法

**解**　Na の価電子は 1 個である．そのため，この元素の第二イオン化エネルギーは，内殻電子を 1 個取り除くときに必要なエネルギーとなる．S と Ca のどちらも価電子は 2 個あるいはそれ以上である．以上のことから，Na の第二イオン化エネルギーが最大であることがわかる．

**チェック**　化学便覧にこれらの元素の $I_2$ の値が掲載されている．それぞれ Ca は 1145 kJ/mol，S は 2252 kJ/mol，Na は 4562 kJ/mol である．

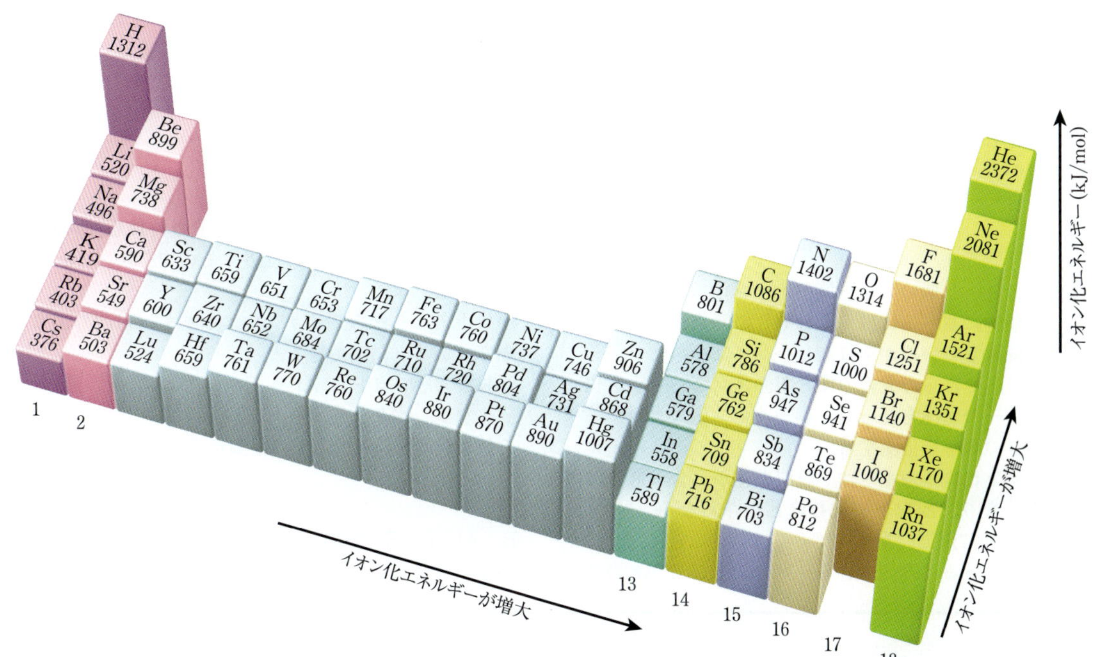


▲図 7.8　第一イオン化エネルギーの傾向

**演　習**

CaとSのどちらの第三イオン化エネルギーが大きいか答えよ．

一般に，小さい原子ほどイオン化エネルギーが大きい．原子の大きさに影響を及ぼす因子は，イオン化エネルギーにも影響を及ぼす．最外殻から1個の電子を取り除くのに必要なエネルギーは，有効核電荷と，電子と原子核の平均距離という二つの因子に依存する．有効核電荷が増加するかあるいは原子核との距離が縮まるかのいずれかの変化で，電子と原子核の間の引力は増加する．引力が増加するにつれて，電子を取り除くことはますます難しくなり，その結果イオン化エネルギーは大きくなる．

ある周期を右に進むにつれ，有効核電荷の増加と原子半径の減少の両方が起こるので，イオン化エネルギーは増加する．周期表の族を下へ進むにつれ，原子半径は大きくなる一方で，有効核電荷はごくゆるやかに増加する．このため原子半径の増大の影響が大きいと，原子核-電子間の引力は減少し，イオン化エネルギーは減少する．

イオン化エネルギーは変則的な変化をみせることがあるが，これは容易に説明することができる．例えば，図7.8にみるように，ベリリウム（$[He]2s^2$）よりもホウ素（$[He]2s^2 2p^1$）のほうがイオン化エネルギーが小さくなるのは，Bの3番目の価電子は2p軌道に入っているのに対して，Beでは2p軌道は空だからである．2p軌道は2s軌道よりもエネルギーが高かったことを思い出してほしい（図6.23）．窒素（$[He]2s^2 2p^3$）よりも酸素（$[He]2s^2 2p^4$）でイオン化エネルギーがわずかに減少しているのは，$p^4$電子配置では2個の電子が電子対をなしており，その反発が存在するからである（▼図7.9）．フントの規則によって，$p^3$電子配置の電子はすべて異なるp軌道を占有しており，その結果3個の2p電子の間の反発力は最小になっていたことを思い出そう（§6.8）．

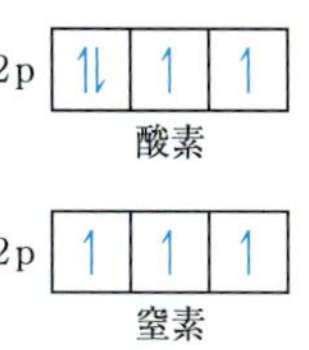


▲図 7.9　窒素と酸素の2p軌道の電子配置

## 例題 7.6　イオン化エネルギーの周期的傾向

周期表を参照しながら，Ne，Na，P，Ar，K の原子を第一イオン化エネルギーが小さい順に並べよ．

### 解　法

**分析と方針**　5個の元素を第一イオン化エネルギーが小さい順番に並べるには，それぞれの元素が周期表のどこに位置しているかを特定しなければならない．そのうえで，それらの元素の位置関係と，第一イオン化エネルギーの傾向を使って，第一イオン化エネルギーの大きさの順序を推測する．

**解**　イオン化エネルギーは，周期を左から右へ進むほど大きくなり，族を下に進むほど小さくなる．Na，P，Ar は同じ周期にあるので，$I_1$ は Na < P < Ar のように変化すると推測できる．Ne は 18 族で Ar の真上に位置するので，Ar < Ne と予測される．同様に，K は 1 族で Na の真下に位置するので，K < Na と推測される．

以上のことから，イオン化エネルギーは次のような順序であると結論できる．

K < Na < P < Ar < Ne

**チェック**　図 7.8 に示されているイオン化エネルギーの値を確認すると，上記の推測が正しいことがわかる．

### 演　習

B，Al，C，Si のうち，第一イオン化エネルギーが最小なのはどれか．また最大なのはどれか．

## イオンの電子配置

原子から電子を取り除いて陽イオンをつくるとき，主量子数 $n$ が最大の軌道にある電子が最初に取り除かれる．例えば，リチウム原子（$1s^2 2s^1$）から電子が1個取り除かれるとき，取り除かれるのは $2s^1$ 電子である．

$$\mathrm{Li}\ (1s^2 2s^1) \Longrightarrow \mathrm{Li}^+\ (1s^2) + e^-$$

同様に，Fe（$[\mathrm{Ar}]4s^2 3d^6$）から電子が2個取り除かれるとき，$4s^2$ 電子が取り除かれる．

$$\mathrm{Fe}\ ([\mathrm{Ar}]4s^2 3d^6) \Longrightarrow \mathrm{Fe}^{2+}\ ([\mathrm{Ar}]3d^6) + 2e^-$$

さらにもう1個電子が取り除かれて $Fe^{3+}$ となる場合は，$n = 4$ の軌道はすべて空になってしまっているので，3d 軌道の電子が取り除かれる．

$$\mathrm{Fe}^{2+}\ ([\mathrm{Ar}]3d^6) \Longrightarrow \mathrm{Fe}^{3+}\ ([\mathrm{Ar}]3d^5) + e^-$$

遷移金属の陽イオンをつくるのに 3d 電子より先に 4s 電子が取り除かれるのはおかしいと感じられるかもしれない．実際，電子配置を書いたときには，3d 電子より先に 4s 電子を表記に加えた．しかし，原子の電子配置を書くときは，周期表の中で一つの元素から次の元素へ移動するという仮想的なプロセスをたどる．その際，軌道に電子を1個加えると同時に原子核に陽子を1個加えて，元素を別のものにする．しかしイオン化する場合には陽子は取り除かないので，決してこのプロセスを逆行させているわけではない．

問題の電子殻に軌道が2個以上存在する場合は，電子はまず $l$ の値が最も大きい軌道から取り除かれる．例えば，スズ原子は 5s 電子よりも先に 5p 電子を失う．

$$\begin{aligned}&\mathrm{Sn}\ ([\mathrm{Kr}]5s^2 4d^{10} 5p^2)\\ &\quad\Longrightarrow \mathrm{Sn}^{2+}\ ([\mathrm{Kr}]5s^2 4d^{10}) + 2e^-\\ &\quad\Longrightarrow \mathrm{Sn}^{4+}\ ([\mathrm{Kr}]4d^{10}) + 4e^-\end{aligned}$$

原子に電子が加わって陰イオンになるときは，$n$ の値が最も小さい，完全に空か，あるいは完全には満たされていない軌道に入る．例えば，フッ素原子に電子が加わって $F^-$ になる場合は，2p 軌道に残っている唯一の空いた軌道に入る．

$$\mathrm{F}\ (1s^2 2s^2 2p^5) + e^- \Longrightarrow \mathrm{F}^-\ (1s^2 2s^2 2p^6)$$

**考えてみよう**

$Cr^{3+}$ と $V^{2+}$ の電子配置は，同じか異なるか．

### 例題 7.7 イオンの電子配置

(a) $Ca^{2+}$, (b) $Co^{3+}$, (c) $S^{2-}$ の電子配置を書け.

**解 法**

**分析と方針** まずそれぞれのイオンのもとの原子の電子配置を書き，そののち必要な分だけ電子を取り除いたり加えたりすればよい．電子が取り除かれるとき，主量子数 $n$ が最大の軌道にあるものが最初に取り除かれる．電子が加えられるときは，完全に空か，もしくは空きのある軌道で主量子数 $n$ が最小のものに加えられる．

**解** (a) カルシウム（原子番号 20）の電子配置は $[Ar]4s^2$ である．2+ のイオンにするためには，外殻電子を 2 個取り除かねばならない．これによって，Ar と電子配置が同じイオンができる．

$$Ca^{2+}：[Ar]$$

(b) コバルト（原子番号 27）の電子配置は $[Ar]4s^2 3d^7$ である．3+ のイオンにするには，電子を 3 個取り除かねばならない．本文で述べたように，3d 電子より先に 4s 電子が取り除かれる．その結果，二つの 4s 電子と一つの 3d 電子が取り除かれて，$Co^{3+}$ の電子配置は，

$$Co^{3+}：[Ar]3d^6$$

となる．

(c) 硫黄（原子番号 16）の電子配置は $[Ne]3s^2 3p^4$ である．2− のイオンにするためには，電子を 2 個加えねばならない．3p 軌道には，電子 2 個分の空きがある．したがって，$S^{2-}$ の電子配置は次のようになる．

$$S^{2-}:[Ne]3s^2 3p^6 = [Ar]$$

**コメント** $Ca^{2+}$ や $S^{2-}$ など，s ブロックと p ブロックの元素がつくる一般的なイオンは，電子の数が最も近い貴ガスと同じ電子配置をもつことを思い出そう（§2.7）．

**演 習**

(a) $Ga^{3+}$, (b) $Cr^{3+}$, (c) $Br^-$ の電子配置を書け．

## 7.5 電子親和力

原子の第一イオン化エネルギーは，原子から電子を 1 個取り除き，陽イオンをつくるのに必要なエネルギーである．例えば，Cl (g) の第一イオン化エネルギー 1251 kJ/mol は，次のような過程に伴うエネルギー変化である．

$$\text{イオン化エネルギー：} Cl(g) \longrightarrow Cl^+(g) + e^-$$
$$[Ne]3s^2 3p^5 \qquad [Ne]3s^2 3p^4$$
$$\Delta E = 1251\ \text{kJ/mol} \qquad [7.4]$$

イオン化エネルギーが正の値だということは，電子を取り除くためには原子にエネルギーを与えねばならないということである．**原子のイオン化エネルギーは，すべて正の値である．電子を放出するためには，エネルギーを吸収しなければならない．**

大部分の原子は，電子を獲得して陰イオンをつくることもできる．気体原子に電子が 1 個加わる際のエネルギー変化は，電子に対してこの原子が及ぼす引力，言い換えれば，その原子の電子に対する**親和性**の尺度になるので，**電子親和力**（electron affinity）と呼ばれる．大部分の原子では，電子が 1 個加わる際にエネルギーが放出される．

例えば，塩素原子に電子が 1 個加わるときのエネルギー変化は −349 kJ/mol だが，負の符号は，この過程でエネルギーが放出されることを意味する．これを，“Cl の電子親和力は −349 kJ/mol である” という[*1,※2]．

*1 電子親和力の符号には 2 種類の表記法がある．本書を含め，初級レベルの教科書では，熱力学的な符号表記が用いられることが多い．この表記法では，符号が負の場合，電子が 1 個加わる過程が発熱過程であることを意味する．例えば，塩素の電子親和力は −349 kJ/mol と表記される．しかし歴史的には，電子親和力は，気体原子もしくはイオンに電子が 1 個加わったときに放出されるエネルギーとして定義されてきた．Cl (g) に電子が 1 個加わると 349 kJ/mol が放出されるので，こちらの表記法による塩素の電子親和力は +349 kJ/mol となる．

※2 訳注：本書で採用している電子親和力の符号は，米国の最近の主流の基礎化学教科書で使われているもので，現在，日本の多くの教科書で使われている符号の逆である．反応のエンタルピー変化は 5 章で $\Delta H = H_{product} - H_{reactant}$ と表した．原子が電子を 1 個獲得する反応のエンタルピー変化を “電子親和力” と呼ぶことにすると，イオン化エネルギーと同じ符号の付け方となる．そうすると “イオン化ポテンシャルと電子親和力では符号が逆” と覚えなくてもすみ，他のエンタルピー変化と同じように電子親和力を扱うことができる．これは理解しやすく教育的に有意義と考え，本書でもこの符号を採用した．

電子親和力：$\mathrm{Cl\,(g) + e^- \longrightarrow Cl^-\,(g)}$
$\mathrm{[Ne]3s^2 3p^5}$　　$\mathrm{[Ne]3s^2 3p^6}$

$$\Delta E = -349\ \mathrm{kJ/mol} \quad [7.5]$$

イオン化エネルギーと電子親和力の違いを理解することは重要である．イオン化エネルギーは，原子が電子を1個**失う**ときのエネルギー変化を表し，一方，電子親和力は，原子が電子を1個**獲得する**ときのエネルギー変化を表す．

原子とそれに加わる電子の間の引力が大きくなるほど，原子の電子親和力はより大きな負の値になる．貴ガスなど一部の原子では，電子親和力が正の値である．これは，その原子と電子が離れているときよりも，両者が結びついて陰イオンになっているときのほうがエネルギーが高いことを意味する．

$$\mathrm{Ar\,(g) + e^- \longrightarrow Ar^-\,(g)} \quad \Delta E > 0 \quad [7.6]$$
$\mathrm{[Ne]3s^2 3p^6}$　　$\mathrm{[Ne]3s^2 3p^6 4s^1}$

電子親和力が正ということは，電子が自ら Ar 原子に加わることはないことを意味する．$\mathrm{Ar^-}$ は不安定であり，生成しない．

▼ **図 7.10** は，最初の5周期の s ブロックと p ブロックの元素の電子親和力を示す．イオン化エネルギーほど明瞭な傾向はみられないことに注意しよう．p 副殻が満員になるまでにあと1個電子が不足しているハロゲン原子の電子親和力が最も大きな負の値になっている．

ハロゲン原子は電子を1個獲得することによって，貴ガスと同じ電子配置の安定な陰イオンになる（式7.5）．一方，貴ガスに電子が1個加わるには，その電子は貴ガス原子がもつ軌道のうち，電子がまったく入っていない空（から）の，よりエネルギーが高い軌道に入らなければならない（式7.6）．よりエネルギーの高い軌道を占有することはエネルギー的に不利なので，貴ガスの電子親和力は正の値である．Be や Mg の電子親和力が正なのもこれと同じ理由による．つまり加わる電子は，それまで空だったエネルギーの高い p 副殻に入ることになってしまうからである．

15族元素の電子親和力も興味深い．これらの元素は p 副殻がちょうど半分満たされているので，加えられた電子は，すでに他の電子が存在している軌道に入って電子対をつくらねばならず，電子どうしの反発力が大きくなる．その結果，これらの元素の電子親和力は正（N）か，または左隣の元素よりも小さな負の値となる（P，As，Sb）．§7.4 で述べた第一イオン化エネルギーの値もこれと同じ理由で，全体としての傾向が乱れる場所があったことを思い起こされたい．

一つの族の中では，電子親和力は大きく変化しない（図 7.10）．例えば，F の場合，加えられた電子は 2p 軌道に，Cl の場合 3p 軌道に，Br の場合 4p 軌道に，という具合に入っていく．したがって，F から I へと下るにつれ，加わった電子と原子核の平均距離は徐々に増加し，電子–原子核間の引力は減少していく．しかし，最外殻電子が入っている軌道は，ますます外側に拡がっていき，F から I へと下るにつれ，電子どうしの反発力も減少していく．その結果，電子–原子核間の引力の低下が電子–電子間の反発力の低下で相殺されるのである．

**考えてみよう**

$\mathrm{Cl^-}$ (g) の第一イオン化エネルギーと，Cl (g) の電子親和力にはどのような関係があるだろうか．

| 1 | 2 | 13 | 14 | 15 | 16 | 17 | 18 |
|---|---|---|---|---|---|---|---|
| H −73 | | | | | | | He >0 |
| Li −60 | Be >0 | B −27 | C −122 | N >0 | O −141 | F −328 | Ne >0 |
| Na −53 | Mg >0 | Al −43 | Si −134 | P −72 | S −200 | Cl −349 | Ar >0 |
| K −48 | Ca −2 | Ga −30 | Ge −119 | As −78 | Se −195 | Br −325 | Kr >0 |
| Rb −47 | Sr −5 | In −30 | Sn −107 | Sb −103 | Te −190 | I −295 | Xe >0 |

▲ **図 7.10**　s ブロックと p ブロックの元素の電子親和力 (kJ/mol)

## 7.6 ｜ 金属，非金属およびメタロイド

原子半径，イオン化エネルギーおよび電子親和力は個々の原子のもつ性質である．しかしながら，貴ガス以外は原子がばらばらの状態で天然に存在することはない．さらに広く元素の性質の周期的な傾向を知るためには，原子が多数集まった状態をみなければならない．

**§2.5** で，元素は金属元素，非金属元素とメタロイドに分類されることを学んだ．金属元素の単体は金属，非金属元素の単体は非金属である．▶ **表 7.3** に金属と非金属の特徴を示した．

**表 7.3　金属と非金属の特徴**

| 金　属 | 非金属 |
|---|---|
| 光沢をもつ．たいてい銀色だが，さまざまな色がある． | 光沢をもたない．さまざまな色がある． |
| 固体は展性と延性をもつ． | 固体は通常脆く，硬いものも軟らかいものもある． |
| 熱と電気の伝導性は大きい． | 熱と電気の伝導性は小さい． |
| ほとんどの金属酸化物は塩基性のイオン性固体である． | ほとんどの酸化物は，酸性の分子性化合物である． |
| 水溶液中で陽イオンとなることが多い． | 水溶液中で陰イオンまたはオキソ酸陰イオンとなる． |

## 金　属

金属の特徴すなわち**金属性**（metallic character）は，周期表で左に進むほど，また下に進むほど，すなわち周期表の左下にいくほど強くなる．

金属はイオン化エネルギーが小さい傾向があり，陽イオンをつくりやすい．したがって，金属は化学反応において酸化される（電子を失う）．原子の基本的な性質（原子半径，電子配置，電子親和力等）の中で第一イオン化エネルギーは，金属か非金属かの判定の最もよい指標である．▼**図 7.11** に代表的な酸化状態を示す．

1 族と 2 族の金属は，最外殻にある s 軌道の電子を失い，それぞれつねに 1+ と 2+ の陽イオンになる．部分的に占有された p 軌道をもつ金属（13〜17 族）では，最外殻の p 軌道の電子のみを失う（例えば，$Sn^{2+}$）場合と，s 軌道の電子まで失う（例えば，$Sn^{4+}$）場合がある（図 6.29 の電子配置参照）．遷移金属の場合には，このような明確な類型はなく，各元素はさまざまな陽イオンを形成するのが特徴である．

**考えてみよう**

ヒ素は，Cl および Mg のそれぞれと二元化合物（2 種類の元素のみからなる化合物）を形成する．これら 2 種類の化合物中におけるヒ素の酸化状態は同じだろうか．

## 非　金　属

非金属の特徴は表 7.3 に要約されている．非金属のうち 7 種は通常二原子分子として存在する．うち 5 種（$H_2$，$N_2$，$O_2$，$F_2$，$Cl_2$）は気体，1 種は液体（$Br_2$），1 種は昇華しやすい固体（$I_2$）である．他の非金属元素の単体は貴ガスを除くと固体で，ダイヤモンドのように硬いものも硫黄のように軟らかいものもある．非金属元素の単体は金属と反応する際，酸化剤として働く．

金属と非金属各元素の化学は多様だが，周期律はその理解の助けになる．詳細は 22 章，23 章で学ぶ．

## メタロイド

メタロイドは，金属と非金属の中間の性質をもつ．金属のある特徴はもつが他の特徴はもたないといった具合である．例えば，メタロイドに属するケイ素は金

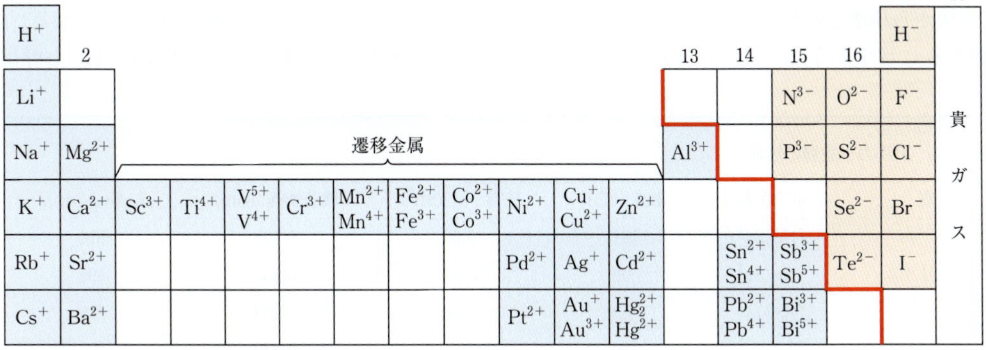

| 1 | 2 | 3 | 4 | 5 | 6 | 7 | 8 | 9 | 10 | 11 | 12 | 13 | 14 | 15 | 16 | 17 | 18 |
|---|---|---|---|---|---|---|---|---|---|---|---|---|---|---|---|---|---|
| $H^+$ | | | | | | | | | | | | | | | | $H^-$ | 貴ガス |
| $Li^+$ | | | | | | | | | | | | | | $N^{3-}$ | $O^{2-}$ | $F^-$ | |
| $Na^+$ | $Mg^{2+}$ | 遷移金属 | | | | | | | | | | $Al^{3+}$ | | $P^{3-}$ | $S^{2-}$ | $Cl^-$ | |
| $K^+$ | $Ca^{2+}$ | $Sc^{3+}$ | $Ti^{4+}$ | $V^{5+}$ $V^{4+}$ | $Cr^{3+}$ | $Mn^{2+}$ $Mn^{4+}$ | $Fe^{2+}$ $Fe^{3+}$ | $Co^{2+}$ $Co^{3+}$ | $Ni^{2+}$ | $Cu^+$ $Cu^{2+}$ | $Zn^{2+}$ | | | | $Se^{2-}$ | $Br^-$ | |
| $Rb^+$ | $Sr^{2+}$ | | | | | | | | $Pd^{2+}$ | $Ag^+$ | $Cd^{2+}$ | | $Sn^{2+}$ $Sn^{4+}$ | $Sb^{3+}$ $Sb^{5+}$ | $Te^{2-}$ | $I^-$ | |
| $Cs^+$ | $Ba^{2+}$ | | | | | | | | $Pt^{2+}$ | $Au^+$ $Au^{3+}$ | $Hg_2^{2+}$ $Hg^{2+}$ | | $Pb^{2+}$ $Pb^{4+}$ | $Bi^{3+}$ $Bi^{5+}$ | | | |

▲**図 7.11　元素の代表的な酸化状態**
水素は正（+1）および負（−1）の両方の酸化数をもつことに注意．

▲図 7.12　ケイ素の単体

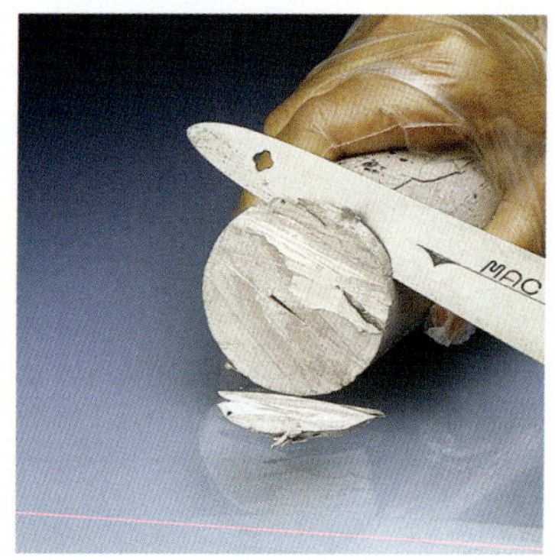


▲図 7.13　ナトリウムは，他のアルカリ金属と同じように，ナイフで切れるほど軟らかい．

属のようにみえる（▲図 7.12）が，展延性はなく脆い．また，金属のような熱や電気の伝導性をもたない．メタロイドの化合物は，金属の化合物の特徴と非金属の化合物の特徴の双方を示す．いくつかのメタロイドは半導体である．

ケイ素は代表的な例で，集積回路（IC）やコンピュータチップに使われている．メタロイドが IC に使われる一つの理由は，電気伝導性が金属と非金属の間にあることである．高純度のケイ素は絶縁体だが，ドーパントと呼ばれる特定の不純物により電気伝導性は劇的に増加する．12 章において，組成を化学的にコントロールすることにより電気伝導性が変化することを学ぶ．

## 7.7 ‖ 1 族と 2 族の金属

### アルカリ金属

アルカリ金属は，軟らかい金属性固体である（▶図 7.13）．アルカリ金属は，銀白色の金属光沢，高い熱および電気伝導性といった，金属に特徴的な性質をもつ．

**アルカリ**（alkali）という名称は，灰（ash）を意味するアラビア語に由来する．アルカリ金属であるナトリウムとカリウムの多くの化合物は，初期の化学者によって木灰から単離された．

▼表 7.4 に示すように，アルカリ金属の密度と融点は低く，これらの性質は原子番号の増加に伴ってかなり規則正しく変化する．族内を下に移動すると原子半径が増加し，第一イオン化エネルギー（$I_1$）が減少する一般的傾向がある．同周期の元素間で比較すると，アルカリ金属の $I_1$ は最低である（図 7.8）．これは最外殻の s 電子が相対的に離れやすいことを反映している．そのため，アルカリ金属はすべて反応性が非常に高く，容易に電子を 1 個失って 1+ のイオンとなる（§2.7）．

自然界では，アルカリ金属は化合物中にのみ存在する．ナトリウムとカリウムは，つねにイオン性化合物の陽イオンとして，地殻や海水，生体中に多く存在する．

すべてのアルカリ金属は，ほとんどの非金属元素と直接反応して化合物を形成する．例えば，水素と反応して水素化物を，硫黄と反応して硫化物を生じる．

$$2\mathrm{M}(s) + \mathrm{H_2}(g) \longrightarrow 2\mathrm{MH}(s) \qquad [7.7]$$

$$2\mathrm{M}(s) + \mathrm{S}(s) \longrightarrow \mathrm{M_2S}(s) \qquad [7.8]$$

ここで，M はアルカリ金属を示す．

アルカリ金属の水素化物（LiH，NaH など）中の水素は，**水素化物イオン**（hydride ion）$H^-$ と呼ばれる．

表 7.4　アルカリ金属の性質

| 元　素 | 電子配置 | 融点（℃） | 密度（g/cm$^3$） | 原子半径（nm） | $I_1$（kJ/mol） |
|---|---|---|---|---|---|
| リチウム | [He]$2s^1$ | 181 | 0.53 | 0.128 | 520 |
| ナトリウム | [Ne]$3s^1$ | 98 | 0.97 | 0.166 | 496 |
| カリウム | [Ar]$4s^1$ | 63 | 0.86 | 0.203 | 419 |
| ルビジウム | [Kr]$5s^1$ | 39 | 1.53 | 0.220 | 403 |
| セシウム | [Xe]$6s^1$ | 28 | 1.88 | 0.244 | 376 |

このイオンは，水素原子が電子を1個受けとったものであり，水素原子がその電子を失って生成する水素イオン $H^+$ とはまったく異なる．

アルカリ金属は水と激しく反応し，気体の水素とアルカリ金属水酸化物の溶液を生じる．

$$2\,M(s) + 2\,H_2O(l) \longrightarrow 2\,MOH(aq) + H_2(g) \qquad [7.9]$$

これらの反応は非常に発熱的である．多くの場合，発生した $H_2$ を点火するのに十分な熱が生じるため，章の初めのKと水との反応の写真のように，発火したり，爆発することさえある（▼図 7.14）．この反応は，Rbやとくに Cs でより激しく起こる．それは，これらのイオン化エネルギーがKよりもかなり小さいからである．

酸素の最も一般的なイオンは，酸化物イオン $O^{2-}$ である．それゆえ，アルカリ金属と酸素との反応では，金属酸化物が生成すると期待される．実際，金属 Li と酸素との反応では，酸化リチウムが生成する．

$$4\,Li(s) + O_2(g) \longrightarrow 2\,Li_2O(s) \qquad [7.10]$$

酸化リチウム

$Li_2O$ や他の水溶性金属酸化物は，水に溶けると $O^{2-}$ と $H_2O$ との反応により水酸化物イオンを生成する．他のアルカリ金属と酸素との反応は，予想より複雑である．例えば，ナトリウムは酸素と反応して，$O_2^{2-}$ を含む**過酸化**ナトリウムを主生成物として生じる．

$$2\,Na(s) + O_2(g) \longrightarrow Na_2O_2(s) \qquad [7.11]$$

過酸化ナトリウム

カリウム，ルビジウム，セシウムは酸素と反応して，**超酸化物イオン**と呼ばれる $O_2^-$ を含む化合物をつくる．例えば，カリウムは超酸化カリウム $KO_2$ を生成する．

$$K(s) + O_2(g) \longrightarrow KO_2(s) \qquad [7.12]$$

超酸化カリウム

酸素と金属との反応では，多くの場合金属酸化物が生成することと比較すると，式 7.11 と式 7.12 の反応は予想外の結果である．

式 7.9〜式 7.12 から明らかなように，アルカリ金属は，酸素と水に対して非常に反応性が高い．この反応性のため，アルカリ金属の単体は，通常，鉱物油や石油のような炭化水素液体中で保存される．

アルカリ金属イオンは無色であるが，炎の中でそれぞれのイオンに特徴的な色の光を発する（▶図 7.15）．炎の高温によって価電子が基底状態からより高エネルギーの軌道へ励起され，原子が励起状態となる．励起された原子は，その後，電子が低いエネルギー軌道に落ちて基底状態に戻る．このとき，そのエネルギーを可視光として放出する．この放出された光は，それぞれの元素で特定の波長をもつ．これは，すでに学んだ水素とナトリウムの輝線スペクトルと同様である（§6.3）．ナトリウムに特徴的な黄色の発光（589 nm）は，ナトリウムランプとして利用されている（▶図 7.16）．

**考えてみよう**

セシウム Cs は，フランシウム Fr を除くアルカリ金属の中で最も反応性が高い（Fr は放射性元素であり，あまり研究されていない）．その高い反応性の最大の原因になっているのは，Cs 原子のどのような性質だろうか．

Li

Na

K

▲図 7.14　アルカリ金属は水と激しく反応する．

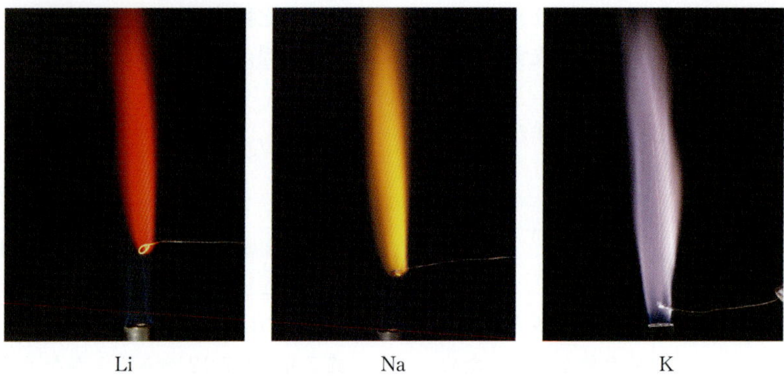


▲図 7.15　炎の中で，アルカリ金属イオンはそれぞれ特定の波長の光を放つ．

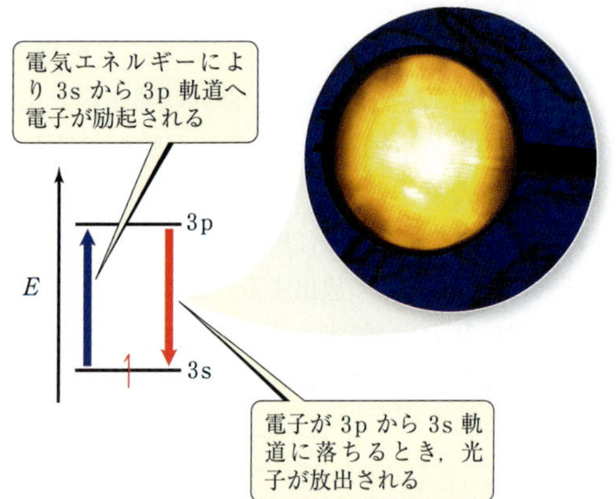


▲図 7.16　ナトリウムランプ特有の黄色い光は，電子が高エネルギーの 3p 軌道から低エネルギーの 3s 軌道に落ちた結果，放出される．

## アルカリ土類金属

アルカリ金属と同様に，アルカリ土類金属はすべて室温において固体であり，典型的な金属の性質を示す（▶表 7.5）．アルカリ金属と比較してアルカリ土類金属はより硬く，より高密度で，より高い融点をもつ．

アルカリ土類金属の第一イオン化エネルギーは低いが，アルカリ金属ほど低くはない．そのためアルカリ土類金属は，その横のアルカリ金属よりも反応性が低い．§7.4 で説明したように，元素の電子の失いやすさは周期内を右に移動すると減少し，族内を下に移動すると増加する．つまり，最も軽いアルカリ土類金属であるベリリウムとマグネシウムは最も反応性が低い．

族内を下に移動すると反応性が増加する傾向は，水の存在下でのアルカリ土類金属の挙動によって示され

### 例題 7.8　アルカリ金属の反応

金属セシウムと (a) $Cl_2$ (g)，(b) $H_2O$ (l)，(c) $H_2$ (g) の反応の化学反応式を記せ．

#### 解　法

**分析と方針**　セシウムはアルカリ金属で，その化学的性質は Cs から $Cs^+$ への酸化によって支配されていると期待できる．さらに，Cs は周期表のかなり下に位置している．これはすべての金属中で最も活性であることを意味し，おそらく三つの物質すべてと反応する．

**解**　Cs と $Cl_2$ の反応は単純な金属と非金属の組合せの反応であり，イオン性化合物である CsCl を形成する．

$$2\,Cs\,(s) + Cl_2\,(g) \longrightarrow 2\,CsCl\,(s)$$

式 7.9 と式 7.7 から，セシウムと水および水素との反応は，次のように進行すると予想できる．

$$2\,Cs\,(s) + 2\,H_2O\,(l) \longrightarrow 2\,CsOH\,(aq) + H_2\,(g)$$
$$2\,Cs\,(s) + H_2\,(g) \longrightarrow 2\,CsH\,(s)$$

三つの反応はすべて酸化還元反応で，セシウムは $Cs^+$ となる．$Cl^-$，$OH^-$，$H^-$ はすべて 1− の電荷をもつイオンであり，これは生成物が $Cs^+$ に対して 1：1 の化学量論比をもつことを意味する．

#### 演　習

金属カリウムと硫黄との予想される反応の化学反応式を記せ．

**表 7.5　アルカリ土類金属の性質**

| 元　素 | 電子配置 | 融点（℃） | 密度（$g/cm^3$） | 原子半径（nm） | $I_1$（kJ/mol） |
|---|---|---|---|---|---|
| ベリリウム | $[He]2s^2$ | 1287 | 1.85 | 0.096 | 899 |
| マグネシウム | $[Ne]3s^2$ | 650 | 1.74 | 0.141 | 738 |
| カルシウム | $[Ar]4s^2$ | 842 | 1.55 | 0.176 | 590 |
| ストロンチウム | $[Kr]5s^2$ | 777 | 2.63 | 0.195 | 549 |
| バリウム | $[Xe]6s^2$ | 727 | 3.51 | 0.215 | 503 |

る．ベリリウムは水，水蒸気とも反応せず，赤熱しても反応しない．マグネシウムは，水とはゆっくりと，水蒸気とはより容易に反応する．

$$Mg(s) + H_2O(g) \longrightarrow MgO(s) + H_2(g) \qquad [7.13]$$

カルシウムとそれより下の元素は，室温の水と容易に反応する（ただし，周期表でその横に位置するアルカリ金属よりもはるかにゆっくりと）．例えば，カルシウムと水の反応（▼**図 7.17**）は，次式で示される．

$$Ca(s) + 2H_2O(l) \longrightarrow Ca(OH)_2(aq) + H_2(g) \qquad [7.14]$$

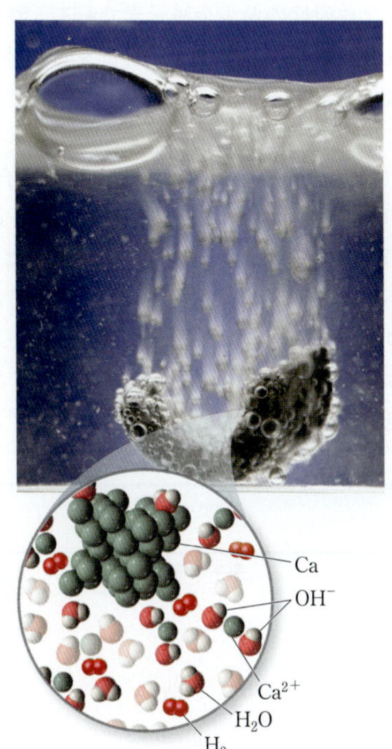


▲**図 7.17**　カルシウムと水との反応

式 7.13 と式 7.14 は，アルカリ土類金属元素の代表的な反応パターンを示している．つまり，それらの原子は最外殻の 2 個の電子を失い，2+ の電荷をもつイオンとなる．例えば，マグネシウムは塩素と室温で反応して $MgCl_2$ を形成し，空気中で燃やすと目もくらむような輝きを発して MgO となる．

$$Mg(s) + Cl_2(g) \longrightarrow MgCl_2(s) \qquad [7.15]$$

$$2Mg(s) + O_2(g) \longrightarrow 2MgO(s) \qquad [7.16]$$

酸素存在下の金属マグネシウムの表面は，水に不溶な MgO の薄い膜によって保護されている．そのため，Mg は高い反応性にもかかわらず（§4.4），軽量な構造材合金として，例えば自動車のホイールに使われている．より重いアルカリ土類金属（Ca，Sr，Ba）は非金属元素単体に対して，マグネシウムよりも反応性が高い．

より重いアルカリ土類金属イオンは，熱い炎中で加熱すると特徴的な色を発する．ストロンチウム塩は花火のまばゆい赤色を生み出し，バリウム塩は緑色を生み出す．

ナトリウムやカリウムと同様に，マグネシウムとカルシウムは地殻や海水中に比較的多く存在する．また，イオン性化合物中の陽イオンとして，生体に不可欠である．カルシウムは，骨や歯の成長および維持にとくに重要である．

**考えてみよう**

炭酸カルシウム $CaCO_3$ は，骨の健康によいカルシウム補助食品としてよく使われる．$CaCO_3(s)$ は水に不溶であるが（表 4.1），経口摂取によって $Ca^{2+}(aq)$ を筋骨格系に届けることができる．これはなぜか．（§4.3 で学んだ金属炭酸塩の反応を思い出そう）

## 7.8 ‖ 代表的な非金属元素

### 水　素

アルカリ金属の化学的性質は，最外殻の $ns^1$ 電子を失って陽イオンが生成することが重要である．水素のもつ $1s^1$ 電子配置は，水素の化学がアルカリ金属とある程度似ていることを示唆している．しかし，水素の化学はアルカリ金属よりもより多様で，より複雑である．これは主として，水素のイオン化エネルギー（1312 kJ/mol）がアルカリ金属の 2 倍以上であることに起因する．水素単体は非金属であり，ほとんどの条件下で二原子分子の無色気体 $H_2$ (g) となる．

アルカリ金属と比較すると，水素と非金属元素単体との反応では，水素が電子を保持する傾向にある．つまりアルカリ金属と異なり，水素はほとんどの非金属元素単体と反応して分子性化合物を生成し，その化合物中において，水素の電子は他の非金属原子と共有されており，完全に移動することはない．

例えば，金属ナトリウムは塩素ガスと激しく反応してイオン性の塩化ナトリウムが生成するが，この場合，ナトリウムの最外殻電子は完全に塩素原子に移動する．

$$\mathrm{Na\,(s)} + \frac{1}{2}\mathrm{Cl_2\,(g)} \longrightarrow \underset{\text{イオン性}}{\mathrm{NaCl\,(s)}} \qquad \Delta H^\circ = -410.9\ \mathrm{kJ} \qquad [7.17]$$

対照的に，水素分子は塩素ガスと反応して分子性の塩化水素 HCl を生成する．

$$\frac{1}{2}\mathrm{H_2\,(g)} + \frac{1}{2}\mathrm{Cl_2\,(g)} \longrightarrow \underset{\text{分子性}}{\mathrm{HCl\,(g)}} \qquad \Delta H^\circ = -92.3\ \mathrm{kJ} \qquad [7.18]$$

水素は容易に他の非金属元素と分子性化合物を形成する．例えば，水 $H_2O$，アンモニア $NH_3$，メタン $CH_4$ である．水素が炭素と結合できることは，後の章で学ぶように有機化学の最も重要な側面の一つである．

水素は，とくに水存在下で，その電子を失って $H^+$ を容易に形成する（§**4.3**）．例えば，HCl (g) は $H_2O$ に溶けて塩酸 HCl (aq) となる．このとき，水素原子の電子は完全に塩素原子に移動している．塩酸は大部分，溶媒の水によって安定化された $H^+$ (aq) および $Cl^-$ (aq) から構成されている．水素と非金属の分子性化合物が水中で酸となることは，水溶液化学の最も重要な側面の一つである．酸と塩基の化学の詳細は，後の章，とくに 16 章で議論する．

最後に，非金属元素によくあるように，水素はイオン化エネルギーの低い金属から電子を奪う能力ももつ．例えば，式 7.7 で，水素は活性な金属と反応して水素化物イオン $H^-$ を含む金属水素化物を形成する．水素が電子を獲得できることは，水素がアルカリ金属よりも，より非金属のようにふるまうことを示している．

### 16 族元素：酸素族

周期表で 16 族元素内を下に移動すると，非金属から金属に性質が変わる．酸素，硫黄およびセレンは典型的な非金属元素である．テルルはメタロイドで，ポロニウムは放射性の希少金属元素である．酸素は室温で無色気体であるが，16 族の他の元素は固体である．16 族元素とその単体の代表的な物理的性質を▼ **表 7.6** に記した．

§2.6 で学んだように，酸素は 2 種類の分子 $O_2$ および $O_3$ として存在する．$O_2$ は最も一般的で，通常“酸素”と呼ばれるが，より正確な名称は**二酸素**（dioxygen）である．$O_3$ は**オゾン**（ozone）である．これら二つの酸素の形態は，**同素体**（allotrope，同一元素の単体であるが性質の異なるもの）の例である．乾燥した空気の約 21% は $O_2$ 分子である．オゾンは大気

**表 7.6　16 族元素とその単体の代表的な性質**

| 元　素 | 電子配置 | 融点（℃） | 密　度 | 原子半径（nm） | $I_1$（kJ/mol） |
|---|---|---|---|---|---|
| 酸　素 | $[He]2s^22p^4$ | −218 | 1.43 g/L | 0.066 | 1314 |
| 硫　黄 | $[Ne]3s^23p^4$ | 115 | 1.96 g/cm$^3$ | 0.105 | 1000 |
| セレン | $[Ar]3d^{10}4s^24p^4$ | 221 | 4.82 g/cm$^3$ | 0.120 | 941 |
| テルル | $[Kr]4d^{10}5s^25p^4$ | 450 | 6.24 g/cm$^3$ | 0.138 | 869 |
| ポロニウム | $[Xe]4f^{14}5d^{10}6s^26p^4$ | 254 | 9.20 g/cm$^3$ | 0.140 | 812 |

の上層や汚染された空気中にほんのわずか存在する．また，オゾンは雷のような電気放電によって $O_2$ から生成する．

$$3O_2(g) \longrightarrow 2O_3(g) \quad \Delta H^\circ = 284.6\,\mathrm{kJ} \quad [7.19]$$

これは吸熱反応であり，$O_3$ は $O_2$ よりも不安定である．

$O_2$ と $O_3$ は両方とも無色で可視光を吸収しないが，$O_3$ は $O_2$ が吸収しない特定波長の紫外線を吸収する．この違いのため，大気上層にオゾンが存在することは有益で，有害な紫外線を取り除いている．オゾンと酸素の化学的性質は異なる．オゾンは刺激臭があり，強力な酸化剤である．この性質を利用して，オゾンはバクテリアを殺すために水に加えられたり，空気の浄化に際して低い濃度で用いられる．しかし，地球表面付近の汚染空気中に存在すると，オゾンの反応性はヒトの健康に有害である．

酸素は他の元素から電子を奪う強い傾向がある（酸化する）．金属との化合物中で，酸素はほとんどつねに酸化物イオン $O^{2-}$ として存在する．このイオンは貴ガス電子配置をもち，とくに安定である．図 5.13 に示すように，非金属元素の酸化物の生成も非常に発熱的で，それゆえエネルギー的に有利である．

アルカリ金属の議論の中で，2 種類のあまり一般的でない酸素の陰イオン，すなわち過酸化物イオン $O_2^{2-}$ と超酸化物イオン $O_2^-$ について学んだ．過酸化水素 $H_2O_2$ は不安定な化合物で，分解して酸化物イオンと $O_2$ を生じる．

$$2H_2O_2(aq) \longrightarrow 2H_2O(l) + O_2(g) \quad \Delta H^\circ = -196.1\,\mathrm{kJ} \quad [7.20]$$

このため，過酸化水素水のびんは，内圧が上がりすぎる前に生じた $O_2$ を放出することができる栓で蓋をされている（▶ 図 7.18）．

**考えてみよう**

過酸化水素は，O—O 結合が弱く光感応性であるため，茶色の容器中に保管する．もし茶色の容器が可視光（§6.1）をすべて吸収すると仮定すると，過酸化水素中の O—O 結合のエネルギーはどれくらいと見積もれるか．

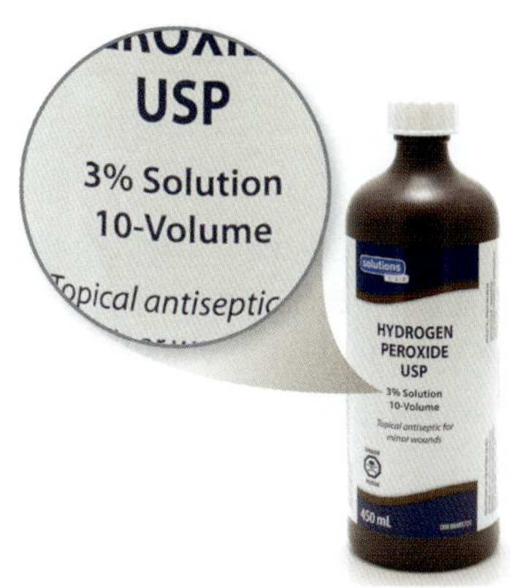


▲ 図 7.18 排気孔付栓のついたびんに入った過酸化水素水

酸素の次に重要な 16 族元素は硫黄である．この元素はいくつかの同素体として存在する．最も一般的で安定な同素体は，分子式 $S_8$ をもつ黄色固体である．この分子は硫黄原子の八員環でできている（▼ 図 7.19）．硫黄の固体は $S_8$ 環でできているが，化学式中では係数を単純化するため，通常，単に S (s) と書く．

酸素と同様に，硫黄も他の元素から電子を獲得して硫化物 $S^{2-}$ を生成することが多い．実際，自然界におけるほとんどの硫黄は金属硫化物として存在する．硫黄は周期表で酸素のすぐ下にあり，硫黄が硫化物イオンを形成する能力は，酸素が酸化物イオンを形成する能力ほど強くない．そのため，硫黄の化学は酸素よりもより複雑である．事実，硫黄とその化合物（石炭や原油中の化合物も含めて）は，酸素中で燃焼させることができる．この反応の主生成物は二酸化硫黄で，これは主たる大気汚染物質である．

$$S(s) + O_2(g) \longrightarrow SO_2(g) \quad [7.21]$$

硫黄の下の 16 族元素はセレン Se である．この比較的存在量の少ない元素は生命を維持するための微量必須元素である（ただし，量が多いと毒である）．Se には多くの同素体が存在する．$S_8$ 環に似た八員環構造を有するものもいくつかある．この族の次の元素はテ

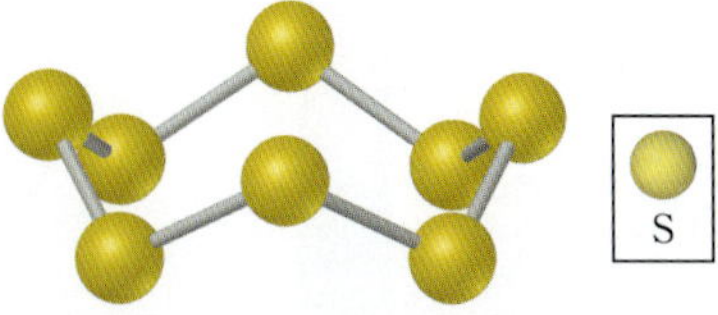


▲ 図 7.19 $S_8$ 分子として存在する硫黄単体
室温では，これが最も一般的な硫黄の同素体である．

ルル Te である．この元素単体の構造は Se よりも複雑で，長くねじれた鎖状の Te—Te 結合でできている．Se と Te はどちらも，O と S と同様に，酸化状態 −2 が安定である．

O から S，Se，Te に移ると，単体は徐々により大きな分子を形成し，金属性が増す．水素と 16 族元素の化合物の熱安定性は，族内を下がると減少する（$H_2O > H_2S > H_2Se > H_2Te$）．水 $H_2O$ はこの中で最も安定である．

## 17 族：ハロゲン

17 族元素**ハロゲン**（halogen）の代表的な性質を▼**表 7.7** にまとめた．きわめて存在量が少ない放射性元素であるアスタチンは，その性質がほとんど知られてないため省略した．

16 族と異なり，すべてのハロゲンは典型的な非金属である．それらの融点と沸点は原子番号の増加とともに増加する．室温でフッ素と塩素は気体，臭素は液体，ヨウ素は固体である．それぞれの元素単体は二原子分子（$F_2$，$Cl_2$，$Br_2$，$I_2$）である（▼**図 7.20**）．

**考えてみよう**

ハロゲンが，硫黄やセレンのような $X_8$ 分子としては存在しないのはなぜだろうか．

ハロゲンは非常に大きな負の電子親和力を有する（図 7.10）．したがって，ハロゲンの化学が他の元素から電子を獲得してハロゲン化物イオン $X^-$ が生成する傾向によって支配されていることは不思議なことではない（多くの反応式で，X はハロゲン元素を示すのに使われる）．フッ素と塩素は，臭素やヨウ素より反応性が高い．実際，フッ素は，接触するほとんどすべての物質（水を含む）から電子を引き抜く．また，その反応は通常，次の例が示すように非常に発熱的である．

**表 7.7　ハロゲンの代表的性質**

| 元　素 | 電子配置 | 融点（℃） | 密　度 | 原子半径（nm） | $I_1$（kJ/mol） |
|---|---|---|---|---|---|
| フッ素 | $[He]2s^2 2p^5$ | −220 | 1.69 g/L | 0.057 | 1681 |
| 塩　素 | $[Ne]3s^2 3p^5$ | −102 | 3.12 g/L | 0.012 | 1251 |
| 臭　素 | $[Ar]4s^2 3d^{10} 4p^5$ | −7.3 | 3.12 g/cm$^3$ | 0.120 | 1140 |
| ヨウ素 | $[Kr]5s^2 4d^{10} 5p^5$ | 114 | 4.94 g/cm$^3$ | 0.139 | 1008 |

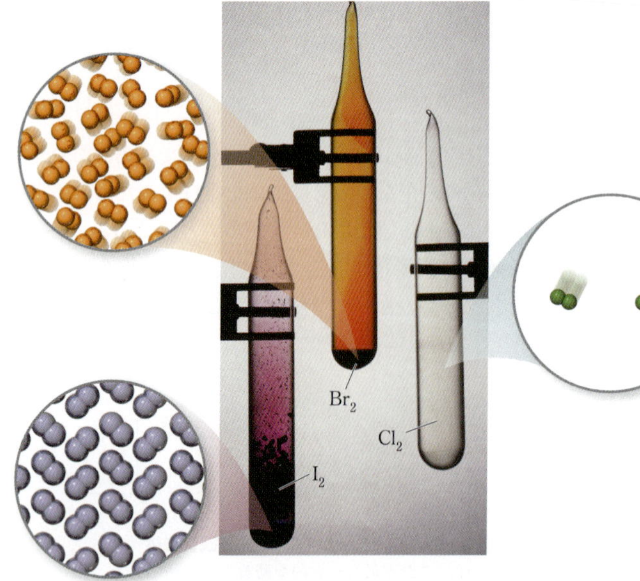


◀ **図 7.20**　ハロゲンの単体は二原子分子である．

$$2\,H_2O\,(l) + 2\,F_2\,(g) \longrightarrow 4\,HF\,(aq) + O_2\,(g) \qquad \Delta H^\circ = -758.9\,\mathrm{kJ} \qquad [7.22]$$

$$SiO_2\,(s) + 2\,F_2\,(g) \longrightarrow SiF_4\,(g) + O_2\,(g) \qquad \Delta H^\circ = -704.0\,\mathrm{kJ} \qquad [7.23]$$

そのため，フッ素ガスを実験室で扱うのは危険で難しく，特別な器具が必要である．

塩素は工業的に最も有用なハロゲンである．塩素は年間 950 万 t 生産され，米国で最も多く製造される化学品の一つである（表 1.1）．フッ素と異なり，塩素は水とゆっくり反応して，HCl と HOCl（次亜塩素酸）の比較的安定な水溶液を生じる．

$$Cl_2\,(g) + H_2O\,(l) \longrightarrow HCl\,(aq) + HOCl\,(aq) \qquad [7.24]$$

塩素は飲料水や水泳プールに加えられることが多い．それは，生成する HOCl (aq) が殺菌剤として働くからである．

ハロゲンは，ほとんどの金属と直接反応してイオン性のハロゲン化物を生じる．ハロゲンは水素とも反応して，気体のハロゲン化水素を生じる．

$$H_2\,(g) + X_2 \longrightarrow 2\,HX\,(g) \qquad [7.25]$$

これらの化合物はすべて水に非常に溶けやすく，ハロゲン化水素酸を生じる．§4.3 で学んだように，HCl (aq)，HBr (aq)，HI (aq) は強酸であるが，HF (aq) は弱酸である．

**考えてみよう**

表 7.7 はアスタチンの原子半径とイオン化エネルギーを推定するのに使えるだろうか．

## 18 族：貴ガス

**貴ガス**（noble gas）として知られる 18 族元素はすべて非金属で，単体は室温で気体である．それらはすべて，**単原子**（monoatomic）**分子**である（つまり，1 個の原子だけから構成されている）．貴ガスの代表的性質を▼**表 7.8** に示した．ラドン Rn（原子番号 86）は高い放射能をもつため，その研究はいくつかの性質と反応性に限られている．

貴ガスは完全に満たされた s および p 副殻をもつ．18 族元素はすべて，大きな第一イオン化エネルギーをもち，それは予想通り，周期表で族内を下がるにつれて減少する．貴ガスは安定な電子配置をもつためきわめて不活性である．実際，1960 年代まで，これらの元素は化合物を形成できないと考えられ，**不活性ガス**（inert gas）と呼ばれていた．1962 年，ブリティッシュコロンビア大学のニール・バートレット（Neil Bartlett）は，Xe のイオン化エネルギーが化合物を形成するのに十分小さいことに気がついた．Xe を反応させるには，他の物質から電子を取り去るきわめて高い能力をもつ物質（例えば，フッ素）と Xe を反応させる必要がある．そこで，バートレットは，初めての貴ガス化合物を，Xe とフッ素を含む化合物 $PtF_6$ から合成した．キセノンは $F_2$ (g) とも反応し，分子性化合物 $XeF_2$，$XeF_4$，$XeF_6$ が生成する．クリプトンはキセノンよりも $I_1$ が大きいため，反応性はより低い．実際，クリプトンの安定な化合物としては $KrF_2$ だけが知られている．2000 年，フィンランドの科学者は，アルゴンを含む初めての中性分子 HArF を報告した．この化合物は低温でのみ安定である．

**表 7.8 貴ガスの代表的性質**

| 元 素 | 電子配置 | 融点（K） | 密度（g/L） | 原子半径*（nm） | $I_1$（kJ/mol） |
|---|---|---|---|---|---|
| ヘリウム | $1s^2$ | 4.2 | 0.18 | 0.028 | 2372 |
| ネオン | $[He]2s^2 2p^6$ | 27.1 | 0.90 | 0.058 | 2081 |
| アルゴン | $[Ne]3s^2 3p^6$ | 87.3 | 1.78 | 0.106 | 1521 |
| クリプトン | $[Ar]4s^2 3d^{10} 4p^6$ | 120 | 3.75 | 0.116 | 1351 |
| キセノン | $[Kr]5s^2 4d^{10} 5p^6$ | 165 | 5.90 | 0.140 | 1170 |
| ラドン | $[Xe]6s^2 4f^{14} 5d^{10} 6p^6$ | 211 | 9.73 | 0.150 | 1037 |

* 重い貴ガス元素だけが化合物をつくる．そのため軽い貴ガス元素の原子半径は推定値である．

## 総合問題　これまでの章の概念も含めた例題

ビスマス Bi（原子番号 83）は最も重い 15 族元素である．ビスマスを含む塩，次サリチル酸ビスマスは，胃部不快感を抑制する市販胃腸薬 Pepto Bismol® の有効成分である（日本では販売されていない）．

(a) 図 7.6 および表 7.5，表 7.6 の値に基づいて，ビスマスの結合原子半径を推測せよ．
(b) 周期表 15 族元素内を下に移動すると，原子半径が増加する理由を説明せよ．
(c) ビスマスのほかの主要な用途は，消火スプリンクラーシステムや印刷の活字に使われる低融点合金の製造に用いる添加物である．ビスマス単体そのものは，銀白色の結晶性固体である．これらのビスマスの特徴は，ビスマスが非金属元素である窒素やリンと同族であることと矛盾しないか説明せよ．
(d) $Bi_2O_3$ は塩基性酸化物である．これと希硝酸の反応の化学反応式を記せ．また，6.77 g の $Bi_2O_3$ を希硝酸に溶かして 0.500 L の溶液としたときの，$Bi^{3+}$ のモル濃度を求めよ．
(e) $^{209}Bi$ の原子核中には，陽子と中性子がそれぞれいくつ存在するか．
(f) 25℃における Bi の密度は 9.808 g/cm$^3$ である．1 辺 5.00 cm の立方体のビスマス単体中に含まれる Bi 原子の数を答えよ．また，その物質量を答えよ．

### 解　法

解　(a) ビスマスは，周期表 15 族元素中でアンチモン Sb のすぐ下に位置する．周期表の列を下に移動すると原子半径が増大することから，Bi の原子半径は Sb の半径（0.139 nm）より大きいと予想される．周期表の行を左から右に移動すると，一般に原子半径が小さくなる傾向があることも学んだ．表 7.5 と表 7.6 から，同じ周期の元素，つまり Ba とポロニウム Po のデータがわかる．したがって，Bi の半径は Ba（0.215 nm）よりも小さく，Po（0.140 nm）より大きいと予想される．図 7.6 を見ると，15 族元素と 16 族元素の原子半径の差は比較的小さいことがわかる．それゆえ，Bi の半径は Po よりわずかに大きく，Ba の半径よりも Po にかなり近いことが予想される．実際，Bi の原子半径は 0.148 nm であり，推測と一致する．

(b) 15 族元素内で原子番号が増加すると半径が増加するのは，核電荷の増大に対応して電子がさらに外側の原子価電子殻に入るからである．内殻電子は最外殻電子を原子核から遮蔽するので，原子番号が増大しても有効核電荷はあまり変化しない．しかし，最外殻電子の主量子数 $n$ は着実に増加し，それに伴って軌道半径も増加する．

(c) ビスマスと窒素の性質の顕著な差は，周期表の同じ族内で下に移動すると金属性が増大する一般的な傾向を例示している．実際，ビスマスは金属である．金属性が増大するのは，イオン化エネルギーが低く，結合をつくる最外殻電子が失われやすいためである．

(d) §4.2 で学んだ化学反応式とイオン反応式の記述方法に従うと，次の式が書ける．

化学反応式：

$$Bi_2O_3(s) + 6HNO_3(aq) \longrightarrow 2Bi(NO_3)_3(aq) + 3H_2O(l)$$

イオン反応式：

$$Bi_2O_3(s) + 6H^+(aq) \longrightarrow 2Bi^{3+}(aq) + 3H_2O(l)$$

硝酸は強酸で $Bi(NO_3)_3$ は水溶性の塩なので，イオン反応式では固体と水素イオンが反応して $Bi^{3+}(aq)$ と水が生成することを示せばよい．溶液の濃度の計算は，次のようになる（§4.5）．

$$\frac{6.77\,\mathrm{g\,Bi_2O_3}}{0.500\,\mathrm{L}\,\text{溶液}} \times \frac{1\,\mathrm{mol\,Bi_2O_3}}{466.0\,\mathrm{g\,Bi_2O_3}} \times \frac{2\,\mathrm{mol\,Bi^{3+}}}{1\,\mathrm{mol\,Bi_2O_3}} = \frac{0.0581\,\mathrm{mol\ Bi^{3+}}}{\mathrm{L}\,\text{溶液}} = 0.0581\,\mathrm{M}$$

(e) すべての元素において，原子番号は，陽子およびその中性原子中の電子の数に一致する（§2.3）．ビスマスは 83 番元素である．つまり，原子核中に 83 個の陽子が存在する．質量数は 209 なので，原子核中の中性子の数は 209 − 83 = 126 個である．

(f) 密度と原子量を用いて Bi の物質量を求める．ついで，アボガドロ定数を用いて原子の数に変換する（§1.4 および §3.4）．立方体の体積は $(5.00)^3\,\mathrm{cm^3} = 125\,\mathrm{cm^3}$ である．したがって，

$$125\,\mathrm{cm^3} \times \frac{9.808\,\mathrm{g\,Bi}}{1\,\mathrm{cm^3}} \times \frac{1\,\mathrm{mol\,Bi}}{209.0\,\mathrm{g\,Bi}} = 5.87\,\mathrm{mol\,Bi}$$

$$5.87\,\mathrm{mol\,Bi} \times \frac{6.022 \times 10^{23}\,\mathrm{atom\,Bi}}{1\,\mathrm{mol\,Bi}} = 3.53 \times 10^{24}\,\mathrm{atom\,Bi}$$

となる．上記式中の “atom” は “原子” を示す．

## 章のまとめとキーワード

**周期表の発展（序論と§7.1）** 周期表は，元素が示す化学的および物理的性質の類似性に基づき，メンデレーエフとマイヤーにより最初につくられた．モーズリーが各元素に固有の原子番号を割り当てることを提案し，周期表の配列を原子番号の順序とすべきことが確立された．現在，周期表の縦に並ぶ元素には，**原子価軌道**に同数の電子があることがわかっている．この価電子構造の類似性が，同族元素の共通点につながっている．同族元素間で違いが生じるのは，原子価軌道となっている電子殻が異なるためである．

**有効核電荷（§7.2）** 原子の特性の多くは，**有効核電荷**に依存している．有効核電荷は，注目している電子が感じている核電荷で，他の電子による反発を本来の核電荷に対して補正したものである．内殻電子は外殻電子を全核電荷から非常に効果的に遮蔽しているのに対して，同じ電子殻にある電子が効果的に互いを遮蔽し合うことはない．実際の核電荷は周期内を右に進むと増えるので，価電子が感じる有効核電荷は，周期表の左から右へ進むにつれて増加する．

**原子とイオンの大きさ（§7.3）** 原子の大きさは，化合物中の原子間の距離に基づいた**結合原子半径**で与えられる．概して，原子半径は周期表の縦列を下に進むにつれて大きくなり，横列を左から右に進むにつれて小さくなる．

陽イオンは親原子よりも小さく，陰イオンは親原子よりも大きい．イオンの電荷が同じ場合，周期表の下に進むにつれてサイズが大きくなる．同数の電子をもつ一連のイオンを**等電子系列**という．等電子系列では，核電荷の増加とともに，電子が核により強く引きつけられるため，原子のサイズが小さくなる．

**イオン化エネルギー（§7.4）** 原子の**第一イオン化エネルギー**とは，気相の原子から電子を1個取り去り，陽イオンにするのに必要とされる最小エネルギーである．同様に，第二イオン化エネルギーは，2個目の電子を取り去るのに必要なエネルギーである．イオン化エネルギーは，すべての価電子が取り去られた後，急に高くなるが，これは内殻電子が感じる有効核電荷がより大きいためである．

元素の第一イオン化エネルギーでみられる周期的な傾向は，原子半径でみられたものとは逆で，原子の大きさが小さくなるほど第一イオン化エネルギーが高くなる．したがって，第一イオン化エネルギーは，周期表の縦列を下に進むにつれて減少し，左から右に進むにつれて増加する．

イオンの電子配置を描くには，まずその原子が中性の状態での電子配置を描き，その後適当な数の電子を取り除くかまたはつけ加える．陽イオンの場合，まず $n$ の値が最も大きい中性原子の軌道から電子を除く．$n$ の値が同じ原子価軌道が二つある場合（例えば，4s と 4p）は，$l$ の値が大きい軌道（この場合は 4p）から電子を除く．陰イオンの場合，逆の順で軌道に電子を加える．

**電子親和力（§7.5）** 元素の**電子親和力**とは，気相中の原子に電子を1個与えて，陰イオンにする際のエネルギー変化のことである．電子親和力が負になる場合は，電子を加えたときにエネルギーが放出される．つまり電子親和力が負のときは，形成された陰イオンが安定である．電子親和力が正になる場合は，原子と電子が分かれているときに比べて陰イオンが不安定であることを意味しており，正確な値を測定することはできない．概して，電子親和力は周期表の左から右に進むにつれて負の数値が増加し，ハロゲン元素の負の数値が最も大きくなる．貴ガスの場合，与えられた電子はエネルギーのより高い新しい副殻に入ることになるため，電子親和力は正の値になる．

**金属，非金属およびメタロイド（§7.6）** 元素は，金属，非金属およびメタロイドに分類できる．ほとんどの元素は金属である．それらは周期表の左側と中央部分を占めている．非金属は周期表の右上部分にみられる．メタロイドは金属と非金属の間の狭い範囲を占めている．元素が**金属性**と呼ばれる金属の性質を示す傾向は，周期表の縦列を下がるにつれて大きくなり，横列を左から右に進むにつれて減少する．

金属は特徴的な光沢をもち，熱と電気の良導体である．金属が非金属と反応するとき，金属原子は酸化されて陽イオンとなり，通常，イオン性化合物が生じる．ほとんどの金属酸化物は塩基性で，酸と反応して塩と水を生成する．

非金属は金属光沢がなく，通常，熱および電気伝導性は低い．いくつかは室温で気体である．非金属元素だけを含む化合物は，通常，分子性である．非金属は金属と反応して陰イオンになる．非金属酸化物は酸性で，塩基と反応して塩と水を生成する．メタロイドは金属と非金属の中間の性質をもつ．

**1族と2族の金属（§7.7）** **アルカリ金属**（1族）は低密度で低融点の軟らかい金属である．アルカリ金属は最も小さなイオン化エネルギーをもつ．そのため，アルカリ金属は非金属に対して非常に反応性が高く，最外殻のs電子を失って1+ のイオンとなる．

**アルカリ土類金属**（2族）はアルカリ金属より硬く，より高密度で，より高い融点をもつ．それらも非金属に対して非常に高い反応性をもつが，アルカリ金属ほどではない．アルカリ土類金属は最外殻の二つのs電子を失いやすく，2+ のイオンとなる．アルカリ金属およびアルカリ土類金属は水素と反応して**水素化物イオン** $H^-$ を含むイオン性化合物をつくる．

**代表的な非金属元素（§7.8）** 水素は，周期表のどの族とも異なった性質をもつ非金属元素である．水素は，酸素やハロゲンのような非金属元素と分子性化合物を形成する．

酸素と硫黄は，16族の中で最も重要な元素である．酸素は通常，二原子分子 $O_2$ として存在する．**オゾン** $O_3$ は酸素の重要な同素体である．酸素は他の元素から電子を奪う傾向が強い．すなわち，他の元素を酸化する．金属との組合せでは，酸素は通常酸化物イオン $O^{2-}$ として存在する．過酸化物イオン ${O_2}^{2-}$，超酸化物イオン ${O_2}^{-}$ の塩も存在する．硫黄の単体は，一般に $S_8$ 分子として見出される．金属との組合せでは，硫化物イオン $S^{2-}$ として存在することが多い．

**ハロゲン**（17族）の単体は二原子分子である．ハロゲンは，元素の中で最も負の電子親和力をもつ．そのためハロゲンの化学は，とくに金属との反応では，1− イオンが生成しやすい．

**貴ガス**（18族）は単原子分子として存在する．貴ガスは，完全に満たされたsおよびp副殻を有するため，非常に安定で，反応性に乏しい．重い貴ガスだけは化合物を形成することが知られており，非常に活性な非金属元素（例えば，フッ素）とのみ反応する．

## 練習問題

**7.1**　ここに示した $A_2X_4$ という分子があるとする．AとXは元素である．この分子のA—A結合の結合距離は $d_1$，四つのA—X結合の結合距離はそれぞれ $d_2$ である．

(a) $d_1$ と $d_2$ を用いて，原子AとXの結合半径を示せ．

(b) $d_1$ と $d_2$ を用いて，$X_2$ 分子の結合距離を示せ．［§7.3］

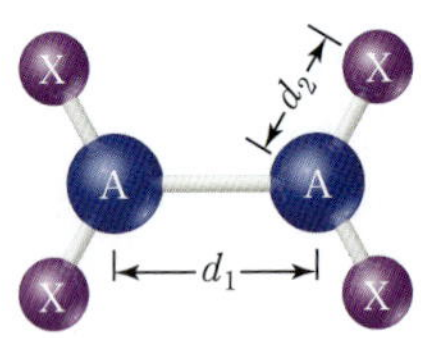


**7.2**　単体Xは $F_2$ (g) と反応して下に示す分子をつくるとする．

(a) この反応について，つり合った反応式を書け（Xや生成物の相は無視してよい）．

(b) XとFの結合距離がほぼ同じとき，Xは金属元素か非金属元素か説明せよ．［§7.6］

**7.3**　以下の球は，F，Br，$Br^-$ を示す．どの球がどの原子（またはイオン）を表しているか答えよ．［§7.3］

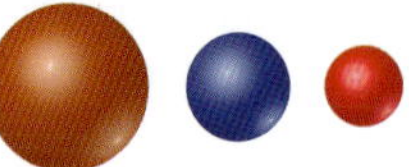

**7.4**　Ar の $n = 3$ の殻の電子と，Kr の $n = 3$ の殻の電子を比較するとき，より大きな有効核電荷を感じるのはどちらか．また，原子核のより近くに存在するのはどちらか．［§7.1，§7.2］

**7.5**　次のそれぞれの文章は，正しいか，誤っているか答えよ．

(a) 陽イオンは，対応する中性原子よりも大きい．

(b) $Li^+$ は Li より小さい．

(c) $Cl^-$ は $I^-$ より大きい．［§7.3］

**7.6**　臭素の電子親和力は負の値であるが，Kr のそれは正の値である．これら二つの元素の電子配置を用いて，この違いを説明せよ．［§7.4，§7.5］

**7.7**　(a) 周期表の行を左から右に移動するとき，金属性は増加するか，減少するか，変わらないか．

(b) 周期表の列を上から下に移動するとき，金属性は増加するか，減少するか，変わらないか．

(c) 金属性の周期的傾向は，第一イオン化エネルギーの周期的傾向と同じか．［§7.6］

**7.8**　(a) §7.7で学んだように，アルカリ金属は水素と反応して水素化物を生成し，ハロゲンと反応してハロゲン化物を生成する．これらの反応における水素と塩素の役割を比較せよ．生成物中の水素とハロゲンの状態は似ているか．

(b) フッ素とカルシウムの反応，水素とカルシウムの反応の化学反応式を記せ．これらの反応の生成物は，どんな点が似ているか．［§7.7，§7.8］

# 8 化学結合

▲ **芸術作品となった化学結合**
アトミウムは 1958 年のブリュッセル万博のために建設された，高さ 110 m の鋼鉄のモニュメントである．9 個の球体は原子を表し，それらを結びつける連結棒は化学結合を彷彿させる．立方体の中心に位置する球体は他の 8 個の球体と結ばれており，その配置は鉄などの金属元素によくある原子配置（体心立方）である．

2 個の原子やイオンが互いに強く結びついているとき，そこに化学結合（chemical bond）が存在するという．化学結合には総じてイオン結合，共有結合，金属結合の 3 種類がある．

ステンレスのスプーンに食塩をとり，コップ一杯の水に加えると，そこに 3 種類の化学結合を垣間みることができよう（▶ **図 8.1**）．すなわち，食塩は塩化ナトリウム NaCl であり，その構造は相反する電荷をもったナトリウムイオン $Na^+$ と塩化物イオン $Cl^-$ の引力相互作用に基づく**イオン結合**（ionic bond）でできている．

コップの水は主に $H_2O$ 分子である．水素原子と酸素原子が互いに**共有結合**（covalent bond）で結ばれ，それぞれの原子間に電子を共有することで分子がつくられている．スプーンは主に金属の鉄 Fe でできており，原子は互いに金属中を比較的自由に動きまわる電子によって結ばれている．これを**金属結合**（metallic bond）という．これらの異なる物質は，結合の仕方が違うため，それぞれ別々の挙動を示す．

物質の結合様式は何によって決まるのだろうか．これらの結合の特徴は物理的あるいは化学的な性質に対して，どのように反映されるのだろうか．最初の疑問に答える鍵は，6 章および 7 章で学んだ原子の電子構造の中に見出すことができるだろう．本章と次章では原子の電子構造と，原子どうしでつくられるイオン結合，共有結合との関係を検証する．金属結合について

▲ **図 8.1　イオン結合，共有結合，金属結合**
ここに示す 3 種の物質は，それぞれ別の種類の化学結合でできている．

は12章で扱う．

## 8.1 ルイス記号とオクテット則

化学結合に関与する電子は，ほとんどの原子の場合，最外殻を占める**価電子**である（§6.8）．米国の化学者ギルバート・ルイス（Gilbert N. Lewis, 1875-1946）は，原子内の価電子を示し，化学結合形成において価電子の動きをたどる簡便な方法として，現在**ルイス点電子記号**（Lewis electron-dot symbol）あるいは単に**ルイス記号**（Lewis symbol）として知られる表記法を提案した．

原子のルイス記号は，元素記号に個々の価電子を示す黒点（・）を組み合わせたものである．例えば硫黄は [Ne]$3s^2 3p^4$ の電子配置で，価電子数は6である．そのルイス記号は以下のように表す．

点は元素記号の四方（上下左右）に置き，それぞれには最大2電子まで収容可能である．四方はいずれも互いに等価であり，2電子あるいは1電子をどの方向に置くかは任意であるが，点は可能な限り散らばるように配置するのが一般的である．すなわち，Sのルイス記号では，2電子を三方向において一方を空にするよりも，上記の通り表記するほうが好ましい．

第二周期および第三周期の主族（典型）元素について，電子配置とルイス記号を▼**表8.1**に示した．代表的な元素の価電子数が，族番号あるいはそれから10を引いた数と同じであることに注目しよう．例えば，16族の酸素と硫黄のルイス記号には6個の点が示されている．

**考えてみよう**

下記に示すClのルイス記号はすべて正しいか．

:Cl·　:Cl:　:Cl·

### オクテット則

原子は電子を獲得したり，放出あるいは共有することで，周期表上で近接する貴ガスと同じ電子数を満たそうとする傾向がある．貴ガスの第一イオン化エネルギーは大きく，電子に対する親和性も低い．化学反応性に乏しいことから明らかなように，非常に安定な電子配置をもつ（§7.8）．

Heを除くすべての貴ガスは8個の価電子をもつため，反応性を示す原子には最終的に8個の価電子を獲得するものが多い．この経験則から，**原子は電子を獲得あるいは喪失，共有することで，8個の価電子数を満たす傾向がある**という**オクテット則**（octet rule）が導かれた．

電子のオクテットとは，原子内のsおよびp副殻がすべて満たされた状態である．ルイス記号では，オクテットは表8.1に示すNeやArのルイス記号のように，元素記号の周囲に配置される4対の価電子として示される．オクテット則には例外もあるが，数多くの重要な化学結合に関する概念を導き出すうえで，有用な枠組みを提供する．

## 8.2 イ オ ン 結 合

イオン性化合物は一般的に周期表左側に位置する金

**表8.1　ルイス記号**

| 族 | 元素 | 電子配置 | ルイス記号 | 元素 | 電子配置 | ルイス記号 |
|---|---|---|---|---|---|---|
| 1 | Li | [He]$2s^1$ | Li· | Na | [Ne]$3s^1$ | Na· |
| 2 | Be | [He]$2s^2$ | ·Be· | Mg | [Ne]$3s^2$ | ·Mg· |
| 13 | B | [He]$2s^2 2p^1$ | ·Ḃ· | Al | [Ne]$3s^2 3p^1$ | ·Ȧl· |
| 14 | C | [He]$2s^2 2p^2$ | ·Ċ· | Si | [Ne]$3s^2 3p^2$ | ·Si· |
| 15 | N | [He]$2s^2 2p^3$ | ·N: | P | [Ne]$3s^2 3p^3$ | ·P: |
| 16 | O | [He]$2s^2 2p^4$ | :O: | S | [Ne]$3s^2 3p^4$ | :S: |
| 17 | F | [He]$2s^2 2p^5$ | ·F: | Cl | [Ne]$3s^2 3p^5$ | ·Cl: |
| 18 | Ne | [He]$2s^2 2p^6$ | :Ne: | Ar | [Ne]$3s^2 3p^6$ | :Ar: |

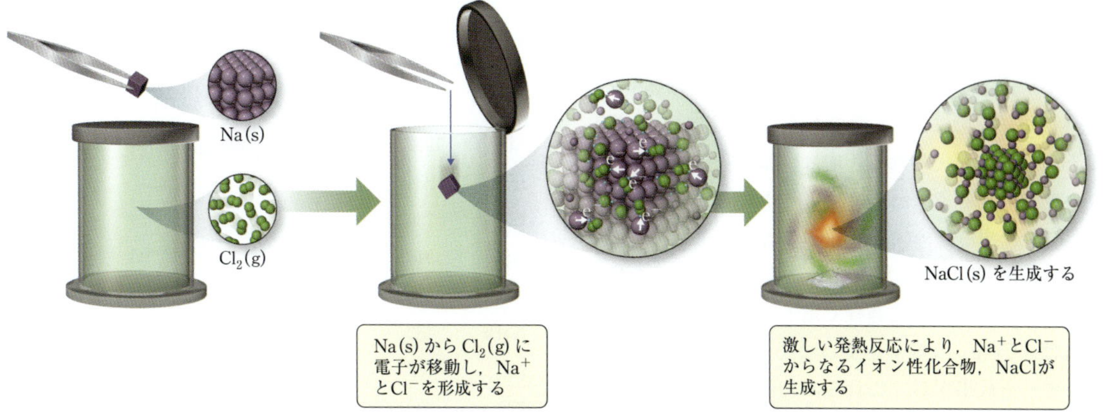


▲図 8.2　塩素ガスと金属ナトリウムの反応によるイオン性化合物の塩化ナトリウムの生成

属と，右側に位置する非金属（18 族の貴ガスを除く）の相互作用によって生成する．例えば，金属ナトリウム Na(s) は，塩素ガス $Cl_2$(g) と接触すると激しく反応する（▲図 8.2）．この大きな発熱を伴う反応の生成物は塩化ナトリウム NaCl(s) である．

$$\mathrm{Na}(s) + \frac{1}{2}\mathrm{Cl_2}(g) \longrightarrow \mathrm{NaCl}(s) \qquad \Delta H_f^\circ = -410.9\ \mathrm{kJ} \quad [8.1]^{※1}$$

Na から生じる $Na^+$ と $Cl_2$ から生じる $Cl^-$ により塩化ナトリウムが生成するが（▶図 8.3），これは Na 原子が失った電子を，Cl 原子が獲得したことを示している．陽イオンと陰イオンを生じる**電子移動**は，一方の原子が電子を失いやすく（小さなイオン化エネルギー），かつ他方の原子が電子を獲得しやすい（負に大きな電子親和力）場合に起こる（§7.4，§7.5）．したがって，NaCl はイオン化エネルギーが小さい金属と電子親和力が負に大きい非金属からなる典型的なイオン性化合物である．ルイス点電子記号を用いれば，以下のように記述することができる（塩素分子 $Cl_2$ のかわりに塩素原子で示してある）．

$$\mathrm{Na}\cdot + \cdot\ddot{\underset{\cdot\cdot}{\mathrm{Cl}}}\colon \longrightarrow \mathrm{Na}^+ + [\colon\ddot{\underset{\cdot\cdot}{\mathrm{Cl}}}\colon]^- \qquad [8.2]$$

矢印は Na 原子から Cl 原子への電子の流れを示している．それぞれのイオンは電子のオクテット則を満たし，$Na^+$ の価電子は $2s^2 2p^6$ のオクテットとなり，これらは Na 原子の 3s 軌道のすぐ下に位置する．ここではオクテットを満たしていることを強調するために，塩素の周りを括弧でくくってある．

**考えてみよう**

カルシウムとフッ素の両元素からフッ化カルシウムが生成する際に起こる電子移動について説明せよ．

イオン性化合物はいくつかの特徴的な性質をもっている．これらの化合物は通常，高融点の脆い結晶である．イオン性結晶はしばしばはがれやすく，平坦でなめらかな表面に沿って破断する．このような性質は静電力から生じるもので，構造の定まった三次元配列の中にイオンをしっかり保持する役割を担っている（図 8.3）．

## イオン結合形成のエネルギー

ナトリウムと塩素から塩化ナトリウムが生じる反応

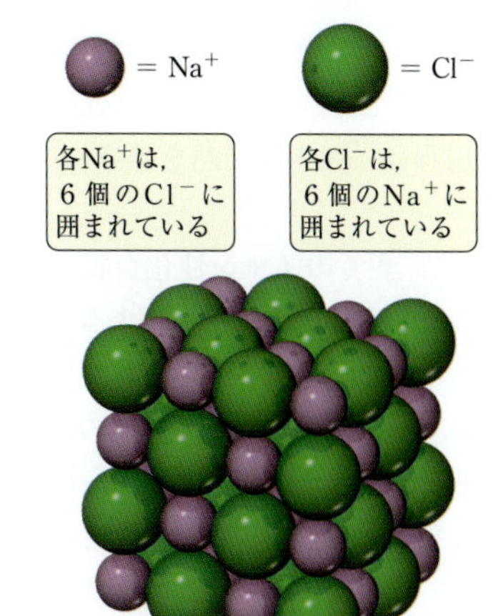


▲図 8.3　塩化ナトリウムの結晶構造

※1　訳注：標準生成エンタルピー $\Delta H_f^\circ$ の単位は kJ/mol であるが，ここでは標準エンタルピー変化として示されているので，単位は kJ を用いている．

は大きな発熱を伴い，式 8.1 に示した通り，標準生成エンタルピー $\Delta H^\circ_f$ は $-410.9$ kJ/mol の大きな負の値を示す．式 8.2 に示した通り NaCl の生成は Na から Cl への電子移動によるものである．§7.4 で学んだ通り，原子から電子が失われる反応はつねに吸熱過程であることを思い出そう．例えば，Na (g) から電子を奪って $Na^+$ (g) にするためには，496 kJ/mol が必要である．

また，§7.5 で学んだように，非金属が電子を獲得する過程は一般に発熱過程で電子親和力は負である．例えば，Cl (g) は電子を受けとると 349 kJ/mol のエネルギーを放出する．これらのエネルギーの大きさから，Na 原子から Cl 原子への電子移動は発熱過程ではなく，$496 - 349 = 147$ kJ/mol 分の吸熱過程と予想される．この吸熱過程は，$Na^+$ と $Cl^-$ が無限に離れて生成し，イオンどうしが相互作用しない場合に相当する．しかし，通常のイオン性化合物の状況はこれとはかけ離れたもので，実際はイオンどうしが近い位置にある．

イオン性化合物が安定である主要因は，電荷の異なるイオン間に働く引力によるもので，実際図 8.3 のような固体配列，すなわち結晶格子を形成する．イオン結晶中で，電荷の異なるイオンの配列により生じる安定化の尺度が，**格子エネルギー**（lattice energy）である．これは**固体状態のイオン性化合物 1 mol を，気体状態のイオンへと完全に引き離すために必要なエネルギー**である．この過程には 788 kJ/mol が必要であり，これが格子エネルギーの値となる．

$$\mathrm{NaCl\,(s)} \longrightarrow \mathrm{Na^+\,(g)} + \mathrm{Cl^-\,(g)} \qquad \Delta H_{格子} = +788\ \mathrm{kJ/mol} \quad [8.3]$$

この過程は大きな吸熱を伴うことに注意せよ．したがって，$Na^+$ (g) と $Cl^-$ (g) が互いに近づき NaCl (s) を与える逆過程は，大きな発熱を伴う（$\Delta H = -788$ kJ/mol）．

▶ **表 8.2** に，多くのイオン性化合物の格子エネルギーをまとめた．格子エネルギーの大きな正の値はイオンどうしが互いに強く引きつけられていることを示すものである．電荷の異なるイオン間の引力で放出されるエネルギーは，イオン化エネルギーの吸熱性を埋め合わせてもあまりあり，イオン性化合物の生成は発熱過程となる．この強い引力のため，多くのイオン性材料は硬くて脆い高融点物質となり，例えば NaCl は 801℃で融解する．

**表 8.2 イオン性化合物の格子エネルギー**

| 化合物 | 格子エネルギー (kJ/mol) | 化合物 | 格子エネルギー (kJ/mol) |
|---|---|---|---|
| LiF | 1030 | $MgCl_2$ | 2326 |
| LiCl | 834 | $SrCl_2$ | 2127 |
| LiI | 730 | | |
| NaF | 910 | MgO | 3795 |
| NaCl | 788 | CaO | 3414 |
| NaBr | 732 | SrO | 3217 |
| NaI | 682 | | |
| KF | 808 | ScN | 7547 |
| KCl | 701 | | |
| KBr | 671 | | |
| CsCl | 657 | | |
| CsI | 600 | | |

**考えてみよう**

次の化学反応を行うとしよう．この反応でエネルギーは放出されるか．

$$\mathrm{KCl\,(s)} \longrightarrow \mathrm{K^+\,(g)} + \mathrm{Cl^-\,(g)}$$

イオン性化合物の格子エネルギーの大きさは，イオンの電荷やその大きさ，固体の配列の仕方に依存する．§5.1 ですでに理解した通り，相互作用をもつ二つの荷電粒子には下式のポテンシャルエネルギーが働く．

$$E_{\mathrm{el}} = \frac{\kappa Q_1 Q_2}{d} \qquad [8.4]$$

式中の $Q_1$，$Q_2$ は粒子の電荷，$d$ は粒子の中心間の距離，また $\kappa$ は定数 $8.99 \times 10^9$ J·m/C$^2$ を表す．

式 8.4 より，電荷の異なる二つの粒子に働く引力は，電荷が大きくなるにつれて，あるいはそれらの中心間距離が近くなるにつれて，増加することがわかる．したがって，**イオンの電荷が増えたり，イオン半径が小さくなることで，格子エネルギーは増加する**．しかし，イオン半径の大きさの違いは一定の範囲内に留まることから，格子エネルギーの大きさは大部分がイオンの電荷による．

イオン間の距離が増すと格子エネルギーが減少する．とくに，周期表の下方へいくにつれてイオン半径

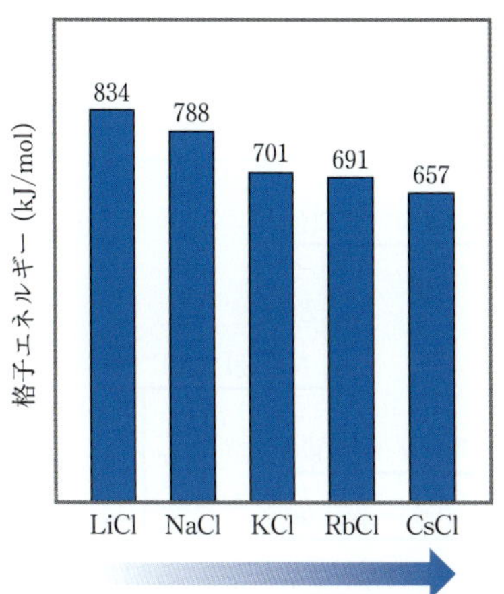


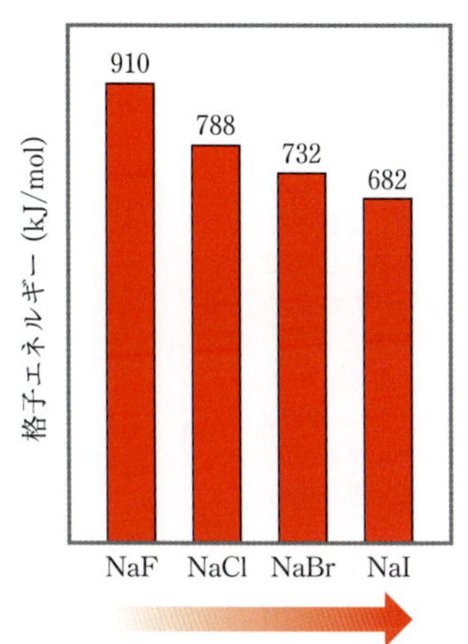


◀ **図 8.4 陽イオンまたは陰イオンの半径に対する格子エネルギーの傾向**

が大きくなるので，イオン性化合物の格子エネルギーは，同じ族を下るほど減少する．▲**図 8.4** は，アルカリ金属の塩化物 MCl（M = Li，Na，K，Rb，Cs）とナトリウムハロゲン化物 NaX（X = F，Cl，Br，I）に対してこの傾向を示したものである．

## s および p ブロック元素のイオン電子配置

イオン結合形成におけるエネルギー変化から，多くのイオンが貴ガス電子配置をとる理由を理解する手がかりが得られる．例えば，ナトリウムは容易に電子 1 個を失って $Na^+$ となり，Ne と同じ電子配置をとる．

$$\mathrm{Na}\quad 1s^2 2s^2 2p^6 3s^1 = [\mathrm{Ne}]3s^1$$
$$\mathrm{Na^+}\quad 1s^2 2s^2 2p^6 = [\mathrm{Ne}]$$

格子エネルギーはイオン電荷の増加に伴って大きくなるにもかかわらず，$Na^{2+}$ を含むイオン性化合物がみつかったことはない．2 電子目が失われる場合は，ナトリウム原子の内殻から電子を取り除かなくてはならず，それには非常に大きなエネルギーを必要とする（§7.4）．この内殻から電子を取り除くために必要なエネルギーは，価数の増加に伴う格子エネルギーの増分では補うことができないほど大きい．そのため，ナ

### 例題 8.1　格子エネルギーの大きさ

表 8.2 を見ずに，イオン性化合物 NaF と CsI，CaO を格子エネルギーが大きくなる順に並べ替えよ．

**解　法**

**問題の分析**　イオン性化合物の化学式から，相対的な格子エネルギーを決める問題である．それには式 8.4 を用い，次のことを考慮する．(**a**) イオンの電荷が大きくなるほど，エネルギーは大きくなる．(**b**) イオンが離れているほど，エネルギーは小さい．

**解**　NaF は $Na^+$ と $F^-$ から，CsI は $Cs^+$ と $I^-$ から，CaO は $Ca^{2+}$ と $O^{2-}$ からなる．積 $Q_1Q_2$ は式 8.4 の分数の分子に現れるので，電荷が大きくなると格子エネルギーは劇的に大きくなる．したがって，2+ と 2− のイオンをもつ CaO の格子エネルギーが三つの中で最も大きいと予想できる．

NaF と CsI ではイオンの電荷は同じである．結果として，格子エネルギーの違いはイオン間の距離の違いに依存する．イオンの大きさは周期表で族を下にいくほど大きくなるので（§7.3），$Cs^+$ は $Na^+$ よりも大きく，また $I^-$ は $F^-$ より大きいとわかる．したがって，NaF 中の $Na^+$ と $F^-$ の距離は，CsI 中の $Cs^+$ と $I^-$ の距離よりも短い．結果として，NaF の格子エネルギーは CsI よりも大きいはずである．よって，エネルギーが大きくなる順は CsI < NaF < CaO である．

**チェック**　表 8.2 は予想した順序が正しいと裏づけている．

**演　習**

$MgF_2$ と $CaF_2$，$ZrO_2$ の中でどれが一番大きな格子エネルギーをもつと予想されるか．

より深い理解のために

## 格子エネルギーの計算：ボルン-ハーバーサイクル

格子エネルギーは直接実験で求めることができない．しかし，イオン性化合物の生成をいくつかの過程に分割して捉えると，格子エネルギーを計算で求めることが可能となる．ここではヘスの法則（§5.6）を使い，**ボルン-ハーバーサイクル**（Born-Harber cycle）における格子エネルギーの計算を行う．ボルン-ハーバーサイクルは，ドイツの科学者マックス・ボルン（Max Born, 1882-1970）とフリッツ・ハーバー（Fritz Haber, 1868-1934）に因んで名づけられた熱化学サイクルで，このサイクルを分析することでイオン性化合物の安定性に寄与する因子を明らかにできる．

NaCl のボルン-ハーバーサイクルでは，Na (s) と $Cl_2$ (g) から NaCl (s) が生じる過程について，▶図 8.5 に示した二つのルートを考える．赤矢印で示した直接ルートのエンタルピー変化が，NaCl (s) の生成熱に相当する値である．

$$\mathrm{Na(s)} + \frac{1}{2}\mathrm{Cl_2(g)} \longrightarrow \mathrm{NaCl(s)} \qquad \Delta H^\circ_f[\mathrm{NaCl(s)}] = -411\ \mathrm{kJ} \quad [8.5]$$

一方，間接ルートは 5 個の過程（図 8.5 の緑矢印）から成り立っている．まず，Na (s) が気化して Na (g) 原子となる．次に，$Cl_2$ 分子の結合が切れて Cl (g) が生じる．このエンタルピー変化は付録C より，以下の通り求められる．どちらも吸熱過程であることに注目されたい．

$$\mathrm{Na(s)} \longrightarrow \mathrm{Na(g)} \qquad \Delta H^\circ_f[\mathrm{Na(g)}] = 108\ \mathrm{kJ} \quad [8.6]$$

$$\frac{1}{2}\mathrm{Cl_2(g)} \longrightarrow \mathrm{Cl(g)} \qquad \Delta H^\circ_f[\mathrm{Cl(g)}] = 122\ \mathrm{kJ} \quad [8.7]$$

次の二つの過程では，Na (g) から電子を取り除いて $Na^+$ (g) としたのち，この電子を Cl (g) に加えて $Cl^-$ (g) とする．これら 2 過程のエンタルピー変化は，Na の第一イオン化エネルギー $I_1$(Na) と Cl の電気陰性度 $E$(Cl) にそれぞれ等しい．

$$\mathrm{Na(g)} \longrightarrow \mathrm{Na^+(g)} + e^- \qquad \Delta H = I_1(\mathrm{Na}) = 496\ \mathrm{kJ} \quad [8.8]$$

$$\mathrm{Cl(g)} + e^- \longrightarrow \mathrm{Cl^-(g)} \qquad \Delta H = E(\mathrm{Cl}) - -349\ \mathrm{kJ} \quad [8.9]$$

最後に，ここで生じる $Na^+$ (g) と $Cl^-$ (g) から NaCl (s) を生成させる．固体の NaCl の生成は，この固体の結合を切って気体のイオンに変化させる過程の逆である．このため，固体生成のエンタルピー変化は，求めようとしている格子エネルギーの符号を負に変えた値である．

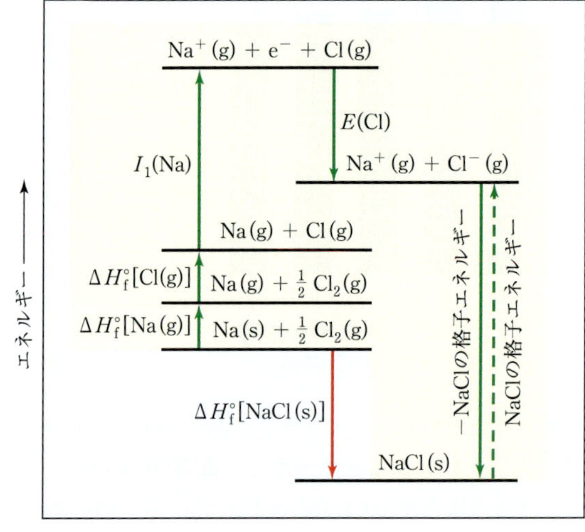


▲図 8.5 NaCl の生成におけるボルン-ハーバーサイクル
このヘスの法則による表現は，単体からイオン性固体の生成におけるエネルギーの関係を示している．

$$\mathrm{Na^+(g)} + \mathrm{Cl^-(g)} \longrightarrow \mathrm{NaCl(s)} \qquad \Delta H = -\Delta H_{格子} = ? \quad [8.10]$$

5 段階の過程が起こると，結果として Na (s) と $1/2Cl_2$ (g) から NaCl (s) が生成する．ヘスの法則に従えば，この 5 過程のエンタルピー変化の合計が赤矢印で示した直接反応のエンタルピー変化（式 8.5）に等しい．

$$\begin{aligned}\Delta H^\circ_f[\mathrm{NaCl(s)}] &= \Delta H^\circ_f[\mathrm{Na(g)}] + \Delta H^\circ_f[\mathrm{Cl(g)}] \\ &\quad + I_1(\mathrm{Na}) + E(\mathrm{Cl}) - \Delta H_{格子} \\ -411\ \mathrm{kJ} &= 108\ \mathrm{kJ} + 122\ \mathrm{kJ} \\ &\quad + 496\ \mathrm{kJ} - 349\ \mathrm{kJ} - \Delta H_{格子}\end{aligned}$$

上式を $\Delta H_{格子}$について解くと，

$$\begin{aligned}\Delta H_{格子} &= 108\ \mathrm{kJ} + 122\ \mathrm{kJ} + 496\ \mathrm{kJ} - 349\ \mathrm{kJ} + 411\ \mathrm{kJ} \\ &= 788\ \mathrm{kJ}\end{aligned}$$

したがって，NaCl の格子エネルギーは 788 kJ/mol である．

トリウムをはじめ 1 族の金属は，イオン性化合物中で 1+ イオンとしてのみ存在する．

同様に非金属に電子を加える反応では，電子が原子価殻に加わる限りにおいては，発熱的であるか，わずかに吸熱的であるかのいずれかである．したがって，Cl 原子は容易に電子を受け入れて $Cl^-$ となり，Ar と同じ電子配置をとる．

$$\mathrm{Cl} \quad 1s^2 2s^2 2p^6 3s^2 3p^5 = [\mathrm{Ne}]3s^2 3p^5$$

$$\mathrm{Cl^-} \quad 1s^2 2s^2 2p^6 3s^2 3p^6 = [\mathrm{Ne}]3s^2 3p^6 = [\mathrm{Ar}]$$

一方で，$Cl^{2-}$ を形成するためには，二つ目の電子を Cl 原子のエネルギーの高い殻に加えなければならない．したがって，イオン性化合物中に $Cl^{2-}$ が観測されたことはない．このように，イオン性化合物では 1 族，2 族および 13 族の主族元素の金属イオンは，それぞれ 1+および 2+，3+の陽イオンとなり，15 族および 16 族，17 族の主族元素の非金属イオンは，それぞれ 3−および 2−，1−の陰イオンとなることが想定される．

### 例題 8.2　イオンの電荷

(a) Sr, (b) S, (c) Al がつくりやすいイオンを予測せよ.

**解 法**

**問題の分析**　Sr と S, Al の原子が電子を何個得やすいか, あるいは放出しやすいかを判断しなくてはならない.

**方針**　周期表の元素の位置を見ると, これらの元素が陽イオン, 陰イオンのどちらになりやすいかが予想できる. 個々の電子配置を使うと, 最も形成されやすいイオンを決められる.

**解**　(a) ストロンチウムは 2 族の金属で, 電子配置は [Kr]5s$^2$ なので, 2 個の価電子は容易に放出されて $Sr^{2+}$ を与える.

(b) 硫黄は 16 族の非金属なので陰イオンになりやすい. その電子配置 ([Ne]3s$^2$3p$^4$) は貴ガス配置より電子が 2 個不足している. したがって, 硫黄は $S^{2-}$ を形成すると予想できる.

(c) アルミニウムは 13 族の金属である. したがって $Al^{3+}$ を形成すると予想できる.

**チェック**　ここで予測したイオンの電荷は表 2.4 と 2.5 で裏づけられる.

**演 習**

マグネシウムが窒素と反応したときにできるイオンの電荷を予測せよ.

#### 遷移金属イオン

原子から電子を順々に除くとイオン化エネルギーは急激に上昇するが, イオン性化合物の格子エネルギーは, 最大でも原子から 3 電子を取り出すエネルギー相当の大きさでしかない. したがって, イオン性化合物中に陽イオンとして存在し得る電荷は, 1+および 2+, 3+である. しかしながら, 遷移金属は貴ガスの電子殻の外側の最外殻に 3 個以上の電子をもつものが多い. 例えば, 銀の電子配置は [Kr]4d$^{10}$5s$^1$ である. 11 族の金属 (Cu, Ag, Au) は, たいてい価数 1+のイオンを生じる (CuBr, AgCl など). $Ag^+$ では 5s 電子が失われ, 4d 副殻はそのままである. この例のように, 遷移金属は通常貴ガス電子配置のイオンを生じない. オクテット則は有用ではあるが, 遷移金属への適応は限定的である.

§7.4 で学んだように, 原子から陽イオンが生じるときには, まず主量子数 $n$ の値が最大である副殻からつねに電子が失われる. したがって遷移金属がイオンになるときは, はじめに原子価殻の s 電子を失い, 次にイオンの価数に達するまでに必要な数の d 電子を放出する. 例えば, 電子配置が [Ar]3d$^6$4s$^2$ である Fe から $Fe^{2+}$ が生じる場合, 二つの 4s 電子が失われて電子配置は [Ar]3d$^6$ となる. さらにもう 1 電子が失われると, 電子配置が [Ar]3d$^5$ の $Fe^{3+}$ を与える.

**考えてみよう**

電子配置が [Kr]4d$^6$ の 3+ イオンを生じる元素は何か.

## 8.3 共 有 結 合

日常生活で接する物質のほとんどは, 水分子のように融点が低く, 気体, 液体あるいは固体のいずれかの状態で存在する. ガソリンのように容易に気化するものも多い. また, ビニール袋やパラフィンのように, 固体であってもしなやかなものも多数存在する. これらの物質の性質はイオン性化合物とは異なる.

イオン性化合物以外の物質に対しては, イオン結合以外の原子間結合モデルが必要である. ルイスは, 原子が他の原子と電子を共有して, 貴ガス電子配置をとると推測した. 電子対の共有でつくられる化学結合を**共有結合**という.

水素分子 $H_2$ は最も簡単な共有結合の例である. 2 個の水素原子が互いに近づくとき, ▶ 図 8.6(a) のように正電荷をもつ原子核どうし, あるいは負電荷をもつ電子どうしは互いに反発し, 逆に原子核と電子は互いに引きつけ合う. 分子が安定であることは, 引力が斥力にまさることを示している. 分子を互いに引きつけている力について, さらに詳しくみていくことと

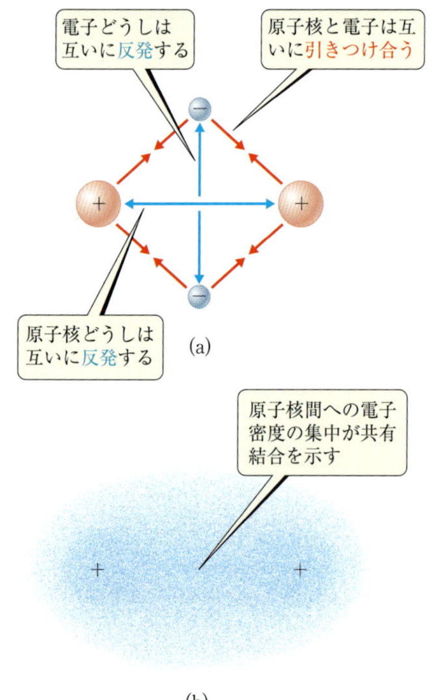


**▲図 8.6　$H_2$ の共有結合**
(a) 水素分子中における原子核と電子の間の引力と斥力. (b) $H_2$ 分子中における電子分布.

しよう.

§6.5 で原子に用いたのと同様な量子力学的手法を用いて，分子の中の電子密度分布を計算することができる. 計算の結果，図 8.6(b) に示すように，原子核と電子の引力のため，電子は 2 個の原子核の間に集まる. すなわち，静電相互作用全体としては引力を生じ，$H_2$ の分子が保持される. 要するにあらゆる共有結合に存在する電子対は，原子を結びつける“接着剤”として働く.

**考えてみよう**

$H_2$ 分子をイオン化して $H_2^+$ にすると，結合力が変化する. 前述の共有結合の記述に基づいて考えると，$H_2^+$ の H—H 結合は $H_2$ 分子の H—H 結合と比べて弱まるだろうか，それとも強まるだろうか.

## ルイス構造

共有結合の形成はルイス記号で表すことができる. 例えば 2 個の H 原子から $H_2$ 分子ができる場合，以下のように表記できる.

H· ＋ ·H ⟶ H:H

共有結合の形成において，個々の水素原子は 2 個目の電子を得て，2 電子を有する安定な He の貴ガス構造を獲得する. 2 個の Cl 原子による共有結合形成も，同様に以下の通り記述できる.

:C̈l̤· ＋ ·C̈l̤: ⟶ :C̈l̤:C̈l̤:

電子対を共有することにより，それぞれの塩素原子の原子価殻には 8 電子（オクテット）が収容され，アルゴンの貴ガス電子配置となる. 結合で共有される電子対を**結合電子対**（bonding electron pair）もしくは**共有電子対**（shared electron pair）という.

ここに示した $H_2$ および $Cl_2$ の構造は，**ルイス構造**（Lewis structure）あるいは**ルイス点電子構造**（Lewis electron-dot structure）と呼ばれる. ルイス構造では，通常一つの結合電子対を 1 本の線で表し，共有されていない電子対［**非結合電子対**（nonbonding electron pair）もしくは**非共有電子対**（unshared electron pair），**孤立電子対**（lone pair）］はすべて点で示す. このようにすると，$H_2$ および $Cl_2$ のルイス構造は以下のようになる.

H—H　　:C̈l̤—C̈l̤:

非金属では，中性の原子における価電子の数は族の数字から 10 を引いた数と同じである. したがって，F のような 17 族は共有結合を 1 本つくるとオクテットとなる. 同様に 16 族の O は 2 本，15 族の N は 3 本，14 族の C は 4 本の結合をつくると予想できる. 実際この予測は，例えば下に示す第二周期の非金属水素化物のように，多くの化合物で正しいことがわかる.

H—F̤̈:　　H—Ö:（下に H）　　H—N̈—H（下に H）　　H—C—H（上下に H）

## 例題 8.3　化合物のルイス構造

表 8.1 に窒素とフッ素のルイス記号が与えられている. 窒素とフッ素が反応したときにできる二元化合物（2 種の元素からなる化合物）の安定な分子式を予想し，ルイス構造で描け.

### 解　法

**問題の分析**　窒素とフッ素のルイス記号は窒素が価電子5個を，フッ素が価電子7個をもつことを示す．
**方針**　窒素はオクテットを完成するために3個，フッ素は1個の電子が必要である．おのおのの原子が8個の電子をもつような二元化合物を見出すことが求められている．窒素原子1個とフッ素原子1個の間で電子対を共有すると，フッ素では電子のオクテットが完成されるが，窒素では完成されない．そこで窒素原子にもう2個の電子を与えなくてはならない．
**解**　窒素はオクテットを達成するために，3個のフッ素原子と電子対を共有しなくてはならない．したがって，これら2元素からなる二元化合物は $NF_3$ となる．

$$\cdot\ddot{\text{N}}\cdot + 3\,\cdot\ddot{\underset{..}{\text{F}}}\text{:} \longrightarrow \text{:F:N:F:} \longrightarrow \text{:F—N—F:}$$
（下に :F: が結合）

**チェック**　真ん中のルイス構造は，おのおのの原子がオクテットの電子に囲まれていることを示している．ルイス構造中のそれぞれの線が2個の電子を表すということに慣れてしまえば，右の構造を使ってオクテットを確認するほうが簡単である．

**演　習**
ネオンとメタン $CH_4$ のルイス構造を比較せよ．どの点でネオンと炭素の電子配列は似ているか．また，どの点で両者は異なるか．

## 多重結合

一組の結合電子対は**単結合**（single bond）をつくる．多くの分子中では，原子は複数の電子対を共有することで，オクテットを完全に満たす．二組の電子対が共有されるときにはルイス構造に2本の線を描き，それは**二重結合**（double bond）を表す．例えば二酸化炭素の場合，価電子4個の炭素と6個の酸素の間に結合が形成される．

$$\text{:}\ddot{\text{O}}\text{:} + \cdot\dot{\text{C}}\cdot + \text{:}\ddot{\text{O}}\text{:} \longrightarrow \ddot{\text{O}}\text{::C::}\ddot{\text{O}} \quad (\text{または } \ddot{\text{O}}\text{=C=}\ddot{\text{O}})$$

この図の通り，個々の酸素原子は二組の電子対を炭素と共有することでオクテットを満たす．一方，炭素は酸素原子1個あたり，二組の電子対を共有してオクテットを満たす．二重結合1本には4個の電子が含まれる．

**三重結合**（triple bond）は三組の電子対を共有する結合で，窒素分子でみられる．

$$\text{:}\dot{\text{N}}\cdot + \cdot\dot{\text{N}}\text{:} \longrightarrow \text{:N:::N:} \quad (\text{または :N≡N:})$$

各窒素原子は5個の価電子をもつため，オクテットを満たすためには三組の電子対を共有しなければならない．

窒素分子 $N_2$ の性質はルイス構造から説明できる．窒素はきわめて化学反応性の乏しい二原子分子の気体である．これは非常に安定なN—N結合に起因している．窒素原子どうしはわずか0.110 nmしか離れていない．これは，窒素原子が互いに三重結合で結ばれているためである．二つの窒素原子が一組もしくは二組の結合電子対をもつ多くの化合物に関するこれまでの研究結果から，窒素原子間の平均距離は結合電子対の数によって異なることがわかっている．

| N—N | N=N | N≡N |
|---|---|---|
| 0.147 nm | 0.124 nm | 0.110 nm |

一般則として，二原子間の距離は結合電子対の数が多いほど短くなる．

**考えてみよう**
一酸化炭素COのC—O結合は0.113 nmの長さなのに対し，$CO_2$ におけるC—O結合は0.124 nmである．この結果から，COの結合は単結合，二重結合，三重結合のいずれだと思われるか．ルイス構造を描かずに考えよ．

## 8.4 結合の極性

$Cl_2$ や $H_2$ のように二つの同じ原子が結合するときには，電子対は等しく共有されるに違いない．一方でNaClのように周期表の左右に位置する二つの原子が結合をつくるときは電子の共有はほとんど起こらず，NaClが $Na^+$ と $Cl^-$ のイオンから成り立っていることはよく知られている通りである．相対的にみて電子の共有はわずかである．Na原子の3s電子は，完全に塩素に移動している．ほとんどの化合物の場合，化学結合の性質はこれら両極端の間のどこかに位置づけられる．

**結合の極性**（bond polarity）は共有結合の電子が結合する2原子に均等に共有されているか，あるいは不均等かを示す尺度である．**無極性共有結合**（nonpolar covalent bond）は $Cl_2$ や $N_2$ のように，結合電子が均等に共有されている結合である．**極性共有結合**（polar covalent bond）では，一方の原子が他方の原子よりも結合電子を強く引きつける．もし電子を引きつける相対的な力の差が十分大きい場合には，電子は共有されず，イオン結合が形成される．

## 電気陰性度

結合が無極性もしくは極性の共有結合なのか，あるいはイオン結合なのかを判定する指標として，電気陰性度を用いることができる．**電気陰性度**（electronegativity）は，**原子が分子の中で電子を自分自身のほうへ引きつける力**として定義される．電気陰性度が大きいほど，電子を引きつける力は強い．

分子内に存在する原子の電気陰性度は，イオン化エネルギーと電子親和力に関係している．負に大きな電子親和力をもち，かつイオン化エネルギーが大きい原子は，電子を強く引きつける（あるいは，電子が引き離されることに抵抗する）．これは電気陰性度が大きいということである．

電気陰性度の値は，イオン化エネルギーや電子親和力に限らず，さまざまな性質に基づいている．米国の化学者ライナス・ポーリング（Linus Pauling, 1901-1994）は熱化学データをもとに，最も広く利用されている電気陰性度の尺度を初めて開発した．▼**図 8.7** に示すように，周期表の左から右に移動するにつれて，すなわち最も金属性の強い元素から最も非金属性の強い元素に移るにつれて，一般的に電気陰性度は増加する．

いくつか例外（とくに遷移金属）はあるものの，同族の元素では，原子番号が増えると電気陰性度は減少する．これは，同族の場合に原子番号が大きくなるにつれてイオン化エネルギーが減少するものの，電子親和力はあまり変化しないという結果からも予想できることである．

電気陰性度の数値を暗記する必要はない．それよりも，周期表が示す傾向を知るべきで，そうすれば任意の二つの元素のどちらが電気陰性度が大きいかを予測することが可能である．

**考えてみよう**

元素の電気陰性度と電子親和力は，どのように違うのだろうか．

## 電気陰性度と結合の極性

2 原子の電気陰性度の差から，それら 2 原子が形成する結合の極性を評価できる．

| | 電気陰性度の差 | 化学結合の種類 |
|---|---|---|
| $F_2$ | 4.0 − 4.0 = 0 | 無極性共有結合 |
| HF | 4.0 − 2.1 = 1.9 | 極性共有結合 |
| LiF | 4.0 − 1.0 = 3.0 | イオン結合 |

フッ素 $F_2$ において，電子はフッ素原子間で均等に共有されているため，この共有結合は**無極性**である．無極性共有結合は結合に関与する原子の電気陰性度が等しいときに生じる．

フッ化水素 HF では，フッ素原子の電気陰性度が水

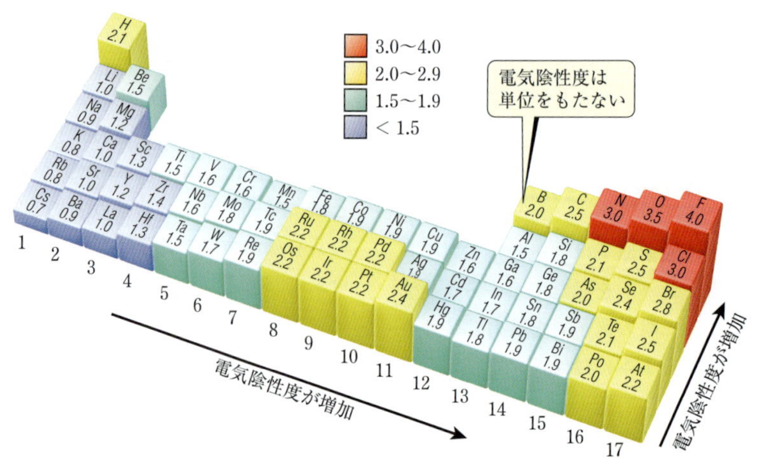


▲**図 8.7　ポーリングの熱化学データに基づく電気陰性度の値**

素原子より大きく，このため電子は不均等に共有されて，結合が**極性**となる．一般に極性共有結合は，原子どうしの電気陰性度に差があると生じる．この HF の場合，電気陰性度の大きなフッ素原子の側に電気陰性度の小さい水素原子から電子密度が引きつけられ，その結果部分的な正電荷が水素原子上に，部分的な負電荷がフッ素原子上に生じる．この電荷の分布は以下のように表される．

$$\overset{\delta+}{\mathrm{H}}\text{—}\overset{\delta-}{\mathrm{F}}$$

$\delta+$ と $\delta-$（デルタプラス，デルタマイナス）はそれぞれ部分正電荷あるいは部分負電荷を表している．

フッ化リチウム LiF では，電気陰性度の差が非常に大きく，電子密度がはるかに F 側に移動している．その結果生じる結合は，**イオン結合**とするほうが正確である．

共有電子の電子密度が電気陰性度の大きいほうの原子にかたよる現象は，電子密度分布の計算で表すことができる．これら 3 種の物質に対する電子密度分布の計算結果を▼図 8.8 に示す．これをみると，$F_2$ では分布が対称であり，また HF では電子密度が明確にフッ素側にかたよっており，LiF ではそれがさらに大きくなっている．これらの例は，**原子の電気陰性度の差が大きければ大きいほど，結合の極性が大きいこと**を示している．

### 考えてみよう

**電気陰性度の差に基づいて考えると，二酸化硫黄 $SO_2$ の結合はどのような性質か．S と O の結合は無極性共有結合か，極性共有結合か，それともイオン結合か．**

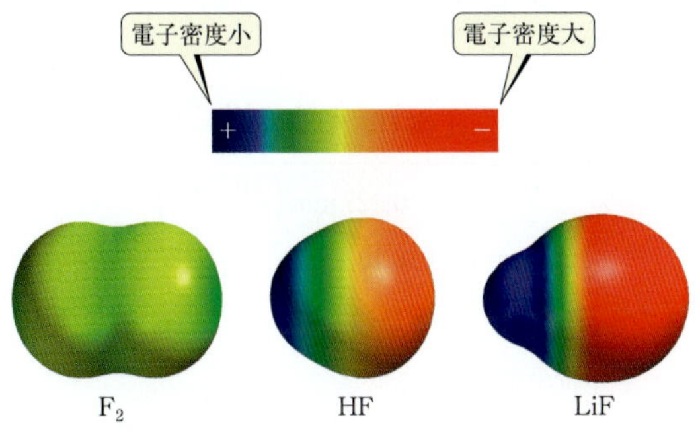


**▲図 8.8 電子密度分布**
このコンピュータグラフィックは，$F_2$，HF および LiF 分子の表面上における電子密度分布の計算値を色の違いで示している．

## 例題 8.4 結合の極性

次の場合，どちらの結合の極性が大きいか．
(a) B—Cl と C—Cl，(b) P—F と P—Cl
また，それぞれの場合においてどちらの原子が部分的に負の電荷をもつか．

### 解法

**問題の分析** 結合に関与する原子から，相対的な結合の極性を決めるよう求められている．周期表と電気陰性度の傾向についての知識を用いて設問に答える．

**解** (a) 塩素は両方の結合に共通の原子である．したがって，ホウ素と炭素の電気陰性度を比較すればよい．ホウ素は周期表で炭素の左にあるので，ホウ素のほうが電気陰性度が小さい．塩素は周期表の右側にあるので，電気陰性度が大きい．より極性の大きな結合は，電気陰性度の差がより大きい原子の間に生じる．したがって，B—Cl 結合のほうが極性が大きい．塩素原子のほうがホウ素より電気陰性度が大きいので，塩素は部分的な負電荷を帯びる．

(b) この例ではリンが両方の結合で共通である．したがってフッ素と塩素の電気陰性度を比較すればよい．フッ素は周期表で塩素の上にあるので，塩素より電気陰性度が大きく，リンとの間により極性の大きな結合を形成する．フッ素はリンより電気陰性度が大きいため，フッ素に部分的な負電荷が生じる．

**チェック** (a) 図 8.7 より，塩素とホウ素の電気陰性度の違いは 3.0 − 2.0 = 1.0，塩素と炭素の間では 3.0 − 2.5 = 0.5．よって予測したように B—Cl 結合のほうがより極性である．

(b) 図 8.7 より，塩素とリンの電気陰性度の違いは 3.0 − 2.1 = 0.9，フッ素とリンの間では 4.0 − 2.1 = 1.9．よって，予測したように P—F 結合のほうがより極性である．

### 演習

次のどの結合が最も極性が大きいか．
S—Cl，S—Br，Se—Cl，Se—Br

## 双極子モーメント

フッ化水素 HF の結合は極性結合で，共有電子はフッ素のほうにかたよっている．このような，正電荷と負電荷の中心が一致しない分子を**極性分子**（polar molecule）という．極性，無極性は，化学結合と分子全体の双方に対して考えられる概念である．

HF 分子の極性には下記の二つの表し方がある．

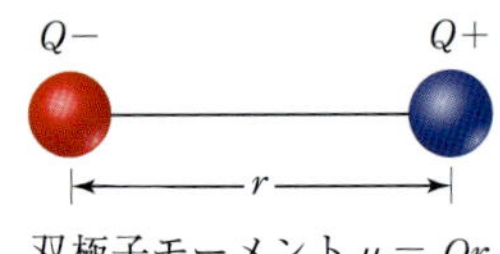


**▲図 8.9　双極子と双極子モーメント**
同じ大きさで逆の符号をもつ電荷 $Q+$，$Q-$ の間が距離 $r$ であるとき，双極子が生じる．

$$\overset{\delta+\ \delta-}{\text{H—F}} \quad \text{または} \quad \overset{+\!\!\longrightarrow}{\text{H—F}}$$

右の表記法では，矢印がフッ素原子への電子密度の移動を示す．矢印左端の交差部分は，分子の正電荷末端を示す＋記号である．極性分子は負の末端と正の末端とが互いに引き寄せられ，互いに配向する．極性分子はイオンに引きつけられ，負の末端が陽イオンに，正の末端が陰イオンに引き寄せられる．これらの相互作用を考慮すると，11～13章で扱う液体や固体，溶液の性質の多くを説明できる．

分子の極性の程度を数値化しよう．同じ大きさで逆の符号をもつ2個の電荷が一定の距離を保つとき，必然的に**双極子**（dipole）が生じる．双極子の大きさの定量的な尺度は**双極子モーメント**（dipole moment）と呼ばれ，$\mu$ で表す．もし $Q+$，$Q-$ の電荷の間が距離 $r$ であるとすると，**▲図 8.9** に示す通り，双極子モーメントの大きさは $Q$ と $r$ の積となる．

$$\mu = Qr \qquad [8.11]$$

この式から，$Q$ が増加し距離 $r$ が大きくなるに従って，双極子モーメントが増加することがわかる．$F_2$ のような無極性分子では電荷の分離がないため，双極子モーメントはゼロである．

**考えてみよう**

フッ化塩素 ClF とフッ化ヨウ素 IF は，異なるハロゲン元素が結合したハロゲン間化合物である．どちらの化合物の双極子モーメントが大きいか．

双極子モーメントの単位には通常デバイ（D）が使われる．1 D は $3.34 \times 10^{-30}$ C·m に等しい．通常，分子に対し，電荷は電気素量 $e$（$1.60 \times 10^{-19}$ C）単位で，また距離は nm 単位が使われる．したがって，D 単位で双極子モーメントを計算する場合には単位変換が必要である．もし 1+ と 1−（$e$ 単位）の二つの電荷が 0.100 nm 離れていると仮定するなら，このときの双極子モーメントは以下のように計算できる．

$$\begin{aligned}\mu = Qr &= (1.60 \times 10^{-19}\,\text{C})(0.100\,\text{nm}) \\ &\quad \times \left(\frac{10^{-9}\,\text{m}}{1\,\text{nm}}\right)\left(\frac{1\,\text{D}}{3.34 \times 10^{-30}\,\text{C·m}}\right) \\ &= 4.79\,\text{D}\end{aligned}$$

双極子モーメントは分子内の電荷分布に関する価値ある情報を提供する．その例を例題 8.5 で示す．

## 例題 8.5　二原子分子の双極子モーメント

HCl 分子の結合距離は 0.127 nm である．

(a) H と Cl の電荷をそれぞれ 1+，1− としたとき，双極子モーメントを D 単位で計算せよ．

(b) 実験的に測定された HCl(g) の双極子モーメントは 1.08 D である．この双極子モーメントを与える H と Cl の電荷を $e$ 単位で求めよ．

### 解　法

**問題の分析**　(a) では H から Cl に完全に電荷が移動したとするときの，HCl の双極子モーメントを計算することを求めている．式 8.11 を使う．(b) では実際の分子の双極子モーメントが与えられ，その値を用いて実際の H と Cl 原子上の部分電荷を計算する．

**解**　(a) 各原子上の電荷は，電子の電荷 $e = 1.60 \times 10^{-19}$ に等しく，距離は 0.127 nm である．したがって双極子モーメントは以下の通り計算できる．

$$\begin{aligned}\mu = Qr &= (1.60 \times 10^{-19}\,\text{C})(0.127\,\text{nm}) \\ &\quad \times \left(\frac{10^{-9}\,\text{m}}{1\,\text{nm}}\right)\left(\frac{1\,\text{D}}{3.34 \times 10^{-30}\,\text{C·m}}\right) \\ &= 6.08\,\text{D}\end{aligned}$$

(b) $\mu$ は 1.08 D，$r$ は 0.127 nm である．これらの値から $Q$ を計算する．

$$Q = \frac{\mu}{r} = \frac{(1.08\,\text{D})\left(\dfrac{3.34 \times 10^{-30}\,\text{C·m}}{1\,\text{D}}\right)}{(0.127\,\text{nm})\left(\dfrac{10^{-9}\,\text{m}}{1\,\text{nm}}\right)} = 2.84 \times 10^{-20}\,\text{C}$$

この電荷は $e$ 単位に容易に変換できる．

$$\begin{aligned}&e\ \text{単位の電荷} \\ &= (2.84 \times 10^{-20}\,\text{C})\left(\frac{1\,e}{1.60 \times 10^{-19}\,\text{C}}\right) \\ &= 0.178\,e\end{aligned}$$

よって，実験で得られた双極子モーメントの値は，HCl 分子における電荷の分離が

$$\overset{0.178+}{\mathrm{H}}-\overset{0.178-}{\mathrm{Cl}}$$

であることを示している．

実験で得られた双極子モーメントは（a）で計算した値よりも小さいので，原子上の電荷は電子 1 個の電荷よりもはるかに小さいことがわかる．これは H—Cl 結合が極性共有結合であり，イオン結合ではないことを示している．

**演　習**

フッ化塩素 ClF (g) の双極子モーメントは 0.88 D で，結合距離は 0.163 nm である．
（a）どの原子が部分的に負の電荷を帯びると予想できるか．（b）その原子上にどれだけの電荷があるか．*e* 単位で示せ．

▼ **表 8.3** にハロゲン化水素の結合距離と双極子モーメントを示す．HF から HI へと表を下るにつれて電気陰性度の差は減少し，結合距離は増加する．前者の結果より，分離している電荷の量が減少しているため，HF から HI まで結合距離が増えるのにもかかわらず，双極子モーメントは減少する．例題 8.5 と同様な計算により，原子上の電荷が HF の 0.41+，0.41− から HI の 0.057+，0.057− へと減少することが示される．

これらの化合物において電荷がさまざまな値をとることは，▼ **図 8.10** に示したようにコンピュータを用いた電子分布の計算により可視化できる．これらの分子では，電気陰性度の差のほうが結合距離の変化よりも双極子モーメントに与える影響が大きい．

**表 8.3　ハロゲン化水素の結合距離，電気陰性度の差，双極子モーメント**

| 化合物 | 結合距離 (nm) | 電気陰性度の差 | 双極子モーメント (D) |
|---|---|---|---|
| HF | 0.092 | 1.9 | 1.82 |
| HCl | 0.127 | 0.9 | 1.08 |
| HBr | 0.141 | 0.7 | 0.82 |
| HI | 0.161 | 0.4 | 0.44 |

**考えてみよう**

炭素と水素の結合は最も重要な化学結合の一つで，H—C 結合の長さは約 0.11 nm である．この距離と電気陰性度の差をもとに予測すると，H—C 結合と H—I 結合では，どちらがより大きな双極子モーメントを与えるだろうか．

ここで再度，図 8.8 の LiF について考える．標準状態では LiF はイオン性の固体で，図 8.3 に示した塩化ナトリウムの構造と類似した配置をとっている．しかし，イオン性固体を高温で気化させると LiF の“分子”を発生させることが可能で，その分子の双極子モーメントは 6.28 D，結合距離は 0.153 nm である．

これらの値から計算したリチウムとフッ素の電荷は，それぞれ 0.857+ と 0.857− となる．これはきわめて極性の高い結合であり，このように大きな電荷の存在は，リチウム原子とフッ素原子が互いを取り囲んだイオン格子の生成にきわめて有利に働く．しかし，このような分子でさえも実験的に求めたイオンの電荷は 1+ と 1− にはならない．このことから，イオン性化合物においてもその結合にはいくらかの共有結合性が存在することがわかる．

## 8.5 ルイス構造の描き方

ルイス構造は，多くの化合物における結合を理解するのに有用で，分子の性質を議論する際にも大変よく用いられている．このため，ルイス構造を描くことは，身につけるべき重要なスキルである．以下に手順を示す．

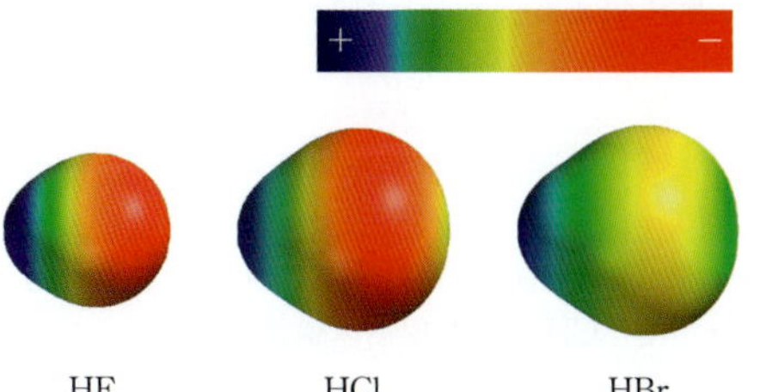


◀ **図 8.10　ハロゲン化水素の電荷の分離**
HF では，電気陰性度の大きい F が H から電子を多く引きつける．HI では，F よりずっと電気陰性度の小さい I が電子を強く引き寄せることができず，その結果，結合の極性ははるかに小さい．

1. **全原子の価電子数を合計する**．周期表は個々の原子の価電子数を調べるのに便利である．陰イオンの場合は，負電荷1につき電子を1個加える．陽イオンの場合，正電荷1につき電子を1個減ずる．どの電子がどの原子に由来するかを気にする必要はない．ここでは総数だけが重要である．
2. **各原子の元素記号を書き，結合している原子と原子を単結合でつなぐ（1本の線は2電子を表す）**．分子やイオンの化学式では，原子が結合順序に並べて書かれることが多い．例えばHCNの式から，炭素原子が水素と窒素に結合していることがわかる．多くの多原子分子やイオンの場合，$CO_3^{2-}$ や $SF_4$ のように通常中心原子が最初に書かれる．中心原子は一般的に周りの原子よりも電気陰性度が小さいことを覚えておくとよい．その他の場合については，ルイス構造を描く前にさらに情報を集める必要がある．
3. **中心原子に結合するすべての原子について，原子周辺のオクテットを完成させる**．ただし，水素原子は周囲に最大一組の電子対しかとることができない．
4. **残りの電子を中心原子に割り当てる**．たとえオクテットを超過してもかまわない．
5. **中心原子がオクテットを満たすために十分な電子がない場合には，多重結合の形成を試みる**．中心原子と結合している原子に存在する一つ以上の非結合電子対を用い，二重結合や三重結合を形成する．

## 形式電荷とルイス構造の選択

ルイス構造では，電子が分子や多原子イオンの中でどのように分布しているかが示されている．いくつかの例では，2個以上のルイス構造を描くことが可能で

### 例題 8.6　ルイス構造を描く

三塩化リン $PCl_3$ のルイス構造を描け．

**解　法**

**問題の分析**　分子式からルイス構造を描く．上述の5段階の手順を踏む．

**解**　はじめに価電子の数を数える．リン（15族）は5個，塩素（17族）は7個の価電子をそれぞれもっている．よって合計価電子数は $5 + (3 \times 7) = 26$ である．

2番目に，どの原子がどの原子に結合しているかを表すために原子を並べ，それらを単結合で結ぶ．原子の配列方法はさまざまな可能性があるが，二元化合物では化学式の最初の元素がたいてい残りの原子に囲まれている．したがって，P原子とそれぞれのCl原子間を単結合で描いた骨格構造になる．

Cl—P—Cl
　　|
　　Cl

（Cl原子がP原子の左，右と下にあることは重要ではない．三つのCl原子がPに結合してさえいれば，どのような構造でもよい）

3番目に，中心原子に結合している原子のオクテットを完成させる．それぞれのCl原子の周りにオクテットを完成させ，全部で24個の電子を描く（構造式の線が，それぞれ2電子を表しているということを忘れないように）．

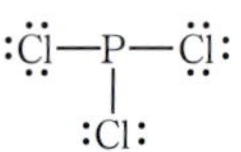

4番目に，全体の電子の数が26個であることを思い出し，残りの2電子を中心原子上に描いてオクテットを完成させる．

:C̤̈l—P̈—C̤̈l:
　　|
　:C̤̈l:

この構造ではいずれの原子もオクテットとなっているので，ここで作業を終了する（オクテットを確認するとき，単結合に存在する2電子を結合の両側の原子に1回ずつ二重に数えることを忘れないように）．

**演　習**

(a) $CH_2Cl_2$ のルイス構造には，いくつの価電子を考えるべきか．(b) $CH_2Cl_2$ のルイス構造を描け．

あり，すべてがオクテット則を満たすことがある．これらのすべての構造は分子内における**実際の**電子配置に寄与していると考えることができるが，すべてが同程度に寄与しているわけではない．どのルイス構造が最も重要かを決めるアプローチは，それぞれのルイス構造において**原子ごとの形式電荷を調べる**ことである．**形式電荷**（formal charge）とは，分子内の原子がすべて同じ電気陰性度であると仮定した場合の電荷である（すなわち，分子内の結合電子対が2原子間に等しく共有されていると仮定したものである）．

ルイス構造の各原子の形式電荷を計算する場合は，以下のように電子を原子に割り当てる．

## 例題 8.7 多重結合を含むルイス構造

HCN のルイス構造を描け．

### 解　法

**解**　価電子は，水素に1個，炭素（14族）に4個，窒素（15族）に5個ある．よって価電子の総数は，$1 + 4 + 5 = 10$ である．原子の配列順序には，いくつか可能性がある．水素はつねに一つの単結合しかつくれないので，C—H—N という配列はあり得ない．残りの可能な構造は，H—C—N と H—N—C である．前者が実験的にみつかっている配列である．(1) 化学式が問題文に与えられているものと同じ原子の順番である，(2) 炭素は窒素より電気陰性度が小さい，という理由からも，前者の構造がもっともらしいと考えられる．

H—C—N

2本の化学結合は4電子を表す．H原子は2電子しかとり得ないので，これ以上H原子に電子を割り当てることはできない．もし6電子をオクテットを満たすためにNの周りに配置すると，Cがオクテットを満たせなくなる．

H—C—N̤̈:

そこで，N上の一対の共有されていない電子対を使ってCとNの間を二重結合にしてみる．それでもC上では電子6個にしかならない．次に三重結合を試みる．この構造では，以下のようにCとNがともにオクテットを満たす．

H—C—N̤̈: ⟶ H—C≡N:

オクテット則はCとNの両原子で成立し，H原子には2電子ある．これは正しいルイス構造である．

**演　習**
(a) $NO^+$，(b) $C_2H_4$ のルイス構造を描け．

## 例題 8.8 多原子イオンのルイス構造

$BrO_3^-$ のルイス構造を描け．

### 解　法

**解**　臭素（17族）は7個，酸素（16族）は6個の価電子をもつ．イオンの電荷が1− なので，もう一つ電子を加えなくてはならない．したがって価電子の総数は $7 + (3 \times 6) + 1 = 26$ である．$BrO_3^-$，$SO_4^{2-}$，$NO_3^-$，$CO_3^{2-}$ などの**オキソ酸イオン**では，酸素原子が中心原子を囲んでいる．この形式に従って単結合を描き，非結合電子対を分配すると次のようになる．

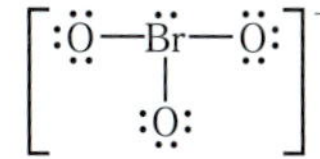


イオンのルイス構造は，括弧の中に入れ，電荷を括弧の右上に示すことに注意せよ．

**演　習**
(a) $ClO_2^-$，(b) $PO_4^{3-}$ のルイス構造を描け．

1. **すべての**共有されていない（非結合）電子は，それらが存在する原子に割り当てる．
2. 単結合から三重結合までのすべての結合に対して，結合電子対の**半分を**結合に関与するそれぞれの原子に割り当てる．

個々の原子の形式電荷は，中性原子の価電子の数から各原子に割り当てられた電子の数を差し引いて計算される．

**形式電荷**＝

$$価電子の数 - \frac{1}{2}（結合電子の数）- 非結合電子の数$$

例として，シアン化物イオン $CN^-$ の形式電荷を計算しよう．ルイス構造は以下の通りである．

$$[:C \equiv N:]^-$$

炭素原子には，非結合電子 2 個と，三重結合に存在する 6 電子の半分である 3 個を合わせた計 5 電子が存在する．中性の炭素原子の価電子数は 4 なので，炭素上の形式電荷は，4 − 5 ＝ −1 である．窒素には，同様に割り当てられる電子数が価電子と同じ 5 電子であるため，形式電荷は 5 − 5 ＝ 0 である．

$$\overset{-1}{}\quad\overset{0}{}$$
$$[:C \equiv N:]^-$$

形式電荷の合計は電荷の合計と同じく 1− となることに注意しよう．中性分子は形式電荷の合計がゼロとなるが，イオンの場合はその合計はイオンの電荷と等しくなる．

分子には，複数のルイス構造が描けるものがある．その場合，最も**支配的な**ルイス構造を決定するうえで，形式電荷が役立つ．$CO_2$ のルイス構造を例に挙げると，2 本の二重結合をもつもの以外に，単結合 1 本と三重結合 1 本でオクテット則を満たすルイス構造もある．これらの形式電荷を計算すると，以下のようになる．

| | Ö | C | Ö | :Ö̤ | C | O: |
|---|---|---|---|---|---|---|
| | Ö═C═Ö | | | :Ö̤—C≡O: | | |
| 価電子： | 6 | 4 | 6 | 6 | 4 | 6 |
| −（原子に割り当てられる電子数）： | 6 | 4 | 6 | 7 | 4 | 5 |
| 形式電荷： | 0 | 0 | 0 | −1 | 0 | +1 |

いずれの場合も，$CO_2$ が中性分子なので，形式電荷の合計はゼロである．どちらがより正しい構造だろうか．複数のルイス構造が考えられるときには一般則として，以下の指針によって優位なルイス構造を選択するとよい．

1. 支配的なルイス構造は，一般に原子の形式電荷がゼロに近い．
2. 負の形式電荷が電気陰性度の大きな原子にあるルイス構造は，そうでないものと比べ，より優位な構造である．

$CO_2$ の左のルイス構造は各原子の形式電荷がゼロであり，指針に沿ったものであることから支配的な構造である．もう一方のルイス構造は，実際の構造に寄与するものの，その貢献度ははるかに小さい．

形式電荷の考え方は，可能な複数のルイス構造の中から最適なものを選択するうえで役立つが，形式電荷は原子上の実際の電荷を表しているわけではない，ということを覚えておくことが大切である．これらの形式電荷はあくまで便宜上のものであり，分子やイオンの実際の電荷分布は，原子間の電気陰性度の差を含む他の多くの因子により定まるものである．

**考えてみよう**

フッ素原子を含む中性分子のルイス構造を描いたところ，フッ素原子上の形式電荷が 1+ となった．この構造は妥当か考察せよ．

## 例題 8.9　ルイス構造と形式電荷

チオシアン酸イオン $SCN^-$ には，三つの可能なルイス構造がある．

[:N̤̈—C≡S:]⁻　　[N̤̈═C═S̤̈]⁻　　[:N≡C—S̤̈:]⁻

(a) おのおのの構造における各原子の形式電荷を決定せよ．
(b) 形式電荷に基づいて考えた場合，どのルイス構造が支配的か．

### 解　法

**解** (a) 中性のN, C, S原子は，それぞれ5，4，6の価電子をもつ．これまでに論じてきたルールで，三つの構造における各原子の形式電荷を決定できる．

| −2　0　+1 | −1　0　0 | 0　0　−1 |
|---|---|---|
| $[:\ddot{\underset{\cdot\cdot}{N}}—C{\equiv}S:]^-$ | $[\ddot{\underset{\cdot\cdot}{N}}{=}C{=}\ddot{\underset{\cdot\cdot}{S}}]^-$ | $[:N{\equiv}C—\ddot{\underset{\cdot\cdot}{S}}:]^-$ |

形式電荷の合計は，イオンの電荷である1− にならなければいけない．

(b) 最も小さな形式電荷をもつものが支配的なルイス構造である（前述の指針1）．このルールによれば，左の構造が候補から外れることとなる．§8.4で論じたように，NはCやSよりも電気陰性度が大きい．よって，負の電荷はN原子上に存在すると予想できる（指針2）．これらの理由から，中央のルイス構造が$SCN^-$ の支配的な構造である．

### 演　習

シアン酸イオン$OCN^-$ には三つの可能なルイス構造がある．

(a) これらの構造を描き，それぞれの原子の形式電荷を求めよ．(b) どのルイス構造が支配的か．

より深い理解のために

## 酸化数，形式電荷と実際の部分電荷

4章で原子の酸化数の決め方についての規則を紹介した．電気陰性度の概念はこの酸化数の決め方の基礎となるものである．原子の酸化数は，結合が完全にイオン性であると仮定したときに，その原子がとり得る電荷と同じである．すなわち，酸化数を決めるにあたっては，すべての結合電子対がより電気陰性度の大きい原子に帰属するものとして数えるということである．例えば，▼図8.11(a) に示したHClのルイス構造を考えてみる．酸化数を決定するにあたり，まずこの原子間の共有結合に存在する2電子をすべて電気陰性度の大きなCl原子に割り当てる．これにより，Clには中性の原子より一つ多い8個の価電子が与えられる．したがって，塩素の酸化数は −1となる．このように数えると，水素原子には価電子は存在しないことから，酸化数として +1が与えられる．

HClの形式電荷を割り当てる場合には［図8.11(b)］電気陰性度を無視しており，結合内の電子は結合をつくる二つの原子に均等に割り当てられる．その場合，中性原子と同じくClには7個，Hには1個の電子が割り当てられる．したがって，この分子のClとHの形式電荷はゼロである．

酸化数も形式電荷も原子上の実際の電荷を正確に示しているわけではない．酸化数が電気陰性度を誇張し，形式電荷はそれを無視しているためである．結合内の電子は，結合に関与する原子の相対的な電気陰性度に対して割り当てられると考えるのが合理的である．図8.7から，Clの電気陰性度は3.0，Hの電気陰性度は2.1である．これらの値から計算すると，より電気陰性度の大きなCl原子には結合電子対のおおよそ59%［3.0/(3.0 + 2.1) = 0.59］，H原子には41%［2.1/(3.0 + 2.1) = 0.41］が割り当てられる．一つの共有結合は2個の電子で構成されるので，Cl原子には結合電子対のうち$0.59 \times 2e = 1.18e$が配分されることになる．つまり，中性のCl原子よりも$0.18e$分大きい．これによって，Cl上には0.18− の部分電荷がもたらされ，その結果，H上には0.18+ の部分電荷が生じる（正負の符号は酸化数や形式電荷を表す場合は数値の前に置き，実際の電荷を表す場合は数値の後に置くことに注意しよう）．

HClの双極子モーメントからそれぞれの原子の部分電荷を実験的に求めることができる．例題8.5において，HClの双極子モーメントは，Hに0.178+，Clに0.178− の部分電荷が存在することに相当することを示した．これは，上で説明した電気陰性度に基づく簡単な近似とかなりよい一致を示している．この近似値は原子上の電荷の大きさについての概算値ではあるが，電気陰性度と電荷の分離の関係は一般的にはより複雑なものである．すでに述べたように，現在では量子力学の原理を用いたコンピュータプログラムが開発され，複雑な分子についても原子上の部分電荷をより正確に予測できるようになった．計算により求めたHClの電荷分布をコンピュータグラフィックスで表したものを図8.11(c)に示す．

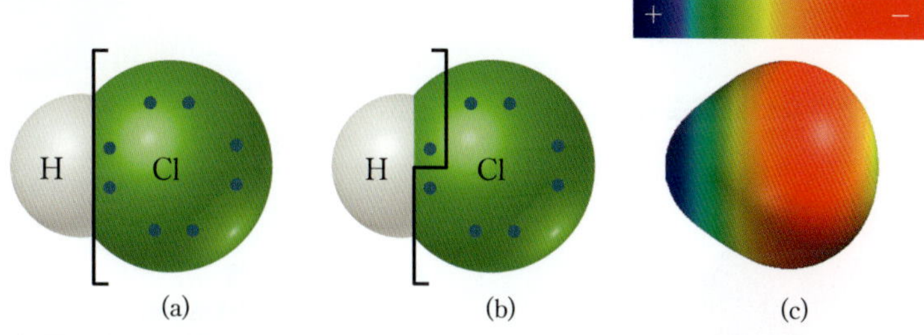


▲図 8.11　HCl分子の (a) 酸化数，(b) 形式電荷，(c) 電子密度分布

## 8.6 共　　鳴

ルイス構造で表される構造は，実験的に決定された構造に合わないことがある．ここで，オゾン $O_3$ について考えてみよう．

オゾンは長さの等しい二つの O—O 結合をもつ折れ線分子である（▼図 8.12）．それぞれの酸素原子には 6 個の価電子があり，オゾン分子全体で 18 個の価電子をもつ．このことから，オゾンの各原子がオクテット則を満たすためには，O—O 単結合と O═O 二重結合が，それぞれ一つずつルイス構造の中に含まれるはずである．

しかしながら，この構造式単独ではオゾンの構造として適切ではない．なぜならば，この構造の O—O 単結合は他方の二重結合より長いはず（§8.3）で，実測の構造と異なる．

このルイス構造と同様に，次のように O═O 結合を左側においた構造を描くこともできる．

これらはいずれも等しく妥当な表記であり，完全に等価である．このように原子の配列は同じだが電子の配列が異なるルイス構造は**共鳴構造**（resonance structure）と呼ばれる．オゾンの構造を適切に書き表すために，両方の共鳴構造を描き，その間に両矢印（⟷）を入れる．このようにして，実際の分子がこれら二つの平均で表されることを示す．

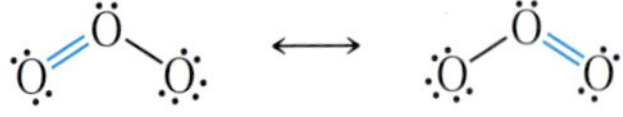

二つ以上の共鳴構造で表さなければならない分子を理解するために，次の例で説明しよう（▼図 8.13）．青と黄色はどちらも絵の具の原色である．青と黄色の絵の具を半分ずつ混ぜると緑色となる．緑色は原色ではないが，それ自身は色としてのアイデンティティをもっている．

緑色は，ある瞬間は青色で残りの瞬間は黄色というように，これら二つの原色の間を振動しているわけではない．同じように，オゾン分子も先に示した二つの個別のルイス構造の間を振動しているのではなく，二つの等価なルイス構造が等しく寄与しているのである．

オゾン $O_3$ のような分子の実際の電子配置は二つの（あるいはそれ以上の）ルイス構造を融合させたものである．緑色の絵の具の類推ならば，分子は個々の共鳴構造から独立したそれ自身のアイデンティティをもつ．例えば，オゾン分子の二つの O—O 結合は等価で，その長さは O—O 単結合と O═O 二重結合の中間

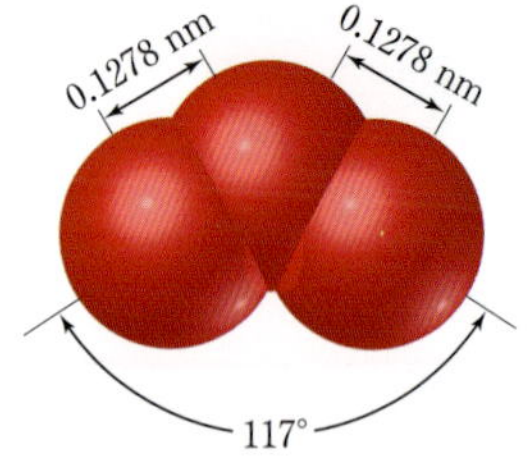


▲図 8.12　オゾンの分子構造

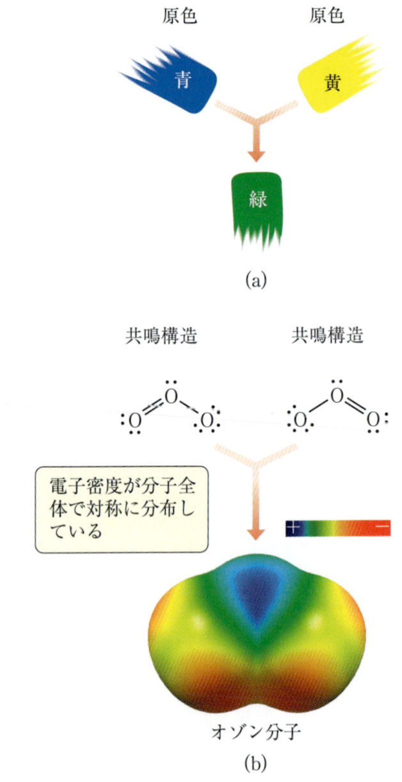


▲図 8.13　共鳴
分子を異なる共鳴構造が融合した状態であるとする考え方は，絵の具の色を原色が混合した状態であるとする見方に似ている．(a) 緑の絵の具は青と黄色を混ぜたものである．緑を単一の原色でつくることはできない．(b) オゾン分子は二つの共鳴構造を融合させたものである．オゾン分子を単一のルイス構造で記述することはできない．

である．別の見方をすれば，オゾン分子に対して支配的なルイス構造を一つに絞ることはできない．そこで，平均すれば実験結果に非常によく近づく二つの等価なルイス構造を描くことで，この制約を回避するのである．

**考えてみよう**

オゾンの O—O 結合は，よく“1.5 重”結合であるといわれる．このような表現は，共鳴の考え方と両立するだろうか．

共鳴構造の次の例として，硝酸イオン $NO_3^-$ を考える．硝酸イオンでは，三つの等価なルイス構造を描くことができる．

原子の配列は 3 個の構造で同じで，電子の配置のみが異なることに注意しよう．これらのルイス構造は同じように寄与しており，N—O 結合の長さはすべて等しい．

**考えてみよう**

先にオゾン $O_3$ における O—O 結合の長さを 1.5 重結合としたが，同じように考えると，$NO_3^-$ における N—O 結合はどうだろうか．

### 例題 8.10　共 鳴 構 造

$SO_3$ と $SO_3^{2-}$ では，どちらの S—O 結合が短いと予想できるか．

**解　法**

**解**　硫黄原子は酸素原子と同じく 6 個の価電子をもつ．したがって，$SO_3$ には 24 個の価電子が存在する．ルイス構造として，三つの等価な共鳴構造が描ける．

$SO_3$ の実際の構造は，$NO_3^-$ と同じように三つが等しく融合した状態である．よって，S—O 結合の長さは単結合の長さと二重結合の長さの差の 1/3 ほど単結合よりも短くなると考えられる．つまり単結合よりは短く，二重結合ほどは短くない．

$SO_3^{2-}$ は 26 個の価電子をもち，すべての S—O 結合が単結合である次のルイス構造が優位である．

ルイス構造の分析から，$SO_3$ は $SO_3^{2-}$ よりも S—O 結合が短いと結論づけられる．この結論は正しい．S—O 結合距離の実測値は，$SO_3$ で 0.142 nm，$SO_3^{2-}$ で 0.151 nm である．

**演　習**

ギ酸イオン $HCO_2^-$ の二つの等価な共鳴構造を描け．

## ベンゼンにおける共鳴

共鳴は有機分子，とくに**ベンゼン** $C_6H_6$ を含む**芳香族**有機分子の化学結合を説明するうえで重要な概念である．ベンゼンの 6 個の C 原子は六角形に配置しており，個々の C 原子に一つの H 原子が結合している．ベンゼンに対しては，二つの等価なルイス構造を描くことができ，いずれもオクテット則を満たしている．これらは，以下に示す共鳴構造である．

二つの構造において，二重結合の位置が異なることに注目しよう．個々の共鳴構造には，三つの C—C 単結合と三つの C=C 二重結合がある．これらの結合の長さは異なると予想される．しかし，実験データによると 6 本の C—C 結合はすべて同じ長さ 0.140 nm で，C—C 単結合（0.154 nm）と C=C 二重結合（0.134 nm）の典型的な長さの中間である．ベンゼンのそれぞれの C—C 結合は，単結合と二重結合を融合したものとして考えられる（▶図 8.14）．

ベンゼンは通常水素原子を省略し，頂点の元素記号も書かずに炭素骨格だけで表記される．この慣行で

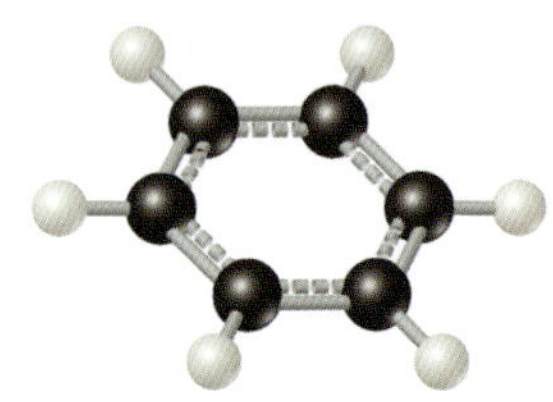

▲図 8.14　芳香族の有機化合物ベンゼン
ベンゼン分子は炭素原子が正六角形に並んでおり，それぞれの炭素原子には水素原子が結合している．点線は二つの等価な共鳴構造の混合を表し，C—C 結合は単結合と二重結合の中間である．

は，分子の共鳴は両矢印を挟んだ二つの構造式か，あるいは六角形の中に円を描く略記法で描かれる．

この略記法は C=C 二重結合が六角形の特定の辺に割り当てることができないという考えに力点がおかれており，ベンゼンが二つの共鳴構造の融合であることが強調される．化学者はこの二つのベンゼンの表記を使い分けて利用している．

ベンゼンにおけるこのような結合は，この分子に特別な安定性を与えている．結果として，ベンゼンに特徴的な六員環をもつ何百万もの有機分子がある．これらの化合物には生化学や薬学あるいは先端材料の生産において重要なものが多い．

**考えてみよう**

ベンゼンのそれぞれのルイス構造には三つの C=C 二重結合が含まれる．別の炭化水素で三つの C=C 二重結合を含むものにヘキサトリエン $C_6H_8$ がある．ヘキサトリエンのルイス構造は以下の通りである．

```
H   H   H   H   H   H
|   |   |   |   |   |
C = C — C = C — C = C
|                   |
H                   H
```

ヘキサトリエンは複数の共鳴構造をとると予想されるか．もしそうでないのなら，なぜこの分子は共鳴という観点でベンゼンと異なるのだろうか．

## 8.7 オクテット則があてはまらない場合

オクテット則は簡潔で使いやすい．しかし，遷移金属のイオン性化合物を扱ううえでは限界があることを，§8.2 で言及した．またこのルールは，共有結合でも成り立たないことは多い．

オクテット則の例外には，主に下記の三つのタイプがある．

1. 奇数個の電子を含む分子または多原子イオン
2. オクテット未満の価電子をもつ原子が含まれる分子または多原子イオン
3. オクテットを超過する価電子をもつ原子が含まれる分子または多原子イオン

### 奇 数 電 子

大多数の分子や多原子イオンにおいて，価電子の和は偶数で，電子対をうまく組み合わせることができる．しかし，$ClO_2$，NO，$NO_2$，$O_2^-$ のような，いくつかの分子や多原子分子の場合には，価電子の和が奇数である．これらの電子を完全に対にすることは不可能で，オクテットは成立しない．例えば，NO には 5 + 6 = 11 個の価電子があり，これらの分子のうちで最も重要なルイス構造は以下の二つである．

N=O および N=O

**考えてみよう**

形式電荷をもとに考えると，NO のどちらの構造がより支配的か．

### オクテット未満の価電子

二つ目の例外は，原子の周りにオクテット未満の価電子しか存在しない場合で，比較的例は少ないが，ホウ素やベリリウムの化合物でしばしばみかける現象である．三フッ化ホウ素 $BF_3$ を例に考えてみよう．ルイス構造の描き方の手順の 4 段階までで，以下の構造になる．

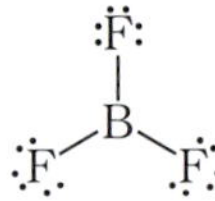


ホウ素の周囲には 6 電子しか存在していない．形式電荷は B も F もゼロであり，二重結合を形成することでホウ素原子周りのオクテットを満たすことができる．そうすると，三つの等価な共鳴構造を描き表すことができる（形式電荷を赤字で示してある）．

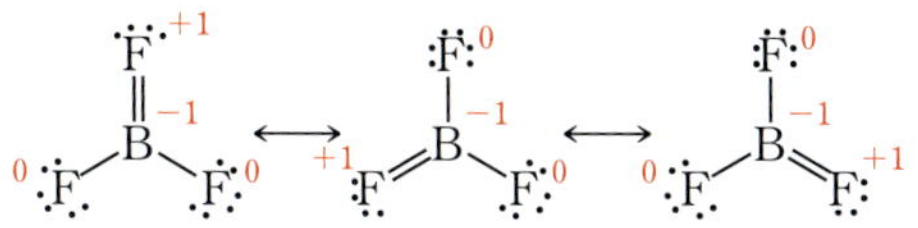

これらの構造は，フッ素原子の電気陰性度が大きいこととの整合性がとれない．形式電荷からもこれが好ましくない状況だということがわかる．それぞれの構造では，B=F 二重結合を含むフッ素原子の形式電荷が +1 であり，より電気陰性度の小さな B 原子の形式電荷が −1 である．したがって，B=F 二重結合を含む共鳴構造は，ホウ素周囲の価電子がオクテットに満たない構造よりも，その重要性は低い．

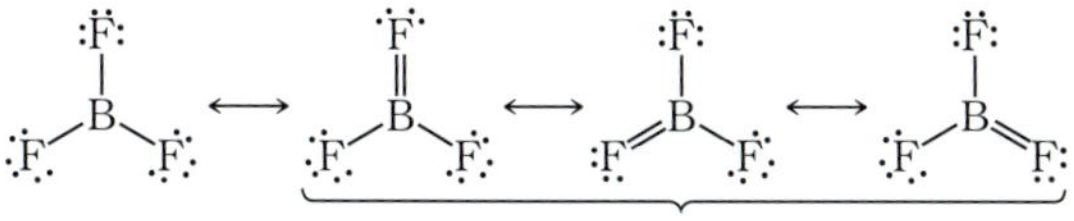

支配的　　重要性が低い

$BF_3$ の支配的なルイス構造は通常，ホウ素の周りに価電子が 6 電子しかない共鳴構造である．$BF_3$ の化学反応性はこの表記と整合性があり，とくに $BF_3$ は非結合電子対をもつ分子とエネルギー的に有利な反応が進行する．この電子対は次の例のようにホウ素原子との結合形成に使われる．

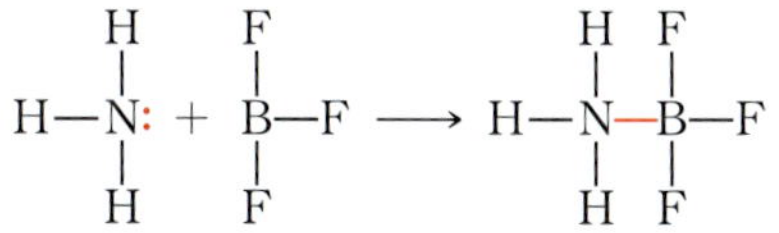

$$NH_3 + BF_3 \longrightarrow H_3N{-}BF_3$$

この安定化合物である $NH_3BF_4$ では，ホウ素は 8 個の価電子をもっている．

## オクテット超過の価電子

三つ目の例外は，原子の原子価殻に 8 電子以上存在する分子や多原子イオンである．例えば，$PF_5$ のルイス構造を描くとき，中心のリン原子周辺には 10 個の電子を置かなくてはならない．

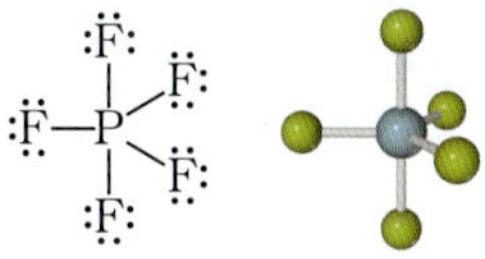

オクテット以上の電子が中心原子に存在する分子やイオンは，しばしば**超原子価**（hypervalent）と呼ばれている．その他の超原子価の化学種の例としては，$SF_4$ や $AsF_6^-$，$ICl_4^-$ がある．なお，これらに相当する $NCl_5$ や $OF_4$ のような**第二周期の原子を中心原子としてもつ分子は存在しない．**

超原子価分子が生じるのは，中心原子が周期表の第三周期以降の場合だけである．これらが生成する主な理由は，中心原子が相対的に大きいためである．例えば，リン原子は 5 個の F 原子と（あるいは 5 個の Cl 原子でさえも）混みすぎずに結合することができる十分な大きさをもっている．対照的に，窒素原子は 5 原子と結合するには小さすぎる．大きさが要因であるため，超原子価分子が生じるのは，中心原子が F や Cl，O といったサイズが最小で，電気陰性度がきわめて大きな原子と結合する場合である．

8 個以上の電子を収容できる原子価殻の問題については，第三周期以降の原子に含まれる空の $n$d 軌道（§6.8）の存在と関係づけようという考えが数年前まであった．第二周期の元素では 2s と 2p の原子価軌道だけが結合形成に利用できるのに対し，第三周期以降では満たされていない d 軌道が存在するからである．しかしながら，$PF_5$ や $SF_6$ などの分子の結合に関する詳細な理論的研究の結果，P や S 原子の空の 3d 軌道は超原子価分子の生成において寄与が低いことが示唆されている．現在の一般的な解釈では第三周期の原子の大きさが増大することが，超原子価分子生成の重要な要因であると考えられている．

### 例題 8.11 オクテット以上の電子をもつイオンのルイス構造

$ICl_4^-$ のルイス構造を描け．

**解　法**

解　ヨウ素（17 族）は 7 個の価電子を，4 個の塩素も 7 個の価電子をもつ．またイオンの電荷は 1− であるために，もう 1 電子加わる．したがって価電子の総数は，$7 + (4 \times 7) + 1 = 36$ である．

ヨウ素原子はイオンの中心原子である．それぞれの Cl 原子の周りに 8 電子を配置するためには，$8 \times 4 = 32$ 電子が必要である（I と Cl 間の単結合を示す電子対も含める）．

したがって残りは $36 - 32 = 4$ 電子であり，これを大きなヨウ素に配置する．

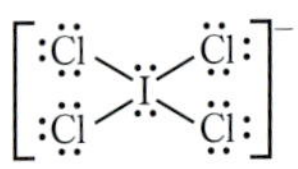

$$\left[\begin{array}{c} :\ddot{\mathrm{Cl}}\diagdown\ \ \diagup\ddot{\mathrm{Cl}}: \\ \ddot{\mathrm{I}} \\ :\ddot{\mathrm{Cl}}\diagup\ \ \diagdown\ddot{\mathrm{Cl}}: \end{array}\right]^{-}$$

よってヨウ素は周囲に 12 個の価電子をもち，オクテットより 4 電子多い．

**演　習**

(**a**) 次のうち，オクテット以上の価電子をもつことがない原子はどれか．S，C，P，Br，I．(**b**) $XeF_2$ のルイス構造を描け．

最後に，いくつかのルイス構造の中でどれが適切なのかを判定する問題について考えよう．すなわち，オクテット則に従う構造と，オクテットは超過するものの形式電荷が妥当である構造とではどちらを選ぶべきだろうか．リン酸イオン $PO_4^{3-}$ のルイス構造がその一例である．

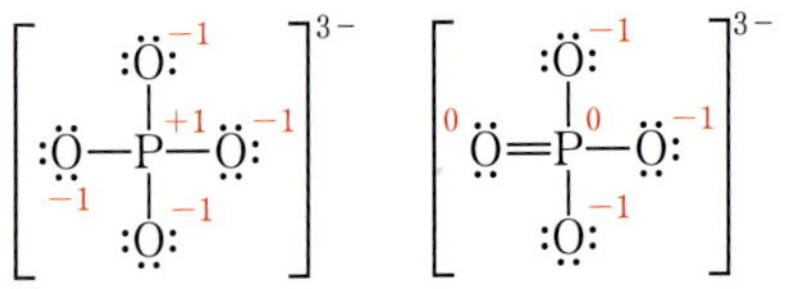

$$\left[\begin{array}{c} :\ddot{\mathrm{O}}:^{-1} \\ | \\ {}^{-1}:\ddot{\mathrm{O}}\!-\!\mathrm{P}^{+1}\!-\!\ddot{\mathrm{O}}:^{-1} \\ | \\ :\ddot{\mathrm{O}}:^{-1} \end{array}\right]^{3-} \qquad \left[\begin{array}{c} :\ddot{\mathrm{O}}:^{-1} \\ | \\ {}^{0}\ddot{\mathrm{O}}\!=\!\mathrm{P}^{0}\!-\!\ddot{\mathrm{O}}:^{-1} \\ | \\ :\ddot{\mathrm{O}}:^{-1} \end{array}\right]^{3-}$$

各原子上の形式電荷を赤字で示した．左の構造では，P 原子はオクテット則を満たしている．一方，右の構造は P 原子に 5 個の電子対が存在しているものの，原子上の形式電荷がより小さくなっている（右のルイス構造には，ほかに等価な 3 個の共鳴構造が存在する）．

これら二つの構造のうち，どちらが $PO_4^{3-}$ に対してより支配的であるかについてはいまだに化学者の間で決着がついていない．最近の量子化学に基づく理論計算から，左側の構造のほうが寄与が大きいと考える研究者がいる．他方，このイオンの結合距離を考慮すると，右の構造がより支配的であると考えるほうがつじつまが合うと主張する研究者もいる．このような見解の相違があること自体，一般的には複数のルイス構造が原子，分子の実際の電子分布に寄与していることを示す格好の題材である．

## 8.8 共有結合の強さと結合エンタルピー

分子の安定性は共有結合の強さと関係している．二原子間の共有結合の強さは，その結合を切断するために必要なエネルギーで決まる．これが結合が切れる反応のエンタルピー変化と関係することは容易に理解できよう（§5.4）．気体分子 1 mol に含まれる特定の結合を切断するために必要なエンタルピー変化 $\Delta H$ を**結合エンタルピー**（bond enthalpy）という．例えば，$Cl_2$ の結合に対する結合エンタルピーは，1 mol の $Cl_2$(g) が Cl 原子に解離するときのエンタルピー変化である．

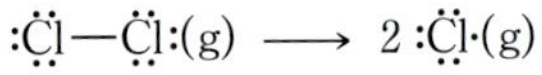

$$:\ddot{\underset{..}{\mathrm{Cl}}}-\ddot{\underset{..}{\mathrm{Cl}}}:(g) \longrightarrow 2\,:\ddot{\underset{..}{\mathrm{Cl}}}\cdot(g)$$

結合エンタルピーの記号には $D$ を用い，その後に対象となる結合を括弧に入れて表記する．例えば，$Cl_2$，HBr の結合エンタルピーは，それぞれ $D$(Cl—Cl)，$D$(H—Br) と表す．

二原子分子の化学結合に対する結合エンタルピーは，分子を構成原子に切断するために必要なエネルギーであるため，結合の強さを結合が切れる反応のエンタルピー変化と関係づけるのが最も簡単である．しかし，重要な結合の多くは C—H 結合のように，多原子分子中にのみ存在している．これらの結合については，通常結合エンタルピーの平均値（平均結合エンタルピー）を用いる．例えば，以下に示すメタン分子を 5 個の原子に分解する過程（**原子化**という）のエンタルピー変化は，C—H 結合の平均結合エンタルピー $D$(C—H) を求めるのに利用できる．

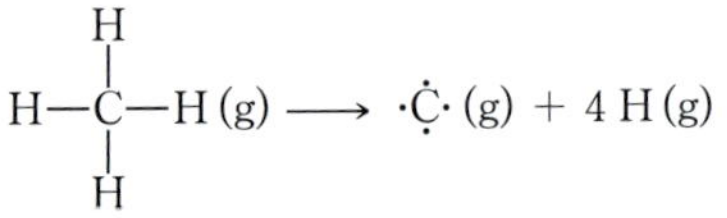

$$\mathrm{H}-\underset{\underset{\mathrm{H}}{|}}{\overset{\overset{\mathrm{H}}{|}}{\mathrm{C}}}-\mathrm{H}\,(g) \longrightarrow \cdot\dot{\underset{\cdot}{\mathrm{C}}}\cdot\,(g) + 4\,\mathrm{H}\,(g) \qquad \Delta H = 1660\ \mathrm{kJ}$$

メタンには等価な C—H 結合が 4 本あるので，原子化のエンタルピー変化は 4 本の C—H 結合の結合エンタルピーの和に等しい．したがって，$CH_4$ の C—H 平均結合エンタルピーは $D$(C—H) = (1660/4) kJ/mol = 415 kJ/mol となる．

特定の二原子間（例えば C—H）の結合エンタルピーは，その結合を含む分子全体の構造によって値が少しずつ異なる．しかし，分子の違いによる差は一般に小さい．これは結合電子対が原子間に局在するという考え方に合致するものである．いろいろな化合物から求めた C—H 結合の平均結合エンタルピーは 413 kJ/mol で，$CH_4$ から算出した 415 kJ/mol に近い．

**考えてみよう**

炭化水素であるエタン $C_2H_6$(g) の原子化反応エンタルピーが知られているものとする．この値と $D$(C—H) = 413 kJ/mol を使い，$D$(C—C) の値を推定せよ．

▼**表 8.4** にさまざまな平均結合エンタルピーの値をまとめた．**結合エンタルピーは必ず正の値である**が，これは**化学結合の切断にはつねにエネルギーを必要とする**からである．逆に，気体状態にある二つの原子あるいは原子団が化学結合をつくるときは，つねにエネルギーが放出される．結合エンタルピーの値が大きいほど，その結合は強い．さらにつけ加えると，強い結合をもつ分子は弱い結合をもつものより変化を起こしにくい傾向がある．例えば，非常に強い N≡N 三重結合をもつ $N_2$ はきわめて反応性が乏しい分子であるが，N—H 単結合をもつヒドラジン $N_2H_4$ は非常に反応性が高い．

**考えてみよう**

結合エンタルピーに基づいて考えた場合，酸素 $O_2$ と過酸化水素 $H_2O_2$ ではどちらがより反応性が高いと予想されるか．

## 結合エンタルピーと反応エンタルピー

平均結合エンタルピーを使って，化学反応の反応エンタルピーを概算することができる．この方法により，反応に関与するすべての化学種の $\Delta H_f^\circ$ がわからない場合でも，与えられた反応が吸熱反応（$\Delta H > 0$）か発熱反応（$\Delta H < 0$）かを迅速に予測できる．

この反応エンタルピーの概算法はヘスの法則（§5.6）の簡単な応用であり，結合の切断はつねに吸熱的で，結合の形成はつねに発熱的であることを利用したものである．したがって，反応が以下の2段階で起こるものとして考える．

**表 8.4　平均結合エンタルピー（kJ/mol）**

| 単結合 | | | | | | | |
|---|---|---|---|---|---|---|---|
| C—H | 413 | N—H | 391 | O—H | 463 | F—F | 155 |
| C—C | 348 | N—N | 163 | O—O | 146 | | |
| C—N | 293 | N—O | 201 | O—F | 190 | Cl—F | 253 |
| C—O | 358 | N—F | 272 | O—Cl | 203 | Cl—Cl | 242 |
| C—F | 485 | N—Cl | 200 | O—I | 234 | | |
| C—Cl | 328 | N—Br | 243 | | | Br—F | 237 |
| C—Br | 276 | | | S—H | 339 | Br—Cl | 218 |
| C—I | 240 | H—H | 436 | S—F | 327 | Br—Br | 193 |
| C—S | 259 | H—F | 567 | S—Cl | 253 | | |
| | | H—Cl | 431 | S—Br | 218 | I—Cl | 208 |
| Si—H | 323 | H—Br | 366 | S—S | 266 | I—Br | 175 |
| Si—Si | 226 | H—I | 299 | | | I—I | 151 |
| Si—C | 301 | | | | | | |
| Si—O | 368 | | | | | | |
| Si—Cl | 464 | | | | | | |
| **多重結合** | | | | | | | |
| C=C | 614 | N=N | 418 | O=O | 495 | | |
| C≡C | 839 | N≡N | 941 | | | | |
| C=N | 615 | N=O | 607 | S=O | 523 | | |
| C≡N | 891 | | | S=S | 418 | | |
| C=O | 799 | | | | | | |
| C≡O | 1072 | | | | | | |

1. 反応物に含まれる化学結合のうち，生成物には含まれない結合を切断するために必要なエネルギーを与える．
2. 生成物に含まれる化学結合のうち，反応物に存在しない結合を形成するときエネルギーが放出されるため，新たに生じる結合の結合エンタルピーの和に相当するエンタルピーが系内で減少する．

反応エンタルピー $\Delta H_{rxn}$ の概算値は，結合切断に必要な結合エンタルピーの総和から結合形成に必要な結合エンタルピーの総和を差し引いた値として求められる．

$$\Delta H_{rxn} = \sum(\text{結合切断に必要な結合エンタルピー}) - \sum(\text{結合形成に必要な結合エンタルピー}) \qquad [8.12]$$

例えば，メタン $CH_4$ と塩素 $Cl_2$ が気相で反応し，クロロメタン $CH_3Cl$ と塩化水素 HCl が生成するとしよう．

$$H{-}CH_3\,(g) + Cl{-}Cl\,(g) \longrightarrow Cl{-}CH_3\,(g) + H{-}Cl\,(g) \qquad \Delta H_{rxn} = ? \qquad [8.13]$$

この反応を 2 段階に分けて示したものを▼ **図 8.15** にまとめてある．この反応では，以下に示した結合が切断と形成に関与する．

結合切断：1 mol C—H，1 mol Cl—Cl
結合形成：1 mol C—Cl，1 mol H—Cl

はじめに C—H と Cl—Cl を切断するために必要なエネルギーを加え，系のエンタルピーを押し上げる（図 8.15 中の $\Delta H_1 > 0$）．次に，C—Cl と H—Cl の結合をつくり，エネルギーを放出して系のエンタルピーを引き下げる（$\Delta H_2 < 0$）．式 8.12 と表 8.4 のデータを用いて反応エンタルピーの概算値を求める．

$$\begin{aligned}\Delta H_{rxn} &= [D(\text{C—H}) + D(\text{Cl—Cl})] - [D(\text{C—Cl}) + D(\text{H—Cl})] \\ &= (413\,\text{kJ} + 242\,\text{kJ}) - (328\,\text{kJ} + 431\,\text{kJ}) \\ &= -104\,\text{kJ}\end{aligned}$$

この反応は，生成物の結合（とくに H—Cl 結合）が反応物の結合（とくに Cl—Cl 結合）よりも強いため，発熱反応である．

結合エンタルピーを用いた $\Delta H_{rxn}$ の概算法は，必要な $\Delta H_f^\circ$ が容易に入手できない場合に限って用いられている．前出の反応では付録 C の中に $CH_3Cl$ (g) の $\Delta H_f^\circ$ が与えられていないため，$\Delta H_f^\circ$ の値とヘスの法則から $\Delta H_{rxn}$ を計算することができない．もしこの値が別途入手できるのであれば，式 5.26 を使って計算すべきである．

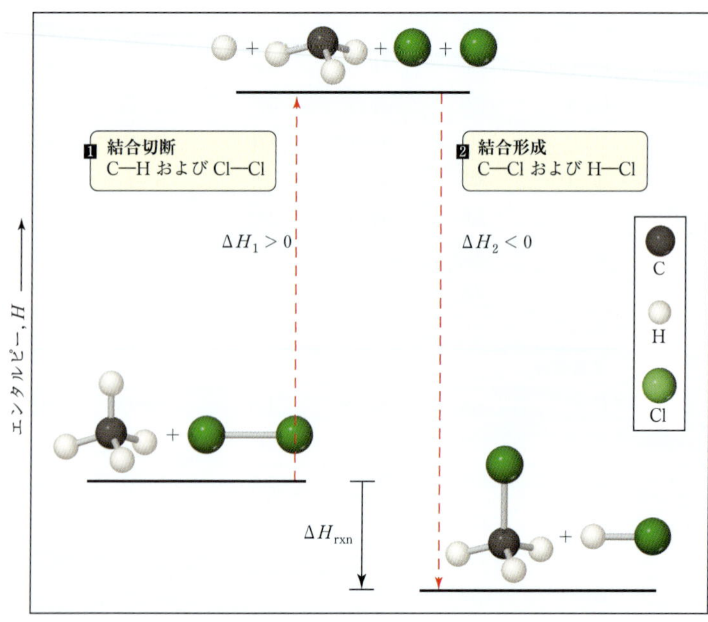


▶ **図 8.15　結合エンタルピーを用いて $\Delta H_{rxn}$ を計算する．**
式 8.13 の反応における $\Delta H_{rxn}$ を概算するために，平均結合エンタルピーを使う．

$$\Delta H^\circ_{rxn} = \sum n\Delta H^\circ_f\,(生成物) - \sum m\Delta H^\circ_f\,(反応物)$$

式 8.13 に示した反応の $\Delta H_{rxn}$ は $-99.8$ kJ であることから，平均結合エンタルピーから計算した概算値（$-104$ kJ）は実際の反応エンタルピーに対して，まずまずの値を与えたといえよう．

結合エンタルピーは**気体**分子に対して算出される値であり，**平均値**が多く含まれていることに留意する必要がある．したがって，平均結合エンタルピーはとくに気相反応の反応エンタルピーを迅速に予測する手段として有効である．

## 例題 8.12　平均結合エンタルピーの利用

表 8.4 のデータを用いて，次の反応の $\Delta H$ を概算せよ．

```
    H  H
    |  |
2 H—C—C—H(g) + 7 O2(g) ⟶
    |  |
    H  H
                    4 O═C═O(g) + 6 H—O—H(g)
```

### 解　法

**方針**　反応の際に切断される結合は，$2\,C_2H_6$ 中の 12 個の C—H 結合と 2 個の C—C 結合，$7\,O_2$ に含まれる 7 個の $O_2$ 結合である．生成物で新たに形成される結合は，8 個の C═O 結合（各 $CO_2$ に 2 個）と 12 個の O—H 結合（各 $H_2O$ に 2 個）である．

**解**　式 8.12 と表 8.4 のデータを使って，

$$\begin{aligned}\Delta H &= [12D(\mathrm{C—H}) + 2D(\mathrm{C—C}) + 7D(\mathrm{O{=}O})] \\ &\quad - [8D(\mathrm{C{=}O}) + 12D(\mathrm{O—H})] \\ &= [12(413\,\mathrm{kJ}) + 2(348\,\mathrm{kJ}) + 7(495\,\mathrm{kJ})] \\ &\quad - [8(799\,\mathrm{kJ}) + 12(463\,\mathrm{kJ})] \\ &= 9117\,\mathrm{kJ} - 11948\,\mathrm{kJ} = -2831\,\mathrm{kJ}\end{aligned}$$

**チェック**　この概算値は，より正確な熱化学データから算出した値である $-2856$ kJ と比べても，遜色のない良好な値である．

### 演　習

表 8.4 を用いて，次の反応の $\Delta H$ を概算せよ．

```
H—N—N—H(g) ⟶ N≡N(g) + 2 H—H(g)
  |  |
  H  H
```

## 結合エンタルピーと結合距離

平均結合エンタルピーを定義したように，よく扱うさまざまな化学結合に対して平均結合距離を定義することができる（▼ **表 8.5**）．とくに興味深いのは，原子の組合せに対する結合エンタルピーと結合距離，結合の多重度の関係である．例えば，表 8.4 および表 8.5 のデータを用いて，炭素原子間の単結合および二重結合，三重結合について結合距離と結合エンタルピーを比較してみる．

| C—C | C═C | C≡C |
|---|---|---|
| 0.154 nm | 0.134 nm | 0.120 nm |
| 348 kJ/mol | 614 kJ/mol | 839 kJ/mol |

C—C 結合の多重度が増えるにつれて，結合距離は短くなり，結合エンタルピーは増加している．これは，炭素原子どうしがより近く，よりしっかりと結びつくためである．一般に，**二つの原子を結ぶ化学結合の多重度が増すと，結合はより短くより強くなる．**この傾向については N—N 結合の単結合，二重結合，三重結合を例に挙げて，▶ **図 8.16** に示した．

**表 8.5　単結合，二重結合，三重結合の平均結合距離**

| 結　合 | 結合距離（nm） | 結　合 | 結合距離（nm） |
|---|---|---|---|
| C—C | 0.154 | N—N | 0.147 |
| C═C | 0.134 | N═N | 0.124 |
| C≡C | 0.120 | N≡N | 0.110 |
| C—N | 0.143 | N—O | 0.136 |
| C═N | 0.138 | N═O | 0.122 |
| C≡N | 0.116 | | |
| | | O—O | 0.148 |
| C—O | 0.143 | O═O | 0.121 |
| C═O | 0.123 | | |
| C≡O | 0.113 | | |

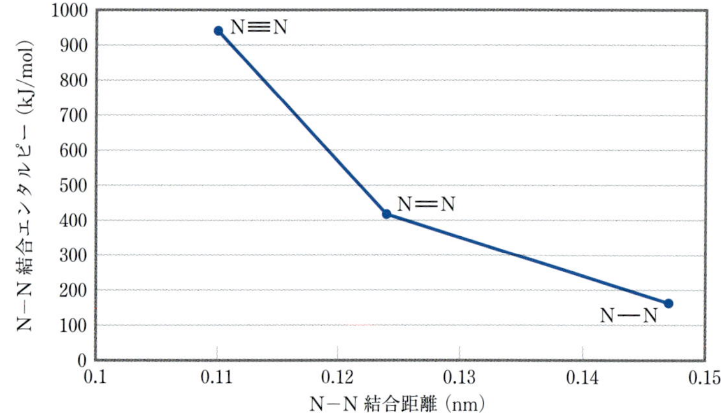


◀ **図 8.16 N—N 結合の結合距離と結合エンタルピー**

化学の役割

## 爆薬とアルフレッド・ノーベル

化学結合には巨大なエネルギーを蓄積することができる．おそらく最も顕著なものは爆薬であろう．結合エンタルピーを考えることで，このような爆発性をもつ物質の性質をもう少し掘り下げて議論することができる．

有用な爆薬は以下の条件を満たす必要がある．(1) きわめて大きな発熱を伴って分解すること．(2) 生成物が気体であること．それによって分解に伴い気体のすさまじい圧力が発生する．(3) 非常に速く分解すること．そして最後に (4) 計画的に爆発を起こすことができるのに十分安定であること．(1)～(3) の組合せにより，爆発に伴って熱と気体が激しく発生する．

最も大きな発熱反応を与えるものは，爆薬の化学結合が弱く，かつ分解して強い化学結合に変化するものである．表 8.4 から，N≡N，C≡O，C═O 結合が最も強いことが示唆される．爆発生成物として気体である $N_2$(g)，CO (g)，$CO_2$(g) が発生するように設計されていることは当然であろう．ほとんどの場合で同時に水蒸気も生じる．

よく知られた爆薬の多くは有機分子で，ニトロ基 ($—NO_2$) を有するかあるいは硝酸エステル ($—ONO_2$) である．よく知られた爆薬のうち，ニトログリセリンとトリニトロトルエン (TNT) のルイス構造を右図に示す (共鳴構造は省略)．TNT はベンゼン環を含む化合物である．

ニトログリセリンは淡黄色の液体であり，衝撃感度がきわめて高い (shock-sensitive)．ときには液体をゆらすだけで爆発的な分解が起こり，窒素，二酸化炭素，水，酸素の気体が発生する．

$$4\,C_3H_5N_3O_9\,(l) \longrightarrow 6\,N_2\,(g) + 12\,CO_2\,(g) + 10\,H_2O\,(g) + O_2\,(g)$$

結合エンタルピーが大きな $N_2$(941 kJ/mol)，$CO_2$(799 kJ/mol)，$H_2O$(2 × 463 kJ/mol) が生成することで非常に大きな発熱を伴う．ニトログリセリンは爆発の化学量論がほぼ完璧であるため，きわめて不安定な爆薬である．ごく少量の $O_2$(g) が発生する以外，生成物は $N_2$ と $CO_2$ と $H_2O$ だけである．

通常の燃焼と異なり (§3.2)，爆発は自己完結型の反応である．すなわち，爆発的な分解を起こすために他の $O_2$(g) などの試薬を必要としない．

ニトログリセリンは非常に不安定なため，制御可能な爆薬として利用することが難しい．スウェーデンの発明家アルフレッド・ノーベル (Alfred Nobel) (▶ **図 8.17**) はニトログリセリンを珪藻土やセルロースのような固体吸収材料と混ぜると，固体の爆薬 (ダイナマイト) となり，液体のニトログリセリンよりもずっと安全に扱うことができることを発見した．

ニトログリセリン

トリニトロトルエン (TNT)

◀ **図 8.17　アルフレッド・ノーベル（1833-1896），ダイナマイトを発明したスウェーデン人**
数々の文献に記されている通り，ニトログリセリンをセルロースに吸収させると安定になることは偶然の発見であったが，その発見によってノーベルは富を築いた．ノーベルは軍事用に利用できる今までに最も強力な爆発物を考案したが，国際平和運動を強力に支持した．彼は，平和と国家間の友愛の推進を深め，"人類に対して最も有益な貢献"をした人たちを表彰する賞を設立するために自身の財産を使うよう遺言を残した．ノーベル賞は科学者や文学者，平和活動家が最も受賞を切望する賞であろう．

## 総合問題　これまでの章の概念も含めた例題

第一次世界大戦時に毒ガスとして使われた物質にホスゲン（phosgen）がある．この物質は，一酸化炭素と塩素の混合物に太陽光をあてることで初めて合成された．その名称はギリシャ語の *phos*（光）と *genes*（生まれる）に由来する．ホスゲンに含まれる各元素の質量比は，C が 12.14%，O が 16.17%，Cl が 71.69% で，モル質量は 98.9 g/mol である．

**(a)** この化合物の分子式を決定せよ．

**(b)** すべての原子がオクテット則を満たすルイス構造を 3 個示せ（Cl と O はそれぞれ C と結合している）．

**(c)** 形式電荷を用いて，最も適切と思われるルイス構造を決定せよ．

**(d)** 平均結合エンタルピーを用い，CO (g) と $Cl_2$ (g) から気体のホスゲンを生成する反応の $\Delta H$ を概算せよ．

### 解　法

解　**(a)** ホスゲンの実験式は元素の組成から決定できる（§3.5）．この化合物が 100 g あると仮定して C，O，Cl の物質量を計算すると，

$$(12.14\,\mathrm{g\,C})\left(\frac{1\,\mathrm{mol\,C}}{12.01\,\mathrm{g\,C}}\right) = 1.011\,\mathrm{mol\,C}$$

$$(16.17\,\mathrm{g\,O})\left(\frac{1\,\mathrm{mol\,O}}{16.00\,\mathrm{g\,O}}\right) = 1.011\,\mathrm{mol\,O}$$

$$(71.69\,\mathrm{g\,Cl})\left(\frac{1\,\mathrm{mol\,Cl}}{35.45\,\mathrm{g\,Cl}}\right) = 2.022\,\mathrm{mol\,Cl}$$

それぞれの元素の物質量比を最小の整数比にすると，C = 1，O = 1，Cl = 2 となり，実験式が $COCl_2$ と求められる．

実験式のモル質量は，12.01 + 16.00 + 2 × 35.45 = 98.91 g/mol で，分子のモル質量と同じである．したがって分子式は $COCl_2$ である．

**(b)** 炭素は 4，酸素は 6，塩素は 7 の価電子をもち，計 4 + 6 + 2 × 7 = 24 個の価電子がある．すべて単結合でルイス構造を描くと，中心の炭素原子はオクテットにならない．多重結合を用いて，オクテット則を満たす三つの構造は

:Cl—C(=O:)—Cl:  ⟷  Cl=C(—O:)—Cl:  ⟷  :Cl—C(—O:)=Cl

**(c)** それぞれの原子について形式電荷を計算すると，

左：O 0，Cl 0，C 0，Cl 0　⟷　中：O −1，Cl +1，C 0，Cl 0　⟷　右：O −1，Cl 0，C 0，Cl +1

各原子の形式電荷が最も小さい左の構造式が適切なルイス構造であると予想できる．実際に，この分子はほとんどの場合，このルイス構造のみで表される．

**(d)** この分子のルイス構造を用いて化学反応式を示すと

:C≡O:　+　:Cl—Cl:　⟶　:Cl—C(=O:)—Cl:

よって，この反応では C≡O 結合および Cl—Cl 結合の切断，ならびに C=O 結合と二つの C—Cl 結合の形成が起こる．表 8.4 の結合エンタルピーを用いて，

$$\begin{aligned}\Delta H &= D(\mathrm{C{\equiv}O}) + D(\mathrm{Cl{-}Cl}) \\ &\quad - [D(\mathrm{C{=}O}) + 2D(\mathrm{C{-}Cl})] \\ &= 1072\ \mathrm{kJ} + 242\ \mathrm{kJ} - [799\ \mathrm{kJ} + 2(328\ \mathrm{kJ})] \\ &= -141\ \mathrm{kJ}\end{aligned}$$

この反応が発熱反応であることに注目されたい．それでもこの反応が起こるためには，太陽光や他のエネルギー源が必要である．これは，$H_2$(g) と $O_2$(g) の燃焼により $H_2O$(g) が生成する場合と似ている（図 5.13）．

## 章のまとめとキーワード

**化学結合，ルイス記号とオクテット則（序論と§8.1）**　本章では**化学結合**の形成へと導く相互作用に焦点をあてて，これらの結合を大きく三つに分類している．**イオン結合**は，電荷の異なるイオン間の静電力によって生じ，**共有結合**は2原子による電子の共有で生じ，また**金属結合**は金属の電子を非局在化して共有することで生じる．

結合形成は原子の最外殻電子，すなわち価電子の相互作用を伴う．原子の価電子は，電子の点電子式である**ルイス記号**で表すことができる．原子がこれらの価電子を獲得や喪失，共有する傾向は，**オクテット則**に従う．これは分子あるいはイオンにおいて原子が（通常は）価電子を8個もつことを意味する．

**イオン結合（§8.2）**　イオン結合は原子から別の原子へ電子が移動することで生じ，荷電粒子による三次元格子の形成へと誘導する．イオン性化合物の安定性は，イオンと電荷の符号が異なるイオンとの間に生じる強い静電引力による相互作用によるものである．この相互作用の大きさは，イオン格子を気体状のイオンに解離するときに必要な**格子エネルギー**を測定して求めることができる．格子エネルギーはイオンの電荷が増えるか，イオン間の距離が縮まると増加する．**ボルン-ハーバーサイクル**はイオン性化合物の生成に必要な数工程をまとめた熱化学サイクルであり，ヘスの法則を用いて格子エネルギーを計算する際に有用である．

**共有結合（§8.3）**　共有結合は電子の共有で生成する．**ルイス構造**により分子の電子分布を表すことができる．これは結合形成に関与する価電子の数と，**非結合電子対**として残る電子の数を示している．オクテット則は2原子間にいくつの結合が生じるかを決定するうえで役立つ．2原子間に一組の電子対を共有することで**単結合**が，二組あるいは三組の電子対を共有することで**二重結合**，**三重結合**がそれぞれ生成する．二重結合と三重結合は原子間を結ぶ多重結合の例である．結合の長さは原子間の結合の数が増えるにつれて短くなる．

**結合の極性と電気陰性度（§8.4）**　共有結合では電子は必ずしも2原子間に等しく共有されるわけではない．**結合の極性**は結合における電子の不均等な共有を記述するうえで役立つ．**無極性共有結合**では結合に含まれる電子が2原子間で等しく共有されている．**極性共有結合**では，一方の原子が他方の原子よりも強く電子を引きつける作用を果たしている．

**電気陰性度**は，一方の原子が他方の原子と競合して共有電子を引きつける能力の数値指標である．フッ素は最も電気陰性度が大きい元素であり，他の原子から電子を引きつける能力が最も高いことを意味している．電気陰性度は Cs の 0.7 から F の 4.0 の間の値をとる．電気陰性度は一般的に周期表の行を左から右へ進むにつれて増加し，列を下に進むと減少する．結合している原子の電気陰性度の差は，結合の極性を決定するために使うことができる．電気陰性度の差が大きいと，結合の極性はより大きくなる．

**極性分子**は正電荷と負電荷の中心が一致していない分子である．したがって，極性分子には正に帯電した部分と負に帯電した部分がある．この電荷の分離によって**双極子**が生じ，その大きさはデバイ（D）を単位とする双極子モーメントにより与えられる．**双極子モーメント**は離れている電荷の大きさが大きいほど，またその距離が離れているほど大きい．二原子分子 X—Y のうち，X と Y が異なる電気陰性度をもつものはすべて極性分子である．

**ルイス構造および共鳴構造の描き方（§8.5，§8.6）**　原子が互いにどの原子と結合しているかがわかれば，私たちは簡単な手順で分子とイオンのルイス構造を描くことができる．そうすると，ルイス構造における個々の原子の**形式電荷**を決定することができる．これは原子がすべて同じ電気陰性度であると仮定したときに原子がとり得る電荷のことである．一般的に支配的なルイス構造は形式電荷が小さく，負の形式電荷がより電気陰性度の大きな原子に存在する．

ある特定の分子（あるいはイオン）を記述する場合，一つの支配的なルイス構造では不適当な場合がある．このような場合，二つまたはそれ以上の共鳴構造を使うことで分子を描き表す．この分子は複数の**共鳴構造**の融合として描かれる．共鳴構造はオゾン $O_3$ や有機分子であるベンゼン $C_6H_6$ のような分子において，それらの結合を記述する際に重要である．

**オクテット則があてはまらない場合（§8.7）**　オクテット則はすべての場合においてあてはまるものではない．例外が生じる場合として，(a) 分子が奇数の電子をもつ場合，

(**b**) 不適切な電子分布をとらなければ原子の周辺でオクテットを満たすことが不可能となる場合，(**c**) 大きな原子が電気陰性度の大きい小さな原子に多数囲まれてオクテットを超過する場合，が挙げられる．オクテット超過の電子をもつ原子がルイス構造に現れるのは，周期表の第三周期以降の原子が含まれる場合である．

**共有結合の強さと結合エンタルピー（§8.8）**　共有結合の強さは，その結合を切断する際のモルエンタルピー変化を表す**結合エンタルピー**で測定される．さまざまな共有結合の解析から平均結合エンタルピーの値が決定されている．共有結合は，二つの原子間に存在する結合電子対の数が増えると強くなる．結合エンタルピーを使うことで，結合の切断と形成を伴う化学反応のエンタルピー変化を予測できる．二原子間の平均結合距離は結合の数が増えると短くなる．これは結合の数が増えると結合がより強くなることと一致する．

# 練　習　問　題

**8.1**　下記の元素について，それぞれの原子のルイス記号を書け．
(**a**) Al，(**b**) Br，(**c**) Ar，(**d**) Sr［§8.1］

**8.2**　KF，NaCl，NaBr，LiCl はイオン性化合物である．
(**a**) イオン半径（図 7.7）を用いてそれぞれの化合物の陽イオン，陰イオン間の距離を推定せよ．
(**b**) (**a**) の解答に基づき，これら四つの化合物を格子エネルギーの大きい順に並べよ．
(**c**) (**b**) の予想が妥当であるか，表 8.2 に示した格子エネルギーの実験値と比較せよ．イオン半径から予想した値は正しいか．［§8.2］

**8.3**　ルイス記号とルイス構造を使い，Si と 4 個の Cl から $SiCl_4$ を生成する反応の図を，価電子を示して描け．
(**a**) Si は初め，いくつの価電子をもっているか．
(**b**) それぞれの Cl は初め，いくつの価電子をもっているか．
(**c**) $SiCl_4$ 分子の Si の周囲にはいくつの価電子があるか．
(**d**) $SiCl_4$ 分子の Cl の周囲にはいくつの価電子があるか．
(**e**) $SiCl_4$ 分子にはいくつの結合電子対があるか．
［§8.3，§8.4］

**8.4**　下記のうち，どの結合が極性をもつか．
(**a**) B—F，(**b**) Cl—Cl，(**c**) Se—O，(**d**) H—I
［§8.3，§8.4］

**8.5**　次の化合物について，オクテット則を満たすルイス構造を描け．それぞれの原子について酸化数と形式電荷を求めよ．
(**a**) OCS，(**b**) $SOCl_2$（S が中心原子である），(**c**) $BrO_3^-$，(**d**) $HClO_2$（H は O と結合している）
［§8.5，§8.6］

**8.6**　CO，$CO_2$，$CO_3^{2-}$ について，結合の長さの短いものから順に並べよ．［§8.5，§8.6］

**8.7**　次のイオンまたは分子のルイス構造を描け．オクテット則を満たさないものがあればそれはどれか，原子を特定して答えよ．また，それらの原子にはいくつの電子が存在するか．
(a) $PH_3$，(b) $AlH_3$，(c) $N_3^-$，(d) $CH_2Cl_2$，
(e) $SnF_6$［§8.7］

**8.8**　表 8.4 を用いて以下の反応の $\Delta H$ を予想せよ．
(**a**) $2CH_4(g) + O_2(g) \longrightarrow 2CH_3OH(g)$
(**b**) $H_2(g) + Br_2(l) \longrightarrow 2HBr(g)$
(**c**) $2H_2O_2(g) \longrightarrow 2H_2O(g) + O_2(g)$
［§8.8］

**8.9**　以下に結合解離エネルギーが与えられている．Ti—Cl 結合の平均結合エンタルピーを求めよ．［§8.8］

| | $\Delta H$ (kJ/mol) |
|---|---|
| $TiCl_4(g) \longrightarrow TiCl_3(g) + Cl(g)$ | 335 |
| $TiCl_3(g) \longrightarrow TiCl_2(g) + Cl(g)$ | 423 |
| $TiCl_2(g) \longrightarrow TiCl(g) + Cl(g)$ | 444 |
| $TiCl(g) \longrightarrow Ti(g) + Cl(g)$ | 519 |

# 9

# 分子の形と結合理論

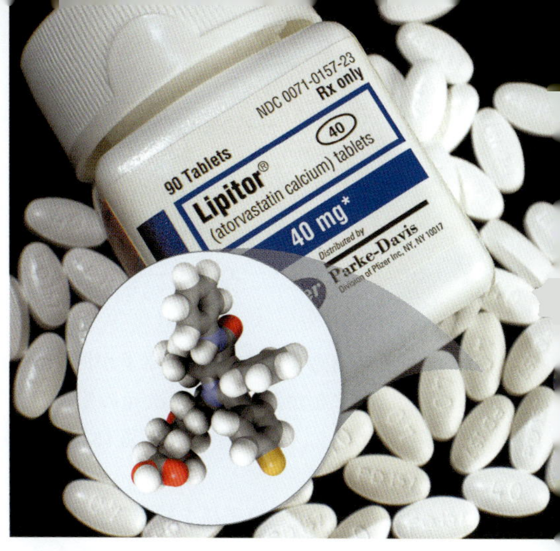


▲アトルバスタチン（atorvastatin）
米国ではリピトール®（Lipitor®）の商品名のほうがよく知られている薬である．これはスタチンと呼ばれるコレステロール低下剤の仲間で，心臓発作のリスクを低下させる※1．リピトール®は 1985 年に Warner-Lambert/Parke Davis 社（現ファイザー社）のブルース・ロスによって開発され，1996 年に認可された．リピトール®は，医薬史上最もよく売れている医薬で，1997〜2011 年の売り上げは 1250 億ドルにものぼった．2011 年には後発医薬品も市場に出た．

8 章では，ルイス構造が共有結合の理解に有用であることを学んだ．しかし，ルイス構造だけでは，肝心の分子の形状（分子を構成する原子の核間の角度と結合距離）を知ることができない．

物質の性質は，その分子の形と大きさ，結合の強さと極性によってだいたい決まる．分子の形と大きさが重要な働きをしているドラマチックな例は，生化学反応にみることができる．例えば，章の初めの写真は，リピトール®として知られるアトルバスタチンの分子模型である．この分子は，体の中で **HMG-CoA レダクターゼ**という酵素の作用を阻害する．HMG-CoA レダクターゼは，大きな生体分子で，肝臓でコレステロールを合成する経路において重要な働きをしている．この酵素の働きが阻害されると，コレステロールが低下する．アトルバスタチン分子の薬としての有効性は次の二つの性質に由来する．第一にこの分子の**形**は HMG-CoA レダクターゼの空洞にちょうどはまることができ，それによりコレステロール合成にかかわる重要なサイトをブロックする．第二に，アトルバスタチン分子が酵素の空洞にはまり込むとき，酵素に接する原子とその電子配置は，空洞の中で強い相互作用を及ぼし，“貼りついた”ようになるのに適している．したがってリピトール®の薬効は，分子の形と大きさ，さらに電荷の分布に支配される．分子の形や大きさを少し変えるだけでも医薬の効果は変わってしまうのである．

リピトール®の例が示すように，分子の形と大きさは重要である．本章の第一の目的は，二次元のルイス構造と三次元の分子の形状との関係を学ぶことである．共有結合の性質について詳細に学ぶことにより，分子の挙動をよりよく理解できるようになる．本章で学んだことは，物質の物理的・化学的性質に関する後の章の学習に役立つ．

## 9.1 分子の形

ルイス構造は単に原子間の結合の種類と数を示すだけで，分子の形まではわからない．例えば四塩化炭素 $CCl_4$ のルイス構造は Cl 原子 4 個が中央の C 原子に結

※1 訳注：最初にコレステロール低下剤としてスタチンに着目して医薬を開発したのは日本の遠藤章教授で，1973 年のことである．

合していることを示すだけである．

$$
\begin{array}{c}
:\ddot{Cl}: \\
| \\
:\ddot{Cl}-C-\ddot{Cl}: \\
| \\
:\ddot{Cl}:
\end{array}
$$

ルイス構造ではすべての原子が同一平面に描かれる．しかしながら実際の三次元の配置は，▼図 9.1 に示すように，Cl 原子は**正四面体**（tetrahedron）の中心にある．

分子を構成する原子核を結ぶ線が原子核の位置で交わる角度が**結合角**（bond angle）である．分子の形は，結合角で決まる．$CCl_4$ では，結合角は C—Cl 結合のなす角度である．$CCl_4$ には，6 個の Cl—C—Cl 角があることはわかるであろう．それらはすべて同じ 109.5° で，正四面体に特有である．そのうえ，4 本の C—Cl 結合はすべて同じ長さ（0.178 nm）である．したがって $CCl_4$ の形と大きさは，C—Cl 結合が 0.178 nm の正四面体であると記述できる．

分子の形の議論を，$CCl_4$ のように中心原子 1 個に同種の原子が数個結合した分子（およびイオン）から始めよう．これは，一般式 $AB_n$ で表すことができる．ここで，中心原子 A には $n$ 個の B が結合している．例えば $H_2O$，$CO_2$ は $AB_2$ 型分子，$SO_3$，$NH_3$ は $AB_3$ 型分子である．

$AB_n$ 分子の一般的な形をみていこう．$AB_2$ と $AB_3$ でよくみられる形を▼図 9.2 に示す．$AB_2$ は**直線**（linear，結合角＝180°）か，**折れ線**（bent，結合角≠180°）のいずれかである．例えば $CO_2$ は直線，$SO_2$ は折れ線である．$AB_3$ 分子でよくみられる 2 種では，B 原子が正三角形の頂点にある．A 原子が B 原子と同一の平面にあれば，**平面三角形**（trigonal planar shape）と呼ぶ．もし A 原子が B 原子の平面より上にあれば，その形は**三角錐**（trigonal pyramid）と呼ばれる．例えば $SO_3$ は平面三角形，$NF_3$ は三角錐である．$AB_3$ 型のある種の分子，例えば $ClF_3$ は例外的な形，**T 字形**（T-shape）をとる．

$AB_n$ 分子の形はいずれも▶図 9.3 の 5 種の基本形のいずれかから導くことができる．例えば正四面体から出発して，▶図 9.4 のように順に頂点から 1 個ずつ原子を除いていくことができる．1 個取ると，残りの骨格は三角錐に，2 個取ると折れ線になる．

分子 $AB_n$ が，なぜ図 9.3 の特定の形をとるのか推測できるだろうか．原子 A が主族元素（s ブロックか p ブロックの元素）ならば，私たちは**原子価殻電子対反発**（valence-shell electron-pair repulsion, **VSEPR**）**モデル**によって，この疑問に答えることができる．

**考えてみよう**

$AB_4$ 分子のよくある形の一つは，平面四角形である．5 個の原子が同一平面にあり，B 原子は四角形の頂点に，A 原子は四角形の中心にある．図 9.3 のどの形から平面四角形は導かれるだろうか．

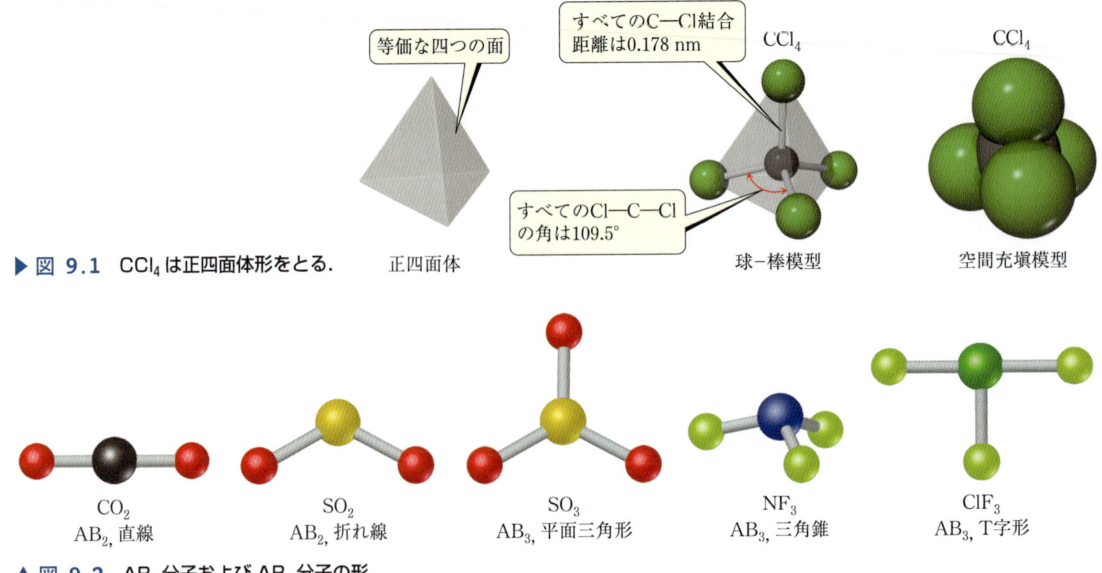


▶図 9.1　$CCl_4$ は正四面体形をとる．

▲図 9.2　$AB_2$ 分子および $AB_3$ 分子の形

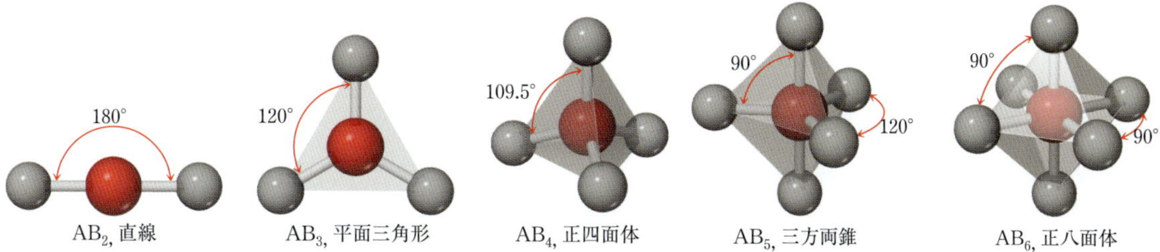


▲図 9.3　$AB_n$ 分子の 5 個の基本形（原子間の距離を最大にする形）

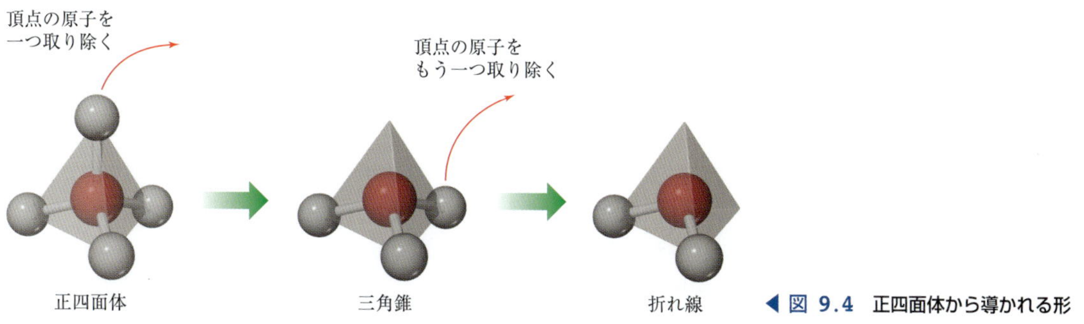


◀図 9.4　正四面体から導かれる形

## 9.2 VSEPR モデル

2 個の同じ大きさの風船をつなぐことを想像してみよう．▼図 9.5 のように，2 個の風船は“できるだけ互いに遠くなるよう”に反対のほうを向く．3 個目の風船を加えると，正三角形の頂点を向く．4 個目の風船を加えると正四面体の形をとる．それぞれの数に対して最適の形があることがわかる．

分子の中の電子はある点では，風船のようにふるまう．原子間に 1 対の電子対があるとき単結合が形成される（§8.3）．**結合電子対**（bonding electron pair）は，電子がみつかる確率の高い領域である．そのような領域を**電子領域**（electron domain）と定義する．同様に**非結合電子対**［nonbonding pair，もしくは**孤立電子対**（lone pair，ローンペア），**非共有電子対**（unshared electron pair）］は 1 個の電子領域をつくる．例えばアンモニアでは，中心原子である窒素原子の周りに 4 個の電子領域（結合電子対 3，非結合電子対 1）がある．

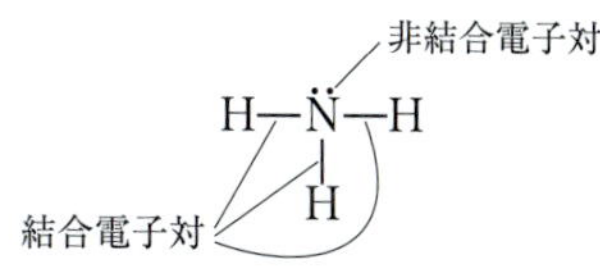


多重結合は 1 箇所の電子領域とする．したがって，次のオゾンの共鳴構造では，中心酸素原子の周りに 3 個の電子領域があることになる．

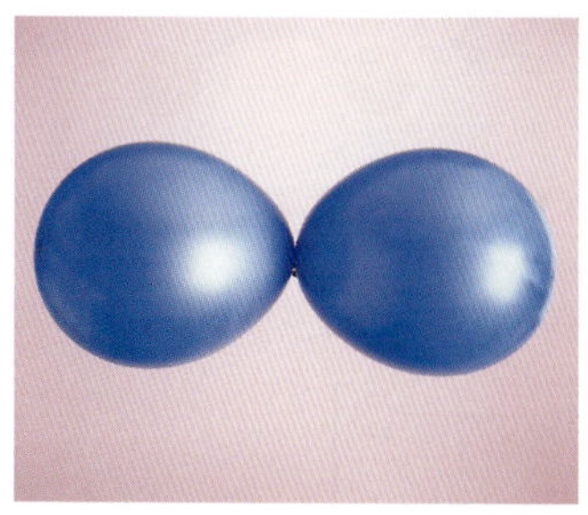

二つの風船：直線の向き

三つの風船：平面三角形の向き

四つの風船：正四面体の向き

▲図 9.5　風船で表した電子領域

:Ö—Ö=Ö

一般に，**中心原子の周りの非結合電子対，単結合および多重結合が電子領域を構成する**．

**考えてみよう**

ある $AB_3$ 分子が次のルイス構造をもっている．

```
      :B:
       ‖
  :B̤—A—B̤:
       ̈
```

このルイス構造は，オクテット則に従っているだろうか．原子Aの周りの電子領域は何個か．

VSEPRモデルは，電子領域は負電荷をもっているので互いに反発するという考えに基づく．図9.5の風船のように，電子領域はできるだけ互いに離れようとする．2個の電子領域は**直線**に，3個の領域は**平面三角形**に，4個の領域は**正四面体**の配置をとる．これらの配置および三方両錐，正八面体の全部で5種を▶**表9.1**に示した．**$AB_n$ 分子あるいはイオンの形は原子Aの周りの電子領域の数に支配される**．

$AB_n$ 分子あるいはイオンの中心原子の周りの電子領域の配置を**電子領域の形**（electron-domain geometry）という．それに対し，**分子の形**（molecular geometry）は，非結合電子対を除いた**原子のみ**の配置である．

VSEPRモデルで電子領域の形を予測し，そこから非結合電子対による電子領域を除くと，分子の形が推測できる．分子中のすべての電子領域が結合電子によるときは，分子の形は電子領域の形と同じである．しかし1箇所以上の電子領域が非結合電子対の場合は，**分子の形の予測の際，それを無視しなければならない**．

VSEPRによって分子の形を推測する方法は次の通りである．

1. ルイス構造を描き（**§8.5**），中心原子の周りの電子領域の数を調べる．
2. 中心原子の周りの**電子領域の形**を表9.1から選ぶ．
3. 結合している原子の配置から**分子の形**を決める．

アンモニアの例を▶**図9.6**に示す．ルイス構造で3本の結合と1個の非結合電子対があるので，電子領域の数は4，表9.1からその形は四面体と推定できる．電子領域の一つは非結合電子対なので，$NH_3$ の分子の形は三角錐である．

次の例として $CO_2$ 分子の形を考えよう．ルイス構造では，中心原子に2個の電子領域があり，いずれも二重結合である．

Ö=C=Ö

領域が2個の場合は，直線（表9.1）で，非結合電子対がないので，分子の形も直線である．

▶**表9.2**に分子 $AB_n$ が4以下の電子領域をもつ場合の分子の形をまとめた．オクテット則を満足する多くの分子やイオンの形を含むので，この表は重要である．

## 例題 9.1　VSEPRモデルの活用

VSEPRモデルを使って（**a**）$O_3$，（**b**）$SnCl_3^-$ の形を推定せよ．

### 解　法

**問題の分析**　$AB_n$ の形で化学式が与えられている．中心原子はいずれもpブロック元素である．

**方針**　ルイス構造を描き，電子領域の数を調べて，その形を調べる．次に結合による電子領域の配置から分子あるいはイオンの形を推定する．

**解**　（**a**）$O_3$ の2個の共鳴構造を描く．

:Ö—Ö=Ö ⟷ Ö=Ö—Ö:

共鳴のため，O原子間の2本の結合の長さは等しい．いずれの共鳴構造でも中心原子となっているO原子には，1個の非結合電子対を含め3個の電子領域がある．電子領域3個の場合，その形は平面三角形である（表9.1）．電子領域のうち，1個が非結合電子対なので，分子の形は折れ線で，理想的角度は120°である（表9.2）．

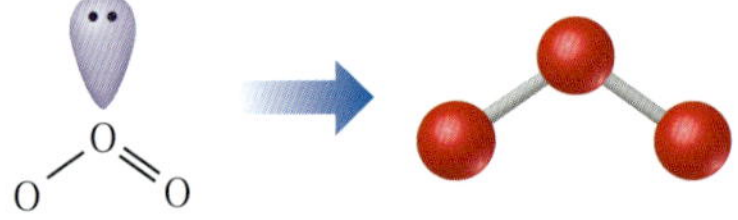


**コメント**　この例のように共鳴があるとき，いずれの共鳴構造を使ってもよい．

（**b**）$SnCl_3^-$ のルイス構造は次の通りである．

$$\left[\begin{array}{c} :\ddot{\text{Cl}}-\ddot{\text{Sn}}-\ddot{\text{Cl}}: \\ | \\ :\ddot{\text{Cl}}: \end{array}\right]^-$$

中心のSn原子は3個のCl原子と結合し，非結合電子

**表 9.1　電子領域の数とその形**

| 電子領域の数 | 電子領域の配置 | 電子領域の形 | 予測される結合角 |
|---|---|---|---|
| 2 | 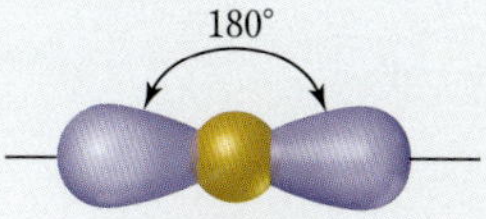 180° | 直　線 | 180° |
| 3 | 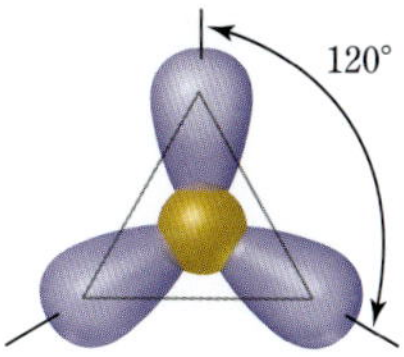 120° | 平面三角形 | 120° |
| 4 | 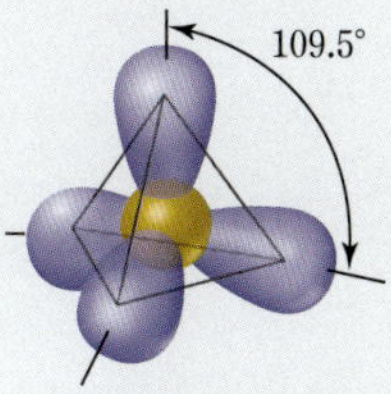 109.5° | 正四面体 | 109.5° |
| 5 | 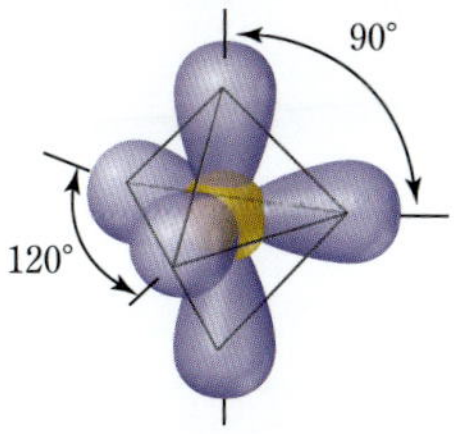 90°<br>120° | 三方両錐 | 120°<br>90° |
| 6 | 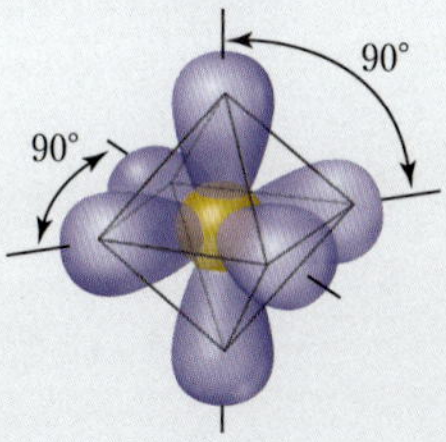 90°<br>90° | 正八面体 | 90° |

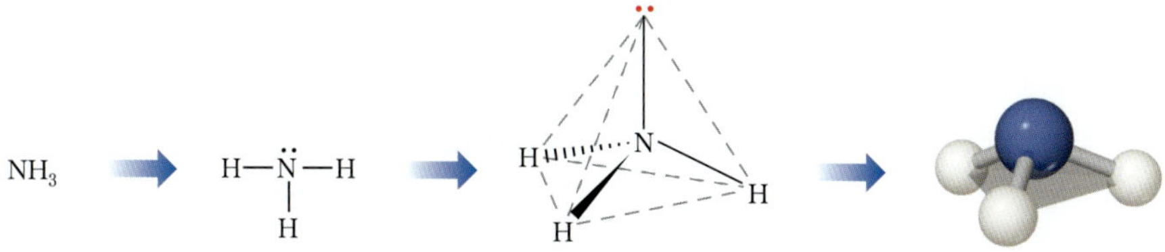

1 ルイス構造を描く

2 すべての電子領域の数を数え，表 9.1 を参照して適切な電子領域の形を決める

3 結合している電子領域のみを数え，結合原子の配置を明らかにして分子の形を決める（三角錐）

▲図 9.6　$NH_3$ 分子の形を決定する．

**表 9.2　中心原子の周りの電子領域の数が 2 ～ 4 の場合の電子領域と分子の形**

| 電子領域の数 | 電子領域の形 | 結合領域 | 非結合領域 | 分子の形 | 例 |
|---|---|---|---|---|---|
| 2 | 直線 | 2 | 0 | 直線 | $O=C=O$ |
| 3 | 平面三角形 | 3 | 0 | 平面三角形 | $BF_3$ |
| | | 2 | 1 | 折れ線 | $[NO_2]^-$ |
| 4 | 正四面体 | 4 | 0 | 正四面体 | $CH_4$ |
| | | 3 | 1 | 三角錐 | $NH_3$ |
| | | 2 | 2 | 折れ線 | $H_2O$ |

対を1個もつ．電子領域4個なので，その形は正四面体である（表9.1）．頂点の1個が非結合電子対なので，イオンの形は三角錐である（表9.2）．

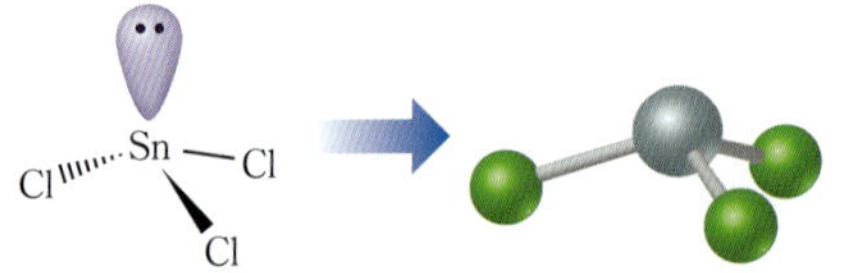


**演　習**

次の分子およびイオンの，電子領域および分子の形を推定せよ．(**a**) $SeCl_2$，(**b**) $CO_3^{2-}$

## 非結合電子対と多重結合が結合角に与える影響

表9.2に示した理想的な形からのわずかな変形を推測したり，説明することを考えてみよう．例えば $CH_4$，$NH_3$，$H_2O$ はいずれも，電子領域の形は正四面体だが，結合角は微妙に異なる．

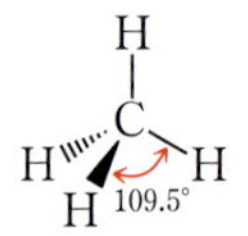


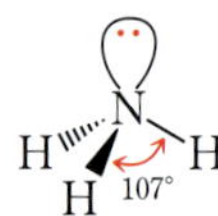


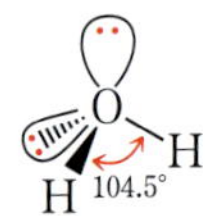

非結合電子対の数が増えるに従って，結合角が減少している．結合電子対は結合している原子の双方の原子核に引きつけられるのに対し，非結合電子対は1個の原子核のみから引っ張られる．非結合電子対は原子核からの引力が小さいため，その電子領域は，▼図 9.7 に示すように結合電子対の電子領域より拡がっている．その結果，**非結合電子対の電子領域は隣りの電子領域に大きな反発を及ぼし，結合角を小さくする．**

多重結合の電子領域は，単結合に比べ大きい．電子密度が高いからである．ホスゲン $COCl_2$ のルイス構造を考えてみよう．中心の炭素原子の周りの電子領域は結合角 120° の平面三角形と予想される．しかし二重結合は非結合電子対のようにふるまうので，Cl—C—Cl の結合角は 120° より小さな 111.4° になる．

Cl 124.3°
111.4° C═O
Cl 124.3°

一般に**多重結合の電子領域は，単結合の電子領域より大きな反発が働く．**

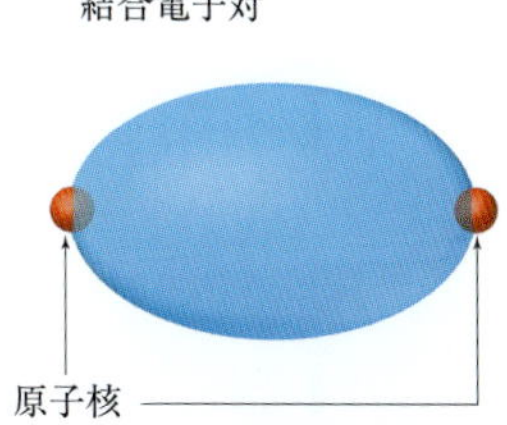

▲図 9.7　結合電子対と非結合電子対の電子領域の相対的な“大きさ”

**考えてみよう**

硝酸イオンの共鳴構造の一つは次のように表される．

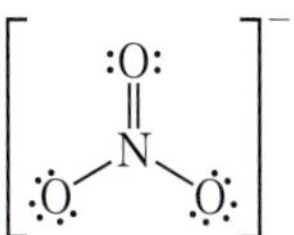

このイオンの結合角は正確に 120° である．このことは，多重結合が結合角に与える影響についてのこれまでの説明と矛盾しないだろうか．

## 8 個以上の価電子をもつ中心原子

周期表の第三周期以下の原子は，4 対より多い電子対をもつことがある（§8.7）．中心原子が 5 あるいは 6 箇所の電子領域をもつ分子は，**三方両錐**（trigonal bipyramid）や**正八面体**（octahedron）をもととするさまざまな形をとる（▶表 9.3）．

電子領域が 5 箇所の場合，最も安定なのは**三方両錐**（三角錐 2 個が面を共有している形）である．これまでに出てきた他の形とは異なり，三方両錐の電子領域は 2 種類ある．2 個は**アキシアル**（軸方向，axial），3 個は**エクアトリアル**（赤道方向，equatorial）である（▼図 9.8）．アキシアルの電子領域とエクアトリアルの電子領域がなす角は 90° になる．エクアトリアルの電子領域は，2 個のアキシアル電子領域と 90° の角を，他の 2 個のエクアトリアル電子領域と 120° の角をなす．

ある分子の電子領域数が 5 個で，非結合電子対がある場合，それはアキシアル，エクアトリアルのどちらの位置を占めるだろうか．この問題を考えるには，どの場所が電子領域どうしの反発を小さくするかについて考えなくてはならない．アキシアルとエクアトリアルの電子領域を比べると，エクアトリアルの電子領域のほうが電子反発が少ない．したがって非結合電子対は，つねにエクアトリアルを占める．

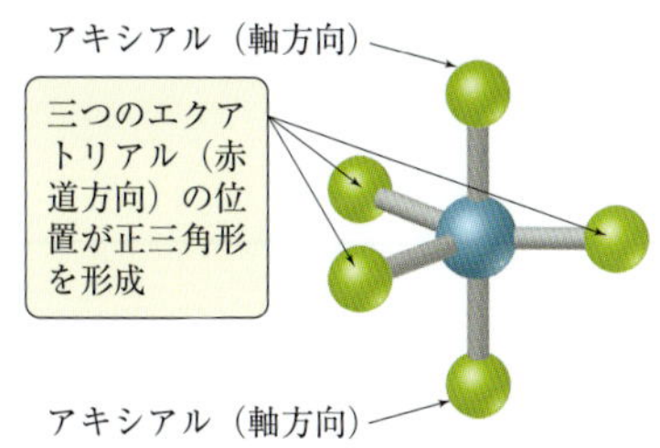


▲図 9.8　三方両錐では，2 種類の位置がある．

**表 9.3　電子領域が 5 個および 6 個の場合の電子領域の形と分子の形**

| 電子領域の数 | 電子領域の形 | 結合領域 | 非結合領域 | 分子の形 | 例 |
|---|---|---|---|---|---|
| 5 | 三方両錐 | 5 | 0 | 三方両錐 | $PCl_5$ |
| | | 4 | 1 | シーソー形 | $SF_4$ |
| | | 3 | 2 | T字形 | $ClF_3$ |
| | | 2 | 3 | 直線 | $XeF_2$ |
| 6 | 正八面体 | 6 | 0 | 正八面体 | $SF_6$ |
| | | 5 | 1 | 四角錐 | $BrF_5$ |
| | | 4 | 2 | 平面四角形 | $XeF_4$ |

## 例題 9.2　中心原子の価電子が 8 個より多い分子の形

VSEPR モデルを使って（a）$SF_4$,（b）$IF_5$ の形を推定せよ.

### 解　法

**問題の分析**　$AB_n$ の形で化学式が与えられている. 中心原子はいずれも p ブロック元素である.

**方針**　ルイス構造を描き, VSEPR モデルを使って, 電子領域の形と分子の形を調べる.

**解**　（a）$SF_4$ のルイス構造を描く.

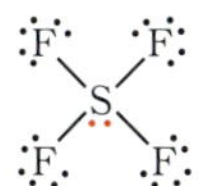

硫黄には 5 個の電子領域があり, 4 個は S—F 結合, 1 個は非結合電子対である. 各電子領域は三方両錐の頂点の方向を向いている. 非結合電子対の電子領域は, エクアトリアルを占めるので, 4 本の結合は残りを占め, その結果分子の形は**シーソー形**（seesaw shape）となる.

**コメント**　実験的に決められた構造を次に示す. 上で推定したように, 非結合電子対がエクアトリアルにある. S—F 結合は, アキシアル, エクアトリアルの双方とも, 大きな反発を及ぼす非結合電子対の電子領域に押されたような形になっている（図 9.7）.

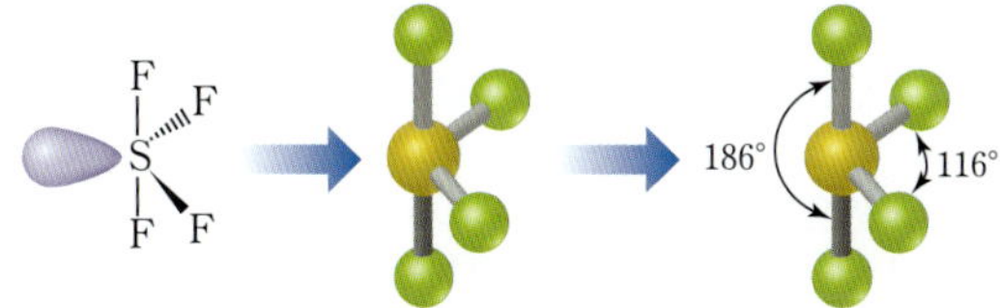


（b）$IF_5$ のルイス構造は次の通りである.

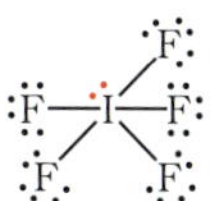

ヨウ素には 6 個の電子領域があり, 1 個が非結合電子対である. 各電子領域は正八面体の頂点を向いている. 非結合電子対の電子領域が一つの頂点を占めるので, 分子の形は**四角錐**（square pyramid）となる（表 9.3）.

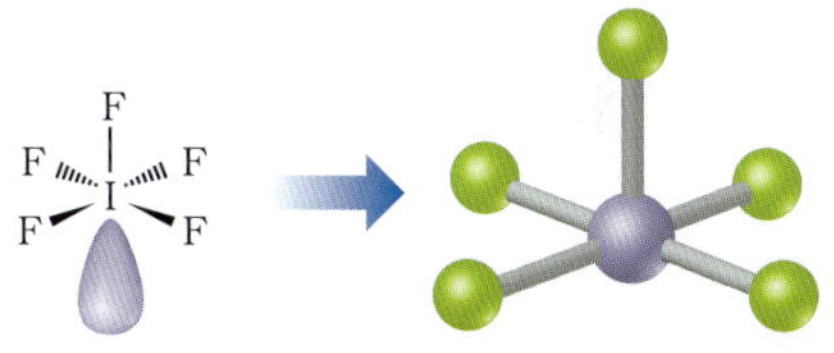


**コメント**　非結合電子対の電子領域の大きな反発から, 底面のフッ素原子は上のほうに曲げられることが予想される. 実験的に決められた底面の F 原子と四角錐頂点の F 原子の角度は 82° で, 理想的な正八面体における 90° からずれている.

### 演　習

次の分子およびイオンの, 電子領域および分子の形を推定せよ.

（a）$BrF_3$,（b）$SF_5^+$

**考えてみよう**

**中心原子の周りに 4 箇所の電子領域を有する場合, 平面四角形と正四面体のどちらが安定か. 電子領域間の角度から考えよ.**

電子領域が 6 の場合, 最も安定なのは**正八面体**である. 表 9.3 で示したように, 正八面体の中心原子の結合角はすべて 90° で, どの頂点も**等価**（equivalent）である. 分子が結合性の電子領域 5 個と非結合電子対の電子領域 1 個をもっているとき, 非結合電子対は, 正八面体のどの頂点にあってもよい. いずれの場合でも分子の形は, **四角錐**である. 非結合電子対の電子領域が 2 個ある場合には, 反発を最小にするため, 正八面体で互いに反対側に位置するような配置をとり, 分子の形は**平面四角形**（square planer）となる.

## 大きな分子の形

これまで構造について学んできた分子やイオンは中心原子 1 個をもつものだったが, VSEPR モデルはさらに複雑な分子にも展開できる. 次のルイス構造をもつ酢酸分子について考えてみよう.

```
   H  :O:
   |   ‖  ..
H—C—C—O—H
   |      ..
   H
```

酢酸には, 炭素原子 2 個と酸素原子 1 個, 計 3 個の

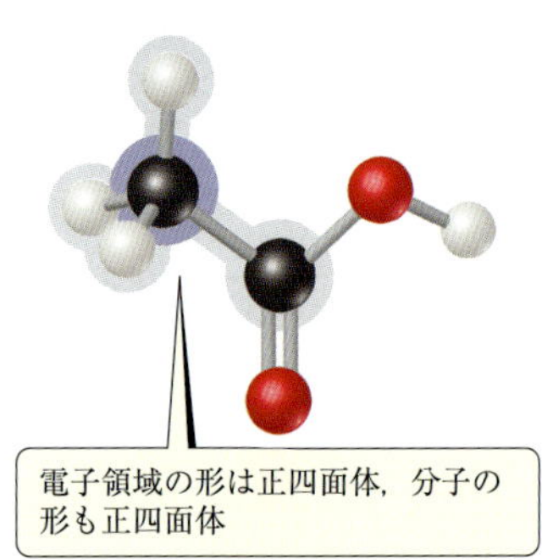


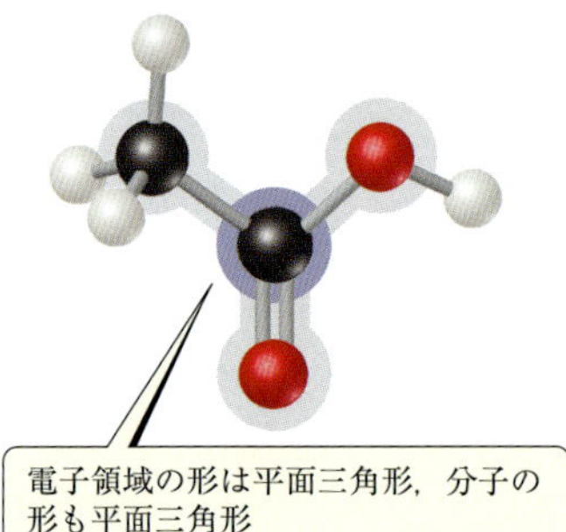


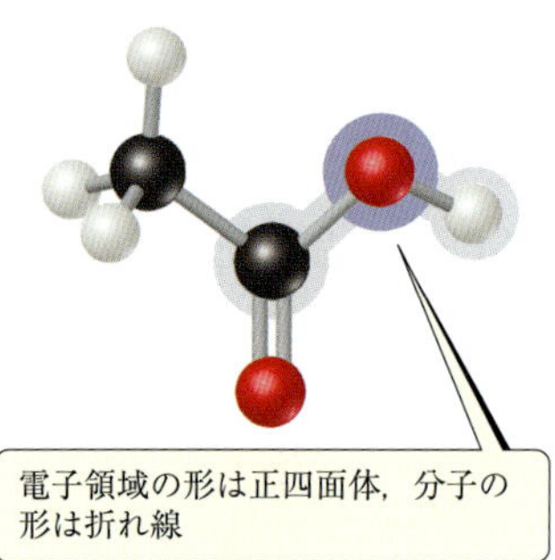


▲図 9.9 酢酸の構造

中心原子がある．VSEPR モデルを用いるとこれらの原子の形を予想できる．

| | H–C(H)(H)– | :O: ‖ –C– | –Ö–H |
|---|---|---|---|
| 電子領域の数 | 4 | 3 | 4 |
| 電子領域の形 | 正四面体 | 平面三角形 | 正四面体 |
| 予測される結合角 | 109.5° | 120° | 109.5° |

酢酸の構造を分子模型で示すと▲図 9.9 のようになる．

## 9.3 分子の形と分子の極性

結合の極性と，二原子分子の双極子モーメントについてはすでに学んだ（8章）．**3個以上の原子からなる分子の極性は，個々の結合の極性と分子の形とに依存する**．分子中の各結合について**結合の双極子**（bond dipole）を考える．直線の $CO_2$ 分子の場合，▶図 9.10 のように，2個の C—O 結合は極性で，その大きさは等しい．電子密度を色で示す図でもそのことは示されている．しかし，$CO_2$ 分子全体の双極子モーメントはどうだろうか．

結合の双極子と双極子モーメントはともに**ベクトル**で，大きさと向きをもっている．多原子分子の双極子モーメントは，個々の結合の双極子のベクトル和である．$CO_2$ 分子の2本の結合の双極子は同じ大きさだが，向きは逆なので，そのベクトル和，すなわち双極子モーメントはゼロになる．

形が折れ線で，2本の極性結合をもつ $H_2O$ 分子について考えてみよう．▶図 9.11 のように2本の結

### 例題 9.3 結合角の推定

ドライアイ用の点眼薬は，**ポリビニルアルコール**という水溶性ポリマーを含む．このポリマーの名称は不安定な**ビニルアルコール**に由来する．

```
         H   H
         |   |
H—Ö—C═C—H
```

ビニルアルコールの H—O—C および O—C—C の角度を推定せよ．

**解 法**

**問題の分析** ルイス構造から結合角を求める．

**方針** 結合角を推定するために，中心原子の電子領域の数を求める．その数に応じた理想的な角度がある．次に非結合電子対，多重結合の影響を考える．

**解** H—O—C では，O 原子に電子領域が4個あるので，その形は正四面体で理想的な角度は 109.5° である．非結合電子対が2個あるので，H—O—C は 109.5° よりやや小さい．

O—C—C の真ん中の C 原子には3個の原子が結合している．非結合電子対はないので電子領域の形は平面三角形で，理想的には 120° である．C═C 領域が大きいので，O—C—C 角は 120° よりやや大きい．

**演 習**

プロピンの構造を次に示す．プロピン中の H—C—H と C—C—C の角度を推定せよ．

```
   H
   |
H—C—C≡C—H
   |
   H
```

大きさが等しく互いに逆向きの結合の双極子

O C O

3.5 2.5 3.5

全体の双極子モーメント ＝ 0

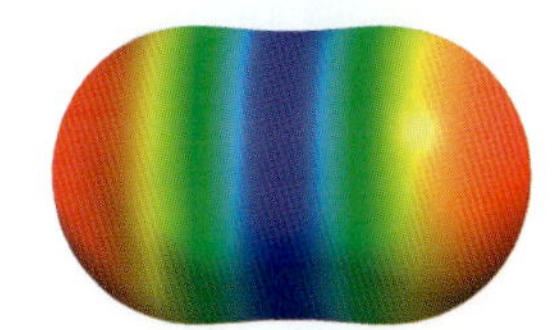

▲**図 9.10 $CO_2$ は無極性分子**
数値は電気陰性度を表す.

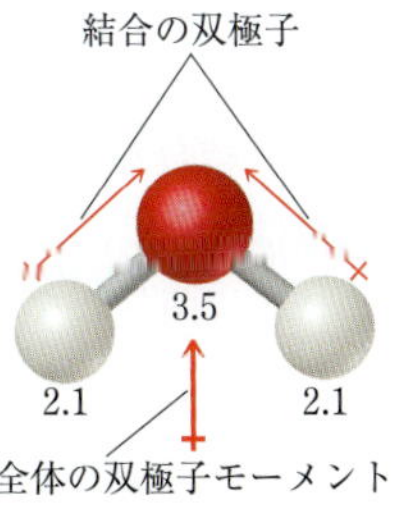


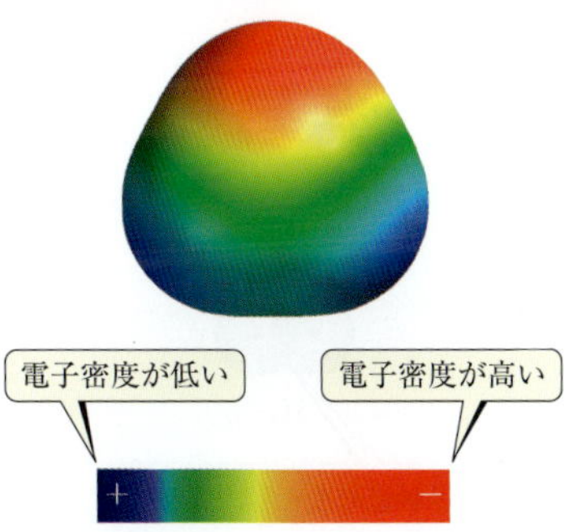


▲**図 9.11 水は極性分子**
数値は電気陰性度を表す.

合の双極子は打ち消し合うことはなく，水は極性分子である．双極子モーメントは 1.85 D である．

**考えてみよう**

分子 O=C=S は，$CO_2$ に似たルイス構造をもつ直線分子である．$CO_2$ のように無極性分子だろうか．

▶ **図 9.12** にいくつかの極性分子と無極性分子の例を示す．いずれの分子も結合はすべて極性だが，分子は形によって無極性になるものがある．

## 例題 9.4 分子の極性

次の分子の極性の有無を推定せよ．
(**a**) BrCl，(**b**) $SO_2$，(**c**) $SF_6$

### 解 法

**問題の分析** 分子式から極性の有無を推定する．

**方針** 原子 2 個からなる分子は，電気陰性度が異なれば極性分子である．3 個以上の原子を含む分子の極性は，分子の形と個々の結合の極性に依存する．したがって，ルイス構造を描き，分子の形を求めなければならない．次に電気陰性度から個々の結合の双極子を求める．最後にこれらの双極子が打ち消し合うか否かをみる．

**解** (**a**) 塩素は臭素より電気陰性度が高い．したがって BrCl は極性分子で塩素が負の電荷を帯びている．

Br—Cl

BrCl の双極子モーメントの実測値は 0.57 D である．
(**b**) 酸素は硫黄より電気陰性度が高いので，$SO_2$ は極性結合をもつ．3 個の共鳴構造を描くことができる．

:Ö—S̈=Ö: ⟷ :Ö=S̈—Ö: ⟷ :Ö=S̈=Ö:

VSEPR により，分子の形は折れ線で，個々の結合の極性は打ち消し合わないので，極性分子である．

S
O O

$SO_2$ の双極子モーメントの実測値は 1.63 D である．
(**c**) フッ素は硫黄より電気陰性度が高いので，個々の結合は極性をもつ．6 本の S—F 結合は，正八面体の頂点に向いており，対称性のために互いに打ち消し合う．したがって無極性である．

F F
F—S—F
F F

### 演 習

次の分子の極性の有無を判定せよ．
(**a**) $NF_3$，(**b**) $BCl_3$

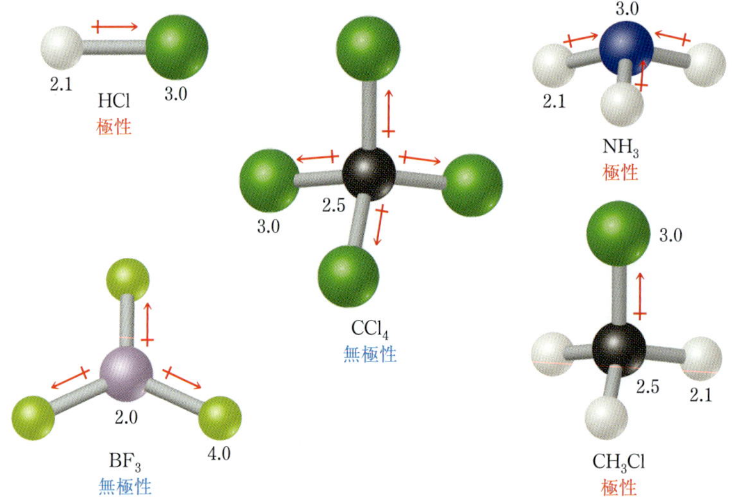


**▲図 9.12　極性結合をもつ分子**
極性分子と無極性分子がある．数値は電気陰性度を表す．

## 9.4 共有結合と軌道の重なり

VSEPRによって分子の形は予想できるが，原子間になぜ結合ができるのかは説明できない．量子力学から導かれた原子軌道をもとに，結合と分子の形について考えてみよう．電子が対となって結合ができるというルイスの考えと原子軌道理論の融合は**原子価結合理論**（valence bond theory）と呼ばれる．この理論では，結合電子対は結合する原子の間に，非結合電子対は空間のある方向に向いていると考える．また原子軌道が混成して新たな軌道をつくるというように理論を発展させてVSEPRで描いた分子形を説明できる．

ルイスの理論では，複数の原子が電子を共有し合い，原子核間に電子密度が集中するときに結合ができる．原子価結合理論では，価電子の軌道が重なり合って結合ができるとみることができる．すなわち，軌道の**重なり**（overlap）により，スピンが互いに逆の電子2個が原子核間の空間を共有して共有結合をつくると考える．

2個のH原子が近づいて$H_2$分子をつくるようすを▶**図 9.13**に示す．それぞれの原子は1s軌道に電子1個を有する．軌道が重なると，原子核間に電子密度が集中する．重なり領域の電子は両方の原子核に同時に引きつけられるので，2個の原子がくっつく，すなわち共有結合が形成される．

軌道の重なりによって共有結合ができるという考えは，他の分子にも適用できる．HClでは，[Ne]$3s^2 3p^5$の電子配置をもつClの3p電子がHの1s電子と対をつくることによって共有結合ができる（図9.13）．塩素の他の2個のp軌道は，すでに電子が対をつくっているので，水素との結合に関与しない．同様に$Cl_2$分子における共有結合は，Clの3p軌道どうしの重なりによって説明できる．

共有結合において，結合する2個の原子核の間に

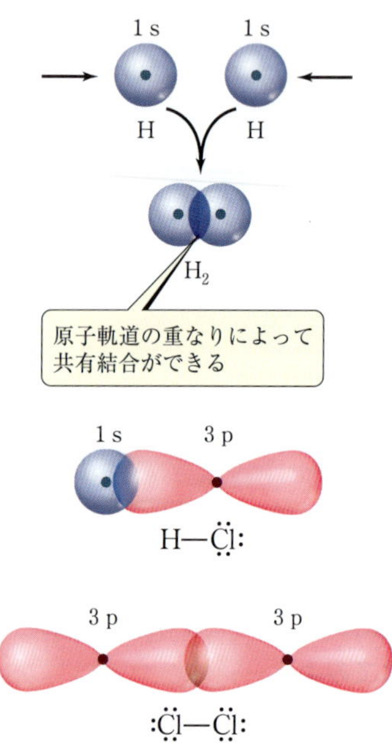


**▲図 9.13　原子軌道の重なりによりできる$H_2$，HClおよび$Cl_2$の共有結合**

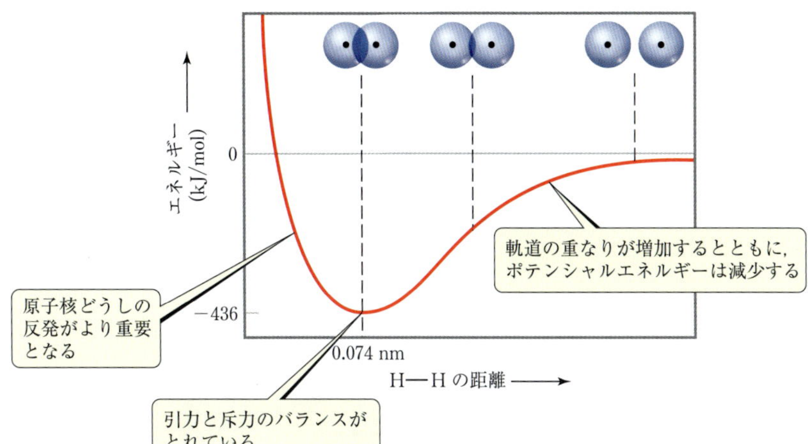


◀ **図 9.14 原子軌道の重なりによる $H_2$ 分子の形成**

は，必ず最適距離がある．▲**図 9.14** では，系のエネルギーが，H 原子が近づいて $H_2$ 分子をつくるときに変化するようすを示す．無限に離れているとき，H 原子は相互に影響を及ぼさない．したがって，エネルギーはゼロに近づく．水素原子間の距離が減るにつれ，1s 軌道どうしの重なりは増加する．その結果，原子核間の電子密度が増加し，系のエネルギーは減少する，つまり結合の強さが増す．しかし，原子核間の距離が 0.074 nm 以下になるまで近づくとエネルギーは急激に大きくなる．この増加は，核間の静電反発のためである．核間距離すなわち結合距離はポテンシャルエネルギー曲線の極小の距離である．電荷の異なるもの（核と電子）どうしの引力と同じ電荷の粒子（電子間，核間）どうしの反発とのバランスがとれたところが結合距離である．

## 9.5 混　成　軌　道

VSEPR では分子の形を驚くほどうまく説明できたが，原子軌道の形との関係は明瞭ではない．例えば，炭素原子の 2s，2p 軌道の形と方向からは，$CH_4$ 分子が正四面体であることは予想しがたい．原子軌道の重なりによる共有結合の形成と VSEPR から推定できる分子の形とは，どのように関係づけられるのだろうか．

まず，原子軌道が量子力学から数学的に導かれた関数であることを思い出そう（**§6.5**）．分子の形を説明するために，中心原子の原子軌道が混ざり合って新しく**混成軌道**（hybrid orbital）を形成することを考える．混成軌道の形はもとになった原子軌道の形とは異なる．原子軌道が混ざり合うことを**混成**（hybridization）という．混成軌道の数はもとになった原子軌道の数と同じである．

よくあるいくつかの混成の型を調べ，VSEPR で扱った 5 種の基本的な形（直線，平面三角形，正四面体）との関係に注目しよう．

### sp　混　成

この混成の説明のために $BeF_2$ を例に挙げる．この分子は $BeF_2$ の固体を高温にすると発生する．ルイス構造は

:F̤̈—Be—F̤̈:

で，VSEPR から 2 個の Be—F 結合距離が等しい直線分子であることが正しく予想できる．原子価結合理論ではどうだろうか．F には 2p 軌道に不対電子 1 個があるが，Be のほうはどうだろうか．

基底状態の Be の配置図は

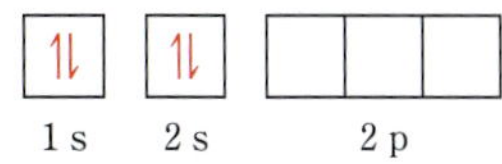


である．ここには不対電子はないので，基底状態では結合をつくることができない．Be の 2s 電子の 1 個を 2p 軌道に格上げすると，次のようになる．

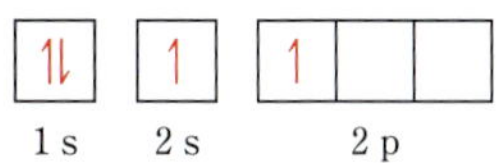


今度は Be 原子に不対電子は 2 個あり，F 原子と 2

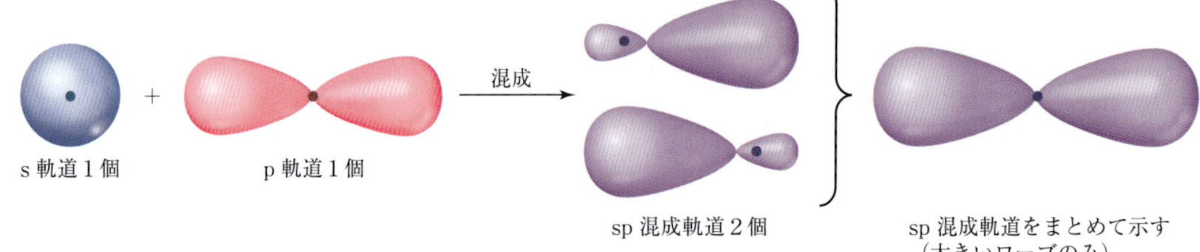


▲図 9.15 sp 混成軌道の形成

本の極性共有結合をつくることができる．しかし，このようにしてできた 2 本の結合のうち 1 本は Be の 2s を，もう 1 本は Be の 2p を使っているので，同じではなく，$BeF_2$ の形を説明できない．

この問題は，▲図 9.15 のように，2s 軌道と 2p 軌道 1 個を混ぜ合わせ 2 個の新しい軌道をつくることによって解決できる．新しい軌道には p 軌道と同じく 2 個のローブがあるが，一方は大きく，もう一方は小さい．新しい軌道 2 個の形はまったく同じだが，大きいローブの向きは逆になっている．これらの新しい軌道が sp 混成軌道である．**原子価結合理論によると，sp 混成軌道は直線の電子領域を意味する．**

$BeF_2$ 中の Be 原子について，軌道の配置図は次のようになる．

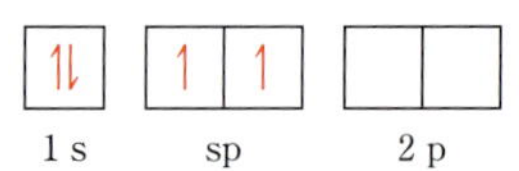


sp 混成軌道の電子は 2 個の F 原子と結合できる（▶図 9.16）．

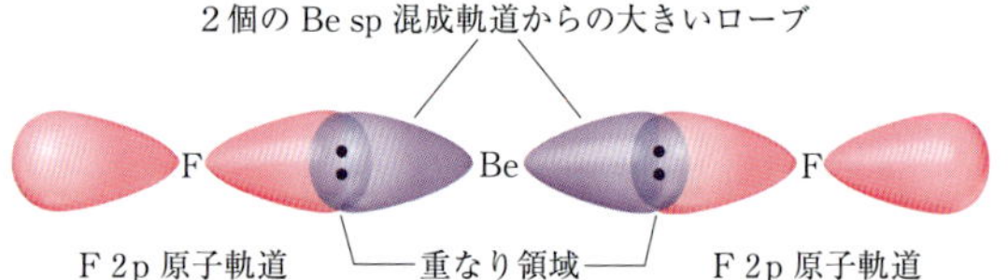


▲図 9.16 $BeF_2$ における 2 本の等価な Be—F 結合の形成

2 個の sp 混成軌道は等価で互いに逆向きなので，$BeF_2$ は直線分子である．Be の残りの 2 個の p 軌道は混成しないままである．

**考えてみよう**

Be の混成していない 2 個の p 軌道は Be—F 結合に対しどのような方向にあるか．

## $sp^2$ および $sp^3$ 混成

前述の通り，混成では，もとになる原子軌道の数と同じ数の混成軌道ができる．できあがった混成軌道は互いに等価だが，向きは異なる．2s と 2 個の 2p 軌道を混成すると，▼図 9.17 のような等価な 3 個の $sp^2$

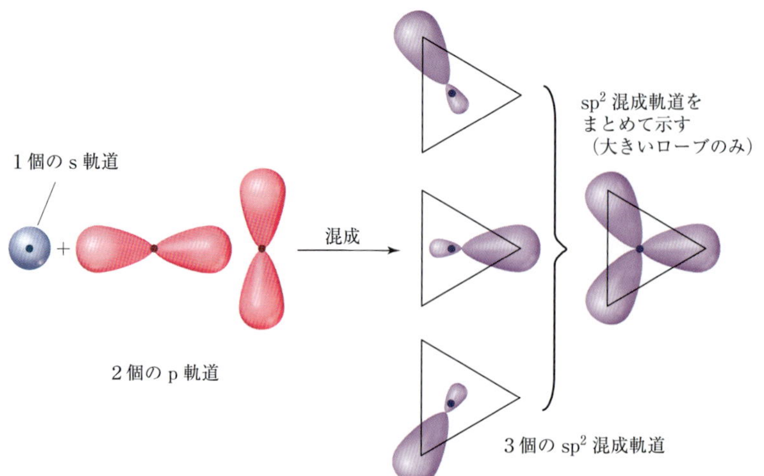


◀図 9.17 $sp^2$ 混成軌道の形成

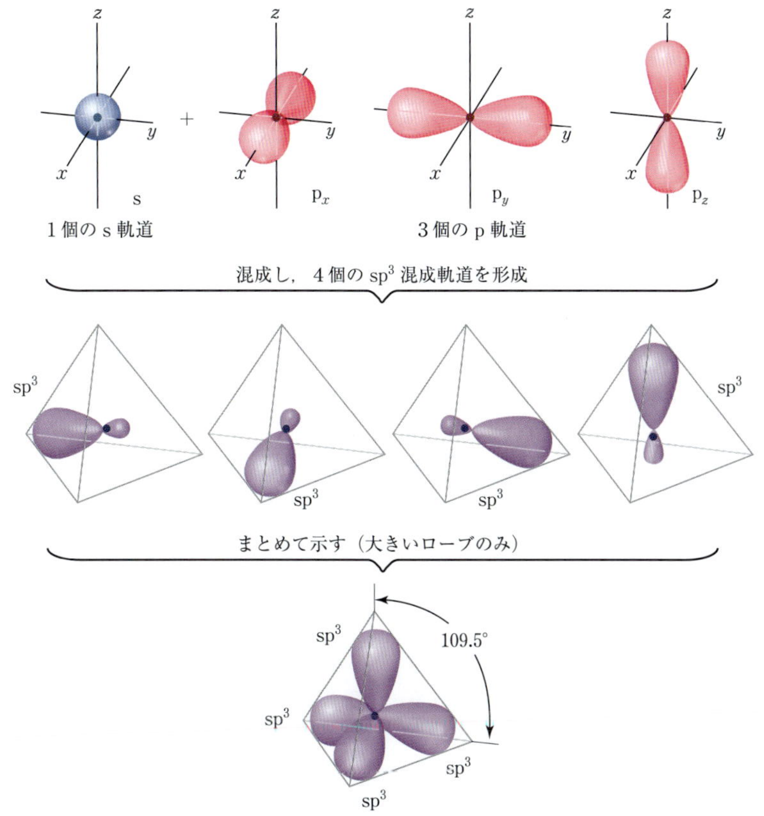


▲図 9.18　$sp^3$ 混成軌道の形成

（エスピートゥーと発音する）混成軌道ができる．これは $BF_3$ 分子でみられる混成軌道である．

3 個の $sp^2$ 軌道は一平面上にあり，互いに 120° である．この 3 個の軌道と 3 個の F 原子は等価な 3 本の結合をつくり，平面三角形の $BF_3$ となる．p 軌道 1 個が混成せずに残っていることに注目しよう．この軌道は§9.6 の二重結合で重要になる．

同じ副殻の s 軌道は，同じ副殻の 3 個の p 軌道すべてと混成することもできる．例えば，$CH_4$ の炭素原子は，4 個の水素原子と等価な結合をつくっている．これは 2s と 3 個の 2p 軌道が混成した $sp^3$（エスピースリーと発音する）混成によると想定できる．$sp^3$ 混成軌道は，大きいほうのローブが正四面体の頂点に向かう方向である（▲図 9.18）．

**考えてみよう**

$sp^2$ 混成軌道をもつ原子には，混成に関与しない p 軌道がある．$sp^3$ 混成軌道をもつ原子には，混成に関与しない p 軌道は何個あるだろうか．

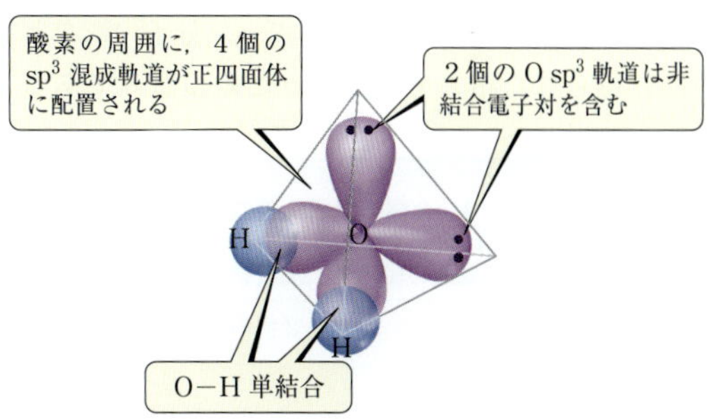


▲図 9.19　$H_2O$ の混成軌道

混成の考えは非結合電子対をもつ分子の結合にも適用できる．例えば $H_2O$ では，O 原子の周りの電子領域の形はほぼ正四面体である．したがって，4 対の電子対は $sp^3$ 混成軌道を占めると考えられる（▲図 9.19）．混成軌道のうち 2 個は非結合電子対をもち，他の 2 個は水素原子との結合に使われている．

## 超原子価分子

ここまで，第二周期までの元素について混成軌道を考えた．第三周期以降の元素については新しい考えが必要である．化合物の多くがオクテットを超える**超原子価分子**（hypervalent molecule）だからである（**§8.7**）．**§9.2** で VSEPR が $PCl_5$，$SF_6$，$BrF_5$ のような超原子価化合物の形をうまく予測できることを示した．しかし，混成軌道をこのような化合物に拡張することは問題がある．

第二周期までの中心原子について展開してきた原子価結合理論は，第三周期以降の元素の化合物についても，価電子が 8 個までであれば適用できる．例えば，$PF_3$ や $H_2Se$ の結合は中心原子の s 軌道，p 軌道の混成で説明できる．

オクテット以上の電子を有する化合物について，s 軌道と p 軌道のほかに同じ主量子数の d 軌道を含めると，混成軌道を増やすことができる．例えば，$SF_6$ の結合を説明するために 3s，3p に加え 3d 軌道 2 個を含め 6 個の混成軌道をつくることを考えることもできよう．しかし，硫黄の 3d 軌道は 3s や 3p よりエネルギーがかなり高い．混成軌道をつくるのに必要なエネルギーは，6 個のフッ素原子との結合形成で得られるエネルギーより大きい．理論的計算によると硫黄では d 軌道の混成への寄与は大きくない．

ここまでの議論から，科学におけるモデルの意味を考えることができる．モデルは必ずしも真実ではなく，むしろ，結合距離，結合エネルギー，分子の形など実験的に得られた結果を説明するための試みである．あるモデルはあるところまでは，うまく実験事実を説明できるが，そこを超えてすべてを説明できるわけではない．第二周期までの元素では，混成軌道はきわめて有用であることが証明されており，有機化学では，結合と分子の形の議論において不可欠である．しかし，$SF_6$ のような分子では，モデルの限界にぶつかる．

## 混成軌道のまとめ

混成軌道だけから予測できることは限られている．しかし，VSEPR から予想される分子の形と混成の概念で，中心原子がどのような軌道を結合に使っているかを次のステップにより予想できる．

1. 与えられた分子あるいはイオンの**ルイス構造**を描く．
2. VSEPR で電子領域の形を求める．
3. その形に対応した**混成軌道**を特定する（▼ **表 9.4**）．

これらのステップを $NH_3$ 中の N の混成を例に ▶ **図 9.20** に示した．

### 例題 9.5　混 成 軌 道

$NH_2^-$ の中心原子における軌道の混成を示せ．

**表 9.4　3 種の混成軌道の幾何学的配置の特徴**

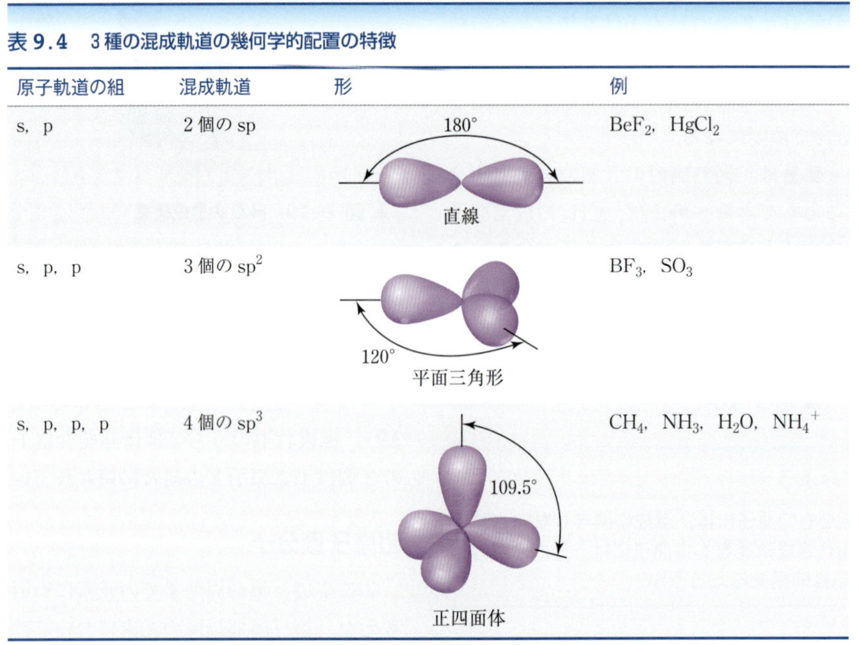

| 原子軌道の組 | 混成軌道 | 形 | 例 |
|---|---|---|---|
| s，p | 2 個の sp | 180°<br>直線 | $BeF_2$，$HgCl_2$ |
| s，p，p | 3 個の $sp^2$ | 120°<br>平面三角形 | $BF_3$，$SO_3$ |
| s，p，p，p | 4 個の $sp^3$ | 109.5°<br>正四面体 | $CH_4$，$NH_3$，$H_2O$，$NH_4^+$ |

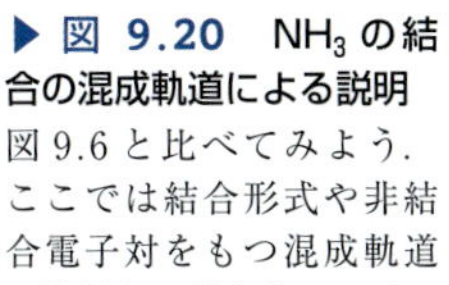

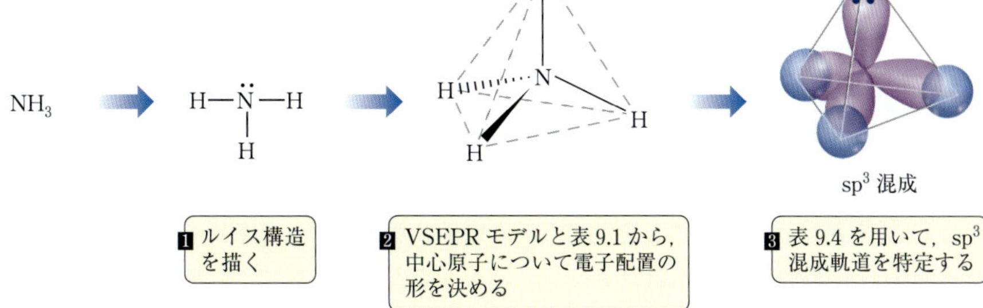


▶ **図 9.20　$NH_3$ の結合の混成軌道による説明**
図 9.6 と比べてみよう．ここでは結合形式や非結合電子対をもつ混成軌道に注目して描かれている．

### 解　法

**問題の分析**　多原子イオンの化学式から中心原子の軌道の混成を問う問題である．

**方針**　中心原子の混成を調べるには，まず電子領域の知見が必要である．そのためにはまずルイス構造を描き，電子領域の数を求める．VSEPR から予想される電子領域の数と形は，混成の形で確認できる．

**解**　ルイス構造は

$$[\mathrm{H{:}\ddot{\underset{\cdot\cdot}{N}}{:}H}]^-$$

である，N 原子の周りには 4 個の電子領域があるので，その形は正四面体である．正四面体の電子領域を与えるのは sp$^3$ 混成（表 9.4）で，混成軌道のうち 2 個は非結合電子対，他の 2 個は水素原子と結合をつくっている．

**演　習**
$SO_3^{2-}$ の中心原子における電子領域の形と軌道の混成を示せ．

## 9.6 多　重　結　合

これまで共有結合については，“電子密度が原子核を結ぶ軸に沿って集中する”と表現してきた．これは，“原子核を結ぶ線が，軌道の重なる領域の中心を通る”と表現することもできる．このような結合は**シグマ（σ）結合**（sigma bond）と呼ばれる．$H_2$ における s 軌道どうし，HCl における s 軌道と p 軌道，$Cl_2$ における p 軌道どうし，$BeF_2$ における p 軌道と sp 混成軌道の重なりは，すべて σ 結合の例である．

多重結合の場合には別種の結合，すなわち原子間の軸に垂直な p 軌道どうしが重なってできる結合（▼図 9.21）を考えなければならない．p 軌道どうしが横で重なってできるのは**パイ（π）結合**（pi bond）である．π 結合は共有結合であるが，原子核を結ぶ軸には電子がない．π 結合の重なりは σ 結合の場合より小さく，一般に σ 結合より弱い．

ほとんどの場合，単結合は σ 結合である．二重結合は σ 結合 1 本と π 結合 1 本から，三重結合は σ 結合 1 本と π 結合 2 本からなる．

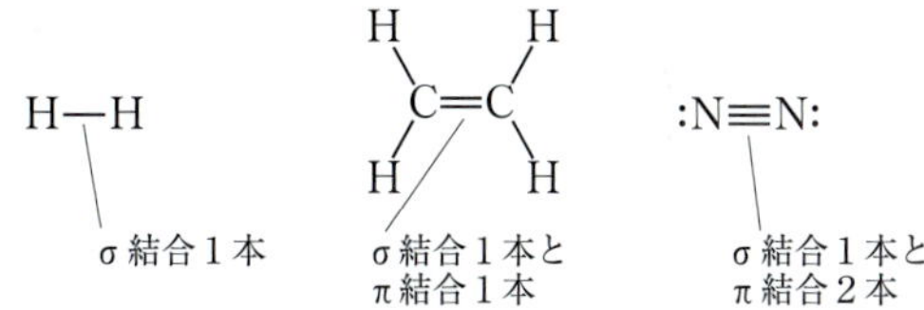


エチレン $C_2H_4$ を例にとろう．この分子のすべての結合角は約 120° であるので（▶図 9.22），各炭素原子は sp$^2$ 混成をとっており，水素原子 2 個およびもう一方の炭素原子 1 個と σ 結合していることが示唆される．炭素原子には 4 個の価電子があるので，**混成していない** 2p 軌道に 1 個ずつ不対電子が残っている．この 2p 軌道は，sp$^2$ 混成軌道の面に対して垂直である．

C 原子の sp$^2$ 混成軌道には電子が 1 個ずつある．▶図 9.23 にこれらの軌道の重なりで，4 個の C—H 結

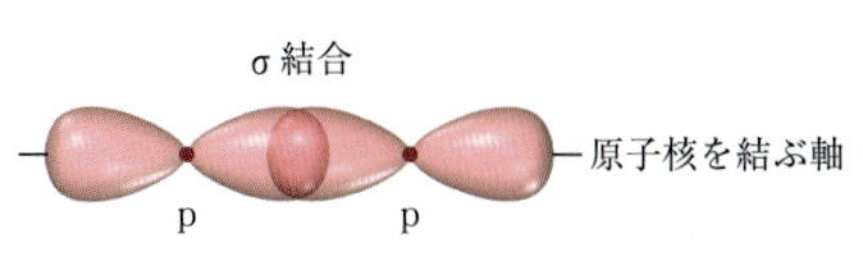


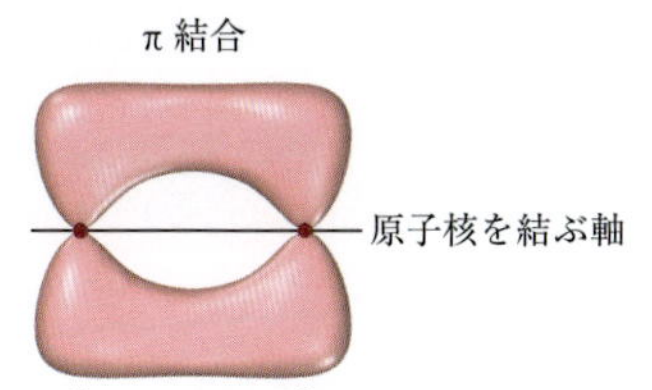


◀ **図 9.21　σ 結合と π 結合の比較**
π 結合の重なりは，2 原子を結ぶ線の上下二つの領域にあることに注意．

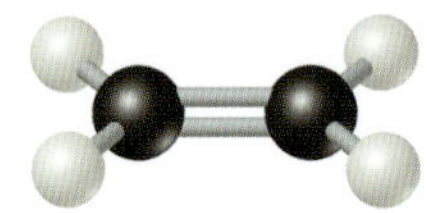

▲図 9.22　**エチレン分子の形**
二重結合は C—Cσ 結合 1 本と C—Cπ 結合 1 本とからなる.

合と C—Cσ 結合ができることを示す. 炭素原子 2 個と水素原子 4 個の価電子 12 個のうち, 10 個が 5 本の σ 結合に使われ, 残り 2 個の価電子が混成していない 2 個の 2p 軌道に 1 個ずつある. これらの軌道は図 9.23 に示すように横で重なり合うことができる. その結果, 電子密度は C—C 結合軸の上と下で高くなる. エチレンの C=C 二重結合は σ 結合 1 本と π 結合 1 本とからなる. ここで注意したいのは, π 結合における p 軌道の重なりは十分ではなく, σ 結合に比べるとかなり弱いことである.

π 結合を実験的にみることはできないが, 二重結合の存在はエチレンの構造から推定できる. まずエチレンの C—C 結合 (0.134 nm) が C—C 単結合 (0.154 nm) よりずっと短いことは, 強い二重結合の存在を示唆する. また, π 結合ができるためには, 2 個の炭素原子の $sp^2$ 混成軌道が同一平面になければならないが, 実際にエチレンの 6 個の原子は同一平面にある. これは, 二重結合が回転しにくいことを意味する. そのため 2-ブテンでは 2 種類の異性体, すなわちシス異性体とトランス異性体が存在する (§24.3).

$H_3C$　　$CH_3$　　　$H_3C$　　H
　C=C　　　　　　　C=C
H　　　H　　　　　H　　　$CH_3$
*cis*-2-ブテン　　　*trans*-2-ブテン

このような異性体は**シス-トランス異性** (cis-trans

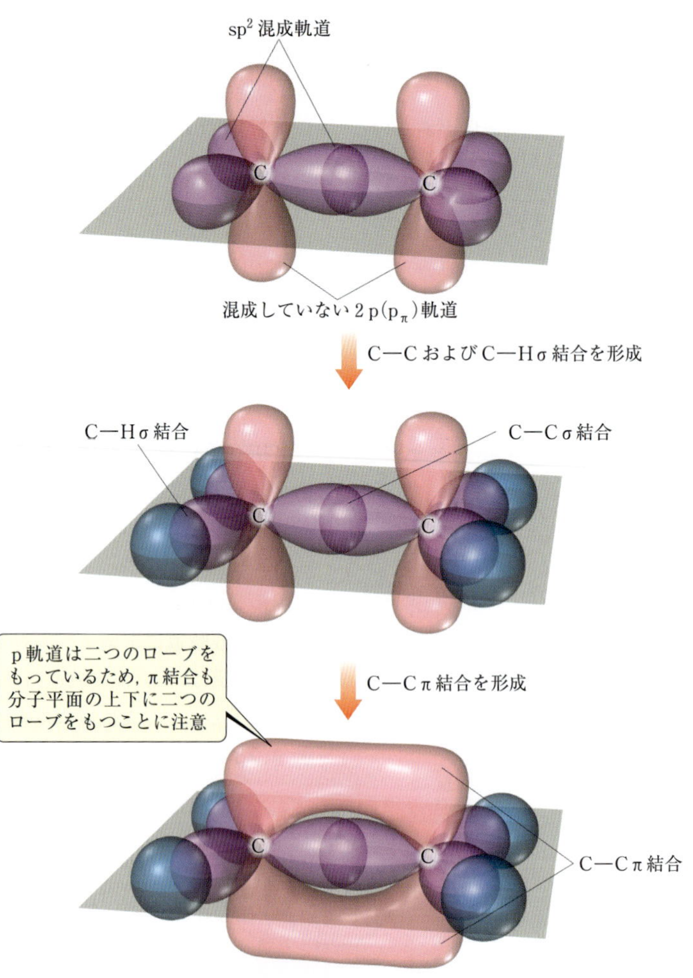


▲図 9.23　**エチレンにおける軌道の構造**

isomer）という．このように，π 結合があると，分子は自由に回転できなくなるので，分子に剛直性を与える（I-212 ページのコラム“視覚の化学”参照）．

**考えてみよう**

ジアゼンと呼ばれる分子は，化学式が $N_2H_2$ で次のルイス構造をもつ．

H—N̈═N̈—H

ジアゼンは直線分子（4 原子すべてが同一直線上にある）だろうか．もし違うとしたら，平面だろうか．

三重結合も混成軌道で説明できる．アセチレン $C_2H_2$ は三重結合をもつ直線分子である．このことは，各炭素原子が sp 混成軌道を σ 結合に使っていることを示唆する．炭素にはそのほか，それぞれ 2 個の p 軌道があり，互いに，また sp 混成軌道に対して直角である（▼ 図 9.24）．これらの p 軌道は，重なり合って 2 本の π 結合を形成する．このようにアセチレンの三重結合は σ 結合 1 本と π 結合 2 本とからなる．

d 軌道でも π 結合が形成されるが，ここでは p 軌道からの π 結合のみを考える．π 結合は混成していない p 軌道がつくるので，sp あるいは $sp^2$ 混成をしている原子でのみ可能である．周期表第二周期の元素 C，N，O では，二重結合，三重結合がよくみられるが，大きい元素，例えば S，P および Si では π 結合の例は少ない．

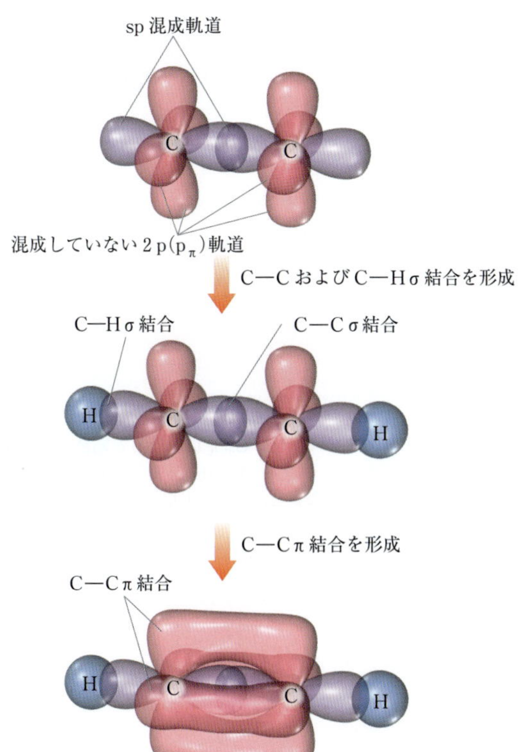


▲図 9.24　アセチレンにおける 2 個の π 結合の形成

## 例題 9.6　σ 結合と π 結合

ホルムアルデヒドのルイス構造は次の通りである．

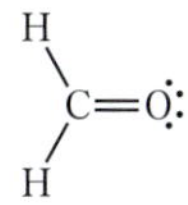


混成軌道あるいは混成していない軌道の重なりという観点から結合を説明せよ．

### 解　法

**問題の分析**　混成軌道という観点からホルムアルデヒドの結合を説明する問題である．

**方針**　単結合は σ 結合で，二重結合は σ 結合 1 本と π 結合 1 本からなる．これらの結合がどのようにできるかは，VSEPR から推定できる分子の形から導くことができる．

**解**　C 原子の周りには 3 個の電子領域があるので，その形は平面三角形で，角度は約 120° である．この形は $sp^2$ 混成を意味する（表 9.4）．この混成は，2 個の C—H 結合と C—O σ 結合に使われる．C 原子には，混成していない 2p 軌道が $sp^2$ 混成軌道のつくる平面に垂直に存在する．

O 原子の周りにも 3 個の電子領域があるので，$sp^2$ 混成をもっている．そのうちの一つは C—O σ 結合に関与し，ほかの 2 個は O 原子上の非結合電子対である．したがって，C 原子のように混成していない 2p が $sp^2$ 混成軌道のつくる平面に垂直に存在する．これら二つの軌道が重なり合って C—O π 結合をつくる（▼ 図 9.25）．

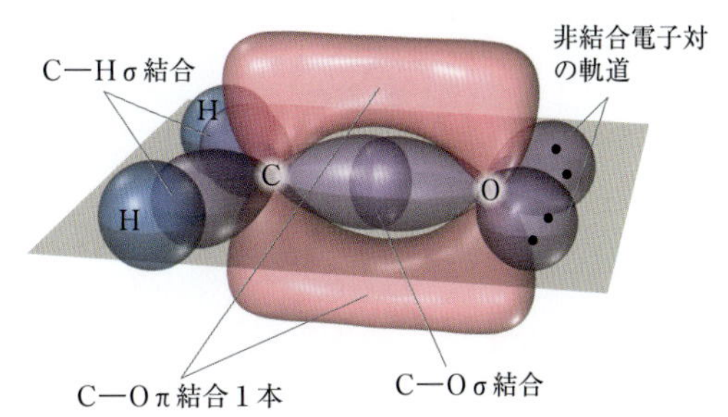


▲図 9.25　ホルムアルデヒドの σ 結合と π 結合

**演　習**

(a) アセトニトリルは次の式で表される．各炭素原子の結合角を推定せよ．

```
     H
     |
H—C—C≡N:
     |
     H
```

(b) 各炭素原子の混成について説明せよ．
(c) 分子中の σ 結合と π 結合はそれぞれ何本か．

## 共鳴構造，非局在化と π 結合

これまでに私たちが扱ってきた分子では，結合電子は**局在化**（localize）している．局在化とは，σ 電子や π 電子が結合にかかわる二原子に属することを意味する．しかしながら，多くの分子，とくに複数の π 結合を含みいくつかの共鳴構造をもつ分子では，局在化を考えにくいことがある．

その一つの例が共鳴構造 2 個をもつベンゼンである（**§8.6**）．

混成軌道でベンゼンの結合を説明するとき，まず分子の形を説明できる混成軌道を選ばなければならない．炭素原子の周りの結合角が 120° なので $sp^2$ 混成と推定できる．各炭素原子の $sp^2$ 混成軌道と水素の 1s 軌道でできる局在化した結合を▼**図 9.26（a）**に示す．各炭素原子には混成していない p 軌道があり，不対電子を 1 個ずつ有する［図 9.26(b)］．6 個の炭素原子の 6 個の p 軌道は，分子面に垂直で互いに π 結合できる．

各炭素原子の混成していない 2p が 3 個の局在化した π 結合をつくると想定することができる．▼**図 9.27** のようにこのような形は 2 個あり，共鳴構造に対応する．しかし，共鳴構造を重ね合わせた右側の構造にみられるように，6 個の π 電子は 6 個の炭素原子に拡がったものになる．これは，六角形の中に○を描いたベンゼンの構造に相当する．そして各 C—C 結合はすべて等価で，その距離は単結合（0.154 nm）と二重結合（0.134 nm）の間になると予想できる．これは実験的に観察された結合距離（0.140 nm）と一致する．

ベンゼンの π 結合は隣り合った原子上に留まっていないので，6 個の炭素原子に**非局在化**（delocalize）しているという．非局在化によってベンゼンは非常に安定になる．π 電子の非局在化はまた，多くの有機化合物の色のもとにもなっている．非局在化した π 結合の重要な特色は，分子の形を制約することである．最適な重なりをつくるために，非局在化した π 結合のネットワークに含まれる原子は，同一平面になくてはならない．このような制約は分子構造を剛直なものとすることがある（I-212 ページのコラム“視覚の化学”参照）．

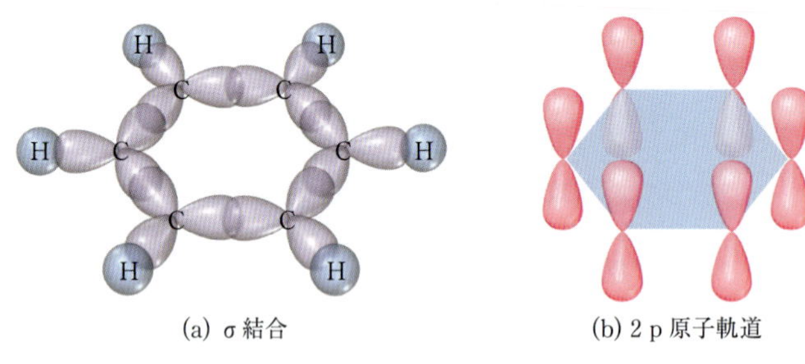


◀ **図 9.26　ベンゼン $C_6H_6$ における σ 結合と π 結合**
(a) σ 結合のネットワーク，(b) π 結合は 6 個の炭素原子の混成していない 2p 軌道の重なりで形成される．

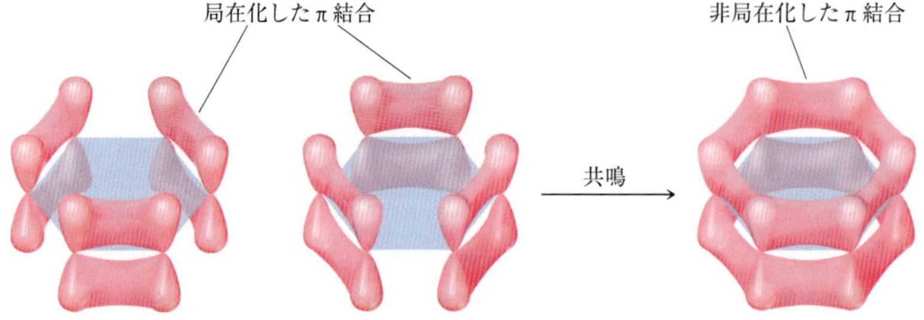


◀ **図 9.27　ベンゼンにおける非局在化した π 結合**

## 例題 9.7　非局在化した結合

硝酸イオン $NO_3^-$ の結合を説明せよ．このイオンには非局在化した π 結合はあるか．

### 解　法

**問題の分析**　多原子イオンの化学式から結合を説明し，非局在化した π 結合の有無を考える問題である．

**方針**　まずルイス構造を描く．位置が異なる二重結合を含む共鳴構造があれば，非局在化した π 結合が示唆される．

**解**　§8.6 でみたように，硝酸イオンには 3 個の共鳴構造がある．

各構造で N 原子の電子領域の形は平面三角形であり，N は $sp^2$ 混成をとっていることになる．この混成軌道は 3 本の N—O σ 結合に使われる．N 原子の混成していない 2p 電子は π 結合に使うことができる．共鳴構造の一つについて，ある O 原子の 2p との π 結合を ▶図 9.28 のように描くことができる．しかし，各共鳴構造が同等に寄与しているので，π 結合は 3 個の N—O 結合に非局在化していると考えられる．

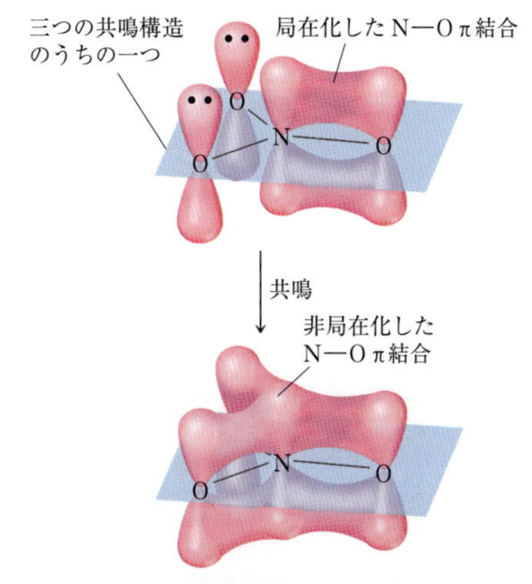


▲図 9.28　$NO_3^-$ の局在化した π 結合と非局在化した π 結合

**演　習**

次の化学種のうち，非局在化した結合を有するのはどれか．$SO_3$，$SO_3^{2-}$，$H_2CO$，$O_3$，$NH_4^+$

### σ 結合と π 結合についてのまとめ

これまでの例でみてきたように，分子構造を混成軌道により説明する手順は次のようにまとめられる．

1. 結合している原子は，電子対 1 対以上を共有している．ルイス構造中の線 1 本は，電子 2 個を表す．各結合には，少なくとも 1 対の電子対が σ 結合として局在化している．σ 結合を形成する混成軌道の種類が分子の形を決めている．混成軌道の種類と原子の周りの幾何学的配置の関係は表 9.4 で与えられる．
2. σ 結合の電子はその結合に局在化し，他の原子には影響しない．
3. 原子間に 2 個以上の電子を共有している場合，余分な電子は π 結合をしている．π 結合の電子密度の中心は，2 個の原子を結ぶ軸の上と下の空間にある．
4. 2 個以上の共鳴構造がある分子は，非局在化した π 結合をもつ．

**考えてみよう**

2 個の原子が三重結合で結合しているとき，その結合の σ 結合部分をつくっているのはどのような混成か．

## 9.7 分 子 軌 道

原子価結合理論と混成軌道で，分子の形を原子軌道で説明できることがわかったが，これらで結合のすべてを説明できるわけではない．例えば，分子が光を吸収して励起状態になることにより色が現れるが，その分子の励起状態を説明できない．

結合のある側面は，**分子軌道理論**（molecular orbital theory）と呼ばれるさらに高度な理論によって説明できる．6 章で，原子中の電子は波動関数で記述でき，それを原子軌道と呼ぶことを学んだ．同様に分子軌道

## 化学と生命
# 視覚の化学

視覚は，光が網膜に焦点が合ったときに始まる．網膜には杆体（かんたい）と錐体（すいたい）からなる**光受容細胞**がある（▶図9.29）．杆体は薄暗い光に敏感で暗所で機能し，錐体は色を感じる．

錐体や杆体の外節と呼ばれる部分は，**ロドプシン**と呼ばれる分子を含む．ロドプシンは，タンパク質**オプシン**に赤紫色の色素**レチナール**が結合した分子である．レチナール部の二重結合の周りの構造が変化すると，視覚につながる一連の反応が起こる．

エチレンの片方の$CH_2$を，ほかの$CH_2$に対して回転することを想像しよう（▶図9.30）．回転によって$\pi$結合をつくっているp軌道どうしの重なりが失われ，$\pi$結合が切れる．これはかなりエネルギーを要するプロセスである．つまり二重結合は，結合の回転の妨げとなり，分子構造に剛直性を与えているのである．

これとは対照的に，$\sigma$単結合の場合は，回転によって軌道の重なりが影響を受けないので自由に回転できる．その結果，原子どうしがあたかも蝶番でつながっているかのように，分子は捻じれたり畳まれたりするのである．

私たちの視覚はレチナールの二重結合の剛直性に依存したものである．通常では，ロドプシンのレチナールは，二重結合によって形が決まっている．光が眼に入るとロドプシンが光を吸収し，そのエネルギーにより▼図9.31で赤く示されたシスの二重結合が切断される．その結果，この結合を軸に回転が起こり，シスからトランスに変わる．トランスのレチナール分子は，オプシンに収まらず，オプシンから外れてしまう．この変化が細胞に伝わり，光があたったという信号となって視神経に伝えられ，脳は“見えた”と感じる．5個の分子が反応すると，脳に信号が伝わる．わずか5個の光子が視覚を刺激できるのである．

トランスのレチナールは，酵素の働きでゆっくりとシスに折り曲げられてオプシンに収納され，また光を感じるようになる．この過程が遅いので，強い光を見た直後，まぶしくて一時的に何も見えなくなる．強い光はオプシンからすべてのレチナールを離れさせ，もはや光を吸収できる分子がなくなってしまうのである．

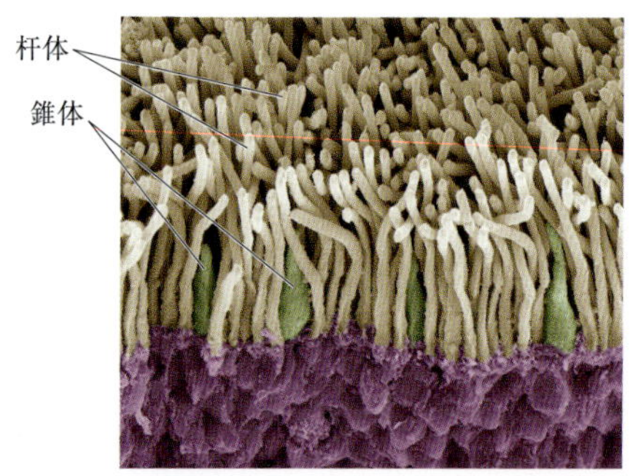


**▲図 9.29　眼の内部**
人間の目の走査型電子顕微鏡写真．杆体と錐体の色を強調している．

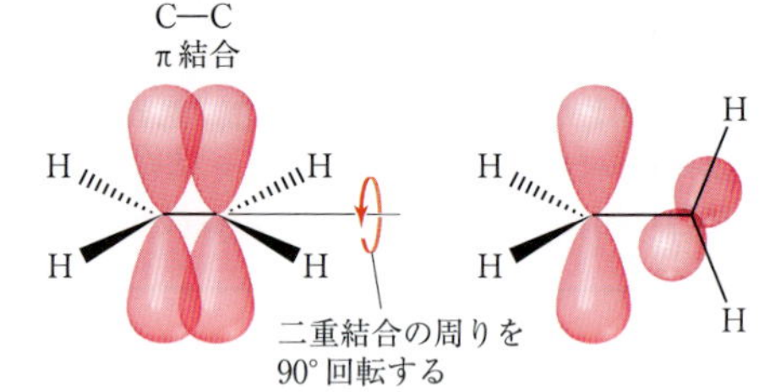


**▲図 9.30　エチレンの炭素-炭素二重結合の周りの回転によって$\pi$結合が切れる．**

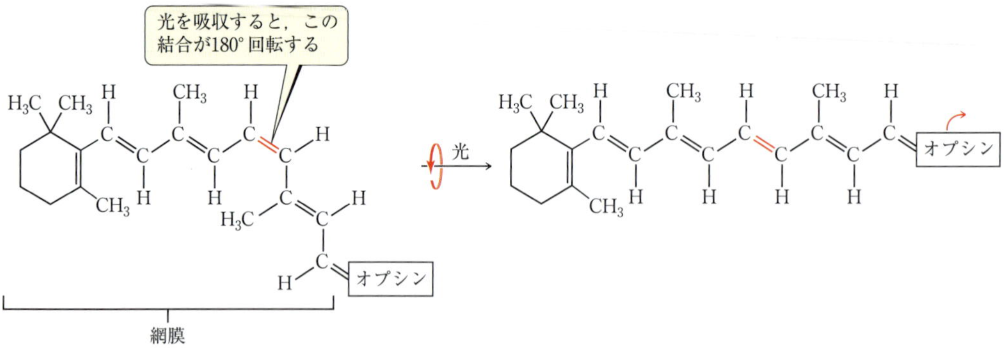

光を吸収すると，この結合が180° 回転する

光

オプシン

網膜

**▲図 9.31　視覚の化学的説明のもととなるロドプシン分子**
ロドプシンが可視光を吸収すると，赤で示した二重結合の$\pi$結合が切れ，この結合が回転できるようになる．再び$\pi$結合が形成すると，分子の形は変化している．

理論では，分子中の電子を**分子軌道**（molecular orbital）と呼ばれる特別な波動関数で記述する．分子軌道はしばしば**MO**と略記される．

分子軌道は原子軌道と似た点がある．例えば，MO 1個には電子を最大2個（スピンは互いに逆）まで入れることができ，一定のエネルギーを有する．MOは原子軌道のように電子密度の輪郭で視覚化できる．しかし，MOは原子1個について考えるものではなく，分子全体に関係する．

## 水素分子の分子軌道

MO理論の説明を最も簡単な分子である$H_2$から始めよう．**2個の原子軌道の重なりからは，つねに2個のMOができる**．したがって，水素原子に由来する2個の1s原子軌道の重なりでは，2個のMOができる（▼**図9.32**）．片方のMOは，2個の原子軌道の波動関数を加え合わせた，**加法的（強め合う）相互作用**（constructive interaction）によってできる．このMOのエネルギーはもとの原子軌道より低く，**結合性分子軌道**（bonding molecular orbital）と呼ばれる．

もう一方のMOは，2個の原子軌道の波動関数の重なりの部分で打ち消し合うような**減法的（弱め合う）相互作用**（destructive interaction）によってできる．このMOのエネルギーはもとの原子軌道より高く，**反結合性分子軌道**（antibonding molecular orbital）と呼ばれる．

図9.32にみられるように，結合性MOの電子密度は2個の原子核の間に集中している．原子軌道2個を加え合わせてできるソーセージ形の軌道は，波動関数が原子核の間にある．このMOの電子は，両方の核の引力を受けるため，孤立した水素原子の1s軌道より安定である．また，その電子密度が原子間に集中しているため原子を共有結合でつなぐことになる．それに対し反結合性MOは，結合軸の中心の領域で原子軌道の波動関数は打ち消し合っている．反結合性MOは原子核の間に**節面**（電子密度ゼロの面，図9.32の破線）をもつ．この軌道のエネルギーは高い．

$H_2$の2個のMOの電子密度は2個の原子核を結ぶ軸の方向に集まっている．この種のMOは**シグマ（σ）分子軌道**（σ結合との類似から）と呼ばれる．$H_2$の結合性σMOは，$\sigma_{1s}$の記号で表される．下付き文字の1sは，2個の1s軌道がもとになったMOであることを表す．$H_2$の反結合性MOは$\sigma^*_{1s}$（シグマスターいちエスと読む）の記号で表される．

以上の関係は，▶**図9.33**の**エネルギー準位図**（energy-level diagram；エネルギー準位ダイアグラム，分子軌道ダイアグラムともいう）で表される．ここでは，もとになった原子軌道を両側に，MOを中央に示す．結合軌道はもとの原子軌道よりエネルギーが低く，反結合性軌道はエネルギーが高いことに留意しよう．原子軌道と同様に各MOは，スピンが互いに逆の2個の電子を収容できる（パウリの排他原理，**§6.7**）．

図9.33の$H_2$分子のMOの図で，$H_2$の2個の電子は，エネルギーの低い結合性MO$\sigma_{1s}$にスピンが対をつくって入る．$\sigma_{1s}$はもとの1s軌道よりエネルギーが低いので，$H_2$分子は2個の独立した原子より安定である．原子の電子配置と同様に分子の電子配置を$\sigma_{1s}{}^2$

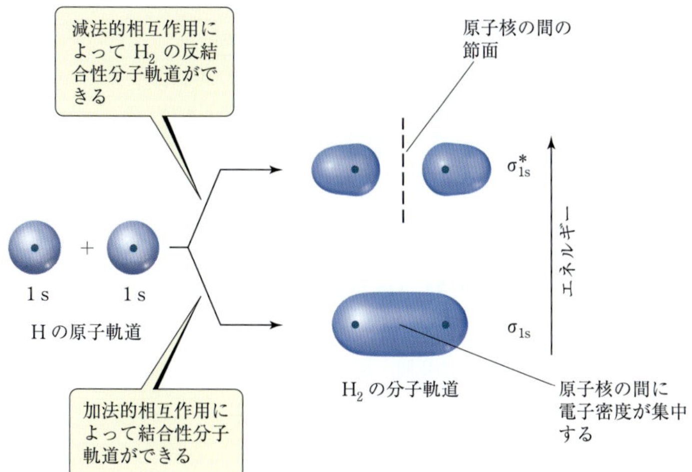


◀ **図 9.32** $H_2$の2個の分子軌道（結合性MOと反結合性MO）

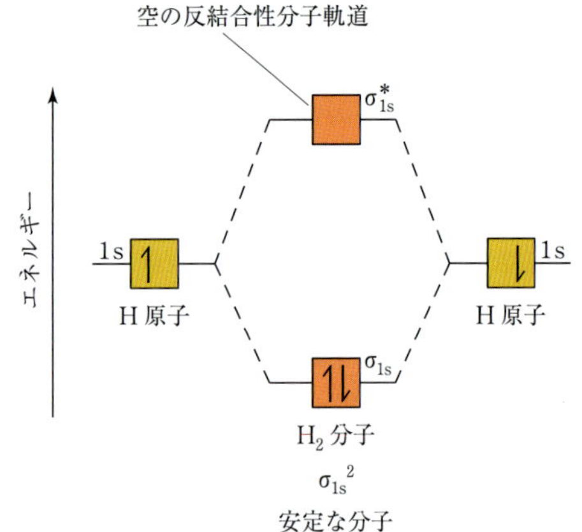


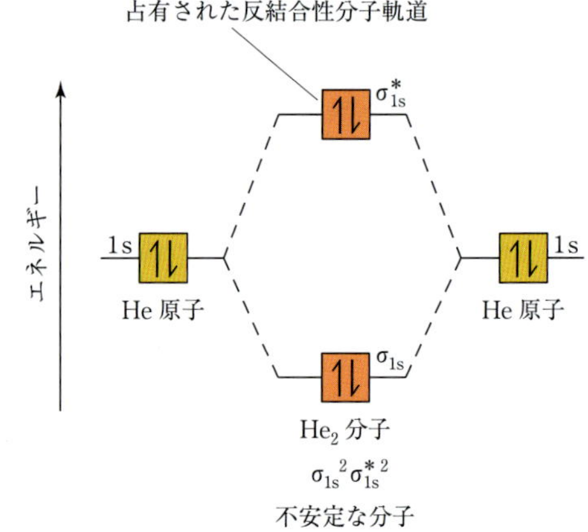


▲図 9.33　$H_2$ と $He_2$ のエネルギー準位図と電子配置

と表す.

図 9.33 には，$He_2$ 分子の MO も示した．仮想的な $He_2$ 分子の場合，結合性の $\sigma_{1s}$ に入るのは電子 2 個のみで，残り 2 個は反結合性の $\sigma_{1s}^*$ に入る．$He_2$ の電子配置は $\sigma_{1s}{}^2\sigma_{1s}^{*2}$ となる．電子 2 個が結合性 MO に入ることによってもたらされたエネルギーの低下は，反結合性 MO に入る電子 2 個によって相殺されてしまう．したがって，$He_2$ は不安定な分子である．水素は安定な二原子分子をつくるのに対し，ヘリウムがつくらないことは，以上のように分子軌道理論により正しく予想できる.

## 結合次数

分子軌道理論では，共有結合の安定性はその**結合次数**（bond order）に関係づけられる．結合次数は，結合性と反結合性の電子数の差の半分と定義される.

$$\text{結合次数} = \frac{1}{2}(\text{結合性の電子数} - \text{反結合性の電子数}) \quad [9.1]$$

**結合次数 1 は単結合，結合次数 2 は二重結合，結合次数 3 は三重結合を表す**．分子軌道理論は電子数が奇数の分子も取扱対象とするので，0.5 や 1.5，2.5 といった結合次数もあり得る.

$H_2$ 分子では，結合性電子 2 個，反結合性電子 0 個なので，結合次数は 1 である．$He_2$ では，結合性電子 2 個，反結合性電子 2 個なので，結合次数は 0 である．結合次数 0 は，結合がないことを意味する.

### 考えてみよう

光で $H_2$ 分子の電子 1 個を $\sigma_{1s}$MO から $\sigma_{1s}^*$MO に励起すると，結合はどうなると予想されるか．H 原子は結合したままか，それとも分子は壊れてしまうか.

## 例題 9.8　結合次数

$He_2{}^+$ の結合次数を求めよ．このイオンは，He 原子と $He^+$ に離れているより安定だろうか.

### 解　法

**問題の分析**　結合次数から安定性を判定する.

**方針**　結合次数を求めるためには，まず電子数を調べて MO に入れる．結合次数が 0 より大きければ，結合がある，つまり問題のイオンは安定と判断できる.

**解**　$He_2{}^+$ のエネルギー準位図を▼図 9.34 に示す.

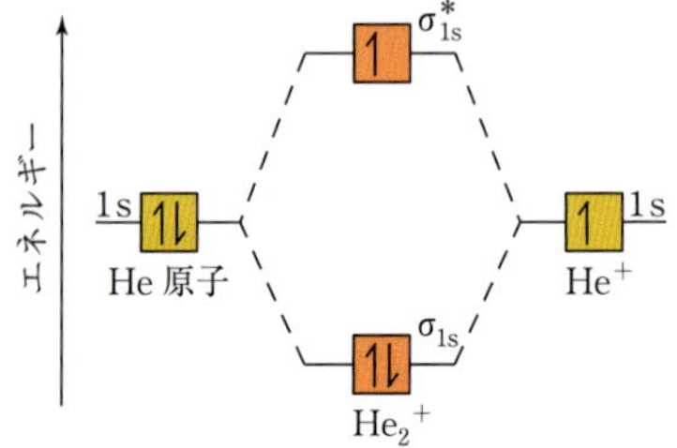


▲図 9.34　$He_2{}^+$ のエネルギー準位図

電子は 3 個あるので，MO に下から入れていくと結合性 MO に 2 個，反結合性 MO に 1 個の電子が入る.

$$\text{結合次数} = \frac{1}{2}(2 - 1) = 0.5$$

結合次数は 0 より大きいので，結合がある．$He_2^+$ は，He 原子と $He^+$ に離れて存在するよりも安定である．

**演　習**
$H_2^+$ の結合次数を求めよ．

## 9.8 ▎第二周期の二原子分子

分子軌道理論で $H_2$ の結合を扱ったように，他の二原子分子の MO を考えることができる．まず，周期表第二周期の等核二原子分子（同種原子 2 個からなる分子）から考えよう．

第二周期の原子は 2s と 2p 軌道に価電子をもつので，それらが MO をつくるときにどのように相互作用するかをみよう．MO の形成と電子の入り方の原理は次の規則にまとめることができる．

1. 形成される MO の数は，もとになる原子軌道の数に等しい．
2. 原子軌道どうしは，エネルギーが近いときに効率よく重なり合う．
3. 2 個の原子軌道が効果的に相互作用する度合いは，それらの重なりに比例する．重なりが大きいほど結合性 MO のエネルギーは低く，反結合性 MO のエネルギーは高くなる．
4. 各 MO は，スピンが互いに逆の 2 個までの電子を収容できる（パウリの排他原理，**§6.7**）
5. エネルギーが同じ MO があるとき，電子はまずすべての軌道に 1 個ずつ（スピンを同じにして）入る．電子が対をつくるのは，その後である（フントの規則，**§6.8**）．

### $Li_2$ と $Be_2$ の分子軌道

リチウムは第二周期の最初の元素で，電子配置は $1s^2 2s^1$ である．金属リチウムを沸点（1342℃）以上に熱すると，気相に $Li_2$ 分子が現れる．そのルイス構造は Li—Li 単結合を示す．分子軌道で考えてみよう．

Li の 1s と 2s のエネルギー差は大きいので，一方の Li の 1s は他方の Li の 1s とのみ相互作用をする（規則 2）．2s 軌道についても同様で，2s どうしでのみ相互作用する．その結果エネルギー準位図は▶ **図 9.35** のようになる．原子軌道 4 個から MO 4 個が形成されることに留意しよう（規則 1）．

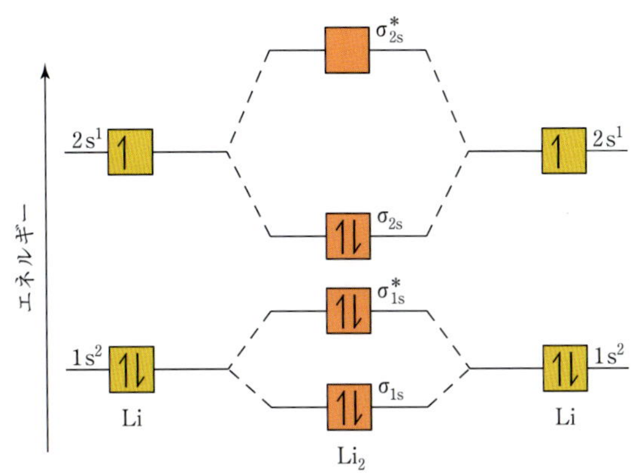


▲ **図 9.35　$Li_2$ 分子のエネルギー準位図**

2s 軌道どうしは 1s と同じように相互作用し，$\sigma_{2s}$ と $\sigma_{2s}^*$ を形成する．Li の 2s 軌道は，1s より原子核から遠いところまで拡がっているので，2s どうしは 1s より効果的に重なり，$\sigma_{2s}$ と $\sigma_{2s}^*$ 軌道のエネルギー差は，1s 由来の MO の場合より大きい．

各 Li 原子には 3 個の電子があるので，$Li_2$ の MO には 6 個の電子が入る．図 9.35 のように結合性 MO に 4 個，反結合性 MO に 2 個の電子が入るので，結合次数は $1/2(4 - 2) = 1$ となり，ルイス構造と符合する．

$Li_2$ では，$\sigma_{1s}$ と $\sigma_{1s}^*$ の双方の MO は完全に詰まっているので，1s の軌道は結合形式に寄与しない．$Li_2$ の単結合は，価電子の 2s 軌道による．このように，**価電子以外の電子（内殻電子）は分子を形成する結合にほとんど寄与しない**という一般則がある．これは，ルイス構造を描く際に価電子だけを使うというのと同じである．

$Li_2$ のエネルギー準位図を使って $Be_2$ の MO を考えることができる．この図の 4 個の MO は，$Be_2$ では完全に詰まるので，結合次数はゼロに等しい．これは $Be_2$ が存在しないことと一致する．

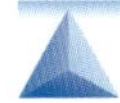

**考えてみよう**
$Be_2^+$ は安定なイオンと予想されるだろうか．

### 2p 原子軌道からの分子軌道

p 軌道どうしの相互作用を▶ **図 9.36** に示す．2 個の原子核を結ぶ軸を $z$ 軸としてある．$2p_z$ どうしの場合，s 軌道と同様に，2 通りの相互作用の仕方がある．一方は電子密度が原子核の間で高くなる結合性の電子軌道である．もう一方は，結合領域の電子密度が存在

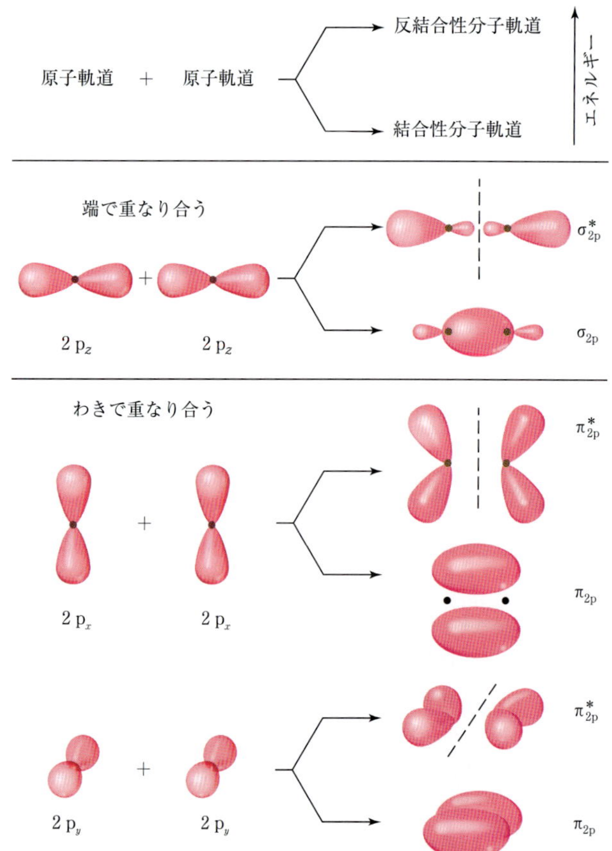


▲図 9.36　2p軌道からの分子軌道の輪郭

より深い理解のために

## 原子軌道と分子軌道の位相

シュレーディンガーの波動方程式を解くと，エネルギー$E$と波動関数$\Psi$が得られる．波動関数自体は物理的意味をもたない．これまで原子軌道や分子軌道の輪郭を描いてきたが，それは波動関数の絶対値の2乗$\Psi^2$（**確率密度**）に基づくもので，空間のある場所で電子が見出される確率を表すものである．

関数を2乗したものは，負にはならないが，関数自体は負の値をとることがある．例えば三角関数$\sin x$は0と$-\pi$の間で負の値，0と$\pi$の間で正の値をとる．しかし，2乗すると全領域で負にはならない（0あるいは正の値をとる．▶図9.37）．換言すると，関数を2乗すると位相の情報は失われる．

三角関数より複雑な原子軌道関数でも位相があり得る．1s軌道の波動関数を▶図9.38の左に示す．これらは§6.6で示したものとは異なる．原点は原子核の位置である．$z$軸に沿った値が示されている．その下は，輪郭で表現した1s軌道である．これは1個の位相だけであり，節面はない．

図9.38の真ん中に示した$2p_z$軌道は$z=0$で符号が変わる．つまり$xy$平面は$2p_z$軌道の節面である．$2p_z$軌道の赤のローブと青のローブは位相が異なることを表すもので，電荷を表すものではないことを注意してほしい．これは化学者がよく使う軌道の表現であるが，本書のレベルを超えるので，本書ではほとんど使わない．

図9.38の3番目の図は波動関数を2乗したものである．$xy$面に関して対称的な正のピークが2個現れる．ここでは位相の

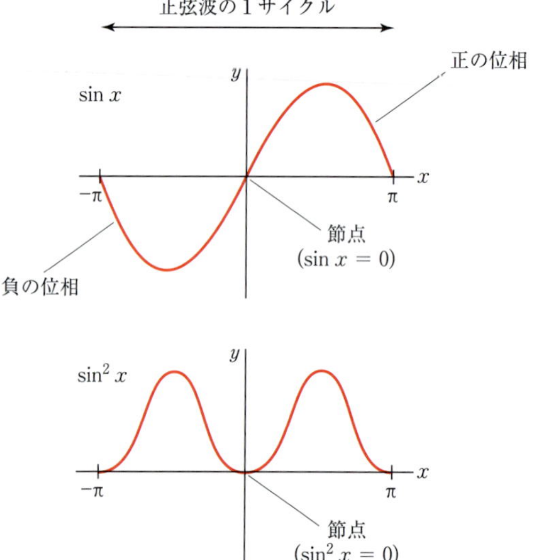


▲図 9.37　サイン関数とその2乗のグラフ

情報は失われてしまっている．$p_z$ 軌道の波動関数を 2 乗した結果は，図 9.38 の右下のように軌道の確率密度の輪郭表示が得られる．これは§6.6 でみてきた p 軌道の形で，二つのローブは同じ形，色である．本書では，ほとんどすべての場合この表示（図 6.21 と同じ）を軌道として用いる．この表示の物理的な解釈が明確だからである．すなわち空間の任意の点における波動関数の 2 乗は，その点における電子密度を表すのである．

なぜ波動関数の位相という複雑なものを考えなくてはならないのだろうか．孤立した原子の原子軌道の形を視覚化する場合には位相を考える必要はない．しかし分子軌道理論で，原子軌道どうしの重なりを考える際には位相が重要なのである．再び三角関数のサイン波を例にとって説明しよう．

図 9.37 のサイン波に同じ位相のサイン波を重ねると，加法的な組合せで，波は高くなる．逆位相のサイン波を重ねると，減法的な組合せで相殺し，波は消失する（右図）．

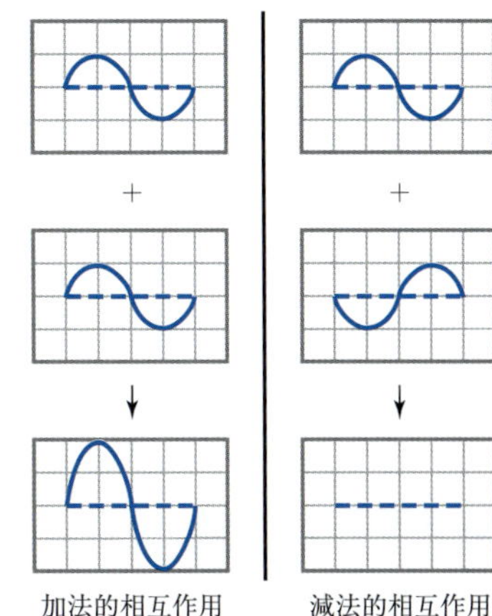


波動関数を重ねるときも同様で，位相によって加法的に相互作用して強め合う場合，結合性軌道になる．また，減法的に波動関数が打ち消し合うのが反結合性軌道である．例えば，$H_2$ の $\sigma_{1s}$MO は，1 個の水素原子の 1s 軌道の波動関数ともう 1 個の水素原子の 1s 軌道の波動関数を同じ位相で加えて得られる．加法的相互作用は，2 個の原子間の電子密度を高くする（▼ **図 9.39**）．$H_2$ の $\sigma^*_{1s}$MO は，1 個の水素原子の 1s 軌道の波動関数からもう 1 個の水素原子の 1s 軌道の波動関数を減じて得られる．減法的相互作用の結果，波動関数が相殺し，2 個の原子間に電子密度ゼロの領域—節ができる．この図と図 9.32 の類似性に注意しよう．図 9.39 では，軌道を輪郭で描き色を使って位相の違いが示されている．分子軌道の波動関数を 2 乗すると図 9.32 になる．

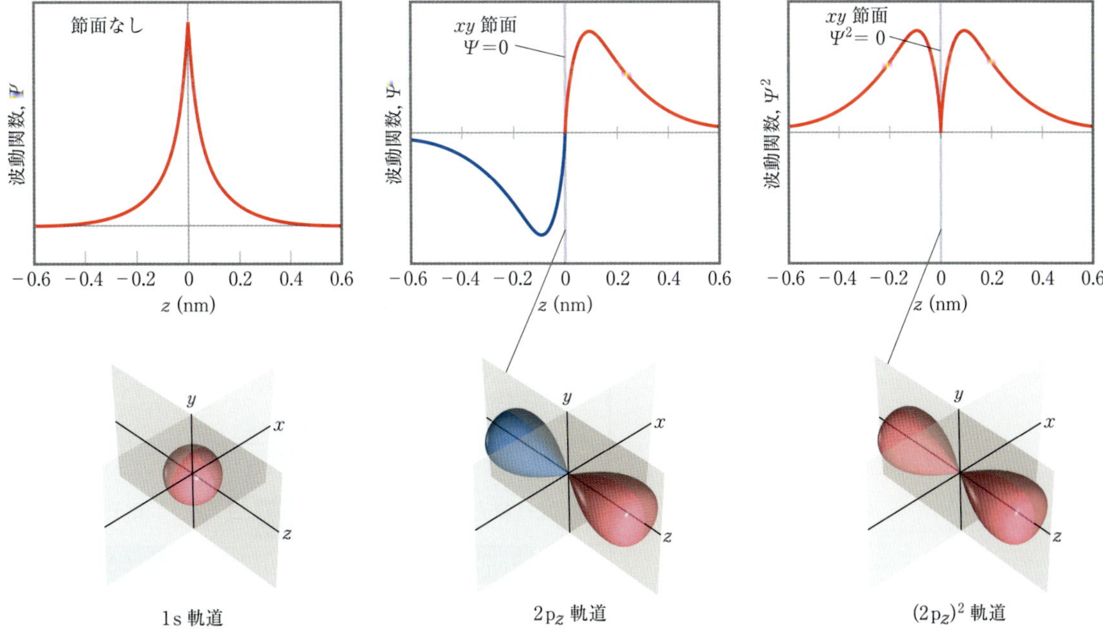


▲ **図 9.38　s および p 原子軌道波動関数の位相**
赤い色は波動関数の正の値を，青い色は負の値を示す．

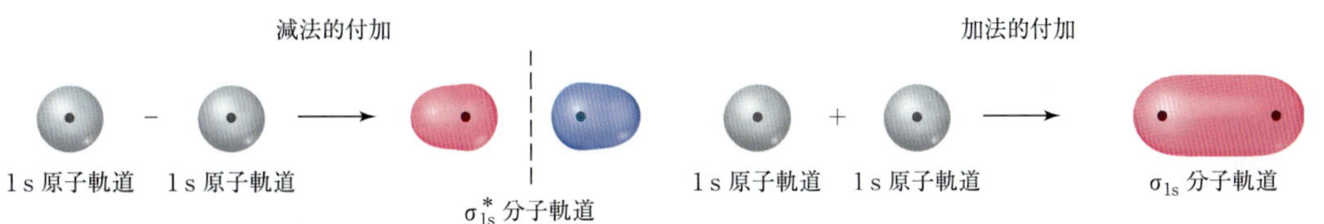


▲ **図 9.39　原子軌道波動関数から分子軌道へ**

しない反結合性の電子軌道である．これらのMOでは，電子密度は原子核を結ぶ線上にあるのでσ分子軌道 $\sigma_{2p}$ と $\sigma^*_{2p}$ を形成する．

2$p_x$ 軌道どうしは，端で重なり合い，電子密度は $z$ 軸の上下で高くなる．この種のMOは**パイ（π）分子軌道**（pi molecular orbital）と呼ばれる．2$p_y$ 軌道どうしからも $\pi_{2p}$ 軌道がつくられる．これら2個の $\pi_{2p}$MOのエネルギーは等しく，縮重している．同様に縮重した2個の反結合性MO，$\pi^*_{2p}$ がある．2個の $\pi^*_{2p}$ は互いに垂直である．これらの軌道を図9.36に示す．2$p_z$ どうしの重なりは2$p_x$ や2$p_y$ どうしの重なりより大きいため，$\sigma_{2p}$ は $\pi_{2p}$ よりエネルギーが低く，$\sigma^*_{2p}$ は $\pi^*_{2p}$ よりエネルギーが高い．

## $B_2$ から $Ne_2$ までの電子配置

これまで，s軌道のみ（図9.34）とp軌道のみ（図9.36）の重なりによるMOを示した．両者を合わせると，第二周期の等核二原子分子のエネルギー準位図になる（▼**図9.40**）．これには次のような特徴がある．

1. 2s由来のMOは，2p由来のMOよりエネルギーが低い（**§6.7**）．
2. 2$p_z$ どうしの重なりは，2$p_x$ や2$p_y$ どうしの重なりより大きいので，$\sigma_{2p}$ は $\pi_{2p}$MOよりエネルギーが低く，$\sigma^*_{2p}$ は $\pi^*_{2p}$MOよりエネルギーが高い．
3. $\pi_{2p}$MOと $\pi^*_{2p}$MOはいずれも**二重に縮重**している．

ここまで，2sと2pの間に相互作用がないと仮定してきたが，実際には，▶**図9.41**のような相互作用がある．これは，$\sigma_{2s}$ と $\sigma_{2p}$ のエネルギーに影響し，▶**図9.42**のように順序が入れ換わることがある．$B_2$, $C_2$ および $N_2$ では，$\sigma_{2p}$ は $\pi_{2p}$MOよりエネルギーが高くなる．

各MOのエネルギーの順序がわかれば，$B_2$ から $Ne_2$ までの電子配置を簡単に描くことができる．例えば，B原子は価電子3個をもつので，$B_2$ ではMOに6個の電子を収容しなければならない．そのうちの4個は $\sigma_{2s}$ と $\sigma^*_{2s}$ に入るので，結合に寄与しない．5個目は $\pi_{2p}$MOに，6個目はもう1個の $\pi_{2p}$MOに同じスピンで入る．したがって結合次数は1である．このようにして $B_2$ から $Ne_2$ までの電子配置と結合次数を求められる（図9.42）．

## 電子配置と分子の性質

物質の磁気的性質は，電子の配置と関係が深い．1個以上の不対電子をもつ分子は磁場に引きつけられる．不対電子の数が多いとその力は強くなるが，このような磁気的性質は**常磁性**（paramagnetism）という．

不対電子をもたない物質は，磁場で弱い反発を受ける．この性質は**反磁性**（diamagnetism）と呼ばれる．常磁性と反磁性の違いは，▶**図9.43**に示した古い測定法の図で明瞭であろう．磁場があるとき，常磁性物質は重くなり，反磁性物質は軽くなる．第二周期の二原子分子の磁性は，図9.42に示した電子配置と符合する．

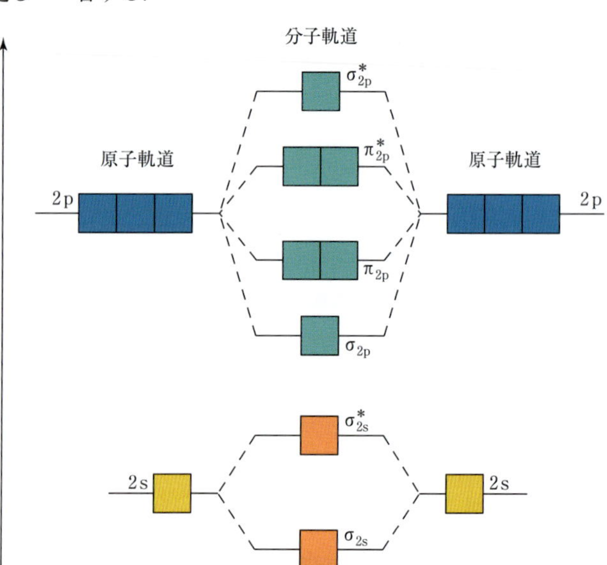


▶**図9.40　第二周期等核二原子分子のエネルギー準位図とMO**

この図は，一つの原子上の2s原子軌道と他の原子上の2p原子軌道には相互作用がないことを仮定している．実験により，この仮定は $O_2$, $F_2$, $Ne_2$ にだけあてはまることがわかっている．

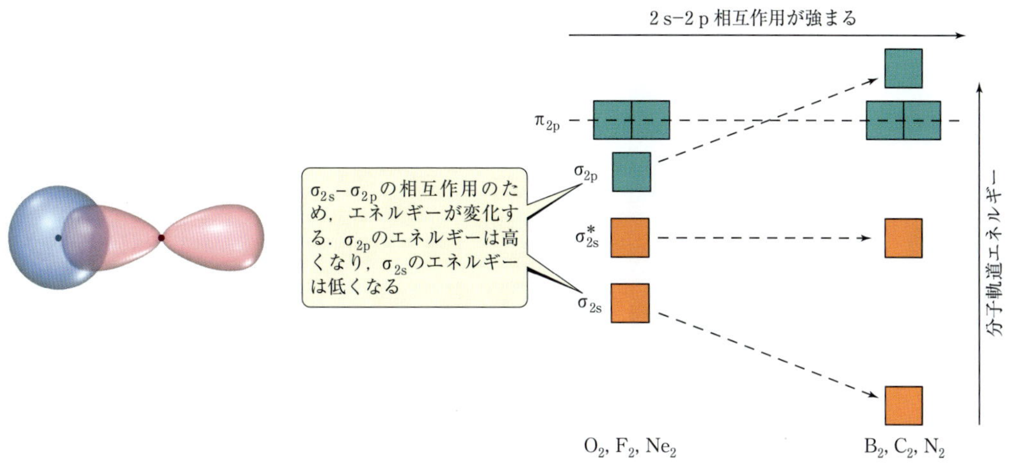


▲ 図 9.41 2s-2p 相互作用の影響

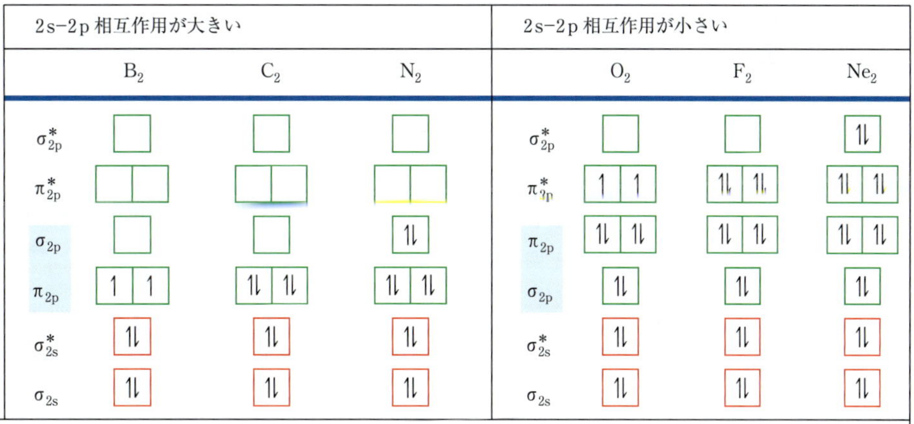

| 2s−2p 相互作用が大きい | | | | 2s−2p 相互作用が小さい | | | |
|---|---|---|---|---|---|---|---|
| | $B_2$ | $C_2$ | $N_2$ | | $O_2$ | $F_2$ | $Ne_2$ |
| $\sigma^*_{2p}$ | □ | □ | □ | $\sigma^*_{2p}$ | □ | □ | ↑↓ |
| $\pi^*_{2p}$ | □ □ | □ □ | □ □ | $\pi^*_{2p}$ | ↑ ↑ | ↑↓ ↑↓ | ↑↓ ↑↓ |
| $\sigma_{2p}$ | □ | □ | ↑↓ | $\pi_{2p}$ | ↑↓ ↑↓ | ↑↓ ↑↓ | ↑↓ ↑↓ |
| $\pi_{2p}$ | ↑ ↑ | ↑↓ ↑↓ | ↑↓ ↑↓ | $\sigma_{2p}$ | ↑↓ | ↑↓ | ↑↓ |
| $\sigma^*_{2s}$ | ↑↓ | ↑↓ | ↑↓ | $\sigma^*_{2s}$ | ↑↓ | ↑↓ | ↑↓ |
| $\sigma_{2s}$ | ↑↓ | ↑↓ | ↑↓ | $\sigma_{2s}$ | ↑↓ | ↑↓ | ↑↓ |
| 結合次数 | 1 | 2 | 3 | | 2 | 1 | 0 |
| 結合エンタルピー(kJ/mol) | 290 | 620 | 941 | | 495 | 155 | — |
| 結合距離(nm) | 0.159 | 0.131 | 0.110 | | 0.121 | 0.143 | — |
| 磁気的性質 | 常磁性 | 反磁性 | 反磁性 | | 常磁性 | 反磁性 | — |

▲ 図 9.42 分子軌道の電子配置と周期表第二周期の二原子分子

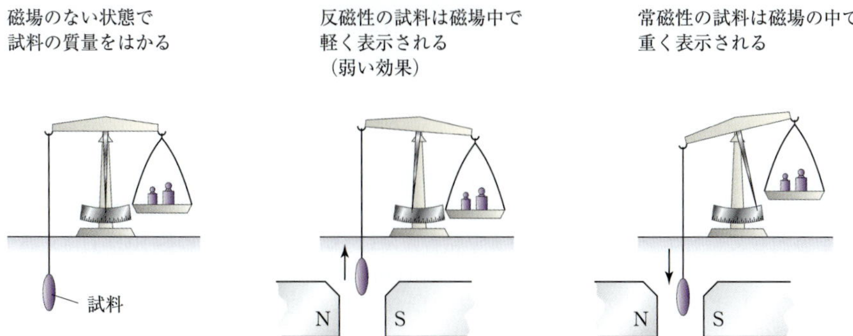


◀ 図 9.43 試料の磁気的性質の測定

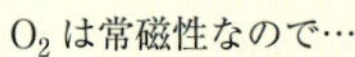

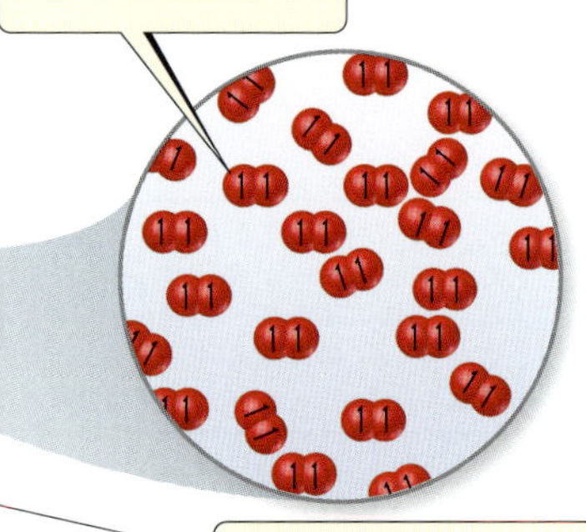


◀ 図 9.44　$O_2$ の常磁性

**考えてみよう**

図 9.42 では $C_2$ 分子は反磁性となっている．もし，$\pi_{2p}$ より $\sigma_{2p}$ のエネルギーが低かったらどうだろうか．

電子配置は，結合距離や結合エンタルピーにも関係している（§8.8）．結合次数が増加すると，結合距離は減少し，結合エンタルピーは増加する．このようすは，$N_2$ で明瞭である．$N_2$ の反応性が低く，窒素化合物が生成しにくいことは高い結合次数と関係づけられる．しかしながら，結合次数ですべてが説明できるわけではなく，核電荷，軌道の重なりなど他の因子も影響することも留意すべきである．

酸素分子 $O_2$ の結合は，非常に興味深い．ルイス構造は，次のように，二重結合の存在と電子が完全に対をつくっていることを示している．

$$\ddot{\underset{..}{O}}=\ddot{\underset{..}{O}}$$

短い O—O 結合距離と比較的大きい結合エンタルピーも二重結合の存在と符合する．しかしながら，図 9.42 から，この分子に不対電子が 2 個あることがわかる．これはルイス構造からはわからない．不対電子があれば常磁性であり，事実，▲ 図 9.44 のように $O_2$ は常磁性を示す．ルイス構造では，酸素の常磁性を説明できないが，分子軌道理論は，このことを正しく説明できる（図 9.42）．MO 理論では，結合次数が 2 であることも説明できる．

## 例題 9.9　第二周期の二原子イオンの分子軌道

$O_2^+$ について，(a) 不対電子の数，(b) 結合次数，(c) 結合エンタルピーおよび結合距離を推定せよ．

### 解　法

**方針**　MO を用いて性質を推定する．そのためには，まず電子数を知り，それを MO に入れ，不対電子数と結合次数を求める．図 9.42 を参照して結合エンタルピーおよび結合距離を推定する．

**解**　(a) $O_2^+$ の価電子は 11 個で，$O_2$ より 1 個少ない．$O_2$ から電子を取り去るときは 2 個の $\pi^*_{2p}$ のいずれかからである（図 9.42）．したがって，$O_2^+$ には不対電子が 1 個ある．

(b) 結合性の電子は 8 個，反結合性の電子は 3 個なので，結合次数は

$$\frac{1}{2}(8-3)=2.5$$

(c) $O_2^+$ の結合次数は，$O_2$（結合次数 2）と $N_2$（結合次数 3）の間である．したがって結合エンタルピーおよび結合距離は $O_2$ と $N_2$ の中間の約 700 kJ/mol および約 0.115 nm と推定される（実験で得られた測定値は 625 kJ/mol および約 0.1123 nm である）．

### 演　習

次のイオンの磁気的性質と結合次数を推定せよ．
(a) 過酸化物イオン $O_2^{2-}$，(b) アセチリドイオン $C_2^{2-}$

## 総合問題　これまでの章の概念も含めた例題

常温で安定な硫黄の単体は黄色の固体で $S_8$ 分子からなる．その構造は，王冠型の八員環である（図7.19参照）．この単体を加熱すると，気体の $S_2$ 分子を生じる．

$$S_8(s) \longrightarrow 4S_2(g)$$

(a) 周期表第二周期の元素のうち，電子配置が硫黄に似ているのは何か．
(b) VSEPR モデルを用いて $S_8$ 中の S—S—S の角度と S 原子の混成を推定せよ．
(c) MO 理論を用いて $S_2$ における S—S 結合の結合次数を求めよ．
(d) 表8.4の平均結合エンタルピーを用いて，この反応のエンタルピー変化を推定せよ．この反応は発熱反応，吸熱反応のいずれか．

### 解　法

解　(a) 硫黄は16族で，電子配置は $[Ne]3s^2 3p^4$ である．電子的にはすぐ上にある酸素に似ている．酸素の電子配置は $[He]2s^2 2p^4$ である．
(b) $S_8$ のルイス構造は

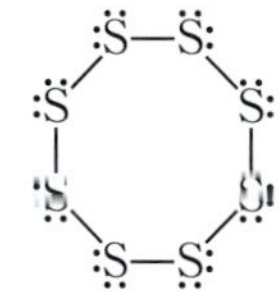

である．各S原子には4個の電子領域があるので，その形は正四面体，$sp^3$ 混成である．非結合電子対が存在するので，S—S—S の結合角は109.5°の正四面体角よりやや小さいと考えられる．実験的に求められた結合角は108°で，推定した角度に近い．
(c) $S_2$ の MO は，3s，3p からなり，$O_2$ の MO に似ている．したがって，$S_2$ の結合次数は2（二重結合）で，$\pi^*_{3p}$ に2個の不対電子をもち常磁性と考えられる．
(d) $S_8$ 分子が4個の $S_2$ 分子に離れる反応について考える．(b)，(c) から明らかになったように，$S_8$ は S—S 単結合を，$S_2$ は S═S 二重結合1本をもつ．したがって，反応では S—S 単結合8本が切れ，S═S 二重結合4本ができる．エンタルピー変化は，式8.12と表8.4から見積もることができる

$$\Delta H_{rxn} = 8D(\text{S—S}) - 4D(\text{S=S})$$
$$= 8(266\ \text{kJ}) - 4(418\ \text{kJ}) = +456\ \text{kJ}$$

ここで，$D$(X—Y) は，X—Y 結合の結合エンタルピーである．$\Delta H_{rxn} > 0$ なので，反応は吸熱的である．この値が大きいことから，この反応はかなりの高温でないと起こらないことが予想される．

## 章のまとめとキーワード

**分子の形（序論と§9.1）**　分子の三次元の形は，**結合角**と結合距離で与えられる．中心原子Aの周りに $n$ 個の原子Bが取り囲む分子 $AB_n$ は，A原子の種類と $n$ によって種々の形状をとる．その形は多くの場合5個の基本形（直線，平面三角形，正四面体，三方両錐および正八面体）に関係づけられる．

**VSEPR モデル（§9.2）**　中心原子の周りで電子は数箇所の**電子領域**に存在する．電子領域を構成するのは，**結合電子対**と**非結合電子対**（**孤立電子対**，ローンペアとも呼ばれる）である．電子領域は，互いに働く反発を最小にするような方向をとることによって電子領域の形と分子の形が決まる，というのが**原子価殻電子対反発**（valence-shell electron-pair repulsion, **VSEPR**）**モデル**である．

非結合電子対の電子領域は，結合電子対の電子領域より強い反発を及ぼし，結合角を大きくする．多重結合の電子領域は単結合の領域より強い反発を及ぼし，結合角に影響する．中心原子の周りの電子領域の配置を**電子領域の形**，原子の配置を**分子の形**という．

**分子の極性（§9.3）**　多原子分子の**双極子モーメント**は，個々の**結合の双極子**のベクトル和である．直線の $AB_2$ や平面三角形の $AB_3$ では，結合双極子は打ち消し合い，双極子モーメントゼロの無極性分子となる．他の形，例えば折れ線の $AB_2$ や三角錐の $AB_3$ では，結合双極子は打ち消し合わず，分子は極性をもつ．

**共有結合と原子価結合理論（§9.4）　原子価結合理論**はルイスの電子対結合の概念を発展させたものである．原子価結合理論では，隣り合う原子の原子軌道が重なり合って共有結合ができる．軌道が重なり合う領域にある電子は2個の原子核から同時に引っ張られるので，エネルギーが最小，つまり最も安定である．2個の原子軌道の重なりが大きいほど結合は強い．

**混成軌道（§9.5）**　多原子分子に原子価結合理論を適用するにあたり，sおよびp軌道を混ぜ合わせた**混成軌道**を考えなければならない．**混成**によってできる混成原子軌道の大きいローブが他の原子の軌道と重なり合って結合ができる．混成軌道には非結合電子対が入ることもある．よくみられる3種の電子領域の形には，それぞれ混成の型が対応している（直線：sp，平面三角形：$sp^2$，正四面体：$sp^3$）．オクテットより多くの電子をもつ**超原子価分子**における結合は，混成軌道で議論するのは難しい．

**多重結合（§9.6）**　共有結合する2個の原子の核を結ぶ軸に沿って電子密度が高くなるような結合を**σ結合**という．結合がp軌道の側面での重なりによってできるのは**π結合**である．$C_2H_4$でみられる二重結合は，σ結合とπ結合とから，$C_2H_2$でみられる三重結合は，σ結合1本とπ結合2本とからなる．π結合の形成には，分子が特定の配置をとることが必要になる．例えば$C_2H_4$では，2個の$CH_2$が同一平面になければならない．その結果，π結合は分子の形に剛直性をもたらすことがある．多重結合をもち，$C_6H_6$のように複数の共鳴構造をもつ分子では，π結合は**非局在化**する，つまりπ結合は数個の原子に拡がっている．

**分子軌道（§9.7）　分子軌道理論**は結合についての別のモデルである．この理論では，電子は**分子軌道（MO）**と呼ばれるエネルギー状態をとる．MOは分子中のすべての原子に拡がっている．原子軌道のように分子軌道は決まったエネルギーをもち，スピンが互いに逆の2個の電子を収容できる．分子軌道を原子軌道から組み立てることを考えよう．最も単純な場合，2個の原子の原子軌道2個からMO 2個ができるが，その一つのエネルギーはもとの軌道より低く，もう一つのエネルギーは高い．前者では，電子密度は原子間に集中しており，**結合性分子軌道**と呼ばれる．後者では，原子核の間の空間に電子はなく，**反結合性分子軌道**と呼ばれる．反結合性MOでは，原子核間に電子はなく**節面**がある．結合性MOに電子が入ると結合に有利だが，反結合性MOの電子は結合形成に不利である．s軌道どうしからできるMOは$\sigma_s$と$\sigma_s^*$で，原子が結合する軸上にある．分子軌道と原子軌道の相対的エネルギーはエネルギー準位図（エネルギー準位ダイアグラム，分子軌道ダイアグラムともいう）で示される．分子軌道に電子を詰めると結合次数を求めることができる．結合性MOと反結合性MOの電子数の差を2で割ると**結合次数**が得られる．結合次数1は単結合に対応する．結合次数は分数の場合もある．

**第二周期二原子分子の分子軌道（§9.8）**　原子の内側の殻の電子は結合に関与しない．分子軌道を考えるときも通常，最外殻の電子だけを考慮する．第二周期の等核二原子分子のMOを描くときは，p軌道の組合せでできるMOのみを考えればよい．結合軸に沿ったp軌道からはσ結合性MOと$\sigma^*$反結合性MOとが，結合軸に垂直なp軌道からはπMOができる．二原子分子では，πMOは縮重した2個の結合性MOと2個の反結合性MOがある．$\sigma_{2p}$結合性MOは$\pi_{2p}$結合性MOよりエネルギーが低い．結合軸に沿ったp軌道どうしの重なりのほうが大きいからである．しかしながら，この順序は$B_2$，$C_2$および$N_2$では逆転する．2sと2pの相互作用のためである．

第二周期の二原子分子のMOから各分子の結合次数が求められるが，これはルイス構造から推定したものと一致する．MO理論によって$O_2$が**常磁性**で磁場に引かれることが説明できる．不対電子をもたない分子は**反磁性**で，磁場に弱く反発する．

## 練　習　問　題

**9.1**　ある種の $AB_4$ 分子は，シーソー形の分子構造をとる．

これは図 9.3 の基本構造のどれから派生したものと考えられるか．［§9.1］

**9.2**　次の（**a**）〜（**f**）の分子について，電子領域の形は何種あるか．［§9.2］

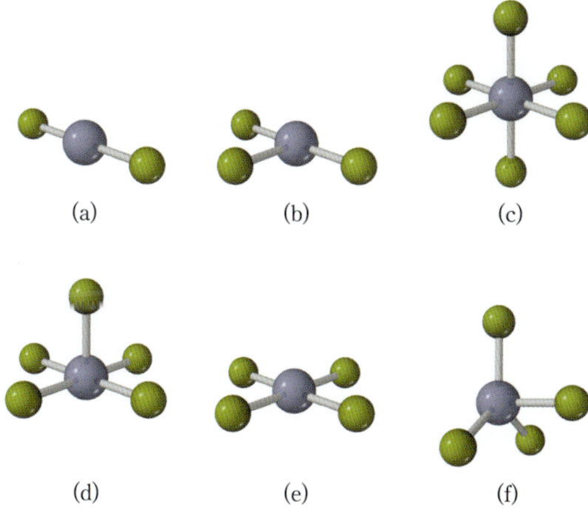


**9.3**　下の図は塩素原子 2 個の距離とポテンシャルエネルギーの関係を示す．

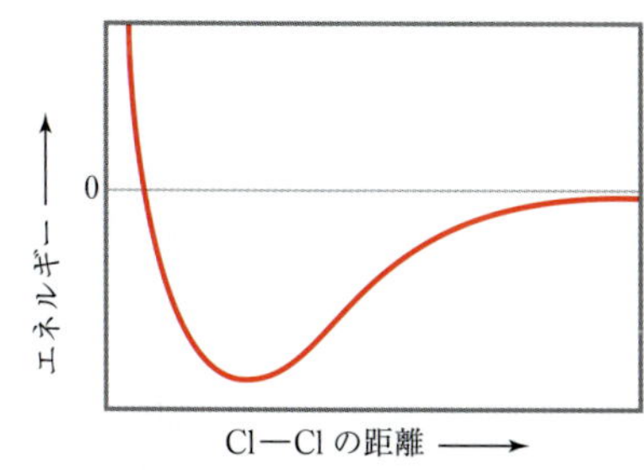


（**a**）エネルギーゼロは，どのような状態に対応するか．

（**b**）原子価結合理論では，Cl 原子間距離が小さくなるにつれ，エネルギーが減少するのは，どのように説明できるか．

（**c**）この図の曲線で，エネルギーが極小になる距離はどのような物理的意味があるか．

（**d**）エネルギー極小より距離が小さくなるとエネルギーが大きくなるのはなぜか．

（**e**）この図から，Cl—Cl 結合の強さについてどのように推定できるか．［§9.4］

**9.4**　輪郭で示した次の各分子軌道について，

（**a**）もとになる原子軌道（s あるいは p），

（**b**）MO の種類（$\sigma$ あるいは $\pi$），

（**c**）結合性か反結合性か，

（**d**）節面の位置，

を答えよ．［§9.7］

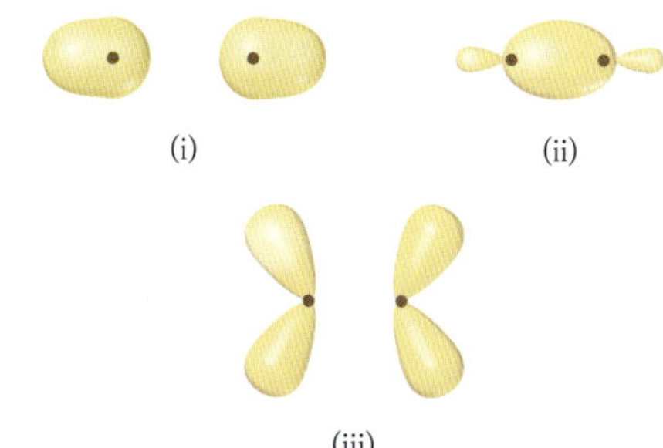


**9.5**　直線分子 $AB_2$ の A—B 結合距離がわかっている．

（**a**）この情報でこの分子の構造はわかったといえるだろうか．

（**b**）この情報から原子 A の周りの非結合電子対の数を答えられるか．［§9.1，§9.2］

**9.6**　次の分子のうち，非結合電子対が分子の形に影響を及ぼしているのはどれか．

（**a**）$SiH_4$，（**b**）$PF_3$，（**c**）HBr，（**d**）HCN，（**e**）$SO_2$ ［§9.1，§9.2］

**9.7**　$NH_2^-$，$NH_3$ および $NH_4^+$ の結合角 H—N—H はそれぞれ 105°，107° および 109° である．これらの角度の違いについて説明せよ．［§9.1，§9.2］

**9.8**　（**a**）どのような条件のとき，極性結合をもつ分子が無極性になるか．

（**b**）$AB_2$，$AB_3$ および $AB_4$ 分子では，どのような形のとき無極性になるか．［§9.3］

**9.9**　次の分子は極性か，無極性か答えよ．

（**a**）IF，（**b**）$CS_2$，（**c**）$SO_3$，（**d**）$PCl_3$，（**e**）$SF_6$，（**f**）$IF_5$ ［§9.3］

**9.10**　ジクロロエチレン $C_2H_2Cl_2$ には，3 個の異性体がある．いずれも C=C 二重結合がある．

（**a**）3 種の異性体のルイス構造を示せ．

（**b**）双極子モーメントゼロの異性体はどれか．

（**c**）クロロエチレン $C_2H_3Cl$ には何個異性体があるか．それらには双極子モーメントはあるか．［§9.3］

**9.11**　次の分子の中心原子の混成軌道を答えよ．

（**a**）$BCl_3$，（**b**）$AlCl_4^-$，（**c**）$CS_2$，（**d**）$GeH_4$ ［§9.4，§9.5］

**9.12** ギ酸イオン $HCO_2^-$ では，炭素原子に他の原子3個が結合している．
(a) ギ酸イオンのルイス構造を示せ．
(b) C原子はどのような混成をしているか．
(c) ギ酸イオンには，複数の互いに等価な共鳴構造はあるか．
(d) ギ酸イオンのどの原子に $p_\pi$ 軌道があるか．
(e) このイオンの共鳴構造では何個の電子が π 結合の形式（π 系）にかかわっているか．[§9.6]

**9.13** (a) 混成軌道と分子軌道はどのように違っているか．
(b) 分子の各 MO には何個の電子を入れることができるか．
(c) 反結合性 MO に電子を入れることはできるだろうか．[§9.7]

**9.14** (a) 反磁性とはどのようなことか．
(b) 反磁性の物質は磁場でどのような挙動を示すか．
(c) 次のイオンは反磁性だろうか．
$N_2^{2-}$，$O_2^{2-}$，$Be_2^{2+}$，$C_2^-$
[§9.7，§9.8]

**9.15** 図9.35と図9.42を参照して，次のイオンの分子軌道の電子配置を描け．
(a) $B_2^+$，(b) $Li_2^+$，(c) $N_2^+$，(d) $Ne_2^{2+}$
それぞれの場合について，電子1個を加えると，結合次数はどうなるか．[§9.7，§9.8]

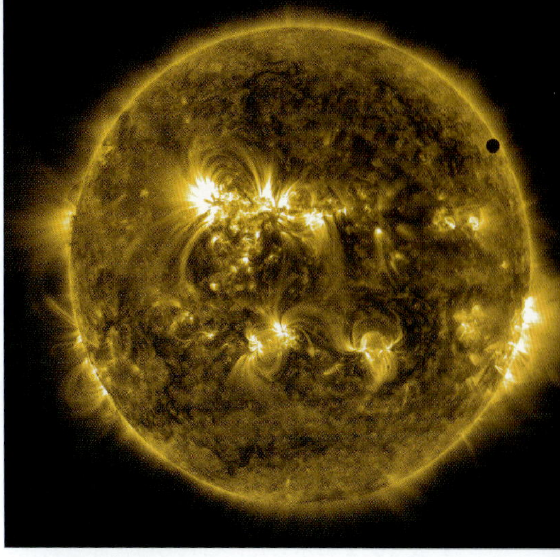

▲ **金星太陽面通過**
これは，金星が地球と太陽の間を横切る現象である．右上の小さな黒い円は，太陽の手前を横切る金星の陰である．

# 気体

水素とヘリウムは太陽の質量の 98%以上を占め，また宇宙で最も大量に存在する元素である．写真右上の黒い円は，太陽と地球の間を通過する金星の陰である．このような現象（金星太陽面通過）はまれにしか起こらない．最近では 2012 年 6 月に起きたが，次は 2117 年まで起こらない．金星のような内惑星の大気は，太陽の組成とは大きく異なる．

最先端の測定機器の助けを借りて，天文学者は私たち太陽系の惑星の大気の顕著な違いを明らかにした．水素とヘリウムは宇宙空間における 2 種類の最もありふれた元素であり，太陽の基本構成成分である．かつて，すべての惑星の大気は，この 2 種類の元素がその大部分を占めると考えられていた．太陽に近いほうから木星，土星，天王星，海王星と連なる外惑星は，現在でも水素とヘリウムの巨大な球と記述するのが妥当である（そのため，巨大ガス惑星とも呼ばれる）．内惑星（水星，金星，地球，火星）の大気は，太陽系誕生時から劇的かつまったく異なった方向に変化してきた．太陽は成熟するとともに熱くなり，惑星大気は暖められた．本章で学ぶように，気体の温度が上昇すると，その分子はより速く動く．この効果は $H_2$ や He のような低分子量の気体に顕著である．加熱効果は太陽に近い惑星のほうが大きく，また，小さな惑星のもつ重力は，これらの軽い気体分子が宇宙空間に流出するのを妨げるほどには十分強くない．今日の地球の大気はその起源を，$CO_2$，$H_2O$，$N_2$ を大気中に放出した火山活動まで遡ることができる．これらのより重い分子は，地球の温度と重力の条件下では流出しない．地球の初期大気中のほとんどの水蒸気は凝縮して海となり，$CO_2$ の大部分は海に溶け込んで炭酸塩となった結果，$N_2$ に富んだ大気が残された．生命が誕生すると，植物の光合成によって $O_2$ が生み出された．その結果として，現在の大気は約 78%の $N_2$ と 21%の $O_2$ から構成されている．より温度が高かった金星は，地球とは異なった経路をたどり，より重い $CO_2$ 97%と非常にわずかな $O_2$ を含む大気と，硫酸の雲のような，人間が住むのには適さない星となった．本章では，化学の観点から気体の特性について学ぶ．気体の巨視的な性質（例えば，圧力）を学び，さらにこれらの性質がどのように分子の集合体としての気体または分子のランダムな動きと関連づけられるかを学ぶ．

## 10.1 気体の特徴

気体の性質はある意味でわかりやすい．化学的性質は気体の種類ごとに異なるが，物理的性質に限ると，非常に似た挙動をするからである．

例えば，合計すると空気の約 99% を占める $N_2$ と $O_2$ の**化学的**性質は著しく異なる（$O_2$ はヒトの命を支えるが，$N_2$ は支えない）が，これら二つの成分の物理的性質は本質的に同じで，**物理的**には同種の気体物質のようにふるまう．

室温，大気圧下で気体として存在する単体はほとんどない．その例は，単原子分子の He，Ne，Ar，Kr，Xe と，二原子分子の $H_2$，$N_2$，$O_2$，$F_2$，$Cl_2$ である．

多くの分子性化合物は気体である．いくつかの例を ▼**表 10.1** に示した．これらは，非金属元素のみで構成されていることに注意されたい．また，すべて分子組成が簡単で，それゆえ低分子量である点にも注意しよう．

常温常圧で液体や固体の物質も，気体の状態で存在できる．この状態は**蒸気**（vapor）と呼ばれることもある．例えば $H_2O$ は，液体の水，固体の氷および水蒸気として存在し得る．

気体は，いくつかの点で固体や液体と大きく異なる．例えば，気体は容器の中で自発的に膨張し，その結果，気体の体積はその容器の体積に等しくなる．また，気体に圧力が加えられると，その体積は容易に減少し，大幅に圧縮できる．一方，固体と液体は容器の中で膨張することはなく，また容易には圧縮されない．

2 種類以上の気体は種類や相対比に関係なく，均一混合物となる．大気はその非常によい例である．2 種以上の液体または固体は均一な混合物をつくることもあるし，つくらないこともある．例えば，水とガソリンは混ぜても 2 層に分離する．対照的に，液体上に存在する水蒸気と気体状のガソリンは，均一な混合気体となる．

気体の特徴的な性質――容器中に膨張し，容易に圧縮され，均一混合物となる――は，分子どうしが相対的に非常に離れていることに起因する．例えば，ある体積の気体中では，分子はそのわずか 0.1% の体積しか占めておらず，残りは何もない空間である．そのため個々の分子は，他の分子が存在しないかのようにふるまう．その結果，異なった分子からなる気体でも同じような挙動を示すのである．

**考えてみよう**

キセノンはモル質量 131 g/mol の最も重い安定貴ガスである．表 10.1 の気体で Xe より大きなモル質量をもつものを挙げよ．

**表 10.1　常温で気体である化合物の例**

| 化学式 | 名　称 | 性　質 |
|---|---|---|
| HCN | シアン化水素（青酸） | 非常に有毒，アーモンドの苦い微かなにおい |
| $H_2S$ | 硫化水素 | 非常に有毒，腐った卵のにおい |
| CO | 一酸化炭素 | 有毒，無色，無臭 |
| $CO_2$ | 二酸化炭素 | 無色，無臭 |
| $CH_4$ | メタン | 無色，無臭，可燃性 |
| $C_2H_4$ | エテン（エチレン） | 無色，果実を熟成させる |
| $C_3H_8$ | プロパン | 無色，無臭，可燃性（プロパンガス） |
| $N_2O$ | 亜酸化窒素 | 無色，甘いにおい，笑気 |
| $NO_2$ | 二酸化窒素 | 有毒，赤茶色，刺激臭 |
| $NH_3$ | アンモニア | 無色，鼻にツンとくるにおい |
| $SO_2$ | 二酸化硫黄 | 無色，刺激臭 |

## 10.2 ┃ 圧　　力

日常用語では，**圧力**（pressure）はある物を特定の方向に動かそうと押す力を示す．科学的には圧力 $P$ は，面積 $A$ に働く力 $F$ から次のように定義される．

$$P = \frac{F}{A} \qquad [10.1]$$

つまり，圧力は単位面積あたりの力である．気体は，それが接触しているすべての面に圧力を及ぼす．例えば，膨らませた風船の中の気体は，風船の内部表面に圧力を及ぼしている．

### 大気圧と気圧計

大気中の原子と分子にはすべての物体同様，地球の中心に向かう万有引力（重力）が働いている（§5.1）．しかし，気体の原子や分子は質量が非常に小さいので，運動エネルギーが重力に打ち勝ち，大気の粒子が地球表面に積もることはない．それでも重力は実際には働いており，大気を全体として地球表面に押しつけ，大気圧を生み出している．大気圧は，大気によって単位面積（通常 1 $m^2$）にもたらされる力と定義される．

大気圧の存在は，空のプラスチック製ボトルを使って実証することができる．空のボトルの口から中の空気を吸い出すと，ボトルは部分的に凹むだろう．ボトルの中につくり出した減圧状態を破ると，ボトルはもとの形に戻る．ボトルが凹んだのは，ボトル中の空気の分子を吸い出したとき，大気中の気体分子がボトルの外側に及ぼす力のほうが，ボトルの中の相対的に少ない数の空気分子が及ぼす力よりも大きいからである．

大気圧の大きさは次のように計算する．ある物質によって及ぼされる力 $F$ は，その質量 $m$ およびその加速度 $a$ の積，$F = ma$ で示される．地球の重力によってある物体に及ぼされる加速度は，地球表面の近くでは $9.8\ \mathrm{m/s^2}$ である．

大気を貫く底面積が $1\ \mathrm{m^2}$ の空気の柱を想像してみよう（▼図 10.1）．この柱は約 10 000 kg の質量をもつ．柱に及ぼされる下向きの重力は，

$$\begin{aligned} F &= (10\,000\ \mathrm{kg})(9.8\ \mathrm{m/s^2}) \simeq 1 \times 10^5\ \mathrm{kg{\cdot}m/s^2} \\ &= 1 \times 10^5\ \mathrm{N} \end{aligned}$$

である．

ここで N は，力を表す SI 単位である**ニュートン**の略号で，$1\ \mathrm{N} = 1\ \mathrm{kg{\cdot}m/s^2}$ である．柱によって及ぼされる圧力は，この力の大きさを断面積 $A$ で除したものである．この空気の柱の断面積は $1\ \mathrm{m^2}$ であるから，海表面での大気圧の大きさは

$$\begin{aligned} P &= \frac{F}{A} = \frac{1 \times 10^5\ \mathrm{N}}{1\ \mathrm{m^2}} = 1 \times 10^5\ \mathrm{N/m^2} \\ &= 1 \times 10^5\ \mathrm{Pa} = 1 \times 10^2\ \mathrm{kPa} \end{aligned}$$

になる．

圧力の SI 単位は**パスカル**（pascal，Pa）である．この名称は，圧力について研究したフランス人の化学者ブレーズ・パスカル（Blaise Pascal, 1623-1662）に因んでつけられたもので，$1\ \mathrm{Pa} = 1\ \mathrm{N/m^2}$ である．

関連する圧力の単位としては，**バール**（bar）がある．$1\ \mathrm{bar} = 10^5\ \mathrm{Pa} = 10^5\ \mathrm{N/m^2}$ である．したがって，上に計算した海表面での大気圧 100 kPa（キロパスカル）は，1 bar とも表現される（ある場所での実際の大気圧は，天候と高度に依存する）．

圧力を表すほかの単位としては，ポンド/平方インチ（psi，$\mathrm{lbs/in^2}$）がある．海表面での大気圧は 14.7 psi である．

17 世紀，多くの化学者と哲学者は，大気に重さがないと信じていた．ガリレオの弟子のエヴァンジェリスタ・トリチェリ（Evangelista Torricelli, 1608-1647）は，これが間違っていることを証明した．

トリチェリは**気圧計**（barometer，▼図 10.2）を考案した．これは片方が閉じられ水銀が満たされた長さ 760 mm 以上のガラス管を，水銀の入った皿に倒立させたものである（管の中にはまったく空気が入っていない）．このガラス管を皿に倒立させると水銀の一部が管から抜け出すが，大部分の水銀は管の中に残った状態になる．

これについてトリチェリは次のように考えた．皿の水銀面には地球の大気圧がかかっており，それが管中の水銀を押し上げている．重力によって生じる管中の水銀の下方向への圧力は，管の底面の大気圧に等しい．それゆえ，水銀柱の高さ $h$ は大気圧の尺度となり，大気圧の変化とともに変化する．

トリチェリの説は激しい反対にあったが，支持も得られた．例えばパスカルは，山の頂上にトリチェリの

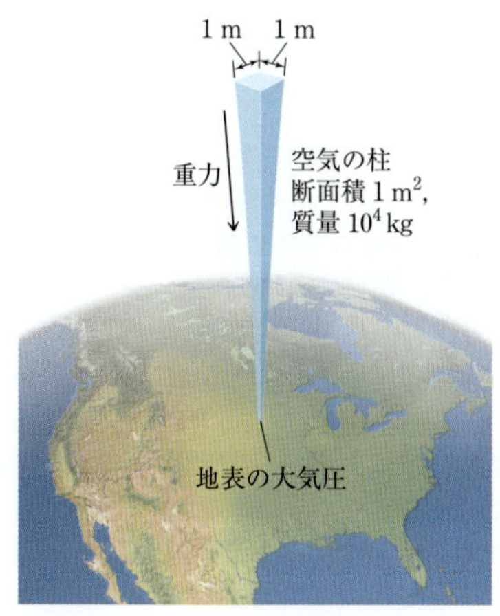

▲図 10.1　大気圧の計算

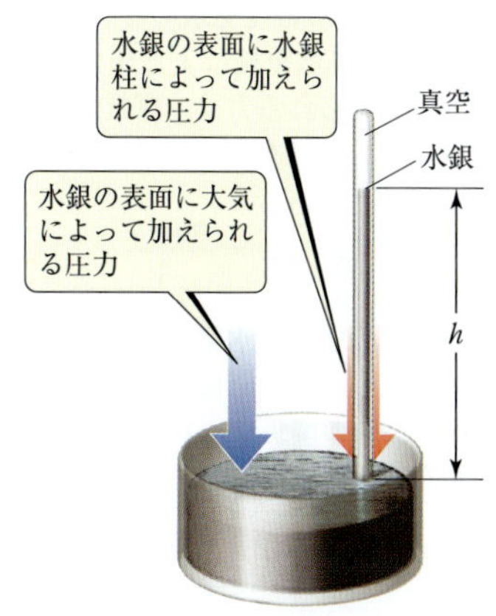

▲図 10.2　水銀気圧計

気圧計を運び，麓においた気圧計の値と比較した．気圧計を頂上に向けて運ぶにつれて，水銀柱の高さは，期待通り減少した．なぜなら，皿の水銀表面に働く大気圧は，気圧計を高いところに運ぶにつれて低下するからである．その後しだいに，大気に重さがあるという考えが受け入れられるようになった．

**標準大気圧**（standard atmospheric pressure）は海水面における圧力で，水銀柱を 760 mm の高さに保持する．SI 単位では，標準大気圧は $1.01325 \times 10^5$ Pa である．

標準大気圧はいくつかの非 SI 単位，例えば，**気圧**（atmosphere，atm）および**ミリメートル水銀柱**（mmHg）でも定義されている．後者はトリチェリに因んでトル（Torr，1 Torr = 1 mmHg）とも呼ばれる．つまり，

$$\begin{aligned} 1\ \mathrm{atm} &= 760\ \mathrm{mmHg} = 760\ \mathrm{Torr} \\ &= 1.01325 \times 10^5\ \mathrm{Pa} = 101.325\ \mathrm{kPa} \\ &= 1.01325\ \mathrm{bar} \end{aligned}$$

である．

本書では，気体の圧力を示すのにパスカル，キロパスカル，またはトルを使うので，これらの単位を自在に変換できるようにしておこう．

**考えてみよう**

圧力 745 Torr を，次の各単位に変換せよ．
(a) mmHg，(b) atm，(c) kPa，(d) bar

## 例題 10.1　トリチェリの気圧計

トリチェリの気圧計では水銀が使用された．それは水銀の密度が大きく，低密度液体を使うときと比べてコンパクトな気圧計を作ることができるためである．水銀の密度 $d_{\mathrm{Hg}}$ を，大気圧が $1.01 \times 10^5$ Pa のとき，気圧計の水銀柱が 760 mm の高さになることから計算せよ．水銀の入っている管の断面積は一定とする．

### 解　法

**分析**　トリチェリの気圧計の基本原理は，大気によって押される圧力が水銀柱によって押される圧力と等しいことである．後者は，管中の水銀の質量に対する重力の働きによるものである．両者の圧力が等しいとして，変数を相殺することで水銀の密度を求めることができるので，それを適当な単位に換算する．

**方針**　式 10.1 を用いて，水銀柱による圧力を求める．ついで，$d = m/V$ から密度を求める．

**解**　式 10.1 を用いて水銀柱による圧力を計算する．水銀柱によって加えられる力は，質量に地表での重力加速度 $g$ を掛けたものである（$F = m \times g$）．

$$P_{\mathrm{Hg}} = \frac{F}{A} = \frac{m_{\mathrm{Hg}}g}{A}$$

水銀の質量は，その密度に水銀柱の体積を乗じたものと等しい．体積は，高さに断面積を乗じたもの（$V = h \times A$）である．この関係を用いると，値が明示されてない断面積を相殺できる．

$$P_{\mathrm{Hg}} = \frac{m_{\mathrm{Hg}}g}{A} = \frac{(d_{\mathrm{Hg}}V)g}{A} = \frac{d_{\mathrm{Hg}}(hA)g}{A} = d_{\mathrm{Hg}}hg$$

水銀柱の圧力と大気圧が等しいことから，次の式を得る．

$$P_{\mathrm{atm}} = P_{\mathrm{Hg}} = d_{\mathrm{Hg}}hg$$

最後に，式を $d_{\mathrm{Hg}}$ を得るように変形して，適切な数値を代入する．圧力は，基本となる SI 単位に変換する [$\mathrm{Pa} = \mathrm{N/m^2} = (\mathrm{kg \cdot m/s^2})/\mathrm{m^2} = \mathrm{kg/m \cdot s^2}$]．

$$d_{\mathrm{Hg}} = \frac{P_{\mathrm{atm}}}{hg} = \frac{1.01 \times 10^5\ \mathrm{kg/m \cdot s^2}}{(0.760\ \mathrm{m})(9.81\ \mathrm{m/s^2})} = 1.35 \times 10^4\ \mathrm{kg/m^3}$$

**チェック**　水の密度は 1.00 g/cm$^3$，つまり 1000 kg/m$^3$ である．求めた水銀の密度は水よりも 14 倍大きい．この値は，Hg のモル質量が水の約 11 倍であることを考えると，妥当である．

**演　習**

ガリウムは室温より少し上の温度で融解し，非常に広い範囲で液体である（30～2204℃）．この性質は，高温での気圧計で使用する液体として適切である．ガリウムの密度 $d_{\mathrm{Ga}} = 6.0\ \mathrm{g/cm^3}$ を用いて，外部圧力 $9.5 \times 10^4$ Pa のときのガリウム柱の高さを計算せよ．

閉じた空間の圧力を測定するために，さまざまな装置が利用されている．例えば，タイヤゲージは，自動車や自転車のタイヤ中の空気の圧力を測定する装置である．実験室では，しばしば例題 10.2 に示す**マノメーター**（manometer，水銀圧力計）を使用する．

## 10.3 気 体 の 法 則

気体の物理的状態を定義するには 4 個の変数，すなわち温度，圧力，体積および物質量が必要である．これらの変数の関係を示す方程式は**気体の法則**（gas law）として知られている．まず，体積と他の一つの変数の関係を，これら以外の 2 個の変数は一定として調べる．

### 圧力と体積の関係：ボイルの法則

大気の圧力は高度が増すにつれて減少するので，地球表面で放たれた気象観測気球は，高度とともに膨張する（▶ 図 10.4）．この気球の変化から，気体の体積は圧力が減少するにつれて増加することがわかる．

英国の化学者ロバート・ボイル（Robert Boyle, 1627-1691）は，▶ 図 10.5 に示したような J 形の管を使って，気体の圧力と体積との関係を初めて調べた．

左側の管の水銀上には，ある量の気体が閉じ込められている．ボイルは左側の管の水銀柱の上にある気体の圧力を，右側の管に水銀を加えて変化させられると

---

**例題 10.2　マノメーターを使って気体の圧力をはかる**

ある日の実験室の気圧計は，大気圧として 764.7 Torr を示した．気体試料の入ったフラスコが，反対側が開放されている水銀マノメーターに接続されており（▶ 図 10.3），メートル定規を使ってU字管の二つの枝の水銀の高さを測定した．開放側の水銀柱の高さは 136.4 mm，フラスコ側の水銀柱の高さは 103.8 mm だった．フラスコ中の気体の圧力を，（**a**）気圧，および（**b**）kPa 単位で求めよ．

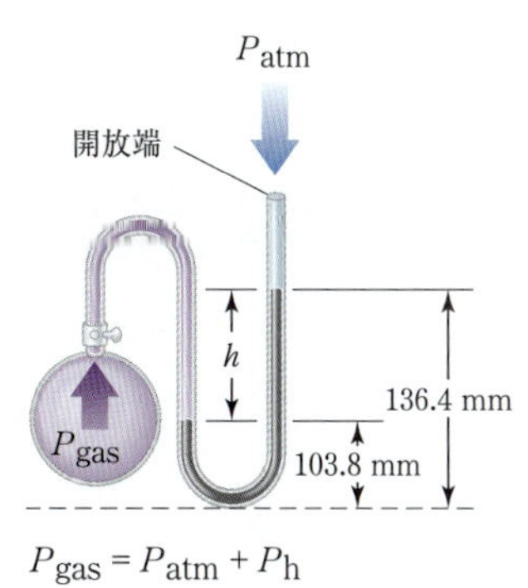


▲ 図 10.3　水銀マノメーター

**解　法**

**分析**　大気圧（764.7 Torr），およびマノメーターの二つの枝における水銀柱の高さが与えられており，フラスコ中の気体の圧力を決定することが求められている．mmHg が圧力の単位であることを思い出そう．フラスコ中の気体の圧力は大気圧よりも大きい．なぜなら，フラスコ側の枝中の水銀の高さ（103.8 mm）は，大気圧に開放されている枝中の水銀の高さより低いからである．つまり，フラスコの気体は，水銀をフラスコについた枝から大気圧に開放されている側に押している．

**方針**　この水銀の高さの違いから，気体の圧力が大気圧を超えている量を得る．開放端をもつ水銀マノメーターを使っているので，高さの違いは気体と大気圧の間の mmHg または Torr での圧力の違いを直接測定している．

**解**　（**a**）気体の圧力は，大気圧に水銀面の高さの差 $h$ に相当する圧力 $P_h$ を加えたものに等しい．

$$\begin{aligned} P_{gas} &= P_{atm} + P_h \\ &= 764.7\ \text{Torr} + (136.4\ \text{Torr} - 103.8\ \text{Torr}) \\ &= 797.3\ \text{Torr} \end{aligned}$$

気体の圧力を気圧に換算する．

$$P_{gas} = (797.3\ \text{Torr})\left(\frac{1\ \text{atm}}{760\ \text{Torr}}\right) = 1.049\ \text{atm}$$

（**b**）kPa 単位で圧力を計算するためには，気圧と kPa 間の変換係数を利用する．

$$1.049\ \text{atm}\left(\frac{101.3\ \text{kPa}}{1\ \text{atm}}\right) = 106.3\ \text{kPa}$$

**演　習**

フラスコ中の気体の圧力が増加し，開放端の水銀柱の高さが 5.0 mm 上昇した．フラスコ中の気体の圧力（Torr）はいくつになったか．

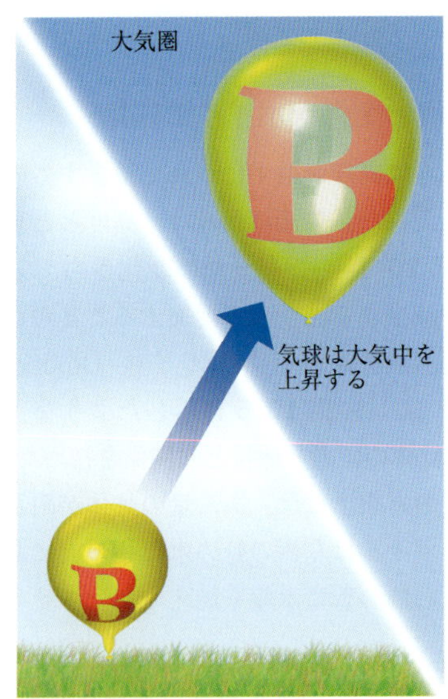


▲図 10.4　**気球が大気中を上昇すると，その体積が増加する．**

考えた．この実験からボイルは，気体の体積は圧力の増加とともに減少することを発見した．例えば，圧力を2倍にすると，気体の体積は半分に減少した．

これらの結果から，**ボイルの法則**（Boyle's law）は，**温度が一定のとき，気体の体積は圧力に反比例する**，とまとめられる．

ボイルの法則は，次のように数学的に示すことができる．

$$V = 定数 \times \frac{1}{P} \quad または \quad PV = 定数 \qquad [10.2]$$

式中の定数は，気体の物質量と温度に依存する．

▼図 10.6に示した$V$と$P$の関係のグラフは，一定温度の一定量の気体に対して得られたものである．図10.6の右に示すように，$V$を$1/P$に対してプロットすると直線の関係が得られる．

ボイルの法則は科学史の中で特別な意味をもつ．というのは，ボイルが初めて，一つの変数を系統的に変化させて他方の変数への影響を決定するという実験を行ったからである．その後，実験により得られたデータから，経験則すなわち“法則”が導かれた．

私たちは呼吸するごとにボイルの法則に従っている．胸郭（拡大・収縮する）および横隔膜（肺の下の筋肉）は，肺の体積をコントロールしている．胸郭が拡大して横隔膜が下がると吸気が起こる．双方の動きにより肺の体積が増加し，肺の内部の気体の圧力が減少する．その後，大気圧によって，肺の中の圧力が大

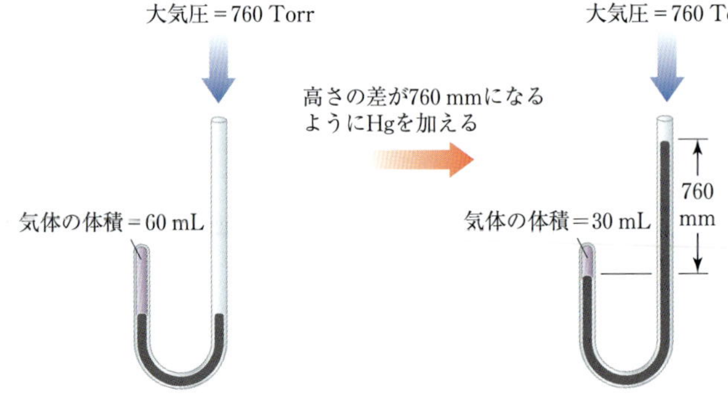


▲図 10.5　**圧力と気体の体積を関連づけたボイルの実験**

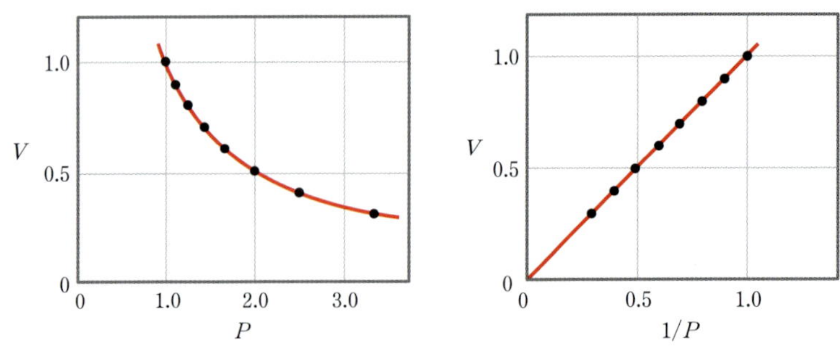


▲図 10.6　**ボイルの法則**
温度および物質量一定のもとでは，気体の体積は圧力に反比例する．

気圧と等しくなるまで空気が肺に入る．呼気はこの逆過程である．つまり，胸郭が収縮して横隔膜が上がると肺の体積が減少する．その結果生じた圧力の増加によって，肺から気体が排出される．

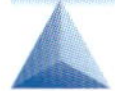

**考えてみよう**

密閉容器中で，温度を一定に保ちながら気体の体積を 2 倍にすると，圧力はどうなるだろうか．

## 温度と体積の関係：シャルルの法則

▼**図 10.7** に示すように，膨らませた風船の体積は，風船中の気体の温度が上がると増加し，気体の温度が下がると減少する．

気体の体積と温度の関係—体積は温度が上がると増加し，下がると減少する—は，1787 年にフランスの化学者ジャック・シャルル（Jacques Charles, 1746–1823）によって発見された．

典型的な体積と温度の関係のデータを▶**図 10.8** に示す．外挿線（点線）が −273℃で体積ゼロの点を通ることに注意しよう．ただし，すべての気体はこの温度に達する前に液化あるいは固化するので，このような状態は決して実現しない．

1848 年，ケルビン卿として知られる英国の物理学者ウィリアム・トムソン（William Thomson, 1824–1907）は，絶対温度（K，今日ではケルビン温度，熱力学的温度という）を提案した．この温度尺度で 0 K は**絶対零度**と呼ばれ，−273.15℃に等しい（§**1.4**）．ケルビン温度を使うと，シャルルの法則（Charles's law）は次のように表せる．**圧力が一定のとき，気体の体積は絶対温度に比例する**．つまり，絶対温度が 2 倍になると，気体の体積は 2 倍になる．

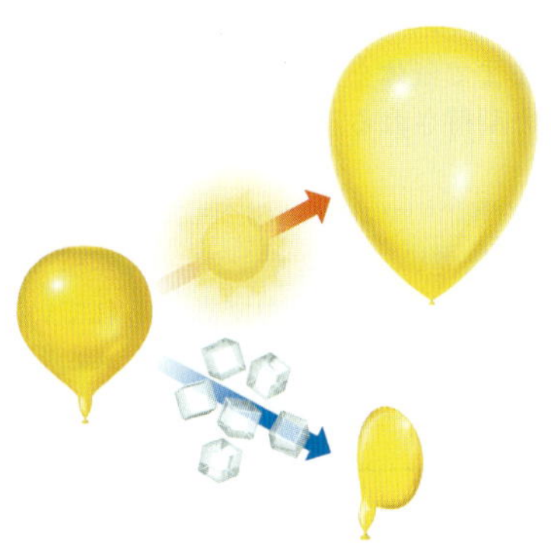

▲**図 10.7**　温度が体積に与える影響

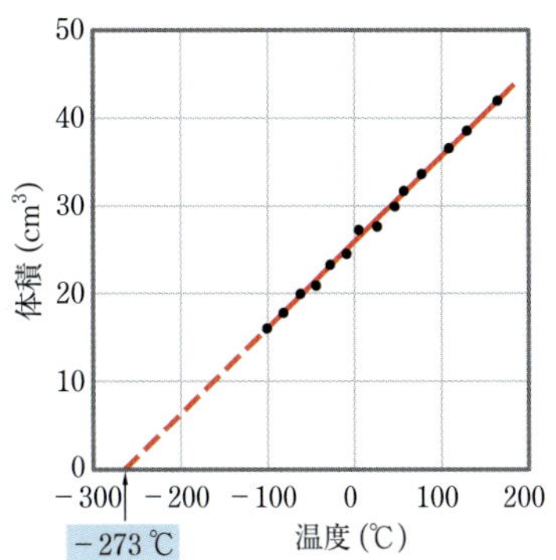


▲**図 10.8**　シャルルの法則
圧力および物質量一定のもとでは，気体の体積は温度に比例する．

数式では，シャルルの法則は次式のようになる．

$$V = 定数 \times T \quad または \quad V/T = 定数 \qquad [10.3]$$

ここで，定数は気体の物質量と圧力に依存する．

**考えてみよう**

ある量の気体の体積は，温度が 100℃から 50℃に低下すると，もとの体積の半分になるだろうか．

## 物質の量と体積の関係：アボガドロの法則

気体の物質量とその体積の関係は，ジョセフ・ルイ・ゲイ・リュサック（Joseph Louis Gay-Lussac, 1778–1823）およびアメデオ・アボガドロ（Amedeo Avogadro, 1776–1856）の研究から得られた．

ゲイ・リュサックは，科学の歴史の中でも卓越した著名人の一人で，真の冒険家とも呼べる人物である．1804 年，彼は熱気球に乗って高度約 7000 m まで昇った．これは高度記録の偉業であり，数十年にわたって破られなかった．気球を的確に制御するため，ゲイ・リュサックは気体の性質を研究し，1808 年に**気体反応の法則**（law of combining volumes）をみつけた．すなわち，反応する気体の体積は，圧力と温度が一定のとき，簡単な整数比になる．例えば，ある体積の酸素は，その 2 倍の体積の水素と反応して，酸素の 2 倍の体積の水蒸気を生成する（§**3.1**）．

その 3 年後，アボガドロは，現在**アボガドロの仮説**（Avogadro's hypothesis）と呼ばれる概念を提案して，ゲイ・リュサックの発見を説明した．アボガドロの仮説とは，**同一温度，同一圧力で同じ体積の気体は，同じ数の分子を含む**というものである．例えば，0℃，1 atm で 22.4 L の気体は，▼**図 10.9** に示すように，$6.02 \times 10^{23}$ 個の気体の分子（つまり 1 mol）を含む．

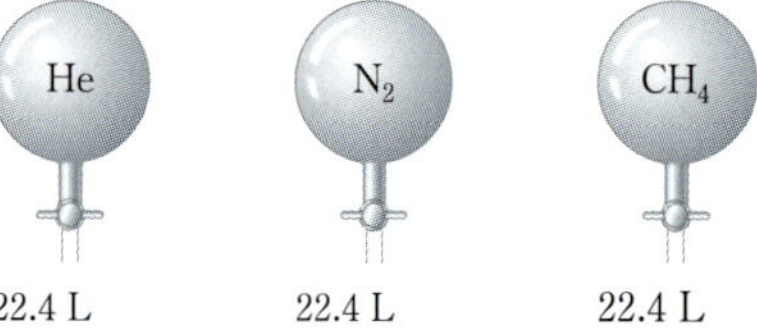


| | | | |
|---|---|---|---|
| 体　積 | 22.4 L | 22.4 L | 22.4 L |
| 圧　力 | 1 atm | 1 atm | 1 atm |
| 温　度 | 0℃ | 0℃ | 0℃ |
| 気体の質量 | 4.00 g | 28.0 g | 16.0 g |
| 気体分子の数 | $6.02 \times 10^{23}$ | $6.02 \times 10^{23}$ | $6.02 \times 10^{23}$ |

▲**図 10.9　アボガドロの仮説**
同一体積，同一圧力，同一温度の気体は種類にかかわらず同じ数の分子を含むが，質量は異なる．

**アボガドロの法則**（Avogadro's law）は，アボガドロの仮説から導かれた．温度と圧力が一定に保たれた気体の体積は，気体の物質量に正比例する．つまり，

$$V = 定数 \times n \qquad [10.4]$$

ここで，$n$ は物質量である．それゆえ，気体の物質量を 2 倍にすると，$T$ と $P$ が一定なら体積は 2 倍になる．

## 10.4 ┃ 理想気体の法則

前節で紹介した三つの法則は，4 個の変数 $P$，$V$，$T$，$n$ のうち 2 個を一定とし，残りの 2 個の変数が互いにどのように影響し合うかを調べることから得られた．三つの法則は，比例を示す記号∝を用いて次の式で示される．

### 例題 10.3　気体の $P$，$V$，$n$ および $T$ が変化したときの効果を求める

可動ピストンを備えた筒の中の気体に対し（§5.2，§5.3），次の変化を考える（気体の漏れはない）．

(**a**) 圧力一定で気体を加熱する．
(**b**) 一定温度で体積を減らす．
(**c**) 温度と体積を一定に保ったまま，気体を追加注入する．

それぞれの変化は，(1) 気体の圧力，(2) 筒中の気体の物質量，(3) 平均分子間距離，にどのような影響を与えるか記せ．

#### 解　法

解　(**a**) 一定圧力では，明らかに圧力は変化しない．気体の物質量も同じままである．圧力を一定に保ったまま気体を加熱すると，ピストンが動いて体積が増加する（シャルルの法則）．つまり，分子間の距離は増大する．

(**b**) 体積の減少は，圧力の増加を引き起こす（ボイルの法則）．気体を圧縮して体積を減少させても，気体分子の数は変わらない．つまり，物質量は同じままである．平均分子間距離は，体積が小さくなるので減少する．

(**c**) 体積と温度を一定に保ったまま気体を筒の中に追加注入すると，筒中の分子数が増加し，つまり気体の物質量が増加する．単位体積あたりの分子の数が増加するので，平均分子間距離は減少する．アボガドロの法則は，圧力と温度が一定のもとで筒中に気体を追加すると体積が増加しなければならないことを示している．ここでは体積と温度は一定に保たれているので，圧力が変化するはずである．ここでボイルの法則の助けを借りよう．すなわち，体積が小さくなれば圧力は高くなる（$PV$ = 一定）．それゆえ，体積と温度を一定に保ったままで気体を追加注入すると，筒中の圧力は増加すると期待される．

#### 演　習

病院で使われている酸素ボンベ（内容積 35.4 L）には，酸素が 149.6 atm の圧力で詰められている．もし酸素を，温度を変えずに 1 atm に保たれた容器に移すと，体積はどれほどになるか．

ボイルの法則： $V \propto \frac{1}{P}$ （定数 $n, T$）

シャルルの法則： $V \propto T$ （定数 $n, P$）

アボガドロの法則： $V \propto n$ （定数 $P, T$）

これらの関係式は，次の一般化された気体の法則にまとめられる．

$$V \propto \frac{nT}{P}$$

そして，比例定数 $R$ を用いると，次の式を得る．

$$V = R\left(\frac{nT}{P}\right)$$

これを変形すると，

$$PV = nRT \qquad [10.5]$$

になる．これが，**理想気体の式**（ideal-gas equation または ideal-gas law）である．理想気体は仮想的な気体で，圧力，体積，温度の関係が，理想気体の式で完全に記述できる気体のことである．

理想気体の式は，(a) 理想気体の分子は相互作用しない，(b) 分子そのものの体積の和は気体が占める体積よりもはるかに小さい，と仮定して導かれている．つまり，分子そのものは容器中の空間をまったく占めないと考える．

多くの場合，この仮定によってもたらされる誤差は許容できる．精密な計算が必要な場合，分子の相互作用や，分子の大きさがわかるなら，仮定を修正することができる．

理想気体の式中の $R$ は，**気体定数**（gas constant）である．$R$ の値と単位は，$P$, $V$, $n$, $T$ の単位に依存する．理想気体の式中の $T$ の値は，つねに絶対温度［単位はケルビン（K）であり，セルシウス温度（℃）ではない］である．気体の物質量 $n$ は通常モルで示す．圧力と体積の単位としては，それぞれ atm（気圧）と L（リットル）を使うことがある．SI 単位系では，圧力の単位として Pa（パスカル）を使う．

▶**表 10.2** に，さまざまな単位における $R$ の値を示す．理想気体の式を使うときは，問題に使われている $P, V, n, T$ の単位に対応する $R$ を選ばなければならない．本章では，圧力の単位として atm を用いることが多いため，気体定数は $R = 0.08206$ L·atm/mol·K を最もよく使う．

1.000 atm，0.00℃（273.15 K）で 1.000 mol の理想気体を考えよう．理想気体の式に従うと，その気体の体積は，

$$V = \frac{nRT}{P}$$

$$= \frac{(1.000\ \text{mol})(0.08206\ \text{L·atm/mol·K})(273.15\ \text{K})}{1.000\ \text{atm}}$$

$$= 22.41\ \text{L}$$

である．0℃，1 atm は，**標準温度圧力**（standard temperature and pressure）と呼ばれ，**STP** と略記される[※1]．STP での 1 mol の理想気体の体積 22.41 L は，STP における理想気体の**モル体積**として知られる．

**表 10.2 さまざまな単位で表した気体定数 $R$ の値**

| 単 位 | 数 値 |
|---|---|
| L·atm/mol·K | 0.08206 |
| J/mol·K* | 8.314 |
| cal/mol·K | 1.987 |
| $m^3$·Pa/mol·K* | 8.314 |
| L·Torr/mol·K | 62.36 |

* SI 単位

**考えてみよう**

立方体容器中に STP の理想気体 1 mol が入っている．立方体の一辺は何 cm か．

理想気体の式は，さまざまな状況下におけるほとんどの気体の性質をうまく説明できる．しかし，この式は，実在する気体に対して厳密には正しくない（▶**図 10.10**）．それゆえ，ある $P$, $n$, $T$ のもとで測定される体積は，$PV = nRT$ から計算される体積と異なるかもしれない．実在気体はつねに理想的にふるまうわけではないが，その挙動と理想気体との差はかなり小さいので，非常に精密な作業以外では，その差を無視できる．

※1 訳注：日本の高校化学では STP を“標準状態”と呼んでいるが，一般に“標準状態”は §5.7 で説明したように 1 atm，25℃である．

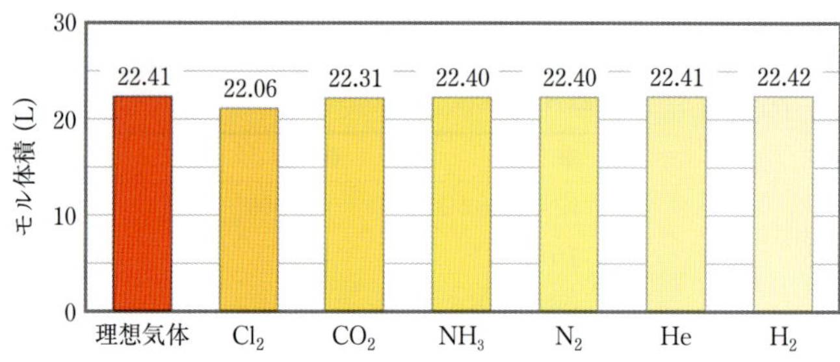


◀ **図 10.10　標準温度圧力（STP）におけるモル体積の比較**

## 例題 10.4　理想気体の式を使う

石灰岩の主成分である炭酸カルシウム $CaCO_3$ (s) は，加熱により分解して CaO (s) と $CO_2$ (g) になる．$CaCO_3$ の試料を分解して二酸化炭素を 250 mL フラスコに捕集した．分解完結後，その気体の圧力は，31℃で 1.3 atm だった．$CO_2$ の物質量を求めよ．

### 解　法

**方針**　$V$，$P$，$T$ が与えられているので，理想気体の式を解くことで未知数 $n$ が得られる．

**解**　気体の法則の問題を分析して解くときには，問題で与えられている情報を表にし，それらの値の単位が $R$ (0.082 06 L･atm/mol･K) の単位と一致するように変換するとよい．この場合，与えられている値は

$$V = 250\ \text{mL} = 0.250\ \text{L}$$
$$P = 1.3\ \text{atm}$$
$$T = 31\,℃ = (31 + 273)\text{K} = 304\ \text{K}$$

である（**注意：理想気体の式を解くときには，つねに絶対温度を使う**）．

理想気体の式を，$n$ を得るように変形する．

$$n = \frac{PV}{RT}$$

$$n = \frac{(1.3\ \text{atm})(0.250\ \text{L})}{(0.08206\ \text{L·atm/mol·K})(304\ \text{K})} = 0.013\ \text{mol}\ CO_2$$

### 演　習

テニスボールは通常，よく弾むように空気か $N_2$ が大気圧以上の圧力に充填されている．テニスボールの体積が 144 $cm^3$ で，0.33 g の窒素が満たされていたとしたら，ボール中の圧力は 24℃でどれだけか．

## 理想気体の式と気体の法則

§10.3 で議論した気体の法則は，理想気体の式の特別な場合である．例えば，$n$ と $T$ が一定のとき，積 $nRT$ は定数となる．

$$PV = nRT = \text{定数} \qquad [10.6]$$

つまり，ボイルの法則である．$n$ と $T$ が一定でも，$P$ と $V$ は変化できるが，積 $PV$ は一定である．

同様に，理想気体の式から出発して，2 個の変数 $V$ と $T$（シャルルの法則），$n$ と $V$（アボガドロの法則），または $P$ と $T$ の間の関係式を導くことができる．

## 例題 10.5　温度変化が圧力に与える影響を計算する

エーロゾル（スプレー）缶の中の気体の圧力は，25℃で 1.5 atm である．気体が理想気体の式に従うと仮定して，缶を 450℃に加熱したときの圧力を求めよ．

### 解　法

**方針**　体積と気体の物質量は変化しないので，圧力と温度の関係式を使う．温度をケルビン温度に変換して，与えられた情報を表にすると，次のようになる．

| | $P$ | $T$ |
|---|---|---|
| 初期状態 | 1.5 atm | 298 K |
| 最終状態 | $P_2$ | 723 K |

**解**　$P$ と $T$ の関係式を求めるため，理想気体の式からスタートして，変化しない量（$n$，$V$，$R$）を右辺に，変数を左辺にまとめる．

$$\frac{P}{T} = \frac{nR}{V} = \text{定数}$$

比 $P/T$ は定数なので，

$$\frac{P_1}{T_1} = \frac{P_2}{T_2}$$

と書ける（ここで，下付き数字の1と2は，それぞれ初期および最終状態を示す）．$P_2$を得るように変形して，与えられたデータを代入すると，

$$P_2 = (1.5\,\mathrm{atm})\left(\frac{723\,\mathrm{K}}{298\,\mathrm{K}}\right) = 3.6\,\mathrm{atm}$$

が得られる．

**コメント**　この例から，なぜスプレー缶を高温にしないように注意書きがあるのか理解できるだろう．

**演　習**

天然ガスタンクの中の圧力は2.20 atmに保たれている．温度が−15℃のとき，タンク中の気体の体積は$3.25 \times 10^3\,\mathrm{m}^3$である．この気体の体積は，温度が31℃ではどれほどになるか．

一定の物質量の気体に対して，$P$，$V$，$T$がすべて変化する状況にもしばしば出合う．この状況では$n$は定数なので，理想気体の式は次のようになる．

$$\frac{PV}{T} = nR = 定数$$

もし，最初と最後の状態を，それぞれ下付き数字の1と2で示すと，

$$\frac{P_1V_1}{T_1} = \frac{P_2V_2}{T_2} \qquad [10.7]$$

と書ける．この式は**ボイル-シャルルの法則**（combined gas law）と呼ばれる．

### 例題 10.6　ボイル-シャルルの法則

海水面（1.0 atm）で6.0 Lの体積をもつ風船がある．この風船を圧力が0.45 atmになるまで上昇させた．上昇中，気体の温度は22℃から−21℃に下がった．最終高度での風船の体積を計算せよ．

**解　法**

**方針**　温度をケルビン温度に変換し，情報を表にまとめることから始めよう．

| | $P$ | $V$ | $T$ |
|---|---|---|---|
| 初期状態 | 1.0 atm | 6.0 L | 295 K |
| 最終状態 | 0.45 atm | $V_2$ | 252 K |

$n$は一定なので，式10.7が使える．

**解**　式10.7を$V_2$を与えるように変形すると，以下を得る．

$$V_2 = V_1 \times \frac{P_1}{P_2} \times \frac{T_2}{T_1}$$
$$= (6.0\,\mathrm{L})\left(\frac{1.0\,\mathrm{atm}}{0.45\,\mathrm{atm}}\right)\left(\frac{252\,\mathrm{K}}{295\,\mathrm{K}}\right) = 11\,\mathrm{L}$$

**チェック**　結果は妥当にみえる．計算では，初期の体積に対して圧力の比と温度の比を乗算していることに注意せよ．

直感的に，圧力の減少は体積の増加を引き起こすことが期待できる．一方，温度の減少は体積の減少を引き起こすはずである．圧力変化は温度変化よりもかなり大きいので，圧力変化の効果が最終体積の決定に支配的であると期待でき，実際そうなっている．

**演　習**

0℃，1 atmで0.5 molの酸素の気体が可動ピストンを備えた筒の中に入っている．ピストンを動かして気体を圧縮し，最終体積を初期体積の半分，最終圧力を2.2 atmにした．気体の最終温度は何℃か．

## 10.5 ▍理想気体の法則の応用

### 気体の密度とモル質量

密度は単位体積あたりの質量である（$d = m/V$）（§1.4）．理想気体の式を変形すると，単位体積あたりの物質量の式が得られる．

$$\frac{n}{V} = \frac{P}{RT}$$

両辺にモル質量$M$を乗じると，

$$\frac{nM}{V} = \frac{PM}{RT} \qquad [10.8]$$

が得られる．次の式からわかるように，左辺はg/Lで表した密度である．

$$\frac{物質量\,(\mathrm{mol})}{体積\,(\mathrm{L})} \times \frac{質量\,(\mathrm{g})}{物質量\,(\mathrm{mol})} = \frac{質量\,(\mathrm{g})}{体積\,(\mathrm{L})}$$

つまり，気体の密度は式10.8の右辺によって与えられる．

$$d = \frac{nM}{V} = \frac{PM}{RT} \qquad [10.9]$$

この式から，気体の密度は圧力，モル質量，温度に依存することがわかる．気体の密度は，モル質量と圧力が高くなると大きく，温度が高くなると小さくなる．2種の気体は均一混合物になろうとするが，かき混ぜなければ，密度の小さな気体は密度の大きな気体の上に拡がる．

例えば，$CO_2$ は $N_2$ や $O_2$ より分子量が大きいため，空気よりも密度が大きい．このため，二酸化炭素消火器から放出された $CO_2$ は炎を覆い，$O_2$ を可燃物質から遮断する．固体の $CO_2$ であるドライアイスは室温で直接気体の $CO_2$ になり，生じた霧（実際は二酸化炭素によって冷やされて凝縮した水滴）は空気中を下方に流れ落ちる（▼図 10.11）．

圧力とモル質量が等しく，温度が異なる二つの気体があるとき，より暖かい気体は冷たい気体よりも密度が小さいため，上昇する．熱気球が上昇するのは，暖かい空気と冷たい空気の密度の差のためである．この密度の差は，雷雨の際にみられる積乱雲の発達のような，多くの気象現象を引き起こす原因となっている．

**考えてみよう**

温度と圧力が同じ水蒸気と $N_2$ の密度を比較せよ．

▲図 10.11　二酸化炭素の気体は空気より密度が大きいため，下に流れる．

## 例題 10.7　気体の密度の計算

714 Torr，125℃における気体の四塩化炭素の密度を計算せよ．

**解　法**

**方針**　密度は式 10.9 を用いて計算できる．しかし，計算の前に，与えられた値を適当な単位に変換しなければならない．また，$CCl_4$ のモル質量も計算する必要がある．

**解**　絶対温度は 125 + 273 = 398 K である．圧力は，(714 Torr) (1 atm/760 Torr) = 0.939 atm である．$CCl_4$ のモル質量は 12.01 + (4) (35.45) = 153.8 g/mol である．したがって，以下の答が得られる．

$$d = \frac{(0.939\,\text{atm})(153.8\,\text{g/mol})}{(0.08206\,\text{L·atm/mol·K})(398\,\text{K})} = 4.42\,\text{g/L}$$

**チェック**　モル質量（g/mol）を密度（g/L）で割ると，L/mol になる．その数値はおおよそ 154 ÷ 4.4 = 35 である．この値は大気圧近くで 125℃に加熱された気体のモル体積の概算値として適切であり，答は妥当である．

**演　習**

土星の最大の衛星タイタンの表面における大気の平均モル質量は 28.6 g/mol である．また，その表面温度は 95 K で，圧力は 1.6 atm である．理想気体と仮定して，タイタンの大気の密度を計算せよ．

式 10.9 は，気体のモル質量が求められるように変形できる．

$$M = \frac{dRT}{P} \qquad [10.10]$$

つまり，例題 10.8 に示すように，気体の密度を実験により測定することで，気体分子のモル質量を決定できる．

## 化学反応における気体の体積

化学反応に関与する気体の体積の計算について考えよう．つり合いのとれた化学反応式に基づき，反応物と生成物の相対的な物質量がわかるが，理想気体の式で，気体の物質量と $P$，$V$，$T$ を関係づけることができる．

## 例題 10.8　気体のモル質量の計算

真空にした質量 134.567 g の大きなフラスコがある．このフラスコをモル質量が不明な温度 31℃の気体で圧力 735 Torr まで満たすと，その質量は 137.456 g になった．フラスコ内を再び真空にし，それから 31℃の水で満たすと，その質量は 1067.9 g になった（31℃の水の密度は 0.997 g/mL である）．理想気体の式を適用して，気体のモル質量を計算せよ．

### 解　法

**分析**　気体の温度（31℃）と圧力（735 Torr），およびその体積と質量を導くための情報が与えられていて，それらからモル質量を計算する．

**方針**　与えられた質量の情報を用いて，容器の体積と，その中の気体の質量を計算する．これから気体の密度を計算し，式 10.10 を適用して気体のモル質量を計算する．

**解**　気体の体積は，フラスコを満たした水の体積と等しく，それは水の質量と密度から計算できる．水の質量は，水で満たされたフラスコと真空のフラスコの質量の差である．

$$1067.9\ \mathrm{g} - 134.567\ \mathrm{g} = 933.3\ \mathrm{g}$$

密度の式を変形し，次の結果を得る．

$$V = \frac{m}{d} = \frac{(933.3\ \mathrm{g})}{(0.997\ \mathrm{g/mL})} = 936\ \mathrm{mL} = 0.936\ \mathrm{L}$$

気体の質量は，気体が満たされたフラスコの質量と真空のフラスコの質量の差である．

$$137.456\ \mathrm{g} - 134.567\ \mathrm{g} = 2.889\ \mathrm{g}$$

気体の質量（2.889 g）とその体積（0.936 L）から気体の密度が計算できる．

$$2.889\ \mathrm{g}/0.936\ \mathrm{L} = 3.09\ \mathrm{g/L}$$

圧力を気圧に，温度をケルビン温度に変換したのち，式 10.10 を用いてモル質量を計算する．

$$\begin{aligned} M &= \frac{dRT}{P} \\ &= \frac{(3.09\ \mathrm{g/L})(0.08206\ \mathrm{L{\cdot}atm/mol{\cdot}K})(304\ \mathrm{K})}{0.9671\ \mathrm{atm}} \\ &= 79.7\ \mathrm{g/mol} \end{aligned}$$

**確認**　得られた答の単位は適切であり，また，得られたモル質量の値は室温付近の気体化合物として妥当である．

**演　習**

乾燥空気の平均モル質量を，21℃，750 Torr における密度を 1.17 g/L として計算せよ．

## 例題 10.9　反応における気体の体積

かつて自動車のエアバッグには，アジ化ナトリウム $NaN_3$ が使われた（この化合物は有毒なので，現在使われていない）．この化合物の急速分解によって生成する窒素ガスによってエアバッグが膨らむ．

$$2\,NaN_3(s) \longrightarrow 2\,Na(s) + 3\,N_2(g)$$

エアバッグが 36 L の体積をもち，1.15 atm，26.0℃の窒素ガスで満たされるとすると，何 g の $NaN_3$ が分解されなければならないか．

### 解　法

**分析**　これは多段階問題である．窒素ガスの体積，圧力，温度，$N_2$ を生成する化学反応式が与えられている．これらの情報をもとに，必要な $N_2$ を得るのに必要な $NaN_3$ の質量（g）を計算する．

**方針**　気体のデータ（$P$，$V$，$T$）と理想気体の式を用いて，エアバッグを正しく働かせるのに必要な窒素ガスの物質量を計算する．それから化学量論式を用いて必要な $NaN_3$ の物質量を決定する．最後に，$NaN_3$ の物質量を質量に変換する．

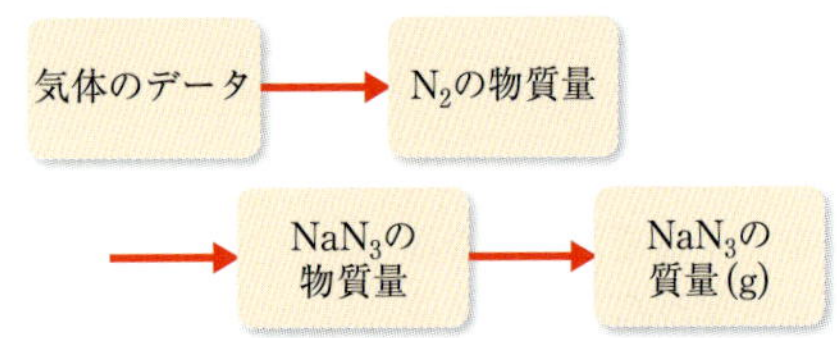


**解**　理想気体の式を用いて，$N_2$ の物質量を決定する．

$$n = \frac{PV}{RT} = \frac{(1.15\,\text{atm})(36\,\text{L})}{(0.08206\,\text{L·atm/mol·K})(299\,\text{K})} = 1.69\,\text{mol N}_2$$

化学量論式の係数を利用して $NaN_3$ の物質量を計算する．

$$(1.69\,\text{mol N}_2)\left(\frac{2\,\text{mol NaN}_3}{3\,\text{mol N}_2}\right) = 1.12\,\text{mol NaN}_3$$

最後に，$NaN_3$ のモル質量を用いて，$NaN_3$ の物質量を質量に変換する．

$$(1.12\,\text{mol NaN}_3)\left(\frac{65.0\,\text{g NaN}_3}{1\,\text{mol NaN}_3}\right) = 73\,\text{g NaN}_3$$

**確認**　それぞれの計算で単位は適切に打ち消され，答として正しい単位 g $NaN_3$ が残っている．

**演　習**

工業的な硝酸の合成における最初の段階では，アンモニアを適切な触媒存在下で酸素と反応させて，一酸化窒素と水蒸気を得る．

$$4\,NH_3\,(g) + 5\,O_2\,(g) \longrightarrow 4\,NO\,(g) + 6\,H_2O\,(g)$$

この反応で，1.00 mol の酸素と反応するのに必要な $NH_3$ (g) は，850℃，5.00 atm で何 L か．

## 10.6 ‖ 混合気体と分圧

これまでは，主として純粋な気体，つまり一つの物質のみが気体状態にあるものを考えてきた．では，2種以上の異なった気体の混合物は，どのように扱うのだろうか．

空気の性質を研究する過程で，ジョン・ドルトン（§2.1）は重要な発見をした．すなわち，**混合気体の全圧は，個々の成分気体がそれだけで存在しているときに及ぼす圧力の和に等しい**．混合気体の特定の成分が及ぼす圧力は，その成分の**分圧**（partial pressure）と呼ばれる．ドルトンの発見は，**ドルトンの分圧の法則**（Dalton's law of partial pressures）として知られている．

$P_t$ を混合気体の全圧，$P_1$，$P_2$，$P_3$ …をそれぞれの気体の分圧とすると，ドルトンの分圧の法則は次のように書ける．

$$P_t = P_1 + P_2 + P_3 + \cdots \qquad [10.11]$$

この式は，次に分析するように，それぞれの気体が他の気体から独立してふるまうことを示唆している．$n_1$，$n_2$，$n_3$ …を混合物中のそれぞれの気体の物質量とし，$n_t$ を気体の全物質量とする．それぞれの気体が理想気体の式に従うなら，次のように書ける．

$$P_1 = n_1\left(\frac{RT}{V}\right);\ P_2 = n_2\left(\frac{RT}{V}\right);\ P_3 = n_3\left(\frac{RT}{V}\right);$$

など

容器中のすべての気体は，同じ温度で同じ体積を占めている．したがって，上式を式 10.11 に代入すると，次式が得られる．

$$P_t = (n_1 + n_2 + n_3 + \cdots)\left(\frac{RT}{V}\right) = n_t\left(\frac{RT}{V}\right) \qquad [10.12]$$

つまり，定温定容積のもとでは，気体試料の全圧は，単一の気体か混合気体かにかかわらず，気体の全物質量によって決まる．

### 分圧とモル分率

混合物中のそれぞれの気体は独立してふるまうため，混合物中のある気体の量を分圧に関係づけることができる．つまり，理想気体では，

$$\frac{P_1}{P_t} = \frac{n_1RT/V}{n_tRT/V} = \frac{n_1}{n_t} \qquad [10.13]$$

となる．

比 $n_1/n_t$ は**気体 1 のモル分率**（mole fraction）と呼ばれ，$X_1$ と記述される．**モル分率** $X$ は次元をもたない値で，混合物中での全物質量に対するある成分の物質量の比を示している．つまり，気体 1 に対して

$$X_1 = \frac{\text{気体1の物質量}}{\text{物質量の和}} = \frac{n_1}{n_t} \qquad [10.14]$$

となる．式 10.13 と 10.14 を組み合わせると，

$$P_1 = \left(\frac{n_1}{n_t}\right) P_t = X_1 P_t \qquad [10.15]$$

が得られる．

空気中の $N_2$ のモル分率は 0.78 である．すなわち，空気中の分子の 78% は $N_2$ である．これは，大気圧が 760 Torr だとすると，$N_2$ の分圧は

$$P_{N_2} = (0.78)(760 \text{ Torr}) = 590 \text{ Torr}$$

であることを意味している．

この結果は直感的に理解できる．つまり，$N_2$ は混合物中の 78% を構成するので，全圧に対して 78% 寄与している．

## 例題 10.10　ドルトンの分圧の法則の応用

6.00 g の $O_2$ (g) と 9.00 g の $CH_4$ (g) の混合物が 0℃，15.0 L の容器に入っている．それぞれの気体の分圧を求めよ．また，容器中の全圧はどれだけか．

**解　法**

**分析**　同体積，同温にある 2 種の気体の圧力を計算する．

**方針**　2 種の気体は互いに独立にふるまうため，理想気体の式を用いて，他の成分気体が存在しないとして圧力を計算する．全圧は二つの気体の分圧の和である．

**解**　まず，それぞれの気体の質量を物質量に変換する．

$$n_{O_2} = (6.00 \text{ g } O_2)\left(\frac{1 \text{ mol } O_2}{32.0 \text{ g } O_2}\right) = 0.188 \text{ mol } O_2$$

$$n_{CH_4} = (9.00 \text{ g } CH_4)\left(\frac{1 \text{ mol } CH_4}{16.0 \text{ g } CH_4}\right) = 0.563 \text{ mol } CH_4$$

それぞれの気体の分圧を，理想気体の式を用いて計算する．

$$P_{O_2} = \frac{n_{O_2}RT}{V} = \frac{(0.188 \text{ mol})(0.08206 \text{ L·atm/mol·K})(273 \text{ K})}{15.0 \text{ L}} = 0.281 \text{ atm}$$

$$P_{CH_4} = \frac{n_{CH_4}RT}{V} = \frac{(0.563 \text{ mol})(0.08206 \text{ L·atm/mol·K})(273 \text{ K})}{15.0 \text{ L}} = 0.841 \text{ atm}$$

ドルトンの分圧の法則（式 10.11）に従うと，容器中の全圧は分圧の和である．

$$P_t = P_{O_2} + P_{CH_4} = 0.281 \text{ atm} + 0.841 \text{ atm} = 1.122 \text{ atm}$$

**チェック**　およそ 1 atm の圧力は，約 0.2 mol の $O_2$ と 0.5 mol より少し多い $CH_4$ の混合物が合わせて 15 L の体積であるのに対して，正しそうである．なぜなら理想気体 1 mol は，1 atm，0℃ にあるとき，約 22 L を占めるからである．

**演　習**

273 K で 10.0 L の容器に入っている 2.00 g の $H_2$ (g) と 8.00 g の $N_2$ (g) の混合物の全圧を求めよ．

## 例題 10.11　モル分率と分圧の関係

植物の生長に対する気体の効果を研究するのに，1.5 mol% の $CO_2$，18.0 mol% の $O_2$，80.5 mol% の Ar からなる人工大気が使われる．

(a)　全圧が 745 Torr のときの $O_2$ の分圧を求めよ．

(b)　この人工大気を 295 K で 121 L つくるときに必要な $O_2$ の物質量を求めよ．

**解　法**

**分析**　(**a**) では，$O_2$ の分圧をその mol% と混合物の全圧から計算する．(**b**) では，混合物中の $O_2$ の物質量を，その体積（121 L），温度（295 K）および（**a**）で求められた分圧から計算する．

**方針**　式 10.15 を用いて分圧を計算し，それから理想気体の式で $P_{O_2}$，$V$，$T$ を用いて $O_2$ の物質量を計算する．

**解**　(**a**) mol% は，モル分率の 100 倍である．つまり，$O_2$ のモル分率は 0.180 である．式 10.15 により，$P_{O_2}$ を求める．

$$P_{O_2} = (0.180)(745\ \mathrm{Torr}) = 134\ \mathrm{Torr}$$

(**b**) 与えられた変数を並べ，適切な単位に変換する．

$$P_{O_2} = (134\ \mathrm{Torr})\left(\frac{1\ \mathrm{atm}}{760\ \mathrm{Torr}}\right) = 0.176\ \mathrm{atm}$$

$$V = 121\ \mathrm{L}$$
$$n_{O_2} = ?$$
$$R = 0.08206\ \mathrm{L \cdot atm/mol \cdot K}$$
$$T = 295\ \mathrm{K}$$

理想気体の式から $n_{O_2}$ を求める．

$$n_{O_2} = P_{O_2}\left(\frac{V}{RT}\right)$$
$$= (0.176\ \mathrm{atm})\frac{121\ \mathrm{L}}{(0.08206\ \mathrm{L \cdot atm/mol \cdot K})(295\ \mathrm{K})}$$
$$= 0.879\ \mathrm{mol}$$

**演　習**

土星の最大の衛星タイタンの大気の組成が，探査機ボイジャー 1 号によって測定さたデータから推定されている．タイタンの地表面での圧力は 1220 Torr で，大気は $N_2$ 82 mol%，Ar 12 mol%，$CH_4$ 6.0 mol% から構成されている．それぞれの気体の分圧を求めよ．

## 10.7 気体分子運動論

理想気体の式は，気体が**どのように**ふるまうかを記述しているが，**なぜ**そのようにふるまうのかを説明するものではない．なぜ，気体は加熱すると膨張するのだろうか．また，なぜ圧縮すると圧力が上がるのだろうか．

気体の物理特性を理解するためには，圧力や温度のような状態が変化したとき，気体の粒子に何が起こるかを示すためのモデルが必要である．**気体分子運動論**（kinetic-molecular theory of gases）として知られるそのようなモデルは，約 100 年以上にわたって開発され，1857 年にルドルフ・クラウジウス（Rudolf Clausius, 1822-1888）が完全で満足できる理論を完成させた．

気体分子運動論（運動する分子の理論）は，次の各項に要約される．

1. 気体は，連続してランダムに動いている多くの分子から構成される（ここでの**分子**とは，ある気体の最小の粒子をさしている．なお，いくつかの気体，例えば，貴ガスは個々の原子から構成されている．気体分子運動論は，すべて原子からなる気体にも等しく適用される）．
2. 気体分子そのものの体積の総和は，気体が占めている全体積と比較して無視できる．
3. 気体分子間の引力および反発力は無視できる．
4. ある分子のエネルギーは，分子衝突により他の分子に移動できるが，温度が一定に保たれる限り，分子の**平均**運動エネルギーは変化しない．
5. 分子の平均運動エネルギーは絶対温度に比例する．温度が一定なら，すべての気体の分子は同一の平均運動エネルギーをもつ．

分子運動論は圧力と温度の両方を，分子レベルで説明するものである．気体の圧力は，分子が容器の壁にぶつかることでもたらされる（▼ **図 10.12**）．圧力の大きさは，どれだけ頻繁に，どれだけ強く分子が壁に衝突するかによって決まる．

気体の絶対温度は，その分子の平均運動エネルギー

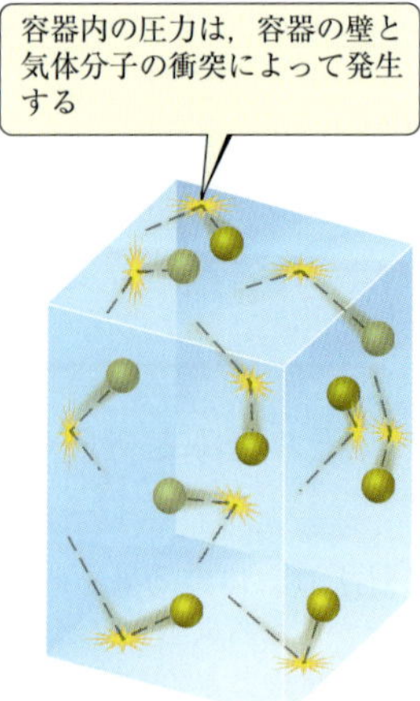


▲ **図 10.12　分子に由来する気体の圧力**

の尺度で，絶対温度が 2 倍になると 2 倍になる．分子運動は温度が高くなるにつれて増大する．

## 速度の分布

気体試料中の分子は，集団として一つの**平均運動エネルギー**，つまり一つの平均速度をもつが，個々の分子は異なった速度で動いている．それぞれの分子は他の分子としばしば衝突する．運動量はそれぞれの衝突で保存されるが，衝突した分子の一つは高速度ではじき飛ばされ，一方，他方はほぼ停止するかもしれない．その結果，どんな瞬間でも試料中の分子は幅広い速度分布をもつ．

0℃と 100℃の窒素気体分子の速度分布を示した▼**図 10.13** では，100℃の分子の大部分は 0℃より速い速度で動くことがわかる．これは 100℃の試料がより高い平均運動エネルギーをもつことを意味する．

気体分子の速度分布グラフのカーブの頂点は最大確率速度 $u_{mp}$ を示している．図 10.13(**a**) における最大確率速度は，例えば 0℃の試料では $4 \times 10^2$ m/s であり，100℃の試料では $5 \times 10^2$ m/s である．

図(**b**) には，分子の**根二乗平均速度**［root-mean-square (**rms**) speed］$u_{rms}$ も示してある．これは試料の平均運動エネルギーと同じ運動エネルギーをもつ分子の速度である．この根二乗平均速度は平均速度 $u_{av}$ と同一ではない．しかし，これら二つの違いは小さい．例えば，図(**b**) の根二乗平均速度は約 $4.9 \times 10^2$ m/s で，平均速度は約 $4.5 \times 10^2$ m/s である．

§10.8 で説明する方法で根二乗平均速度を計算すると，100℃の試料で約 $6 \times 10^2$ m/s であるが，0℃の試料では $5 \times 10^2$ m/s よりもわずかに小さくなる．高温になると分布曲線が幅広くなることに注意しよう．これは，温度とともに分子速度の分布幅が広くなることを示す．

気体分子の平均運動エネルギーは $\frac{1}{2}m(u_{rms})^2$ に等しいので，根二乗平均速度は重要である（§**5.1**）．質量は温度によって変化しないので，温度が上昇すると平均運動エネルギー $\frac{1}{2}m\,(u_{rms})^2$ が増加することは，分子の根二乗平均速度が（$u_{av}$ と $u_{mp}$ と同様に）温度の上昇とともに増加することを示す．

**考えてみよう**

298 K の 3 種の気体，HCl，$H_2$，$O_2$ を平均速度が増加する順に並べよ．

## 分子運動論の気体の法則への応用

気体の法則で示される気体の性質の経験的な観測結果は，分子運動論により容易に理解できる．以下は，その例である．

1. **一定温度で体積が膨張すると，圧力が低下する．** 一定温度であることは，気体分子の平均運動エネルギーが変わらないことを意味する．これは分子の根二乗平均速度が変わらないという意味である．体積が増加すると，分子は衝突と衝突

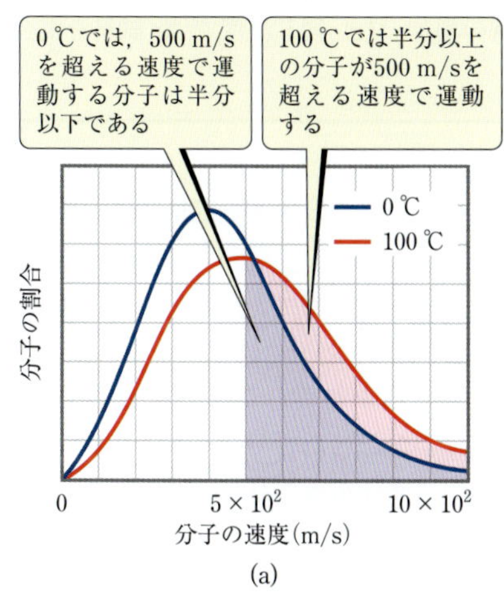


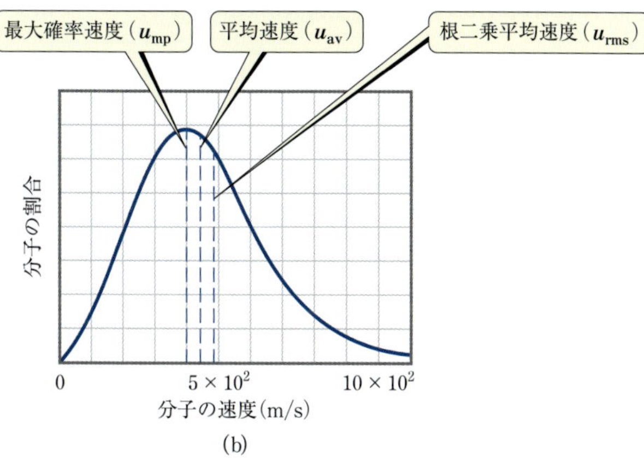


▲**図 10.13　窒素ガスの分子の速度分布**
(**a**) 分子速度に対する温度の効果．ある速度範囲での曲線下の面積は，そのような速度をもつ分子の割合を示す．(**b**) 最大確率速度（$u_{mp}$），平均速度（$u_{av}$），根二乗平均速度（$u_{rms}$）の位置．ここに示したデータは，0℃の窒素ガスのものである．

の間により長い距離を運動する．その結果，単位時間あたりの容器の壁との衝突は少なくなるが，これは圧力の低下を意味する．つまり，分子運動論はボイルの法則を説明できる．

2. **一定容積での温度の上昇は，圧力の増加をもたらす**．温度の上昇は，分子の平均運動エネルギーと $u_{\mathrm{rms}}$ の増加を意味する．体積に変化はなく，分子はすべてより速く動くので，温度の上昇は，単位時間あたり容器の壁とより多く衝突することを意味する．さらに，それぞれの衝突の運動量も増大する（分子は壁をより力強く打つ）．より多くのより力強い衝突は，圧力の増加を意味する．

### 例題 10.12 分子運動論の応用

標準温度圧力（STP）にある $O_2$ 気体試料を，温度を一定に保ちながら体積を圧縮した．この変化は次の（a）～（e）にどのような影響をもたらすか．
（a）分子の平均運動エネルギー
（b）分子の平均速度
（c）容器の壁に対する単位時間あたりの衝突回数
（d）容器の壁の単位面積に対する単位時間あたりの衝突回数
（e）圧力

#### 解 法

**分析** 気体の分子運動論の考え方を，一定温度で圧縮された気体に適用する．

**方針** （a）～（e）のそれぞれの量が，一定温度で体積が変化したときにどのように影響されるか考える．

**解** （a）$O_2$ 分子の平均運動エネルギーは温度のみによって決まるので，圧縮によって変化しない．（b）分子の平均運動エネルギーは変わらないので，それらの平均速度は一定のままである．（c）分子はより小さな体積内を，以前と同じ平均速度で動くので，単位時間あたりの壁への衝突回数は増加する．（d）壁の単位面積に対する単位時間あたりの衝突回数は増加する．なぜなら，単位時間あたりの壁への全衝突回数は増加し，壁の面積は減少するからである．（e）壁に衝突する分子のもっている平均の力は一定であるが，単位時間，単位面積あたりの衝突は増えるので，圧力は増加する．

**チェック** この種の概念を問う問題には数値解はない．このような場合に確認できるのは，問題を解く過程での理由づけである．（e）でみられる圧力増加は，ボイルの法則と一致する．

#### 演 習

気体試料中の $N_2$ 分子の根二乗平均速度は，次の場合どのように変化するか．（a）温度の上昇，（b）同じ温度での体積の増加，（c）同じ温度で Ar 試料を混合する．

## 10.8 分子の噴散と拡散

気体分子運動論に従うと，気体分子の**集合体**の平均運動エネルギー $\frac{1}{2}m(u_{\mathrm{rms}})^2$ は，ある温度で特定の値をもつ．つまり，同じ温度の2種の気体では，He のような小さな質量の粒子から構成される気体も，Xe のようなより大きく重い粒子から構成される気体も同じ平均運動エネルギーをもつ．He 試料における粒子の質量は，Xe 試料よりも小さい．その結果として，He 粒子は Xe 粒子よりも大きい根二乗平均速度をもたなければならない．この事実を定量的に示す式は，

$$u_{\mathrm{rms}} = \sqrt{\frac{3RT}{M}} \qquad [10.16]$$

で分子運動論から導かれる．ここで $M$ は粒子のモル質量である．$M$ が分母にあるので，大きく重い気体粒子の根二乗平均速度は小さくなるのがわかる．

▶**図 10.14** に，25℃におけるいくつかの気体分子の速度分布を示す．モル質量の小さな気体ほど，より速い速度に分布が移動することに注意しよう．

気体分子の最大確率速度は次式となる．

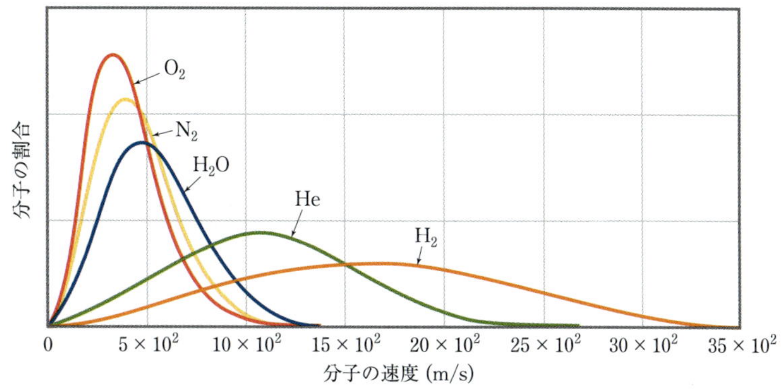


▲図 10.14 分子速度に対するモル質量の影響（25℃）

$$u_{\mathrm{mp}} = \sqrt{\frac{2RT}{M}} \qquad [10.17]$$

**考えてみよう**

300 K の $O_2$ (g) に対する $u_{\mathrm{rms}}$ と $u_{\mathrm{mp}}$ の比はどうなるか．温度が変化するとこの比は変わるか．異なる気体では，異なる比になるか．

## 例題 10.13 根二乗平均速度の計算

25℃の $N_2$ 分子の根二乗平均速度を計算せよ．

### 解　法

**方針**　式 10.16 を用いて根二乗平均速度を計算する．

**解**　計算に用いるそれぞれの値を，SI 単位に変換しなければならない．また，単位を適切に打ち消すために，$R$ の単位として J/mol·K（表 10.2）を使用する．

$$T = 25 + 273 = 298\ \mathrm{K}$$
$$M = 28.0\ \mathrm{g/mol} = 28.0 \times 10^{-3}\ \mathrm{kg/mol}$$
$$R = 8.314\ \mathrm{J/mol \cdot K}$$
$$= 8.314\ \mathrm{kg \cdot m^2/s^2 \cdot mol \cdot K}$$
$$(1\ \mathrm{J} = 1\ \mathrm{kg \cdot m^2/s^2}\ \text{なので})$$

$$u_{\mathrm{rms}} = \sqrt{\frac{3\,(8.314\ \mathrm{kg \cdot m^2/s^2 \cdot mol \cdot K})(298\ \mathrm{K})}{28.0 \times 10^{-3}\ \mathrm{kg/mol}}}$$
$$= 5.15 \times 10^2\ \mathrm{m/s}$$

**コメント**　この速度は，時速 1850 km に相当する．

**演　習**

25℃の He 気体中の原子の根二乗平均速度を計算せよ．

分子速度が質量に依存することは，二つの興味ある現象をもたらす．一つは，気体分子が小さな孔から漏れ出す**噴散**（effusion）である（▼図 10.15）．もう一つは，物質が空間あるいは別の物質内全体に拡がる**拡散**（diffusion）である．例えば，香水の分子は部屋中に拡散する．

## グラハムの法則

1846 年，トーマス・グラハム（Thomas Graham, 1805-1869）は，気体の噴散速度がそのモル質量の平方根の値に反比例することを発見した．いま，同温同圧の 2 種の気体が，同じ大きさのピンホールをもつ 2 個の容器中にあると仮定する．2 種の気体の噴散速度を $r_1$ と $r_2$ とし，それらのモル質量を $M_1$ と $M_2$ とすると，**グラハムの法則**（Graham's law）は

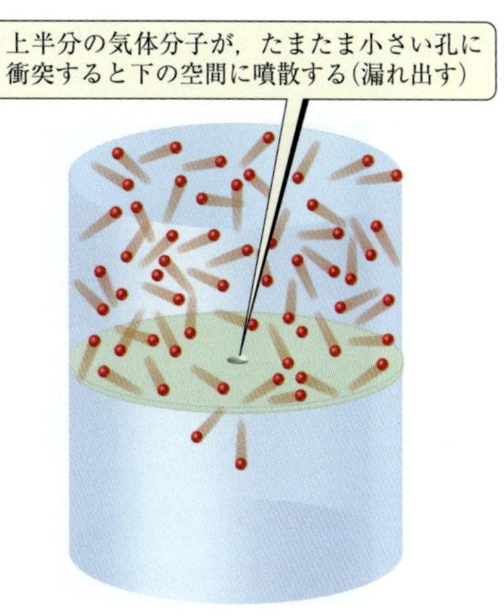


▲図 10.15 噴散

$$\frac{r_1}{r_2} = \sqrt{\frac{M_2}{M_1}} \qquad [10.18]$$

である．これは，軽い気体は重い気体より噴散速度が速いことを示している．

分子が容器から漏れ出すのは，分子が図 10.15 の隔壁の孔に命中するからである．分子がより速く動くと，隔壁にぶつかる分子が増加し，分子が孔に命中し，噴散する可能性が高くなる．これは，噴散速度が分子の根二乗平均速度に正比例することを示唆している．$R$ と $T$ は一定なので，式 10.16 から次の式が得られる．

$$\frac{r_1}{r_2} = \frac{u_{\mathrm{rms1}}}{u_{\mathrm{rms2}}} = \sqrt{\frac{3RT/M_1}{3RT/M_2}} = \sqrt{\frac{M_2}{M_1}} \qquad [10.19]$$

グラハムの法則から期待されるように，分子量が小さいヘリウムは，大きい分子よりもピンホールを通って容器から速く漏れ出す（**▼ 図 10.16**）．

## 平均自由行程

噴散と同様に，拡散も重い分子より軽い分子のほうが速い．しかし，分子の衝突が，拡散を噴散よりさらに複雑にしている．

グラハムの法則（式 10.18）は，同一条件での 2 種の気体の拡散速度の比を近似している．図 10.14 の横軸から，分子の速度はかなり速いことがわかる．例えば，室温の気体 $N_2$ の分子の根二乗平均速度は 515 m/s である．この速い速度にもかかわらず，誰かが部屋の片隅で香水のびんの蓋を開けたとしても，部屋の反対側の隅で香りがするまでにいくらかの時間（おそらく数分）が経過するだろう．これは，気体が空間中に拡

## 例題 10.14　グラハムの法則の応用

ある未知の等核二原子分子の気体は，同じ温度で酸素が噴散する速度の 0.355 倍の速度で噴散する．未知気体のモル質量を計算し，これを同定せよ．

### 解　法

**方針**　式 10.18 を使って，未知気体のモル質量を決定する．$r_\mathrm{X}$ と $M_\mathrm{X}$ が気体の噴散速度とモル質量を表すとすると，次の関係になる．

$$\frac{r_\mathrm{X}}{r_{\mathrm{O_2}}} = \sqrt{\frac{M_{\mathrm{O_2}}}{M_\mathrm{X}}}$$

**解**　与えられた情報から，

$$r_\mathrm{x} = 0.355 \times r_{\mathrm{O_2}}$$

である．よって，

$$\frac{r_\mathrm{X}}{r_{\mathrm{O_2}}} = 0.355 = \sqrt{\frac{32.0\,\mathrm{g/mol}}{M_\mathrm{X}}}$$

$$\frac{32.0\,\mathrm{g/mol}}{M_\mathrm{X}} = (0.355)^2 = 0.126$$

$$M_\mathrm{X} = \frac{32.0\,\mathrm{g/mol}}{0.126} = 254\,\mathrm{g/mol}$$

となる．未知の気体は等核二原子分子なので，元素は 1 種類である．モル質量は，未知の気体中の原子の原子量の 2 倍になる．したがって，未知の気体は原子量 127 g/mol の原子からなり，$I_2$ と結論される．

### 演　習

$N_2(g)$ と $O_2(g)$ の噴散速度の比を計算せよ．

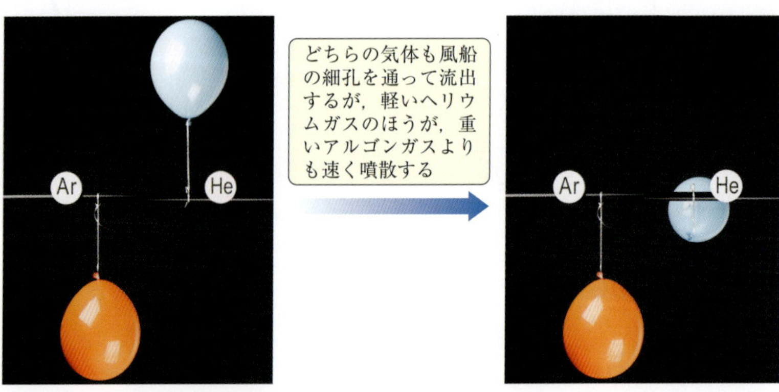


**▲ 図 10.16**　グラハムの噴散の法則を示す図

散する速度は気体分子の速度よりもかなり遅いことを示している*1．この違いは，大気圧の気体では頻繁に起こる分子衝突のためである．それぞれの分子は，1秒間に約 $10^{10}$ 回も衝突している．衝突が起こるのは，実在気体の分子がある体積を有するからである．

分子が衝突するため，気体分子の動く方向はつねに変化している．衝突が分子をランダムな方向に向けるので，分子の拡散は，多くの短い直線の断片から構成されることになる（▶ 図 10.17）．

衝突の間に分子が移動する平均距離は，**平均自由行程**（mean free path）と呼ばれ，次の例で類推されるように，圧力とともに変わる．

ショッピングモール中を歩くことを想像してみよう．モールが混んでいるとき（高圧），誰かとぶつかる前に歩ける平均距離は短い（平均自由行程が短い）．モールが空いているなら（低圧），誰かとぶつかるまでに長い距離を歩くことができる（平均自由行程が長い）．海面高度での空気中の分子の平均自由行程は，約 60 nm である．空気の密度がかなり低い約 100 km の高度では，平均自由行程は約 10 cm で，地表面よりも 100 万倍長い．

**考えてみよう**

次の変化は，気体試料中の分子の平均自由行程を増加，減少させるか，または影響を与えないか．

(a) 圧力を増す．

(b) 温度を高くする．

## 10.9 実在気体

実在気体の挙動は，理想気体からどの程度ずれるのだろうか．理想気体の式を変形して，$n$ に対して解くと次式を得る．

$$\frac{PV}{RT} = n \qquad [10.20]$$

これは 1 mol の理想気体では，$PV/RT$ の値がすべての圧力で 1 に等しいことを示す．▶ 図 10.18 に，

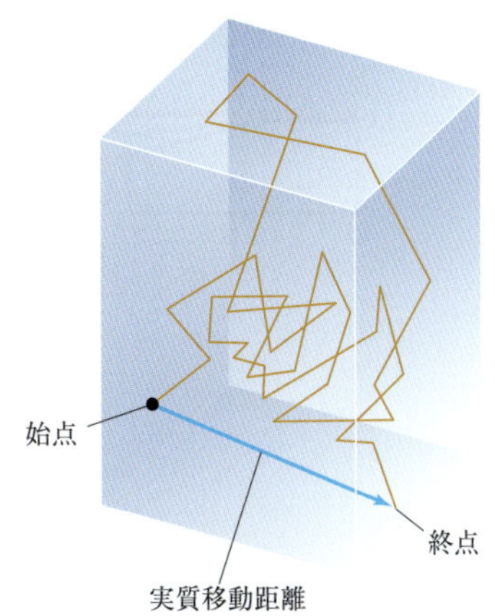


▲図 10.17 気体分子の拡散
わかりやすくするために，容器内の他の気体分子は表示していない．

1 mol の実在気体に対する $PV/RT$ を，$P$ の関数としてプロットした．高圧（通常 10 atm 以上）では理想気体の挙動からのずれは大きい．また，このずれは，気体の種類によって異なる．つまり，実在気体は高圧下で理想的にはふるまわない．しかし，低圧（通常 10 atm 以下）では理想的な挙動からのずれは小さく，理想気体の式を致命的な誤差なしで使える．

理想的な挙動からのずれは，温度にも依存する．温度が上昇すると，実在気体の挙動は理想気体の挙動により近くなる（▶ 図 10.19）．一般に，理想的な挙動からのずれは，温度が低下するにつれて増大し，気体が液化する温度に近くなると顕著になる．

**考えてみよう**

気体のヘリウムが理想的な挙動から最も大きくずれるのは，次のどの条件下か．

(a) 100 K，1 atm，(b) 100 K，5 atm，(c) 300 K，2 atm

気体分子運動論の基本となる仮定から，なぜ実在気体が理想的な挙動からずれるのかについて洞察できる．

理想気体の分子は，それ自身まったく空間を占めず，分子間力もないと仮定されている．しかし，**実在の分子はある体積をもち，分子間で引きつけ合っている．** ▶ 図 10.20 に示すように，実在の分子が動きまわることができる空いている空間は，容器の体積よりも少ない．

低圧では，気体分子の体積の総和は，容器の体積に比較して無視できる．つまり，空いている体積は実質

*1 香水の分子が部屋を横断して動く速度は，温度の勾配や人の動きによって，いかに空気がよくかき混ぜられるかにも依存する．これらの要因の助けがあっても，分子が部屋を横断するには，それらの根二乗平均速度から期待されるよりもかなり長い時間がかかる．

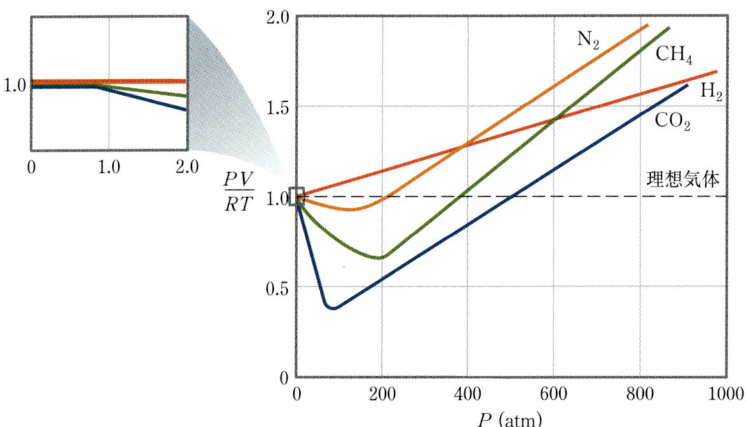


**▲図 10.18　実在気体の挙動に及ぼす圧力の影響**
すべて1 molの気体についてのデータ．$N_2$，$CH_4$と$H_2$のデータは300 Kのものだが，高圧下では$CO_2$は300 Kで液化するので，$CO_2$のデータは313 Kのものである．

的に容器の体積である．高圧では，気体分子の体積の総和は容器の体積と比較して**無視できない**．その状況では，分子が利用できる空いている体積は，容器の体積よりも少ない．高圧ではそのため，気体の体積は理想気体の式によって導かれる体積よりも多少大きくなる傾向にある．

高圧での非理想的な挙動のもう一つの原因としては，高圧下で分子が混み合って分子間距離が短くなっている状況では，分子間の引力が顕著に働くことが挙げられる．この引力のため，容器の壁への分子衝突は減少する．▶**図 10.21**に示すように気体の動きを止めることができるなら，壁に衝突しそうな分子が近傍の分子の引力を受けているようすを見ることができる．この引力は分子が壁にあたる力を弱くする．その結果，気体の圧力は理想気体の圧力よりも小さくなる．この効果は，図10.18と10.19の低圧側でみられるように，$PV/RT$をその理想的な値よりも引き下げる．しかし，圧力が十分に高いときは，分子が体積をもつ効果のほうが支配的になり，$PV/RT$が理想的な値よりも増加する．

分子間の引力が気体の挙動を理想気体からどれほどずらすかを低圧下で決めているのは，温度である．図10.19は，400 atmより低圧において，冷却が気体の理想的な挙動からのずれを大きくすることを示している．

気体を冷やすと，分子の平均運動エネルギーは減少する．この運動エネルギーの低下は，分子間の引力に

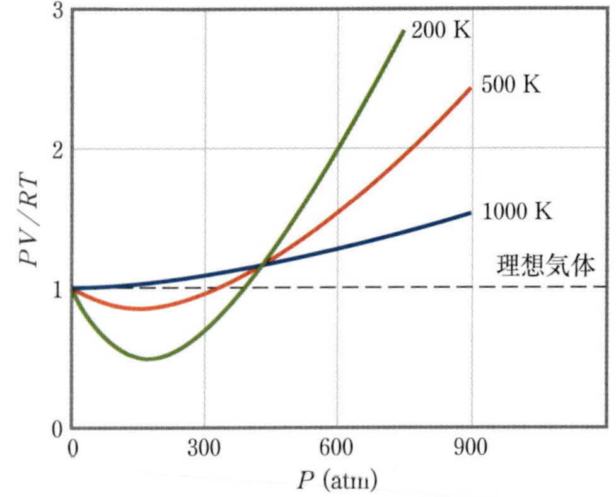


**▲図 10.19　窒素ガスの挙動に及ぼす温度や圧力の影響**

気体分子は全体積のわずかな部分しか占めない

気体分子は全体積のより大きな部分を占める

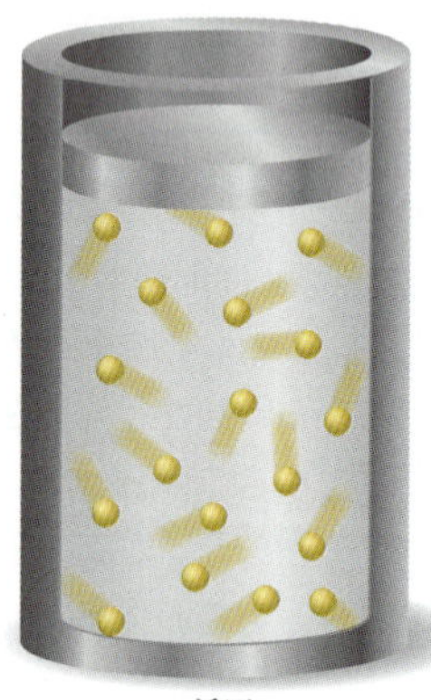

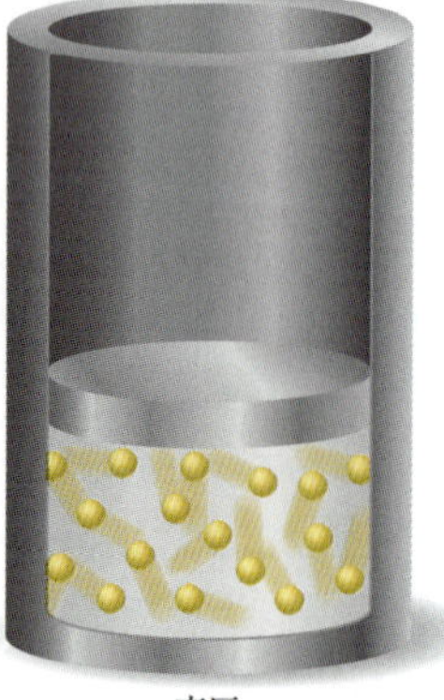

低圧　　高圧

**▲図 10.20　気体は高圧よりも低圧においてより理想的にふるまう．**

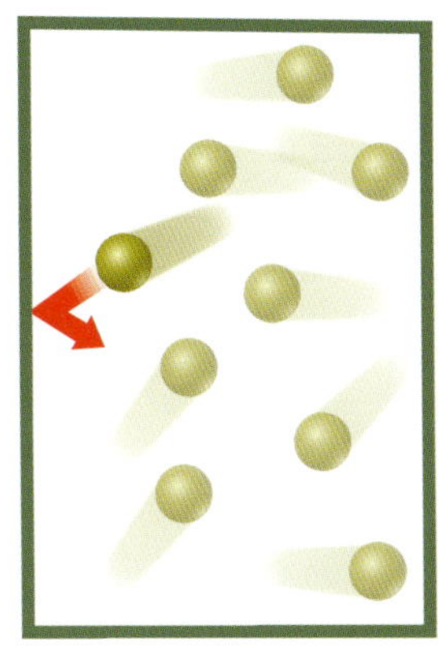

理想気体　　実在気体

▲図 10.21　実在気体の圧力は，分子間に働く引力によって理想気体より低くなる．

打ち勝つのに必要なエネルギーが分子にはないことを意味しており，分子はぶつかって跳ね返るよりも互いにくっつき合う．

気体の温度が，例えば図 10.19 で 200 K から 1000 K へ上がるとき，$PV/RT$ の理想的な値である 1 からのずれ（$PV/PT < 1$）が解消される．前述したように，高温域でみられるずれは，主として分子体積の効果による．

**考えてみよう**

$N_2$ の挙動を示す図 10.19 において，300 atm 以下のカーブが理想気体より下にくるのはなぜか．

## ファンデルワールス式

実在気体の挙動を予測する一つの有用な式が，オランダの科学者ヨハネス・ファン・デル・ワールス（Johannes van der Waals, 1837-1923）によって提案された．

すでに学んだように，理想気体に対して，実在気体は分子間力のために低い圧力を示し，分子の体積のためにより大きな体積をもつ．ファン・デル・ワールスは圧力と体積を補正すれば，理想気体の式 $PV = nRT$ が実在気体にも適用できることに気がついた．そして，この補正をするため，$a$，$b$ 二つの定数を導入した．$a$ は気体分子がどれだけ強く引き合うかの尺度，$b$ は分子によって占有される体積の尺度である．その結果は，**ファンデルワールス式**（van der Waals equation）として知られている．

$$\left(P + \frac{n^2a}{V^2}\right)(V - nb) = nRT \qquad [10.21]$$

$n^2a/V^2$ の項は分子間の引力に対応し，圧力を $n^2a/V^2$ だけ増加させるよう補正している．というのは，分子間の引力は圧力を減少させる傾向にあるからである（図 10.21）．分子間の引力は単位体積あたりの分子数の 2 乗 $(n/V)^2$ で増加するので，加えられた項は $n^2a/V^2$ の形をとる．

項 $nb$ は，気体分子が小さいながら一定の体積を有することに対応する（図 10.20）．ファンデルワールス式は $nb$ を減算することで体積を下方修正し，理想的な場合に分子が利用可能な体積を与える．定数 $a$ と $b$ は**ファンデルワールス定数**と呼ばれる，実験で決定され，気体ごとに異なる正の値である．▶**表 10.3** で，一般に $a$ と $b$ が分子の質量とともに増加することに注意しよう．かさばって，重い分子は大きな体積と，大きな分子間の引力をもつ傾向がある．

**表 10.3　気体分子のファンデルワールス定数**

| 物　質 | $a$ ($L^2$·atm/$mol^2$) | $b$ (L/mol) | 物　質 | $a$ ($L^2$·atm/$mol^2$) | $b$ (L/mol) |
|---|---|---|---|---|---|
| He | 0.0341 | 0.02370 | $F_2$ | 1.06 | 0.0290 |
| Ne | 0.211 | 0.0171 | $Cl_2$ | 6.49 | 0.0562 |
| Ar | 1.34 | 0.0322 | $H_2O$ | 5.46 | 0.0305 |
| Kr | 2.32 | 0.0398 | $NH_3$ | 4.17 | 0.0371 |
| Xe | 4.19 | 0.0510 | $CH_4$ | 2.25 | 0.0428 |
| $H_2$ | 0.244 | 0.0266 | $CO_2$ | 3.59 | 0.0427 |
| $N_2$ | 1.39 | 0.0391 | $CCl_4$ | 20.4 | 0.1383 |
| $O_2$ | 1.36 | 0.0318 | | | |

## 例題 10.15　ファンデルワールス式を使った計算

10.00 mol の理想気体は 0.0℃，22.41 L の状態にあるとき，10.00 atm を示す．ファンデルワールス式と表 10.3 を用いて，0.0℃，22.41 L の状態にある 10.00 mol の $Cl_2$ (g) の圧力を計算せよ．

### 解　法

**方針**　式 10.21 から $P$ を求める．

$$P = \frac{nRT}{V - nb} - \frac{n^2 a}{V^2}$$

**解**　式中の変数に次の値を代入する．$n = 10.00$ mol，$R = 0.08206$ L·atm/mol·K，$T = 273.2$ K，$V = 22.41$ L，$a = 6.49$ $L^2$·atm/$mol^2$，$b = 0.0562$ L/mol．

$$P = \frac{(10.00\,\mathrm{mol})(0.08206\,\mathrm{L \cdot atm/mol \cdot K})(273.2\,\mathrm{K})}{22.41\,\mathrm{L} - (10.00\,\mathrm{mol})(0.0562\,\mathrm{L/mol})} - \frac{(10.00\,\mathrm{mol})^2(6.49\,\mathrm{L^2 \cdot atm/mol^2})}{(22.41\,\mathrm{L})^2}$$
$$= 10.26\,\mathrm{atm} - 1.29\,\mathrm{atm} = 8.97\,\mathrm{atm}$$

**コメント**　10.26 atm の項は，分子の体積を補正した圧力である．この値が理想気体の値 10.00 atm よりも大きくなるのは，分子の体積の分，分子が自由に動ける容器の実効体積が 22.41 L よりも小さいためである．そのため，分子が壁とより頻繁に衝突し，理想気体よりも圧力が高くなる．1.29 atm の項は分子間の引力の補正であり，圧力を減少させる方向に働く．分子間の引力の補正分は分子体積の補正分よりも大きいため，圧力は理想気体の値より小さい 8.97 atm になる．

**演　習**

1.000 mol の $CO_2$ (g) が 0.000℃，3.000 L の容器に入っている．気体の圧力を，(**a**) 理想気体の式，および (**b**) ファンデルワールス式を用いて計算せよ．

## 総合問題　これまでの章の概念も含めた例題

非常に毒性の高い気体ジシアンは，質量比で炭素を 46.2%，窒素を 53.8% 含む．25℃，751 Torr において，1.05 g のジシアンは 0.500 L を占める．

(**a**) ジシアンの分子式を記せ．

(**b**) 分子構造，および (**c**) 分極を予想せよ．

### 解　法

**分析**　気体の化学式を，元素分析データとその性質から決める．その後，分子構造を推定し，その構造から極性を予想する．

(a)

**方針**　化合物の組成（%）を使って，実験式を計算する（§3.5）．それから分子式を，実験式の式量とモル質量を比較して決定する．

**解**　実験式を決めるために，100 g の試料があると仮定して，試料中のそれぞれの元素の物質量を計算する．

$$\begin{aligned}\text{C の物質量} &= (46.2\,\text{g C})\left(\frac{1\,\text{mol C}}{12.01\,\text{g C}}\right)\\ &= 3.85\,\text{mol C}\\ \text{N の物質量} &= (53.8\,\text{g N})\left(\frac{1\,\text{mol N}}{14.01\,\text{g N}}\right)\\ &= 3.84\,\text{mol N}\end{aligned}$$

2 種の元素の物質量の比は実質的に 1：1 なので，実験式は CN になる．モル質量を決めるためには，式 10.10 を使用する．

$$\begin{aligned}M &= \frac{dRT}{P}\\ &= \frac{(1.05\,\text{g}/0.500\,\text{L})(0.08206\,\text{L·atm/mol·K})(298\,\text{K})}{(751/760)\,\text{atm}}\\ &= 52.0\,\text{g/mol}\end{aligned}$$

実験式 CN に対応するモル質量は 12.0 + 14.0 = 26.0 g/mol である．上記のモル質量を実験式のモル質量で除すると，(52.0 g/mol) ÷ (26.0 g/mol) = 2.00 である．つまり，分子は実験式中のそれぞれの原子の 2 倍の原子をもつ．したがって，分子式は $C_2N_2$ になる．

(b)

**方針**　分子構造を決めるためには，ルイス構造を決めなければならない（§8.5）．その後，VSEPR モデルを用いて構造を予測する（§9.2）．

**解**　分子は，価電子を 2(4) + 2(5) = 18 個もつ．試行錯誤によって，価電子数が 18 で，それぞれの原子がオクテットを満たし，形式電荷ができるだけ小さいルイス構造を探す．構造

$$:\text{N}{\equiv}\text{C}{-}\text{C}{\equiv}\text{N}:$$

は，これらの基準を満たす（この構造におけるそれぞれの原子上の形式電荷はゼロである）．このルイス構造では，それぞれの原子が電子領域を 2 個もつ（個々の窒素は一つの非結合電子対と一つの三重結合，一方，個々の炭素は一つの三重結合と一つの単結合を有する）．つまり，それぞれの原子周りの電子領域構造は直線型で，分子全体の構造は直線になる．

(c)

**方針**　分子の分極を決定するためには，それぞれの結合の分極と分子の全体構造を調べなければならない．

**解**　直線分子なので，炭素-窒素結合の分極によって生み出される二つの双極子は互いに打ち消されることが期待され，分子は双極子モーメントをもたない．

## 章のまとめとキーワード

**気体の特性（§10.1）**　室温で気体として存在する物質は，分子量の小さい分子性物質であることが多い．主に $N_2$ と $O_2$ からなる混合物である空気は，身近にある最も一般的な気体である．常温常圧で液体や固体の物質も，気体の状態で存在できる．この状態は**蒸気**と呼ばれる．

気体は圧縮することができる．気体中の分子は互いに離れているため，あらゆる比率で気体どうしを混ぜ合わせることが可能である．

**圧力（§10.2）**　気体の状態や条件を表すには，圧力（$P$），体積（$V$），温度（$T$），物質量（$n$）という四つの変数を特定しなければならない．通常，体積は L，温度は K，物質量は mol の単位で表す．**圧力**は単位面積あたりの力で，**Pa**（**パスカル**）という SI 単位で表される（1 Pa = 1 N/m$^2$）．他の圧力の単位には **bar**（**バール**）があり，1 bar は $10^5$ Pa である．

化学では，**標準大気圧**を基準にすることが多く，圧力の単位に **atm**（**気圧**）および **Torr**（**トル**；mmHg（ミリメートル水銀柱）とも呼ばれる）がしばしば用いられる．1 atm は 101.325 kPa または 760 Torr である．大気圧を測定するには気圧計が用いられることが多く，密封された気体の圧力を測定するには圧力計が用いられることが多い．

**気体の法則（§10.3）**　温度と物質量が一定のとき，体積は圧力に反比例する（**ボイルの法則**）．圧力と物質量が一定のとき，体積は絶対温度に比例する（**シャルルの法則**）．温度，圧力と体積が同じ気体には，同じ数の分子が含まれる（**アボガドロの仮説**）．温度と圧力が一定の気体では，気体の体積は気体の物質量に比例する（**アボガドロの法則**）．これらの気体の法則は，いずれも理想気体の法則の特別の場合である．

**理想気体の式（§10.4, §10.5）**　**理想気体の式**である $PV = nRT$ は，理想気体の状態を式で表したもので，式中の $R$ は**気体定数**である．理想気体の式を用いて，1個以上の変数が変化した場合，残り一つの変数の変化を計算により求めることができる．圧力が 10 atm 以下，温度が約 273 K 以上の条件下では，気体の大半が，ある程度理想気体の式に従う．温度が 273 K（0℃），圧力が 1 atm の状態は，**標準温度圧力（STP）**と呼ばれる．理想気体の式を適用するすべての場合において，温度を絶対温度（ケルビン温度）に変換することに留意する必要がある．

理想気体の式を用いて，気体の密度とモル質量を $M = dRT/P$ で関係づけたり，化学反応において反応物や生成物として気体がかかわる問題を解くことができる．

**混合気体と分圧（§10.6）**　混合気体の全圧は，同じ条件下で各気体成分が単独で存在するときのそれぞれの圧力である分圧の和に等しい（**ドルトンの分圧の法則**）．混合物中の成分気体の分圧は，モル分率と全圧の積に等しく，$P_1 = X_1 P_t$ になる．**モル分率** $X$ とは，混合物中の一つの成分の物質量を全成分の総物質量に対する比率で表したものである．

**気体分子運動論（§10.7）**　**気体分子運動論**は，気体のふるまいから理想気体の性質を明らかにしようとする理論である．これは以下のように簡単にまとめられる．分子はつねにランダムな動きをしている．気体分子の体積は，容器の体積と比較するときわめて小さい．気体分子は互いに引きつけ合うことも反発することもない．気体分子の運動エネルギーの平均値は，絶対温度に比例し，温度が一定の場合は変化しない．

ある瞬間に，気体の個々の分子すべてが同じ運動エネルギーをもつことはない．個々の分子の速度は，広い範囲にわたって分布しており，その分布は気体のモル質量や温度によって異なる．**根二乗平均（rms）速度**（$u_{rms}$）は $u_{rms} = \sqrt{3RT/M}$ で表され，絶対温度の平方根に比例し，モル質量の平方根に反比例する．気体分子の最大確率速度は $u_{mp} = \sqrt{2RT/M}$ で与えられる．

**分子の噴散と拡散（§10.8）**　気体分子運動論から，気体が**噴散**する（細孔を通って出ていく）速度は，モル質量の平方根に反比例するという法則（**グラハムの法則**）が得られる．ある気体が別の気体が占める空間に**拡散**する現象は，分子が動く速度に関連したもう一つの現象である．運動している分子は互いに頻繁に衝突しているため，衝突してから次に衝突するまでに分子が移動する平均距離である**平均自由行程**は短い．分子どうしの衝突により，気体分子が拡散する速度が制限される．

**実在気体（§10.9）**　理想気体の挙動からのずれは，圧力が増加するにつれて，また温度が低下するにつれて大きくなる．

実在気体が理想気体の挙動からずれる理由には，① 分子は小さくても体積があること，および ② 分子には互いに引力が働くことが挙げられる．これら二つの効果は，理想気体よりも実在気体の体積をより大きく，圧力を小さくする．**ファンデルワールス式**は，気体分子の体積と分子間力を考慮して理想気体の式を修正したものである．

## 練　習　問　題

**10.1**　火星の平均気圧は 0.007 atm である．地球上に比べ，火星ではストローで飲み物を飲むことは簡単かまたは難しいか，その理由も説明せよ．[§10.2]

**10.2**　$2CO(g) + O_2(g) \longrightarrow 2CO_2(g)$ の反応が，一定の温度で，圧力を一定に保つために動くピストンがついた容器内で起こるとする．
(a) 反応の結果，容器の体積はどうなるか説明せよ．
(b) もしピストンが動かない場合，反応の結果，圧力はどうなるか説明せよ．[§10.3, §10.5]

**10.3**　下の図は3種の気体の混合物を表している．
(a) 3種の成分を分圧が低いものから順に並べよ．
(b) 混合物の全圧が 1.40 atm の場合，各気体の分圧を計算せよ．[§10.6]

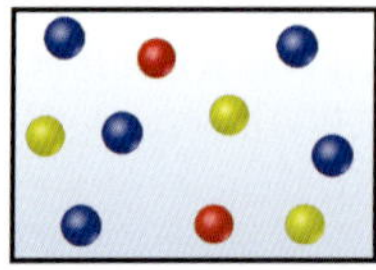

**10.4**　以下のような気体の試料があるとする．

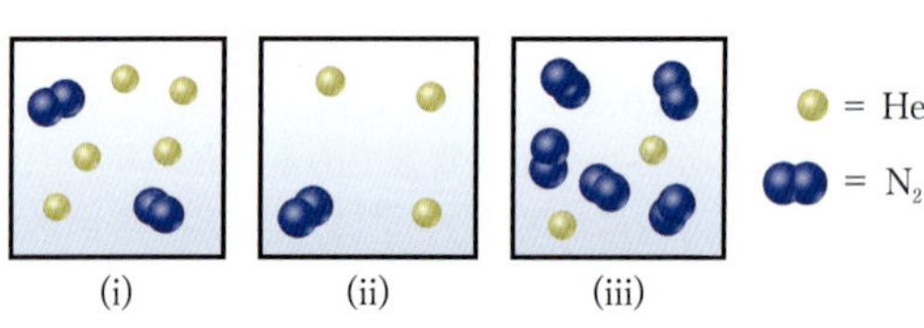


三つの試料すべての温度が同じ場合，(a) 全圧，(b) ヘリウムの分圧，(c) 密度，(d) 粒子の平均運動エネルギーが低いもの，または小さいものから順に並べよ．[§10.6, §10.7]

**10.5**　液体と気体は，以下の性質においてどのような違いがあるか．
(a) 密度，(b) 圧縮性，(c) 同一相の異なる物質を混ぜたとき均一な混合物が得られるかどうか，(d) 容器の形に従って変形できるか．[§10.1, §10.2]

**10.6** 可動ピストンのついた容器中に25℃の気体が入っている．次の操作を行ったとき，圧力が2倍になるのはどれか．
(**a**) 温度を一定に保ちながらピストンを動かして体積を2倍にする．
(**b**) 体積を一定に保ちながら加熱して，温度を25℃から50℃にする．
(**c**) 温度を一定に保ちながら，ピストンを動かして体積を半分にする．[§10.3]

**10.7** 同じ温度に保たれた1Lの密閉容器AおよびBがある．一方の容器にはモル質量30 g/molの気体を，もう一方には60 g/molの気体を入れた．容器Aの圧力は$X$ atmで，容器内の気体の質量は1.2 gであった．容器Bの圧力は0.5 $X$ atmで，容器内の気体の質量は1.2 gであった．容器AおよびBには，それぞれモル質量30 g/molおよび60 g/molの気体のどちらが入っているだろうか．[§10.4]

**10.8** マグネシウムは，真空容器中にわずかに残った酸素を反応により取り除く脱酸素剤として使われる（このとき，マグネシウムは通常，電気的に加熱される）．いま，0.452 Lの容器中に27℃，分圧$3.5 \times 10^{-6}$ Torrの$O_2$が入っている．次の式に従って反応が起こると，何gのマグネシウムが反応するか．[§10.5]

$$2\,\mathrm{Mg}\,(s) + \mathrm{O_2}\,(g) \longrightarrow 2\,\mathrm{MgO}\,(s)$$

**10.9** 次の図に示す器具を考える．二つの容器をつなぐバルブを開いて，気体を完全に混合した．
(**a**) $N_2$の占める体積と分圧はいくらか
(**b**) $O_2$の占める体積と分圧はいくらか．
(**c**) 全圧はいくらか．[§10.6]

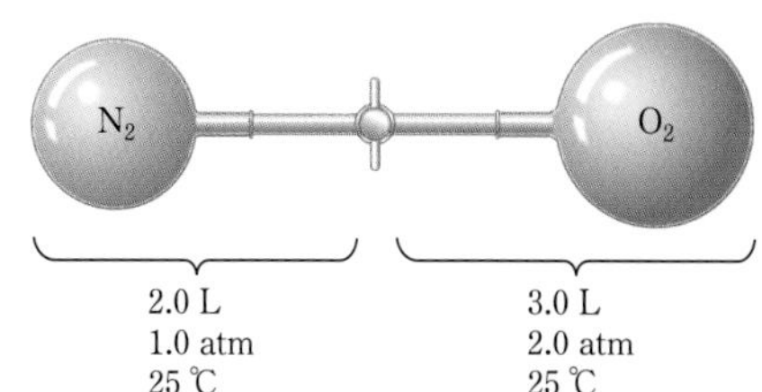


**10.10** 5 L容器に入っている$N_2$を20℃から250℃に加熱する．体積が一定に保たれるとき，次の各項目は増加するか，減少するか，変わらないか．
(**a**) 分子の平均運動エネルギー，(**b**) 分子の根二乗平均速度，(**c**) 容器の壁に対する分子の平均衝突力，(**d**) 分子の壁に対する1秒あたりの全衝突回数．[§10.7，§10.8]

**10.11** 表10.3に示したファンデルワールス定数に基づき，高温において，Arと$CO_2$のどちらがより理想気体に似たふるまいをするか説明せよ．[§10.9]

# 分子間力と液体

**▲ 超疎水性をもつハスの葉**
ハスの葉はとても撥水性が高く，葉の上の水は，葉の表面との接触が最小になるように，球状になる．

ハスは水生植物である．水辺で繁茂できるように，ハスの葉の表面はとても高い撥水（はっすい）性をもつ．この性質は，"超疎（そ）水（すい）性"と呼ばれる．ハスの葉の超疎水性は，葉が水に浮かぶことを可能にするだけでなく，葉に降りかかるあらゆる水を球状にして転がり落とすことを可能にしている．ハスが育つ池や湖が泥だらけでも，水滴が転がり落ちるときに汚れが集められ，葉は清浄に保たれる．このセルフクリーニング能力のため，ハスは多くの東洋文化において，清らかさの象徴とみなされている．

ハスの葉の非常に効率的な撥水性は，どのような力によるのだろうか．ハスの自浄能力は数千年前から知られていたが，その仕組みは，1970 年代に走査電子顕微鏡によって，表面が粗く，山だらけであることが明らかにされるまで完全には理解されなかった（▼ 図 11.1）．この粗い葉の表面は，水と葉の接触を最小にするのに役立っている．

▲ 図 11.1　ハスの葉の表面についた水滴の電子顕微鏡写真

ハスの自浄能力に寄与するもう一つの重要な要因は，葉の分子組成と水の組成の相違である．葉は水分子を引き寄せない炭化水素分子で覆われている．その結果，水分子は優先的に他の水分子で自身の周りを包み，それによって，表面との接触を最小化する．

ハスの特性に刺激され，自浄能力をもつ窓や撥水加工の衣類などに応用できる超疎水性表面が設計されてきた．液体と固体が関与するハスの特性や他の現象を理解するためには，**分子間力**（intermolecular force），つまり分子間に存在する力を理解しなければならない．これらの力の性質と強さを理解することで，私たちは，物質の組成や構造が，どのように液体または固体の物理的性質と関係するかを理解することができる．

## 11.1 ▍気体，液体，固体の微視的な比較

10 章で学んだように，気体中の分子どうしは互いに大きく離れていて，無秩序に動いている．気体の分

**表 11.1 物質の状態と特徴的な性質**

| | |
|---|---|
| 気 体 | 容器の容積と形状の両方に従う<br>容器を満たすように拡がる<br>圧縮できる<br>容易に流れ出す<br>気体中での拡散は速い |
| 液 体 | その物質が占めている部分の容器の形に従う<br>容器全体を満たすようには拡がらない<br>実質的に圧縮できない<br>容易に流れ出す<br>液体中での拡散は遅い |
| 固 体 | 独自の形状と体積を保持する<br>容器全体を満たすようには拡がらない<br>実質的に圧縮できない<br>流れ出さない<br>固体中での拡散はきわめて遅い |

子運動論の鍵となる考え方の一つは，分子間の相互作用を無視できるという仮定である（§10.7）.

液体と固体の性質は気体の性質とかなり異なる．気体，液体，固体の特性の比較を▲表 11.1 に示した.

液体中では分子間力が強いので，粒子どうしは互いに近くにある．つまり，液体は気体より密度が高く，はるかに圧縮しにくい．気体と異なり，液体は，その容器の大きさと形に無関係に一定の体積をもつ．しかし，液体中での引力は，粒子が動きまわることができないほど強くはない．そのため，液体は注ぐことができ，また，入っている容器の形に従う.

固体中の分子間力は，粒子を互いに近くに保ち，かつ，その場所に固定するのに十分強い．固体は液体と同様，粒子間に空間がほとんどないため，あまり圧縮できない．固体や液体中の粒子は，気体と比べて互いに非常に近くに存在するため，しばしば固体や液体を**凝縮相**（condensed phase）と表現する．固体については 12 章で学ぶが，ここでは，固体の粒子には長距離を移動する自由がなく，そのために固体が独自の形を保てることを知っていれば十分である*1.

▶図 11.2 は物質の三つの状態を比較したものである．物質の状態は，▶表 11.2 にまとめたように粒子（原子，分子，イオン）の運動エネルギーと，粒子間の引力によるエネルギーのつり合いに大きく依存する．運動エネルギーは温度に依存し，粒子を引き離して動かそうとする.

*1 固体中の原子はその場所で振動することができる．固体の温度が上がると，振動運動は激しくなる.

**表 11.2 物質の各状態における運動エネルギーと引力によるエネルギーの比較**

| | |
|---|---|
| 気 体 | 運動エネルギー≫引力によるエネルギー |
| 液 体 | 運動エネルギーと引力によるエネルギーは同程度 |
| 固 体 | 引力によるエネルギー≫運動エネルギー |

粒子間の引力は，粒子を互いに引き寄せようとする．室温で気体の物質は，液体の物質よりも粒子間の引力がはるかに弱い．液体である物質は，固体である物質よりも粒子間の引力が弱い．室温のハロゲン単体の状態が異なること（ヨウ素は固体，臭素は液体，塩素は気体）は，$I_2$，$Br_2$，$Cl_2$ の順に分子間力が減少することの直接的な結果である.

物質を加熱あるいは冷却すると（つまり粒子の平均運動エネルギーを変えると），物質の状態を変えることができる．例えば，室温で固体の NaCl は，1 atm 下 1074 K で融解し，1686 K で沸騰する．室温で気体の $Cl_2$ は，1 atm 下 239 K で液化し，172 K で固化する.

気体の温度が下がると，粒子の平均運動エネルギーは減少する．そのため粒子間の引力が粒子を互いに引きつけることができるようになって液体となり，それから位置を固定して固体を形成する．圧力を高くすると気体から液体，固体への相変化が起こる．圧力が高くなると，分子どうしが互いに近づき，分子間力が効果的に働くからである.

例えば，プロパン $C_3H_8$ は 1 atm，室温で気体だが，液化プロパンはかなり高い圧力で保存されているため，室温で液体である.

## 11.2 分 子 間 力

分子間力の強さはさまざまだが，一般に分子内で働く力，例えばイオン結合，金属結合または共有結合よりもはるかに弱い（▶図 11.3）．それゆえ，液体を蒸発させたり，固体を融解するのには，共有結合を切るよりも小さなエネルギーしか必要としない．例えば，液体の HCl が分子間力に打ち勝って蒸発するには，たったの 16 kJ/mol しか必要としない．対照的に，HCl 中の共有結合を切断するには 431 kJ/mol が必要である．つまり，HCl のような分子性化合物が固体から液体，そして気体に変化するとき，分子の構造

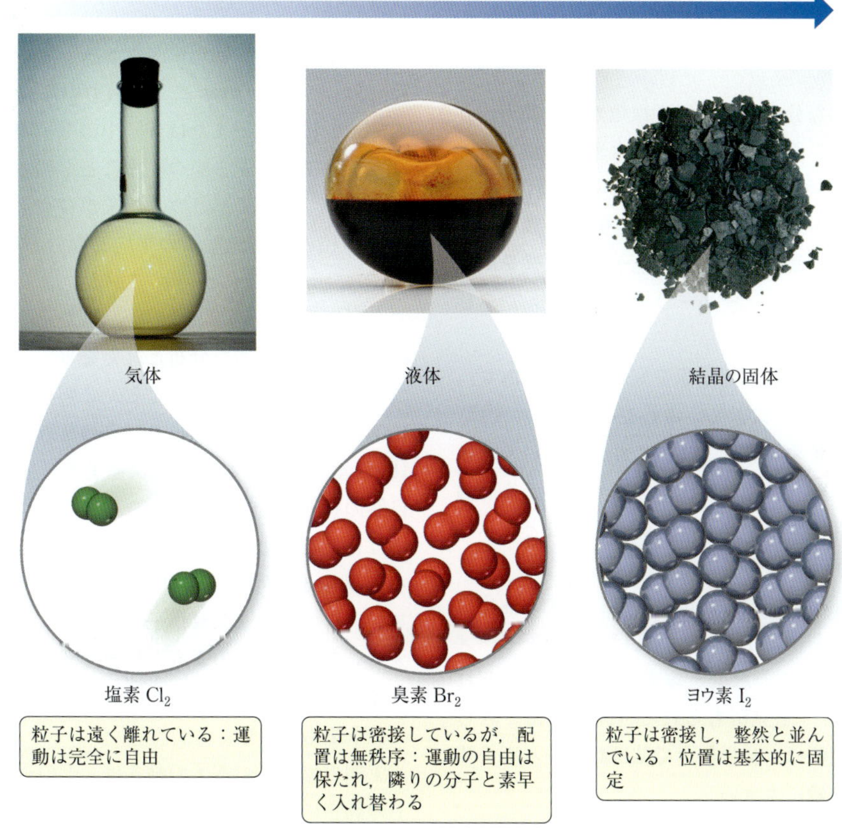


**▲図 11.2 気体・液体・固体**
塩素，臭素，ヨウ素はどれも，共有結合で結ばれた二原子分子である．しかし，分子間力の強さの違いによって，これらの物質は室温・標準圧力のもと三つの異なる状態で存在する．すなわち，$Cl_2$ は気体，$Br_2$ は液体，$I_2$ は固体である．

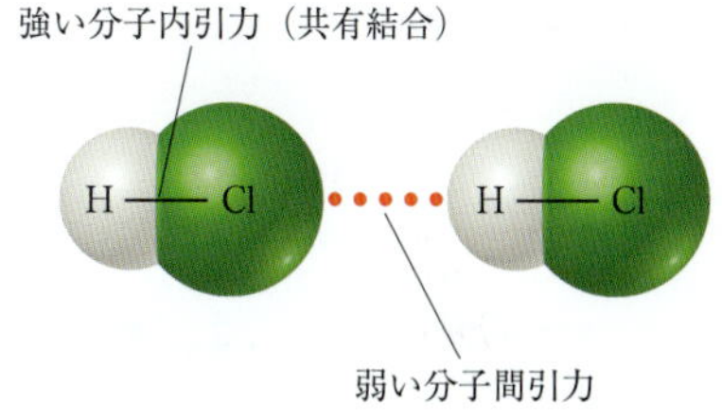


**▲図 11.3 分子間および分子内引力**

はそのまま保たれている．

**沸点**（boiling point）など液体の多くの性質は，分子間力の強さを反映している．沸点に達した液体では，蒸気の泡が液体中で形成されて沸騰する．他の分子から離れて液体の分子が蒸気を形成するには，分子間の引力を乗り越えなければならない．引力が強いほど，液体が沸騰する温度はより高くなる．

同様に，固体の**融点**（melting point）は，分子間力が増大すると高くなる．▼**表 11.3** に示したように，粒子が化学結合によって結ばれている物質の融点や沸点は，分子間力によって粒子が結ばれている物質よりも高い傾向がある．

**表 11.3 代表的な物質の融点と沸点**

| 粒子を結びつけている力 | 物 質 | 融点（K） | 沸点（K） |
|---|---|---|---|
| 化学結合 | | | |
| イオン結合 | フッ化リチウム（LiF） | 1118 | 1949 |
| 金属結合 | ベリリウム（Be） | 1560 | 2742 |
| 共有結合 | ダイヤモンド（C） | 3800 | 4300 |
| 分子間力 | | | |
| 分散力 | 窒素（$N_2$） | 63 | 77 |
| 双極子-双極子力 | 塩化水素（HCl） | 158 | 188 |
| 水素結合 | フッ化水素（HF） | 190 | 293 |

**考えてみよう**

水が沸騰しているときの泡は何からできているか.

電気的に中性な分子間には，3種類の分子間力が存在する．分散力，双極子相互引力，水素結合である．最初の2種はまとめて**ファンデルワールス力**（van der Waals force）と呼ばれる（§10.9）．これは，実在気体の理想的な挙動からのずれを予測する式を開発したヨハネス・ファン・デル・ワールスに因んだ名称である．

すべての分子間相互作用は静電気的なものであり，イオン結合（§8.2）に似ているところがある．では，なぜ分子間力はイオン結合と比べて非常に弱いのだろうか．電気的な相互作用は電荷の大きさが増えると強くなり，電荷間の距離が増えると弱くなることを示す式（式8.4）を思い出そう．

分子間力の原因である電荷は，一般にイオン性化合物の電荷よりも非常に小さい．例えば，双極子モーメントから，HCl分子の水素と塩素の電荷はそれぞれ0.178+ と0.178− と見積もられる（例題8.5）．さらに，分子間の距離は，化学結合で結ばれている原子間の距離よりも一般に大きい．

## 分　散　力

電気的に中性で無極性の原子や分子の間には，電気的な相互作用はないと考えるかもしれない．それでも無極性気体，例えば，ヘリウム，アルゴン，窒素は液化できるので，ある種の引き合う相互作用が存在しているに違いない．

ドイツ系米国人物理学者フリッツ・ロンドン（Fritz London）は，1930年にこの引力の原因を提案した．ロンドンは，原子または分子中の電子の動きが**瞬間的な**双極子モーメントをつくることを明らかにした．

例えば，複数のヘリウム原子が存在するとき，それぞれの核の周りの電子の**平均的な**分布は，▼図11.4(a) に示すように球対称である．原子は無極性なので，双極子モーメントはない．しかし，**瞬間的な**電子の分布は，平均的な分布とは異なる．もし，ある瞬間で電子の動きを凍結できたら，2個の電子は核の片側にあるかもしれない．まさにそのときには，原子は図(b)に示すような瞬間的な双極子モーメントをもつ．自然の状態の分子をみたとき，HClのような極性分子には正と負の電荷のかたよりが存在する．この状態を永久双極子と呼び，これによって生じる双極子モーメントを分子の永久双極子モーメントという．一方，メタンや水素分子のような無極性分子は，分子全体として電荷のかたよりをもたないため，永久双極子モーメントをもたない．

1個の原子上の電子の動きは，その近傍の原子の電子の動きに影響する．ある原子上の瞬間的な双極子は近くの原子に瞬間的な双極子を生じさせ，図(c)に示すように互いに引きつけ合う．この引力的な相互作用が，**分散力**（dispersion force，**ロンドンの分散力**ともいう）である．この力は，分子が互いに非常に近くに存在するときに顕著である．

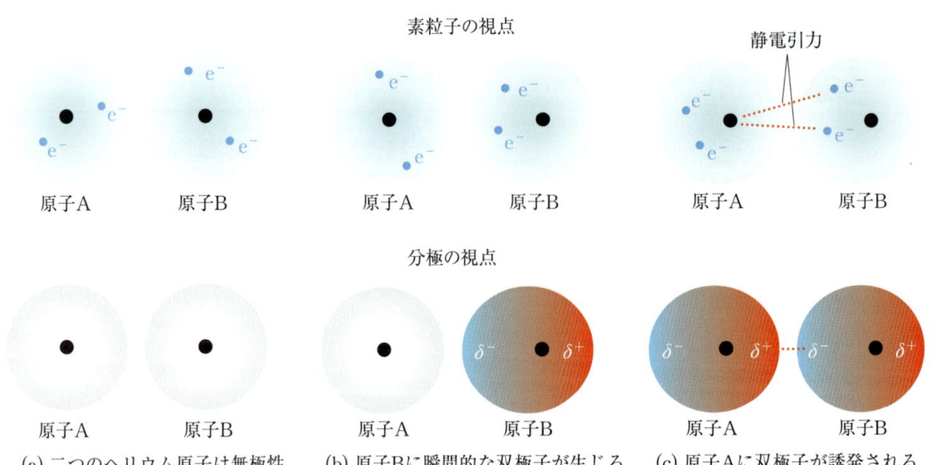


**▲図 11.4　分散力**
一対のヘリウム原子の，三つの瞬間における電荷分布のスナップショット．

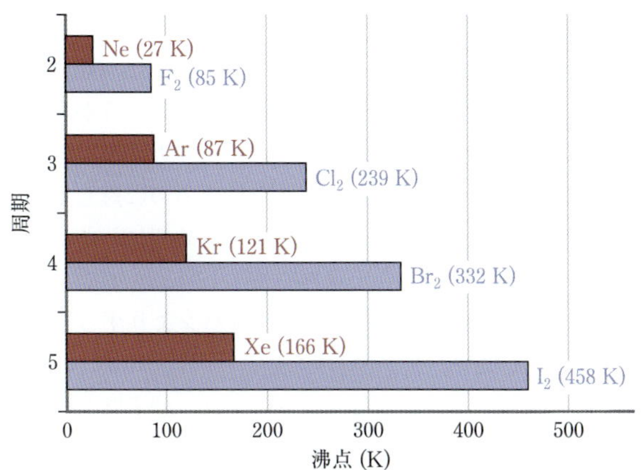


▲ **図 11.5　ハロゲンと貴ガスの沸点**
分子量が増え分散力が強くなると，沸点が高くなる．

分散力の強さは，分子の電荷分布が瞬間的な双極子を生じるようにどれだけひずみやすいかに依存する．電荷分布のひずみやすさは，分子の**分極率**（polarizability）と呼ばれる．分子の分極率は，電子雲の“つぶしやすさ”の尺度と考えることができる．分極率が大きいほど，電子雲は容易にひずみ，瞬間的な双極子が生じる．つまり，分極しやすい分子は大きな分散力をもつ．

一般に分極率は，原子や分子中の電子数が増えると大きくなる．つまり，分散力は原子や分子の大きさとともに強くなる傾向にある．分子が大きくなるとたいていの場合はその質量も大きくなるため，**分散力は分子量が増加すると強くなる**．この傾向は，ハロゲンと貴ガスの沸点（▲ 図 11.5）でみることができる．分散力は，これらの分子で働いている唯一の分子間相互作用である．ハロゲンと貴ガスのどちらも，周期表を下がると分子量は増え，それにつれて沸点も高くなる．分子量が大きいことは，強い分散力と高い沸点を意味する．

**考えてみよう**

$CCl_4$，$CBr_4$，$CH_4$ を沸点が低い方から順に並べよ．

分子の形も分散力に影響する．例えば，*n*-ペンタン[*2]とネオペンタン（▶ 図 11.6）の分子式（$C_5H_{12}$）は同一だが，*n*-ペンタンの沸点はネオペンタンよりも

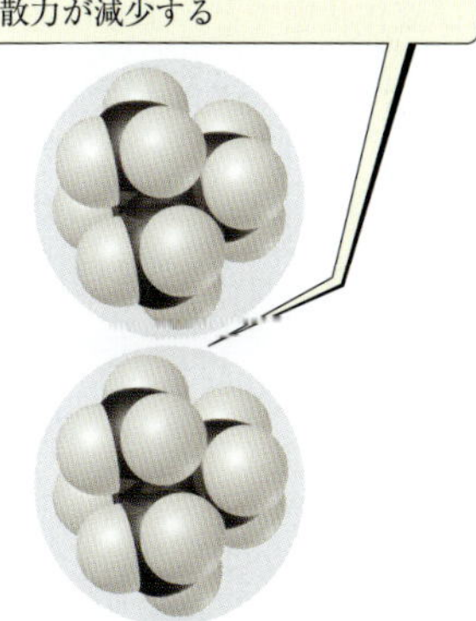


▲ **図 11.6　分子の形状は分子間力に影響を与える**
*n*-ペンタンの分子は，ネオペンタンよりも互いに多くの接点をつくる．したがって，*n*-ペンタンはより強い分子間力と高い沸点を有する．

27 K 高い．この違いは，2 種の分子の形の違いに帰することができる．分子間力は *n*-ペンタンのほうが大きい．なぜなら，*n*-ペンタン分子は，やや筒型の長い分子全体にわたって接触できるからである．よりコンパクトで球形に近いネオペンタン分子間では，接触がより少ない．

## 双極子–双極子力

極性分子には永久双極子モーメントがある．そのため極性分子間には，**双極子–双極子力**（dipole-dipole force）が働く．これらの力は，ある分子の端の部分的な正電荷と，近くの分子の端の部分的な負電荷の間の電気的な引力から生まれる．2 個の分子の正電荷（または負電荷）をもった端が近くに来ると，反発も起こる．双極子–双極子力は，分子が互いに非常に近くに存在するときにだけ効果的である．

[*2] *n*-ペンタンの *n* は，normal の省略形である．normal 炭化水素は，炭素原子が直鎖状につながったものである（§24.2）．

双極子-双極子力の影響をみるために，よく似た分子量をもつ2種の化合物，アセトニトリル $CH_3CN$（分子量41，沸点355 K）とプロパン $CH_3CH_2CH_3$（分子量44，沸点231 K）の沸点を比較しよう．アセトニトリルは双極子モーメント3.9 Dの極性分子で，そのため，双極子-双極子力が存在する．しかし，プロパンは本質的に無極性で，双極子-双極子力が存在しない．アセトニトリルとプロパンの分子量は似ているので，分散力はこれらの2種の分子で同程度である．つまり，アセトニトリルの沸点が高いのは，双極子-双極子力に帰することができる．

これらの力をより深く理解するため，$CH_3CN$ 分子が，固体および液体状態でどのように並んでいるか考えよう．固体中では［▼**図 11.7(a)**］，それぞれの分子の負に帯電した窒素が，その隣りの分子の正に帯電した $CH_3$ に近づくように分子が並んでいる．液体中では［図 11.7(b)］，分子は互いに自由に動き回り，その並び方は乱れている．

これは，ある瞬間に，引力と反発力両方の双極子-双極子力が存在することを意味する．しかし，図11.7(b)でわかるように，引力相互作用の数のほうが反発力相互作用の数よりも多い．また，反発力が働くと分子はすぐに向きを変えたり離れたりするのに対して，引力が働いている分子どうしはより長時間にわたって相手を引きつけ束縛した状態を保つ．それらの効果の総和として，$CH_3CN$ の沸点はプロパンよりずっと高くなっている．

分子量と大きさがほぼ同じ分子では，分子間力の強さは分極率が増すにつれて増大する．この傾向は，▼**図 11.8** にみられる．双極子モーメントが大きくなるにつれて，沸点が高くなっていくことに注目しよう．

## 水素結合

▶**図 11.9** は，水素と14〜17族元素からなる二元化合物の沸点を示している．14族元素を含む化合物（$CH_4$ から $SnH_4$，すべて無極性）の沸点は，周期表で

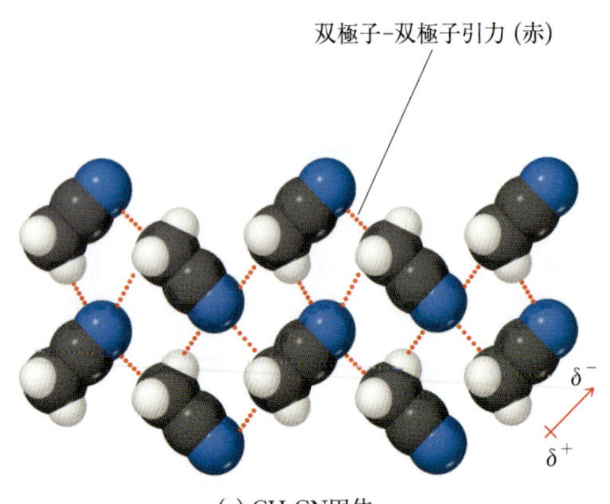


▲**図 11.7　双極子-双極子力**
(a) 固体中および (b) 液体中の $CH_3CN$ に働く双極子-双極子力

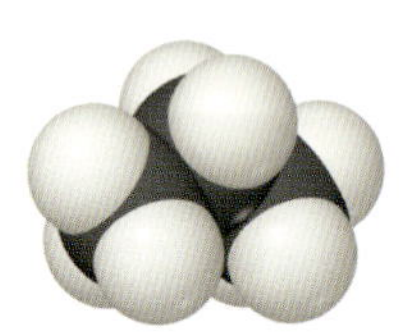
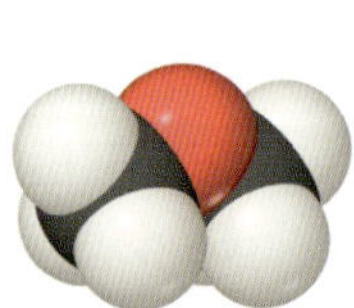
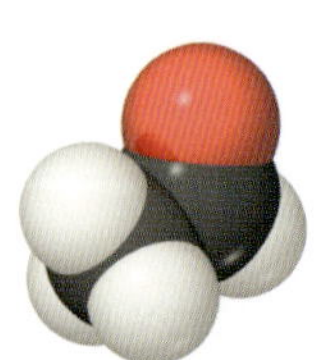
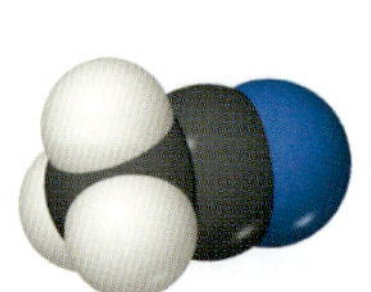


▲**図 11.8　単純な有機物の分子量，双極子モーメント（$\mu$），沸点**

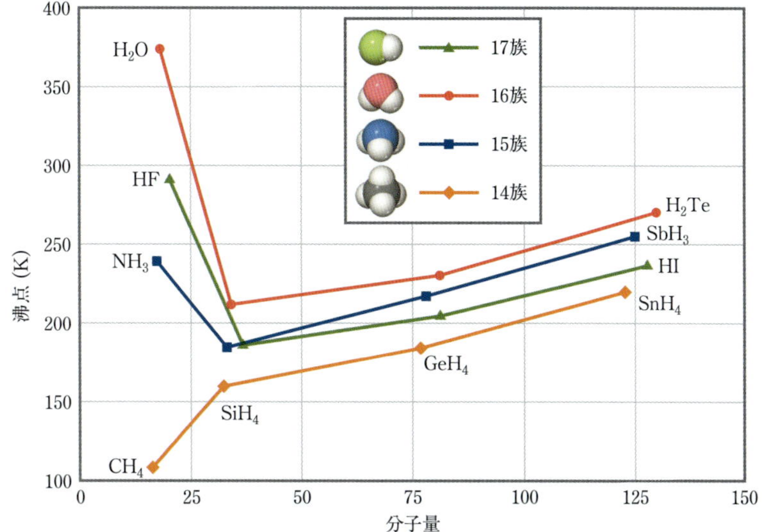


▲図 11.9　14〜17 族元素の共有結合性水素化物の分子量と沸点の関係

族を下がるにつれて高くなる．分極率，つまり分散力は一般に分子量が増えると大きくなるので，これは予想と一致する．15，16，17 族それぞれの 3 個の重い元素の化合物は同じ傾向を示すが，$NH_3$，$H_2O$，HF の沸点は予想よりもはるかに高い．

実際，これら 3 種の化合物の性質は，分子量や分極率が似ている他の物質とは，多くの点できわだって異なっている．例えば，$H_2O$ は予想されるよりも高い融点，高い比熱，大きな蒸発熱をもつ．これらはすべて，$H_2O$ 分子の分子間力が異常に強いことを示している．

HF，$H_2O$，$NH_3$ にみられる強い分子間力は，水素結合の結果である．**水素結合（hydrogen bonding）は，電気陰性度の大きい原子（通常，F，O，N）に結合した水素原子と，近くの他の分子または官能基に含まれる電気陰性度の高い原子との間での引力である．**例えば，ある分子の H—F，H—O，H—N 結合は，他の分子の F，O，N と水素結合を形成できる．▶図 11.10 に，$H_2O$ 分子中の H 原子と隣りの $H_2O$ 分子中の O 原子との間に存在する水素結合を含む，いくつかの水素結合の例を示す．それぞれの例において，水素結合中の水素原子が非結合電子対と相互作用していることに注意しよう．

水素結合は，特別な双極子–双極子引力と考えることができる．N，O および F は非常に電気陰性度が高いので，水素とこれらの元素との間の結合は大きく分極し，水素が正に荷電している（双極子の記号の右側の＋は，双極子の正端を示していることを思い出そう）．

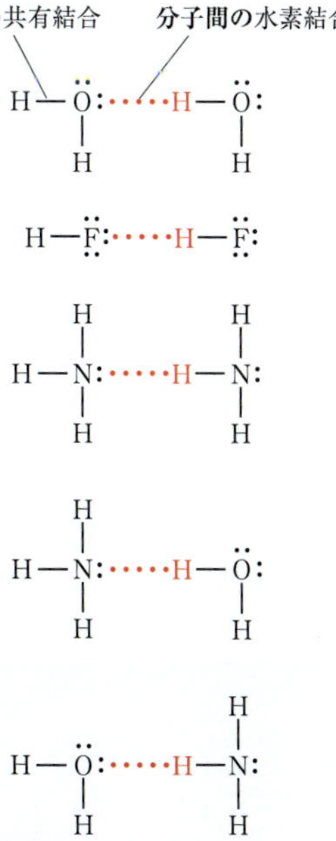

分子内の共有結合　　分子間の水素結合

H—O:·····H—O:
　 |　　　　　 |
　 H　　　　　 H

H—F:·····H—F:

H　　　　　 H
|　　　　　 |
H—N:·····H—N:
|　　　　　 |
H　　　　　 H

H
|
H—N:·····H—O:
|　　　　　 |
H　　　　　 H

　　　　　　 H
　　　　　　 |
H—O:·····H—N:
|　　　　　 |
H　　　　　 H

▲図 11.10　水素結合
H 原子が N，O または F 原子と結合しているとき，水素結合が形成される．

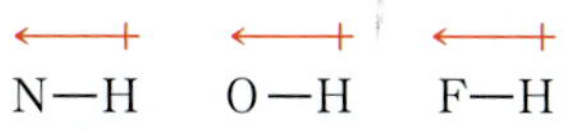

⟵+　　⟵+　　⟵+
N—H　　O—H　　F—H

水素原子には内核電子がない．つまり，双極子の正端は，ほぼ裸の水素原子核に正電荷が集中している状態である．この正電荷は，近くの分子に含まれる電気陰性度が高い原子の負電荷に引きつけられる．電子の確率密度が減った水素は非常に小さいので，電気陰性

## 例題 11.1 水素結合をつくることができる物質の判別

次の物質の中で，水素結合が物理的特性に重要な役割を果たしているのはどれか．
メタン $CH_4$，ヒドラジン $H_2NNH_2$，フルオロメタン $CH_3F$，硫化水素 $H_2S$．

### 解　法

**方針** 水素と直接結合したN，OまたはFを含むかどうか，化学式を調べる．近くの分子の電気陰性度が高い原子が非結合電子対を有することも必要だが，それは分子のルイス構造を描くことで示すことができる．

**解** 前述の基準により，Hと結合したN，OまたはFをもたない $CH_4$ と $H_2S$ が除外される．前述の基準により $CH_3F$ も除外される．この分子のルイス構造から，中心炭素は3個のH原子と1個のF原子で囲まれていることがわかる（炭素はつねに4本の結合をつくり，一方，水素とフッ素はそれぞれ結合を一つつくる）．分子にはC—F結合があるが，H—F結合がないので，水素結合をつくらない．$H_2NNH_2$ にはN—H結合が存在する．そして，そのルイス構造から，それぞれのN原子上に非結合電子対があり，分子間に水素結合が存在可能なことがわかる．

```
 H   H          H   H
 |   |          |   |
:N — N: ····· H — N — N:
 |   |              |
 H   H              H
```

### 演　習

次の化合物の中で，水素結合が重要なものはどれか．ジクロロメタン $CH_2Cl_2$，ホスフィン $PH_3$，クロラミン $NH_2Cl$，アセトン $CH_3COCH_3$．

度が高い原子に近づくことができ，そのため，強く相互作用することができる．

水素結合のエネルギーは，多くの場合約5～25 kJ/molである（100 kJ/molという例外もある）．つまり，通常，水素結合は共有結合（結合エンタルピー150～1100 kJ/mol，表8.4）よりはるかに弱い．それでも，双極子-双極子力または分散力よりも強く，水素結合は多くの化学系，生物系において重要な役割を果たしている．例えば，水素結合はタンパク質の構造を安定化するのを助けており，また，DNAの遺伝子情報伝達における重要なカギとなっている．

水素結合がもたらす著しい結果の一つは，氷と液体の水の密度にみられる．ほとんどの物質では，固相のほうが液相より分子がより密に詰め込まれており，その結果，固相は液相よりも密度が高い．対照的に，0℃の氷の密度（0.917 g/mL）は0℃の水の密度（1.00 g/mL）よりも小さく，そのため氷は液体の水に浮かぶ．

氷の密度が液体の水より低いことは，水素結合の観点から理解できる．▼図 11.11に示すように，氷の

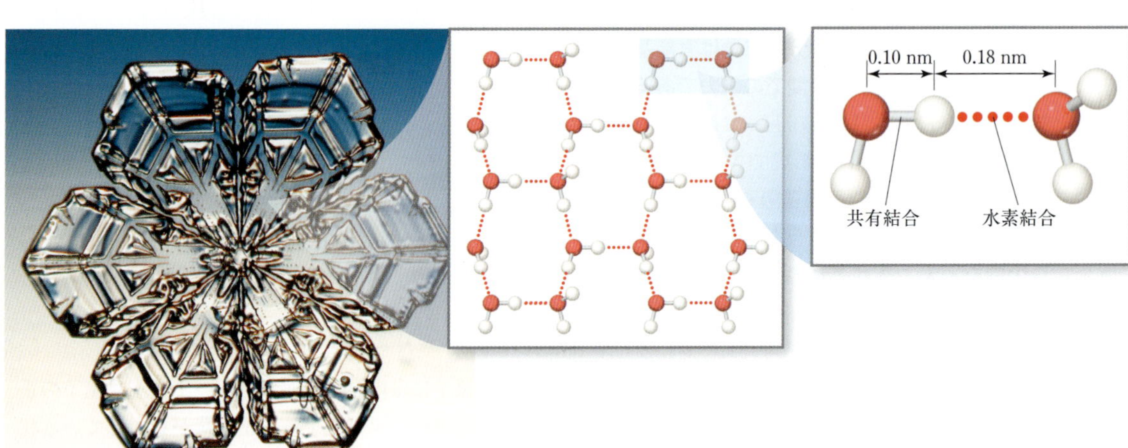


▲図 11.11 氷の中の水素結合
氷の構造中の空洞により，水は液体より固体のほうが密度が低くなる．

中で $H_2O$ 分子は秩序だって配列している．この配列は分子間の水素結合が最もよく働くようになっており，それぞれの $H_2O$ 分子は近傍の 4 個の $H_2O$ 分子と水素結合をつくっている．しかし，これらの水素結合は図 11.11 の中央の図にみられるように隙間の多い構造をつくる．氷が溶けるとき，分子の動きで規則的な構造は壊れる．液体の水の中の水素結合は乱雑であるが，分子を互いに近づけておくのに十分強く，液体の水は氷よりもより密度が高くなる．そのため，水が凍るとき体積は大きくなる．

結氷時の水の体積膨張（▼ 図 11.12）は，氷山を浮かばせ，寒いときに送水管を破裂させるなど，私たちが当たり前に考えている多くの現象の原因となっている．

液体の水と比較して氷の密度が低いことは，地球上の生命にも深く影響している．湖が凍るときは氷が湖面を覆い，それによって深い所の水が冷気から隔離されるので，湖の底までは凍らない．もし氷が水よりも密度が高ければ，湖面で形成された氷は底に沈み，湖は底から固く凍ることになり，ほとんどの水生生物は生き残ることができない．

▲ 図 11.12　結氷時の水の膨張

**考えてみよう**

水が蒸発するときに乗り越えなければならない主たる分子間力は何か．

## イオン-双極子力

イオン-双極子力（ion-dipole force）は，イオンと極性分子の間に働く引力である（▼ 図 11.13）．陽イオンは，双極子の陰性端に引きつけられ，陰イオンは陽性端に引きつけられる．引力の大きさは，イオンの電荷または双極子モーメントが大きくなると増加する．イオン-双極子力は，水への NaCl の溶解のような，極性液体へのイオン性化合物の溶解でとくに重要である（§4.1）．

**考えてみよう**

溶質と溶媒との間でのイオン-双極子力は，次のどちらの混合物でみつかると期待されるか．水中の $CH_3OH$，水中の $Ca(NO_3)_2$

## 分子間力の比較

物質にどのような分子間力が働いているかは，組成と構造を考えることで判定できる．**分散力は，すべての物質で働いている．**その強さは分子量が増すと増加し，分子の形に依存する．

極性分子では双極子-双極子力も働くが，たいてい分散力よりも寄与が小さい．例えば液体の HCl では，

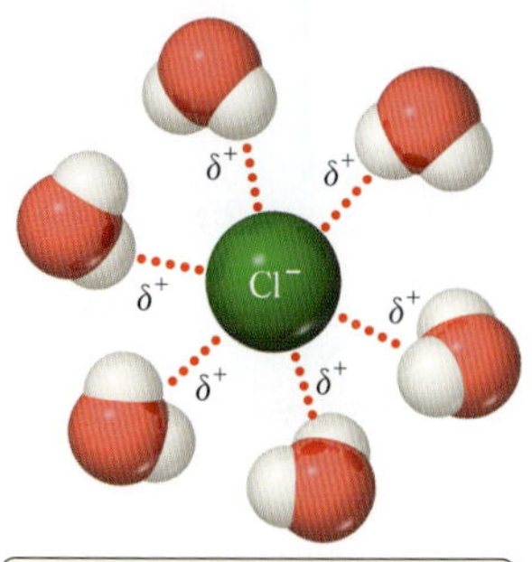


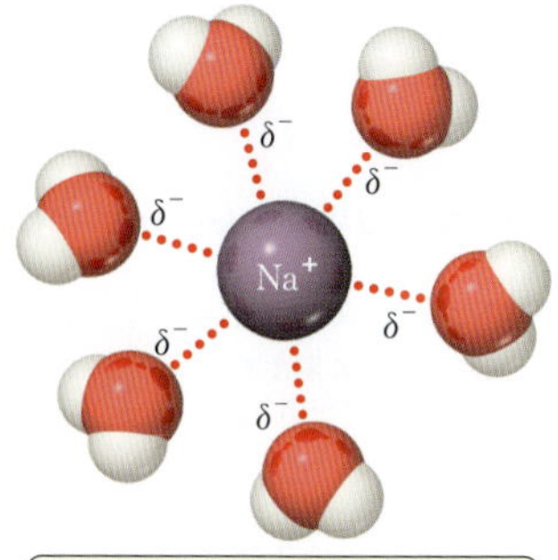


◀ 図 11.13　イオン-双極子力

分散力は分子間の全引力の80%以上を担っており，残りが双極子-双極子力である．

水素結合は，それが存在する場合，全分子間力に対して重要な役割を果たす．一般に，分散力によるエネルギーは0.1～30 kJ/molである．広い範囲があるのは，分子の分極率の大きさに広い幅があるからである．一方，双極子-双極子力および水素結合のエネルギーは，それぞれ2～15 kJ/molおよび10～40 kJ/molである．イオン-双極子力は前述の分子間力よりもたいてい大きく，通常50 kJ/molを超える．これらすべての相互作用は，数百kJ/molのエネルギーをもつ共有結合やイオン結合よりもかなり弱い．

分子間力の相対的な強さについて，次のような一般化された考え方がある．

1. **2種の物質の分子の分子量が近く，形が似ているとき，それらの分散力はほぼ等しい．**これらの物質の分子間力に違いがある場合は，双極子-双極子力の違いによる．分子間力は，分子の極性が大きくなると強くなり，水素結合が可能な分子では最も強い．
2. **2種の物質の分子量が大きく異なり，かつ水素結合が存在しないときは，分散力が，分子間力の強弱を決定することが多い．**分子間力は，一般に，分子量が大きい物質ほど強い．

▼**図11.14**に，分子間力の型を判別する系統的な方法を示す．

これらの引力の効果は加算的であることを理解しておくことは重要である．例えば，酢酸 $CH_3COOH$ と1-プロパノール $CH_3CH_2CH_2OH$ の分子量は60で同じで，両方とも水素結合を形成できる．しかし，2個の酢酸分子の間には二つの水素結合を形成できるが，1-プロパノール分子2個の間には一つしかつくれない（▶**図11.15**）．それゆえ，酢酸の沸点はプロパノールより高い．

## 例題 11.2　分子間力の型と相対的な強さの予測

$BaCl_2$，$H_2$，CO，HFおよびNeを，沸点が低いものから順に並べよ．

### 解　法

**方針**　これらの物質の分子間力を示し，その情報をもとに相対的な沸点を決定する．

**解**　引力は，分子性化合物よりもイオン性化合物のほうが強い．そのため，$BaCl_2$ が最も沸点が高いと推定できる．

残りの物質の分子間力は，分子量，極性および水素

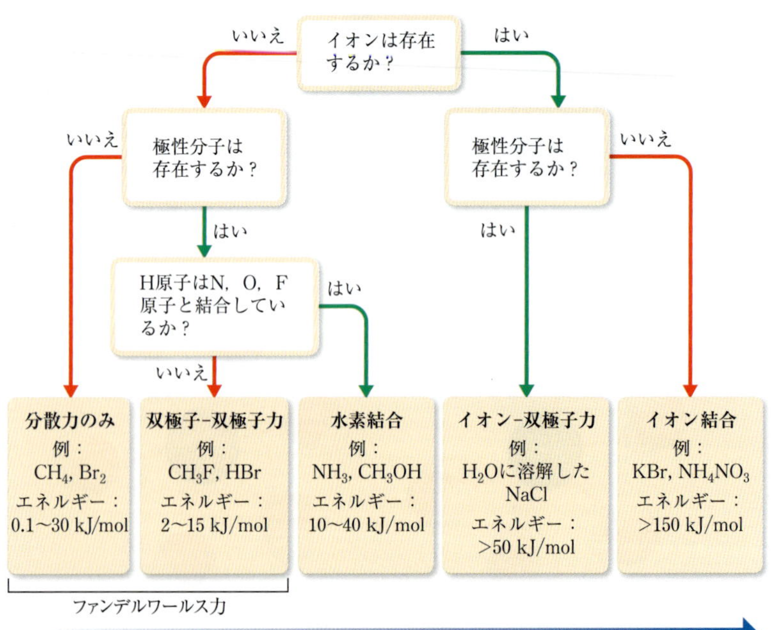


▶**図11.14　分子間力の型を判別する方法**
物質または混合物の中では，複数の種類の分子間力が働いている．とくに，分散力はすべての物質で働いている．

結合に依存する．分子量は，$H_2$：2，CO：28，HF：20，Ne：20 である．$H_2$ は無極性で分子量が最小なので，沸点が最も低いはずである．

CO，HF，Ne の分子量は似ている．しかし，HF は水素結合が可能なので，三つの中で最も沸点が高いはずである．次は CO で，わずかに極性をもち，Ne より分子量が大きい．最後に，無極性の Ne がこれらの中で最も沸点が低いと推定できる．それゆえ，予想される沸点の順番は，

$$H_2 < Ne < CO < HF < BaCl_2$$

である．

**チェック** 文献で報告されている沸点は，$H_2$：20 K，Ne：27 K，CO：83 K，HF：293 K，$BaCl_2$：1813 K であり，推定と一致する．

**演 習**

(a) 次の物質に存在する分子間力を判別し，(b) 最も沸点が高い物質を選べ．

$CH_3CH_3$，$CH_3OH$，$CH_3CH_2OH$

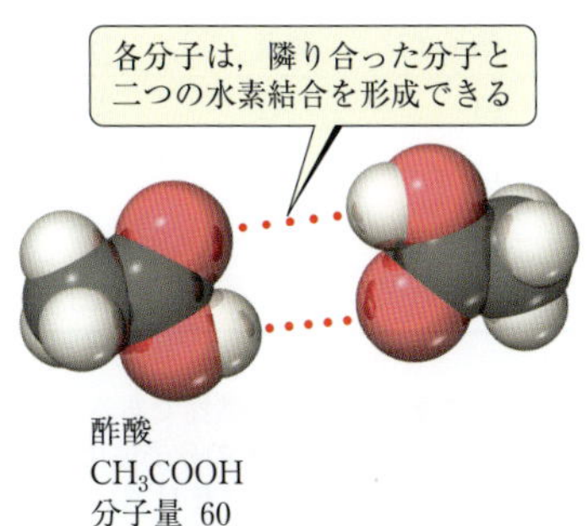


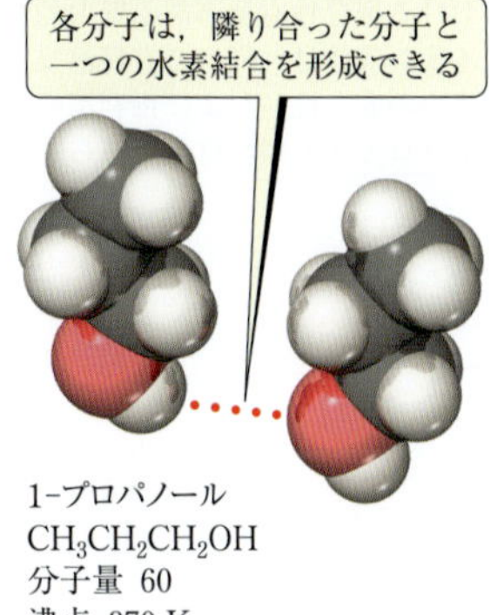


▲ **図 11.15 酢酸と 1-プロパノールの水素結合**
とり得る水素結合の数が増えるほど，分子はより緊密に結びつき，沸点はより高くなる．

## 11.3 液体の代表的な性質

日常観察される液体の性質は，分子間力で理解できるものが多い．本節では，そのような性質のうち，粘性，表面張力および毛管現象について説明する．

### 粘 性

糖蜜や自動車オイルなどは非常にゆっくりと流れるが，水やガソリンのような液体はさらさらと流れる．液体の流動に対する抵抗を**粘性**（viscosity）という．粘性の大きい液体はゆっくりと流れる．粘性の尺度は**粘性率**（粘度ともいう）で，液体が薄い垂直なすきまから流れ出るのに，どれだけの時間がかかるかによってはかる（▼ 図 11.16）．粘性率は，液体中を鉄球が落ちる速度ではかることもできる．粘性率が増加すると，球はゆっくりと落ちる．

粘性は，分子の動きやすさ，すなわち分子間力および分子の形と柔軟性が分子を絡みやすくしているかどうかに依存する（例えば，長い分子はスパゲッティのように絡まる）．▶ 表 11.4 からわかるように，一連の化合物では，粘性率は分子量とともに増加する．粘性率の SI 単位は kg/m･s である．

粘性は温度が上昇すると減少する．例えば，オクタンの粘性は 0℃ で $7.06 \times 10^{-4}$ kg/m･s，40℃ で $4.33 \times 10^{-4}$ kg/m･s である．温度が上昇すると，分子の平均運動エネルギーが分子間力に打ち勝つからである．

▲ **図 11.16 粘性率を比べる．**
モーターオイルの粘性率を示す数値尺度は，SAE インターナショナル（自動車・航空宇宙関連規格標準化の国際的な団体）によって規格化されている．

**表 11.4 20℃における一連の炭化水素の粘性率**

| 物 質 | 化学式 | 粘性率 (kg/m·s) |
|---|---|---|
| ヘキサン | $CH_3CH_2CH_2CH_2CH_2CH_3$ | $3.26 \times 10^{-4}$ |
| ヘプタン | $CH_3CH_2CH_2CH_2CH_2CH_2CH_3$ | $4.09 \times 10^{-4}$ |
| オクタン | $CH_3CH_2CH_2CH_2CH_2CH_2CH_2CH_3$ | $5.42 \times 10^{-4}$ |
| ノナン | $CH_3CH_2CH_2CH_2CH_2CH_2CH_2CH_2CH_3$ | $7.11 \times 10^{-4}$ |
| デカン | $CH_3CH_2CH_2CH_2CH_2CH_2CH_2CH_2CH_2CH_3$ | $1.42 \times 10^{-3}$ |

## 表面張力

ある種の昆虫は水の上を“歩く”ことができるが，水はあたかもその表面に弾性のある皮膚があるかのような挙動を示すことがある．この挙動は，液体の表面での分子間力の不均衡によるものである．

▶図 11.18 に示すように，内部の分子はすべての方向に等しく引きつけられるが，表面の分子は内部へ向かう力のみを受ける．この力は，表面の分子を内部へ引きつけ，それによって表面積を縮小し，表面の分子を互いに近くに詰め込む．

球はその体積に対して最小の表面積をもつため，水滴はほとんど球形になる．ハスの葉や，あるいは新しくワックス掛けをした自動車のように，無極性分子で覆われた表面に水が接触する場合に水が“玉になる”傾向があることも同様の現象である．

液体が表面積を小さくしようとする，内部に向かう力の尺度は，表面張力によって与えられる．**表面張力** (surface tension) は，液体の表面積を単位面積だけ増加させるのに必要なエネルギーである．例えば，20℃の水の表面張力は $7.29 \times 10^{-2}$ J/m$^2$ である．これは

### 化学の役割
## イオン液体

陽イオンと陰イオンの間の静電引力は強いので，ほとんどのイオン性化合物は室温で固体で，融点と沸点が高い．しかし，イオン電荷があまり高くなく，陽イオン–陰イオン間距離が十分に大きいと，イオン性化合物の融点は低くなり得る．

例えば，陽イオンと陰イオンの両方が大きな多原子イオンである $NH_4NO_3$ の融点は，170℃である．アンモニウムイオンがさらに大きなエチルアンモニウムイオン $CH_3CH_2NH_3^+$ に置き換わると，融点は 12℃に低下し，室温で液体になる！ エチルアンモニウム硝酸塩は，イオン液体，すなわち室温で液体の塩の例である．

$CH_3CH_2NH_3^+$ は，$NII_4^+$ より大きいだけでなく，対称性が低い．一般に，イオン性化合物中のイオンがより大きく，また形がより不規則であるほど，イオン液体となりやすい．

イオン液体を形成する陽イオンの中で，最も広く使用されているものの一つは，中央の五員環に長さの異なる二つの腕が結合している 1-ブチル-3-メチルイミダゾリウム陽イオン（略号 bmim$^+$，▼図 11.17 および▶表 11.5）である．このため，bmim$^+$ の形は不規則で，固体中に分子を整然と詰め込むのを困難にしている．

イオン液体によくみられる陰イオンは，$PF_6^-$，$BF_4^-$，およびハロゲン化物イオンである．

イオン液体は，多くの有用な特性をもっている．ほとんどの分子性液体と異なり，イオン液体は蒸気圧が非常に低く不揮発性（蒸発しにくい）であり，また不燃性である．また，400℃の高温まで液体状態を保つ．ほとんどの分子性化合物は，100℃以下のかなり低温でのみ液体である（表 11.3）．

**表 11.5 4種類の 1-ブチル-3-メチルイミダゾリウム (bmim$^+$) 塩の融点と分解温度**

| 陽イオン | 陰イオン | 融点（℃） | 分解温度（℃） |
|---|---|---|---|
| bmim$^+$ | $Cl^-$ | 41 | 254 |
| bmim$^+$ | $I^-$ | −72 | 265 |
| bmim$^+$ | $PF_6^-$ | 10 | 349 |
| bmim$^+$ | $BF_4^-$ | −81 | 403 |

イオン液体は，幅広い物質を溶かすので，さまざまな反応や分離に利用できる．これらの特性から，イオン液体は，多くの工業プロセスにおける揮発性有機溶剤の魅力的な代替溶剤と考えられている．イオン液体は，従来の有機溶媒と比較して，使用量の削減，取扱いの安全性，および再利用の容易さが見込まれ，工業的な化学プロセスの環境負荷を減らすことが期待されている．

1-ブチル-3-メチルイミダゾリウム (bmim$^+$) 陽イオン

$PF_6^-$ 陰イオン

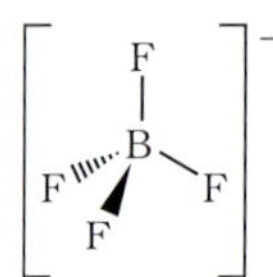

$BF_4^-$ 陰イオン

◀**図 11.17 イオン液体でみられる代表的なイオン**

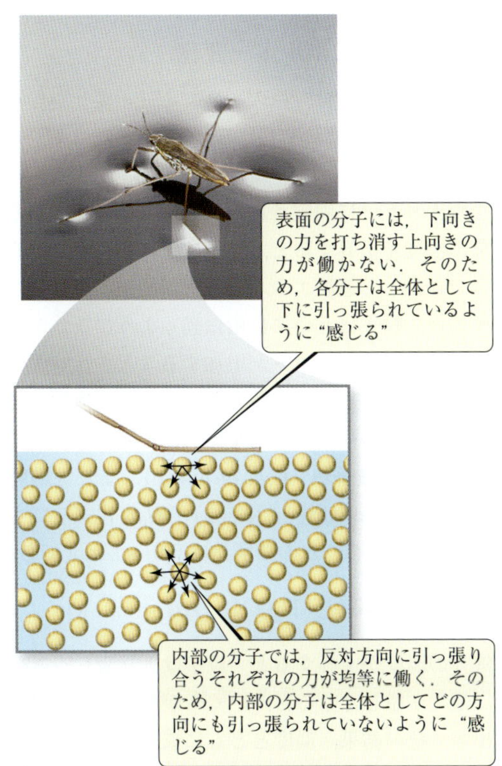


▲図 11.18 分子レベルでみた表面張力
水の表面張力が高いため，アメンボは沈まない．

水の表面積を 1 $m^2$ 増加させるのに，$7.29 \times 10^{-2}$ J のエネルギーが必要なことを意味する．水は強い水素結合のために表面張力が大きい．水銀の表面張力はさらに大きい（$4.6 \times 10^{-1}$ J/$m^2$）が，それは水銀原子間にさらに強い金属結合が働いているためである．

**考えてみよう**

次の変化が起こるとき，粘性と表面張力はどうなるか．
(a) 温度が上昇する
(b) 分子間力が強くなる

## 毛管現象

水の中の水素結合のような，類似の分子を互いに結びつける分子間力は，**凝集力**（cohesive force）と呼ばれる．物質を他の物質の表面に結びつける分子間力は，**接着力**（adhesive force）と呼ばれる．

水にガラス管を立てると，管の中に水が入る．水がガラスを**濡らす**のは，水とガラスの間の接着力が水分子間の凝集力より大きいためである．そのため，管の中の水の表面は**メニスカス**と呼ばれるU字形の曲面となる（▼図 11.19）．

しかし，水銀では状況が異なる．水銀の原子は他の水銀原子とは結合できるが，ガラスとは結合できない．凝集力が接着力よりもかなり大きく，水銀はガラ

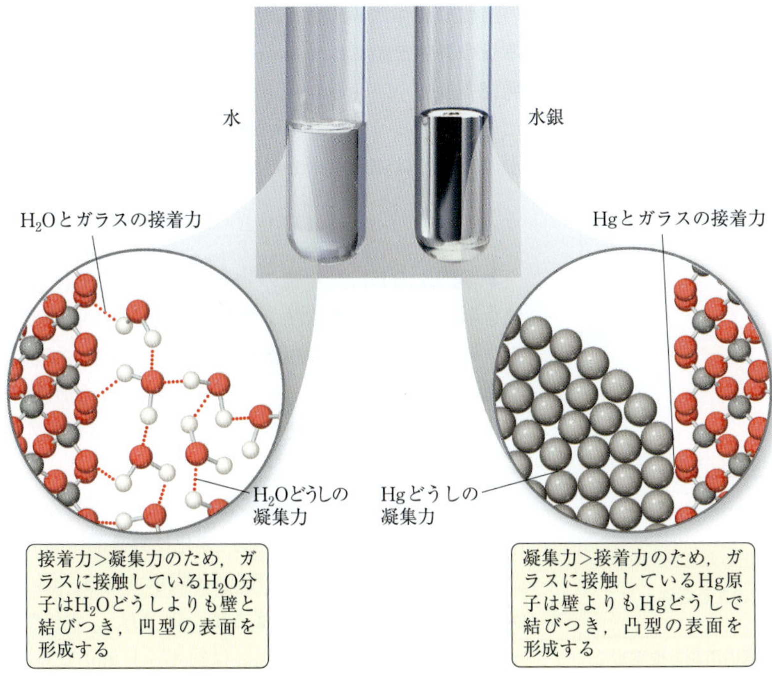


◀図 11.19 ガラス管中の水と水銀のメニスカスの形

スを濡らすことがないので，メニスカスは逆U字形のような形になる．

直径の小さなガラス管またはキャピラリー（毛管）を水面に立てると，水はガラス管の中を上昇する．狭い管中を液体が上昇することは，**毛管現象**（capillary action）と呼ばれる．液体と管の壁の間の接着力は，液体の表面積を増加させようとする．液体の表面張力は逆にその表面積を縮小させようとし，それによって液体が管中を上へ引き上げられる．液体は，重力が接着力および凝集力とつり合うまで上昇する．

毛管現象は，広くみられる．例えば，タオルが液体を吸収したり，ドライ素材の下着などが肌から汗を吸いとるのは，毛管現象によるものである．水やそれに溶けた栄養素が植物の中を上方へ移動するのにも毛管現象が働いている．

## 11.4 相　変　化

コップの中に残された水は蒸発する．暖かい部屋に置かれた氷はすぐに融解する．固体の $CO_2$（ドライアイスとして売られている）は室温で**昇華**，すなわち固体から気体に直接変化する．

一般に，物質の状態（固体，液体，気体）は，他の状態に変化できる．▼図11.20にこれらの変化の名称を示した．このような変化は**相変化**（phase change），または**状態変化**（change of state）と呼ばれる．

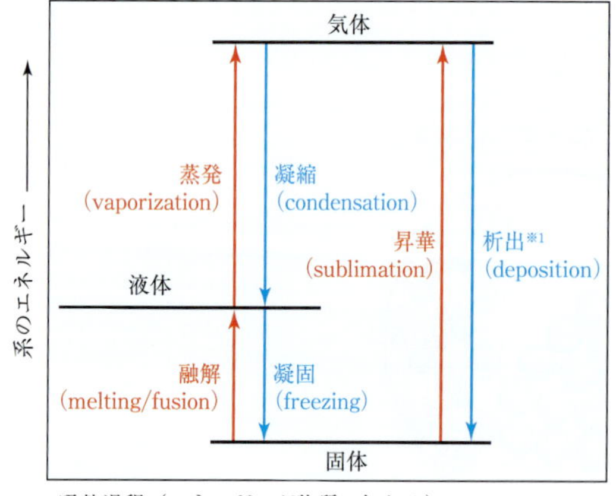


▲図 11.20　相変化および相変化に関連する名称

※1　訳注：2015年に日本化学会は，凝華の用語を提案した．

### 相変化に伴うエネルギー変化

すべての相変化は，系のエネルギーの変化を伴う．例えば，固体中の粒子（分子，イオンまたは原子のいずれか）は，系のエネルギーを最小化するよう，多かれ少なかれ互いに固定された近い位置に並んでいる．固体の温度が上昇すると，粒子はそれらの平衡位置の周りで振動し，運動エネルギーが増加する．固体が融解すると，粒子は互いに自由に動くようになるが，それは平均運動エネルギーが増加することを意味する．

固体が融けることを**融解**と呼ぶ．粒子の運動の自由度を増加させるには，エネルギーが必要である．このエネルギーは**融解熱**（heat of fusion），または**融解エンタルピー**（enthalpy of fusion）$\Delta H_{fus}$ によってもたらされる．例えば，氷の融解熱は 6.01 kJ/mol である．

$$H_2O\ (s) \longrightarrow H_2O\ (l) \quad \Delta H = 6.01\ kJ$$

液体の温度が上昇すると，粒子はより激しく運動する．運動が激しくなると，いくらかの粒子が気相に逃げ出す．その結果，温度とともに液体表面上の気相粒子の濃度が増加する．これらの気相粒子は，**蒸気圧**（vapor pressure）と呼ばれる圧力をもたらす．蒸気圧については§11.5で学習する．

蒸気圧は，温度が上昇するにつれて，液体上の外圧，典型的には大気圧と等しくなるまで増加する．この温度で液体は沸騰し，蒸気の泡が液中に生じる．ある量の液体を蒸気にするのに必要なエネルギーは，**蒸発熱**（heat of vaporization）あるいは**蒸発エンタルピー**（enthalpy of vaporization）$\Delta H_{vap}$ と呼ばれる．水の蒸発熱は 40.7 kJ/mol である．

$$H_2O\ (l) \longrightarrow H_2O\ (g) \qquad \Delta H = 40.7\ kJ$$

▶図11.21に，4種の物質の $\Delta H_{fus}$ と $\Delta H_{vap}$ の値を示す．$\Delta H_{vap}$ は $\Delta H_{fus}$ の値よりも大きい．なぜなら，液体から気体への相変化では，粒子はすべての粒子間の引力を断ち切らなければならないが，固体から液体への相変化では，それらの引力の多くは働いたままだからである．

固体の粒子は気相に直接移動することができる．この相変化に必要なエンタルピー変化は**昇華熱**（heat of sublimation）と呼ばれ，$\Delta H_{sub}$ と表示される．図11.21に示すように，$\Delta H_{sub}$ は $\Delta H_{fus}$ と $\Delta H_{vap}$ の和である．したがって，水の $\Delta H_{sub}$ は約 47 kJ/mol である．

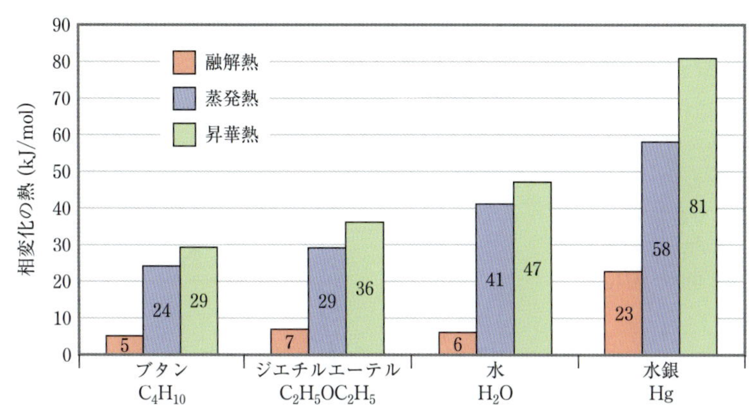


◀ 図 11.21 融解熱，蒸発熱，昇華熱

相変化は，私たちの日常生活にも役立っている．例えば，私たちが飲み物を冷やすために氷を使うとき，氷の大きな融解熱が重要な役割を果たす．プールやシャワーから出るときに冷たく感じるのは，水が皮膚から蒸発するときに蒸発熱を体から奪うからである．暖かい日に激しい運動をするとき，私たちの体はこの仕組みを使って体温を調整する．冷蔵庫も気化による冷却効果を利用している．この機械には，加圧すると液化する物質が使われている．その液体が蒸発するときに液体は熱を吸収し，それによって冷蔵庫の内部を冷やす．

液体冷却剤が蒸発するときに，吸収した熱はどうなるのだろうか．熱力学の第一法則（§5.2）に従うと，吸収した熱は，気体が液体に凝縮するときに放出されなければならない．この相変化が起こるとき，放出された熱は，冷蔵庫背面の冷却コイルから散逸する．物質の凝縮熱は蒸発熱の大きさに等しく，符号が逆である．また同様に，ある物質の**析出熱**（heat of deposition）は発熱的で，それは吸熱的な昇華熱と絶対値が同じである．**凝固熱**（heat of freezing）は，融解熱が吸熱であるのと同じだけ発熱的である（図 11.20 参照）．

**考えてみよう**

氷を室温においたときに起こる相変化の名称は何か．この変化は発熱的か，吸熱的か．

## 臨界温度と臨界圧力

通常，気体に圧力をかけるとある点で液化する．100℃の水蒸気に圧力を加えると，圧力が 760 Torr になったときに液体の水が生じる．しかし，温度が 110℃なら，圧力が 1075 Torr になるまで液相は生じない．374℃では，圧力が $1.655 \times 10^5$ Torr（217.7 atm）のときだけ液相が生じる．この温度よりも高いと，いくら圧力をかけてもはっきりとした液相は形成しない．圧力を高くすると，かわりに気体はどんどん圧縮される．はっきりと液相が形成する最高温度を**臨界温度**（critical temperature）と呼ぶ．**臨界圧力**（critical pressure）は，臨界温度で徐々に液化を引き起こすのに必要な圧力である（§11.6）．

臨界温度は液体が存在できる最高温度である．臨界温度より高いと，物質がどれほど圧縮されて分子が互いに接近しているかにかかわらず，分子の運動エネルギーは液体状態に導く引力よりも大きくなる．分子間力が大きいほど，物質の臨界温度は高い．

いくつかの物質の臨界温度と圧力を▼ 表 11.6 にまとめた．例えば，$O_2$ の臨界温度は 154.4 K なので，それ以下の温度にしないと液化できない．それに対しアンモニアは臨界温度が 405.6 K で，加圧すれば室温でも液化できる．

表 11.6 主な物質の臨界温度と臨界圧力

| 物　質 | 臨界温度（K） | 臨界圧力（atm） |
|---|---|---|
| 窒素 $N_2$ | 126.1 | 33.5 |
| アルゴン Ar | 150.9 | 48.0 |
| 酸素 $O_2$ | 154.4 | 49.7 |
| メタン $CH_4$ | 190.0 | 45.4 |
| 二酸化炭素 $CO_2$ | 304.3 | 73.0 |
| ホスフィン $PH_3$ | 324.4 | 64.5 |
| プロパン $CH_3CH_2CH_3$ | 370.0 | 42.0 |
| 硫化水素 $H_2S$ | 373.5 | 88.9 |
| アンモニア $NH_3$ | 405.6 | 111.5 |
| 水 $H_2O$ | 647.6 | 217.7 |

## 例題 11.3　温度と相変化に伴う $\Delta H$ の計算

▶図 11.22 を参考に，1 atm 下で，−25℃，1 mol の氷が 125℃の水蒸気に変換されるときのエンタルピー変化を計算せよ．氷，水および水蒸気の比熱は，それぞれ 2.03 J/g·K，4.18 J/g·K および 1.84 J/g·K である．また，水の相変化のエンタルピーは，$\Delta H_{fus}$ = 6.01 kJ/mol，$\Delta H_{vap}$ = 40.67 kJ/mol である．

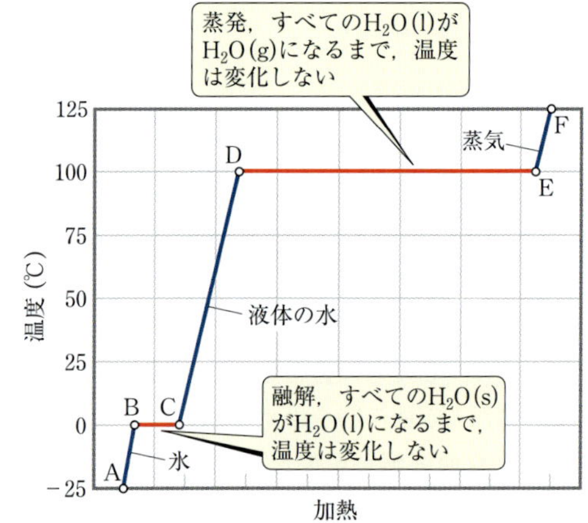


▶図 11.22　水の加熱曲線
1 atm において，1.00 mol の $H_2O$ が −25℃の $H_2O$ (s) から 125℃の $H_2O$ (g) に変化する．熱は温度範囲全般にわたって加えられているが，系の温度が上昇するのは $H_2O$ がすべて固体であるとき，すべて液体であるとき，またはすべて気体であるときに限られる（青線）．二つの相変化の間（赤線）では，加熱し続けても，系の温度は変化しない．

### 解　法

**方針**　図 11.22 の各線分の過程におけるエンタルピー変化を計算し，それらを加算して全体のエンタルピー変化を得る（ヘスの法則，§5.6）．

**解**　図 11.22 の線分 AB では，氷の温度が 25℃上昇するのに十分なだけの熱が加えられている．25℃の温度変化は 25 K の温度変化に相当する．氷の比熱を使って，この過程のエンタルピー変化を計算する．

$$\begin{aligned}\text{AB}: \Delta H &= (1.00\ \text{mol})(18.0\ \text{g/mol}) \\ &\quad \times (2.03\ \text{J/g·K})(25\ \text{K}) \\ &= 914\ \text{J} = 0.91\ \text{kJ}\end{aligned}$$

図 11.22 の線分 BC では，氷から 0℃の水に変換される．融解エンタルピーをそのまま使うことができる．

$$\text{BC}: \Delta H = (1.00\ \text{mol})(6.01\ \text{kJ/mol}) = 6.01\ \text{kJ}$$

線分 CD，DE および EF に対応するエンタルピー変化も同様にして計算できる．

$$\begin{aligned}\text{CD}: \Delta H &= (1.00\ \text{mol})(18.0\ \text{g/mol}) \\ &\quad \times (4.18\ \text{J/g·K})(100\ \text{K}) \\ &= 7520\ \text{J} = 7.52\ \text{kJ}\end{aligned}$$

$$\text{DE}: \Delta H = (1.00\ \text{mol})(40.67\ \text{kJ/mol}) = 40.7\ \text{kJ}$$

$$\begin{aligned}\text{EF}: \Delta H &= (1.00\ \text{mol})(18.0\ \text{g/mol}) \\ &\quad \times (1.84\ \text{J/g·K})(25\ \text{K}) \\ &= 830\ \text{J} = 0.83\ \text{kJ}\end{aligned}$$

全エンタルピー変化は，それぞれの過程のエンタルピー変化の総和である．

$$\begin{aligned}\Delta H &= 0.91\ \text{kJ} + 6.01\ \text{kJ} + 7.52\ \text{kJ} + 40.7\ \text{kJ} \\ &\quad + 0.83\ \text{kJ} = 56.0\ \text{kJ}\end{aligned}$$

**チェック**　全エンタルピー変化の各成分の値は，図 11.22 の線の水平方向成分の長さ（つまり，加えられた熱）と比較して妥当である．最大の成分が気化熱であることに着目しよう．

**演　習**

50℃の水 100 g が −30℃の氷に変化する過程のエンタルピー変化を求めよ（比熱と相変化のエンタルピーは，例題 11.3 に与えられている値を使うこと）．

---

分子間力が弱い無極性で低分子量の物質は，極性で分子量が大きい物質よりも臨界温度と圧力が低いことに注意しよう．水とアンモニアは，強い分子間水素結合の結果として，例外的に臨界温度と圧力が高い．

**考えてみよう**

$H_2O$ の臨界温度と圧力が，関連化合物である $H_2S$ よりかなり高いのはなぜか（表 11.6）．

### 超臨界流体

温度と圧力がその臨界温度および臨界圧力を超えると，液相と気相は互いに区別できなくなり，物質は**超臨界流体**（supercritical fluid）と呼ばれる状態になる．超臨界流体は，気体のように容器内に拡がるが，分子は液体のように互いに近接している．超臨界流体は，液体のように幅広い物質を溶かす溶媒としてふるまう．超臨界流体を使って抽出すると，混合物の成分を分離できる．**超臨界流体抽出**によって，化学，食品，医薬品，エネルギー工業では，複雑な混合物の分離に成功してきた．超臨界 $CO_2$ はあまり高価でなく，溶媒廃棄にまつわる問題もなく，その過程で毒性残留物ができないことから広く使われている．

## 11.5 蒸 気 圧

分子は液体の表面から気相に蒸発して逃げ出すことができる．▼**図 11.23** に示すように，ある量のエタノールを真空にした密閉容器に入れるとしよう．エタノールは即座に蒸発し始める．その結果，液体上の空間にある蒸気により容器の中の気圧が高くなる．しばらく経つと，蒸気の圧力は，**蒸気圧**（vapor pressure）と呼ばれる一定値に達する．

液体表面のエタノール分子のいくつかは，近くの分子の引力を振り切るのに十分な運動エネルギーをもち，たえず気体中に逃げ出す．どの温度でも，液相から気相への分子の移動は，連続的に起こる．しかし，気相の分子が増えると，図 11.23 の右側のフラスコ内のように，気相中の分子が液体表面にぶつかり，液体に再び捕らえられる確率が増加する．やがて，分子が液体に戻る速度が逃げ出す速度と等しくなる．温度が一定なら，気相中の分子の数は定常値に達し，蒸気によって及ぼされる圧力は一定になる．

二つの反対向きの過程が同時に同じ速度で起こる条件を，**動的平衡**（dynamic equilibrium）あるいは単に**平衡**（equilibrium）と呼ぶ．§4.1 で学んだ化学平衡は，逆向きの化学反応による動的平衡である．液体とその蒸気は，蒸発と凝縮が同じ速度で起こるとき，動的平衡にある．平衡状態では，正味の変化はないので，何も起こっていないようにみえるかもしれない．けれども，実際は，分子が液体から気体，また気体から液体に連続的に変化している．**液体の蒸気圧は，液体と気体が動的平衡にあるときに，その蒸気によって及ぼされる圧力である．**

### 揮 発 性

水が器から蒸発するように，開放された容器中で蒸発が起こると，蒸気は液体表面から拡散する．液体表面に再び捕らえられることはほとんどない．平衡には決してならず，液体が完全になくなるまで継続して蒸発する．ガソリンのような蒸気圧の高い物質は，自動車オイルのような蒸気圧の低い物質よりもより迅速に蒸発する．蒸発しやすい液体は，**揮発性**（volatile）であるという．

蒸気圧は温度が上昇すると増加するので，熱い水は冷たい水よりもより速く蒸発する．▶**図 11.24** は二つの温度における液体中の分子の運動エネルギーの分布を示す（この曲線は，§10.7 の気体のカーブと似ている）．温度が上昇すると，分子はより高速で動き，より多くの分子が近くの分子から逃れ気相へと移動し，蒸気圧が増加する．

▶**図 11.25** は，揮発性が大きく異なる 4 種類の物質について蒸気圧の温度変化を示す．すべての場合に蒸気圧は温度が上昇するとともに非線形で増加することに注意しよう．液体の分子間力が弱いほど分子がより簡単に逃げ出すことができ，そのため蒸気圧が高い．

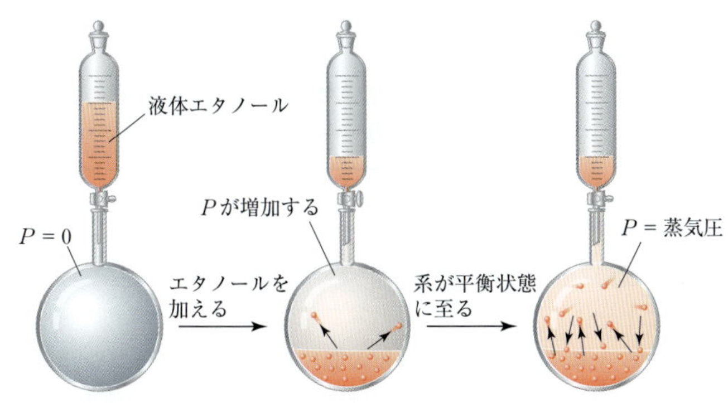


◀ **図 11.23** 液体上の蒸気圧

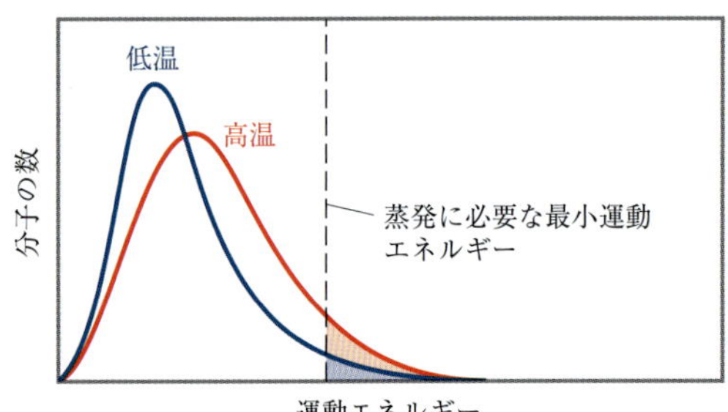


青い領域＝低温において，蒸発するのに十分なエネルギーをもつ分子の数

赤＋青い領域＝高温において，蒸発するのに十分なエネルギーをもつ分子の数

▲図 11.24　液体中の運動エネルギー分布に対する温度の影響

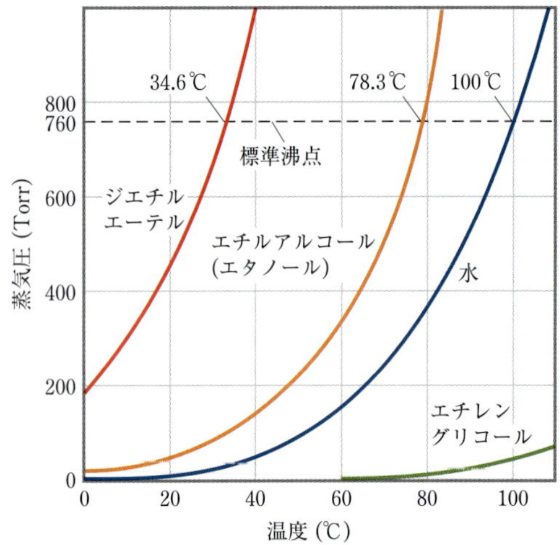


▲図 11.25　4種類の液体の温度と蒸気圧の関係

**考えてみよう**

$CCl_4$ と $CBr_4$ では，どちらの化合物が 25℃でより揮発性が高いと考えられるか．

## 沸　点

液体の**沸点**（boiling point）は，蒸気圧が液体表面に働く外部圧力と等しくなる温度である．この温度で分子のもつ熱エネルギーは，液体内部の分子が近傍の分子の束縛から抜け出し，気相に移動するのに十分になる．その結果，蒸気の泡が液体内から発生する．沸点は，外部圧力が増加するに従い上昇する．1 atm（760 Torr）における液体の沸点は，**標準沸点**（normal boiling point）と呼ばれる．図 11.25 から，水の標準沸点は 100℃であることがわかる．

沸騰水中で食物を料理するのに必要な時間は，水の温度に依存する．開放された容器ではその温度は 100℃だが，もっと高い温度で沸騰させることもできる．圧力鍋は，蒸気があらかじめ決められた圧力を超えたときに漏れ出すように設計されている．つまり，圧力鍋の圧力は大気圧よりも高くなる．高い圧力により，水は 100℃より高い温度で沸騰するので，食物が迅速に料理できる．

高地で食物を料理する場合に，海面高度で行うより長時間かかる理由も沸点に対する圧力の効果によって説明できる．大気圧は高地では低く，水は 100℃以下の温度で沸騰するので，食物の調理には一般に長い時間が必要となる．

### 例題 11.4　沸点と蒸気圧の関係

図 11.25 を用いて，ジエチルエーテルの 0.80 atm における沸点を求めよ．

**解　法**

**方針**　グラフの圧力目盛りが Torr なので，まず 0.8 atm を Torr に変換する必要がある．沸点は，蒸気圧が外圧と等しくなる温度である．グラフ中でその圧力の位置をみつけ，水平に蒸気圧曲線までたどり，曲線から垂直に下がって温度を求める．

**解**　圧力は，(0.80 atm) (760 Torr/atm) = 610 Torr である．図 11.25 から，この圧力における沸点は，室温に近い約 27℃であることがわかる．

**コメント**　液体上の圧力を約 0.8 atm まで真空ポンプで下げると，フラスコ中のジエチルエーテルを室温で沸騰させることができる．

**演　習**

図 11.25 を用いて，エタノールが 60℃で沸騰するときの外部圧力を求めよ．

## 11.6 相　図

物質の各相の間に存在する動的平衡は，液体とその蒸気の平衡だけではない．適切な条件下では，固体は液体あるいは蒸気とさえ，平衡にある．固相と液相が平衡状態で共存する温度は，固体の融点または液体の凝固点である．固体は昇華することもできるので，蒸気圧も生じる．**相図**（phase diagram）は，物質の異なる相の間に平衡が存在する条件をまとめて図示したものである．相図から，特定の温度と圧力で存在する物質の相を予想することも可能である．

三つの相で存在し得る物質の相図を▼**図 11.26** に示した．その図には，3 本の重要な曲線がある．それぞれの曲線は，各相が共存できる温度と圧力を示している．3 本の曲線は，次のようなものである．

1. 赤の曲線は液体の**蒸気圧曲線**（vapor-pressure curve）で，液相と気相の間の平衡を示す．この曲線上の圧力 1 atm の点は標準沸点を示す．蒸気圧曲線は，**臨界点**（critical point, *C*）で終了する．臨界点は，物質の臨界温度と臨界圧力に対応する．温度と圧力が臨界点を超えると，液相と気相は互いに区別できなくなり，物質は超臨界流体になる．
2. 緑の**昇華曲線**（sublimation curve）は気相と固相を分けており，昇華するときの蒸気圧の温度変化を示している．この曲線上のすべての点は，固体と液体との平衡条件を示している．
3. 青の**融解曲線**（melting curve）は固相と液相を分けており，圧力変化に伴う固体の融点の変化を示す．この曲線上のすべての点は，固体と液体との平衡条件を示している．この曲線は，通常，圧力の増加とともにわずかに右に傾いている．というのは，大部分の物質では，固体状態は液体状態より密度が大きいからである．圧力の増加は，通常，固相を有利にするので，高圧で固体を融解させるには，高い温度が必要である．1 atm での融点は**標準融点**（normal melting point）である．

三つの曲線が重なる点 *T* は**三重点**（triple point）で，ここでは三つの相が平衡にある．3 本の曲線上の他のすべての点は，二つの相間の平衡を示している．曲線上にない図中のすべての点は，ただ一つの相しか存在しない条件に対応している．例えば，気相は低圧高温下で安定であり，固相は低温高圧下で安定である．液体は他の二つの間の領域で安定である．

## 水と二酸化炭素の相図

▶**図 11.27** は $H_2O$ の相図である．図中に含まれる圧力範囲が広いので，圧力を示すのに対数（log）スケールを用いている．$H_2O$ の融解曲線（青の線）は変則的で，圧力増加とともにわずかに左に傾いている．これは，氷の融点が圧力の増加とともに低下することを示している．この通常とは異なる挙動は，§11.2 で学んだように，水は液体のほうが固体よりも密度の高い，非常に数少ない物質であるために起こる．

圧力が 1 atm で一定の場合，日常生活での経験から予想されるように，温度を上げることで，固体から液体，そして気体へと図中を移動することができる．

$H_2O$ の三重点は比較的低い圧力，0.006 03 atm にある．この圧力以下では，液体の水は不安定で，加熱により氷は昇華して水蒸気になる．水のこの特性は，

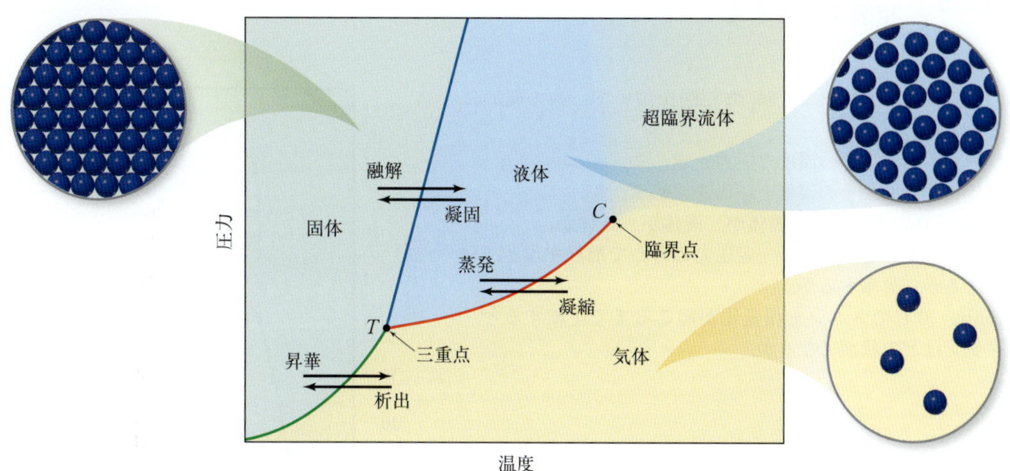


▲**図 11.26　純物質の一般的な相図**
緑の線は昇華曲線を，青の線は融解曲線を，そして赤の線は蒸気圧曲線を表す．

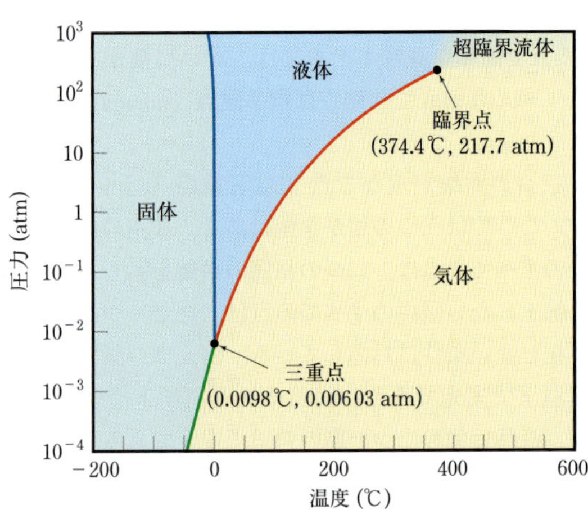


▲図 11.27　$H_2O$ の相図
温度（横軸）には均等目盛，圧力（縦軸）には対数目盛を用いている．

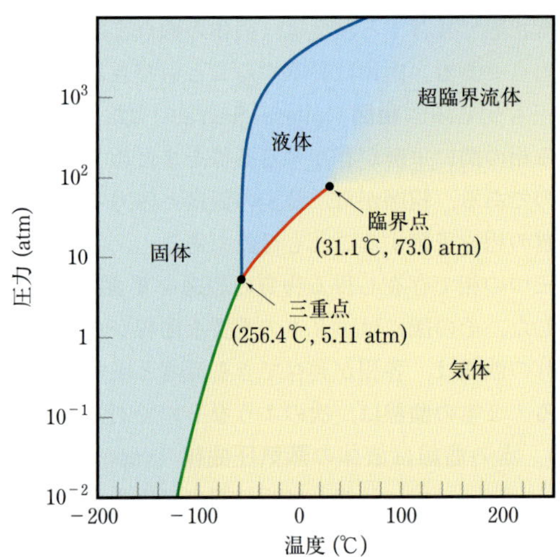


▲図 11.28　$CO_2$ の相図
温度（横軸）には均等目盛，圧力（縦軸）には対数目盛を用いている．

“フリーズドライ”の食品や飲料に利用されている．食物や飲料を 0℃より低い温度で凍結し，ついで低圧室（0.00603 atm 以下）に移して温める．すると水は昇華し，食物や飲料が脱水される．

$CO_2$ の相図を▶図 11.28 に示す．融解曲線（青の線）は典型的な挙動を示し，温度の上昇とともに右に傾いている．これは，$CO_2$ の融点が圧力の増加とともに上昇することを示す．三重点の圧力は比較的高い（5.11 atm）ので，$CO_2$ は 1 atm では液体として存在しない．これは，固体の $CO_2$ は加熱しても融けず，かわりに昇華することを意味している．つまり，$CO_2$ には標準融点がなく，かわりに標準昇華点 −78.5℃がある．$CO_2$ は通常の圧力下でエネルギーを吸収すると，融解せずに昇華するので，固体の $CO_2$（ドライアイス）は便利な冷却剤である．

## 例題 11.5　相図を理解する

▶図 11.29 に示すメタン $CH_4$ の相図を用いて，次の問いに答えよ．

(a) 臨界点のおおよその温度と圧力を求めよ．
(b) 三重点のおおよその温度と圧力を求めよ．
(c) 1 atm，0℃でメタンは固体か，液体か，気体か．
(d) 固体のメタンを 1 atm の一定圧力のもとで加熱すると，融解するか，昇華するか．
(e) 1 atm，0℃でメタンを相変化が起こるまで圧縮すると，メタンはどの状態になるか．

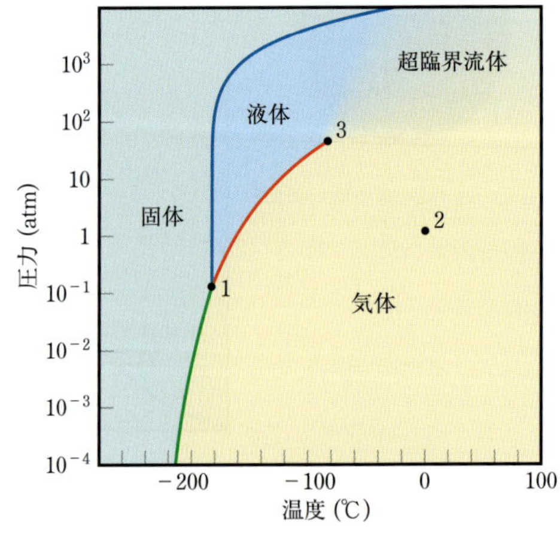

▶図 11.29　$CH_4$ の相図
温度（横軸）には均等目盛を，圧力（縦軸）には対数目盛を用いている．

### 解　法

**分析**　相図の主な特徴を理解して使用し，圧力変化と温度変化が起こったときにどのような相変化が起こるかを導く．

**方針**　相図上で三重点および臨界点を特定し，特定の温度と圧力でどの相が存在するかを同定する．

**解**　(**a**) 臨界点は，液体，気体および超臨界流体が共存する点である．臨界点は相図の点3で，約 −80℃，50 atm である．

(**b**) 三重点は，固体，液体および気体が共存する点である．三重点は相図中の点1で，約 −180℃，0.1 atm である．

(**c**) 0℃，1 atm の交点は相図中の点2である．この点は相図の気体の領域にある．

(**d**) $P = 1$ atm の固体領域からスタートして，水平方向に移動する（これは圧力一定を意味する）と，最初に $T \approx -180$℃ で液体領域に入り，ついで $T \approx -160$℃ で気体領域に入る．つまり，固体のメタンは圧力が1 atm のとき融解する（メタンが昇華するためには，圧力が三重点の圧力より低くなければならない）．

(**e**) 0℃，1 atm の点2から垂直に上方向に移動すると，気体から超臨界流体に相変化する．この相変化は，臨界圧力（∼50 atm）を超えたときに起こる．

**チェック**　臨界点の圧力と温度は，予想されるように，三重点のそれらよりも高い．メタンは天然ガスの主成分である．したがって，1 atm，0℃で気体として存在するのは妥当である．

### 演　習

図 11.29 に示すメタンの相図を用いて，次の問いに答えよ．

(**a**) メタンの標準沸点は何℃か．

(**b**) 固体のメタンは，どのような圧力範囲で昇華するか．

(**c**) 液体のメタンは，何℃以上だと存在できないか．

## 11.7 液　　晶

1888年，オーストリア人の植物学者フリードリッヒ・ライニッツァー(Friedrich Reinitzer, 1857-1927)は，有機化合物の安息香酸コレステリルが，▼図 11.30 に示すような興味深く異常な性質を示すことを発見した．

固体の安息香酸コレステリルを加熱すると，145℃で融解して，乳状の粘性のある液体を形成する．その後，179℃で乳状の液体は透明になり，179℃以上ではこの状態を維持する．冷やすと，透明な液体は179℃で乳状の粘性液体に変化し，145℃で固化する．

ある種の物質が液体と固体の中間に示す乳状の粘性のある状態を，現在私たちは**液晶**（liquid crystal）と呼んでいる．ライニッツァーの研究は，液晶についての最初の系統的な報告である．

液晶相は，固体のような秩序構造と，液体のように自由に動ける性質を併せ持っている．部分的な秩序構造のため，液晶は粘性があり，固体と液体の中間の性質を示す．これらの性質を示す範囲は，ライニッツァーの試料と同様に，転移温度によって明確に示される．

今日，液晶は，圧力および温度センサーとして，またデジタル時計，テレビ，コンピュータのような機器の液晶ディスプレイ（LCD）として利用されている．これは，液晶相中で分子を互いに束縛している弱い分子間力が，温度，圧力あるいは電場によって容易に影響されるからである．

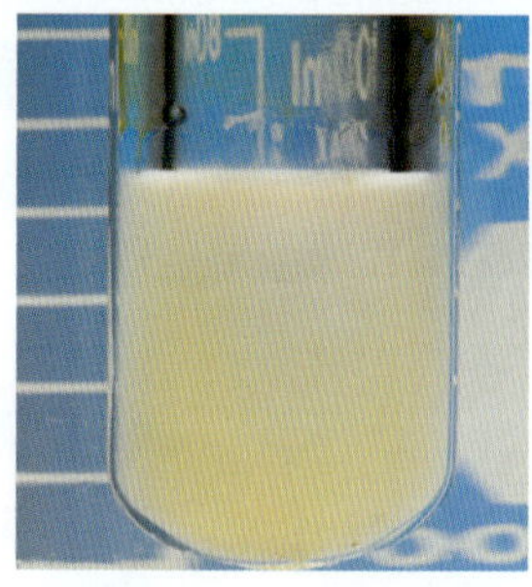

$145$ ℃ $< T <$ $179$ ℃
液晶相

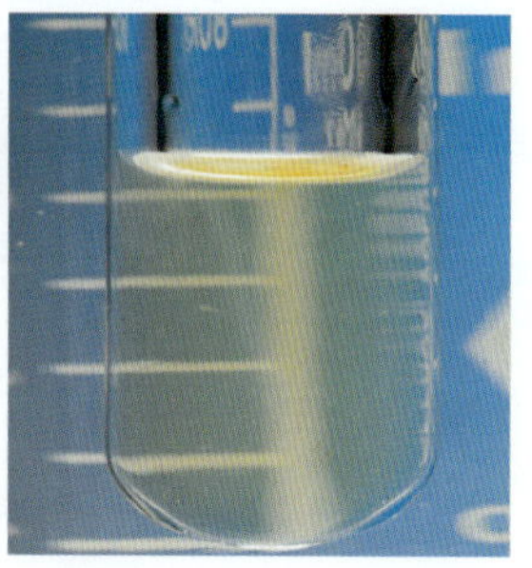

$T >$ $179$ ℃
液相

◀ **図 11.30**　安息香酸コレステリルの液相と液晶相

## 液晶の種類

液晶となる物質は，中心部が剛直な棒状の分子で構成されていることが多い．液相では分子が無秩序に並んでいるのと対照的に，液晶相では分子は▼図 11.31 に示すような特定の配列で並ぶ．並び方の特徴に応じて，液晶はネマチック，スメクチック A，スメクチック C およびコレステリックの 4 種類に分類される．

**ネマチック液晶**（nematic liquid crystal）では，分子の長軸が同じ方向に整列しているが，分子末端は揃っていない．**スメクチック A**（smectic A）および**スメクチック C**（smectic C）液晶では，ネマチック液晶でみられたように分子が長軸方向に整列し，さらにそれらが層構造をつくる．

液晶相を示す 2 種の分子を▼図 11.32 に示す．これらの分子では，長さが幅よりはるかに大きい．二重結合（ベンゼン環中のものを含む）は，分子に剛性を与える．また，平らな環構造は，分子が互いに積み重なるのを助ける．極性の $CH_3O$—および—COOH 置換基は双極子–双極子相互作用をもたらし，分子の整列を促進する．したがって，分子はそれらの長い軸に沿って，きわめて自然に自発的に並ぶ．しかし，分子は，それらの軸周りに回転したり，平行方向に滑ることができる．スメクチック液晶では，分子間力（分散力，双極子–双極子力および水素結合）によって，分子が互いに乗り越えて滑るのが制限されている．

**コレステリック液晶**（cholesteric liquid crystal）では，分子は層状に並んでおり，長い軸は層内で他の分子と平行になっている[*3]．互いの層は図 11.31 のよう

＊3　コレステリック液晶は，キラルネマチック層と呼ばれることもある．なぜなら，それぞれの平面内の分子はネマチック液晶と似た並び方をしているからである．

**液相**

分子は無秩序に配置されている

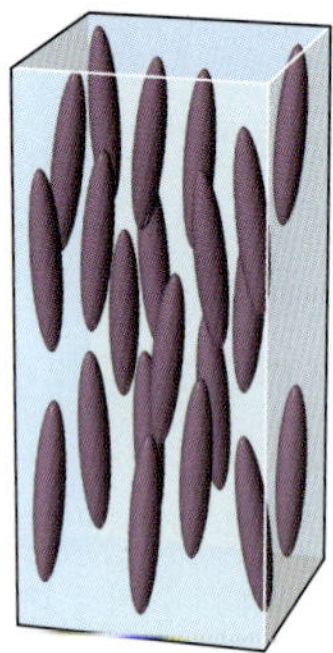

**ネマチック液晶相**

分子の長軸が同じ方向に整列しているが，分子の末端は揃っていない

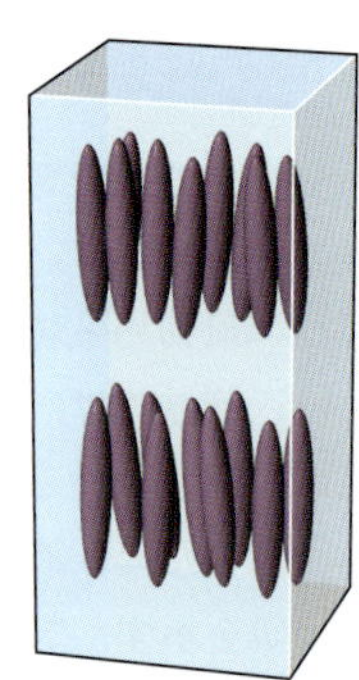

**スメクチック A 液晶相**

分子が層状に整列し，分子の長軸が層面に垂直

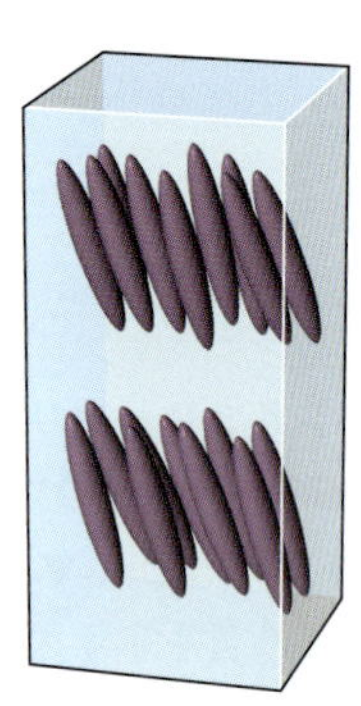

**スメクチック C 液晶相**

分子が層状に整列し，分子の長軸が層面に対して傾いている

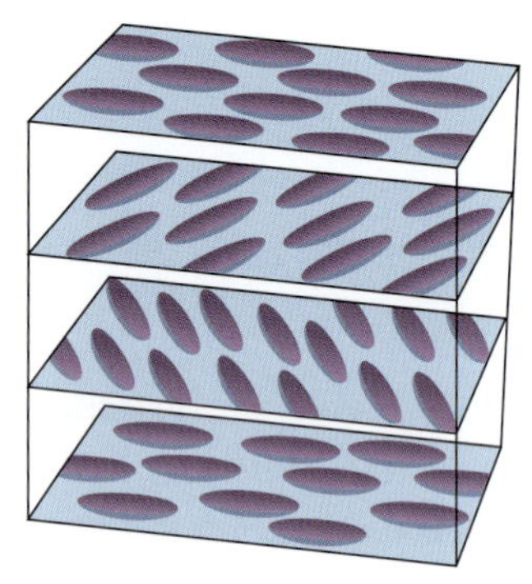

**コレステリック液晶相**

分子が層状に並び，各分子の長軸は，上の層内の分子の長軸に対して回転している

▲図 11.31　**ネマチック，スメクチックおよびコレステリック液晶における分子の並び**
任意の物質の液相では分子が無秩序に配置されているのに対し，液晶相では分子が部分的に規則的な状態で配置されている．

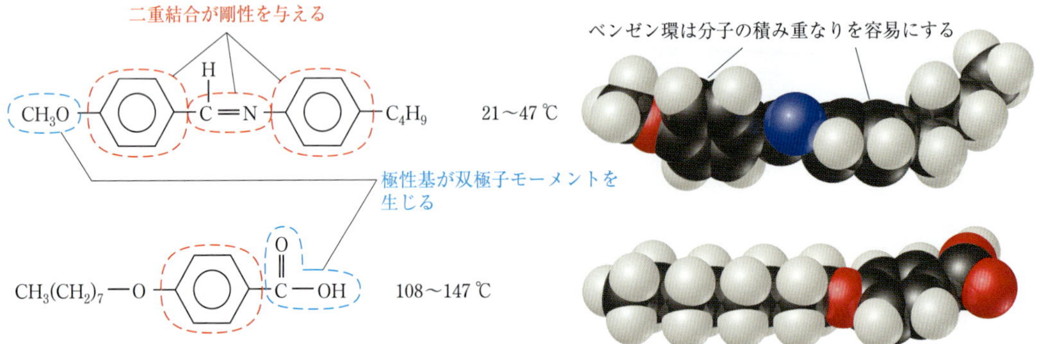


▲図 11.32　**液晶相を示す 2 種類の代表的な分子の構造と液晶の温度範囲**

に，分子の配列方向が特定の角度だけ回転してらせん状になるように重なっている．

コレステリック液晶中の分子の並び方は，可視光で不思議な色模様を生み出す．温度と圧力を変えると，その並びが変わるため，色が変わる．コレステリック液晶は，通常の方法が使えない状況での温度変化測定に使われる．例えば，超小型電子回路で温度の高い点を検出し，欠陥をみつけることができる．幼児の肌の温度を測る温度計にも使える．コレステリック液晶ディスプレイはほんのわずかな電力しか使わないので，電子ペーパーへの応用も研究されている（▶図 11.33）．この応用例では，加えた電場によって液晶分子の向きが変わり，光学的な特性に影響が出ることを利用している．

**▲図 11.33　コレステリック液晶を用いた電子ペーパー（e-ペーパー）**
電子ペーパーは，紙の上に通常のインクで印刷されている状況を模倣する．電子ペーパーには，壁掛け薄型ディスプレイ，電子ラベル，電子書籍リーダーなどの，多くの潜在的な応用がある．

## 例題 11.6　液晶の性質

以下の物質のうち，液晶の性質を示す可能性が最も高いのはどれか．

(i) $CH_3-CH_2-C(CH_3)_2-CH_2-CH_3$

(ii) $CH_3CH_2-C_6H_4-N{=}N-C_6H_4-C(=O)-OCH_3$

(iii) $C_6H_5-CH_2-C(=O)-O^-Na^+$

### 解　法

**方針**　液晶の挙動をもたらす可能性のある，すべての構造的特徴をみつける．

**解**　分子(i)は，液晶とは思えない．なぜなら，二重結合や三重結合がないことは，分子を剛直ではなく，むしろ柔軟にするからである．

分子(iii)はイオン性である．一般に，イオン性化合物の融点は高温なので，この化合物は液晶として不適格である．

分子(ii)は長い分子軸および液晶によくみられる構造的特徴を備えている．つまり，分子は棒状であり，二重結合とベンゼン環は剛性を与え，極性基である $-COOCH_3$ は双極子モーメントを生み出す．

### 演　習

デカン（下記）が液晶にならない理由を述べよ．

$CH_3CH_2CH_2CH_2CH_2CH_2CH_2CH_2CH_2CH_3$

## 総合問題　これまでの章の概念も含めた例題

物質 $CS_2$ の融点は −110.8℃，沸点は 46.3℃，20℃における密度は 1.26 g/cm$^3$ で，非常に燃えやすい．

(a) この化合物の名称は何か．
(b) $CS_2$ 分子間に働く分子間力を記せ．
(c) この化合物を空気中で燃焼させた時の化学反応式を記せ（最も可能性の高い酸化生成物を推定すること）．
(d) $CS_2$ の臨界温度と圧力は，それぞれ 552 K および 78 atm である．これらの値を $CO_2$ の値（表 11.6 参照）と比較し，その違いが生じる原因を議論せよ．

### 解　法

(a) この化合物の名称は，二酸化炭素のような他の二元分子の命名と同様であり，二硫化炭素である（§2.8）．

(b) 水素原子が存在しないので，水素結合をつくることはできない．ルイス構造から，炭素原子がそれぞれの硫黄原子と二重結合を形成することがわかる．

$$\ddot{\underset{\cdot\cdot}{S}}=C=\ddot{\underset{\cdot\cdot}{S}}$$

VSEPR モデル（§9.2）を用いると，分子は直線型で，双極子モーメントはもたないことがわかる（§9.3）．つまり，双極子–双極子力はない．したがって，分散力だけが $CS_2$ 分子に働いている．

(c) 最も確からしい燃焼生成物は $CO_2$ と $SO_2$ である（§3.2）．ある条件下では $SO_3$ が生じるかもしれないが，これはあまり起こりそうにない．したがって，次の燃焼の式が得られる．

$$CS_2\,(l) + 3\,O_2\,(g) \longrightarrow CO_2\,(g) + 2\,SO_2\,(g)$$

(d) $CS_2$ の臨界温度と圧力（552 K および 78 atm）は，表 11.6 の $CO_2$ の値（304 K，73 atm）よりも，両方とも高い．臨界温度の違いは，とくに顕著である．$CS_2$ の値が高いのは，$CO_2$ と比較して $CS_2$ 分子間の分散力がより大きいことに起因する．これは，酸素よりも硫黄が大きいことと，それゆえ，より大きな分極率による．

## 章のまとめとキーワード

**気体，液体，固体の微視的な比較（序論と§11.1）**　室温で気体または液体として存在する物質は，ほとんどが分子性である．気体では，分子の運動エネルギーに比べて分子間の引力はきわめて弱い．そのため，分子は互いに遠く離れ，つねにランダムに運動している．液体の**分子間力**は，分子を互いに近い位置に留めておく程度の強さがあるが，分子は自由に動いている．固体では，分子間力が強く，分子の動きが制限され，粒子は三次元配置の特定の位置に固定されている．

**分子間力（§11.2）**　分子の間には，**分散力**，**双極子–双極子力**，**水素結合**という 3 種の分子間力が存在する．分散力はすべての分子（He，Ne，Ar などの場合は原子）間で働く．分子量が大きくなるにつれて，分子の**分極率**が増加し，分散力が強くなる．さらに，分子の形状も分散力の強さにかかわる重要な要素である．双極子–双極子力は，分子の極性が増加するにつれて強度が増す．水素結合は，O—H，N—H，F—H 結合がある化合物で働き，通常双極子–双極子力や分散力よりも強い．イオン性化合物が極性溶媒に溶けている溶液中では，**イオン–双極子力**が重要である．

**液体の代表的な特性（§11.3）**　分子間力が強ければ強いほど，液体の流れに対する抵抗である**粘性**が増す．さらに，液体の表面張力も，分子間力が強くなるにつれて大きくなる．**表面張力**は，液体が表面積を最小にしようとする傾向の尺度である．液体の凝集力や管壁への液体の付着により，**毛管現象**を説明できる．

**相変化（§11.4）**　物質が存在する状態や相は一つだけとは限らない．**相変化**とは，一つの相から他の相へ変化することである．固体から液体への変化（融解），固体から気体への変化（昇華），液体から気体への変化（蒸発）はすべて吸熱過程である．したがって，**融解熱**，**昇華熱**および**蒸発熱**はすべて正の値となる．逆の過程（凝固，気体からの析出，凝縮）は発熱である．**臨界温度**以上では，気体は圧力をかけても液化しない．臨界温度で気体を液化するのに必要な圧力は，**臨界圧力**と呼ばれる．温度が臨界温度を超え，圧力が臨界圧力を超えると，液相と気相は融合して**超臨界流体**が形成される．

**蒸気圧（§11.5）**　液体の**蒸気圧**は，蒸気と液体が**動的平衡**状態にあるときに蒸気によって及ぼされる圧力である．平衡状態では，分子が液体から蒸気に変化する速度と蒸気から液体に変化する速度は，同じである．液体の蒸気圧が高ければ高いほど，液体は蒸発しやすく，**揮発性**が高い．蒸気圧は温度上昇に伴って増加する．蒸気圧が外圧に等しくなると沸騰する．つまり液体の沸点は圧力に依存する．蒸気圧が 1 atm になる温度を**標準沸点**という．

**相図（§11.6）**　物質の固相，液相，気相間の平衡状態を温度や圧力に応じて表示したものが**相図**である．相図中の線は，その線が隔てる二相の間で平衡状態にあることを示している．融点の変化を表す融解曲線は，圧力が上昇するにつれて通常わずかに右に傾斜するが，これは通常，固体の密度が液体よりも高いためである．1 atm での融点が**標準融点**である．三相すべてが平衡状態で共存する圧力と温度を**三重点**と呼ぶ．臨界温度と臨界圧力に対応する臨界点を超えると超臨界流体になる．

**液晶（§11.7）**　**液晶**は，固体の融点を超える温度で秩序のある相を一つ以上示す物質のことである．**ネマチック液晶**では，分子が方向を揃えて配列しているが，分子の末端は揃っていない．スメクチック液晶では，分子が層を形成するように分子の末端が揃っている．**スメクチック A 液晶**では，分子の長軸が層に対して直角に並んでいる．**スメクチック C 液晶**では，分子の長軸は層に対して傾いている．**コレステリック液晶**を構成する分子は，一つの層の中では，ネマチック液晶相のように互いに並行に配列しているが，分子の長軸の方向は層ごとに向きを変え，らせん構造をつくっている．液晶をつくる物質を構成する分子は，通常かなり剛直で，細長い形である．極性基を有するので，双極子-双極子相互作用により分子が配列する．

## 練 習 問 題

**11.1**　以下の図は結晶性固体，液体，気体のどの状態を最もよく表しているか説明せよ．[§11.2]

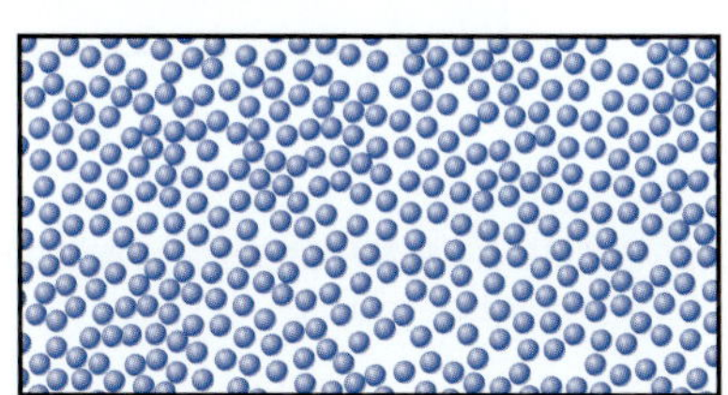

**11.2**　圧力 1 atm，−170℃の液体メタン 32 g に 42.0 kJ の熱を加えた．系が平衡に達した後のメタンの最終状態と温度を求めよ．熱は周囲へ失われないものとする．メタンの標準沸点は −161.5℃，液体メタンの比熱は 3.48 J/g·K，気体メタンの比熱は 2.22 J/g·K である．[§11.4]

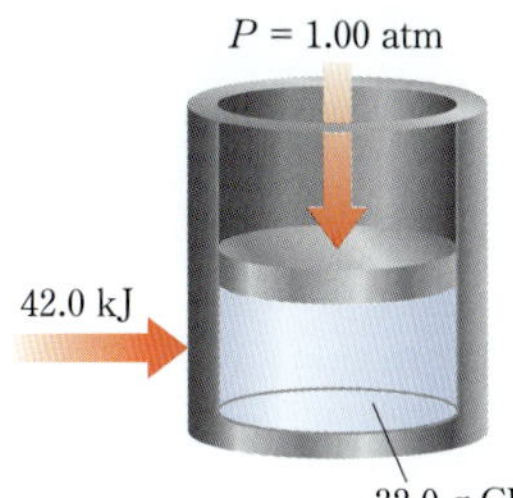


**11.3**　$CS_2$ についての下図を用いて（a）30℃での $CS_2$ の蒸気圧，（b）蒸気圧が 300 Torr での温度，（c）$CS_2$ の標準沸点を求めよ．[§11.5]

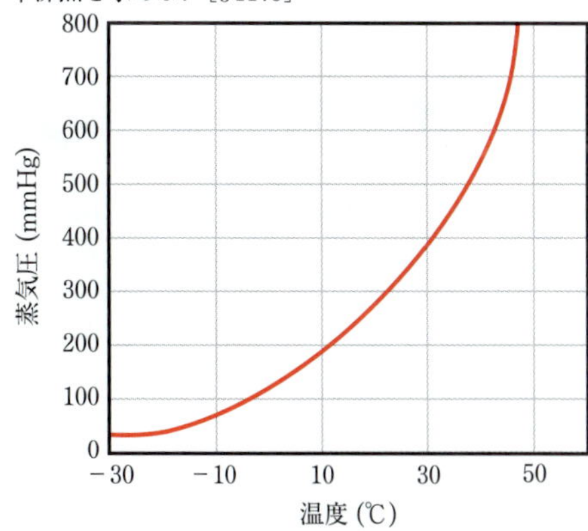


**11.4**　（a）プロパノールと（b）エチルメチルエーテルの分子式は同じである（$C_3H_8O$）が，標準沸点が異なる．沸点が異なる理由を述べよ．[§11.2，§11.5]

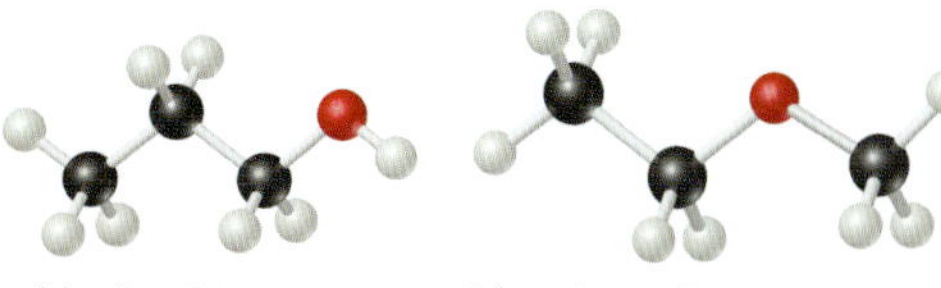

(a) プロパノール　97.2℃　　(b) エチルメチルエーテル　10.8℃

**11.5** 下の図は仮想物質の相図である．
(a) この物質の標準沸点と標準凝固点を推定せよ．
(b) 以下の条件下での物質の物理的状態は何か．(i) $T = 150$ K，$P = 0.2$ atm，(ii) $T = 100$ K，$P = 0.8$ atm，(iii) $T = 300$ K，$P = 1.0$ atm．
(c) この物質の三重点を求めよ．［§11.6］

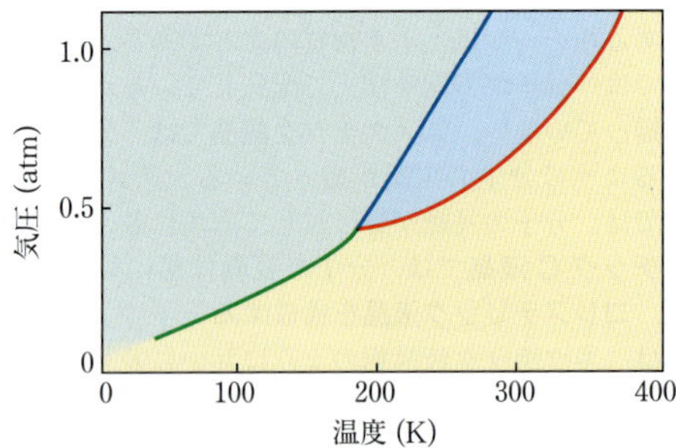


**11.6** 物質の三態について，(a) 分子の乱雑さの増大する順，(b) 分子間の引力の増大する順に並べよ．また，(c) どの状態が最も容易に圧縮できるか記せ．［§11.1］

**11.7** ブタンと 2-メチルプロパンの空間充填模型を下に示す．この二つの化合物は，ともに無極性で同一の分子式 $C_4H_{10}$ をもつが，沸点はブタンのほうが高い（ブタン −0.5℃，2-メチルプロパン −11.7℃）．その理由を説明せよ．［§11.2］

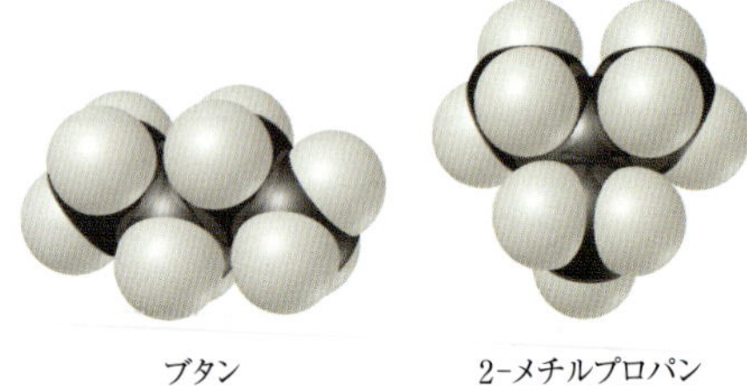


**11.8** (a) 表面張力と温度の関係を述べよ．
(b) 粘性と温度の関係を述べよ．
(c) 表面張力の高い物質が高い粘性をもつのはなぜか．［§11.3］

**11.9** 長い間，暑い天候下で飲み水を冷やすのに，キャンバス布の袋や多孔質の素焼きの壺の表面からの水の蒸発が使われていた．60 g の水を蒸発させることで，何 g の水を 35 ℃から 20 ℃に冷やすことができるだろうか（この温度範囲における水の蒸発熱を 2.4 kJ/g，水の比熱を 4.18 J/g·K とする)．［§11.4］

**11.10** 液体の蒸気圧に影響を及ぼすのは，次のどれか．
(a) 液体の体積，(b) 表面積，(c) 分子間の引力，(d) 温度，(e) 液体の密度．［§11.5］

**11.11** 以下に示すネオンの相図を用いて次の問いに答えよ．
(a) 標準融点は約何 K か．
(b) 固体のネオンが昇華する上限は何気圧か．
(c) ネオンは室温（$T = 25$℃）において圧縮により液化できるか．［§11.6］

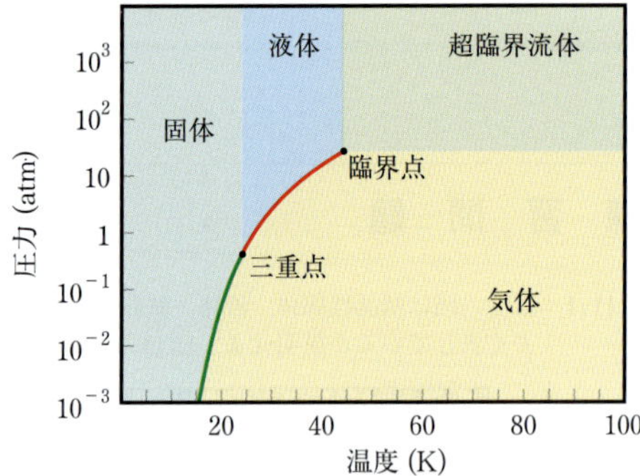


**11.12** 液晶相にある物質の粘性は，その液相のときよりも高いのはなぜか．［§11.7］

# 12 固体と先端材料

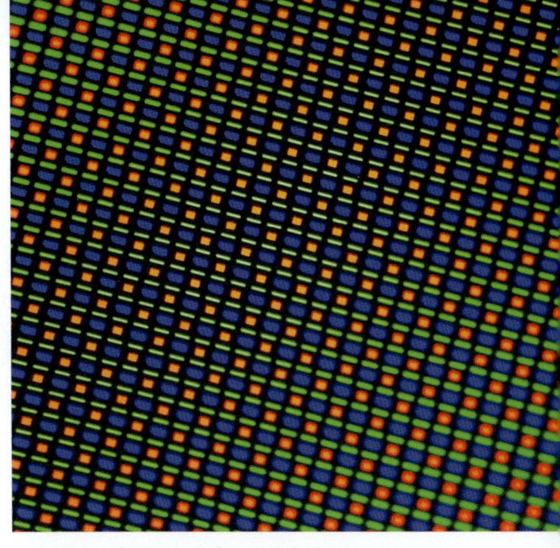

▲ **スマートフォンのタッチスクリーン**
タッチスクリーンには，電気により発光する材料が使われている．この写真でみられる一個一個のピクセルには，発光ダイオード（LED）が組み込まれており，電圧を印加すると特定の色の光を発する．それぞれのピクセルは，タッチに応じて1 ms 未満でオン/オフしなければならない．このような素子は，最先端の固体および高分子材料なしには作れない．

コンピュータや携帯電話のような現代の機器は，特定の物理的性質をもつ固体材料から作られている．例えば，多くの電子機器の要である集積回路は，ケイ素のような半導体，銅のような金属およびハフニウム酸化物のような絶縁体から構成されている．

現在ではさまざまな固体が先端技術材料として使われている．例えば，合金は磁石や飛行機のタービンに，半導体は太陽電池や発光ダイオードに，高分子は梱包材やバイオ医学材料に応用されている．化学者は，特定の電気，磁気，光学あるいは機械的性質をもった物質を発明することで，あるいは天然材料を加工処理する方法を開発することで，新素材の発見と開発に寄与してきた．本章では，固体の構造および特性を学び，現代の技術で使用されている固体材料のいくつかを探求する．

## 12.1 固体の分類

固体には，ダイヤモンドのように硬いものも，ろうのように軟らかいものもある．また，電気をよく通すものもあれば，まったく通さないものもある．形状を容易に成形できる固体もあるが，脆く，形を変えるのが難しいものもある．

固体の物理的性質と構造は，固体中で原子を特定の場所に保持する結合の形式に影響される．そのため，固体はそれらの結合によって分類できる（▶ 図 12.1）．

**金属性固体**（metallic solid）では，非局在化した価電子の“海”によって，原子どうしが結びついている．これは，ほとんどの金属が比較的強く，脆くないことの原因となっている．

**イオン性固体**（ionic solid）は，陽イオンと陰イオンの間の静電引力によって結びつけられている．イオン性固体の電気的および機械的性質が金属と非常に異なるのは，イオン結合と金属結合の違いのためである．イオン性固体は電気伝導性が低く，脆い．

**共有結合性固体**（covalent-network solid）では，原子が共有結合のネットワークによって互いに結びつけられている．共有結合性固体には，ダイヤモンドのように非常に硬い材料や，半導体がある．

**分子性固体**（molecular solid）では，11 章で学んだ分子間力，つまり分散力，双極子-双極子力，および水素結合によって分子が相互に結びつけられている．分子間力は比較的弱いので，分子性固体は軟らかく，融点が低い傾向がある．

本章では，上の区分に明確には分類されない2種類の固体，つまり高分子（ポリマー）およびナノ材料も扱う．**高分子**（polymer）には，共有結合で連なった

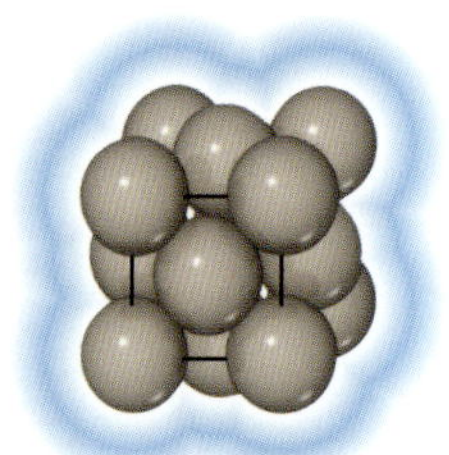

**金属性固体**
金属結合によって結びついた原子のネットワーク（銅，鉄など）

**イオン性固体**
イオン-イオン相互作用によって結びついたイオンのネットワーク（NaCl，MgOなど）

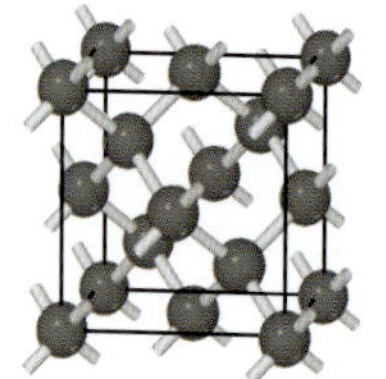

**共有結合性固体**
共有結合で結びついた原子のネットワーク（C，Siなど）

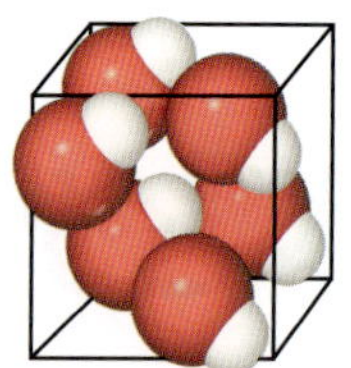

**分子性固体**
分子間力によって結びついた分子のネットワーク（HBr，$H_2O$など）

**▶図 12.1　結合の種類による固体の分類**

長い原子の鎖（通常，炭素）があり，多くの場合隣接した鎖と弱い分子間力によって結びつけられている．高分子は通常強く，分子性固体より融点が高い．高分子は金属性固体，イオン性固体あるいは共有結合性固体より柔軟である．**ナノ材料**（nanomaterial）の固体を構成する個々の結晶は，大きさが 1 ～100 nm と微小である．のちほど学ぶように，結晶がこれだけ小さくなると，従来の材料とは異なる特性を示す．

## 12.2　固 体 の 構 造

### 結晶と非晶質

固体は，膨大な数の原子を含む．例えば，1 カラットのダイヤモンドは 57 $mm^3$ の体積をもち，$1 \times 10^{22}$ 個の炭素原子を含む．このような膨大な数の原子の集合をどう記述したらよいだろうか．

幸い，多くの固体の構造には，何度も繰り返す三次元のパターンがある．すなわち，固体は膨大な数の構造単位が積み上がってできている．これは，同じ形のレンガを積み重ねることで壁を構築できることと似ている．

原子が整然とした繰り返しパターンで並んでいる固体は，**結晶性固体**（crystalline solid）と呼ばれる．これらの固体は通常，互いに特定の角度で交わる平らな表面，すなわち結晶面をもつ．固体を構成する原子が規則正しく配列するために，このような結晶面ができる（▶図 12.2）．結晶性固体の例には，塩化ナトリウム，石英，ダイヤモンドがある．

**非晶質固体**（amorphous solid，アモルファス固体，形がないというギリシャ語に因んでつけられた名称）は，結晶性固体にみられる秩序構造をもたない．原子レベルでは，非晶質固体の構造は液体の構造と似ている．しかし，非晶質固体中の分子，原子，またはイオンは，液体中のような運動の自由度がない．非晶質固体は，結晶性固体のような明確な面や形をもたない．代表的な非晶質固体は，ゴム，ガラス，黒曜石である．

### 単位格子と結晶格子

結晶性固体には，特有の原子配列をもち，固体構造をつくり上げる**単位格子**（unit cell）と呼ばれる小さな反復単位が存在する．結晶の構造は，この単位格子を三次元すべての方向に繰り返し積み重ねることでつくられている．したがって，結晶性固体の構造は，(a)単位格子の大きさと形，および (b)単位格子内における原子の位置によって定義される．

単位格子が並んでいる場所を点で表したときの幾何学的なパターンは，**結晶格子**（crystal lattice）と呼ばれる．結晶格子は，結晶構造の最小単位である．

固体の構造について説明する前に，結晶格子の特性を理解しておく必要がある．三次元格子よりも二次元

黄鉄鉱（$FeS_2$），結晶性固体

黒曜石（通常は $KAlSi_3O_8$），非晶質固体

**▲図 12.2　結晶性固体と非晶質固体の例**
結晶性固体中の原子は，規則正しく，周期性をもって並んでおり，これによって結晶に明確な面ができる．この規則正しい構造は，黒曜石のような非晶質固体には存在しない．

格子のほうが理解しやすいので，まず二次元格子から始める．

**▼図 12.3** は，二次元に並んだ多数の**格子点**（lattice point）を表している．おのおのの格子点は，等価な環境にある．

格子点の位置は，**格子ベクトル**（lattice vector）$\boldsymbol{a}$ および $\boldsymbol{b}$ によって定義される．どの格子点から始めても，二つの格子ベクトルの整数倍の和をとることで，他の格子点へ移ることができる[*1]．

図 12.3 に示すような格子ベクトルによってつくられる平行四辺形が単位格子である．二次元格子における単位格子は，同じ向きで並べたときに，平面を隙間なく覆うことができるような形でなくてはならない．三次元格子における単位格子は，同じ向きで積み重ねたときに，空間を隙間なく充塡できるような形でなければならない．

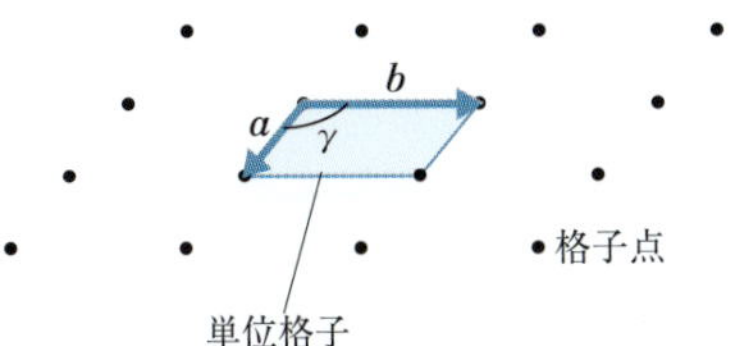


**▲図 12.3　二次元の結晶格子**
格子点の無限の配列は，格子ベクトル $\boldsymbol{a}$，$\boldsymbol{b}$ を加えていくことでできる．単位格子は，格子ベクトルによって定義された平行四辺形である．

二次元格子における単位格子には，**▶図 12.4** に示す 5 種類がある．この中で最も一般的なのは，**平行四辺形格子**（oblique lattice）である．この格子の 2 個の格子ベクトルは異なる長さをもち，その間の角度 $\gamma$ は任意の大きさになる．つまり，単位格子は任意の形の平行四辺形になる．

格子ベクトルの長さが等しく，それらが互いに 90° で交わるときは，**正方形格子**（square lattice）になる．2 本のベクトルが 90° で交わっていて長さが異なるなら，**長方形格子**（rectangular lattice）となる．四つ目の二次元格子は，$\boldsymbol{a}$ と $\boldsymbol{b}$ が同じ長さで，$\gamma$ が 120° の場合で，**六方形格子**（hexagonal lattice）である[*2]．$\boldsymbol{a}$ と $\boldsymbol{b}$ の長さが等しく，$\gamma$ が 90° および 120° 以外の任意の角度である場合は，**菱形格子**（rhombic lattice）である．菱形格子の場合，図 12.4 の緑色で示すような，頂点と中心の両方に格子点をもつ，別の単位格子を描くことも可能である．そのため，菱形格子は**面心長方形格子**（centered rectangular lattice）とも呼ばれる．

図 12.4 は 5 種類の基本形，すなわち平行四辺形，正方形，長方形，正六角形および菱形の単位格子を示している．それ以外の形，例えば五角形の単位は，**▶図 12.5** に示すように，隙間を残すことなく平面を覆うことができないので，単位格子にはなり得ない．

実際の結晶を理解するためには，三次元で考えなければならない．三次元格子は，三つの格子ベクトル $\boldsymbol{a}$，$\boldsymbol{b}$，$\boldsymbol{c}$ で定義される（**▶図 12.6**）．三つの格子ベクトルにより，平行六面体（すべての面が平行四辺形からできている六面体）の単位格子が特定される．これらの単位格子は，格子の辺の長さ $a$，$b$，$c$ とこれらの辺のなす角度 $\alpha$，$\beta$，$\gamma$ によって分類される．三次元単位格子には，図 12.6 に示す 7 種類の形がある．

*1　ベクトルは方向と大きさをもつ量である．図 12.3 においてベクトルの大きさと方向は，その長さと矢の方向によって示されている．

*2　なぜ六方形格子が六角形をしていないのか，不思議に思うかもしれない．単位格子は，大きさおよび形が格子ベクトル $\boldsymbol{a}$ および $\boldsymbol{b}$ で定義される平行四辺形として定義されることに注意しよう．

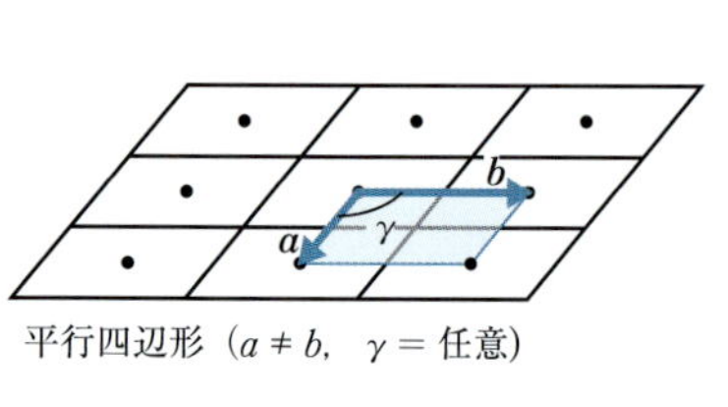

平行四辺形（$a \neq b$,　$\gamma =$ 任意）

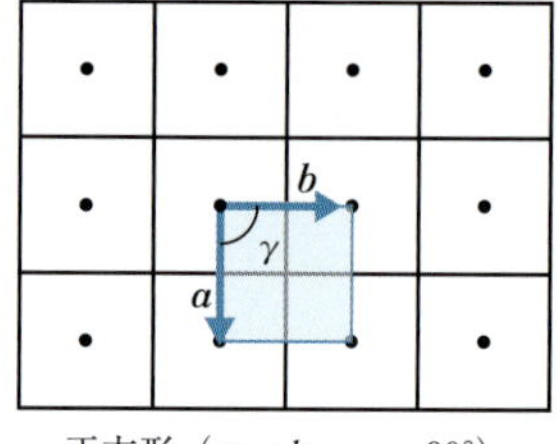

正方形（$a = b$,　$\gamma = 90°$）

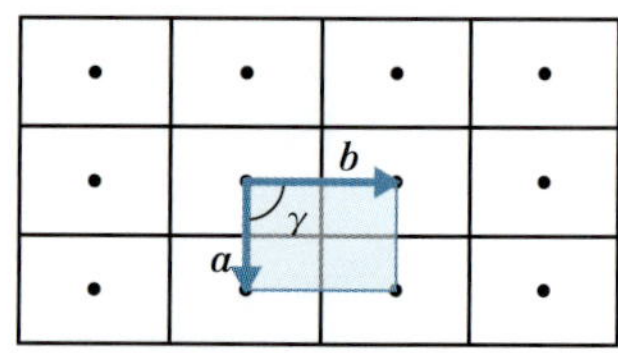

長方形（$a \neq b$,　$\gamma = 90°$）

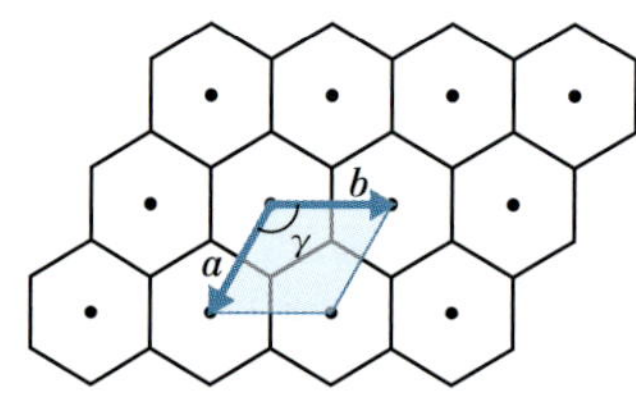

六方形 ($a = b$,　$\gamma = 120°$)

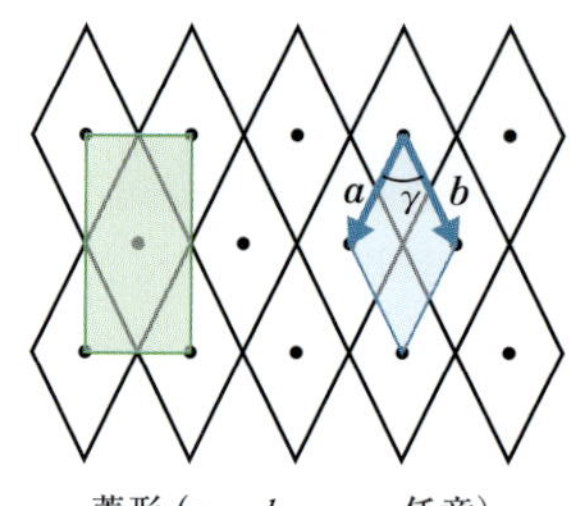

菱形 ($a = b$,　$\gamma =$ 任意)
面心長方形

▲ 図 12.4　5 種類の二次元格子
それぞれの格子の単純単位格子は青色で示されている．菱形格子における面心長方形格子は緑色で示されている．面心格子は，単純格子と異なり，単位格子あたり二つの格子点を含む．

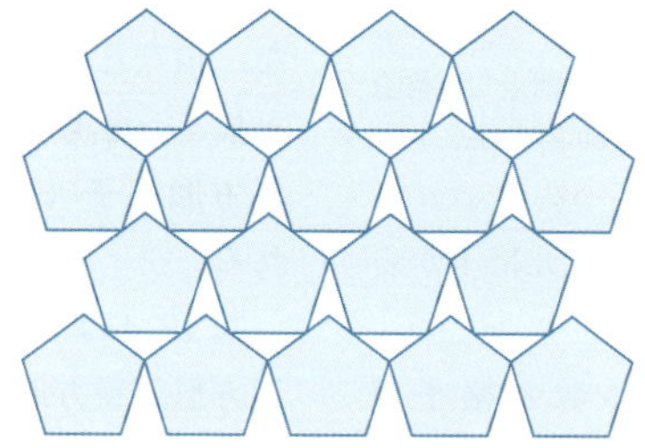

▲ 図 12.5　すべての多角形が平面を埋められるわけではない．
ここに示した五角形のような幾何学的な形では，平面を完全に覆うことは不可能である．

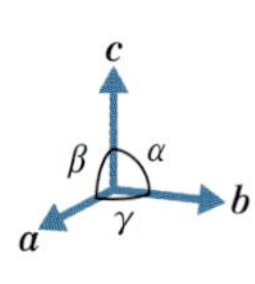


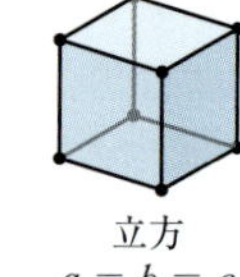
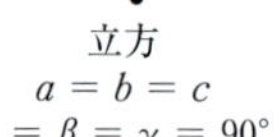
立方
$a = b = c$
$\alpha = \beta = \gamma = 90°$

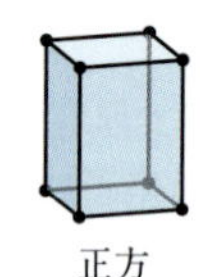
正方
$a = b \neq c$
$\alpha = \beta = \gamma = 90°$

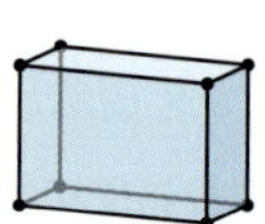
直方（斜方）
$a \neq b \neq c$
$\alpha = \beta = \gamma = 90°$

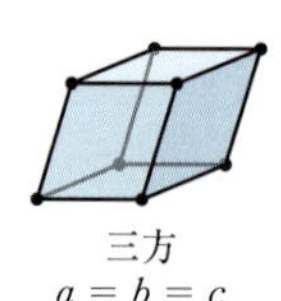
三方
$a = b = c$
$\alpha = \beta = \gamma \neq 90°$

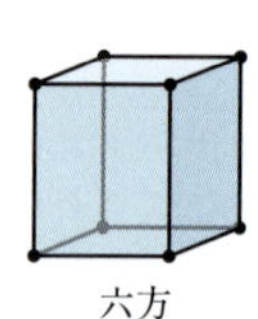
六方
$a = b \neq c$
$\alpha = \beta = 90°$，$\gamma = 120°$

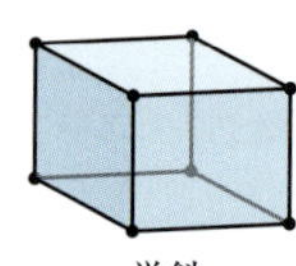
単斜
$a \neq b \neq c$
$\alpha = \gamma = 90°$，$\beta \neq 90°$

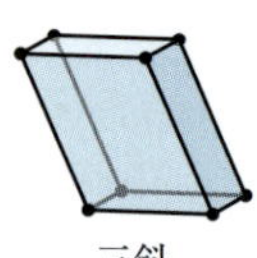
三斜
$a \neq b \neq c$
$\alpha \neq \beta \neq \gamma$

▲ 図 12.6　7 種類の三次元単位格子

格子点は頂点にのみ存在

単純立方格子

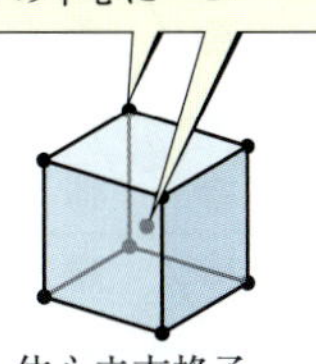


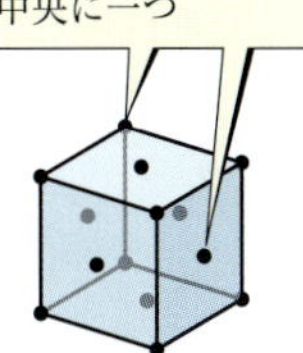


▲図 12.7　3種類の立方格子

**考えてみよう**

格子ベクトル$a$および$b$で定義される二次元正方形格子をもとに三次元格子をつくることを想像しよう．3番目のベクトルは$a$，$b$と異なる長さで，$a$，$b$と垂直である．これは7種の三次元格子のうちどれだろうか．

単位格子のそれぞれの頂点に格子点を置くと，**単純格子**（primitive lattice）が得られる．図12.6の7種の格子はすべて単純格子である．単位格子の特定の場所にさらなる格子点をおくことで，**複合格子**（compound lattice）と呼ばれるものもつくることができる．

▲**図 12.7** に立方格子の例を示した．**体心立方格子**（body-centered cubic lattice）は，8個の頂点にある格子点に加えて，単位格子の中心に一つの格子点をもつ．**面心立方格子**（face-centered cubic lattice）は8個の頂点の格子点に加えて，単位格子の6個の面の中心に格子点をもつ．

体心格子や面心格子は，立方格子以外の単位格子にも同様に存在する．本章で論じる結晶では，図12.6および図12.7に示される格子を考慮するだけでよい．

### 単位格子で空間を満たす

格子そのものが結晶構造を決めるわけではない．結晶構造をつくるためには，原子または原子団を各格子点と対応させることが必要である．

最も単純な場合では，結晶構造は1種類の原子で構成され，おのおのの原子は格子点上に存在する．このときには，結晶構造と格子点は同じものになる．§12.3で学ぶように，金属元素の多くはそのような構造をとっている．単一原子からなる固体のみ，この状態になる．言い換えると，**元素単体だけが**このタイプの構造をつくることができる．化合物では，たとえそれぞれの格子点に一つの原子を置くとしても，原子はすべて同じというわけではないので，すべての格子点が互いに同じになることはない．

大部分の結晶においては，原子は必ずしも格子点と一致しない．そのかわりに，一群の原子（**モチーフ**，motifと呼ばれる）が，おのおのの格子点と関係づけられる．単位格子は原子の特定のモチーフを含み，そして結晶構造は何度も単位格子を繰り返すことによってつくられる．

▶**図 12.8** はこの過程を，六方格子の単位格子と2個の炭素原子からなるモチーフに基づく二次元結晶について説明している．結果として得られる無限の二次元蜂の巣型の構造は，**グラフェン**（graphene）と呼ばれている二次元の結晶である（グラフェンは，非常に多くの興味深い性質を示す物質で，その最近の発見者は2010年のノーベル物理学賞を受賞した）．それぞれの炭素原子は三つの隣接炭素原子と共有結合で結ばれ，六角形の環が連結した1枚の無限に拡がるシートとなる．

グラフェンの結晶構造は，結晶の二つの重要な特徴を示す．1番目は，原子が格子点上にないことである．本章で論ずる大部分の構造は格子点に原子を有するが，グラフェンのように格子点上に原子をもたない例も多く存在する．つまり，構造を構築するためには，格子点に対するモチーフ中の原子の位置と方向を知らなければならない．

2番目は，隣り合った単位格子中の原子間で結合を形成でき，その結合は格子ベクトルと必ずしも平行である必要はないことである．

## 12.3 金属性固体

**金属性固体**（metallic solid）は単に**金属**とも呼ばれ，金属原子のみで構成されている．金属では，原子間に共有結合を形成するために必要な十分な数の価電子が存在しない．**金属結合**（metallic bonding）は，価

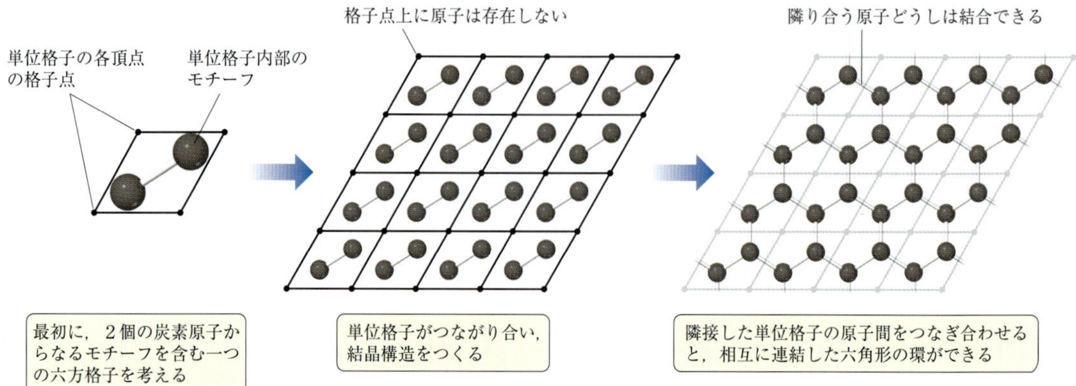


▲図 12.8　一つの単位格子からつくられるグラフェンの二次元構造

より深い理解のために

## X 線 回 折

光が幅の狭いスリットを通るとき，光は波が拡がるように拡散する．この物理現象は**回折**（diffraction）と呼ばれる．光が等間隔に並べられたたくさんの狭いスリット（回折格子）を通るとき，拡散された波は相互作用（干渉）し，回折パターンとして知られる一連の明暗のバンドができる．明るいバンドは光の波が強め合う（同相）重なりに対応し，暗いバンドは光の波が互いに打ち消すような重なり（逆相）に対応する（§9.8 のコラム“原子軌道と分子軌道の位相”参照）．最も効果的な光の回折は，光の波長とスリットの幅の値が同程度であるときに起こる．

結晶中の原子の層の間隔は，通常 0.2〜2 nm である．X線の波長もこの範囲にある．つまり，結晶は，X線に対する効果的な回折格子として働く．X線回折は，規則正しく並んだ原子，分子またはイオンによるX線散乱の結果として起こる．結晶構造として私たちが知っているほとんどは，X線が結晶を通るときに生じる回折パターンを調べることによって得られている．これは，**X線結晶学**として知られる技術である．▼図 12.9 に示すように，単一波長のX線ビームが結晶を透過すると，回折パターンが生じる．

図 12.9 に示すような回折点のパターンは，結晶中の原子の配列に依存する．同相の波の重なりが起こっている明るい回折点の間隔と対称性からは，単位格子の大きさと形の情報が得られる．回折点の強度からは，単位格子中の原子の位置に関する情報が得られる．両者を統合すると，結晶中の原子の並び（構造）がわかる．

X線結晶学は，結晶中の分子構造の決定にも広く利用されている．X線回折を測定するための装置はX線回折計と呼ばれ，現在はコンピュータによって制御され，回折データの収集は高度に自動化されている．結晶の回折パターンは，たとえ数千の回折点が測定される場合でも，非常に正確かつ迅速に測定可能である．測定後，コンピュータプログラムによって回折データが分析され，結晶中における分子の配列と構造が決定される．X線回折は，金属やセメントの製造，また製薬などの分野においても重要な技術である．

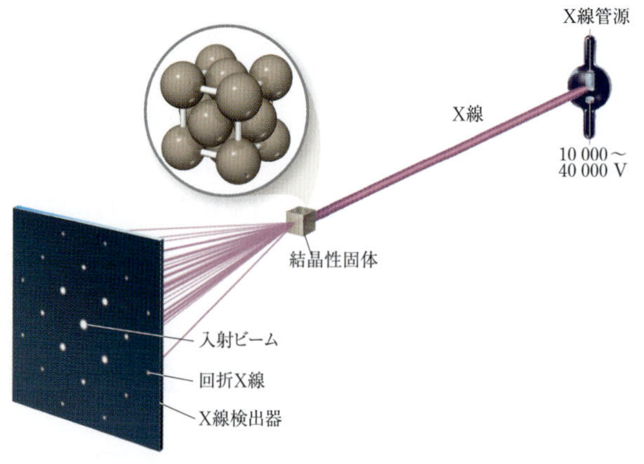


▲図 12.9　結晶によるX線回折
単一波長のX線ビームが結晶を透過するとX線は回折され，干渉によって回折パターンが生じる．結晶を回転すると，別の回折パターンが生じる．多くの回折パターンを分析することで，結晶中の原子位置がわかる．

電子が固体全体に**非局在化**することで生じる．つまり，価電子は，特定の原子または結合に属することなく，固体全体に拡がっている．事実上，金属は非局在化した価電子の“海”に浸された陽イオンが並んだものとみることができる．

諸君は銅線や鉄ねじを持ったことがあるだろう．切ったばかりの金属ナトリウム片の表面を見たことがあるかもしれない．これらの物質は，互いに異なるが，いずれも金属として分類できる共通点をもっている．きれいな金属表面には特徴的な光沢がある．手で触れると金属は，熱伝導性（熱を伝える能力）が高いために特徴的な冷たさを感じる．

金属は電気伝導性も高いが，これは電荷をもった粒子が容易に流れることを意味している．金属の熱伝導性は，通常，電気伝導性と密接に関係している．例えば，銀と銅は元素の中で電気伝導性が最も高く，また熱伝導性も最も高い．

ほとんどの金属は**展性**（malleable，薄いシート状にたたき延ばせる性質）および**延性**（ductile，線状に引き延ばせる性質）をもつ（▼図 12.10）．これらの性質は，原子が滑り，他の原子を乗り越えられることが原因となって現れる．イオン性固体および共有結合性固体は，脆く，展性や延性を示さない．

**考えてみよう**

金属中の原子は，機械的な力を加えると滑って，隣りの原子を乗り越えることができる．イオン結晶では，なぜこれが起こらないのだろうか．

## 金属の結晶構造

多くの金属の結晶構造は単純で，各格子点に1個の原子をおくことでその結晶構造をつくることができる．

▲図 12.10 展性と延性
金箔は金属の特性である展性を，銅線は金属の延性を表す例である．

3種類の立方格子に対応した構造を▶図 12.11 に示す．単純立方構造の金属はほとんどない．数少ない例の一つは放射性元素ポロニウムである．体心立方構造の金属の例は，鉄，クロム，ナトリウム，タングステンである．面心立方構造の金属の例はアルミニウム，鉛，銅，銀，金である．

図 12.11 の一番下の列の図に示したように，単位格子の頂点や面上の原子は，その単位格子中に完全には入ってないことに注意しよう．これらの頂点や面の原子は隣りの単位格子と共有されているからである．

単位格子の頂点に存在する原子は，8個の単位格子間で共有され，一つの単位格子中には原子の1/8だけが存在する．立方体には8個の頂点があるので，単純立方の各単位格子は▶図 12.12 (a) に示すように，$1/8 \times 8 = 1$ 個の原子を含む．同様にして，体心立方の各単位格子［図 12.12 (b)］は，頂点に $1/8 \times 8 = 1$ 個，単位格子の中心に1個の計2個の原子を含む．面心立方の単位格子の面上に存在する原子は二つの単位格子で共有されるので，原子の半分だけがそれぞれの単位格子に属することになる．つまり，面心立方の単位格子［図 12.12 (c)］は，頂点に $1/8 \times 8 = 1$ 個，面に $1/2 \times 6 = 3$ 個の計4個の原子を含む．

原子が単位格子中の特定の場所に存在するとき，その原子が単位格子中に存在する割合を▶表 12.1 にまとめた．

## 最密充塡

少ない数の価電子が金属全体で共有されるためには，原子が密に配列しなくてはならない．原子は球として扱えるので，球がどのように詰まるかを考えることで，金属の結晶構造を理解することができる．

同じ大きさの球を一層に詰める最も効率的な方法は，▶図 12.13 の一番上に示すように，それぞれの球を6個の球で囲むことである．三次元構造をつくるには，この基本層の上に追加の層を重ねればよい．充塡効率を最大にするためには，第二の層の球を，最初の層の球によって形成されたくぼみに乗せることになる．

2番目の球の原子は，黄点または赤点で示されたくぼみのどちらかに置かれる（球は，赤と黄色の両方のくぼみの上に同時に置くには大きすぎる）．ここでは議論を進めるため，2番目の層の球を黄点で記されたくぼみに置くことにする．

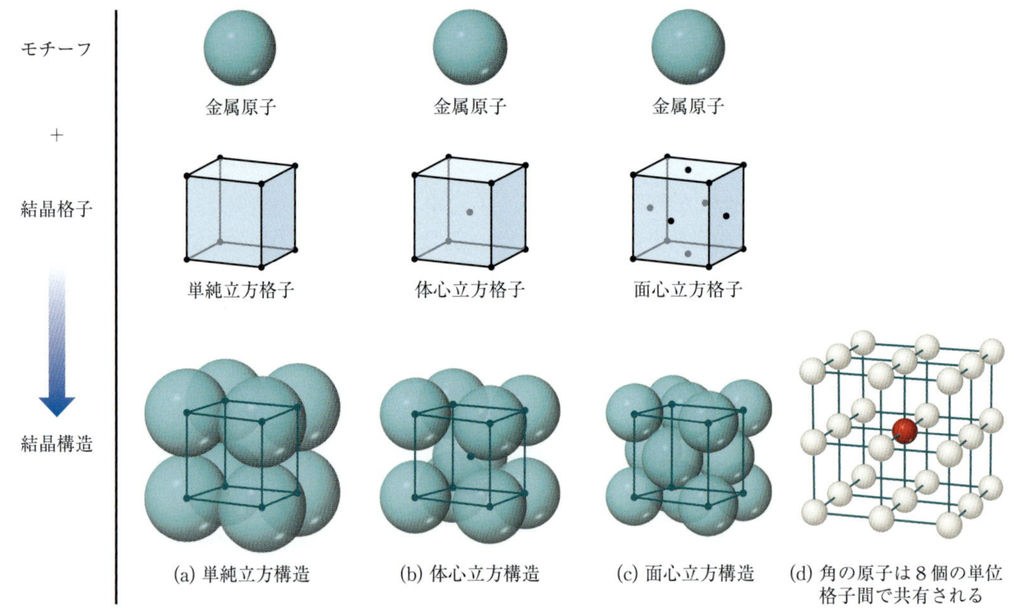


**▲図 12.11　(a) 単純立方，(b) 体心立方，(c) 面心立方構造の金属**
それぞれの構造は，単一原子からなるモチーフと格子の組合せによってつくられる．(d) 角の原子（赤色で示す）は8個の隣接する単位立方格子間で共有される．

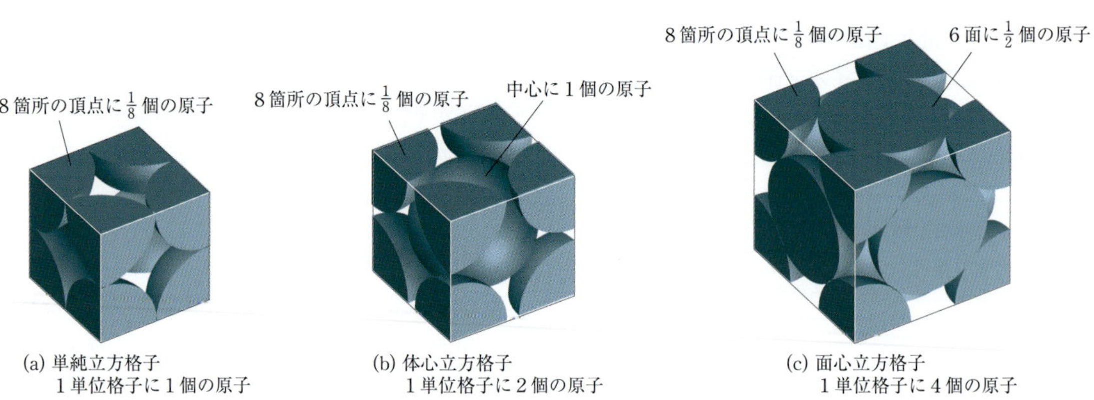


**▲図 12.12　立方構造をもつ金属の単位格子の空間充塡像**
各原子の単位格子内に含まれる部分のみが表示されている．

**表 12.1　単位格子内の場所と単位格子に含まれる原子の割合***

| 原子の位置 | 原子を共有している単位格子の数 | 単位格子内に含まれる原子の割合 |
|---|---|---|
| 頂　点 | 8 | 1/8 または 12.5% |
| 稜**（辺） | 4 | 1/4 または 25% |
| 面 | 2 | 1/2 または 50% |
| その他 | 1 | 1 または 100% |

*　本表では原子の中心の位置だけを考えている．単位格子の境界付近に存在し，頂点，稜，または面上に存在しない原子は，単位格子の中に100%存在するものとして数える．
**　頂点と頂点とを最短距離で結ぶ線分を，平面図形では辺と呼ぶが，立体図形では稜と呼ぶ．

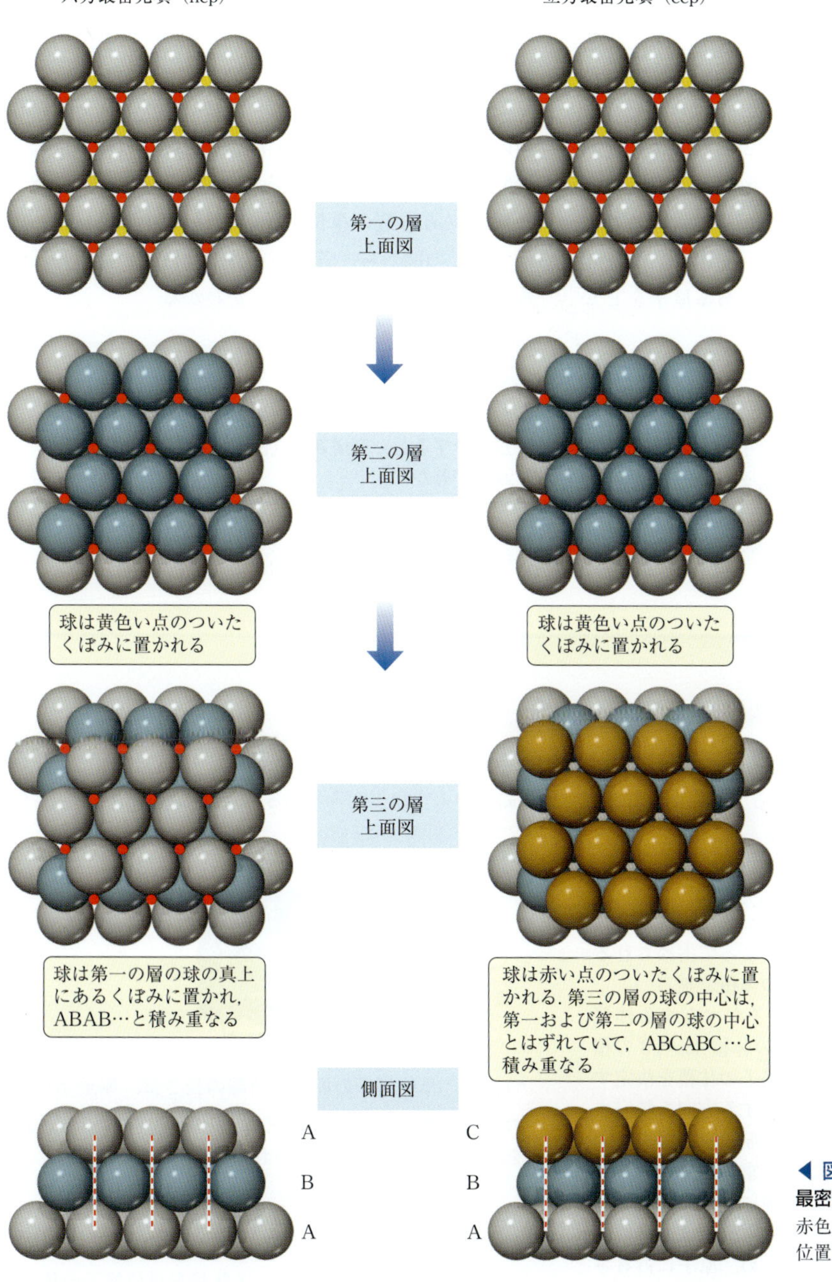


◀ **図 12.13 大きさが均等な球の最密充填**
赤色と黄色の点は，原子間のくぼみの位置を示す．

3番目の層については，球を置く場所に二つの可能性がある．一つの可能性は，最初の層の球の真上に3番目の層の球が重なるようになるくぼみに球を置くことである．これは図12.13の左側に示す重ね方で，側面図に赤破線で示したように，3番目の層の球は1番目の層の球の真上になる．このパターンを継続すると，4番目の層は2番目の層中の球の真上に乗ることになり，左側に示すように，ABAB…の積み重ねになる．この型の積み重ねを**六方最密充填**（hexagonal close packing, hcp）と呼ぶ．

もう一つの可能性は，3番目の層の球を，最初の層中の赤点で示されたくぼみの真上に置くことである．この配置では，3番目の層中の球は，最初の二つの層中のいずれの球の真上にも乗らず，図12.13の右下の図で赤破線で示したようになる．続く層は，この順番を繰り返し，右側に示すABCABC…の積み重ねとなる．この積み重ね方を**立方最密充塡**（cubic close packing, ccp）と呼ぶ．

六方最密充塡および立方最密充塡の構造をそれぞれ六方最密構造，立方最密構造という．これらの両方とも，それぞれの球は等距離にある 12 個の隣接球で囲まれている．つまり，同じ層内に 6 個，上の層に 3 個，下の層に 3 個である．この状態は，それぞれの球の配位数が 12 であると呼ばれる．**配位数**（coordination number）とは，結晶構造中のある原子をじかに囲んでいる原子の数である．

六方最密構造の単位格子と，それを並べた図を▶**図 12.14（a）**に示す．六方最密構造の単位格子中には，各層から 1 個ずつ，計 2 個の原子が存在する．どちらの原子も，単位格子の頂点である格子点上には存在しない．単位格子中に 2 個の原子が存在することは，hcp 構造が ABAB…で示される層の積み重ねの構造であることと一致する．

簡単には理解できないかもしれないが，立方最密構造の単位格子は，すでに学習した面心立方の単位格子［図 12.11（c）］と同一である．ABC…層の積み重ねと面心立方構造の単位格子の関係を図 12.14（b）に示す．この図から，各層が立方単位格子の体対角線に垂直に積み重なっていることがわかる．

**考えてみよう**

金属の結晶構造において，最隣接原子の数（配位数）が減少すると，充塡効率（例題 12.1）は増加するか，減少するか．

## 例題 12.1　充塡効率の計算

球体を，球体間にある程度の空間を残さずに充塡することは不可能である．**充塡効率**（packing efficiency）は，原子によって実際に占有されている結晶中の空間の割合である．面心立方構造の充塡効率を計算せよ．

### 解　法

**分析**　単位格子中に存在する原子によって占められる体積を求め，この数値を単位格子の体積で割る．

**方針**　原子半径を $r$ とすると，原子が占有する体積は，単位格子中の原子の数と球体の体積 $4\pi r^3/3$ の積を求めることで計算できる．単位格子の体積を決定するには，最初に，原子が互いに接触する方向を特定する必要がある．そののち，幾何学と原子の半径を用いて立方体の単位格子の辺の長さ $a$ を求める．辺の長さがわかれば，単位格子の体積は単純に $a^3$ である．

**解**　図 12.12 に示すように，面心立方構造は，単位格子あたり 4 個の原子を含む．そのため，原子に占有されている体積は以下で示される．

$$\text{原子に占有されている体積} = 4 \times \left(\frac{4\pi r^3}{3}\right) = \frac{16\pi r^3}{3}$$

面心立方構造の場合，原子は単位格子の面の対角線に沿って接触している．

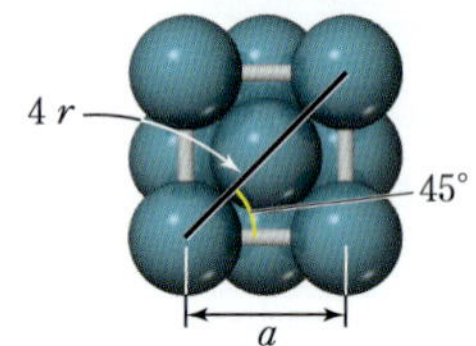


つまり，単位格子の面の対角線の長さは，原子半径 $r$ の 4 倍に等しい．簡単な三角法と $\cos(45°) = 2/\sqrt{2}$ を用いて，次の結果が得られる．

$$a = 4r\cos(45°) = 4r\left(\frac{\sqrt{2}}{2}\right) = (2\sqrt{2})\,r$$

最後に，原子が占有している体積を単位格子の体積 $a^3$ で割って充塡効率を計算する．

$$\text{充塡効率} = \frac{\text{原子の体積}}{\text{単位格子の体積}} = \frac{\left(\frac{16}{3}\right)\pi r^3}{(2\sqrt{2})^3 r^3} = 0.74 \text{ または } 74\%$$

**演　習**

体心立方構造中の充塡効率を，原子が占有する体積の割合を計算して求めよ．

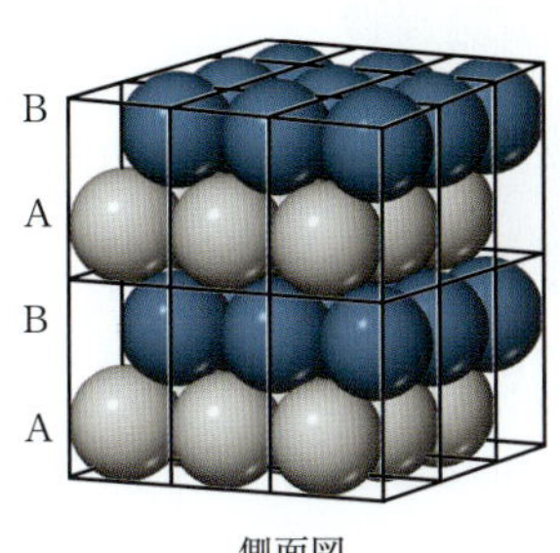


側面図

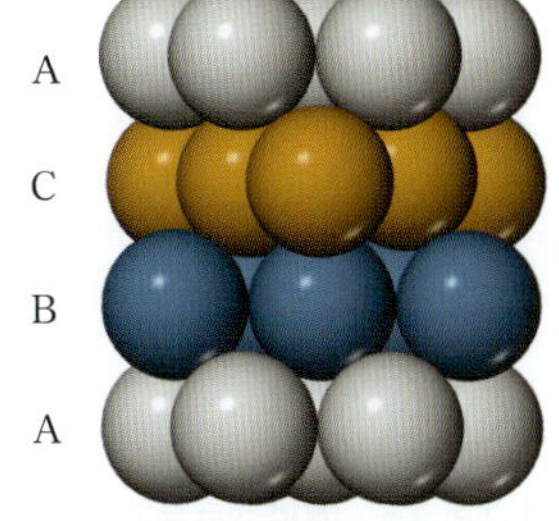


側面図

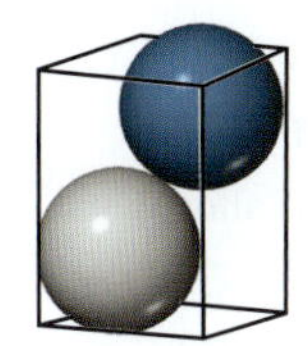

単位格子
(a) 六方最密構造の金属

単位格子
(b) 立方最密構造の金属

**▶ 図 12.14 (a) 六方最密構造の金属と (b) 立方最密構造の金属の単位格子とその配列**
実線は単位格子の境界線を示す.

## 合　金

**合金** (alloy) は，2 種類以上の元素を含み，金属の特性をもつ材料である．金属の合金化は，純粋な金属単体の特性を変える主要な方法の一つであり，大変重要である．

例えば，一般に利用されている鉄系金属材料はほとんどすべて合金である（例えば，ステンレス）．黄銅（真鍮(ちゅう)）は銅と亜鉛の合金であり，青銅は銅とスズの合金である．純粋な金は，宝石として使うには軟らかすぎるが，金を合金にするとより硬くできる．他の一般的な合金を▼ **表 12.2** にまとめた．

合金は 4 種類に分類できる．すなわち，置換型合金，侵入型合金，不均一合金，金属間化合物である．

置換型合金と侵入型合金は，構成元素が一様に分散している均一混合物である（▶ **図 12.15**，§1.2）．

**表 12.2　一般的な合金**

| 名　称 | 主要な元素 | 典型的な組成（質量比） | 性　質 | 使用例 |
|---|---|---|---|---|
| ウッドメタル | ビスマス | 50% Bi，25% Pb，12.5% Sn，12.5% Cd | 融点が低い（70℃） | ヒューズ，自動スプリンクラー |
| 黄銅（真鍮） | 銅 | 67% Cu，33% Zn | 延性があり，磨ける | 金物類 |
| 青　銅 | 銅 | 88% Cu，12% Sn | 硬く，乾いた空気中で化学的に安定 | 古代文明において重要な合金 |
| ステンレス鋼 | 鉄 | 80.6% Fe，0.4% C，18% Cr，1% Ni | 腐食しにくい | 食器，医療器具 |
| 配管はんだ | 鉛 | 67% Pb，33% Sn | 融点が低い（275℃） | はんだ接合 |
| スターリングシルバー | 銀 | 92.5% Ag，7.5% Cu | 表面に光沢 | 食　器 |
| 歯科用アマルガム | 銀 | 70% Ag，18% Sn，10% Cu，2% Hg | 加工が容易 | 歯科充填物 |
| ピューター | スズ | 92% Sn，6% Sb，2% Cu | 低融点（230℃） | 皿，装飾品 |

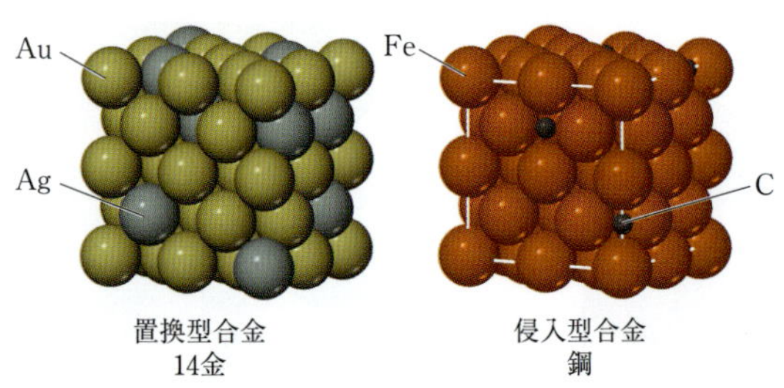


**▲図 12.15　置換型合金および侵入型合金における溶質・溶媒原子の分布**
どちらの合金も固溶体で，そのため均一混合物である．

均一混合物を形成する固体は，固溶体と呼ばれる．固溶体中の溶質原子が，通常だと溶媒原子が存在する場所を占有する場合，**置換型合金**（substitutional alloy）となる．溶質原子が溶媒原子の間の隙間に存在するなら，**侵入型合金**（interstitial alloy）である（図 12.15）．

置換型合金は，2種類の金属が同程度の原子半径と化学結合的特徴をもつときに形成される．例えば，銀と金はほとんどすべての任意の組成で，置換型合金を形成する．2種類の金属の原子半径がおよそ15%以上異なるときは，固溶体への溶質の溶解度は小さくなる．

侵入型合金を形成するためには，溶質原子は溶媒原子よりもはるかに小さな原子半径をもっていなければならない．一般に，侵入する元素は非金属元素で，隣接金属元素と共有結合をつくる．侵入する元素によってつくられる余分の結合は，金属格子をより硬く，強くし，延性を小さくする．例えば，純粋な鉄よりもはるかに硬く強い鋼（はがね）は，最大3%の炭素を含む鉄の合金である．**合金鋼**（alloy steel）をつくるときに他の元素を加えることもある．例えば，強度を増し，疲労と腐食に対する抵抗力を増すためにバナジウムとクロムが加えられる．

**考えてみよう**

合金 $PdB_{0.15}$ は，置換型合金，侵入型合金のどちらだろうか．

ステンレス鋼は最も重要な鉄の合金の一つで，およそ0.4%の炭素，18%のクロムおよび1%のニッケルを含む．クロムは，クロム鉄鉱（$FeCr_2O_4$）を電気炉で炭素還元することで得られる．還元によって得られる生成物は**フェロクロム**（$FeCr_2$）であり，適切な量を溶融鉄に加えることで望ましい組成の鋼を得る．ステンレス鋼中に存在する元素の比率は広範囲にわたり，材料にさまざまな物理および化学的特性を与えている．ニッケルを8%含む18-8ステンレス鋼は耐食性がとくに大きい．

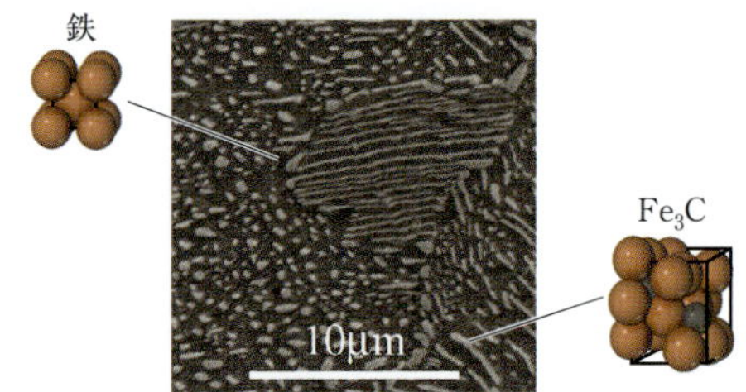


**▲図 12.16　不均一合金パーライトの構造の顕微鏡写真**
暗い領域は体心立方の鉄，明るい領域はセメンタイト $Fe_3C$ である．

**不均一合金**（heterogeneous alloy）では，成分要素は一様には分散していない．例えば，パーライトは二つの相をもつ（**▲図 12.16**）．一つの相は，基本的に純粋な体心立方の鉄であり，他の相はセメンタイトと呼ばれる化合物 $Fe_3C$ である．一般に，不均一合金の特性は，その組成と，融解混合物から固体を得る方法の両方に依存する．例えば，ある溶融混合物から急速冷却によってつくられた不均一合金の性質は，同じ混合物をゆっくりと冷却することで得られた合金の性質とは明確に異なる．

**金属間化合物**（intermetallic compound）は，混合物というより化合物である．化合物なので，それらは一定の性質をもち，その組成を変えることはできない．さらに，金属間化合物中の異なる種類の原子は秩序だって並んでいる．この構造のため，一般に，金属間化合物は，その構成金属よりも高い構造安定性と高い融点をもつ．これらの特徴は，高温での利用を可能にする．金属間化合物の欠点は置換型合金よりも脆いことである．

金属間化合物は，現代社会において多くの重要な役割を担っている．金属間化合物 $Ni_3Al$ は高温における強度と低密度で軽い特性から，ジェットエンジンの主要な構成材料として使われている．かみそりの刃は $Cr_3Pt$ で被覆されていることが多いが，それによって刃がより硬くなり，長期間鋭利な状態が保たれる．どちらの化合物も**▶図 12.17**の左側に示す構造をもつ．

図 12.17 の中央に示した化合物 $Nb_3Sn$ は，臨界温度以下で電気抵抗がなくなる超伝導体である．$Nb_3Sn$

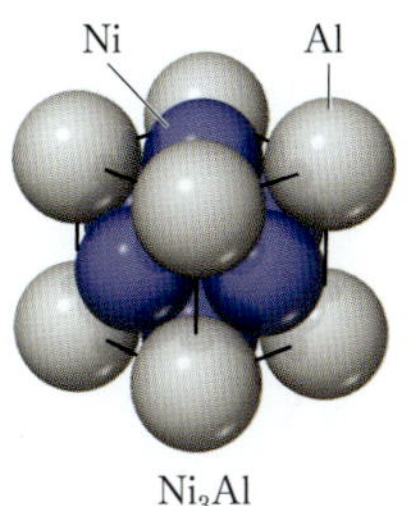


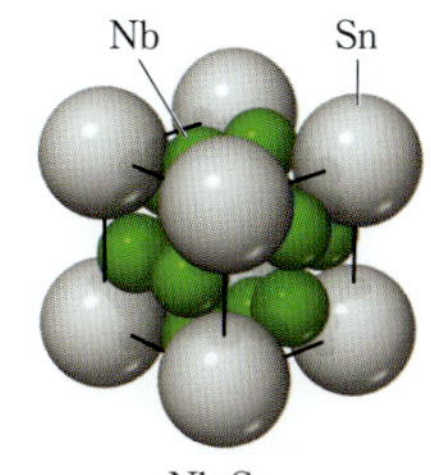


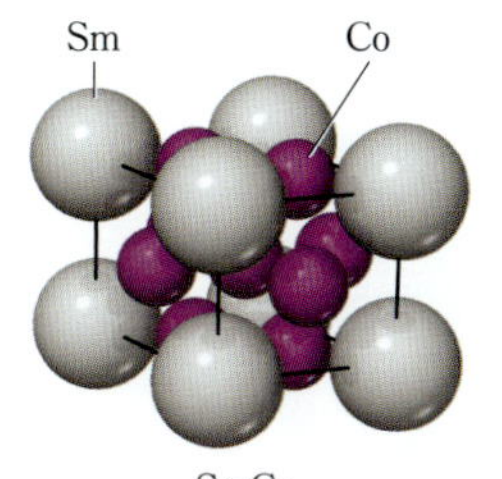


◀ **図 12.17　金属間化合物の三つの例**

の場合，臨界温度は 18 K である．超伝導体は，医療用画像診断で広く使用される MRI 装置の磁石に使われている（§6.7 のコラム“核磁気共鳴画像法（MRI）”参照）．磁石をそのような低温に冷やす必要があることは，MRI 装置の利用が高価になる理由の一つである．

図 12.17 の右側に示した金属間化合物 $SmCo_5$ は，軽量なヘッドセットや高性能スピーカーの永久磁石の材料として利用されている．同じ構造をもつ関連化合物 $LaNi_5$ は，ニッケル水素電池のアノードとして使われている．

## 12.4 金 属 結 合

第三周期元素（Na ～ Ar）を考えてみよう．価電子 8 個のアルゴンはオクテットを完成しており，結合を形成しない．塩素，硫黄，リンは分子（$Cl_2$, $S_8$ および $P_4$）を形成し，その中で原子はそれぞれ 1，2，3 本の結合をもつ（▼図 12.18）．ケイ素は，共有結合ネットワークが拡がった固体をつくり，その中でそれぞれの原子は 4 個の等距離にある近接原子と結合している．これらの原子のそれぞれは，8 − $N$ 個の結合をつくる．ここで，$N$ は価電子の数である．この挙動は，オクテット則の応用により容易に理解できる．

もし，8 − $N$ の傾向が周期表を左に移動するときに継続するなら，アルミニウム（価電子 3 個）は 5 本の結合をつくることが期待される．しかし，他の多くの金属のように，アルミニウムは 12 個の最近接原子に囲まれた最密構造をとる．マグネシウムとナトリウムも金属構造をとる．

結合の仕方が Al から急に変化するのは，金属は局在化した二電子結合を形成するのに必要な十分な数の価電子をもたないことに起因する．価電子の欠乏に対処するため，金属では価電子は原子集団で共有される．原子が最密充填している構造は，価電子を非局在化して共有することを促進する．

### 電子の海モデル

金属の重要な特性のいくつかを説明する単純なモデルは，**電子の海モデル**（electron-sea model）である（▶図 12.19）．このモデルでは価電子の“海”の中に金属陽イオンが整列している．電子は，陽イオンと

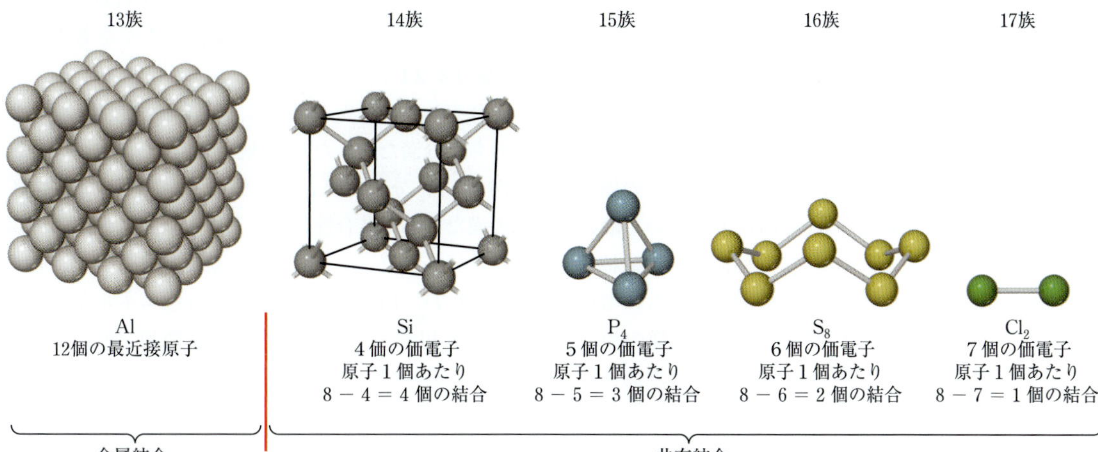


▲ **図 12.18　第三周期元素の結合**

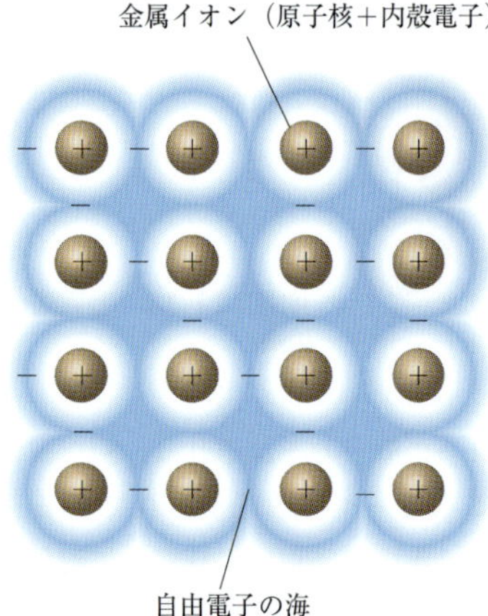


▲図 12.19 金属結合の電子の海モデル
非局在化して自由電子の海を形成した価電子が金属イオンを取り囲み，金属イオンどうしを結合させる．

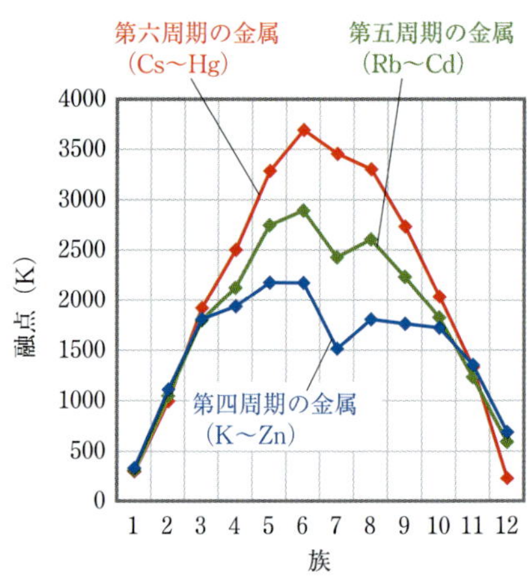


▲図 12.20 第四，第五，第六周期の金属の融点

の静電引力によって金属中に閉じ込められ，全体に一様に拡がっている．しかし，電子は自由に動きまわることができ，また個々の電子はどの特定の金属イオンにも捕らわれていない．金属線に電圧がかけられると，電子は電線の正の端に向かって金属中を移動する．

金属の高い熱伝導性も自由電子の存在によって説明できる．高温で動きが活発になった電子は，容易に低温部に移動することができ，そこで運動エネルギーを引き渡す．このようにして熱がすばやく運ばれる．

金属が変形できること（展性と延性）は，金属原子が多くの隣接原子間で結合を形成していることから説明できる．金属の変形により原子位置の変化が引き起こされても，電子の再配置によって容易に順応できる．

## 分子軌道モデル

電子の海モデルでは，うまく説明できない金属の特性も多い．このモデルによれば，例えば金属原子間の結合力は，価電子数の増加につれて増加し，それに対応して融点が上昇するはずである．しかし，それぞれの周期の中で最高の融点をもつ遷移金属は，その周期の中央付近にある元素であり，（価電子の多い）端の元素ではない（▶図 12.20）．この傾向は，金属結合の強さが，周期の初めでは電子数の増加とともに増加し，その後減少することを示している．同様の傾向は，沸点，融解熱および硬度のような他の物理的性質においてもみられる．

分子軌道論を利用すると，金属中の結合に対するもっと正確なモデルが得られる．§9.7 および §9.8 で，分子軌道が原子軌道の重なりからどのようにしてできるかを学んだ．分子軌道論のいくつかのルールを簡単に復習してみよう．

1. 原子軌道は相互作用して，分子全体に拡がることができる分子軌道をつくる．
2. 一つの分子軌道は，最大 2 個の電子を収容できる．
3. 分子中の分子軌道の数は，その分子軌道をつくるために相互作用した原子軌道の数と等しい．
4. 結合性分子軌道に電子を加えると結合が強くなり，反結合性分子軌道に電子を加えると結合が弱くなる．

結晶性固体の電子構造は，数個の原子からなる分子の電子構造に対して，類似点も相違点もある．それを説明するために，リチウム原子鎖の分子軌道図が，鎖の長さとともに，どのように変化するかを考えよう（▶図 12.21）．

それぞれのリチウム原子は，電子 1 個が入った（すなわち半分満たされた）2s 軌道をもつ．$Li_2$ の分子軌道図は，$H_2$ 分子の場合と類似している．つまり，1 個の満たされた結合性分子軌道，および 1 個の空の反結合性分子軌道（原子間に節面が 1 個ある）が存在する（§9.7）．$Li_4$ については，最も低エネルギーで軌道相互作用が完全に結合性である軌道（節面 0）から，最も高エネルギーで相互作用がすべて反結合性である軌道（節面 3）までの，4 個の分子軌道がある．

鎖が長くなると，分子軌道の数も増加する．鎖の長さにかかわらず，最低エネルギーの軌道はつねに最も

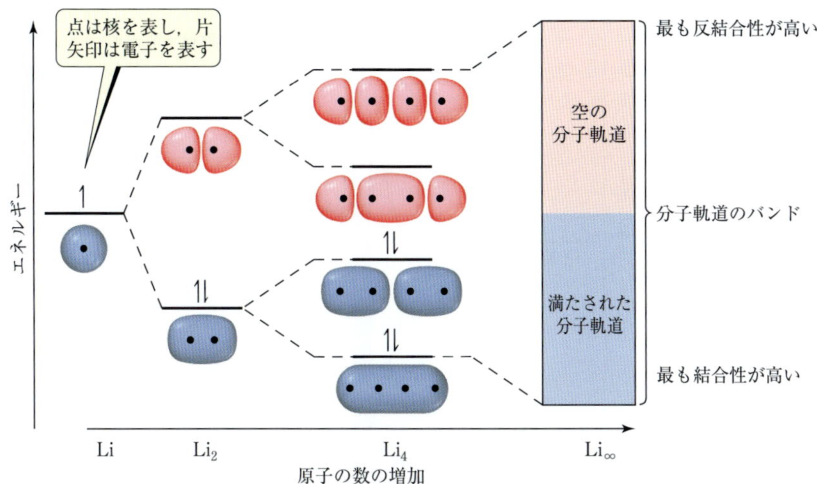


**▲図 12.21 個々の分子における離散的なエネルギー準位は，固体中では連続したエネルギーバンドを形成する．** 占有された軌道は青，空の軌道は赤で示す．

結合性であり，最高エネルギーの軌道はつねに最も反結合性である．それぞれのリチウムの原子価殻原子軌道は1個だけしかないので，分子軌道の数は鎖中のリチウム原子の数と等しい．それぞれのリチウム原子は価電子を1個有するので，鎖の長さにかかわらず，分子軌道の半分は完全に満たされるが，その他は空である*3.

鎖が非常に長くなると，非常に多くの分子軌道が形成され，それらの間のエネルギー分離はほとんどないくらいに小さくなる．鎖の長さが無限になると，許容されるエネルギー状態は連続的な**バンド**（band）になる．目で（あるいは光学顕微鏡で）見えるほどの大きさの結晶では，原子の数は非常に多い．したがって，結晶では，図12.21右に示した$Li_\infty$の電子構造と同様のエネルギーバンドが形成されていると考えてよい．

## バンド構造

ほとんどの金属の電子構造は，図12.21より複雑である．それは，各原子に2種以上の型の原子軌道を考慮しなければならないからである．それぞれの型の軌道はそれ自身のバンドを生じさせるので，固体の電子構造は通常，複数のバンドから構成される．固体の電子構造は**バンド構造**（band structure）と呼ばれる．

典型的な金属のバンド構造を▶**図 12.22**に示す．図は金属ニッケルに対応する電子の充填状態を示しているが，他の金属でも基本的な特徴は似ている．ニッケル原子の電子配置は，図の左側に示したように$[Ar]4s^2 3d^8$である．これらの軌道のおのおのから生ずるエネルギーバンドは右側に示されている．ここでは，4s，4pおよび3d軌道は互いに独立しているものとして扱われ，それぞれ分子軌道に由来するバンドをつくる．実際には，これらの重なったバンドは，互いに完全には独立しているわけではないが，ここでの目的のためにはこの単純化モデルは十分に理に適ったものである．

4s，4pおよび3dバンドは，それらが拡がっているエネルギー範囲（図12.22の右側の長方形の高さで表される）でも，また収容できる電子数（長方形の面積によって表される）でも，互いに異なっている．4s，4pおよび3dバンドは，パウリの排他原理（**§6.7**）で規定されるように，一つの軌道あたり2個の電子，つまり原子1個あたりそれぞれ2個，6個および10個の電子を収容できる．3dバンドのエネルギー幅は4sや4pバンドの幅よりも狭い．なぜなら，3d軌道は小さく，それゆえ近傍の原子の軌道との重なりが少ないからである．

金属の多くの特性は図12.22から理解できる．エネルギーバンドは，部分的に満たされた電子の容器とみなすことができる．そしてこのことが金属に特有ないくつかの性質のもとになっている．

占有されたレベルの上端近くの軌道中の電子は，よ

*3 これが厳密に正しいのは，偶数の原子からなる鎖だけである．

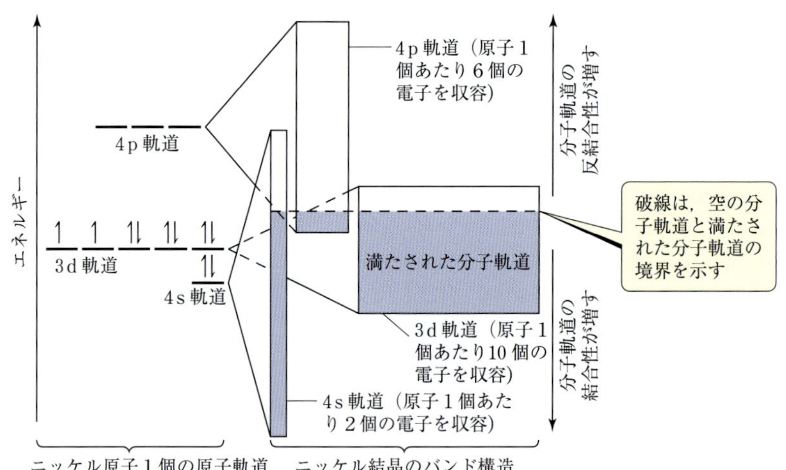


▶ 図 12.22　金属ニッケルのバンド構造

り高エネルギーの占有されていない軌道に遷移するのにエネルギーをほとんど必要としない．電位の印加（外部からのエネルギーの追加）や熱エネルギーの付与による励起で，電子はそれまで空であったレベルへ移動し，それによって格子を通って自由に移動するようになり，電気および熱の伝導が起こる．

エネルギーバンドの重なりがないと，金属の周期的性質を説明することはできない．dバンドおよびpバンドが存在しないと，アルカリ金属（1族）ではsバンドが電子で半分満たされ，アルカリ土類金属（2族）ではsバンドが完全に満たされると期待される．これが正しいとするとマグネシウム，カルシウム，ストロンチウムのような金属は，電気および熱の良導体になり得ないことになってしまい，実験的観察と一致しなくなる．

金属の伝導性は，電子の海あるいは分子軌道モデルのどちらを使っても定性的に理解できるが，図 12.20 に示した融点のような遷移金属の多くの物理特性は，後者のモデルでのみ説明可能である．分子軌道モデルでは，系列の初めの元素では，価電子数の増加と結合性軌道の占有率の増加により結合が強くなっていくことが予想される．遷移金属系列の中央の元素を通り越すと，電子が反結合軌道を占有するので，結合は弱くなる．原子間の結合が強くなるほど融点や沸点，硬度などが高くなり，融解熱も大きくなる．

**考えてみよう**

W と Au では，どちらの元素が反結合性軌道により多くの電子を有するか．融点が高いのはどちらと予想されるか．

## 12.5 | イオン性固体

**イオン性固体**（ionic solid）は，陽イオンと陰イオンの間の静電引力，つまりイオン結合によってできている（§8.2）．イオン性固体は一般に融点や沸点が高いが，これはイオン結合が強い結合であることを反映している．イオン結合の強さは，イオンの電荷および大きさに依存する．8章と 11 章で議論したように，陽イオンと陰イオンの間の引力はイオンの電荷が増えるとともに増す．例えば，1+ と 1− のイオンからできている NaCl は 801℃で融解し，2+ と 2− のイオンからなる MgO は 2852℃で融解する．アルカリ金属ハロゲン化物の融点でみられるように，陽イオンと陰イオンの間の相互作用は，イオンが小さくなると強くなる（▶ 表 12.3）．この傾向は，§8.2 で議論した格子エネルギーの傾向と似ている．

イオン性固体も金属性固体もともに融点や沸点が高いが，イオン結合と金属結合の違いによって，いくつかの性質には重要な差がある．イオン性固体中の価電子は非局在化しておらず，陰イオン上に限定されている．そのため，イオン性固体は一般に電気絶縁体である．さらに，イオン性固体は脆く割れやすい（脆性）．

**表 12.3 アルカリ金属ハロゲン化物の性質**

| 化合物 | 陽イオン-陰イオン間距離(nm) | 格子エネルギー(kJ/mol) | 融点(℃) |
|---|---|---|---|
| LiF | 0.201 | 1030 | 845 |
| NaCl | 0.283 | 788 | 801 |
| KBr | 0.330 | 671 | 734 |
| RbI | 0.367 | 632 | 674 |

この性質は，次に記すように同符号イオン間の反発によって説明される．▶**図 12.23** に示すように，力を加える前は結晶中では陽イオンの隣りに陰イオンが並んでるが，イオン性固体にせん断応力を加えるとイオンの配列がずれて，ある面をはさんで陽イオン-陽イオンおよび陰イオン-陰イオンが向き合うようになる．それによって反発的相互作用が生じ，面に沿って破壊が進む．この性質は，ある種の宝石（例えば，基本組成が $Al_2O_3$ であるルビー）のカットに適している．

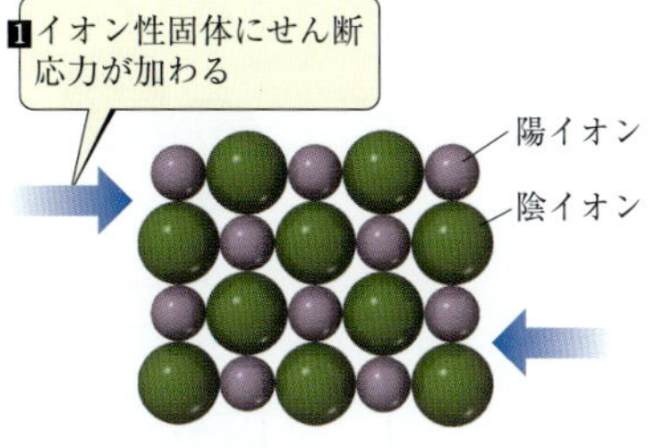


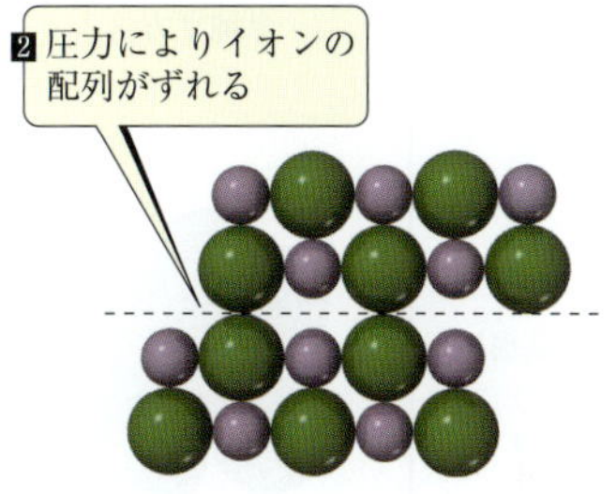


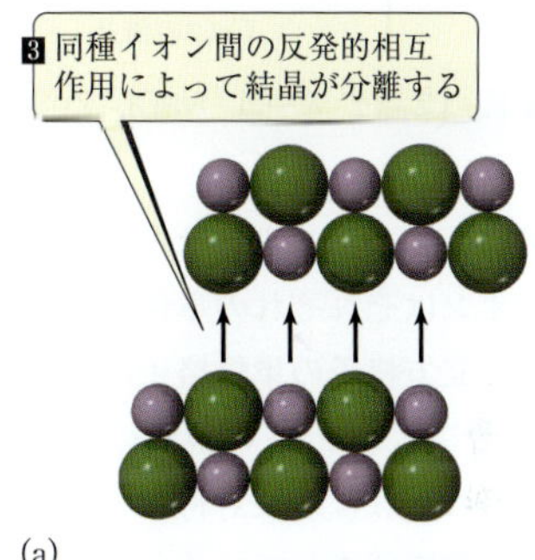


(a)

(b)

▲**図 12.23 イオン性固体の脆性と宝石のカット**
(a) イオン性固体にせん断応力が加わると，上のように結晶が面に沿って分離する．(b) イオン性固体のこの特性は，ルビーのような宝石を角度の異なる多くの面にカットする際に利用される．

## イオン性固体の構造

イオン性固体は金属性固体と同様に，原子が対称的に並んだ最密充塡構造をとる傾向がある．しかし，イオン性固体では半径が異なり電荷の符号が異なり合う球体を充塡しなければならないので，重要な違いが生じる．多くの陽イオンは陰イオンよりかなり小さいので（§7.3），イオン性固体中の配位数は，最密構造の金属中のものより小さい．陰イオンと陽イオンが同じサイズだったとしても，同じ電荷のイオンを互いに接触させることなく，金属でみられた最密充塡構造を再現することはできない．同じ符号のイオン間の反発作用は，そのような並びを不利にする．最も好ましいのは，陽イオン-陰イオン距離がイオン半径によって許される限り接近し，陰イオン-陰イオンおよび陽イオン-陽イオン距離が最大になる構造である．

**考えてみよう**

イオン性固体中のすべての原子が，図 12.11 に示した金属の結晶構造と同じ格子点の上に存在することは可能か．

▶**図 12.24** に，代表的な 3 種のイオン性固体の結晶構造を示した．塩化セシウム（CsCl）型構造は，単

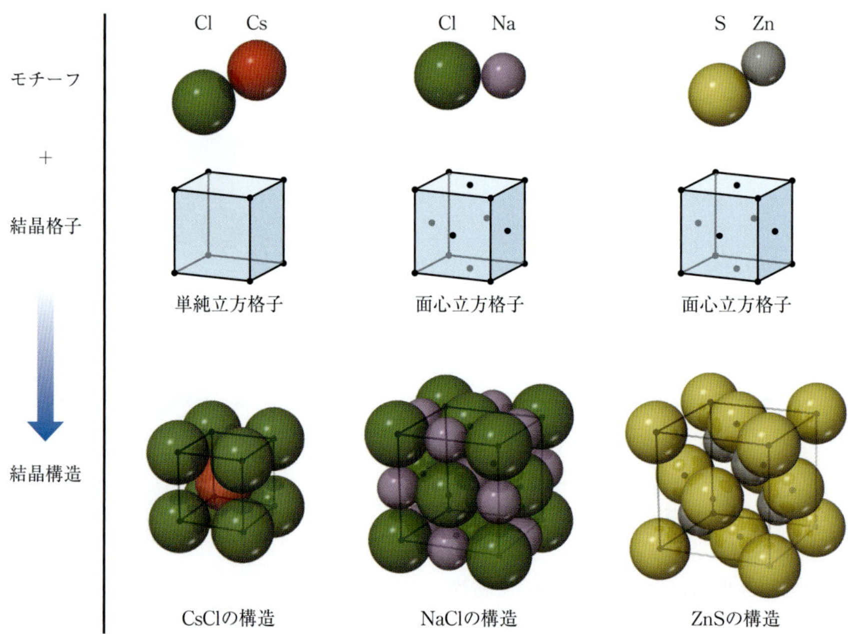


▲図 12.24 CsCl，NaCl，ZnS 型構造

純立方格子を基礎とし，陰イオンは単位格子の頂点の格子点に，陽イオンはそれぞれの単位格子の中心（体心）にある（単純立方格子の単位格子内部には格子点がないことに注意しよう）．この構造の場合，陽イオンと陰イオンのそれぞれは，反対符号の8個のイオンで構成される立方体で囲まれている．

塩化ナトリウム（NaCl）型構造（岩塩構造とも呼ばれる）と閃(せん)亜鉛鉱（ZnS）型構造は，面心立方格子を基礎とする．どちらの構造においても陰イオンが単位格子の頂点と面の中央（面心）に存在するが，陽イオンと陰イオンの2原子の並びは二つの構造でわずかに異なる．

NaClの場合，$Na^+$ は $Cl^-$ に対して単位格子の稜と平行な方向に位置をずらして存在している．一方，ZnSでは，$Zn^{2+}$ は $S^{2-}$ に対して体対角線方向に位置をずらして存在している．この並び方の違いが，異なる配位数をもたらす．

塩化ナトリウム型構造における陽イオンおよび陰イオンは，それぞれ6個の対イオンに囲まれた八面体型配位環境にある．閃亜鉛鉱型構造における陽イオンおよび陰イオンは，それぞれ4個の対イオンに囲まれた四面体型配位構造になっている．陽イオンの配位環境は，▶図 12.25 でみることができる．

あるイオン性化合物が与えられたとき，どの結晶構造が最も有利になるのだろうか．考慮しなければならない要因は多数あるが，最も重要な二つは，イオンの相対的な大きさと化学量論比である．

最初にイオンの大きさについて考えよう．図12.25からわかるように，CsCl，NaCl，ZnSと移ると配位数はそれぞれ8，6，4に変わる．この傾向は，これら3種の化合物で陽イオンのイオン半径がより小さくなるのに対して，陰イオンのイオン半径はほとんど変化しないことによる．陽イオンと陰イオンの大きさがほぼ等しいときは，大きな配位数が有利になり，塩化セシウム型構造がとられる．陽イオンの相対的なサイズが小さくなると，陽イオン-陰イオン接触を維持しつつ，同時に陰イオンが互いに接触しないようにすることが不可能になる．この状況になると，配位数は8から6に減り，塩化ナトリウム型構造がより有利になる．

陽イオンの大きさがさらに減少すると，配位数が6から4に減少し，閃亜鉛鉱型構造が有利になる．**イオン性固体では，反対の電荷のイオンどうしが互いに接触するが，同じ電荷のイオンどうしは接触してはならないことを覚えておこう．**

陽イオンと陰イオンの相対数は，最安定構造を決定する要因である．図12.25に示したすべての構造は，陽イオンと陰イオンの数が等しい．これらの構造の型（塩化セシウム，塩化ナトリウム，閃亜鉛鉱）は，陽イ

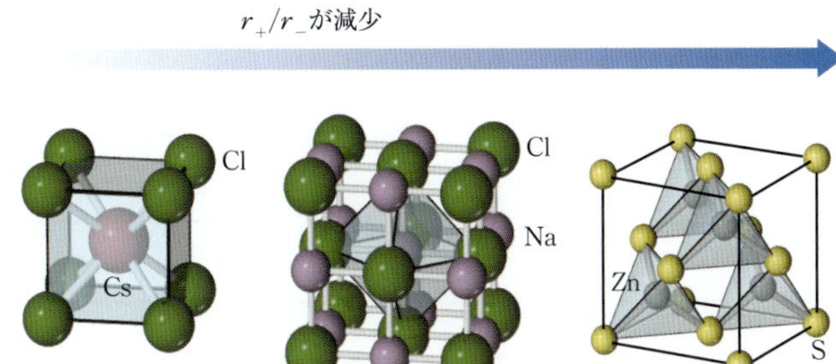


| | CsCl | NaCl | ZnS |
|---|---|---|---|
| 陽イオンのイオン半径，$r_+$（nm） | 0.181 | 0.116 | 0.088 |
| 陰イオンのイオン半径，$r_-$（nm） | 0.167 | 0.167 | 0.170 |
| $r_+/r_-$ | 1.08 | 0.69 | 0.52 |
| 陽イオンの配位数* | 8 | 6 | 4 |
| 陰イオンの配位数 | 8 | 6 | 4 |

* 陽イオンの周囲の最隣接陰イオンの数.

**▲図 12.25 CsCl，NaCl，ZnS の配位環境**

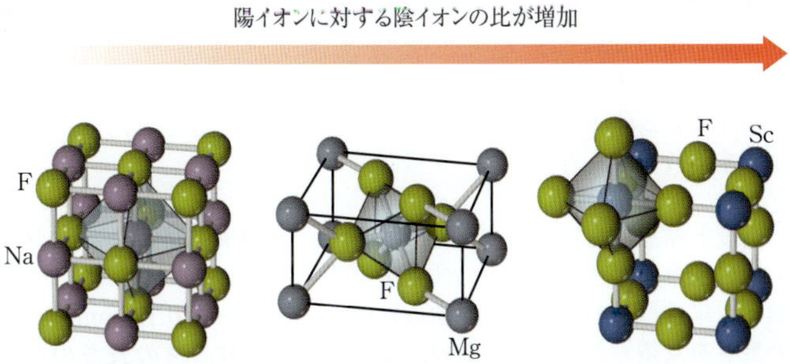

陽イオンに対する陰イオンの比が増加

F
Na
F
Mg
F
Sc

| | NaF | $MgF_2$ | $ScF_3$ |
|---|---|---|---|
| 陽イオンの配位数* | 6 | 6 | 6 |
| 陽イオンの配位構造 | 正八面体 | 正八面体 | 正八面体 |
| 陰イオンの配位数 | 6 | 3 | 2 |
| 陰イオンの配位構造 | 正八面体 | 平面三角形 | 直線 |

* 陽イオンの周囲の最隣接陰イオンの数.

**▲図 12.26 化学量論に依存する配位数**

オンと陰イオンの数が等しいイオン化合物でのみ実現可能である．そうでない場合は，他の結晶構造になる．

そのような例として，NaF，$MgF_2$ および $ScF_3$ を考えよう（▲図 12.26）．NaF は NaCl の類似化合物であることから期待されるように，塩化ナトリウム型構造をもち，陽イオンと陰イオンの両方とも六配位である．しかし，$MgF_2$ は陽イオン 1 個あたり 2 個の陰イオンをもち，**ルチル型構造**（rutile structure）と呼ばれる構造をとる．陽イオンの配位数は 6 であるが，フッ化物イオンの配位数は 3 である．$ScF_3$ の構造では，陽イオン 1 個あたり 3 個の陰イオンが存在し，陽イオンの配位数は 6 であるが，フッ化物イオンの配位数は 2 である．陽イオン/陰イオン比率が低下するとともに，各陰イオンを囲む陽イオンはより少なくなり，そのため陰イオンの配位数は減少する．この関係は次式で定量的に示すことができる．

$$\frac{\text{組成式あたりの陽イオンの数}}{\text{組成式あたりの陰イオンの数}} = \frac{\text{陰イオンの配位数}}{\text{陽イオンの配位数}} \quad [12.1]$$

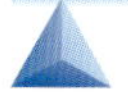

**考えてみよう**

酸化カリウム（$K_2O$）の結晶構造では，酸化物イオンには 8 個のカリウムイオンが配位している．カリウムの配位数はいくつか．

## 例題 12.2　イオン性固体の密度を計算する

ヨウ化ルビジウム RbI は，塩化ナトリウムと同じ結晶構造をとる．

(a) 単位格子中にいくつの $I^-$ が存在するか．

(b) 単位格子中にいくつの $Rb^+$ が存在するか．

(c) 以下のデータを用いて，RbI の密度（$g/cm^3$）を計算せよ．イオン半径とモル質量：
$Rb^+$ 0.166 nm，85.47 g/mol；$I^-$ 0.206 nm，126.90 g/mol

### 解　法

**分析と方針**　(a) 塩化ナトリウム型構造における単位格子中の陰イオンの数を数える．単位格子の頂点，稜，面にあるイオンは，単位格子中にその一部分しか存在しないことを思い出そう．

(b) 同じ方法が，陽イオンの数を数えるのに使える．実験式を書き，陽イオンと陰イオンの電荷がつり合っていることを確認することで，答が正しいか確認できる．

(c) 単位格子の密度と結晶の密度は同一である．密度を計算するためには，単位格子中の原子の質量を単位格子の体積で割る．単位格子の体積を計算するには，単位格子の稜の長さを見積もらねばならない．まず最初に，イオンが接触している方向を決定し，ついでイオン半径を用いて長さを見積もる．単位格子の稜の長さがわかれば，それを 3 乗することで体積が決まる．

**解**　(a) RbI は NaCl と同じ結晶構造をもち，$Rb^+$ が $Na^+$ を，$I^-$ が $Cl^-$ を置換している．図 12.24 および 12.25 の NaCl の構造から，単位格子の頂点と面の中心に陰イオンがあることがわかる．表 12.1 から，頂点のイオンは八つの単位格子で等しく共有されており（単位格子中には 1/8 イオン），面上のイオンは二つの単位格子で等しく共有されている（単位格子中には 1/2 イオン）．立方体は 8 個の頂点と 6 個の面をもつので，単位格子中の $I^-$ の数は $8(1/8) + 6(1/2) = 4$ 個である．

(b) $Rb^+$ は，単位格子の各稜と体心に存在する．表 12.1 を再び用いると，稜に存在するイオンは四つの単位格子で等しく共有されており（単位格子中には 1/4 イオン），単位格子の体心のイオンは他の単位格子と共有されていない．立方体は，12 個の稜をもつので，$Rb^+$の数は $12(1/4) + 1 = 4$ 個である．電荷がつり合うためには，$Rb^+$の数と $I^-$ の数は同じでなければならないので，この答は正しい．

(c) イオン性固体中では，陽イオンと陰イオンは互いに接触している．次の図で示すように，RbI では陽イオンと陰イオンは単位格子の稜に沿って接触している．

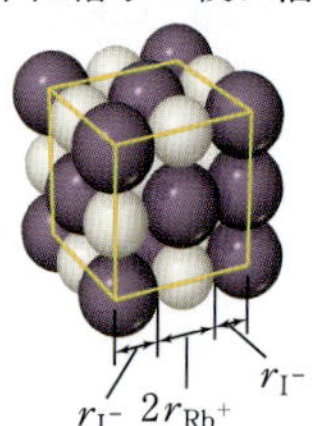


単位格子の稜の長さは $r_{I^-} + 2r_{Rb^+} + r_{I^-} = 2r_{I^-} + 2r_{Rb^+}$ である．イオン半径を代入すると，$2(0.206\ \text{nm}) + 2(0.166\ \text{nm}) = 0.744\ \text{nm}$ である．立方格子の体積は，稜の長さの 3 乗である．長さの単位を nm から cm に変換して 3 乗すると，

$$\text{体積} = (0.744 \times 10^{-7}\ \text{cm})^3 = 4.12 \times 10^{-22}\ \text{cm}^3$$

(a) および (b) から，単位格子中には 4 個の $Rb^+$ と 4 個の $I^-$ が存在する．この結果とモル質量を用いて，単位格子の質量が計算できる．

$$\text{質量} = \frac{4\,(85.47\ \text{g/mol}) + 4\,(126.90\ \text{g/mol})}{6.022 \times 10^{23}\ \text{mol}^{-1}} = 1.411 \times 10^{-21}\ \text{g}$$

密度は単位格子の質量を単位格子の体積で割れば得られる．

$$\text{密度} = \frac{\text{質量}}{\text{体積}} = \frac{1.411 \times 10^{-21}\ \text{g}}{4.12 \times 10^{-22}\ \text{cm}^3} = 3.43\ \text{g/cm}^3$$

**チェック**　ほとんどの固体の密度は，リチウムの密度（$0.5\ \text{g/cm}^3$）とイリジウムの密度（$22.6\ \text{g/cm}^3$）の間にある．したがって，計算結果は合理的な値である．

**演　習**

セシウムおよび塩化物イオンのイオン半径（$Cs^+$ 0.181 nm, $Cl^-$ 0.167 nm）を用いて，図 12.24 に示す CsCl の単位格子の稜の長さと密度を求めよ（ヒント：CsCl 中のイオンは，一つの頂点から中心を通って反対の頂点を結ぶ体対角線に沿って接触している．三角法を用いると，立方格子の体対角線は稜の$\sqrt{3}$倍長いことがわかる）．

## 12.6 分子性固体

**分子性固体**（molecular solid）は，双極子-双極子相互作用，分散力および（または）水素結合によって保持された原子または中性の分子からなる．これらの分子間力は弱いので，分子性固体は軟らかく，比較的低い融点（通常 200℃以下）をもつ．室温で気体あるいは液体であるような物質は，ほとんどの場合低温にすると分子性固体を形成する．例としては，Ar，$H_2O$，$CO_2$ が挙げられる．

分子性固体の性質は，分子間力の強さに大きく依存する．例として，ショ糖（砂糖，$C_{12}H_{22}O_{11}$）の性質を考えよう．ショ糖分子の 8 個の—OH は複数の水素結合を形成する．結果として，ショ糖は室温で結晶性固体として存在し，分子性固体としては比較的高い融点（184℃）をもつ．

分子が三次元空間中でどれくらい効率的に充填されるかということも分子性固体の性質に影響し，これには分子の形が大きな意味をもつ．例えば，ベンゼン $C_6H_6$ は非常に対称性の高い平面分子であり（§8.6），トルエン（ベンゼンの水素原子の一つが—$CH_3$ で置換されたもの）よりも融点が高い（▼図 12.27）．その理由は，トルエン分子の形の対称性が低いために結晶の中でトルエン分子どうしが十分に接触できないのに対し，ベンゼン分子は互いに十分に接触できて強い分子間力で引きつけ合えるからである．

一方，トルエンの沸点はベンゼンよりも高い．これは，液体の状態ではベンゼン分子間よりもトルエン分子間のほうが分子間力が大きいことを示している．図 12.27 に示される別の置換ベンゼンであるフェノールの融点と沸点は，その—OH が水素結合を形成することができるので，トルエンよりもさらに高い．

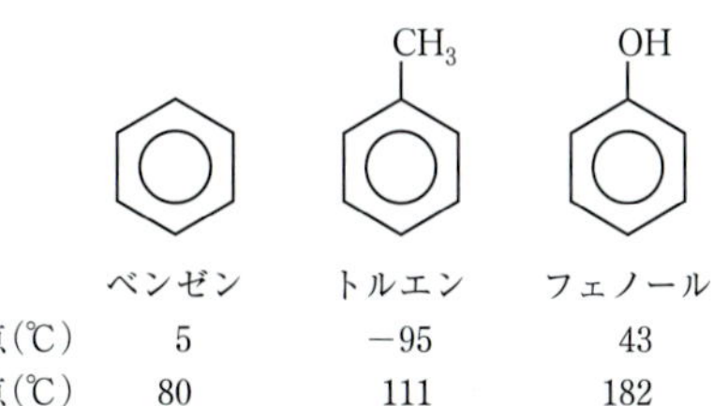


| | ベンゼン | トルエン | フェノール |
|---|---|---|---|
| 融点（℃） | 5 | −95 | 43 |
| 沸点（℃） | 80 | 111 | 182 |

▲図 12.27　ベンゼン，トルエン，フェノールの融点と沸点

## 12.7 共有結合性固体

**共有結合性固体**（covalent-network solid）は，ネットワーク状に共有結合が形成されて原子が保持されている．共有結合は分子間力よりはるかに強いので，これらの固体は分子性固体よりはるかに硬く，高い融点をもつ．炭素の同素体であるダイヤモンドとグラファイト（黒鉛，石墨ともいう）は最もよく知られている共有結合性固体である．他の例は，ケイ素，ゲルマニウム，水晶（$SiO_2$），炭化ケイ素（SiC），および窒化ホウ素（BN）である．これらの物質中の原子は，きわめて共有結合性の高い結合で結びついている．

ダイヤモンド中の各炭素原子は，他の 4 個の炭素原子と結合して四面体を形成している（▶図 12.28）．ダイヤモンドの構造は，炭素原子が亜鉛イオンと硫化物イオンの両方を置き換えた閃亜鉛鉱型構造（図 12.25）とみなせる．炭素原子は $sp^3$ 混成し，強い C—C 単結合によって結ばれている．この結合の強さと方向性のために，ダイヤモンドは既知の物質中で最も硬い材料となっており，工業用ダイヤモンドは切削工具などで使用されている．ダイヤモンドは高い融点（3550℃）をもち，きわめて良い熱伝導体であると同時に電気的には絶縁体である．

グラファイト［図 12.28（b）］では，炭素原子は共有結合で結ばれた層を形成し，それが分子間力によって積み重なっている．グラファイト中の各層は，図 12.8 に示したグラフェンシートの層と同じ構造をもつが，その積み重なり方は図 12.28（b）のように一層おきにずれた様式である．炭素原子は，同じ層中のほかの 3 個の炭素と共有結合をつくり，六角形を形成し

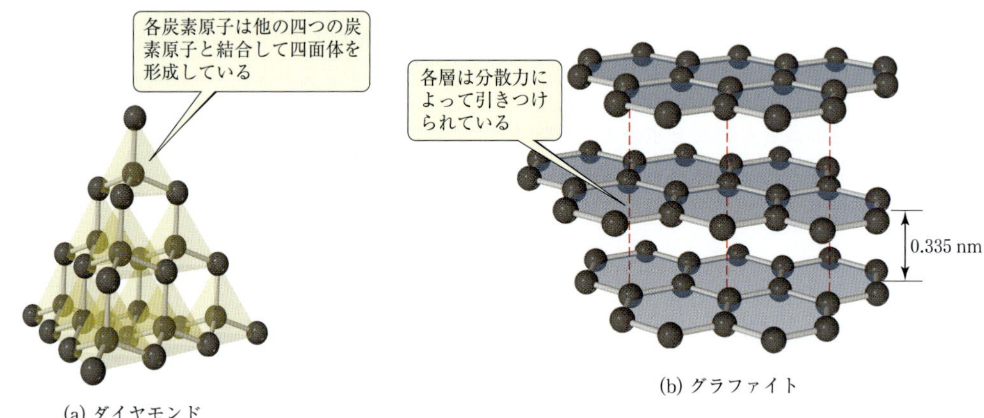


▲図 12.28　(a) ダイヤモンドと (b) グラファイトの構造

ている．層中の隣接した炭素原子間の距離（0.142 nm）は，ベンゼン中のC—C結合距離（0.139 nm）に非常に近い．実際，その結合はベンゼンの結合と似て $sp^2$ 混成した炭素からなり，非局在化した π 結合は層全体に拡がっている（§9.6）．電子は非局在化した軌道を通して自由に動けるため，グラファイトは層方向には良く電気を通す（実際，グラファイトは乾電池で電極として使用されている）．炭素の層は互いに 0.335 nm 離れていて，層間には分散力のみが働いている．そのため，層はこすると容易に滑り，グラファイトに油脂のような感触を与えている．この傾向は，層間に不純物原子が捕捉されるとより顕著になる．

グラファイトは，固体潤滑剤や鉛筆の芯として使用されている．いずれも純炭素でありながら，グラファイトとダイヤモンドの物理的性質は著しく異なる．これは三次元構造と結合の違いに由来する．

## 半　導　体

金属は電気を非常によく通す．しかし，ほんのわずかしか電気を通さない固体も多くあり，そのような固体は**半導体**（semiconductor）と呼ばれる．半導体の二つの例は，ケイ素とゲルマニウムであり，これらは周期表で炭素のすぐ下に位置する．これらの元素の原子は，炭素と同様に4個の価電子をもっていて，4個の隣接原子と4本の単結合をつくる．そのため，ケイ素とゲルマニウムは，ダイヤモンドと同じ構造をとる．半導体材料のケイ素単体は，しばしばシリコンと呼ばれる．

原子軌道が重なって相互作用するとき，結合性分子軌道と反結合性分子軌道を形成する．一組の s 軌道からは結合性および反結合性分子軌道が1個ずつできる．一方，p 軌道からは結合性および反結合性分子軌道が3個ずつできる（§9.8）．無数の原子が固体を形成すると，§12.4で議論した金属と同じ型のバンドができる．しかし，金属とは異なり，半導体では，結合性軌道由来のバンドと反結合性軌道由来のバンドが重なり合わずに，両者の間に広いエネルギーのギャップができる．結合性分子軌道由来のバンドは**価電子帯**（valence band）と呼ばれ，また反結合性軌道由来のバンドは**伝導帯**（conduction band）と呼ばれる（▶図 12.29）．半導体では，価電子帯は電子で満たされ，伝導帯は空である．これらの二つのバンドのエネルギーは**バンドギャップ**（band gap）$E_g$ だけ離れている．エネルギーは電子ボルト（eV）の単位で表されることが多い（$1\ \mathrm{eV} = 1.602 \times 10^{-19}\ \mathrm{J}$）．バンドギャップが 3.5 eV より大きいときは半導体ではなく絶縁体となり，電気をまったく通さなくなる．

半導体は**単元素半導体**（elemental semiconductor，1種類の元素のみでできている）と**化合物半導体**（compound semiconductor，2種類以上の元素からできている）に分類することができる．単元素半導体はすべて14族である．

周期表で14族元素を下に移動すると結合距離が増加し，軌道の重なりが減少する．この軌道の重なりの減少は，価電子帯と伝導帯の間の差を小さくする．その結果，バンドギャップは，ダイヤモンド（5.5 eV，絶縁体），ケイ素（1.11 eV），ゲルマニウム（0.67 eV），灰色スズ（0.08 eV）の順で減少する．最も重い14族元素である鉛になると，バンドギャップは消滅する．その結果，鉛は金属の構造と性質をもつ．

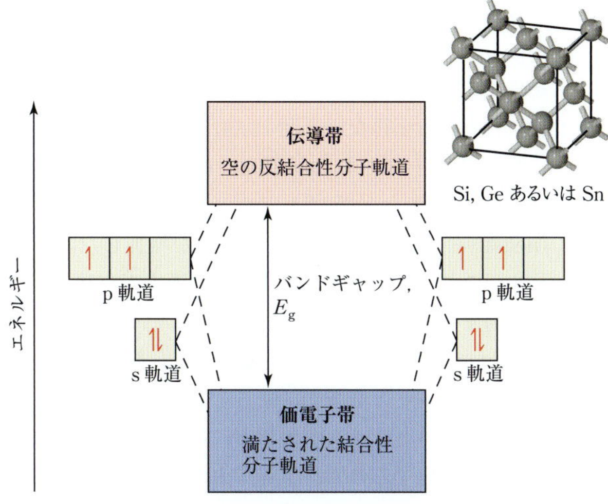


◀ **図 12.29　ダイヤモンド型の結晶構造をもつ半導体の電子バンド構造**

化合物半導体は，単元素半導体の価電子数（原子 1 個あたり 4 個）と同じ数の**平均**価電子数をもつ．例えば，ヒ化ガリウム（俗称としてガリウムヒ素ともいう）GaAs では，Ga はそれぞれ 3 個の電子を，As はそれぞれ 5 個の電子を供出し，その平均は 1 原子あたり 4 個になる．それゆえ，GaAs は半導体である．ほかの例としては，インジウムが価電子 3 個，リンが価電子 5 個を供出する InP，また，カドミウムが価電子 2 個，テルルが価電子 6 個を供出する CdTe がある．いずれの場合も，平均すると原子 1 個あたり 4 個の価電子になる．GaAs，InP，CdTe はすべて，閃亜鉛鉱型構造の結晶となる．

化合物半導体のバンドギャップは，族番号の差が大きくなると増加する傾向にある．例えば，Ge は $E_g = 0.67$ eV だが，GaAs は $E_g = 1.43$ eV である．ZnSe（12 族および 16 族元素）のように，族番号の差が 4 に増えると，バンドギャップは 2.70 eV まで増加する．このような変化が生じるのは，単元素半導体での純粋な共有結合が，化合物半導体では分極した共有結合へ推移するためである．電気陰性度の差が増加するとともに，結合はより分極し，バンドギャップは増加する．

化合物半導体は，そのバンドギャップを軌道の重なりと結合の分極の両方を操作することで制御でき，広範囲の電子素子や光学素子で使用できるようになる．代表的な単元素および化合物半導体のバンドギャップを▼ **表 12.4** に示す．

**表 12.4　代表的な単元素および化合物半導体のバンドギャップ**

| 物　質 | 結晶構造型 | バンドギャップエネルギー（eV）* |
|---|---|---|
| Si | ダイヤモンド | 1.11 |
| AlP | 閃亜鉛鉱 | 2.43 |
| Ge | ダイヤモンド | 0.67 |
| GaAs | 閃亜鉛鉱 | 1.43 |
| ZnSe | 閃亜鉛鉱 | 2.58 |
| CuBr | 閃亜鉛鉱 | 3.05 |
| Sn** | ダイヤモンド | 0.08 |
| InSb | 閃亜鉛鉱 | 0.18 |
| CdTe | 閃亜鉛鉱 | 1.50 |

| | | | | |
|---|---|---|---|---|
| | 13 Al | 14 Si | 15 P | |
| 30 Zn | 31 Ga | 32 Ge | 33 As | 34 Se |
| 48 Cd | 49 In | 50 Sn | 51 Sb | 52 Te |

*　バンドギャップエネルギーは室温における値，$1\ \text{eV} = 1.602 \times 10^{-19}$ J.

**　これらのデータは灰色スズ（スズの半導体の同素体）のものである．他の同素体である白色スズは金属である．

## 例題 12.3　半導体のバンドギャップの定性的な比較

GaP のバンドギャップは，ZnS と比べて大きいか，小さいか．GaN と比べると大きいか，小さいか．

### 解　法

**分析**　バンドギャップの大きさは，元素の周期表における垂直および水平方向の位置に依存する．バンドギャップは，次の条件のどちらかに当てはまるときに増加する．(1) 元素が周期表でより上に位置すると，軌道の重なりが大きくなり，結合性および反結合性軌道間のエネルギー分裂が大きくなる．(2) 元素間の水平方向の差が大きくなると，電気陰性度の差が大きくなり，結合の分極が大きくなる．

**方針**　周期表をみて，それぞれの化合物の元素の相対的な場所を比較する．

**解**　ガリウムは第四周期の 13 族元素である．リンは第三周期の 15 族元素である．亜鉛と硫黄は，それぞれガリウムおよびリンと同じ周期にある．しかし，亜鉛はガリウムの一つ左の 12 族元素で，硫黄はリンの一つ右の 16 族元素である．つまり，より大きな電気陰性度の差が ZnS で予想されるので，ZnS は GaP よりも大きなバンドギャップをもつはずである．

GaP と GaN の両方において，電気陰性度が小さい元素はガリウムである．つまり，より電気陰性度の大きい元素である P と N の位置を比較するだけでよい．窒素は 15 族元素で，リンの上に位置する．つまり，軌道の重なりが増加するので，GaN が GaP よりも大きなバンドギャップをもつと予想できる．

**チェック**　文献によると，バンドギャップは，GaP は 2.26 eV，ZnS は 3.6 eV，GaN は 3.4 eV である．

### 演　習

ZnSe のバンドギャップは，ZnS よりも大きいか小さいか．

## 半導体のドーピング

半導体の電気伝導率は，少量の不純物原子の存在によって影響を受ける．特定の量の不純物原子を材料に加える過程は，**ドーピング**（doping）と呼ばれる．ケイ素結晶中のケイ素原子を少数のリン原子（ドーパントと呼ばれる）で置換すると，何が起こるか考えよう．

純粋な Si では，▶**図 12.30 (a)** に示すように，価電子帯の分子軌道はすべて満たされており，伝導帯の分子軌道はすべて空である．リンには 5 個の価電子があるがケイ素には 4 個しかないため，ドーパントであるリン原子によりもち込まれる余分な電子は，伝導帯に入らざるを得ない［図 12.30 (b)］．

リンでドープされた材料は，**n 型半導体**（n-type semiconductor）と呼ばれる．n は，伝導帯中の負（negative）電荷を帯びた電子の数が増加したことを示す．これらの余分な電子は，伝導帯中で非常に容易に移動することができる．したがって，ケイ素にわずか数 ppm のリンをドープするだけで，純ケイ素の電気伝導率を 100 万倍増加させることができる．

ごく微量のドーパントの添加に対応して電気伝導性が劇的に変化するので，半導体中の不純物の制御には最大限注意しなければならない．一方，それはドーパントの種類および濃度の厳密な制御により，電気伝導率が調整できることも意味する．半導体産業では，集積回路の構造に“ナイン・ナイン”ケイ素が用いられている．これは，99.999 999 999%（小数点以下に 9 個の 9 が並ぶ）純度のケイ素が必要ということである．

母材より価電子の少ない原子で半導体をドープすることも可能である．ケイ素結晶中のケイ素原子を少数のアルミニウム原子で置換すると何が起こるか考えよう．

ケイ素に価電子が 4 個あるのに対して，アルミニウムにはわずか 3 個の価電子しかない．したがって，ケイ素がアルミニウムでドープされると，価電子帯に**正**

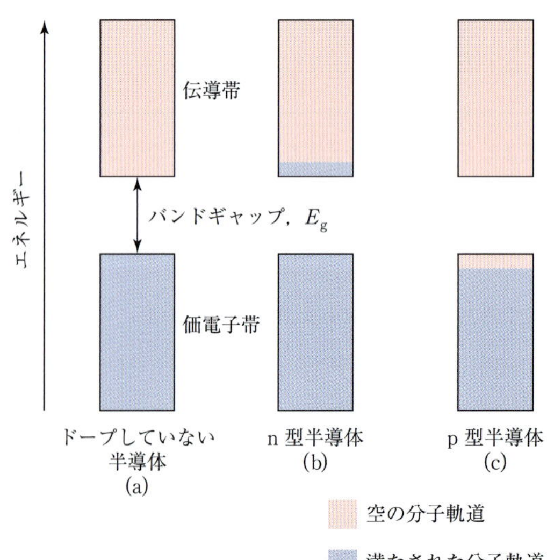


▲**図 12.30　半導体へ不純物を少量添加すると（ドーピング），材料の電子特性が変化する．**

孔（hole，ホール）と呼ばれる電子欠損ができる［図12.30（c)］．負電荷を帯びた電子がそこに存在しないので，正孔は正（positive）電荷をもつとみなせる．この正孔に，隣りの電子が移動してくることができる．すると，移動してきた電子がもともといた場所は新たな正孔になり，そこにはさらに次の電子が移動してくることができる．つまり，電子の移動方向と逆の方向に正孔が移動していくとみなすことができる．したがって，正孔は粒子のように格子の中で動きまわる*4．このような物質は，**p 型半導体**（p-type semiconductor，p は物質中の正孔の数が増加したことを示す）と呼ばれる．

n 型半導体と同様に，わずか数 ppm の p 型のドーパントは，電気伝導性を 100 万倍増加させるが，この場合は価電子帯の正孔が電気伝導を担っている［図12.30（c)］．

p 型半導体と n 型半導体の接合は，ダイオード，トランジスタ，太陽電池その他の装置の基本である．

### 例題 12.4　半導体のタイプの識別

ケイ素にドープしたときに n 型半導体になるのは，次のどの元素だろうか．Ga，As あるいは C．

#### 解　法

方針　周期表をみて，Si，Ga，As および C の価電子数を求める．ケイ素より価電子の多い元素が，ドーピングにより n 型の材料を与える元素である．

解　Si は 14 族元素であり，価電子 4 個をもつ．Ga は 13 族元素で価電子は 3 個，As は 15 族元素で価電子は 5 個．C は 14 族元素で価電子は 4 個である．したがって，ケイ素へドープされると n 型半導体となるのは As である．

#### 演　習

次に挙げたドープされた半導体のうち，p 型であるのはどれか（それぞれ，母材：ドーパントを示す）．
(**a**) Ge：P，(**b**) Si：Ge，(**c**) Si：Al，(**d**) Ge：S，(**e**) Si：N

*4　この移動は，教室内での人びとの座席移動にたとえることができる．つまり，人びと（電子）が座席（原子）をめぐって動くとみるか，あるいは空席（穴）が移動するとみるかである．

## 12.8 ポリマー（高分子）

自然界では，何百万もの非常に大きな分子量をもつ物質，高分子が多く存在し，生体や組織の構造の多くを構築している，植物中に存在するデンプンとセルロース，動物と植物の両方でみつかるタンパク質はそのような高分子の例である．

1827 年，イェンス・ヤコブ・ベルツェリウス（Jons Jakob Berzelius）は**ポリマー**［polymer，ギリシャ語の *polys*（多数）および *meros*（部分）からの造語，重合体ともいう］という単語をつくった．ポリマーは，モノマー（monomer，低分子量の分子．単量体ともいう）の**重合**（polymerization，結びつける）によって形成された高分子量の分子性物質である．

歴史的に，羊毛，革，絹および天然ゴムのような天然高分子は，古くから利用されてきた．過去 70 年間に化学者は，化学反応によってモノマーを重合して合成高分子を得ることを学んだ．これらの合成高分子のほとんどすべては，C—C 結合の主鎖をもつ．これは，炭素どうしには強く安定な結合をつくる特別な能力があるからである．

**プラスチック**（plastic）とは，熱と圧力を加えることで，さまざまな形に成形できる高分子固体である．プラスチックにはいくつかのタイプがある．**熱可塑性プラスチック**（thermoplastic）は，何度も形成をくり返すことができる．例えば，プラスチック製の牛乳容器は，ポリマーである**ポリエチレン**（polyethylene）から作られるが，使い終えたポリエチレン容器は融かしなおして別の用途に再利用することができる．対照的に，**熱硬化性プラスチック**（thermosetting plastic，または thermoset plastic）は，不可逆な化学工程を通じて合成されるので，再成形することはできない．

**エラストマー**（elastomer）は別の種類のプラスチックで，ゴム状または弾性を示す材料である．エラストマーは伸ばしたり曲げたりしたときにその弾性限界を越えていなければ，ひずませている力を除去すると，最初の形を回復する．ゴムはエラストマーの最もよく知られている例である．

ナイロンとポリエステルは，髪の毛のように非常に細くて長い繊維に成形できる．これらの繊維は織って布や紐にすることができ，衣類，タイヤコード，その他の有用な製品を作ることができる．

化学の役割

## 発光ダイオード（LED）

人工照明器具は，当たり前のように，身の回りの広い範囲で使われている．白熱灯を発光ダイオード（LED）に置き換えると，多くのエネルギーを節約できる．LEDは半導体からできている．ここではLEDの働きを勉強しよう．

LEDの核心部分は，**p-nダイオード**である．これは，n型半導体とp型半導体を接合させることでつくられている．この接合部には，両者の半導体間で電荷を移動させるための電子や正孔はほとんど存在しない．そのため電気伝導率は小さい．しかし，適切な電圧が印加されると，電子がn型半導体の伝導帯から接合部に移動し，そこでp型半導体の価電子帯から移動してきた正孔と出合う．電子は正孔の穴に落ち，バンドギャップに等しいエネルギーの光が放出される（▼図12.31）．このようにして，電気エネルギーは光エネルギーに変換される．

放出される光の波長は半導体のバンドギャップに依存するので，LEDによって放出される光の色は適切な半導体を選ぶことで制御できる．ほとんどの赤色LEDは，GaPおよびGaAsの組合せで作られている．GaPのバンドギャップは2.26 eV（$3.62 \times 10^{-19}$ J）で，これは549 nmの緑色の光に相当する．一方，GaAsのバンドギャップは1.43 eV（$2.29 \times 10^{-19}$ J）で，867 nmの赤外光に相当する（§6.1および§6.2参照）．これら二つの化合物が$GaP_{1-x}As_x$の化学量論をもつ固溶体を形成することで，そのバンドギャップは両者の間の値に調整できる．つまり，$GaP_{1-x}As_x$は赤，オレンジ，黄色LEDを作るための固溶体である．緑色LEDは，GaPおよびAlP（$E_g$ = 2.43 eV，$\lambda$ = 510 nm）の組合せでできている．

赤色LEDはすでに何十年も前から利用されてきたが，白色LEDを作るためには高効率な**青色LED**が必要である．最初の高輝度青色LEDは名古屋大学の研究室で1989年に作製され，1993年に日亜化学工業によって製品化された（高輝度青色発光ダイオードの発明と実用化の業績に対して，赤崎教授，天野教授，中村教授に2014年ノーベル物理学賞が与えられている）．2010年には世界中で100億ドル以上の青色LEDが販売されている．青色LEDはGaN（$E_g$ = 3.4 eV，$\lambda$ = 365 nm）およびInN（$E_g$ = 2.4 eV，$\lambda$ = 517 nm）の組合せでできている．現在ではさまざまな色のLEDが市販されており，バーコードスキャナーから交通信号にわたる多くのものに利用されている（▼図12.32）．

LEDの光は非常に小さな半導体素子から放出され，ほとんど熱を発生しないことから，多くの用途で白熱灯や蛍光灯を置き換えつつある．

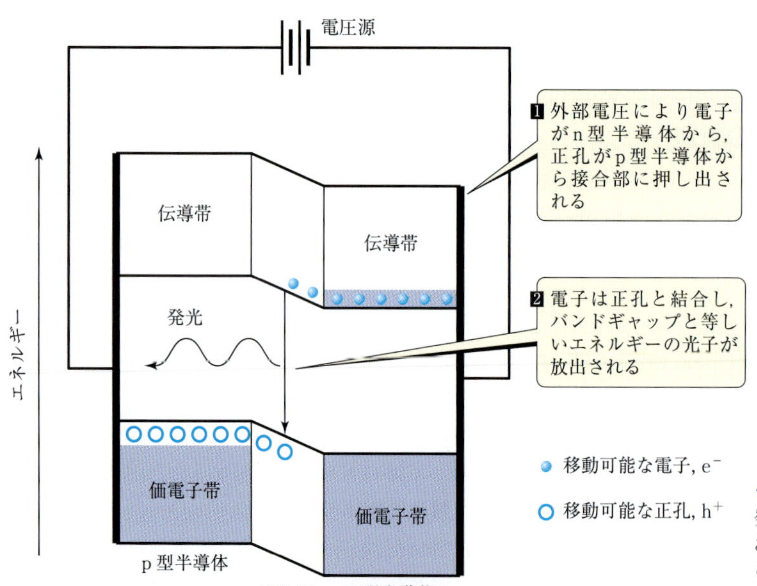


◀ **図 12.31　発光ダイオード**
発光ダイオードの核心は，p-n接合である．外部電圧によって電子と正孔がこの接合部に押し出され，結合し，光が生じる．

◀ **図 12.32　LEDは身の回りの至るところで使われている．**

## ポリマーの製造

重合反応のよい例は，エチレン分子からポリエチレンを合成する反応である（▼図 12.33）．この反応では，各エチレン分子の二重結合が“開いて”単結合になり，$\pi$ 結合をつくっていた二つの電子は，他の二つのエチレン分子との間で新しい C—C 単結合をつくるのに使われる．多重結合を利用してモノマーが連結されるこの種の重合は，**付加重合**（addition polymerization）と呼ばれる．

この重合反応は，次の化学反応式で書き表せる．

$$n\,\mathrm{CH_2{=}CH_2} \longrightarrow \left[\begin{array}{c} \mathrm{H}\quad\;\mathrm{H} \\ |\qquad | \\ -\mathrm{C}-\mathrm{C}- \\ |\qquad | \\ \mathrm{H}\quad\;\mathrm{H} \end{array}\right]_n$$

ここで，$n$ は高分子を形成するために反応したモノマー分子（この場合はエチレン）の数で，数百から数千に及ぶ大きな数である．ポリマー内では，主鎖に沿って，構造式中の括弧内に示される繰り返し単位が何度も現れる．主鎖の終端は，最後の炭素が 4 本の結合をもつように，C—H 結合あるいは他の結合によって終わる．

ポリエチレンは重要な材料である．その生産量は毎年 7700 万 t を超える．ポリエチレンの組成は単純だが，製造は簡単ではない．適切な製造条件の決定には，長期にわたる研究が必要だった．今日では，いろいろな物理的性質を有する多種類のポリエチレンが知られている．

付加重合によって合成されている，いくつかの代表的なポリマーを▶表 12.5 に示す．

商業的に重要なポリマーを合成するのに利用されている一般的な合成方法の二つ目は，**縮合重合**（condensation polymerization）である．縮合反応では，$H_2O$ のような小さな分子の脱離によって 2 個の分子が連結して，大きな分子を形成する．例えば，アミン（$-NH_2$ を含む化合物）はカルボン酸（—COOH を含む化合物）と反応して，N—C 結合と $H_2O$ 分子を形成する（▶図 12.34）．

2 種のモノマーから形成されたポリマーは，**共重合体**（copolymer）と呼ばれる．多くのナイロンは，**ジアミン**（diamine，両末端に$-NH_2$ をもつ化合物）と**ジカルボン酸**（dicarboxylic acid，両末端に—COOH をもつ化合物）との反応で合成される．例えば，共重合体であるナイロン 6,6 は，炭素原子が 6 個で両末端にアミノ基をもつジアミンと，こちらも炭素原子 6 個をもつアジピン酸の反応により合成される（▶図 12.35）．縮合反応は，ジアミンと酸の各末端で起こる．$H_2O$ が脱離して，分子間に N—C 結合が形成される．

表 12.5 には，縮合重合によって得られるナイロン 6,6 および他のいくつかの代表的なポリマーも示してある．これらのポリマーが，C 原子と同様に N または O 原子を含む主鎖をもつことに注意しよう．

**考えてみよう**

この分子は付加重合または縮合重合の，どちらに適する出発原料か．

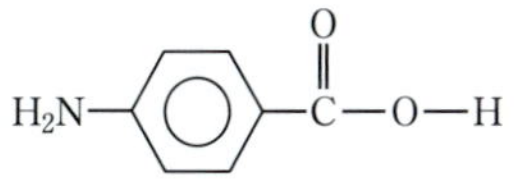

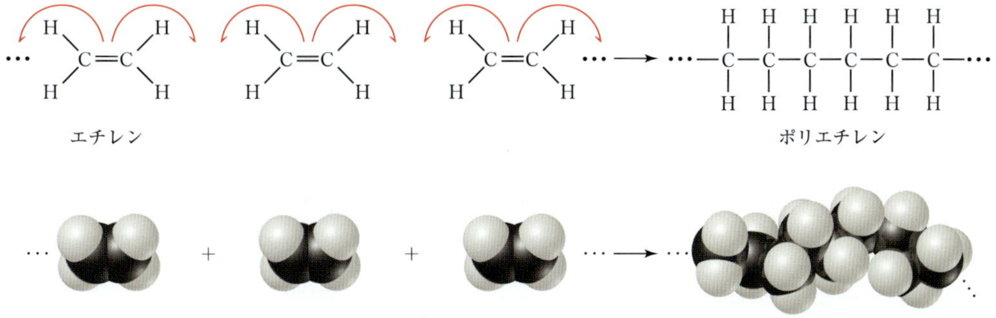

$$\mathrm{H_2N}-\mathrm{C_6H_4}-\overset{\displaystyle \mathrm{O}}{\overset{\|}{\mathrm{C}}}-\mathrm{O}-\mathrm{H}$$

エチレン　ポリエチレン

▲図 12.33　エチレンモノマーを重合させて，高分子ポリエチレンをつくる．

**表 12.5 商業的に重要なポリマー**

| ポリマー | 構造 | 使用例 |
|---|---|---|
| **付加重合系ポリマー** | | |
| ポリエチレン | $-\!\!\left(CH_2-CH_2\right)\!\!-_n$ | フィルム，包装，各種容器 |
| ポリプロピレン | $\left[CH_2-CH(CH_3)\right]_n$ | キッチン用品，繊維，家電 |
| ポリスチレン | 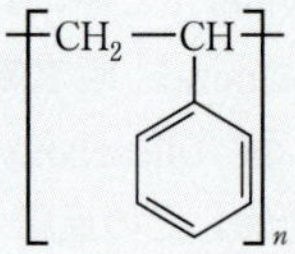 $\left[CH_2-CH(C_6H_5)\right]_n$ | 包装，使い捨て食品容器，絶縁体 |
| ポリ塩化ビニル（PVC） | $\left[CH_2-CH(Cl)\right]_n$ | 管継手，食肉包装用透明フィルム |
| **縮合重合系ポリマー** | | |
| ポリウレタン | $\left[C(=O)-NH-R-NH-C(=O)-O-R'-O\right]_n$<br>R, R′ = $-CH_2-CH_2-$（例） | 発泡性家具充塡材，スプレー式断熱材，自動車部品，履物，防水コーティング |
| ポリエチレンテレフタラート（ポリエチレンテレフタレート，ポリエステル） | 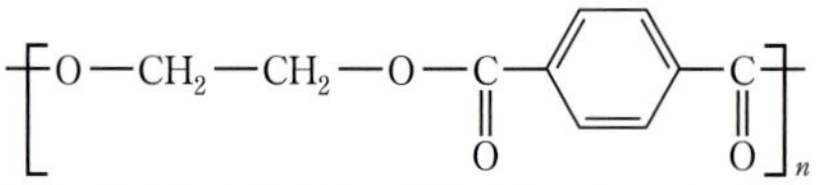 $\left[O-CH_2-CH_2-O-C(=O)-C_6H_4-C(=O)\right]_n$ | タイヤコード，衣料，飲料水の容器 |
| ナイロン 6,6 | $\left[NH-\!\!\left(CH_2\right)\!\!-_6NH-C(=O)-(CH_2)_4-C(=O)\right]_n$ | 家庭用家具，衣料，カーペット，釣り糸，歯ブラシ |
| ポリカーボナート（ポリカーボネート） | 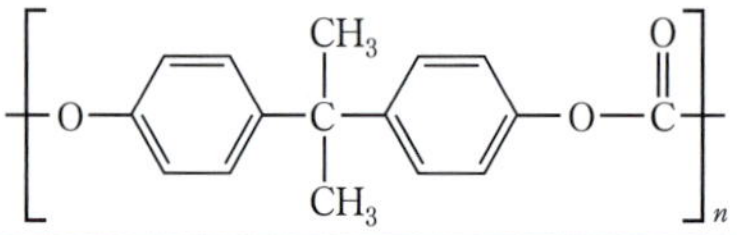 $\left[O-C_6H_4-C(CH_3)_2-C_6H_4-O-C(=O)\right]_n$ | 飛散防止メガネレンズ，CD や DVD，旅客機の客室窓，温室 |

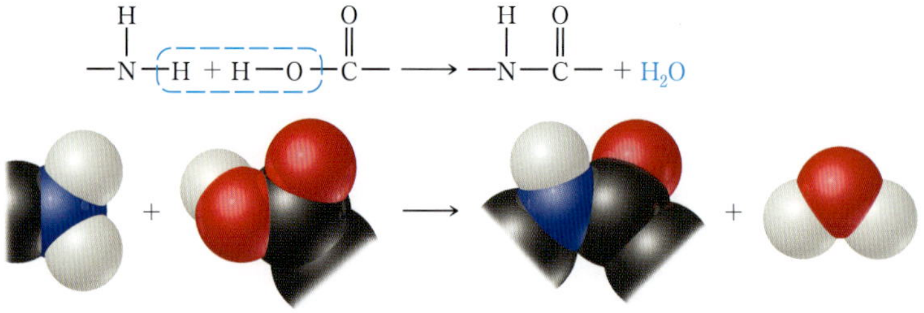

$$-N(H)-H + H-O-C(=O)- \longrightarrow -N(H)-C(=O)- + H_2O$$

▲図 12.34 縮合重合

$$n\,H-N(H)-\!\!\left(CH_2\right)\!\!-_6N(H)-H \;+\; n\,HOC(=O)-\!\!\left(CH_2\right)\!\!-_4C(=O)OH \longrightarrow \left[N(H)(CH_2)_6N(H)-C(=O)(CH_2)_4C(=O)\right]_n \;+\; 2n\,H_2O$$

ジアミン　　アジピン酸　　ナイロン 6,6

▲図 12.35 共重合体ナイロン 6,6 の生成

## 12.9 ‖ ナノ材料（ナノマテリアル）

ナノ（nano）は，$10^{-9}$ を示す接頭語である（§1.4）．“ナノテクノロジー”について議論する場合，それは 1 ～100 nm の大きさの装置や部品を作ることを意味する．この粒径範囲を境に，半導体と金属の特性も変化することがわかってきた．現在，1 ～100 nm の大きさをもつ**ナノ材料**（nanomaterial）は，世界中の研究機関で集中的に研究されており，化学はその中で中心的な役割を担っている．

### ナノ半導体

電子は，小分子においては不連続の分子軌道を占め，大きな固体においては非局在化したバンドを占める（図 12.21 参照）．いったい分子はどの大きさから，局在化した分子軌道ではなく，非局在化したバンドをもっているようにふるまい始めるのだろうか．

半導体については，その答が大まかに 1 ～10 nm（原子の並びで 10～100 個）であることが理論と実験の両方からわかっている．正確な値は，各半導体材料に依存する．原子中の電子に適用される量子力学の方程式は，半導体中の電子（または正孔）にも適用でき，材料が分子軌道からバンド構造に移る大きさを推定できる．これらの効果は 1 ～10 nm の大きさにおいて重要になるので，直径がこの範囲である半導体粒子は**量子ドット**（quantum dot）と呼ばれる．

半導体結晶の大きさを縮小することで現れる最も劇的な効果の一つは，1 ～10 nm の範囲で，バンドギャップが実際に変化することである．粒子が小さくなると，バンドギャップはより大きくなる．

この効果は，▼**図 12.36** に示すように肉眼で観測できる．大きな粒径の半導体リン化カドミウム $Cd_3P_2$ はバンドギャップが小さく（$E_g = 0.5$ eV），可視領域のすべての波長の光を吸収するため，黒色に見える．結晶が小さくなるとともに色が変化していきついには白く見えるようになる．白く見えるのは可視光線が吸収されないからである．バンドギャップは非常に大きく（$E_g = 3.0$ eV），高エネルギーの紫外線だけが電子を伝導帯に励起することができる．

量子ドットの作製は，溶液中での化学反応を利用するのが最も容易である．例えば，CdS をつくるには，水中で $Cd(NO_3)_2$ および $Na_2S$ を混合する．通常なら CdS の大きな結晶が沈殿するが，最初に負電荷をもつポリマー［例えば，ポリリン酸塩$\text{+OP(=O)(ONa)+}_n$］を水に加えておくと，$Cd^{2+}$ はポリマーに結合して，あたかもポリマーの“スパゲッティ”中に捕らわれた小さな“ミートボール”のような状態になる．$Na_2S$ が加えられると CdS 粒子が成長するが，ポリマーは，それらが集まって大きな結晶になることを妨げる．こうして粒径の小さな CdS ができる．ただし，大きさと形の揃ったナノ結晶を作るには，非常に多くの反応条件の微調整が必要である．

いくつかの半導体デバイスは，電圧をかけると発光する．半導体を発光させるもう一つの方法は，半導体のバンドギャップのエネルギーより大きなエネルギーをもつ光子の光を照射することである．この過程は**フォトルミネセンス**（photoluminescence）と呼ばれる．価電子帯の電子は光子を吸収し，伝導帯に励起される．励起された電子が価電子帯に残された正孔に落ちると，バンドギャップのエネルギーと等しいエネルギーをもつ光子を放射する．量子ドットの場合，バンドギャップの大きさは結晶の大きさで調整できるため，▶**図 12.37** の CdSe のように，虹のすべての色をただ一つの物質から得ることができる．

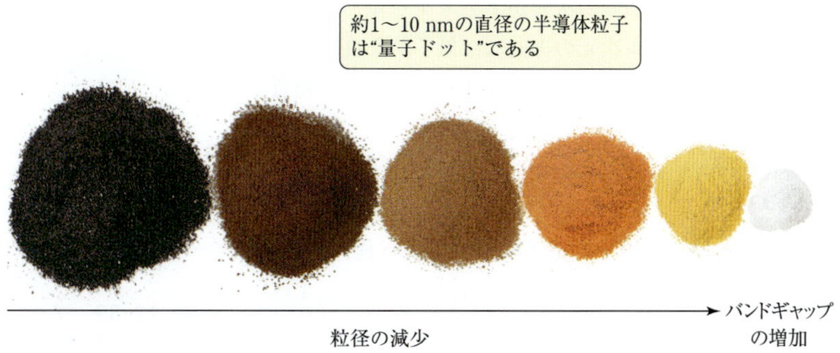

▶**図 12.36 異なる粒径を有する $Cd_3P_2$ の粉末**
矢印に従って粒径が減少し，それに対応してバンドギャップが大きくなる．

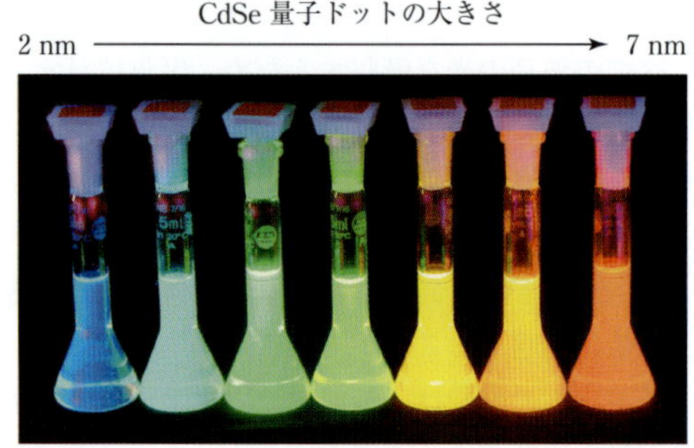


**▲図 12.37　ナノスケールの粒径変化に依存したフォトルミネセンス**

紫外線が照射されると，CdSe 半導体のナノ粒子を含むこれらの溶液は，それぞれのバンドギャップエネルギーに相当する光を放出する．放出される光は，CdSe のナノ粒子の大きさに依存する．

**考えてみよう**

**粒径の大きな ZnS はフォトルミネセンスを示し，バンドギャップのエネルギーと等しい波長 340 nm の紫外線光子を放射する．適切な大きさのナノ結晶を作製することによって，放射される光子が可視領域にあるように発光を調整することは可能だろうか．**

量子ドットは非常に明るく，非常に安定であり，生体適合性をもつ材料で表面を覆っても生細胞に取り込まれるほど十分に小さいので，エレクトロニクス，レーザー，医療画像にまで及ぶ応用が探究されている．

半導体を微小にして新しい特性を引き出すためには，量子ドットのように三次元方向のすべてをナノスケールにする必要はない．基板上のかなりの広さの二次元の面に，ほんの数 nm の厚さに半導体をのせた**量子井戸**（quantum well）を作ることができる．また，直径が数 nm で，非常に長い**量子ワイヤー**（quantum wire）も，さまざまな化学的方法によって作られている．量子井戸（一つの次元のみがナノスケール）および量子ワイヤー（二つの次元がナノスケール）の両方とも，ナノスケール次元の方向には量子的な性質を示す．しかし，それ以外の方向には通常の大きさの物質と同じ性質を示す．

## 金属ナノ粒子

室温における金属中の電子の平均自由行程（**§10.8**）は，通常 1～100 nm 程度である．そのため，1～100 nm の大きさの金属粒子の性質は，“電子の海”が“岸”（粒子の表面）に到達するので普通にはみられない特異なものであることが予想される．

何百年も前から，非常に細かく砕かれた金属は通常と異なる性質をもつことが知られていた．中世にさかのぼると，ステンドグラス窓の製造業者は，溶融ガラスの中に金を分散すると美しい深紅のガラスができることを知っていた（**▼図 12.38**）．それよりはるかに遅れて，1857 年，マイケル・ファラデーは，金の微粒子（コロイド）を安定に分散する方法を見出し，またそれが赤い色を示すことを報告した．彼が作ったコロイド溶液の現物は，ロンドンの英国王立科学研究所ファラデー博物館にまだ残っている（**▼図 12.39**）．

金属ナノ粒子の他の物理的・化学的性質もまた，通常の大きさの材料の特性とは異なる．例えば，直径 20 nm 以下の金粒子は，通常の金塊よりもはるかに低温で融解する．直径 2～3 nm の粒子になると，金はもはや“高貴”で不活性な金属ではなく，化学的な反応性が高いものになる．

**▲図 12.38　フランス・シャルトル大聖堂のステンドグラス**

**▲図 12.39　マイケル・ファラデーが 1850 年代に作った金コロイドナノ粒子の溶液**

ナノスケールの銀粒子は，美しい色を示す点で金と似ているが，金よりもはるかに反応活性である．現在，世界中の研究所は，金属ナノ粒子の独特な光学的性質を医療用画像処理や化学分析に利用するべく，研究を行っている．

## フラーレン，カーボンナノチューブ，グラフェン

炭素単体が多様であることはすでに学んだ．全体が $sp^3$ 混成した炭素の固体はダイヤモンドであり，全体が $sp^2$ 混成した固体はグラファイトである．最近30年間に，研究者は，一次元ナノスケールチューブおよび二次元ナノスケールシートを形成できることを発見してきた．これらの炭素材料は，非常に興味深い特性を示す．

1980年代の中頃まで，純粋な固体の炭素は2種の形態でのみ存在すると思われてきた．すなわち，共有結合ネットワークを形成したダイヤモンド，およびグラファイトである．しかし，1985年に $C_{60}$ が発見された．ライス大学（米国）のリチャード・スモーリーおよびロバート・カール，サセックス大学（英国）のハロルド・クロトーが率いる研究グループは，強力なパルスレーザーを用いて気化させたグラファイトを，ヘリウムガス気流に乗せて質量分析計に導入し，生成物の質量スペクトルを測定した．得られた質量スペクトルは炭素原子クラスター（集団）に対応するピークを示し，そのなかでも60個の炭素原子からなる分子 $C_{60}$ に対応するピークがとくに強く現れていた．

$C_{60}$ クラスターはきわめて優先的に生成した．そこで彼らは，それまで知られていた炭素単体とは根本的に異なる炭素の形，すなわちほぼ球状の **$C_{60}$ 分子**を提案した．$C_{60}$ の炭素原子は32の面からなる“ボール”を形成する．それらの面のうち，12個は五角形，20個は六角形であり，まさにサッカーボールと同じである（▶**図 12.40**）．この分子の形は，米国のエンジニアであり哲学者であるバックミンスター・フラーによって考案されたジオデシックドームに似ていたため，$C_{60}$ は“バックミンスターフラーレン（buckminsterfullerene）”，あるいは短い名前として“バッキーボール（backyball）”と命名された．$C_{60}$ が発見されて以降，類似の構造をもつ他の分子も発見された．現在，これらの分子は**フラーレン**（fullerene）と総称されている．

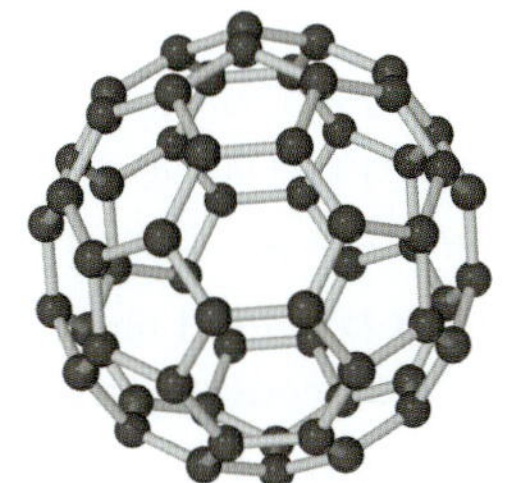

▲**図 12.40 バックミンスターフラーレン，$C_{60}$**
この分子は，60個の炭素原子が切頂二十面体の頂点におかれている対称性の高い構造になっている．右の図は，炭素原子間の結合のみを示している．

ヘリウムガス中でグラファイトに通電して蒸発させると，かなり大量のバッキーボールを合成できる．この反応で生じたすすは，$C_{60}$ 以外に細長い $C_{70}$ 分子を約14％含む．また，$C_{76}$ や $C_{84}$ などのフラーレン分子もわずかに含む．

最も小さなフラーレン $C_{20}$ は，2000年に最初に検出された．この小さな球形の分子は，より大きなフラーレンよりはるかに反応性が高い．フラーレンは独立した分子であるため，さまざまな有機溶媒に溶ける．フラーレンの可溶性は，フラーレンをすすの中の他の成分，あるいは他のフラーレンから分離することを可能にしている．可溶性のフラーレンでは，溶液内反応の研究も可能である．

$C_{60}$ の発見のすぐのちに，化学者**飯島澄男**はカーボンナノチューブ（carbon nanotube）を発見した（▼**図 12.41**）．これらはグラファイトのシートを巻いて，片方または両方の端を $C_{60}$ 分子の半分でふさいだものとみなすことができる．カーボンナノチューブは $C_{60}$ と似た方法で合成され，**多層**（multi-walled）あるいは**単層**（single-walled）のものが作られている．

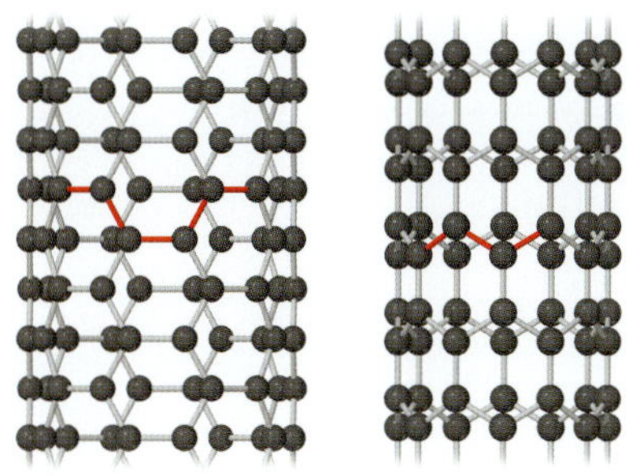

▲**図 12.41 カーボンナノチューブの原子モデル**
（左）金属的挙動を示す“アームチェア”ナノチューブ．（右）管径に応じて半導体あるいは金属になる“ジグザグ”ナノチューブ．

多層カーボンナノチューブ（MWCT）は，チューブの中にチューブが入った入れ子になっており，一方，単層カーボンナノチューブ（SWCT）は単一のチューブからできている．単層カーボンナノチューブの長さは1000 nm以上であるが，直径はわずか約1 nmである．カーボンナノチューブはチューブの直径とシートの巻き方に依存して，半導体か金属のいずれかとしてふるまう．

カーボンナノチューブは，機械的性質の観点からも研究されている．ナノチューブのC—C結合からなる骨格には，同様の大きさの金属ナノワイヤーでみられる欠陥がほとんどない．実際，カーボンナノチューブが同じ大きさの鋼よりも強いことが，実験によって明らかになっている．カーボンナノチューブを高分子材料とともに繊維状に紡ぐと，強く頑丈な複合材料となる．

炭素が二次元に連なったグラフェンは，最近になって単離され研究され始めた材料である．その特性は60年以上前から理論的に研究されていたが，2004年に初めて，英国のマンチェスター大学の研究者が▶図 12.42に示されるハニカム構造を備えた炭素原子の個々のシートを単離同定した．

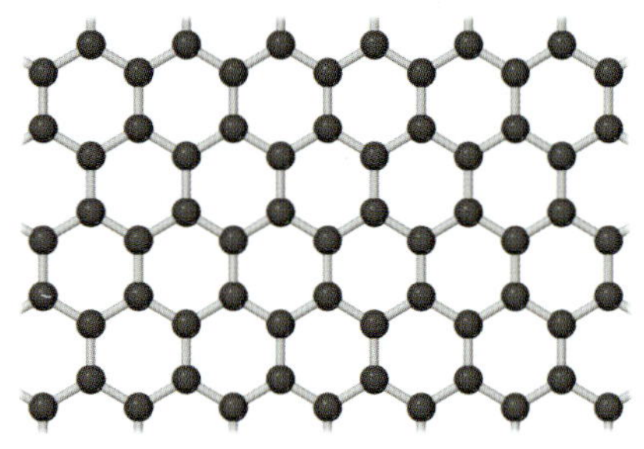

▲図 12.42　二次元グラフェンシートの一部

驚くべきことに，単層グラフェンを単離するために彼らが使用した技術は，接着テープを使用してグラファイトの薄層を引きはがすという方法であった．引きはがされたグラフェンの個々の層は，$SiO_2$で被覆したシリコンウェハー（ケイ素薄板）に移された．単層のグラフェンをウェハー上に置くと，干渉縞のようなパターンが観測されるので，光学顕微鏡で見ることができるようになる．

もし，この単純かつ有効なグラフェン結晶の検出方法がなかったなら，グラフェンはおそらくまだ未発見のままだったろう．その後グラフェンは，清浄な，他の型の結晶表面にも置けることがわかった．この研究を率いた科学者，マンチェスター大学のアンドレ・ガイム（Andre Geim）およびコンスタンチン・ノボセロフ（Konstantin Novoselov）は，2010年のノーベル物理学賞を受賞した．

グラフェンは際立った性質をもっている．例えば，カーボンナノチューブをしのぐ強度やきわめて高い熱伝導率を示す．グラフェンは，**半金属**（semimetal）すなわち半導体と似た電子構造をもつが，バンドギャップがゼロの物質である．

グラフェンが二次元構造をもち，半金属の性質をもつため，電子を非常に長距離（~0.3 μm）にわたって運ぶことができる．グラフェンは，銅の100 000倍の電流密度を流すことができる．また，グラフェンは1原子分の厚みしかないが，それに照射された太陽光の2.3%を吸収する．現在，エレクトロニクス，センサー，バッテリー，太陽電池などのさまざまな技術にグラフェンを組み入れる方法が研究されている．

## 総合問題　これまでの章の概念も含めた例題

**導電性高分子**（conducting polymer）は，電気を通す高分子である．いくつかのポリマーは半導体になるが，ほぼ金属的になるポリマーもある．ポリアセチレンは，半導体ポリマーの例である．電気伝導性を増加させるためにドープすることもできる．

導電性高分子のポリアセチレンは1967年白川英樹（2000年ノーベル化学賞受賞）によりつくられたもので，単純そうにみえるが実際には巧妙な反応によりアセチレンからつくられる．

$$\mathrm{H-C{\equiv}C-H} \qquad \mathrm{-\!\!\!+\,CH{=}CH\,+\!\!\!-_{\mathit{n}}}$$

アセチレン　　ポリアセチレン

(a) アセチレンおよびポリアセチレン中の炭素原子について，軌道の混成および原子周りの構造を答えよ．
(b) アセチレンからポリアセチレンをつくる反応について，つり合いのとれた化学反応式を記せ．
(c) アセチレンは，常温常圧（298 K，1.00 atm）で気体である．常温常圧で5.00 Lのアセチレンの気体から，何gのポリアセチレンをつくることができるか．ただし，アセチレンは理想気体としてふるまい，重合反応は収率100%で進行すると仮定する．
(d) 表8.4中の平均結合エンタルピーを使って，アセチレンからポリアセチレンが生成する反応が吸熱的か発熱的かを予測せよ．
(e) ポリアセチレンは，300 nmから650 nmまでの光を吸収する．バンドギャップは何eVか．

### 解　法

**方針**　(a) アセチレンとポリアセチレンの構造式を書き，各炭素原子の周りの電子領域を数え，混成について考える．sp，$sp^2$，$sp^3$ 混成と構造についての関係（§9.5）を使って構造を求める．(b) 化学反応式を書き，両辺の原子数をつり合わせる．(c) 理想気体の式を使い，アセチレンの体積（L）を物質量，さらに質量に変換する．次に，(b) の答を利用して，アセチレンの質量からポリアセチレンの質量（g）を求める．
(d) 次の関係を使う．

$$\Delta H_{\mathrm{rxn}} = \sum(\text{結合解離エンタルピー}) - \sum(\text{結合生成エンタルピー})$$

(e) 物質によって吸収される光の最小エネルギーがバンドギャップ $E_g$（半導体と絶縁体の場合）に対応することを用いる．$E = h\nu$ と $c = \lambda\nu$ を合わせた式 $E = hc/\lambda$ を用いて $E_g$ を求める．

**解**　(a) 炭素はつねに四つの結合を形成する．アセチレン中では，それぞれのC原子はH原子と単結合をもち，別のC原子と三重結合をもつ．その結果，それぞれのC原子には2個の電子領域があり，sp混成になるはずである．したがって，アセチレン中のH—C—C角は180°であり，分子は直線形である．

ポリアセチレンの部分構造は，以下のように描ける．

H　H
C＝C　C＝C
H　H

それぞれの炭素の周りに三つの電子領域がある．したがって，各炭素原子の混成は $sp^2$ で，それぞれの炭素は120°の結合角をもった平面三角形配置である．

(b) 反応式は以下の通りである．

$$n\,\mathrm{C_2H_2(g)} \longrightarrow \mathrm{-\!\!\!+CH{=}CH+\!\!\!-_{\mathit{n}}}$$

アセチレン中に存在していたすべての原子がポリアセチレン中に残っていることに注意しよう．

(c) 以下の理想気体の式を使用する．

$$\begin{aligned} PV &= nRT \\ (1.00\ \mathrm{atm})(5.00\ \mathrm{L}) &= n(0.08206\ \mathrm{L\cdot atm/K\cdot mol})(298\ \mathrm{K}) \\ n &= 0.204\ \mathrm{mol} \end{aligned}$$

アセチレンのモル質量は26.0 g/molである．したがって，アセチレン0.204 molの質量は（0.204 mol）（26.0 g/mol）= 5.32 gである．(b)の答から，アセチレン中のすべての原子はポリアセチレンに残っている．収率100%を仮定すれば，質量保存の法則により，生成したポリアセチレンの質量も5.32 gになるはずである．

(**d**) $n = 1$ の場合を考えよう．(**b**)の反応式の左辺には，三重結合一つと 2 本の C—H 単結合がある．反応式の右辺には，二重結合一つ，C—H 単結合（隣接したモノマーに結合する）1 本および 2 本の C—H 単結合がある．つまり，一つの三重結合が開裂して，一つの二重結合および一つの単結合が形成されている．したがって，ポリアセチレン生成のエンタルピー変化は次の通りである．

$$\Delta H_{\mathrm{rxn}} = (\mathrm{C{\equiv}C}\ \text{三重結合のエンタルピー}) - (\mathrm{C{=}C}\ \text{二重結合のエンタルピー}) - (\mathrm{C{-}C}\ \text{単結合のエンタルピー})$$

$$\Delta H_{\mathrm{rxn}} = (839\ \mathrm{kJ/mol}) - (614\ \mathrm{kJ/mol}) - (348\ \mathrm{kJ/mol}) = -123\ \mathrm{kJ/mol}$$

$\Delta H$ の値が負なので，発熱反応である．

(**e**) ポリアセチレンは，さまざまな波長の光を吸収するが，必要なのは最大波長の光で，これが最小エネルギーに対応する．

$$E = hc/\lambda$$

$$E = \frac{(6.626 \times 10^{-34}\ \mathrm{J{\cdot}s})(3.00 \times 10^{8}\ \mathrm{m/s})}{650 \times 10^{-9}\ \mathrm{m}} = 3.06 \times 10^{-19}\ \mathrm{J}$$

このエネルギーは価電子帯の一番上から伝導帯の一番下への遷移に相当し，$E_{\mathrm{g}}$ と等しい．これを eV に変換する．$1.602 \times 10^{-19}\ \mathrm{J} = 1\ \mathrm{eV}$ なので，$E_{\mathrm{g}} = 1.91\ \mathrm{eV}$ である．

## 章のまとめとキーワード

**固体の分類（序論と§12.1）** **金属性固体**は，全体に非局在化して共有されている価電子の海によって，原子が結びつけられている．**イオン性固体**は，陽イオンと陰イオンの間の相互引力によって結ばれている．**共有結合性固体**は，共有結合ネットワークによって結びつけられている．**分子性固体**は，弱い分子間力によって結びつけられている．**ポリマー**は，共有結合によって結ばれた非常に長い鎖をもつ．鎖の間は，より弱い分子間力によって互いに結びつけられている．**ナノ材料**は，1～100 nm の大きさの結晶からなる固体である．

**固体の構造（§12.2）** **結晶性固体**では，粒子は規則的な繰り返しパターンで並んでいる．**非晶質固体**中の粒子は規則正しく並んでおらず，長距離にわたる繰り返しパターンをもたない．結晶性固体の最小繰返し単位は，**単位格子**と呼ばれる．結晶中の単位格子は，すべて同一の原子配置をもつ．単位格子の並びの幾何学的パターンは，**結晶格子**と呼ばれる．結晶構造の中では，**モチーフ**（原子または原子団から構成される構成単位）が，すべての格子点に配置されている．

二次元の単位格子は，サイズと形が 2 本の**格子ベクトル**（$\boldsymbol{a}$，$\boldsymbol{b}$）によって定義される平行四辺形である．五つの**単純格子**（正方形，六方形，長方形，平行四辺形および菱形格子）があり，格子点は単位格子の頂点にだけある．

三次元での単位格子は，三つの格子ベクトル（$\boldsymbol{a}$，$\boldsymbol{b}$，$\boldsymbol{c}$）によってそのサイズおよび形が定義される平行六面体である．また，7 種類の基本格子［立方，正方，六方，三方，直方（斜方），単斜，三斜格子］がある．立方単位格子の各面の中心に追加の格子点を置くと**面心立方格子**になり，立方単位格子の中心に追加の格子点を置くと**体心立方格子**になる．

**金属性固体（§12.3）** **金属性固体**は通常，電気および熱の良導体であり，**展性**（薄いシート状にたたき延ばせる性質）および**延性**（線状に引き延ばせる性質）をもつ．金属は，原子が最密充塡される構造になる傾向をもつ．二つの最密充塡構造，すなわち**立方最密充塡**および**六方最密充塡**が可能である．両方とも，それぞれの原子の**配位数**は 12 である．

**合金**は複数の元素から構成され，特徴的な金属的特性をもつ材料である．合金中の元素は，均一に分散することもあれば，不均一になることもある．元素が均一に分散した合金は，置換型または侵入型合金のどちらかである．**置換型合金**では，本来溶媒原子が存在する場所に，溶質原子が入る．**侵入型合金**では，溶媒原子がつくる結晶構造の隙間に溶質原子（たいていは非金属元素）が入り込む．**不均一合金**では，元素は一様には分散しておらず，特徴的な組成をもつ二つ以上の異なった相が存在する．**金属間化合物**は，特定の構成と明確な特性をもつ合金である．

**金属結合（§12.4）** 金属の特性は，電子が金属全体にわたって非局在化し自由に動けるという，**電子の海モデル**によって定性的に説明することができる．**分子軌道モデル**によれば，金属原子の原子軌道が相互作用してエネルギーバンドができ，そこを価電子が部分的に占有したような電子構造が導かれる（**バンド構造**）．バンド内の軌道間のエネルギー差はとても小さいために，電子は非常に小さなエネルギーで軌道間を移動することができる．このことが，金属特有の高い電気伝導性や，高い熱伝導性の原因となっている．

**イオン性固体の構造（§12.5）** **イオン性固体**は，静電引力によって保持された陽イオンと陰イオンから構成される．これらの相互作用は非常に強いので，イオン性固体は高い融点をもつ傾向がある．静電引力は，イオンの電荷の増加やイオンサイズの減少とともに，より強くなる．引力（陽イオン-陰イオン）および斥力（陽イオン-陽イオンおよび陰イオン-陰イオン）のかね合いによって，イオン性固体特有の脆さが説明される．

金属と同様に，イオン化合物は対称性の高い構造をもつ傾向がある．しかし，同じ電荷のイオンどうしの直接的な接触を避けるため，その配位数（典型的には4～8）は最密充塡された金属より必然的に小さい．構造は，イオンの相対的な大きさおよび組成式中の陽イオンと陰イオンの比に依存する．

**分子性固体（§12.6）** **分子性固体**は，分子間力によって保持された原子または分子から構成される．これらの力は比較的弱いので，分子性固体は軟らかく，融点が低い傾向がある．融点は，分子の充塡効率および分子間力の強さに依存する．

**共有結合性固体（§12.7）** **共有結合性固体**は，結晶全体にわたって共有結合によって結びつけられた原子から構成される．これらの固体は，分子性固体よりもはるかに硬く，より高い融点をもつ．重要な例であるダイヤモンドは炭素が互いに結合して四面体型構造になっており，グラファイトは炭素原子が $sp^2$ 結合してできた六員環構造からなる層を含む．半導体は電気を通すが，その程度は金属よりもはるかに少ない．絶縁体は電気をまったく通さない．

Si や Ge のような**単元素半導体**，および GaAs，InP，CdTe のような**化合物半導体**は，共有結合性固体の重要な例である．半導体では，電子で満たされた結合性分子軌道は**価電子帯**を構築し，空の反結合性分子軌道は**伝導帯**を構築する．価電子帯と伝導帯は，**バンドギャップ** $E_g$ と呼ばれるエネルギーによって分離されている．バンドギャップの大きさは，結合距離が減少するとともに，また，二つの元素の電気陰性度の差が増大するとともに増加する．

半導体の**ドーピング**は，電気伝導性を何桁も変化させる．n 型半導体は，伝導帯に過剰の電子が生じるようにドープされたものであり，p 型半導体は価電子帯に電子欠損（正孔と呼ばれる）が生じるようにドープされたものである．

**ポリマー（高分子）（§12.8）** **ポリマー**は，**モノマー**と呼ばれる小分子を非常に多く連結することにより生じる高分子量の分子である．**プラスチック**は，通常，熱と圧力を加えることでさまざまな形に成形できる高分子材料である．**熱可塑性プラスチック**は加熱することで再成形できるが，対照的に，**熱硬化性プラスチック**は不可逆な化学反応過程により成形され，容易に再成形できない．**エラストマー**は，弾性を示す材料であり，引き伸ばしたり曲げたりしてももとの形に戻る．

**付加重合反応**は，モノマー分子内の π 結合を開くことで，分子間に新しい結合を形成する．例えば，ポリエチレンは，エチレンの C=C 二重結合を開いて生成する．**縮合重合反応**では，モノマー間から小分子が脱離することで，モノマーが連結される．例えば種々のナイロンは，アミンとカルボン酸の間から水分子を脱離させることで形成される．2種の異なるモノマーから形成されるポリマーは，**共重合体**と呼ばれる．

**ナノ材料（ナノマテリアル）（§12.9）** 材料の性質は，粒子が非常に小さく（一般に 100 nm 未満）なると変化する．この大きさの材料は**ナノ材料**と呼ばれる．量子ドットは，1～10 nm の直径をもつ半導体粒子である．この粒径範囲では，材料中のバンドギャップエネルギーは粒子サイズに依存するようになる．金属ナノ粒子は 1～100 nm の粒径範囲にあり，通常の大きさの金属とは異なった化学的・物理的性質をもつ．例えば，金のナノ粒子は反応性が高くなり，もはや金色をしなくなる．

フラーレンは，$C_{60}$ のように，炭素原子だけを含む大きな分子である．また，カーボンナノチューブは巻き上げられたグラファイトのシートである．それらはシートがどのように巻き上げられているかによって，半導体または金属のいずれかとしてふるまう．グラフェンはグラファイトの1層だけが分離されたものであり，炭素の二次元形態である．現在，これらのナノ材料は，エレクトロニクス，太陽電池および医学分野において，多くの応用研究が行われている．

# 練習問題

**12.1** 下の写真に2種類の固体が示されている．片方は半導体，もう片方は絶縁体である．どちらがどちらか，理由とともに説明せよ．［§12.1，§12.7］

**12.2** (a) 写真に示した砲丸の山は，どのような充塡構造になっているか．
(b) 山の内部にある砲丸の配位数を答えよ．
(c) 山の表面にある，番号を示した砲丸の配位数を答えよ．［§12.3］

**12.3** どちらの分子フラグメントがより高い電気伝導性をもつか，理由とともに答えよ．［§12.6，§12.8］

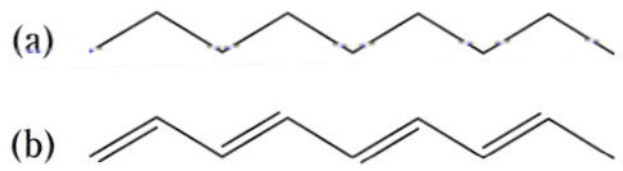


**12.4** 次の固体中では，粒子（原子，分子またはイオン）間にどのような種類の引力が働いているか．
(a) 分子性固体，(b) 共有結合性固体，(c) イオン性固体，(d) 金属性固体［§12.1］

**12.5** 下記の図は，ヒ化ニッケルの単位格子である．
(a) この単純格子の名称を答えよ．
(b) 組成式を記せ．［§12.2］

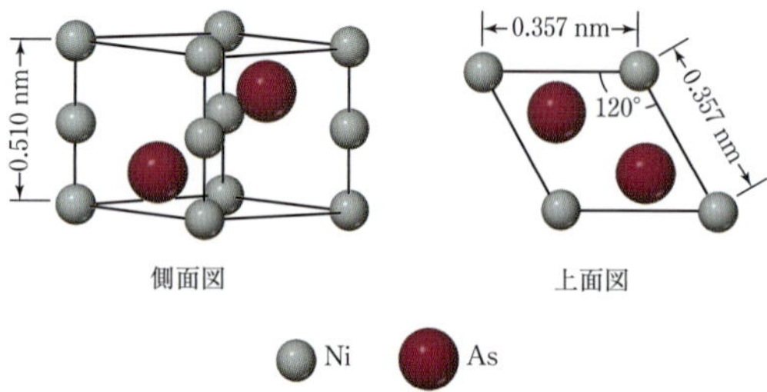


**12.6** イリジウムの結晶は，辺の長さが0.3833 nmの面心立方単位格子からなる．
(a) イリジウム原子の原子半径を計算せよ．
(b) 金属イリジウムの密度を計算せよ．［§12.3］

**12.7** 以下のそれぞれの文章の正誤を判定せよ．
(a) 金属中の電子は非局在化しているため，金属は高い電気伝導性を示す．
(b) 金属の密度は他の固体よりも大きいため，金属は高い電気伝導性をもつ．
(c) 金属は加熱すると膨張するため，金属は大きな熱伝導性をもつ．
(d) 金属の非局在化電子は熱によって金属に与えられた運動エネルギーを容易には移動できないので，金属の熱伝導性は小さい．［§12.4］

**12.8** Sr，OおよびTiから構成される鉱物であるタウソン石は，図に示す立方単位格子をもつ．
(a) この鉱物の組成式を記せ．
(b) チタンにはいくつの酸素が配位しているか．
(c) ストロンチウムにはいくつの酸素が配位しているか（隣接する単位格子も含めて考えること）．
［§12.5，§12.6］

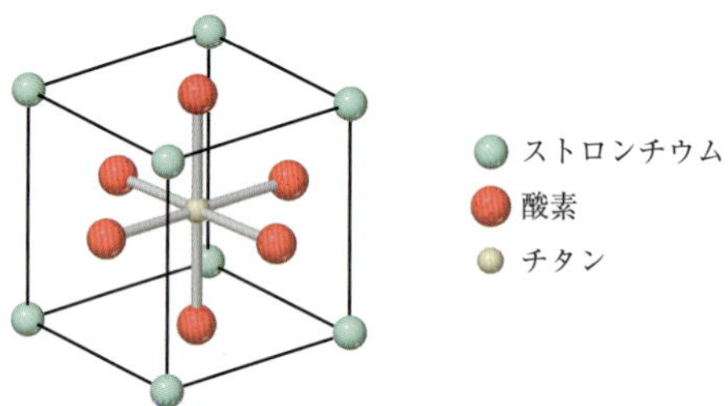


**12.9** 半導体GaPは2.26 eVのバンドギャップをもつ．GaPで作られたLEDから放出される光の波長を計算せよ．また，その光の色を記せ．［§12.7］

**12.10** ナイロンNomex®は縮合重合高分子で，下記の構造をもつ．Nomex®を得るための2種類のモノマーの構造を記せ．［§12.8］

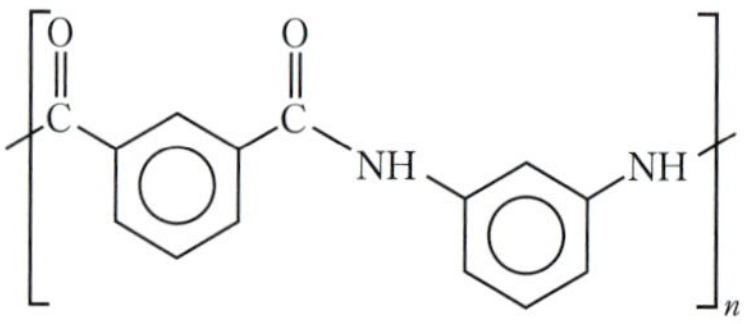

**12.11** 次の文章の正誤を判定せよ．
(a) 半導体のバンドギャップは，粒子の大きさが1～10 nmに小さくなると，減少する．
(b) 外部刺激によって半導体から放出される光の波長は，半導体の粒子の大きさが減少すると，長くなる．［§12.9］

**▲ 水に溶けていく色素**
分子が水に混ざって拡がっていく過程は，血流への薬剤の溶解から海洋での養分の循環まで，多くの事象の重要な過程である．

# 溶液の性質

10章，11章，12章では，主として純物質に焦点を当てた．しかし，日常生活で出合う物質，例えば炭酸飲料や空気，ガラスなどは多くが混合物である．本章では，均一混合物を扱う．

1章や4章で記したように，均一混合物は**溶体**あるいは**溶液**（solution）と呼ばれる（§1.2，§4.1）．私たちが溶体について考えるとき，通常は冒頭の写真にあるような液体を思い浮かべる．しかし溶体は，固体あるいは気体でもあり得る．例えば，スターリングシルバーは銀に約7%の銅が均一に混ざったもので，**固溶体**（solid solution）である．空気は数種の気体の均一混合物で，気体の溶体（gaseous solution）である．本章では最も一般的な溶体，すなわち液体の溶液に焦点をあてる．

本章では，溶液の物理的性質を，純物質の特性と比較する．とくに**水溶液**（aqueous solution）に関して詳細に述べるが，これは溶媒が水で，溶質として気体，液体あるいは固体を溶かしているものである．

## 13.1 溶解の過程

一つの物質が他の物質中に均一に分散すると，溶体が形成される．溶体を形成しようとする傾向は次の二つの要因に依存する．すなわち，(1) 物質どうしが混ざり合ってより大きい体積に拡散していく自然の傾向，および (2) 溶解過程に関与する分子間力の影響である．

### 混合に関する自然の傾向

▼図13.1に示すように，$O_2$ (g) と Ar (g) が壁によって隔てられている状態を想像してみよう．壁を取り除くと，気体は混ざり合い溶体を形成する．分子間

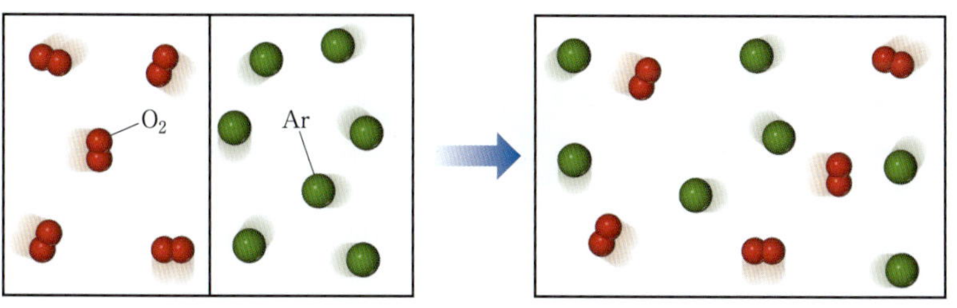


▲図 13.1　2種類の気体が自発的に混合し，均一混合物（溶体）になる．

の相互作用はほとんど働かないので，理想気体の分子のようにふるまう．その結果，分子運動によってより大きな体積に拡散し，溶体になる．

気体の混合は**自発的な過程**（spontaneous process）である．このことは，系の外部からエネルギーが流入しなくても自然に起こることを意味する．分子の拡散やそれに伴う運動エネルギーは，**エントロピー**（entropy）と呼ばれる熱力学的な量に関係する．

自発過程とエントロピーについては19章で学ぶ．ここでは，溶解過程で起こる混合はエントロピーの増大を伴うことを認識していればよい．**溶体の形成は，混合に伴うエントロピーの増大によるものである．**

異なる種類の分子を一緒にすると，物理的な障壁などによって妨げられない限り，自発的に混合が起こる．気体分子間の分子間力は弱く混合の妨げにならないので，容器で隔てられていない限り気体は自発的に混じり合う．

しかし，溶媒または溶質が固体あるいは液体の場合には，溶体が形成されるか否かは，次に示す分子間力によって大きく影響される．例えば，固体の塩化ナトリウムでは，イオン結合がナトリウムイオンと塩化物イオンを結びつけているが（§8.2），各イオンと水分子との引力がとって代わるために，水に溶解する．塩化ナトリウムはガソリンには溶けないが，これはイオンとガソリン分子の間の分子間力が非常に弱いためである．

## 溶液形成における分子間力の影響

11章で述べたさまざまな分子間力が，溶液中で溶質と溶媒の粒子の間に作用している．これらの力を▼図13.2にまとめて示した．例えば分散力は，ヘプタン $C_7H_{16}$ のような無極性の物質がペンタン $C_5H_{12}$ のような別の無極性物質に溶けていくときに支配的となり，イオン-双極子力は水にイオン化合物が溶けた溶液で支配的に働く力である．

溶液形成に関与する分子間相互作用は，以下の3種である．

1. **溶質-溶質**相互作用：溶質粒子が溶媒中へ拡散していくためには，これに打ち勝つ力が必要である．
2. **溶媒-溶媒**相互作用：溶解の際に溶質粒子が溶媒分子の間に入り込むためには，これに打ち勝つ力が必要である．
3. **溶媒-溶質**相互作用：分子が混ざり合うときには，この相互作用が生じる．

ある物質が他の物質にどの程度まで溶解できるかは，上記の3種の相互作用の相対的な大きさによって決まる．溶媒-溶質相互作用が，溶質-溶質相互作用および溶媒-溶媒相互作用に対して同等あるいは大きいとき，溶液が形成される．

例えば，ヘプタンとペンタンは，あらゆる比率で互いに混ざり合う．ここでは，仮にヘプタンを溶媒，ペンタンを溶質と呼ぶことにしよう．どちらの物質も無極性で，溶媒-溶質相互作用（分散力）は溶質-溶質相互作用および溶媒-溶媒相互作用と同程度である．したがって，混合を妨げる力は存在せず，混ざり合う傾向（エントロピー増大）により自発的に溶液が形成される．

固体の NaCl は水に溶ける．これは溶液になると極性のある $H_2O$ とイオンとの間に強い引力的な溶媒-溶質相互作用が働き，NaCl (s) におけるイオン間の溶質-溶質相互作用や $H_2O$ 分子間の溶媒-溶媒相互作用に打ち勝つからである（▶図13.3）．

いったん固体から離れれば，$Na^+$ と $Cl^-$ のイオンは水分子に取り囲まれる．この溶質分子と溶媒分子の間のような相互関係は**溶媒和**（solvation）として知ら

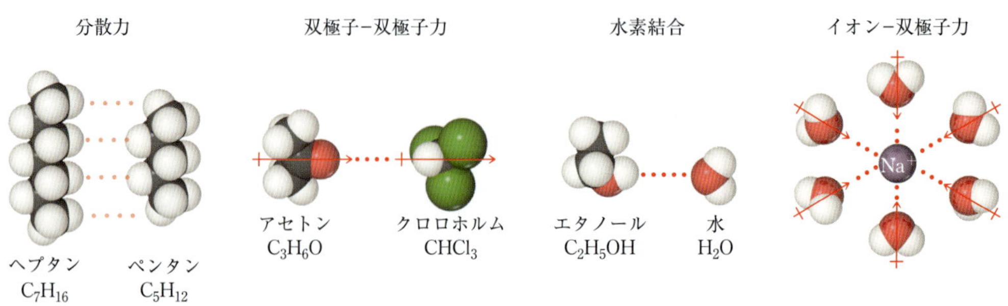


▲図 13.2　溶液に含まれる分子間の相互作用

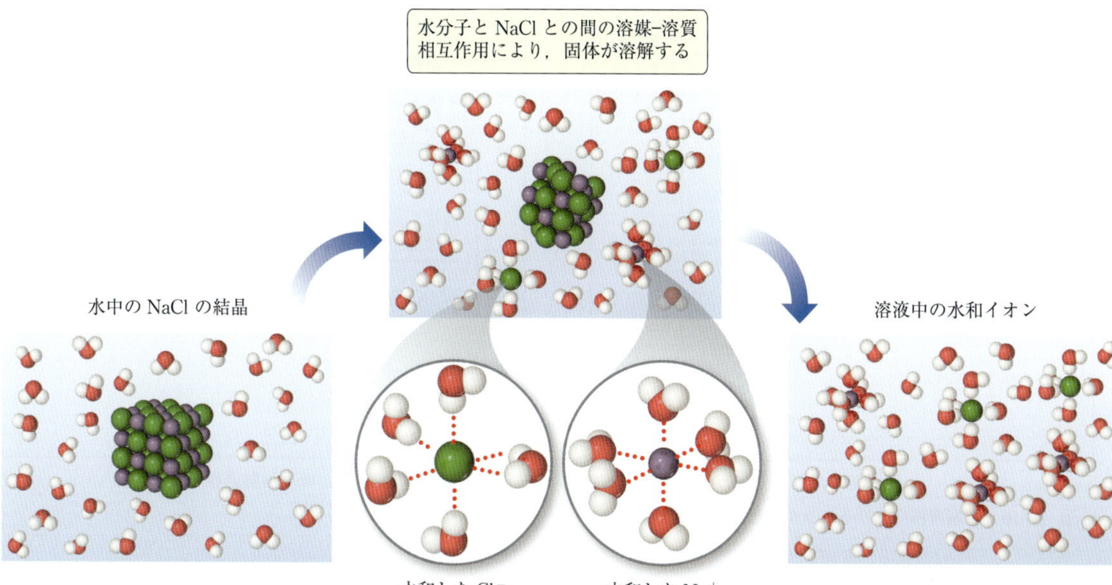


▲ 図 13.3 水中におけるイオン性固体の溶解

れる．溶媒が水の場合，この相互作用は**水和**（hydration）と呼ばれる．

**考えてみよう**

NaCl は，なぜヘキサン $C_6H_{14}$ のような無極性の溶媒に溶けないのか．

## 溶液形成のエネルギー論

溶液形成に伴うエンタルピー変化 $\Delta H_{soln}$ は**溶解エンタルピー**（enthalpy of solution）または**溶解熱**という．例えば，NaCl が水に溶けるとき，その過程はわずかに吸熱的となる（$\Delta H_{soln} = 3.9$ kJ/mol）．溶質-溶質，溶媒-溶媒および溶質-溶媒相互作用が溶解エンタルピーにどのような影響を与えるかは，ヘスの法則（§5.6）を用いて分析できる．

溶解過程は次の 1 ～ 3 からなり，それぞれがエンタルピー変化を伴う．

1. 溶質粒子が他の溶質粒子から離れるのに伴うエンタルピー変化（$\Delta H_{solute}$）：結晶あるいは純液体（溶質が液体の場合）中で溶質分子（あるいはイオン）は他の溶質分子と引き合っている．溶質分子がばらばらになって溶解する際には，溶質分子間の分子間力に打ち勝つエネルギーが必要である．したがって，この過程は吸熱的である（$\Delta H_{solute} > 0$）．
2. 溶媒分子が他の溶媒分子から離れるのに伴うエンタルピー変化（$\Delta H_{solvent}$）：溶解の際には，溶媒分子の間に溶質分子が入り込む空間をつくらなければならない．溶媒分子どうしを引き離すには，エネルギーを必要とする（$\Delta H_{solvent} > 0$）．
3. 溶媒と溶質の分子が混合するのに伴うエンタルピー変化（$\Delta H_{mix}$）：溶質分子が溶媒分子に取り囲まれる（溶媒和）ときは，これらの分子の間の相互作用のためエネルギーが放出される．この過程はつねに発熱的である（$\Delta H_{mix} < 0$）．

全体のエンタルピー変化 $\Delta H_{soln}$ は，次式のようになる．

$$\Delta H_{soln} = \Delta H_{solute} + \Delta H_{solvent} + \Delta H_{mix} \quad [13.1]$$

▶ 図 13.4 に示すように，式 13.1 中の三つの部分の和は，負になることも正になることもある．つまり，溶解は吸熱的にも発熱的にもなり得る．

例えば，硫酸マグネシウム $MgSO_4$ を水に加えるとき，溶解は発熱的で，$\Delta H_{soln} = -91.2$ kJ/mol である．一方，硝酸アンモニウム $NH_4NO_3$ の溶解は吸熱的で，$\Delta H_{soln} = 26.4$ kJ/mol となる．これらの塩は，スポーツ外傷の治療に用いる簡易温熱あるいは冷却

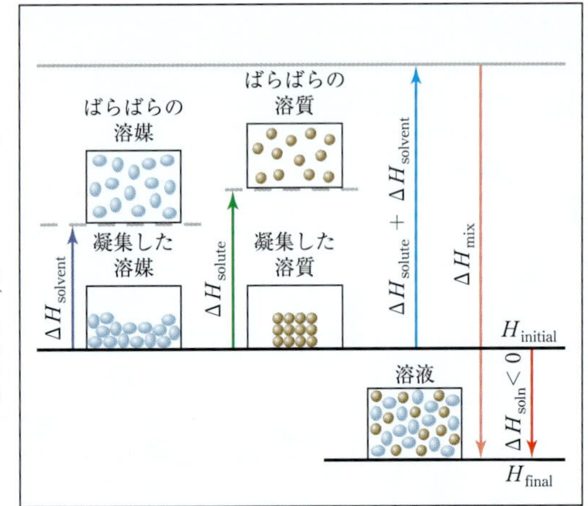


発熱溶解過程

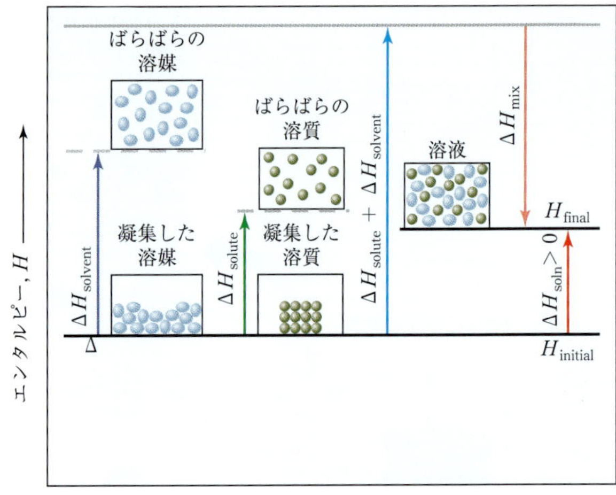


吸熱溶解過程

▲ **図 13.4　溶解過程におけるエンタルピーの変化**

パックの主な成分である．これらのパックの中には水の入った小袋と，水に触れないように密封された固体塩が入っている．温熱パックなら $MgSO_4$，冷却パックなら $NH_4NO_3$ である．パックを強くねじると小袋が破れ，塩が水に溶けて，温度が上昇または低下する．

溶解過程が発熱である場合には，溶解が起こりやすい傾向がある．一方，$\Delta H_{soln}$ があまりに吸熱的だと，溶質はまったく溶けないこともある．溶解が起こるには，溶媒-溶質相互作用が十分に強く，$\Delta H_{mix}$ がある程度大きくなければならない．イオン性物質が無極性溶媒に溶けない理由は，このことから理解できる．

同様の理由から，水のような極性分子はオクタン $C_8H_{18}$ のような無極性溶媒に溶けない．水分子間には強い水素結合があり（§11.2），水をオクタン溶媒中に拡散させるには，水素結合に打ち勝つ力が存在しなければならない．$H_2O$ 分子を互いに引き離すために必要なエネルギーは，$H_2O$ と $C_8H_{18}$ の分子の間の引力的相互作用で補われるものではない．

**考えてみよう**

次の過程は発熱的か，それとも吸熱的か．
(a) 溶媒-溶媒相互作用に打ち勝ち，溶媒粒子を引き離す．
(b) 溶媒と溶質のばらばらの粒子が溶媒-溶質相互作用を形成する．

### 溶液形成と化学反応

溶液を考えるときには，物理的な溶解でできる溶液と，化学反応によってできる溶液とを区別しなくてはならない．例えば，金属ニッケルを塩酸に入れると，次式に示す反応が起こって溶ける．

$$Ni(s) + 2HCl(aq) \longrightarrow NiCl_2(aq) + H_2(g) \qquad [13.2]$$

この例では，結果としてできる溶液は金属ニッケルの溶液ではなく，その塩である $NiCl_2$ の溶液である．溶液の水を蒸発させ乾燥させると，回収されるのは $NiCl_2 \cdot 6H_2O(s)$ である（▶ 図 13.5）．$NiCl_2 \cdot 6H_2O$ のように，結晶格子の中に明確な数の水分子をもつ化合物を水和物という．一方，$NaCl(s)$ が水に溶けるときには，化学反応は起こらない．溶液の水を蒸発させると，NaCl が得られる．本章で扱うのは，化学反応を伴わない溶液の形成である．

## 13.2 ┃ 飽和溶液と溶解度

固体の溶質が溶媒に溶け始めると，溶液中の溶質粒子の濃度はしだいに増加し，溶質粒子の固体表面への衝突と再付着が増える．これは溶解とは逆の過程で，**結晶化**（crystallization）と呼ばれる．したがって，未溶解の溶質と溶液の界面において，二つの逆方向の変化が起こっていることになる．この状態は 2 本の半矢印を用いた，次式のような反応式で示される．

金属ニッケルと塩酸

ニッケルは塩酸と反応し，$NiCl_2(aq)$ と $H_2(g)$ を生成する．溶液は $NiCl_2$ で，金属 Ni ではない

溶液を蒸発させると $NiCl_2 \cdot 6\,H_2O(s)$ が残る

▲**図 13.5 ニッケルと塩酸との反応は，単純な溶解ではない．**

$$溶質 + 溶媒 \underset{結晶化}{\overset{溶解}{\rightleftharpoons}} 溶液 \qquad [13.3]$$

これら両方向の過程の速度が等しくなったとき，**動的平衡**の状態となり，溶液中の溶質の量はそれ以上変化しなくなる．

未溶解の溶質と平衡状態にある溶液を，**飽和** (saturated) しているという．飽和溶液に溶質を加えてもそれ以上は溶解しない．一定量の溶媒で飽和溶液をつくるために必要な溶質の量は，**溶解度** (solubility) である．つまり，**溶解度とは，ある温度において，一定量の溶媒に溶けることのできる溶質の最大量である**．例えば，0 ℃での NaCl の水への溶解度は，水 100 mL に対し 35.7 g である．これは，この温度で安定な平衡状態となった溶液を形成するときに，水に溶けることのできる NaCl の最大量である．

飽和溶液の形成に必要な量よりも少ない溶質を溶かしたとき，溶液は**不飽和** (unsaturated) である．0 ℃で 100 mL の水に 10.0 g の NaCl が含まれていれば，さらに多くの溶質を溶かすことができるので，不飽和である．

適切な条件の下では，飽和溶液より多くの溶質を含む溶液をつくることができる．そのような溶液は**過飽和** (supersaturated) である．例えば，酢酸ナトリウムの飽和溶液を高温でつくり，ゆっくり冷却していくと，温度の低下に伴って溶解度が低下しても結晶は析出せず，溶質の全量が溶解したままの過飽和溶液になっている．過飽和溶液は不安定だが，結晶化させるにはなんらかの操作が必要である．溶質の小さな結晶（種結晶）を加えると，それが種（核）となって過剰な溶質の結晶化が起こる（▶**図 13.6**）．

**考えてみよう**

飽和溶液に溶質を加えると，何が起こるだろうか．

## 13.3 溶解度に影響を及ぼす因子

溶解度は，溶媒と溶質の性質によって決まる（§**13.1**）．また，温度と，少なくとも気体では圧力に依存する．

### 溶質-溶媒相互作用

物質が混ざり合う自然の傾向と，溶質分子と溶媒分子とのさまざまな相互関係は，いずれも溶解度の大きさに関与している．例えば▼**表 13.1** に示したように，さまざまな単純な気体類の水への溶解度は，分子量が大きくなるに従って，あるいは極性が大きくなる

**表 13.1 20℃，1 atm における気体の水への溶解度**

| 気　体 | モル質量 (g/mol) | 溶解度 (mol/L) |
|---|---|---|
| $N_2$ | 28.0 | $0.69 \times 10^{-3}$ |
| $O_2$ | 32.0 | $1.38 \times 10^{-3}$ |
| Ar | 39.9 | $1.50 \times 10^{-3}$ |
| Kr | 83.8 | $2.79 \times 10^{-3}$ |

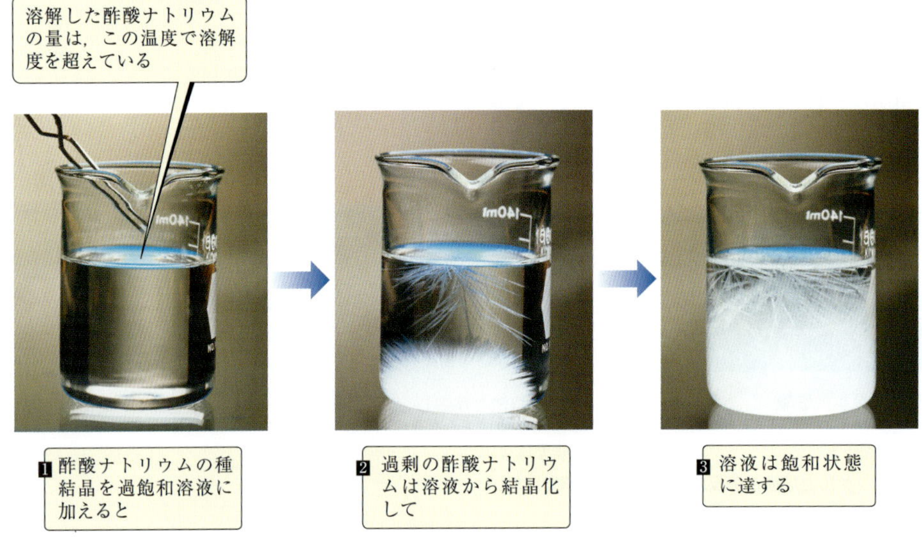


▲図 13.6　過飽和酢酸ナトリウム溶液からの沈殿
左の溶液は，100℃，100 mL の水に 170 g の塩を溶解し，そののち徐々に 20℃に冷却してつくられた．20℃における酢酸ナトリウムの水への溶解度は 100 mL あたり 46 g なので，溶液は過飽和状態にある．酢酸ナトリウムの結晶を加えると，過剰な溶質は溶液から結晶化する．

に従って増大する．気体分子と溶媒分子との間の引力は主に分散力であり，分子の大きさと分子量が大きくなるにつれ増大する（§11.2）．したがって，このデータは，溶質（気体）と溶媒（水）の間の引力が大きいほど，気体の水への溶解度が大きくなることを示している．一般に，他の力が同程度の大きさであれば，**溶質分子と溶媒分子の間の引力が大きければ大きいほど，溶解度は大きくなる．**

溶媒分子と溶質分子の間の双極子-双極子力の働きにより，**極性の液体は極性溶媒に溶ける**．水は極性で，水素結合を形成することもできる（§11.2）．そのため，極性分子，とくに水分子との間で水素結合を形成できる分子は水に溶けやすい傾向がある．例えば，アセトンは▼図 13.7 に示したような構造式をもつ極性分子であり，水とあらゆる割合で混合できる．アセトンには強い極性をもつ C═O 二重結合があり，また水との間に水素結合を形成できる非結合電子対をもつ酸素原子があるためである．

▲図 13.7　アセトンの構造式

アセトンと水のような，あらゆる割合で混ざり合う液体の組合せを**混和性**（miscible），一方，互いに溶解しない組合せを**非混和性**（immiscible）という．

ガソリンは炭化水素の混合物で，水とは非混和性である．炭化水素はほぼ無極性の物質である．C—C 結合は無極性，C—H 結合は弱い極性があるが，その多くは分子の対称性により打ち消される．極性のある水分子と無極性の炭化水素分子との引力は，溶液を形成するほど強くはない．▼図 13.8 に示すヘキサン $C_6H_{14}$ の例のように，**無極性の液体は極性溶媒に溶解しない傾向がある．**

多くの有機化合物は，炭素原子と水素原子からなる

▲図 13.8　ヘキサンと水は非混和性である．
ヘキサンは水よりも密度が小さいため，ヘキサンが上層になる．

**表 13.2 水とヘキサンに対するアルコール類の溶解度***

| アルコール | $H_2O$ への溶解度 | $C_6H_{14}$ への溶解度 |
|---|---|---|
| $CH_3OH$（メタノール） | ∞ | 0.12 |
| $CH_3CH_2OH$（エタノール） | ∞ | ∞ |
| $CH_3CH_2CH_2OH$（プロパノール） | ∞ | ∞ |
| $CH_3CH_2CH_2CH_2OH$（ブタノール） | 0.11 | ∞ |
| $CH_3CH_2CH_2CH_2CH_2OH$（ペンタノール） | 0.030 | ∞ |
| $CH_3CH_2CH_2CH_2CH_2CH_2OH$（ヘキサノール） | 0.0058 | ∞ |

* 20℃，100 g の溶媒に溶解するアルコール類の物質量（mol）．無限大記号（∞）は，溶媒と完全に混和性であることを示す．

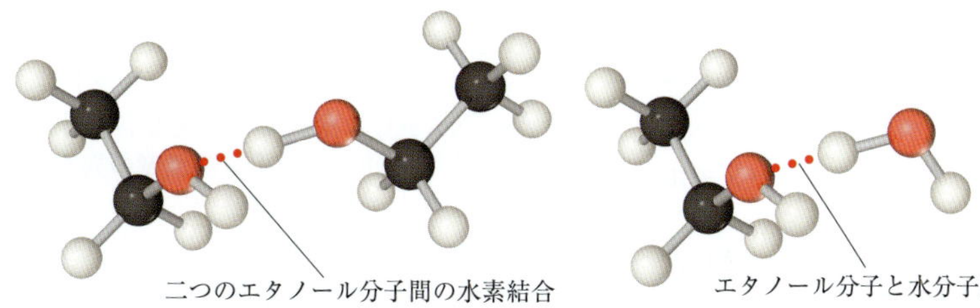


▲図 13.9 OH 基を含む水素結合

無極性の骨格に結合した極性基をもつ．例えば，▲表 13.2 に示した一連の有機化合物は，すべて極性のある OH 基を含む．このような物質は**アルコール**と呼ばれる．OH 基は水素結合を形成することができる．例えば，エタノール $CH_3CH_2OH$ 分子は，エタノール分子間と同様に水分子との間でも水素結合を形成できる（▲図 13.9）．その結果，$CH_3CH_2OH$ と $H_2O$ を混合した場合の溶質-溶質，溶媒-溶媒そして溶質-溶媒間に働く力に大きな差はないことになる．混合されても分子をとりまく環境に大きな変化は起こらないため，混合の際にはエントロピーの増大が溶液形成に重要な役割を演じることになり，エタノールは水と完全に混和性である．

表 13.2 で，アルコールでは炭素原子の数が水への溶解度に影響を与えることに留意しよう．炭素原子の数が増えるに従い，極性の OH 基が分子内で占める部分が相対的に小さくなり，分子はより炭化水素的にふるまうことになる．それにつれて，アルコールの水への溶解度は小さくなる．一方，ヘキサン $C_6H_{14}$ のような無極性溶媒へのアルコールの溶解度は，無極性の炭化水素鎖が長くなるほど大きくなる．

水への溶解度を増大させる一つの方法は，溶質に含まれる極性基の数を増やすことである．溶質の OH 基が増えれば，溶質と水との水素結合が増え，それにより溶解度が増す．グルコース $C_6H_{12}O_6$（▼図 13.10）は 6 個の炭素からなる骨格に 5 個の OH 基があるので，水に非常に溶けやすくなっている（17.5℃で水 100 mL に 83 g）．これに対して，シクロヘキサン $C_6H_{12}$ は，グルコースと似た構造をもつが—OH がす

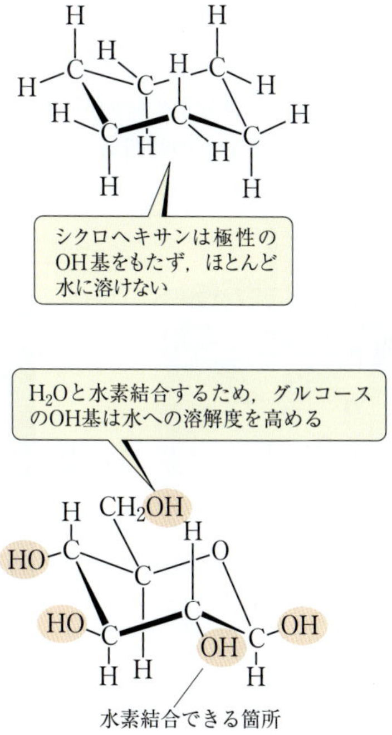

シクロヘキサンは極性の OH 基をもたず，ほとんど水に溶けない

$H_2O$ と水素結合するため，グルコースの OH 基は水への溶解度を高める

水素結合できる箇所

▲図 13.10 構造と溶解度

べて—H に置き換わったもので，水にはほとんど溶けない（25℃で水 100 mL に 5.5 mg）．

長年にわたるさまざまな溶媒-溶質の組合せの研究から，重要な一般原則が明らかになった．すなわち，**類似した分子間力をもつ物質は互いに溶けやすい傾向がある**．この一般化は，しばしば“似ているものどうしは溶け合う（like dissolves like）”と表現される．無極性分子は無極性溶媒により溶けやすく，イオン性や極性の溶質は極性溶媒により溶けやすい傾向がある．ダイヤモンドや石英のような共有結合性固体は，固体内の強い結合力のために極性溶媒にも無極性溶媒にも溶けない．

**考えてみよう**

グルコース（図 13.10）の OH 基の水素がメチル基（—$CH_3$）に置き換わったとしよう．それによってできた分子の水への溶解度はグルコースより大きいか，小さいか，それとも同じくらいか．

## 圧力の影響

固体と液体の溶解度は圧力にあまり影響されないが，**気体ではどのような溶媒に対しても，溶解度は気体の分圧が上昇するにつれ大きくなる**．気体の溶解度に対する圧力の影響は，▼図 13.11 のように考えると理解できる．これは二酸化炭素の分子が気相と液相に分配されるようすを示している．平衡が成り立っているとき，溶液中に入る気体分子の時間あたりの数は，溶液から出て気相に入る分子の時間あたりの数と等しく

### 例題 13.1　溶解度パターンの予測

次の物質は，無極性溶媒の四塩化炭素 $CCl_4$ と水の，どちらにより溶けやすいと考えられるか．
$C_7H_{16}$，$Na_2SO_4$，HCl，$I_2$

**解　法**

**方針**　溶質の化学式からイオン性か分子性かを予測することができる．分子性であれば，それらが極性か無極性かを予測できる．その後，無極性溶媒は無極性の溶質に，一方で極性溶媒はイオン性および極性の溶質に対してよりよい溶媒であるという考え方を適用する．

**解**　$C_7H_{16}$ は炭化水素だから，分子性で無極性である．$Na_2SO_4$ は金属と非金属を含む化合物で，イオン性である．HCl は，電気陰性度の異なる 2 種の非金属元素からなる二原子分子で，極性である．$I_2$ は同じ原子からなる二原子分子で，無極性である．したがって，$C_7H_{16}$ と $I_2$（無極性溶質）は極性の水よりも無極性の $CCl_4$ によりよく溶け，一方，水は $Na_2SO_4$ と HCl に対してよい溶媒となると考えられる．

**演　習**

以下の物質を，水への溶解度が低いものから順に並べよ．

(a)
```
  H  H  H  H  H
  |  |  |  |  |
H-C--C--C--C--C-H
  |  |  |  |  |
  H  H  H  H  H
```

(b)
```
  H  H  H  H  H
  |  |  |  |  |
H-C--C--C--C--C-OH
  |  |  |  |  |
  H  H  H  H  H
```

(c)
```
    H  H  H  H  H
    |  |  |  |  |
HO-C--C--C--C--C-OH
    |  |  |  |  |
    H  H  H  H  H
```

(d)
```
  H  H  H  H  H
  |  |  |  |  |
H-C--C--C--C--C-Cl
  |  |  |  |  |
  H  H  H  H  H
```

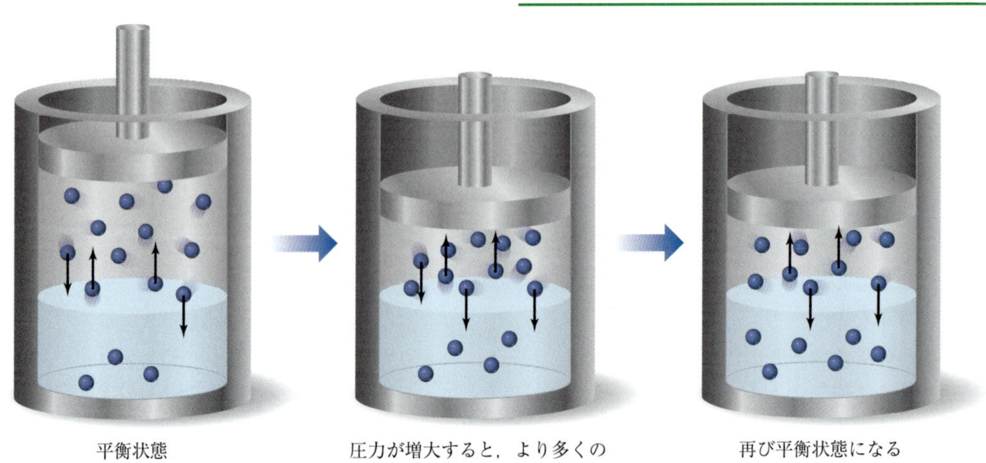


▲図 13.11　気体の溶解度に対する圧力の影響

なっている．図 13.11 の左側の図の上下方向の矢印は，これら両方向の分子の移動を表している．

次に，図 13.11 の中央の図のように，ピストンに力を加えて気体を溶液のほうへ押しつけたとしよう．気体の体積が半分になると，気体の圧力は約 2 倍になる．この圧力の上昇によって，気体分子が液面に衝突し液相に突入する頻度が多くなる．それにより，溶媒への気体の溶解度は大きくなり，やがて再び平衡状態となる．

すなわち，時間あたりに液相に入る気体分子の数が，液相から出る分子の数と等しくなるところまで溶解度は増加する．**したがって，液体溶媒への気体の溶解度は，その溶媒での気体の分圧に比例して増大する**（▼ **図 13.12**）．

圧力と溶解度の関係は，**ヘンリーの法則**（Henry's law）で示される．

$$S_g = kP_g \qquad [13.4]$$

ここで，$S_g$ は気体の溶媒への溶解度（通常モル濃度で示される），$P_g$ は溶液に接する気体の分圧，そして $k$ は**ヘンリー定数**と呼ばれる比例定数である．この定数の値は溶質，溶媒および温度によって異なる．例えば，25℃，分圧 0.78 atm における $N_2$ の水への溶解度は $4.75 \times 10^{-4}$ mol/L である．したがって，25℃の水に対する $N_2$ のヘンリー定数は $(4.75 \times 10^{-4}$ mol/L$)/0.78$ atm $= 6.1 \times 10^{-4}$ mol/L·atm となる．もしも $N_2$ の分圧が倍になれば，ヘンリーの法則より，25℃の水に対する溶解度も 2 倍の $9.50 \times 10^{-4}$ mol/L になるはずである．

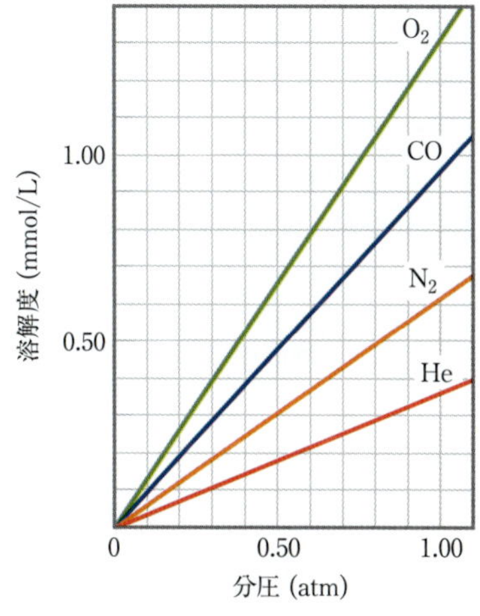


▲ **図 13.12　水中の気体の溶解度は，気体の分圧に比例する．**
溶解度は溶液 1 L あたりの溶質の物質量（mmol）で示してある．

▲ **図 13.13　気体の溶解度は，圧力が減少するにつれて減少する．**
炭酸飲料の栓を開けると，溶液上部の $CO_2$ の分圧が低下するため，溶液から $CO_2$ が泡として出る．

飲料メーカーは，炭酸飲料を製造する際にこの法則を利用して，二酸化炭素の分圧を 1 atm より高くしてびん詰めしている．栓を開けると，溶液に接する $CO_2$ の分圧は低下する．それによって $CO_2$ の溶解度が低下し，$CO_2$ (g) が泡となって溶液から逃げ出していく（▲ **図 13.13**）．

## 例題 13.2　ヘンリーの法則の計算

25℃で，液体に接する $CO_2$ の分圧が 4.0 atm でびん詰めされた飲料の $CO_2$ 濃度を求めよ．この温度で $CO_2$ が水に溶ける際のヘンリー定数は $3.4 \times 10^{-2}$ mol/L·atm である．

### 解　法

**方針**　与えられた数値から $CO_2$ の溶解度（$S_{CO_2}$）を求めるには，式 13.4 のヘンリーの法則を用いる．

**解**　
$$\begin{aligned} S_{CO_2} &= kP_{CO_2} \\ &= (3.4 \times 10^{-2}\ \text{mol/L·atm})(4.0\ \text{atm}) \\ &= 0.14\ \text{mol/L} \end{aligned}$$

### 演　習

25℃で，$CO_2$ の分圧が $3.0 \times 10^{-4}$ atm の条件下で栓が開けられた後の，飲料中の $CO_2$ の濃度を求めよ．

### 温度の影響

▼図 13.14 に示すように，たいていの場合，水に対する固体物質の溶解度は**温度が上昇するにつれて大きくなる**．しかし，この規則には例外がある．例えば，$Ce_2(SO_4)_3$ では高温のほうが溶解度は小さい．

固体物質とは逆に，**水に対する気体の溶解度は温度が上昇するにつれて低下する**（▼図 13.15）．冷たい水道水の入ったコップが温まるとコップの内側に気泡が見えるようになるが，これは溶けきれなくなった空気が溶液外へ出てきたためである．同様に，炭酸飲料を温めると $CO_2$ の溶解度は小さくなり，溶液から $CO_2$ (g) が出てくる．

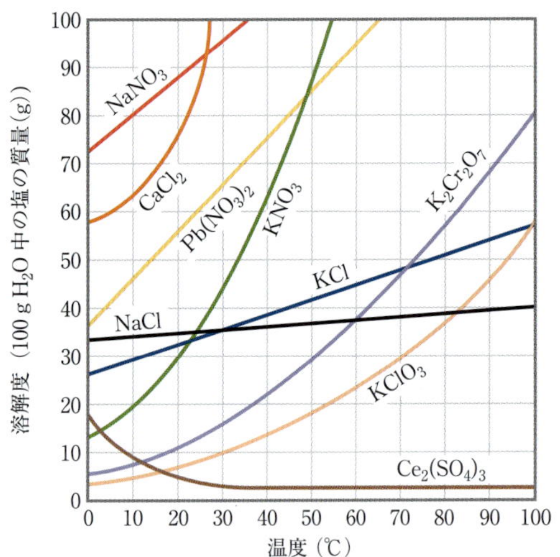


▲図 13.14　イオン性化合物の水に対する溶解度と温度の関係

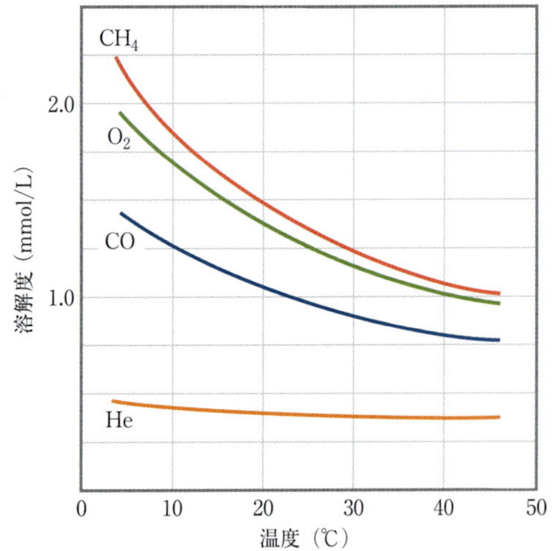


▲図 13.15　水中における 4 種類の気体の溶解度と温度の関係
溶解度は，溶液 1 L あたりの溶質の物質量（mmol）で示してある．気相の全圧は一定で 1 atm である．

**考えてみよう**

鍋に水を入れてコンロで温めていると，沸点よりはるかに低い温度でも鍋の内側の面に気泡ができてくるのはなぜか．

## 13.4　濃度の表し方

溶液の濃度は定性的にも，定量的にも表現することができる．希塩酸や濃硫酸のように，**希**（希薄を意味する，dilute）や**濃**（concentrated）という接頭語を用いることがあるが，これらは溶液の濃さを定性的に表現したものである．化学では，濃度を定量的に示すさまざまな方法が用いられる．

### 質量百分率と ppm，ppb

最も簡単な定量的表記の一つは，溶液中のある成分の**質量百分率**（mass percentage）であり，次式により求められる．

$$\text{成分の質量\%} = \frac{\text{溶液中の成分の質量}}{\text{溶液の総質量}} \times 100 \qquad [13.5]$$

パーセントとは“100 あたり”という意味であるから，質量で 36%の塩化水素を含む塩酸は，100 g あたり 36 g の HCl を含むことになる．

非常に薄い溶液の濃度は，しばしば**百万分率**（**ppm**，parts per million）あるいは**十億分率**（**ppb**，parts per billion）で示される．これらは%と同様に，(溶質の質量)／(溶液の質量）に掛ける乗数として，100 ではなく $10^6$（百万）あるいは $10^9$（十億）をそれぞれ用いる．したがって，百万分率は次式のように定義される．

$$\text{成分の ppm} = \frac{\text{溶液中の成分の質量}}{\text{溶液の総質量}} \times 10^6 \qquad [13.6]$$

濃度 1 ppm の溶液は，溶液百万（$10^6$）g あたり 1 g の溶質を，または溶液 1 kg 中に 1 mg の溶質を含んでいる．水の密度は 1 g/mL なので，1 kg の希薄水溶液の体積はほぼ 1 L である．したがって，1 ppm は 1 L

の水溶液が 1 mg の溶質を含むということでもある．

環境中の有害物や発がん性物質の最大許容濃度は，しばしば ppm あるいは ppb で示される．例えば，米国での飲料水中のヒ素の最大許容濃度は 1 L あたり 0.010 mg で，10 ppb に相当する．

**考えてみよう**

1 L あたり 0.000 23 g の $SO_2$ を含む水溶液がある．$SO_2$ の濃度を ppm および ppb で示せ．

### 例題 13.3 質量に関連した濃度の計算

(a) 13.5 g のグルコース $C_6H_{12}O_6$ を 0.100 kg の水に溶かして溶液を調製した．この溶液の濃度を質量百分率で表せ．

(b) 2.5 g の地下水の試料が 5.4 μg の $Zn^{2+}$ を含むことがわかった．$Zn^{2+}$ の濃度を ppm で示せ．

**解 法**

**解** (a) 式 13.5 を用いて質量百分率を計算することができる．溶液の質量は溶質（グルコース）と溶媒（水）の質量の和である．

$$\text{グルコースの質量\%} = \frac{\text{グルコースの質量}}{\text{溶液の質量}} \times 100 = \frac{13.5\,\text{g}}{13.5\,\text{g} + 100\,\text{g}} \times 100 = 11.9\%$$

**コメント** 水の質量百分率は $(100 - 11.9)\,\% = 88.1\%$ となる．

(b) 式 13.6 を用いて百万分率，ppm を計算できる．1 μg とは $1 \times 10^{-6}$ g なので，5.4 μg = $5.4 \times 10^{-6}$ g である．

$$\text{ppm} = \frac{\text{溶質の質量}}{\text{溶液の質量}} \times 10^6 = \frac{5.4 \times 10^{-6}\,\text{g}}{2.5\,\text{g}} \times 10^6 = 2.2\,\text{ppm}$$

**演 習**

(a) 水 50.0 g に NaCl 1.50 g が含まれる溶液中の NaCl の質量百分率を求めよ．

(b) 市販の漂白剤には質量で 3.62% の次亜塩素酸ナトリウム NaClO が含まれている．漂白剤 2.5 kg が入った容器に含まれる NaClO の質量はいくらになるか．

## モル分率，モル濃度，質量モル濃度

濃度は，しばしば溶液の一つあるいはそれ以上の成分の物質量に基づいて表現される．§10.6 でも触れた**モル分率**は，次式のように求められる．

$$\text{成分のモル分率} = \frac{\text{成分の物質量}}{\text{すべての成分の物質量の和}} \qquad [13.7]$$

モル分率には通常記号として $X$ が，化学種を下付きで付記して用いられる．例えば，塩酸中の塩化水素のモル分率は $X_{\text{HCl}}$ と表される．したがって，1.00 mol の HCl（36.5 g）と 8.00 mol の水（144 g）からなる溶液では，HCl のモル分率は $X_{\text{HCl}}$ (1.00 mol)/(1.00 mol + 8.00 mol) = 0.111 となる．分子と分母の単位がともに mol なので，モル分率は無次元となる．

また，すべての成分のモル分率の合計は 1 となるはずである．したがって，前述の HCl 水溶液では，$X_{\text{H}_2\text{O}}$ = 1.000 − 0.111 = 0.889 となる．§10.6 でみたように，モル分率は気体を扱う際には非常に便利だが，液体を扱う際の利用は限られる．

§4.5 で述べたように，溶液のモル濃度の定義は次式の通りである．

$$\text{モル濃度} = \frac{\text{溶質の物質量 (mol)}}{\text{溶液の体積 (L)}} \qquad [13.8]$$

例えば，0.500 mol の $Na_2CO_3$ を含む溶液 0.250 L を調製すると，$Na_2CO_3$ のモル濃度は (0.500 mol)/(0.250 L) = 2.00 mol/L，または 2.00 M となる．モル濃度は，溶液の体積を溶質の量に関連づけるうえで有用な単位である（§4.6）．

溶液の**質量モル濃度**（molality）は $m$ と表記され，やはり溶質の物質量に基づいた単位で，溶媒 1 kg あたりに含まれる溶質の物質量である．

$$\text{質量モル濃度} = \frac{\text{溶質の物質量 (mol)}}{\text{溶媒の質量 (kg)}} \qquad [13.9]$$

つまり，0.200 mol の NaOH（8.00 g）と 0.500 kg の水（500 g）で溶液を調製すると，NaOH の質量モル濃度は (0.200 mol)/(0.500 kg) = 0.400 mol/kg となる．

モル濃度と質量モル濃度の定義はよく似ているので混同しやすい．モル濃度は**溶液の体積**によって決まるが，質量モル濃度は**溶媒の質量**に依存する．溶媒が水の希薄溶液ではモル濃度と質量モル濃度は数値的にほとんど同じである．

質量は温度によって変化することがないため，質量モル濃度は温度によって変化しない．しかし溶液の体積は温度により増加あるいは減少するため，モル濃度は温度により変化する．そのため，質量モル濃度は温度変化のある状態で溶液を扱う場合にしばしば用いられる．

## 例題 13.4　質量モル濃度の計算

25℃で，4.35 g のグルコース $C_6H_{12}O_6$ を 25.0 mL の水に溶かして溶液を調製した．溶液中のグルコースの質量モル濃度を計算せよ．水の密度は 1.00 g/mL とする．

### 解　法

**方針**　$C_6H_{12}O_6$ のモル質量を用いて，g を mol に変換する．水の密度を用いて，mL を kg に換算する．溶媒の質量（kg）で溶質の物質量を割ると質量モル濃度の数値となる（式 13.9）．

**解**　グルコースのモル質量 180.2 g/mol を用いてグラムをモルに換算する．

$$C_6H_{12}O_6\text{の物質量} = 4.35\,\text{g}\,C_6H_{12}O_6 \times \frac{1\,\text{mol}\,C_6H_{12}O_6}{180.2\,\text{g}\,C_6H_{12}O_6} = 0.0241\,\text{mol}\,C_6H_{12}O_6$$

水の密度は 1.00 g/mL だから，溶媒の質量は

$$(25.0\,\text{mL})(1.00\,\text{g/mL}) = 25.0\,\text{g} = 0.0250\,\text{kg}$$

最後に，式 13.9 を用いて質量モル濃度を算出する．

$$C_6H_{12}O_6\text{の質量モル濃度} = \frac{0.0241\,\text{mol}\,C_6H_{12}O_6}{0.0250\,\text{kg}\,H_2O} = 0.964\,\text{mol/kg}$$

**演　習**

36.5 g のナフタレン $C_{10}H_8$ を 425 g のトルエン $C_7H_8$ に溶かした溶液の質量モル濃度を求めよ．

## 例題 13.5　モル分率と質量モル濃度の計算

質量で 36％の HCl を含む塩酸がある．
(a) 溶液中の HCl のモル分率を求めよ．
(b) 溶液中の HCl の質量モル濃度を求めよ．

### 解　法

**解**　(a) ちょうど 100 g の 36％塩酸があると仮定する．これは，36 g の HCl と (100 − 36) = 64 g の水を含む．HCl のモル分率を計算するには，HCl と $H_2O$ の質量をモルに変換し，それから式 13.7 を用いる．

$$\text{HCl の物質量} = (36\,\text{g HCl})\left(\frac{1\,\text{mol HCl}}{36.5\,\text{g HCl}}\right) = 0.99\,\text{mol HCl}$$

$$H_2O\text{の物質量} = (64\,\text{g}\,H_2O)\left(\frac{1\,\text{mol}\,H_2O}{18\,\text{g}\,H_2O}\right) = 3.6\,\text{mol}\,H_2O$$

$$X_{HCl} = \frac{\text{HCl の物質量}}{H_2O\text{の物質量} + \text{HCl の物質量}} = \frac{0.99}{3.6 + 0.99} = \frac{0.99}{4.6} = 0.22$$

(b) 溶液中の HCl の質量モル濃度を計算するには，式 13.9 を用いる．HCl の物質量は(a)で求めた．溶媒の質量は 64 g = 0.064 kg である．

$$\text{HCl の質量モル濃度} = \frac{0.99\,\text{mol HCl}}{0.064\,\text{kg}\,H_2O} = 15\,\text{mol/kg}$$

**演　習**

市販の漂白剤では，質量で 3.62％の NaClO が水に溶けている．溶液中の NaClO の (a) モル分率，および (b) 質量モル濃度を計算せよ．

## 例題 13.6 溶液の密度を用いたモル濃度の計算

5.0 g のトルエン $C_7H_8$ と 225 g のベンゼンを含む溶液がある．溶液の密度は 0.876 g/mL である．この溶液のモル濃度を計算せよ．

### 解 法

**解** 溶質の物質量は，

$$C_7H_8 \text{の物質量} = (5.0\,\text{g}\,C_7H_8)\left(\frac{1\,\text{mol}\,C_7H_8}{92\,\text{g}\,C_7H_8}\right) = 0.054\,\text{mol}$$

溶液の体積は溶液の質量（溶質質量 + 溶媒質量 = 5.0 g + 225 g = 230 g）とその密度から，次のように求められる．

$$\text{溶液の体積 (mL)} = (230\,\text{g})\left(\frac{1\,\text{mL}}{0.876\,\text{g}}\right) = 263\,\text{mL}$$

モル濃度は溶液 1 L あたりの溶質の物質量なので，

$$\text{モル濃度} = \left(\frac{C_7H_8\text{の物質量}}{\text{溶液の体積 (L)}}\right) = \left(\frac{0.054\,\text{mol}\,C_7H_8}{263\,\text{mL 溶液}}\right)\left(\frac{1000\,\text{mL 溶液}}{1\,\text{L 溶液}}\right) = 0.21\,\text{M}$$

**チェック** 解答の数値を暗算でチェックしてみよう．四捨五入して物質量を 0.05，体積を 0.25 L とすると，モル濃度は (0.05 mol)/(0.25 L) = 0.2 M となり，解答の数値に近い．解答の単位（mol/L）はモル濃度の単位として正しく，0.21 の有効数字 2 桁は，問題文に出てくる数値の中で有効数字が最も少ないものに一致しており妥当である．

**コメント** 溶媒の質量（0.225 kg）と溶液の体積（0.263 L）は近い数値であり，モル濃度と質量モル濃度もよく似た数値になる．(0.054 mol)/(0.225 kg) = 0.24 mol/kg

**演 習**

グリセリン $C_3H_8O_3$ と水とを等質量含む溶液は，密度が 1.1 g/mL である．溶液中のグリセリンの (**a**) 質量モル濃度，(**b**) モル分率，および (**c**) モル濃度を求めよ．

## 13.5 束 一 的 性 質

溶液の物理的性質は，溶媒の純物質としての性質とはいくつかの点で異なる．例えば，純水は 0 ℃で凝固するが，水溶液が凝固する温度はそれより低い．この性質は，車のラジエーターの冷却水に不凍液としてエチレングリコールを加え，凝固点を下げることに利用されている．溶質を加えると，溶液の沸点が高くなるため，100℃より高い温度でもエンジンを作動させることができるようになる．

凝固点の降下と沸点の上昇は，溶質の量（濃度）のみによって決まる物理的性質であり，溶質分子の**種類にはよらない**．そのような物理的性質は**束一的性質**（そくいつ）(colligative property）と呼ばれる（**束一的**とは“集団に依存する”という意味で，束一的性質は溶質分子の数による集団的な効果によるもの）．

凝固点降下や沸点上昇に加え，蒸気圧降下や浸透圧もまた束一的性質である．本節ではそれぞれについて学んでいくが，溶質の濃度が性質に対してどのように影響するかに留意してほしい．

### 蒸気圧降下

閉じた容器内の液体は，その蒸気と平衡状態となる（§11.5）．**蒸気圧**とは，液体と平衡になった（すなわち蒸発と凝縮の速度が等しくなった）ときの蒸気の圧力のことである．蒸気圧が測定不能なほど小さい物質を**不揮発性**，蒸気圧が存在する物質を**揮発性**という．

揮発性の液体溶媒と不揮発性の溶質は，混合に伴うエントロピー増大のために，自発的に溶液となる．そのため蒸発しようとする分子が少なくなり，▶図 13.16 に示すように，不揮発性の溶質が存在すると，溶媒の蒸気圧は低くなる．

理想的には不揮発性の溶質を含む揮発性溶媒の蒸気圧は，溶液中の溶媒濃度に比例する．この関係は**ラウールの法則**（Raoult's law）によって定量的に示される．すなわち，溶液における溶媒の分圧（$P_{\mathrm{solution}}$）は，溶液中の溶媒のモル分率（$X_{\mathrm{solvent}}$）と純溶媒の蒸気圧（$P^{\circ}_{\mathrm{solvent}}$）の積で与えられる．

$$P_{\mathrm{solution}} = X_{\mathrm{solvent}} \cdot P^{\circ}_{\mathrm{solvent}} \qquad [13.10]$$

例えば，純水の20℃での蒸気圧は $P^{\circ}_{\mathrm{H_2O}} = 17.5$ Torr である．温度を一定に保ち，この水にグルコース $C_6H_{12}O_6$ を加え，できた溶液中のモル分率が $X_{\mathrm{H_2O}} = 0.800$，$X_{\mathrm{C_6H_{12}O_6}} = 0.200$ になったとする．式13.10に従えば，この溶液における水の蒸気圧は純水の80.0%となる．

$$P_{\mathrm{solution}} = 0.800 \times 17.5\ \mathrm{Torr} = 14.0\ \mathrm{Torr}$$

不揮発性の溶質の存在が，揮発性溶媒の蒸気圧を17.5 Torrから14.0 Torrへと低下させた．

溶液の蒸気圧と純溶媒の蒸気圧の差は**蒸気圧降下**（vapor-pressure lowering）と呼ばれる．蒸気圧降下（$\Delta P$）は，溶質のモル分率（$X_{\mathrm{solute}}$）に比例する．

$$\Delta P = X_{\mathrm{solute}} \cdot P^{\circ}_{\mathrm{solvent}} \qquad [13.11]$$

したがって，上述のグルコース溶液の例では以下のようになる．

$$\begin{aligned}\Delta P &= X_{\mathrm{C_6H_{12}O_6}} \cdot P^{\circ}_{\mathrm{H_2O}} \\ &= 0.200 \times 17.5\ \mathrm{Torr} = 3.50\ \mathrm{Torr}\end{aligned}$$

不揮発性の溶質を加えることによって起こる蒸気圧降下は，分子性かイオン性かにはかかわらず，溶質粒子の総濃度によって決まる．蒸気圧降下は束一的性質であり，どのような溶液でもその値は溶質の濃度に依存し，溶質が何であるか，あるいはどのような種類の物質かに依存するものではない．

**考えてみよう**

1 mol の NaCl を 1 kg の水に加えた場合には，1 mol の $C_6H_{12}O_6$ を加えた場合より蒸気圧降下が大きい．その理由を説明せよ．

理想気体とは，理想気体の式に従う気体と定義された（§10.4）．それに対し，**理想溶液**（ideal solution）は，ラウールの法則に従う溶液と定義される．

理想気体は，分子間の相互作用がまったくない気体である．一方，理想液体は分子間の相互作用が完全に均一な液体を意味する．理想溶液中ではすべての分子間相互作用が同じであり，言い換えれば，溶質-溶質間，溶媒-溶媒間，溶質-溶媒間の相互作用が互いに区別できないということである．実在溶液を理想溶液に最もよく近似できるのは，溶質の濃度が小さく溶質と溶媒の分子の大きさが同程度で，類似した分子間力が作用している場合である．

多くの溶液はラウールの法則に正確には従わず，理想溶液ではない．例えば，溶媒-溶質相互作用が溶媒-溶媒相互作用と溶質-溶質相互作用のどちらかと比べて弱いとき，蒸気圧はラウールの法則から予測されるより大きくなる傾向がある（蒸気圧降下がラウールの法則による予測より**小さくなる**）．逆に溶質-溶媒相互作用が非常に強いとき，例えば水素結合が存在するときなどは，蒸気圧はラウールの法則で予測されるよりも小さくなる（蒸気圧降下がラウールの法則による予測より**大きくなる**）．このように，理想溶液から外れる場合があることには留意しておかなければならないが，本章ではそのようなケースはひとまず無視することとする．

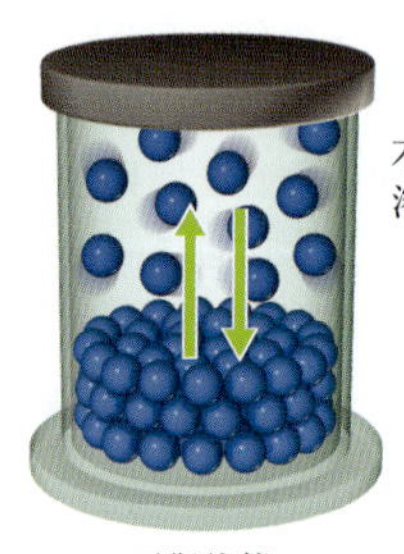


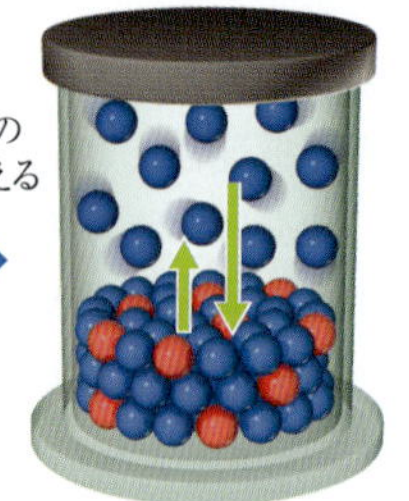


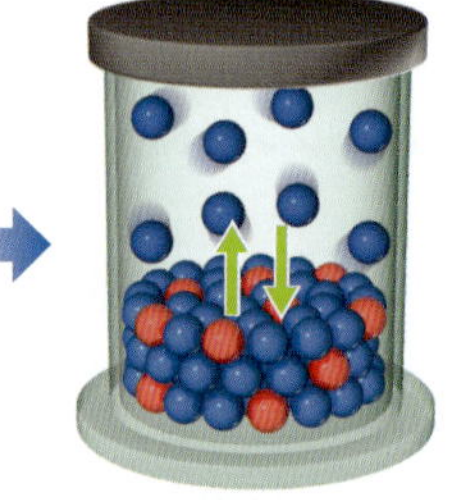


▲**図 13.16　蒸気圧降下**
液体の溶媒中に不揮発性の溶質が存在すると，液体の蒸気圧が減少する．

## 例題 13.7 溶液の蒸気圧の計算

グリセリン $C_3H_8O_3$ は不揮発性の非電解質で，25℃での密度は 1.26 g/mL である．25℃で，50.0 mL のグリセリンを 500.0 mL の水に加えて調製した溶液における蒸気圧降下を求めよ．25℃での純水の蒸気圧は 23.8 Torr（付録B），密度は 1.00 g/mL である．

### 解 法

**方針** 溶液の蒸気圧降下を求めるには，ラウールの法則（式 13.10）を用いることができる．

**解** 溶液中の水のモル分率を求めるには，$C_3H_8O_3$ と $H_2O$ の物質量を求めなければならない．

$$
\begin{aligned}
C_3H_8O_3\text{の物質量} &= (50.0\,\text{mL}\ C_3H_8O_3)\times\left(\frac{1.26\,\text{g}\ C_3H_8O_3}{1\,\text{mL}\ C_3H_8O_3}\right)\times\left(\frac{1\,\text{mol}\ C_3H_8O_3}{92.1\,\text{g}\ C_3H_8O_3}\right)\\
&= 0.684\,\text{mol}
\end{aligned}
$$

$$
\begin{aligned}
H_2O\text{の物質量} &= (500.0\,\text{mL}\ H_2O)\left(\frac{1.00\,\text{g}\ H_2O}{1\,\text{mL}\ H_2O}\right)\left(\frac{1\,\text{mol}\ H_2O}{18.0\,\text{g}\ H_2O}\right)\\
&= 27.8\,\text{mol}
\end{aligned}
$$

$$
\begin{aligned}
X_{H_2O} &= \frac{H_2O\text{の物質量}}{H_2O\text{の物質量} + C_3H_8O_3\text{の物質量}}\\
&= \frac{27.8}{27.8 + 0.684} = 0.976
\end{aligned}
$$

ラウールの法則を用いて，溶液に対する溶媒の蒸気圧を計算する．

$$
\begin{aligned}
P_{H_2O} &= X_{H_2O}\cdot P^{\circ}_{H_2O}\\
&= 0.976 \times 23.8\ \text{Torr} = 23.2\ \text{Torr}
\end{aligned}
$$

**コメント** 溶液の蒸気圧は，純水に比べ 23.8 Torr − 23.2 Torr = 0.6 Torr 低下した．蒸気圧降下は，溶質（$C_3H_8O_3$）のモル分率によって，式 13.11 を用いて直接計算することもできる．$\Delta P = X_{C_3H_8O_3}\cdot P^{\circ}_{H_2O} = 0.024 \times 23.8\ \text{Torr} = 0.57\ \text{Torr}$ となる．式 13.11 を用いると，純溶媒の蒸気圧から溶液の蒸気圧を引くことで得られる数値よりも，$\Delta P$ の有効数字の桁が多いことに留意しよう．

### 演 習

110℃での純水の蒸気圧は 1070 Torr である．エチレングリコールを水に溶かした溶液の蒸気圧は，110℃で 1 atm である．ラウールの法則に従うと仮定して，溶液中のエチレングリコールのモル分率を求めよ．

## 沸 点 上 昇

§11.5 と §11.6 では，純物質の相図を論じた．溶液の相図とそこからわかる沸点および凝固点は，純物質とどのように異なるだろうか．不揮発性の溶質を加えることで，溶液の蒸気圧は下がる．そのために，▶ 図 13.17 に示すように，溶液の蒸気圧曲線は純物質の蒸気圧曲線よりも下方に移動する．

§11.5 で述べたように，液体の標準沸点は蒸気圧が 1 atm となる温度である．溶液では蒸気圧が純溶媒よりも低いので，溶液が 1 atm に達する温度は高くなる．その結果，**溶液の沸点は純溶媒よりも高くなる．**この効果は図 13.17 にみられる．グラフでは，純溶媒の標準沸点は，黒い線で示した蒸気圧曲線が 1 atm の線と交わる点の温度である．図中の青い線は溶液の蒸気圧を示しているが，これが 1 atm の線と交わる温度は，純溶媒の場合よりも高くなることがわかる．

溶液の沸点［$T_b$ (solution)］と純溶媒の沸点［$T_b$ (solvent)］の差は，溶質の質量モル濃度に依存する．注意すべきことは**沸点上昇**（boiling-point elevation）が溶質粒子の総濃度に比例するということである．1 mol の NaCl を水に溶かすと，2 mol の溶質粒子（1 mol の $Na^+$ と 1 mol の $Cl^-$ 粒子）ができる．このことを考慮するために，溶質が溶媒に溶ける際に何個に分かれるかを表す**ファントホッフ係数**（van't Hoff factor, $i$）を定義すると，沸点上昇 $\Delta T_b$ は次式のように表される．

$$
\Delta T_b = T_b\,(\text{solution}) - T_b\,(\text{solvent}) = iK_b m \tag{13.12}
$$

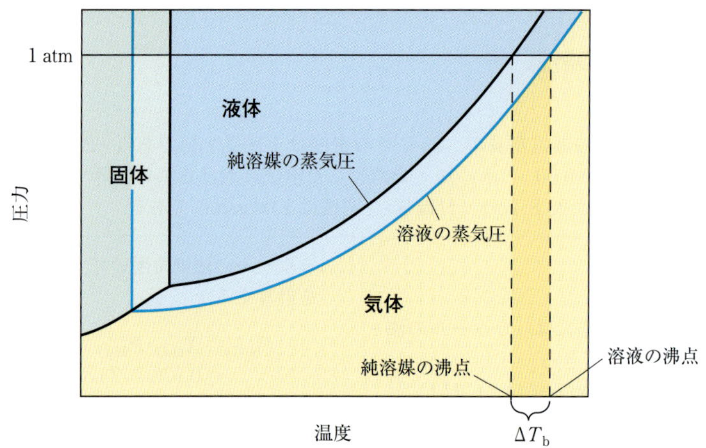


▲ **図 13.17 沸点上昇を表した相図**
黒い線は，純溶媒の相平衡の曲線，青い線は溶液の相平衡の曲線である．

ここで，$m$ は質量モル濃度である．$K_b$ は溶媒の**モル沸点上昇定数**（molal boiling-point-elevation constant）と呼ばれる比例定数であり，その値は溶媒の種類ごとに実験的に決められている．溶質が非電解質の場合は，つねに $i = 1$ とみなしてよい．電解質の場合には，溶質が溶媒中でどのように解離するかによって $i$ の値は変化する．NaCl が水に溶けるときには，完全に解離するとみなせば $i = 2$ である．そのため，1 mol/kg の NaCl 水溶液の沸点上昇は，1 mol/kg の非電解質（スクロースのような）の水溶液の沸点上昇の 2 倍になると予測できる．

つまり，ある溶質の沸点上昇（あるいは他のすべての束一的性質）への影響を正しく推定するには，その溶質が電解質か非電解質かを知ることが重要である（§4.1，§4.3）．

**考えてみよう**

水に溶けた溶質が 0.51℃の沸点上昇をもたらした．このことから，溶質の質量モル濃度が必ず 1.0 mol/kg であるといえるだろうか．（▼ 表 13.3）

## 凝固点降下

液相と固相の蒸気圧曲線が一致する点が三重点である（§11.6）．▶ 図 13.18 で，溶液の三重点の温度は純溶媒の三重点より低いが，これは溶液の蒸気圧が純溶媒より低いためである．

溶液の凝固点とは，溶液との平衡を保った状態で純溶媒の結晶が形成され始める温度である．固体-液体平衡を示す線は，三重点からほぼ垂直に上方へ伸びる．溶液の三重点の温度は純粋な液体より低いため，**溶液の凝固点は純粋な液体よりも低い**．沸点上昇の場合と同じように，**凝固点降下**（freezing-point depression）$\Delta T_f$ も，ファントホッフ係数を考慮した溶質の

**表 13.3 モル沸点上昇定数とモル凝固点降下定数**

| 溶 媒 | 標準沸点（℃） | $K_b$（℃/(mol/kg)） | 標準凝固点（℃） | $K_f$（℃/(mol/kg)） |
|---|---|---|---|---|
| 水 $H_2O$ | 100.0 | 0.51 | 0.0 | 1.86 |
| ベンゼン $C_6H_6$ | 80.1 | 2.53 | 5.5 | 5.12 |
| エタノール $C_2H_5OH$ | 78.4 | 1.22 | −114.6 | 1.99 |
| 四塩化炭素 $CCl_4$ | 76.8 | 5.02 | −22.3 | 29.8 |
| クロロホルム $CHCl_3$ | 61.2 | 3.63 | −63.5 | 4.68 |

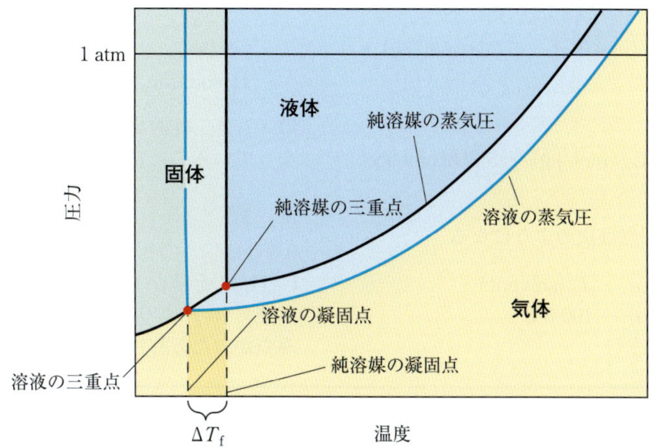


▲図 13.18 凝固点降下を表した相図
黒い線は純溶媒の相平衡の曲線，青い線は溶液の相平衡の曲線である．

質量モル濃度に比例する．

$$\Delta T_f = T_f(\text{solution}) - T_f(\text{solvent}) = -iK_f m \quad [13.13]$$

比例定数 $K_f$ は**モル凝固点降下定数**（molal freezing-point-depression constant）と呼ばれる．溶液の凝固点は純溶媒の凝固点よりも低いから，$\Delta T_f$ はつねに負の値をとる．

いくつかの一般的な溶媒の $K_b$ と $K_f$ の値を表 13.3 に示した．水の $K_b$ は 0.51℃/(mol/kg) であるから，1 mol/kg の不揮発性の粒子を含むどのような水溶液でも，その沸点は純水の沸点より 0.51℃高くなる．もっとも実在の溶液は理想溶液とは異なるので，表 13.3 の値はごく薄い溶液についてのみ適用できる．水では，$K_f$ は 1.86℃/(mol/kg) である．つまり，不揮発性の溶質粒子 1 mol/kg（1 mol/kg の $C_6H_{12}O_6$ あるいは 0.5 mol/kg の NaCl）が含まれるいかなる溶液でも，凝固点は水よりも 1.86℃低くなる．

車に不凍液を入れたり，冬に道路の氷を融かすために塩化カルシウム $CaCl_2$ を用いる理由が，凝固点降下により理解できる．

## 例題 13.8 沸点上昇と凝固点降下の計算

車の不凍液は不揮発性の非電解質であるエチレングリコール $CH_2(OH)CH_2(OH)$ を含む．水に質量で 25.0%のエチレングリコールを溶かした溶液の沸点と凝固点を求めよ．

### 解 法

**解** 沸点上昇と凝固点降下を求めるには，溶液の質量モル濃度が必要である．計算を簡単にするため，溶液が 1000 g あると仮定する．質量で 25%のエチレングリコールを含むから，エチレングリコールと水の質量はそれぞれ 250 g と 750 g である．これらの数値から，溶液の質量モル濃度は次のように求められる．

$$\text{質量モル濃度} = \frac{C_2H_6O_2\ \text{物質量}}{H_2O\ \text{の質量 (kg)}}$$

$$= \left(\frac{250\ \text{g}\ C_2H_6O_2}{750\ \text{g}\ H_2O}\right)\left(\frac{1\ \text{mol}\ C_2H_6O_2}{62.1\ \text{g}\ C_2H_6O_2}\right)\left(\frac{1000\ \text{g}\ H_2O}{1\ \text{kg}\ H_2O}\right)$$

$$= 5.368\ \text{mol/kg}$$

式 13.12 と 13.13 を用いて，沸点と凝固点の変化を求める．

$$\Delta T_b = iK_b m$$
$$= 1 \times 0.51℃/(mol/kg) \times 5.368(mol/kg)$$
$$= 2.7℃$$

$$\Delta T_f = -iK_f m$$
$$= -1 \times 1.86℃/(mol/kg) \times 5.368(mol/kg)$$
$$= -9.98℃$$

したがって，沸点と凝固点は次のようになる．

$$\Delta T_b = T_b(\text{solution}) - T_b(\text{solvent})$$
$$2.7℃ = T_b(\text{solution}) - 100.0℃$$
$$T_b(\text{solution}) = 102.7℃$$

$$\Delta T_f = T_f(\text{solution}) - T_f(\text{solvent})$$
$$-9.98℃ = T_f(\text{solution}) - 0.0℃$$
$$T_f(\text{solution}) = -10.0℃$$

**コメント**　純溶媒よりも液体となる温度の範囲が広くなっていることに留意しよう．

**演　習**

0.600 kg の $CHCl_3$ に 42.0 g のユーカリプトール $C_{10}H_{18}O$ を溶かした溶液の凝固点を求めよ（表 13.3 参照）．ユーカリプトールは，ユーカリの木の葉からみつかった芳香性の物質である

## 浸　透

セロファンや生体内の細胞膜などの膜には**半透性**がある．溶液と接触すると，これらの膜は水分子のような小さな分子のみを，分子のネットワークにある多数の小孔を通って透過させる．

濃度の異なる二つの溶液が半透膜で仕切られており，溶媒分子のみが透過できると考えてみよう．濃度の低い溶液（溶質濃度は低いが溶媒濃度は高い）から，濃度の高い溶液（溶質濃度が高く溶媒濃度が低い）への溶媒の移動速度は，逆方向の移動速度よりも大きい．したがって，溶質濃度の低い溶液から高い溶液への，溶媒分子の正味の移動が起こる．このような過程は**浸透**（osmosis）と呼ばれるが，**溶媒の正味の移動はつねに溶質濃度の高い溶液に向かって起こり，**それはあたかも溶液が互いの濃度を等しくしようとしているかのようにみえる．

▼**図 13.19** は，水溶液と純水の間で起こる浸透を示している．U字管の左側には純水，右側には水溶液が入っている．膜を介して，左から右へと正味の水の移動が起こる．その結果，両側の液面に差が生じる．液面差による圧力がしだいに大きくなっていくと，ある時点で水の正味の移動は停止する．

純水から水溶液への浸透を食い止めるために必要な圧力が**浸透圧**（osmotic pressure）である．浸透圧と等しい大きさの圧力を外部から溶液側に加えると，図 13.19 の右側の図に示すように，両側の液面差はなくなる．

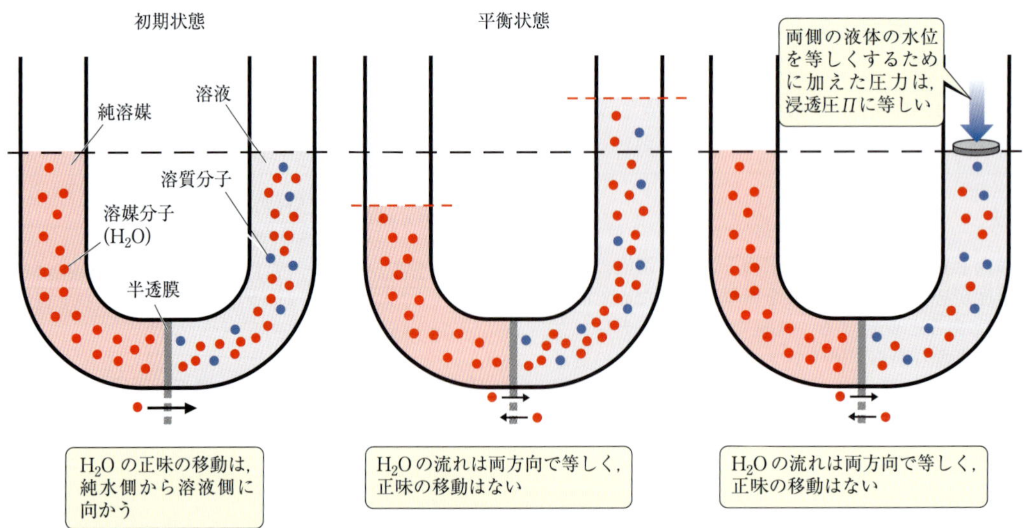


▲**図 13.19**　浸透とは，溶媒が半透膜を通して高濃度側に移動する現象である．

浸透圧は，理想気体の式と類似した形式の法則，$\Pi V = inRT$ に従う．ここで $\Pi$ は浸透圧，$V$ は溶液の体積，$i$ はファントホッフ係数，$n$ は溶質の物質量，$R$ は気体定数，$T$ は絶対温度である．この等式から，次式を導くことができる．

$$\Pi = i\left(\frac{n}{V}\right)RT = icRT \qquad [13.14]$$

ここで，$c$ は溶液のモル濃度である．いかなる溶液でも，浸透圧は濃度に依存するので，浸透圧は束一的な性質である．

もし浸透圧の等しい二つの溶液が半透膜で隔てられていると，浸透は起こらない．二つの溶液は互いに**等張**（isotonic）である．もし一方の溶液の濃度が低ければ，それは濃度の高い溶液に対して**低張**（hypotonic）である．濃度の高い溶液は，薄い溶液に対して**高張**（hypertonic）である．

**考えてみよう**

0.50 mol/kg と 0.20 mol/kg の二つの KBr 溶液では，どちらがもう一方に対して低張か．

浸透は生物にとって重要な役割をもつ．例えば，赤血球の細胞膜は半透性である．赤血球を細胞内液（細胞内にある溶液）よりも**高張**な溶液に入れると，水が細胞外へ移動する（▼ 図 13.20）．それにより細胞は収縮する．細胞内液より**低張**な溶液に細胞を入れると，水が細胞内へ移動する．それにより細胞は破裂する可能性があり，この過程は溶血と呼ばれる．体液や栄養の補給が必要だが経口摂取ができない人に対しては点滴静脈注射により輸液が行われ，栄養が直接静脈に注入される．赤血球の収縮や溶血が起こらないようにするため，点滴液は血球の細胞内液と等張になっていなければならない．

浸透に関しては，多くの興味深い生物学的な事例がある．塩水に漬けたキュウリは浸透によって水分を失い，縮んで漬物になる．塩辛い食品をたくさん食べる人は，浸透のために組織の細胞中や細胞間隙に多くの水分がたまりやすい．これによって**浮腫**と呼ばれるむくみや腫れが起こることがある．

土壌から植物の根への水の移動は，部分的には浸透によるものである．塩漬け肉や砂糖漬けの果物の表面では，バクテリアは浸透により水分を失い，収縮して死滅する．これにより食品が保存できる．

濃度の高い側から低い側への物質の移動は自発的である．生物の細胞は，水やその他の選択された物質を細胞膜を介して輸送することで，栄養分を取り込んだり老廃物を排出したりしている．物質が，濃度の低い側から高い側へと移動しなければならない場合もある．このような移動は**能動輸送**と呼ばれ，自発的ではないため，細胞はエネルギーを消費してこれを行っている．

青い矢印は水分子の正味の動きを表す

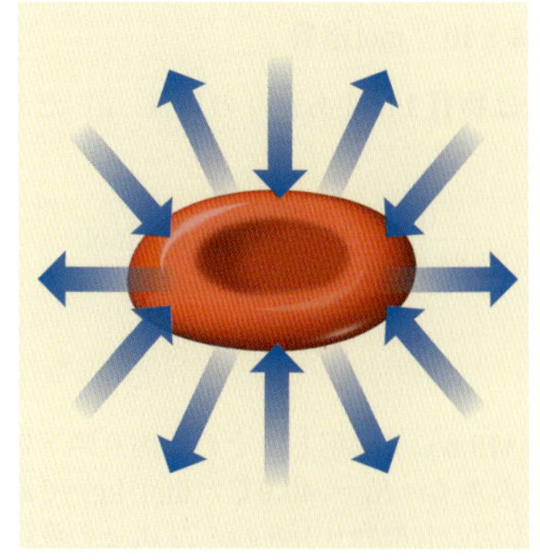

等張な媒質中では赤血球は収縮も膨張もしない

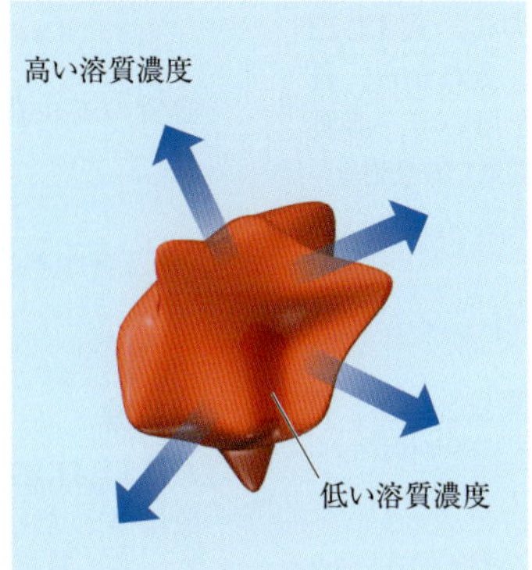


高張な媒質中におかれた赤血球の収縮

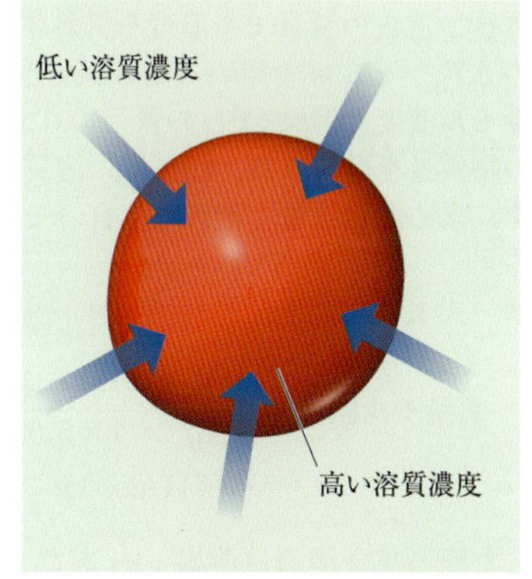


低張媒質中におかれた赤血球の溶血

**▲図 13.20　赤血球の細胞膜を通した浸透現象**

**考えてみよう**

0.10 mol/kg の NaCl 溶液の浸透圧は，0.10 mol/kg の KBr 溶液に比べて高いか，等しいか，それとも低いか．

## モル質量の決定

溶液の四つの束一的性質は，どれも溶質のモル質量の決定に用いることができる．その例を例題 13.10 に挙げる．

### 例題 13.9　浸透圧を含む計算

血液の平均浸透圧は 25℃で 7.7 atm である．血液と等張となるグルコース $C_6H_{12}O_6$ 溶液のモル濃度はいくらか．

**解　法**

**方針**　浸透圧と温度が与えられているので，式 13.14 を用いて解くことができる．グルコースは非電解質なので，$i = 1$ である．

**解**

$$\Pi = icRT$$

$$c = \frac{\Pi}{iRT} = \frac{7.7\ \mathrm{atm}}{1 \times \left(\dfrac{0.0821\ \mathrm{L \cdot atm}}{\mathrm{mol \cdot K}}\right)(298\ \mathrm{K})} = 0.31\ \mathrm{M}$$

**コメント**　臨床の場では，溶液の濃度は一般に質量百分率で示される．0.31 M のグルコース溶液の質量百分率は 5.3% である．血液と等張となる NaCl の濃度は 0.16 M だが，これは NaCl がイオン化し $Na^+$ と $Cl^-$ の 2 個の粒子となるからである（0.155 M NaCl 溶液は粒子数では 0.310 M となる）．0.16 M の NaCl 溶液は，NaCl の質量百分率では 0.9% となる．この溶液は生理食塩水として知られる．

**演　習**

20℃での 0.0020 M のスクロース $C_{12}H_{22}O_{11}$ 溶液の浸透圧はいくらか．

### 例題 13.10　沸点上昇を用いたモル質量の決定

未知の不揮発性の非電解質 0.250 g が，40.0 g の $CCl_4$ に溶けた溶液がある．この溶液の沸点は，純溶媒よりも 0.357℃高い．このことから，この溶質のモル質量を求めよ．

**解　法**

**方針**　溶質の質量モル濃度を計算するのに，式 13.12 の $\Delta T_b = iK_b m$ を用いることができる．それから，質量モル濃度と溶媒 $CCl_4$ の量（40.0 g）を用いて，溶質の物質量を計算する．最後に，溶質の質量（0.250 g）を，求めた物質量で割れば溶質のモル質量が求められる．

**解**　式 13.12 より，

$$\text{質量モル濃度} = \frac{\Delta T_b}{iK_b} = \frac{0.357\text{℃}}{1 \times 5.02\text{℃}/(\mathrm{mol/kg})} = 0.0711\ \mathrm{mol/kg}$$

したがって，溶液は溶媒 1 kg あたり 0.0711 mol の溶質を含む．溶液は 40.0 g = 0.04000 kg の溶媒（$CCl_4$）でつくられている．そこで，溶液中の溶質の物質量は，

$$(0.04000\ \mathrm{kg\ CCl_4})\left(0.0711\frac{\mathrm{mol}\ \text{質量}}{\mathrm{kg\ CCl_4}}\right) = 2.84 \times 10^{-3}\ \mathrm{mol}\ \text{溶質}$$

溶質のモル質量は物質 1 mol あたりの質量（g）だから，

$$\text{モル質量} = \frac{0.250\ \mathrm{g}}{2.84 \times 10^{-3}\ \mathrm{mol}} = 88.0\ \mathrm{g/mol}$$

**演　習**

樟脳 $C_{10}H_{16}O$ は 179.8℃で融解し，その凝固点降下定数はきわだって大きく，$K_f = 40.0$℃/(mol/kg) である．モル質量が不明の有機物 0.186 g が 22.01 g の液体樟脳に溶けたとき，混合物の凝固点は 176.7℃であった．溶質のモル質量はいくらか．

より深い理解のために

## ファントホッフ係数

溶液の束一的性質は，イオンであるか分子であるかにはかかわりなく，溶液に含まれる粒子の総濃度により決まる．つまり，0.100 mol/kg の NaCl 溶液の凝固点降下は，$Na^+$(aq) が 0.100 mol/kg，$Cl^-$ (aq) が 0.100 mol/kg となることから，(0.200 mol/kg) [1.86℃/(mol/kg)] = 0.372℃ となる．しかし，測定される凝固点降下の値はこれより小さく 0.348℃であり，同様の現象はその他の強電解質溶液でもみられる．例えば，0.100 mol/kg の KCl 溶液は，−0.344℃で凝固する．

強電解質において，束一的性質の理論値と測定値が異なるのは，イオン間の静電気的な引力による．イオンは溶液内を動き回っているが，反対の電荷をもつイオンどうしがぶつかり合うと，短時間だが“くっつき合う”現象がみられる．くっつき合っている間は，それらの粒子は“イオン対”と呼ばれ，1個の粒子のようにふるまう（▼ **図 13.21**）．そのため，独立した粒子の数は減少し，凝固点降下の減少をもたらす（沸点上昇，蒸気圧降下，浸透圧においても同様である）．

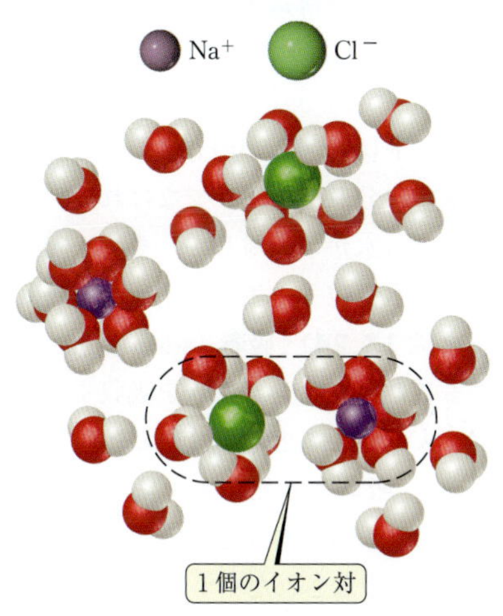


▲ **図 13.21 イオン対と束一的性質**
NaCl 溶液は解離した $Na^+$ (aq) と $Cl^-$ (aq) だけでなく，イオン対も含んでいる．

電解質がどの程度解離するかを示す数値の一つがファントホッフ係数，$i$ である．この係数は，束一的性質の測定値の，その物質が非電解質であると仮定したときの計算値に対する比として表される．例えば，凝固点降下の例では次のようになる．

$$i = \frac{\Delta T_f(\text{測定値})}{\Delta T_f(\text{非電解質の場合の計算値})} \qquad [13.15]$$

塩における $i$ の最大値は，化学式単位あたりのイオン数により決定される．例えば，NaCl は化学式単位あたり $Na^+$ と $Cl^-$ の 2 個のイオンからなるため，NaCl のファントホッフ係数の最大値は 2 である．同様に $K_2SO_4$ では，化学式単位あたり 2 個の $K^+$ と 1 個の $SO_4^{2-}$ からなるため 3 となる．溶液について実際の $i$ が得られていない場合には，各種の計算には最大値を用いることになる．

いくつかの濃度におけるファントホッフ係数を▼ **表 13.4** に示す．この表から二つの傾向が明らかである．まず，濃度が電解質の $i$ の値に影響を与えることである．濃度が薄くなると，$i$ は限界値に近づく．つまり，電解質溶液におけるイオン対の形成は希釈により減少する．次に，イオンの電荷が小さいほど，$i$ の限界値との差は小さくなるが，これはイオンの電荷が小さくなるとイオン対が減少するためである．これらの傾向は，静電気力による単純なものである．荷電粒子間の相互作用の力は，距離が離れるほど，また電荷が小さくなるほど減少する．

**表 13.4 いくつかの物質の 25℃におけるファントホッフ係数**

| 化合物 | 濃度 (mol/kg) 0.100 | 0.0100 | 0.00100 | 限界値 |
|---|---|---|---|---|
| スクロース | 1.00 | 1.00 | 1.00 | 1.00 |
| NaCl | 1.87 | 1.94 | 1.97 | 2.00 |
| $K_2SO_4$ | 2.32 | 2.70 | 2.84 | 3.00 |
| $MgSO_4$ | 1.21 | 1.53 | 1.82 | 2.00 |

## 13.6 コロイド

粘土は，粒子を細かくつぶして水の中に分散させても，重力によりやがて沈降してしまう．これは，粘土の粒子が数千あるいは数百万もの原子からなり，通常の分子と比べて大きいからである．一方，溶液中に分散した粒子（例えば食塩水中のイオンや砂糖水の中のスクロースなど）は小さい．これら両極の間に，典型的な分子よりは大きいが，重力の影響では沈降しない程度に小さい粒子が気体や液体に分散している場合がある．この中間的なタイプの分散は**コロイド分散**（colloidal dispersion），あるいは単に**コロイド**（colloid）と呼ばれる．

コロイドは，溶液と不均一混合物との境界となっている．溶液と同様に，コロイドも気体，液体あるいは固体として存在し得る．それぞれの例を▶ **表 13.5** に示した．

コロイドと溶液を区別するには，粒子のサイズが用いられる．コロイド粒子は直径が 5～1000 nm で，溶質は 5 nm よりも小さい．12 章で触れたナノ材料（§12.9）を液体に分散させるとコロイドになる．コロイド粒子は単一の巨大な分子からなることもある．例えばヘモグロビンは，血液中で酸素を運搬する分子だ

**表 13.5　コロイドの種類**

| コロイドの状態 | 分散媒体（分散媒） | 分散している物質（コロイド粒子） | コロイドの種類 | 例 |
|---|---|---|---|---|
| 気 体 | 気 体 | 気 体 | — | なし（すべて溶体） |
| 気 体 | 気 体 | 液 体 | エーロゾル | 霧 |
| 気 体 | 気 体 | 固 体 | エーロゾル | 煙 |
| 液 体 | 液 体 | 気 体 | 泡 | ホイップクリーム |
| 液 体 | 液 体 | 液 体 | エマルション | 牛 乳 |
| 液 体 | 液 体 | 固 体 | ゾ ル | ペンキ |
| 固 体 | 固 体 | 気 体 | 固体泡 | マシュマロ |
| 固 体 | 固 体 | 液 体 | 固体エマルション | バター |
| 固 体 | 固 体 | 固 体 | 固体ゾル | ルビーガラス |

が，その大きさは三次元的にみると 6.5 × 5.5 × 5.0 nm で，モル質量が 64500 g/mol である．

コロイド粒子は，顕微鏡下でも均一に見えるほど小さいが，光を散乱させる．その結果，ほとんどのコロイドは濁って，あるいは不透明に見える．日本で通常市販されている牛乳（均質化乳あるいはホモジナイズ牛乳と呼ばれる）は脂肪やタンパク質が水に分散したコロイドである．

コロイドは光を散乱するので，コロイドを透過していく光線を見ることができる（▶ 図 13.22）．このようなコロイド粒子による光の分散は，**チンダル現象**（Tyndall effect）として知られており，埃っぽい土の道で車のライトの光線が見えたり，樹冠を抜けてくる太陽の光が見えたりするのはこのためである．すべての波長の光が同程度に散乱するわけではない．可視光の紫端は，赤端に比べより散乱が大きい．その結果，太陽が地平線の近くにあり大気が塵や煙などのコロイド粒子を含んでいると，見事な赤い夕日が見られる．

## 親水コロイドと疎水コロイド

コロイドの中で最も重要なのは，水が分散媒となっているものである．これらのコロイドには，**親水性**（hydrophilic，水を好むの意）あるいは**疎水性**（hydrophobic，水を恐れるの意）のものがある．人体内で，酵素や抗体などの非常に大きな分子は親水コロイドで，それらをとりまく水分子との相互作用により懸濁している．親水性の分子は折りたたまれて特定の構造をとるが，その際に疎水基が水分子から離れて“内部に”位置し，極性基は表面に位置して水分子と相互作用するような構造となっている．親水基は一般的に酸素や窒素を含み，しばしば電荷をもつ（▶ 図 13.23）．

疎水コロイドは，何らかの方法で安定化された場合にのみ，水中に分散できる．でなければ，水との親和性がないので，水から分離してしまう．安定化の方法の一つは，疎水性粒子の表面にイオンを吸着することである（▶ 図 13.24）［**吸着**（adsorption）とは，表面に付着すること．スポンジが水を吸収する，というように内部に入り込むことを意味する**吸収**（absorption）とは異なる］．吸着されたイオンは水との相互作用が可能で，それによりコロイドは安定化する．同時に，コロイド粒子に吸着されたイオンどうしの反発により，コロイド粒子の凝集が妨げられ，水中に分散した状態が保たれる．

疎水コロイドは，それらの表面に親水性のものがある場合にも安定化される．例えば油滴は疎水性で，水中で分散状態を保てず，集合して水面で油膜を形成してしまう．ステアリン酸ナトリウム（▶ 図 13.25）のような親水性（極性あるいは電荷をもつ）の一端と疎水性（無極性）の一端をもつ物質ならどれでも，油の水への分散を安定化させることができる．安定化は，ステアリン酸イオンの疎水性末端の油との相互作用と，親水性末端の水との相互作用によるものである．

**考えてみよう**

ステアリン酸ナトリウムで安定に乳濁している油滴が，凝集してより大きな油滴を形成しないのはなぜか．

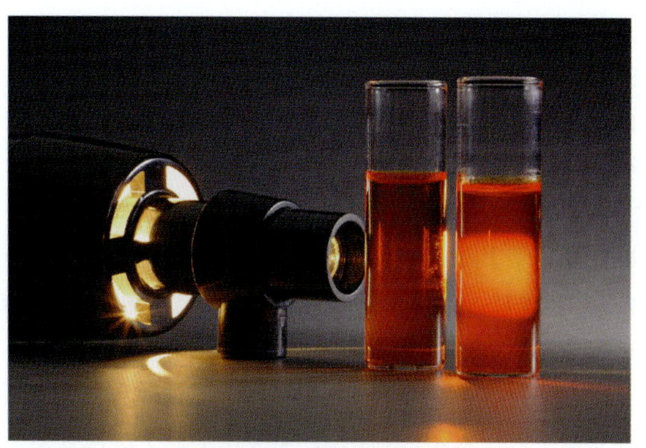

▲図 13.22　実験室でみられるチンダル現象
右側の容器には，コロイド分散液が入っている．左側には溶液が入っている．

分子表面にある極性の親水基と電荷をもつ基が，分子を水やその他の極性溶媒中に分散するのを助ける
N
H
O
C

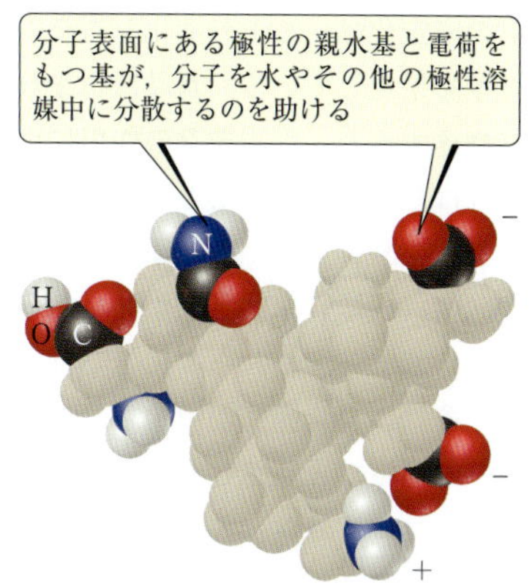

▲図 13.23　親水コロイド粒子
巨大分子を水に懸濁させておくのに役立つ親水基の例．

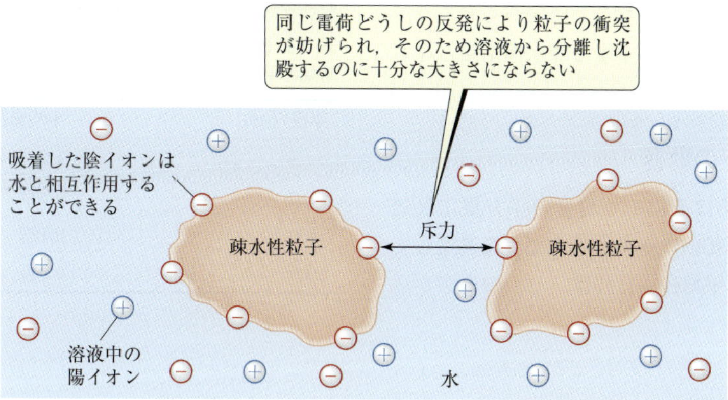

同じ電荷どうしの反発により粒子の衝突が妨げられ，そのため溶液から分離し沈殿するのに十分な大きさにならない
吸着した陰イオンは水と相互作用することができる
疎水性粒子
斥力
疎水性粒子
溶液中の陽イオン
水

▲図 13.24　吸着した陰イオンによって安定化された疎水コロイド

ステアリン酸イオン
Na+
疎水性末端
親水性末端
油滴
水

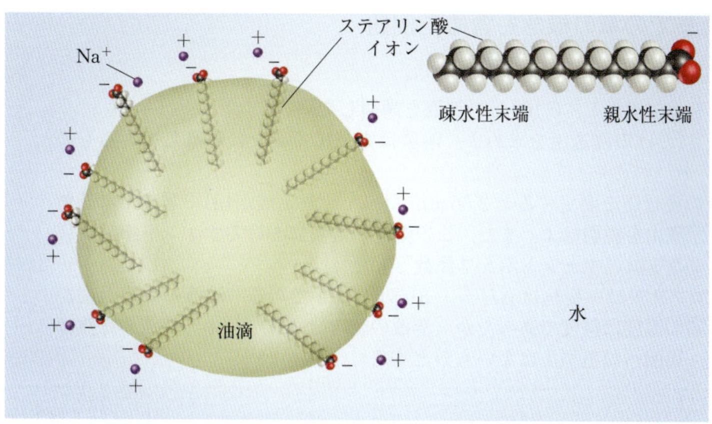

▲図 13.25　ステアリン酸イオンによる水中における油のエマルションの安定化

コロイドの安定化は，ヒトの消化システムにおいて興味深い役割を果たしている．食品に含まれていた脂肪が小腸に到達すると，ホルモンの作用により胆のうから胆汁と呼ばれる液体が分泌される．胆汁の構成成分にはステアリン酸ナトリウムと類似した化学構造，すなわち親水性（極性）末端と疎水性（無極性）末端をもつものが含まれる．これらの化合物は小腸内で脂肪を乳化し，それにより脂肪が消化され，脂溶性ビタミンが小腸壁を通って吸収されるようになる．

**乳化**とは“エマルション（乳濁液）を形成する”という意味で，牛乳の例（表 13.5）のように，ある液体が別の液体とエマルションを形成している状態である．エマルションの形成を助ける物質は乳化剤と呼ばれる．食品などのラベルをみれば，さまざまな化学物質が乳化剤として使われていることに気づくだろう．これらの物質は通常，親水性末端と疎水性末端とをもつ．

## 液体中のコロイドの動き

10 章で，気体分子はそのモル質量の平方根に反比例する速度をもち，互いに衝突するまで直線運動していることを学んだ．平均自由行程は，一つの衝突から次の衝突までに分子が進む平均距離である（§10.8）．気体分子運動論（§10.7）では，気体分子はつねにランダムな方向に運動しているとみなす．コロイド溶液中のコロイド粒子も，溶媒分子との衝突を繰り返してランダムな向きの運動をしている．コロイド粒子は溶媒分子よりもずっと大きいので，その運動の度合いは非常に小さいが，その運動は**ブラウン運動**（Brownian motion）と呼ばれる．1905 年にアインシュタインはコロイド粒子の平均自由行程の平方根を導き出す方程式を見出した．コロイド粒子が大きくなるほどその平均自由行程は小さくなる（▼ 表 13.6）．今日では，ブラウン運動の理解はチーズ製造から医学の造影技術にいたるさまざまなことに役立っている．

**表 13.6　20℃の水に分散した非帯電球状コロイド粒子の 1 時間の平均自由行程の計算値**

| 半径（nm） | 平均自由行程（mm） |
|---|---|
| 1 | 1.23 |
| 10 | 0.390 |
| 100 | 0.123 |
| 1000 | 0.039 |

## 総合問題　これまでの章の概念も含めた例題

0.441 g の $CaCl_2$ (s) を水に溶かし，0.100 L の溶液を調製した．

(a) この溶液の 27℃における浸透圧を求めよ．溶質は完全にイオンに解離しているものとする．

(b) 27℃でこの溶液の浸透圧を測定すると 2.56 atm だった．測定値が(a)で求めた計算値より小さくなった理由を説明せよ．また，この溶液の溶質におけるファントホッフ係数 ($i$) を求めよ（コラム“ファントホッフ係数”参照）．

(c) $CaCl_2$ の溶解のエンタルピー変化は $\Delta H = -81.3$ kJ/mol である．溶液の最終温度が 27℃のとき，最初の温度は何度であったか（溶液の密度は 1.00 g/mL，溶液の比熱は 4.18 J/g·K とし，周囲への熱損失はないものとする）．

### 解　法

**解**　(a) 浸透圧は，式 13.14 により $\Pi = icRT$ で求められる．温度は $T = 27℃ = 300$ K，気体定数は $R = 0.0821$ L·atm/mol·K である．$CaCl_2$ の質量と溶液の体積より，溶液のモル濃度は次のように求められる．

$$\text{モル濃度} = \left(\frac{0.441\ \text{g CaCl}_2}{0.100\ \text{L}}\right)\left(\frac{1\ \text{mol CaCl}_2}{110\ \text{g CaCl}_2}\right) = 0.0397\ \text{mol CaCl}_2/\text{L}$$

水溶性のイオン化合物は強電解質である（§4.1，§4.3）．つまり，$CaCl_2$ は金属陽イオン（$Ca^{2+}$）と非金属陰イオン（$Cl^-$）に解離する．完全に解離すれば，それぞれの $CaCl_2$ は化学式単位で 3 個のイオン（1 個の $Ca^{2+}$ と 2 個の $Cl^-$）を形成する．したがって，浸透圧は以下のようになる．

$$\begin{aligned}\Pi &= icRT\\ &= (3)(0.0397\ \mathrm{mol/L})(0.0821\ \mathrm{L{\cdot}atm/mol{\cdot}K})(300\ \mathrm{K})\\ &= 2.93\ \mathrm{atm}\end{aligned}$$

(**b**) 電解質の束一的性質の実際の値は計算値より小さくなるが，これはイオン間の静電気的相互作用がイオンの独立した運動を制限するからである．この例では，電解質が実際にはどの程度イオンに解離しているかを示すファントホッフ係数は以下のように求められる．

$$\begin{aligned}i &= \frac{\Pi(\text{測定値})}{\Pi(\text{非電解質の場合の計算値})}\\ &= \frac{2.56\ \mathrm{atm}}{(0.0397\ \mathrm{mol/L})(0.0821\ \mathrm{L{\cdot}atm/mol{\cdot}K})(300\ \mathrm{K})}\\ &= 2.62\end{aligned}$$

したがって，$CaCl_2$ は理想的な 3 個の粒子ではなく，実際には 2.62 個の粒子に解離したようにふるまっている．

(**c**) $CaCl_2$ 濃度が 0.0397 M，体積が 0.100 L の溶液であれば，溶質の物質量は (0.100 L) × (0.0397 mol/L) = 0.003 97 mol となる．したがって，溶液を形成する際に発生する熱は (0.003 97 mol)(−81.3 kJ/mol) = −0.323 kJ である．溶液はこの熱を吸収し，温度が上昇する．温度変化と熱の関係は，式 5.17 により与えられる．

$$q = (\text{比熱})(\text{質量})(\Delta T)$$

溶液が吸収する熱は，$q = +0.323$ kJ = 323 J である．0.100 L の溶液の質量は (100 mL) × (1.00 g/mL) = 100 g である（有効数字 3 桁）．これにより，温度変化は以下のように求められる．

$$\begin{aligned}\Delta T &= \frac{q}{(\text{溶液の比熱})(\text{溶液の質量 (g)})}\\ &= \frac{323\ \mathrm{J}}{(4.18\ \mathrm{J/g{\cdot}K})(100\ \mathrm{g})} = 0.773\ \mathrm{K}\end{aligned}$$

絶対温度は摂氏温度と同じスケールなので（§1.4），溶液の温度は 0.773℃ 上昇したことになり，最初の温度は 27℃ − 0.773℃ = 26.2℃ であったことがわかる．

## 章のまとめとキーワード

**溶解の過程（§13.1）** ある物質（溶質）が他の物質（溶媒）中の全体にわたって均一に分散すると，溶液になる．溶媒分子が溶質粒子を取り囲む引力的相互作用を**溶媒和**といい，溶媒が水の場合は**水和**という．イオン性化合物は，解離したイオンが極性をもつ水分子により水和されて，水に溶解する．溶解に伴うエンタルピー変化は，正の値になる場合と負の値になる場合がある．負のエンタルピー変化（発熱過程）は，溶液の形成に有利である．溶解に伴い，溶質がばらばらになるので乱雑さが増す，すなわちエントロピーは増大する．これは，溶解が自発的に起こる因子の一つである．

**飽和溶液と溶解度（§13.2）** 飽和溶液と溶解していない溶質との平衡は動的で，溶解とその逆の過程である**結晶化**が同時に起こっている．平衡状態では，溶解と結晶化の二つの過程が同じ速度で起こっており，溶液は**飽和**している．溶質の量が溶液を飽和するのに必要な量より少ない溶液は**不飽和**状態にあり，溶質の濃度が平衡濃度を超えている溶液は**過飽和**な状態になっている．過飽和は不安定であり，溶質の種結晶を用いると，溶液から溶質の一部が析出する．一定の温度で一定量の溶媒に溶質を溶かし飽和溶液をつくるのに必要な溶質の量を，その温度での溶質の**溶解度**という．

**溶解度に影響を及ぼす因子（§13.3）** 溶解度は次の因子に依存する．一つは物質がより分散した状態になって系がより乱雑になろうとする傾向であり，もう一つは溶質どうしや溶媒どうしの分子間エネルギーと溶質-溶媒間の相互作用の大きさである．極性あるいはイオン性の溶質は極性溶媒に溶けやすく，無極性溶質は無極性溶媒に溶けやすい（似たものは似たものに溶ける）．あらゆる比率で混ざり合う液体の組合せは**混和性**，互いに溶け合わない液体の組合せは**非混和性**という．

溶媒と溶質間の水素結合は，溶解度に重要な役割を果たしていることが多い．例えば，エタノールと水は互いに水素結合を形成し，混和性である．液体に対する気体の溶解度は，溶液に加わる気体の圧力に比例し，そのようすは**ヘンリーの法則** $S_g = kP_g$ で表される．水に対する固体の溶解度は，ほとんどの場合溶液の温度が高くなるにつれて増加するのに対して，水に対する気体の溶解度は，温度が高くなるにつれて減少する．

**濃度の表し方（§13.4）**　溶液の濃度は，**質量百分率**［(溶質質量/溶液の質量) × $10^2$]，**百万分率（ppm）**，**十億分率（ppb）**，**モル分率**など，いろいろな単位で表すことができる．**モル濃度**（mol/L あるいは M）は，溶液 1 L あたりの溶質の物質量，また**質量モル濃度**（mol/kg）は溶媒 1 kg あたりの溶質の物質量である．溶液の密度がわかっている場合は，モル濃度を他の濃度単位に変換することができる．

**束一的性質（§13.5）**　溶質の種類にかかわらず，溶質粒子の個数濃度に依存する溶液の物理的性質を**束一的性質**という．束一的性質には，蒸気圧降下，凝固点降下，沸点上昇，浸透圧などがある．**ラウールの法則**は蒸気圧降下を表した法則で，理想溶液はラウールの法則に従う．多くの場合，溶媒どうし，溶質どうしおよび溶質-溶媒間の分子間力の差が，理想溶液からのずれの原因となっている．

不揮発性の溶質が溶けている溶液は，純溶媒よりも沸点が高い．溶質濃度 1 mol/kg の溶液の沸点と純溶媒の沸点との差を**モル沸点上昇定数**（$K_b$）という．同様に，溶質濃度 1 mol/kg の溶液の凝固点と純溶媒の凝固点との差を**モル凝固点降下定数**（$K_f$）という．沸点や凝固点の変化は，$\Delta T_b = iK_bm$ および $\Delta T_f = iK_fm$ で与えられる．NaCl が水に溶解する場合，1 mol につき 2 mol の溶質粒子が生じる．したがって，同じ濃度の非電解質水溶液と比べて，沸点上昇や凝固点降下は約 2 倍大きくなる．他の強電解質溶液にも同様の考え方が適用できる．

浸透とは，半透膜を通して溶媒分子が低濃度溶液から高濃度溶液に移動する現象である．この溶媒の移動により浸透圧（$\Pi$）が生じ，浸透圧は atm のような気体の圧力と同じ単位で表すことができる．浸透圧は溶液のモル濃度（$c$）に比例し，$\Pi = icRT$ と表すことができる．細胞膜は，水分子は透過させるがイオンや大きな分子の透過は制限するような半透膜であるため，浸透は生命体にとって重要な現象である．

**コロイド（§13.6）**　分子よりは大きいが，溶媒の中では極めて長時間懸濁し続けられるくらいに小さい粒子は，**コロイド**や**コロイド分散体**をつくる．溶液と不均一混合物の中間であるコロイドは，実用上多方面で応用されている．コロイドの有用な物理的性質の一つには，可視光線を散乱する**チンダル現象**がある．水性のコロイドは**親水コロイド**と**疎水コロイド**に分類される．親水コロイドは生物の体内によくみられ，酵素や抗体のような大きな分子の集合体が体液に懸濁した状態を保っている．それは，これらの分子の表面に極性や電荷をもった原子団があるために，水とよく相互作用できるからである．液体中のコロイド粒子は，気体分子のランダムな三次元運動に似た**ブラウン運動**をする．

## 練　習　問　題

**13.1**　次の容器を，内容物のエントロピーが大きい順に示せ．[§13.1]

(a)

(b)

(c)

**13.2**　一価の陽イオンと一価の陰イオンからなる 2 種のイオン結晶がある．この 2 種の結晶は異なる格子エネルギーをもつものとする．次の問いに答えよ．

(a) 水に対する 2 種の結晶の溶解度は同程度だろうか．

(b) もし二つの溶解度が異なるとしたら，格子エネルギーの大きいほうと小さいほうのどちらが水に溶けやすいだろうか．溶質-溶媒相互作用は等しいものとせよ．[§13.1]

**13.3**　ビタミンには，水に溶けやすい**水溶性**（water-soluble）のものと，油脂や脂肪に溶けやすい**脂溶性**（fat-soluble）のものがある．ビタミン $B_6$ と E の構造を次に示す．どちらが水溶性で，どちらが脂溶性かを推定せよ．なお，赤は酸素，青は窒素を表している．[§13.3]

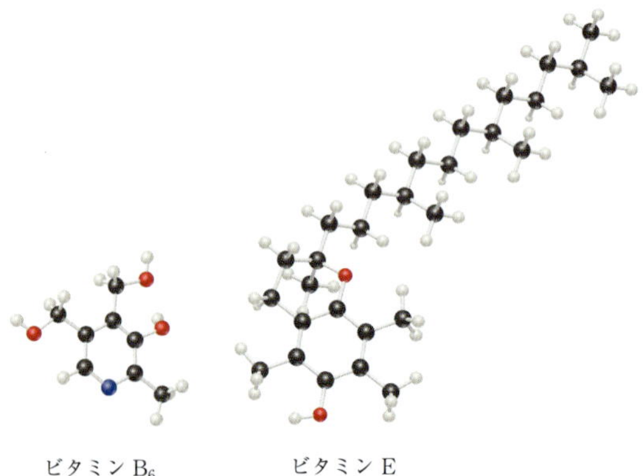


**13.4**　次の図は，溶液を入れた同じメスフラスコを，異なる二つの温度に保ったときのようすを示している．次の問いに答えよ．

(a) 温度が変われば溶液のモル濃度は変化するといえるだろうか.
(b) 温度が変われば溶液の質量モル濃度は変化するといえるだろうか. [§13.4]

**13.5** 柔軟性のある半透膜でできた風船があり，その中はある溶質の 0.2 M 溶液で満たされている．これを同じ溶質 0.1 M 溶液に浸した．最初の時点では風船内の溶液の体積は 0.25 L であった．風船の外の溶液が十分に多量にあるとして，この系が平衡に達した後の風船内部の溶液量を答えよ．[§13.5]

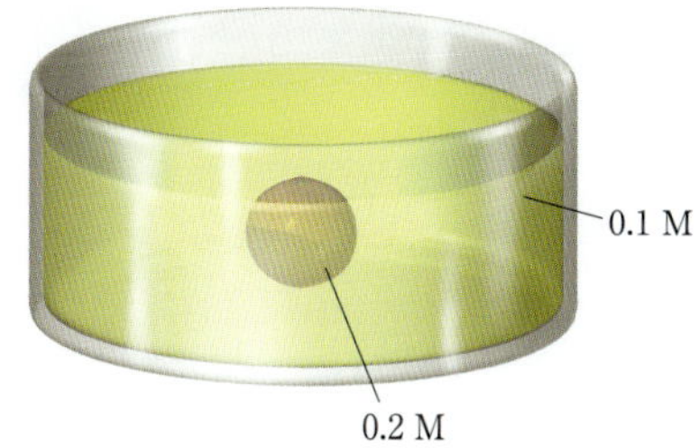


**13.6** 次のそれぞれの溶液について，最も重要な溶質-溶媒相互作用の種類（§11.2）を答えよ.
(a) $CCl_4$ のベンゼン $C_6H_6$ 溶液，(b) メタノール $CH_3OH$ の水溶液，(c) KBr の水溶液，(d) HCl のアセトニトリル $CH_3CN$ 溶液 [§13.1]

**13.7** どちらも無極性の液体であるヘキサン $C_6H_{14}$ とヘプタン $C_7H_{16}$ を混合した．次の問いに答えよ.
(a) $\Delta H_{soln}$ の値は，大きな正，大きな負，ゼロ付近のいずれであるか.
(b) ヘキサンとヘプタンは任意の割合で混じり合う．二つの液体を混ぜたときには，混ぜる前に比べてエントロピーは増加する，減少する，変わらないのいずれであるか．[§13.1]

**13.8** 図 13.14 を参考にして，40℃で 100 g の水に次のイオン性固体 40.0 g を加えて溶かしたときに飽和溶液となるのはどれか.
(a) $NaNO_3$，(b) KCl，(c) $K_2Cr_2O_7$，(d) $Pb(NO_3)_2$ [§13.2，§13.3]

**13.9** 実験室でよく使われる溶媒に，アセトン $CH_3COCH_3$，メタノール $CH_3OH$，トルエン $C_6H_5CH_3$，および水がある．このうち，無極性の溶質を最もよく溶かすものはどれか．[§13.2，§13.3]

**13.10** (a) 483 g の水に 10.6 g の $Na_2SO_4$ を溶かした. $Na_2SO_4$ の質量%はいくらか.
(b) ある鉱石は 1 t あたり 2.86 g の銀を含んでいる．銀の濃度を ppm 単位で表せ．[§13.4]

**13.11** 184 g の水に 14.6 g の $CH_3OH$ を溶かした．この中の $CH_3OH$ に関して次のそれぞれを求めよ.
(a) モル分率，(b) 質量%，(c) 質量モル濃度 [§13.4]

**13.12** 固体の KBr を水に溶かして次の水溶液をつくるには，どれだけの KBr をどのように溶かすのかを示せ.
(a) $1.5 \times 10^{-2}$ M の水溶液 0.75 L
(b) 0.180 mol/kg の水溶液 125 g
(c) 12.0 質量 % の水溶液 1.85 L（溶液の密度は 1.10 g/mL）
(d) 0.480 mol の $AgNO_3$ 溶液から 16.0 g の AgBr を沈殿させるのにちょうどの量の KBr を含む 0.150 M の水溶液 [§13.4]

**13.13** 市販の濃硝酸の密度は 1.42 g/mL，濃度は 16 M である．濃 $HNO_3$ の質量%を求めよ．[§13.4]

**13.14** 真鍮は銅と亜鉛の合金である．ある種の真鍮は質量比で 80.0%の Cu と 20.0%の亜鉛を含んでおり，その密度は 8750 kg/$m^3$ である．この合金中の Zn の質量モル濃度とモル濃度はそれぞれいくらであるか．[§13.4]

**13.15** 不揮発性の溶質を液体の溶媒に溶かすものとする．次の記述の真偽を答えよ.
(a) 溶液の凝固点は純溶媒のそれよりも高い.
(b) 溶液の凝固点は純溶媒のそれよりも低い.
(c) 溶液の沸点は純溶媒のそれよりも高い.
(d) 溶液の沸点は純溶媒のそれよりも低い．[§13.5]

**13.16** 表 13.3 を用いて，次の溶液の凝固点と沸点を求めよ.
(a) 0.22 mol/kg のグリセリン $C_3H_8O_3$ のエタノール溶液
(b) 0.240 mol のナフタレン $C_{10}H_8$ を溶かした 2.45 mol のクロロホルム
(c) 1.50 g の NaCl を溶かした 0.250 kg の水
(d) 2.04 g の KBr と 4.82 g のグルコースを溶かした 188 g の水 [§13.5]

**13.17** 44.2 mg のアスピリン $C_9H_8O_4$ を 25℃の水に溶かした．この溶液の体積は 0.358 L である．この水溶液の浸透圧を求めよ．[§13.5]

**13.18** リゾチームはバクテリアの細胞壁を壊す酵素である. 0.150 g のリゾチームを含む 210 mL の溶液の浸透圧が 25℃で 0.001 254 atm であった．リゾチームのモル質量を求めよ．[§13.5]

**13.19** 乳化剤とは親水性溶媒中に疎水コロイドを安定化する（または疎水性溶媒中に親水コロイドを安定化する）化合物である．次の化合物のうち乳化剤として適しているものはどれか.
(a) $CH_3COOH$，(b) $CH_3CH_2CH_2COOH$，
(c) $CH_3(CH_2)_{11}COOH$，(d) $CH_3(CH_2)_{11}COONa$ [§13.6]

# 付録 A 各種演算の方法

## A1 指数表記

化学では，極端に大きい数値や小さい数値を取り扱うことが多い．そのような数値を表すときには，次のような指数表記を用いると便利である．

$$N \times 10^{n}$$

ここで $N$ は 1 と 10 の間の数で，$n$ は指数である．指数表記すなわち科学的記数法を用いると，

1 200 000 は $1.2 \times 10^{6}$
0.000 604 は $6.04 \times 10^{-4}$

と表される．最初の例のように指数が正の値の場合には，その数と同じ回数だけ 10 を掛ければ，通常の数の表記方法に戻すことができる．

$$\begin{aligned} 1.2 \times 10^{6} &= 1.2 \times 10 \times 10 \times 10 \times 10 \times 10 \times 10 \\ &= 1\,200\,000 \end{aligned}$$

または，指数が正の値の場合には，その数と同じ桁数だけ，小数点を左に移して，1 と 10 の間の数値をつくったのだと考えてもよい．例えば，3450 という数値の小数点を 3 桁左に移して 3.45 という数にし，指数 3 を用いれば，$3.45 \times 10^{3}$ という表記になる．

指数が負の値であるときには，その数と同じ回数だけ 10 で割れば，通常の数の表記に戻すことができる．

$$6.04 \times 10^{-4} = \frac{6.04}{10 \times 10 \times 10 \times 10} = 0.000604$$

指数が負の値の場合には，その数と同じ桁数だけ，小数点を右に移して，1 と 10 の間の数値をつくったのだと考えてもよい．例えば，0.0048 という数値の小数点を 3 桁右に移して 4.8 という数にし，指数 $-3$ を用いれば，$4.8 \times 10^{-3}$ という表記になる．

指数表記では，小数点を 1 桁右に移すごとに，指数が 1 だけ小さくなる．

$$4.8 \times 10^{-3} = 48 \times 10^{-4}$$

また，小数点を 1 桁左に移すごとに，指数が 1 だけ大きくなる．

$$4.8 \times 10^{-3} = 0.48 \times 10^{-2}$$

関数電卓には，たいてい EXP か EE と書かれたキーがついており，これを使えば指数表記を入力することができる．$5.8 \times 10^{3}$ と入力する場合には，

[5] [・] [8] [EXP]（または[EE]）[3]

とすればよい．電卓での指数の表示法は，機種によって異なる．負の値の指数を入力する場合には，“+/−” と書かれたキーを使う．$8.6 \times 10^{-5}$ と入力する場合には，

[8] [・] [6] [EXP] [+/−] [5]

とすればよい．

$10^{0} = 1$ であることを覚えておこう．また，以下の規則も役立つ．

**1．加算と減算**　指数表記された数の加算や減算は，指数の値が等しい数値どうしでしか行えない．

$$\begin{aligned} &(5.22 \times 10^{4}) + (3.21 \times 10^{2}) \\ &\quad = (522 \times 10^{2}) + (3.21 \times 10^{2}) \\ &\quad = 525 \times 10^{2} \ (\text{有効数字 3 桁}) \\ &\quad = 5.25 \times 10^{4} \\ &(6.25 \times 10^{-2}) + (5.77 \times 10^{-3}) \\ &\quad = (6.25 \times 10^{-2}) - (0.577 \times 10^{-2}) \\ &\quad = 5.67 \times 10^{-2} \ (\text{有効数字 3 桁}) \end{aligned}$$

関数電卓は，指数の値が異なる数値間の加算・減算を自動的に行ってくれる．

**2．乗算と除算**　指数表記された数値の乗算を行うときには，指数を加え，除算を行うときには分子の指数から分母の指数を引く．

$$(5.4 \times 10^2)(2.1 \times 10^3) = (5.4)(2.1) \times 10^{2+3} = 11 \times 10^5 = 1.1 \times 10^6$$

$$(1.2 \times 10^5)(3.22 \times 10^{-3}) = (1.2)(3.22) \times 10^{5+(-3)} = 3.9 \times 10^2$$

$$\frac{3.2 \times 10^5}{6.5 \times 10^2} = \frac{3.2}{6.5} \times 10^{5-2} = 0.49 \times 10^3 = 4.9 \times 10^2$$

$$\frac{5.7 \times 10^7}{8.5 \times 10^{-2}} = \frac{5.7}{8.5} \times 10^{7-(-2)} = 0.67 \times 10^9 = 6.7 \times 10^8$$

**3．累乗（または，べき）と累乗根（こん）**　指数表記された数値を $n$ 乗するときには，指数に $n$ を掛ける．指数表記された数値の $n$ 乗根を計算するときには，指数を $n$ で割る．

$$(1.2 \times 10^5)^3 = (1.2)^3 \times 10^{5\times3} = 1.7 \times 10^{15}$$

$$\sqrt[3]{2.5 \times 10^6} = \sqrt[3]{2.5} \times 10^{6/3} = 1.3 \times 10^2$$

関数電卓には $x^2$ や $\sqrt{x}$ と書かれたキーがあり，それぞれ 2 乗と平方根の計算に用いる．$y^x$ や $\sqrt[x]{y}$（あるいは INV $y^x$）という関数のある電卓もある．

### 例題 1　指数表記の使い方

以下の計算をせよ．電卓を使ってもよい．
(a) 0.0054 を指数表記にせよ．
(b) $5.0 \times 10^{-2} + 4.7 \times 10^{-3}$
(c) $(5.98 \times 10^{12})(2.77 \times 10^{-5})$
(d) $\sqrt[4]{1.75 \times 10^{-12}}$

**解　法**

解　(a) 0.0054 を 5.4 にするには，小数点を 3 桁右にずらすから，指数は $-3$ となる．したがって，$5.4 \times 10^{-3}$.
(b) 手計算で加減算を行うときには，指数の値をそろえなくてはならない．

$$5.0 \times 10^{-2} + 0.47 \times 10^{-2} = (5.0 + 0.47) \times 10^{-2} = 5.5 \times 10^{-2}$$

(c) $(5.98 \times 2.77) \times 10^{12-5} = 16.6 \times 10^7 = 1.66 \times 10^8$
(d) 電卓を使って計算する．$1.15 \times 10^{-3}$ と求められる．

**演　習**
次の計算をせよ．
(a) 67 000 を有効数字が 2 桁であるような指数表記にせよ．
(b) $3.378 \times 10^{-3} - 4.97 \times 10^{-5}$
(c) $(1.84 \times 10^{15})(7.45 \times 10^{-2})$
(d) $(6.67 \times 10^{-8})^3$

## A2　対　数

### 常 用 対 数

10 を底とする常用対数（common logarithm, log と略記）とは，ある数が 10 の何乗であるかを表す数値である．例えば，10 の 3 乗は 1000 になるから，1000 の常用対数は 3 である．

他の例としては次のようなものがある．

$$\log 10^5 = 5$$
$$\log 1 = 0$$
$$\log 10^{-2} = -2$$

10 の 0 乗が 1 であることを思い出そう．これらの例では常用対数を暗算で求めることは容易だが，31.25 などのような数の常用対数を暗算で求めることはできない．31.25 の常用対数とは，下の式を満たすような $x$ の値に相当する．

$$10^x = 31.25$$

しかし，たいていの関数電卓には log と書かれたキーがあるので，それを使えば次のように常用対数を簡単に求めることができる．

$$\log 31.25 = 1.4949$$

31.25 という数値が $10(10^1)$ よりも大きく $100(10^2)$ よりも小さいことを考えれば，その常用対数が 1 と 2 の間の値になることがわかる．

### 自 然 対 数

数 e を底とする対数を自然対数（natural logarithm）といい，ln と略記する．e は無理数で，およその値は 2.718 28 …である．自然対数とは，ある数が e の何乗であるかを表す数値である．10 の自然対数は 2.303 となる．

$$e^{2.303} = 10$$
$$\ln 10 = 2.303$$

関数電卓の “ln” と書かれたキーを押せば，自然対数を求めることができる．

ある数の逆自然対数（natural antilog）とは，e をその数だけ累乗した値のことである．関数電卓にはたいてい，逆自然対数の機能がついており，“$e^x$” と書かれたキーがそれにあたる．1.679 の逆自然対数は次のようになる．

$$1.679 \text{ の逆自然対数} = e^{1.679} = 5.36$$

常用対数と自然対数との関係は次のようになる．

$$\ln a = 2.303 \log a$$

### 対数の演算

対数の演算は，指数の演算の規則に準ずる．指数の演算の場合，$z$ を任意の数としたときに，$z^a$ と $z^b$ の積は次のようになる．

$$z^a \cdot z^b = z^{(a+b)}$$

同様に，自然対数であれ常用対数であれ，二つの数値の積の対数は，それぞれの対数の和に等しい．

$$\log ab = \log a + \log b \qquad \ln ab = \ln a + \ln b$$

同様に，以下の関係も導かれる．

$$\log (a/b) = \log a - \log b \qquad \ln (a/b) = \ln a - \ln b$$
$$\log a^n = n \log a \qquad \ln a^n = n \ln a$$
$$\log a^{1/n} = (1/n) \log a \qquad \ln a^{1/n} = (1/n) \ln a$$

### pH の問題

化学では，pH の計算をするときに対数を使うことが多い．pH は，$[H^+]$ を水素イオン濃度として $-\log [H^+]$ で表される（§16.4）．

### 例題 2　対数の使い方

**(a)** 水素イオン濃度が 0.015 M であるような水溶液の pH はいくらか．

**(b)** pH が 3.80 であるような水溶液の水素イオン濃度はいくらか．

#### 解　法

解　**(a)** $[H^+]$ がわかっているので，電卓の log キーを使って $\log [H^+]$ の値を求めた後，符号を逆にする．対数を求めた後で符号を逆にすること．

$$[H^+] = 0.015$$
$$\log [H^+] = -1.82 \text{（有効数字 2 桁）}$$
$$pH = -(-1.82) = 1.82$$

**(b)** pH の値から水素イオン濃度を求めるには，$-$pH の逆常用対数（antilog）をとる．

$$pH = -\log [H^+] = 3.80$$
$$\log [H^+] = -3.80$$
$$[H^+] = \text{antilog}(-3.80) = 10^{-3.80}$$
$$= 1.6 \times 10^{-4} \text{ M}$$

#### 演　習

次の計算をせよ．

**(a)** $\log (2.5 \times 10^{-5})$，**(b)** $\ln 32.7$，**(c)** $-3.47$ の逆常用対数，**(d)** $e^{-1.89}$

## A3　二 次 方 程 式

$ax^2 + bx + c = 0$ の形の方程式を二次方程式という．この方程式の二つの解は，二次方程式の解の公式から求められる．

$$x = \frac{-b \pm \sqrt{b^2 - 4ac}}{2a}$$

たいていの関数電卓には，数回キーを押すだけで解を求められるような機能がついている．化学では，$x$ の値は溶液中の化学種の濃度であることが多く，正の値のどちらかが正しい答となる．濃度が負の値をとるようなことはないからである．

## 例題 3　二次方程式の使い方

$2x^2 + 4x = 1$ の解を求めよ．

### 解　法

**解**　与えられた式を

$$ax^2 + bx + c = 0$$

という形にする．すると，

$$2x^2 + 4x - 1 = 0$$

となる．

二次方程式の解の公式に，$a = 2$，$b = 4$，$c = -1$ を代入すると

$$x = \frac{-4 \pm \sqrt{4^2 - 4(2)(-1)}}{2(2)}$$

$$= \frac{-4 \pm \sqrt{16+8}}{4} = \frac{-4 \pm \sqrt{24}}{4} = \frac{-4 \pm 4.899}{4}$$

となり，

$$x = \frac{0.899}{4} = 0.225 \quad \text{および} \quad x = \frac{-8.899}{4} = -2.225$$

という二つの解が求められる．

もしこの問題の中の $x$ が何かの濃度を表しているのなら，正の値の $x = 0.225$ を答として採用すべきである．

## A4 グ ラ フ

二つの変数の相関を最もわかりやすく表現するには，グラフにプロットするとよい．通常は，実験者が決めるほうの変数（独立変数）を横軸（$x$ 軸）にとる．独立変数に応じて変化するほうの変数（従変数，属変数）を縦軸（$y$ 軸）にとる．密閉容器の温度を変化させたときの圧力の変化の様子を測定する実験を考えてみよう．このとき，独立変数は温度で，従変数は圧力である．実験の結果，▶ **表 A.1** に示す結果が得られたとして，それを▶ **図 A.1** のようにプロットしたとする．温度と圧力は直線関係になる．

**表 A.1　温度と圧力の関係**

| 温度（℃） | 圧力（atm） |
|---|---|
| 20.0 | 0.120 |
| 30.0 | 0.124 |
| 40.0 | 0.128 |
| 50.0 | 0.132 |

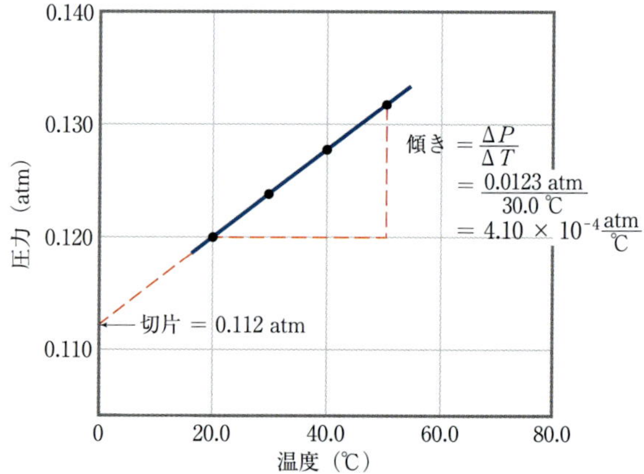


▲**図 A.1　温度と圧力との直線関係**

直線の式は

$$y = mx + b$$

で表すことができる．$m$ は傾き，$b$ は $y$ 軸の切片を表す．図 A.1 の場合には，温度と圧力は

$$P = mT + b$$

という式で表すことができる．$P$ は圧力（atm）で，$T$ は温度（℃）である．図 A.1 に示すように，傾きは $4.10 \times 10^{-4}$ atm/℃で，$y$ 軸との切片は 0.112 atm であるから，直線の式は次のようになる．

$$P = \left(4.10 \times 10^{-4} \frac{\text{atm}}{℃}\right) T + 0.112\,\text{atm}$$

## A5 標　準　偏　差

平均値からの標準偏差 $s$ は実験値の精度を示すために用いられ，次の式で定義される．

$$s = \sqrt{\frac{\sum_{i=1}^{N}(x_i - \overline{x})^2}{N-1}}$$

$N$ は測定数，$\overline{x}$ は測定値の平均値，$x_i$ は個々の測定値である．関数電卓を用いれば，個々の測定値を入力するだけで標準偏差を求めることができる．

$s$ の値が小さいほど精度が高いこと，すなわち測定値が平均値の近くに集中していることを意味する．標準偏差は統計的な有意性と関係する．十分に数多くの測定を行って，誤差がランダムであるような場合には，測定値の 68% が平均値から標準偏差以内のずれに収まっているということになる．

### 例題 4　平均値と標準偏差の計算

砂糖の中の炭素含有率（%）を 4 回測定したところ，42.01%，42.28%，41.79%，42.25% という測定値が得られた．これらの測定値の（a）平均値と（b）標準偏差を求めよ．

**解　法**

**解**　（a）平均値は，測定値をすべて加えて，測定数で割れば求められる．

$$\overline{x} = \frac{42.01 + 42.28 + 41.79 + 42.25}{4} = \frac{168.33}{4}$$

$$= 42.08$$

（b）標準偏差は前述の式を用いて求める．平方根の中の $\sum_{i=1}^{N}(x_i - \overline{x})^2$（偏差平方和）をわかりやすくするように表をつくってみよう．

| 炭素含有率（%） | 測定値と平均値の差（偏差），$(x_i - \overline{x})$ | 偏差の 2 乗，$(x_i - \overline{x})^2$ |
|---|---|---|
| 42.01 | $42.01 - 42.08 = -0.07$ | $(-0.07)^2 = 0.005$ |
| 42.28 | $42.28 - 42.08 = 0.20$ | $(0.20)^2 = 0.040$ |
| 41.79 | $41.79 - 42.08 = -0.29$ | $(-0.29)^2 = 0.084$ |
| 42.25 | $42.25 - 42.08 = 0.17$ | $(0.17)^2 = 0.029$ |

一番右の列の総和（偏差 2 乗和）は

$$\sum_{i=1}^{N}(x_i - \overline{x})^2 = 0.005 + 0.040 + 0.084 + 0.029 = 0.16$$

となるので，標準偏差は次のようになる．

$$s = \sqrt{\frac{\sum_{i=1}^{N}(x_i \quad \overline{x})^2}{N-1}} = \sqrt{\frac{0.16}{4-1}} = \sqrt{\frac{0.16}{3}} = \sqrt{0.053}$$

$$= 0.23$$

この測定結果に基づけば，炭素含有率は 42.08 ± 0.23% と表すことが妥当である．

# 付録 B 水の性質

密　度：　0.999 87 g/mL（0℃）
1.000 00 g/mL（4℃）
0.997 07 g/mL（25℃）
0.958 38 g/mL（100℃）

融解熱：　6.008 kJ/mol（0℃）

蒸発熱：　44.94 kJ/mol（0℃）
44.02 kJ/mol（25℃）
40.67 kJ/mol（100℃）

イオン積, $K_w$：$1.14 \times 10^{-15}$（0℃）
$1.01 \times 10^{-14}$（25℃）
$5.47 \times 10^{-14}$（50℃）

比　熱：　2.092 J/g·K = 2.092 J/g·℃（氷，−3℃）
4.184 J/g·K = 4.184 J/g·℃（水，25℃）
1.841 J/g·K = 1.841 J/g·℃（水蒸気，100℃）

種々の温度における蒸気圧（Torr）

| $T$(℃) | $P$ | $T$(℃) | $P$ | $T$(℃) | $P$ | $T$(℃) | $P$ |
|---|---|---|---|---|---|---|---|
| 0 | 4.58 | 21 | 18.65 | 35 | 42.2 | 92 | 567.0 |
| 5 | 6.54 | 22 | 19.83 | 40 | 55.3 | 94 | 610.9 |
| 10 | 9.21 | 23 | 21.07 | 45 | 71.9 | 96 | 657.6 |
| 12 | 10.52 | 24 | 22.38 | 50 | 92.5 | 98 | 707.3 |
| 14 | 11.99 | 25 | 23.76 | 55 | 118.0 | 100 | 760.0 |
| 16 | 13.63 | 26 | 25.21 | 60 | 149.4 | 102 | 815.9 |
| 17 | 14.53 | 27 | 26.74 | 65 | 187.5 | 104 | 875.1 |
| 18 | 15.48 | 28 | 28.35 | 70 | 233.7 | 106 | 937.9 |
| 19 | 16.48 | 29 | 30.04 | 80 | 355.1 | 108 | 1004.4 |
| 20 | 17.54 | 30 | 31.82 | 90 | 525.8 | 110 | 1074.6 |

# 付録 C 物質の熱力学的性質（25℃）

| 物質 | $\Delta H_f^\circ$ (kJ/mol) | $\Delta G_f^\circ$ (kJ/mol) | $S^\circ$ (J/mol·K) |
|---|---|---|---|
| **亜鉛** | | | |
| Zn(g) | 130.7 | 95.2 | 160.9 |
| Zn(s) | 0 | 0 | 41.63 |
| $ZnCl_2$(s) | −415.1 | −369.4 | 111.5 |
| ZnO(s) | −348.0 | −318.2 | 43.9 |
| **アルミニウム** | | | |
| Al(s) | 0 | 0 | 28.32 |
| $AlCl_3$(s) | −705.6 | −630.0 | 109.3 |
| $Al_2O_3$(s) | −1669.8 | −1576.5 | 51.00 |
| **硫黄** | | | |
| S(s, 斜方) | 0 | 0 | 31.88 |
| $S_8$(g) | 102.3 | 49.7 | 430.9 |
| $SO_2$(g) | −296.9 | −300.4 | 248.5 |
| $SO_3$(g) | −395.2 | −370.4 | 256.2 |
| $SO_4^{2-}$(aq) | −909.3 | −744.5 | 20.1 |
| $SOCl_2$(l) | −245.6 | — | — |
| $H_2S$(g) | −20.17 | −33.01 | 205.6 |
| $H_2SO_4$(aq) | −909.3 | −744.5 | 20.1 |
| $H_2SO_4$(l) | −814.0 | −689.9 | 156.1 |
| **塩素** | | | |
| Cl(g) | 121.7 | 105.7 | 165.2 |
| $Cl^-$(aq) | −167.2 | −131.2 | 56.5 |
| $Cl_2$(g) | 0 | 0 | 222.96 |
| HCl(aq) | −167.2 | −131.2 | 56.5 |
| HCl(g) | −92.30 | −95.27 | 186.69 |
| **カリウム** | | | |
| K(g) | 89.99 | 61.17 | 160.2 |
| K(s) | 0 | 0 | 64.67 |
| $K^+$(aq) | −252.4 | −283.3 | 102.5 |
| $K^+$(g) | 514.2 | 481.2 | 154.5 |
| KCl(s) | −435.9 | −408.3 | 82.7 |
| $KClO_3$(s) | −391.2 | −289.9 | 143.0 |
| $KClO_3$(aq) | −349.5 | −284.9 | 265.7 |
| $K_2CO_3$(s) | −1150.18 | −1064.58 | 155.44 |
| $KNO_3$(s) | −492.70 | −393.13 | 132.9 |
| $K_2O$(s) | −363.2 | −322.1 | 94.14 |
| $KO_2$(s) | −284.5 | −240.6 | 122.5 |
| $K_2O_2$(s) | −495.8 | −429.8 | 113.0 |
| KOH(s) | −424.7 | −378.9 | 78.91 |
| KOH(aq) | −482.4 | −440.5 | 91.6 |
| **カルシウム** | | | |
| Ca(g) | 179.3 | 145.5 | 154.8 |
| Ca(s) | 0 | 0 | 41.4 |
| $CaCO_3$(s, 方解石) | −1207.1 | −1128.76 | 92.88 |
| $CaCl_2$(s) | −795.8 | −748.1 | 104.6 |
| $CaF_2$(s) | −1219.6 | −1167.3 | 68.87 |
| CaO(s) | −635.5 | −604.17 | 39.75 |
| $Ca(OH)_2$(s) | −986.2 | −898.5 | 83.4 |
| $CaSO_4$(s) | −1434.0 | −1321.8 | 106.7 |
| **銀** | | | |
| Ag(s) | 0 | 0 | 42.55 |
| $Ag^+$(aq) | 105.90 | 77.11 | 73.93 |
| AgCl(s) | −127.0 | −109.70 | 96.11 |
| $Ag_2O$(s) | −31.05 | −11.20 | 121.3 |
| $AgNO_3$(s) | −124.4 | −33.41 | 140.9 |
| **クロム** | | | |
| Cr(g) | 397.5 | 352.6 | 174.2 |
| Cr(s) | 0 | 0 | 23.6 |
| $Cr_2O_3$(s) | −1139.7 | −1058.1 | 81.2 |
| **ケイ素** | | | |
| Si(g) | 368.2 | 323.9 | 167.8 |
| Si(s) | 0 | 0 | 18.7 |

| 物　質 | $\Delta H^\circ_f$ (kJ/mol) | $\Delta G^\circ_f$ (kJ/mol) | $S^\circ$ (J/mol·K) |
|---|---|---|---|
| $SiC$ (s) | −73.22 | −70.85 | 16.61 |
| $SiCl_4$ (l) | −640.1 | −572.8 | 239.3 |
| $SiO_2$ (s, 石英) | −910.9 | −856.5 | 41.84 |
| **コバルト** | | | |
| Co (g) | 439 | 393 | 179 |
| Co (s) | 0 | 0 | 28.4 |
| **酸　素** | | | |
| O (g) | 247.5 | 230.1 | 161.0 |
| $O_2$ (g) | 0 | 0 | 205.0 |
| $O_3$ (g) | 142.3 | 163.4 | 237.6 |
| $OH^-$ (aq) | −230.0 | −157.3 | −10.7 |
| $H_2O$ (g) | −241.82 | −228.57 | 188.83 |
| $H_2O$ (l) | −285.83 | −237.13 | 69.91 |
| $H_2O_2$ (g) | −136.10 | −105.48 | 232.9 |
| $H_2O_2$ (l) | −187.8 | −120.4 | 109.6 |
| **臭　素** | | | |
| Br (g) | 111.8 | 82.38 | 174.9 |
| $Br^-$ (aq) | −120.9 | −102.8 | 80.71 |
| $Br_2$ (g) | 30.71 | 3.14 | 245.3 |
| $Br_2$ (l) | 0 | 0 | 152.3 |
| HBr (g) | −36.23 | −53.22 | 198.49 |
| **水　銀** | | | |
| Hg (g) | 60.83 | 31.76 | 174.89 |
| Hg (l) | 0 | 0 | 77.40 |
| $HgCl_2$ (s) | −230.1 | −184.0 | 144.5 |
| $Hg_2Cl_2$ (s) | −264.9 | −210.5 | 192.5 |
| **水　素** | | | |
| H (g) | 217.94 | 203.26 | 114.60 |
| $H^+$ (aq) | 0 | 0 | 0 |
| $H^+$ (g) | 1536.2 | 1517.0 | 108.9 |
| $H_2$ (g) | 0 | 0 | 130.58 |
| **スカンジウム** | | | |
| Sc (g) | 377.8 | 336.1 | 174.7 |
| Sc (s) | 0 | 0 | 34.6 |

| 物　質 | $\Delta H^\circ_f$ (kJ/mol) | $\Delta G^\circ_f$ (kJ/mol) | $S^\circ$ (J/mol·K) |
|---|---|---|---|
| **ストロンチウム** | | | |
| SrO (s) | −592.0 | −561.9 | 54.9 |
| Sr (g) | 164.4 | 110.0 | 164.6 |
| **セシウム** | | | |
| Cs (g) | 76.50 | 49.53 | 175.6 |
| Cs (l) | 2.09 | 0.03 | 92.07 |
| Cs (s) | 0 | 0 | 85.15 |
| CsCl (s) | −442.8 | −414.4 | 101.2 |
| **セレン** | | | |
| $H_2Se$ (g) | 29.7 | 15.9 | 219.0 |
| **炭　素** | | | |
| C (g) | 718.4 | 672.9 | 158.0 |
| C (s, ダイヤモンド) | 1.88 | 2.84 | 2.43 |
| C (s, グラファイト) | 0 | 0 | 5.69 |
| $CCl_4$ (g) | −106.7 | −64.0 | 309.4 |
| $CCl_4$ (l) | −139.3 | −68.6 | 214.4 |
| $CF_4$ (g) | −679.9 | −635.1 | 262.3 |
| $CH_4$ (g) | −74.8 | −50.8 | 186.3 |
| $C_2H_2$ (g) | 226.77 | 209.2 | 200.8 |
| $C_2H_4$ (g) | 52.30 | 68.11 | 219.4 |
| $C_2H_6$ (g) | −84.68 | −32.89 | 229.5 |
| $C_3H_8$ (g) | −103.85 | −23.47 | 269.9 |
| $C_4H_{10}$ (g) | −124.73 | −15.71 | 310.0 |
| $C_4H_{10}$ (l) | −147.6 | −15.0 | 231.0 |
| $C_6H_6$ (g) | 82.9 | 129.7 | 269.2 |
| $C_6H_6$ (l) | 49.0 | 124.5 | 172.8 |
| $CH_3OH$ (g) | −201.2 | −161.9 | 237.6 |
| $CH_3OH$ (l) | −238.6 | −166.23 | 126.8 |
| $C_2H_5OH$ (g) | −235.1 | −168.5 | 282.7 |
| $C_2H_5OH$ (l) | −277.7 | −174.76 | 160.7 |
| $C_6H_{12}O_6$ (s) | −1273.02 | −910.4 | 212.1 |
| CO (g) | −110.5 | −137.2 | 197.9 |
| $CO_2$ (g) | −393.5 | −394.4 | 213.6 |
| $CH_3COOH$ (l) | −487.0 | −392.4 | 159.8 |
| **チタン** | | | |
| Ti (g) | 468 | 422 | 180.3 |

| 物　質 | $\Delta H_f^\circ$ (kJ/mol) | $\Delta G_f^\circ$ (kJ/mol) | $S^\circ$ (J/mol·K) |
|---|---|---|---|
| $Ti(s)$ | 0 | 0 | 30.76 |
| $TiCl_4(g)$ | −763.2 | −726.8 | 354.9 |
| $TiCl_4(l)$ | −804.2 | −728.1 | 221.9 |
| $TiO_2(s)$ | −944.7 | −889.4 | 50.29 |
| **窒　素** | | | |
| $N(g)$ | 472.7 | 455.5 | 153.3 |
| $N_2(g)$ | 0 | 0 | 191.50 |
| $NH_3(aq)$ | −80.29 | −26.50 | 111.3 |
| $NH_3(g)$ | −46.19 | −16.66 | 192.5 |
| $NH_4^+(aq)$ | −132.5 | −79.31 | 113.4 |
| $N_2H_4(g)$ | 95.40 | 159.4 | 238.5 |
| $NH_4CN(s)$ | 0.4 | — | — |
| $NH_4Cl(s)$ | −314.4 | −203.0 | 94.6 |
| $NH_4NO_3(s)$ | −365.6 | −184.0 | 151 |
| $NO(g)$ | 90.37 | 86.71 | 210.62 |
| $NO_2(g)$ | 33.84 | 51.84 | 240.45 |
| $N_2O(g)$ | 81.6 | 103.59 | 220.0 |
| $N_2O_4(g)$ | 9.66 | 98.28 | 304.3 |
| $NOCl(g)$ | 52.6 | 66.3 | 264 |
| $HNO_3(aq)$ | −206.6 | −110.5 | 146 |
| $HNO_3(g)$ | −134.3 | −73.94 | 266.4 |
| **鉄** | | | |
| $Fe(g)$ | 415.5 | 369.8 | 180.5 |
| $Fe(s)$ | 0 | 0 | 27.15 |
| $Fe^{2+}(aq)$ | −87.86 | −84.93 | 113.4 |
| $Fe^{3+}(aq)$ | −47.69 | −10.54 | 293.3 |
| $FeCl_2(s)$ | −341.8 | −302.3 | 117.9 |
| $FeCl_3(s)$ | −400 | −334 | 142.3 |
| $FeO(s)$ | −271.9 | −255.2 | 60.75 |
| $Fe_2O_3(s)$ | −822.16 | −740.98 | 89.96 |
| $Fe_3O_4(s)$ | −1117.1 | −1014.2 | 146.4 |
| $FeS_2(s)$ | −171.5 | −160.1 | 52.92 |
| **銅** | | | |
| $Cu(g)$ | 338.4 | 298.6 | 166.3 |
| $Cu(s)$ | 0 | 0 | 33.30 |
| $CuCl_2(s)$ | −205.9 | −161.7 | 108.1 |
| $CuO(s)$ | −156.1 | −128.3 | 42.59 |
| $Cu_2O(s)$ | −170.7 | −147.9 | 92.36 |

| 物　質 | $\Delta H_f^\circ$ (kJ/mol) | $\Delta G_f^\circ$ (kJ/mol) | $S^\circ$ (J/mol·K) |
|---|---|---|---|
| **ナトリウム** | | | |
| $Na(g)$ | 107.7 | 77.3 | 153.7 |
| $Na(s)$ | 0 | 0 | 51.45 |
| $Na^+(aq)$ | −240.1 | −261.9 | 59.0 |
| $Na^+(g)$ | 609.3 | 574.3 | 148.0 |
| $NaBr(aq)$ | −360.6 | −364.7 | 141.00 |
| $NaBr(s)$ | −361.4 | −349.3 | 86.82 |
| $Na_2CO_3(s)$ | −1130.9 | −1047.7 | 136.0 |
| $NaCl(aq)$ | −407.1 | −393.0 | 115.5 |
| $NaCl(g)$ | −181.4 | −201.3 | 229.8 |
| $NaCl(s)$ | −410.9 | −384.0 | 72.33 |
| $NaHCO_3(s)$ | −947.7 | −851.8 | 102.1 |
| $NaNO_3(aq)$ | −446.2 | −372.4 | 207 |
| $NaNO_3(s)$ | −467.9 | −367.0 | 116.5 |
| $NaOH(aq)$ | −469.6 | −419.2 | 49.8 |
| $NaOH(s)$ | −425.6 | −379.5 | 64.46 |
| $Na_2SO_4(s)$ | −1387.1 | −1270.2 | 149.6 |
| **鉛** | | | |
| $Pb(s)$ | 0 | 0 | 68.85 |
| $PbBr_2(s)$ | −277.4 | −260.7 | 161 |
| $PbCO_3(s)$ | −699.1 | −625.5 | 131.0 |
| $Pb(NO_3)_2(aq)$ | −421.3 | −246.9 | 303.3 |
| $Pb(NO_3)_2(s)$ | −451.9 | — | — |
| $PbO(s)$ | −217.3 | −187.9 | 68.70 |
| **ニッケル** | | | |
| $Ni(g)$ | 429.7 | 384.5 | 182.1 |
| $Ni(s)$ | 0 | 0 | 29.9 |
| $NiCl_2(s)$ | −305.3 | −259.0 | 97.65 |
| $NiO(s)$ | −239.7 | −211.7 | 37.99 |
| **バナジウム** | | | |
| $V(g)$ | 514.2 | 453.1 | 182.2 |
| $V(s)$ | 0 | 0 | 28.9 |
| **バリウム** | | | |
| $Ba(s)$ | 0 | 0 | 63.2 |
| $BaCO_3(s)$ | −1216.3 | −1137.6 | 112.1 |
| $BaO(s)$ | −553.5 | −525.1 | 70.42 |

| 物　質 | $\Delta H_f^\circ$ (kJ/mol) | $\Delta G_f^\circ$ (kJ/mol) | $S^\circ$ (J/mol·K) |
|---|---|---|---|
| **フッ素** | | | |
| F (g) | 80.0 | 61.9 | 158.7 |
| $F^-$ (aq) | −332.6 | −278.8 | −13.8 |
| $F_2$ (g) | 0 | 0 | 202.7 |
| HF (g) | −268.61 | −270.70 | 173.51 |
| **ベリリウム** | | | |
| Be (s) | 0 | 0 | 9.44 |
| BeO (s) | −608.4 | −579.1 | 13.77 |
| $Be(OH)_2$ (s) | −905.8 | −817.9 | 50.21 |
| **マグネシウム** | | | |
| Mg (g) | 147.1 | 112.5 | 148.6 |
| Mg (s) | 0 | 0 | 32.51 |
| $MgCl_2$ (s) | −641.6 | −592.1 | 89.6 |
| MgO (s) | −601.8 | −569.6 | 26.8 |
| $Mg(OH)_2$ (s) | −924.7 | −833.7 | 63.24 |
| **マンガン** | | | |
| Mn (g) | 280.7 | 238.5 | 173.6 |
| Mn (s) | 0 | 0 | 32.0 |
| MnO (s) | −385.2 | −362.9 | 59.7 |
| $MnO_2$ (s) | −519.6 | −464.8 | 53.14 |
| $MnO_4^-$ (aq) | −541.4 | −447.2 | 191.2 |
| **ヨウ素** | | | |
| I (g) | 106.60 | 70.16 | 180.66 |
| $I^-$ (g) | −55.19 | −51.57 | 111.3 |
| $I_2$ (g) | 62.25 | 19.37 | 260.57 |
| $I_2$ (s) | 0 | 0 | 116.73 |
| HI (g) | 25.94 | 1.30 | 206.3 |
| **リチウム** | | | |
| Li (g) | 159.3 | 126.6 | 138.8 |
| Li (s) | 0 | 0 | 29.09 |
| $Li^+$ (aq) | −278.5 | −273.4 | 12.2 |
| $Li^+$ (g) | 685.7 | 648.5 | 133.0 |
| LiCl (s) | −408.3 | −384.0 | 59.30 |
| **リン** | | | |
| P (g) | 316.4 | 280.0 | 163.2 |
| $P_2$ (g) | 144.3 | 103.7 | 218.1 |
| $P_4$ (g) | 58.9 | 24.4 | 280 |
| $P_4$ (s, 赤リン) | −17.46 | −12.03 | 22.85 |
| $P_4$ (s, 白リン) | 0 | 0 | 41.08 |
| $PCl_3$ (g) | −288.07 | −269.6 | 311.7 |
| $PCl_3$ (l) | −319.6 | −272.4 | 217 |
| $PF_5$ (g) | −1594.4 | −1520.7 | 300.8 |
| $PH_3$ (g) | 5.4 | 13.4 | 210.2 |
| $P_4O_6$ (s) | −1640.1 | — | — |
| $P_4O_{10}$ (s) | −2940.1 | −2675.2 | 228.9 |
| $POCl_3$ (g) | −542.2 | −502.5 | 325 |
| $POCl_3$ (l) | −597.0 | −520.9 | 222 |
| $H_3PO_4$ (aq) | −1288.3 | −1142.6 | 158.2 |
| **ルビジウム** | | | |
| Rb (g) | 85.8 | 55.8 | 170.0 |
| Rb (s) | 0 | 0 | 76.78 |
| RbCl (s) | −430.5 | −412.0 | 92 |
| $RbClO_3$ (s) | −392.4 | −292.0 | 152 |

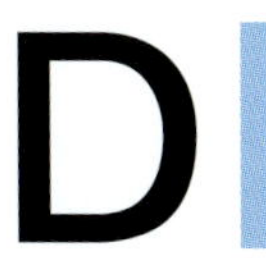

# 付録D 水溶液中の諸平衡定数

**表 D.1　25℃における酸解離定数**

| 化合物名 | 化学式 | $K_{a1}$ | $K_{a2}$ | $K_{a3}$ |
|---|---|---|---|---|
| 亜塩素酸 | $HClO_2$ | $1.1 \times 10^{-2}$ | | |
| アジ化水素酸 | $HN_3$ | $1.9 \times 10^{-5}$ | | |
| 亜硝酸 | $HNO_2$ | $4.5 \times 10^{-4}$ | | |
| アスコルビン酸 | $H_2C_6H_6O_6$ | $8.0 \times 10^{-5}$ | $1.6 \times 10^{-12}$ | |
| 亜セレン酸 | $H_2SeO_3$ | $2.3 \times 10^{-3}$ | $5.3 \times 10^{-9}$ | |
| 亜ヒ酸 | $H_3AsO_3$ | $5.1 \times 10^{-10}$ | | |
| 亜硫酸 | $H_2SO_3$ | $1.7 \times 10^{-2}$ | $6.4 \times 10^{-8}$ | |
| 安息香酸 | $C_6H_5COOH$（または $HC_7H_5O_2$） | $6.3 \times 10^{-5}$ | | |
| 過酸化水素 | $H_2O_2$ | $2.4 \times 10^{-12}$ | | |
| ギ　酸 | $HCOOH$（または $HCHO_2$） | $1.8 \times 10^{-4}$ | | |
| クエン酸 | $HOOCC(OH)(CH_2COOH)_2$（または $H_3C_6H_5O_7$） | $7.4 \times 10^{-4}$ | $1.7 \times 10^{-5}$ | $4.0 \times 10^{-7}$ |
| クロム酸水素イオン | $HCrO_4^-$ | $3.0 \times 10^{-7}$ | | |
| クロロ酢酸 | $CH_2ClCOOH$（または $HC_2H_2O_2Cl$） | $1.4 \times 10^{-3}$ | | |
| 酢　酸 | $CH_3COOH$（または $HC_2H_3O_2$） | $1.8 \times 10^{-5}$ | | |
| 次亜塩素酸 | $HClO$ | $3.0 \times 10^{-8}$ | | |
| 次亜臭素酸 | $HBrO$ | $2.5 \times 10^{-9}$ | | |
| 次亜ヨウ素酸 | $HIO$ | $2.3 \times 10^{-11}$ | | |
| シアン化水素酸 | $HCN$ | $4.9 \times 10^{-10}$ | | |
| シアン酸 | $HOCN$ | $3.5 \times 10^{-4}$ | | |
| シュウ酸 | $(COOH)_2$（または $H_2C_2O_4$） | $5.9 \times 10^{-2}$ | $6.4 \times 10^{-5}$ | |
| 酒石酸 | $HOOC(CHOH)_2COOH$（または $H_2C_4H_4O_6$） | $1.0 \times 10^{-3}$ | | |
| セレン酸 | $H_2SeO_3$ | $2.3 \times 10^{-3}$ | $5.3 \times 10^{-9}$ | |
| セレン酸水素イオン | $HSeO_4^-$ | $2.2 \times 10^{-2}$ | | |
| 炭　酸 | $H_2CO_3$ | $4.3 \times 10^{-7}$ | $5.6 \times 10^{-11}$ | |
| 乳　酸 | $CH_3CH(OH)COOH$（または $HC_3H_5O_3$） | $1.4 \times 10^{-4}$ | | |
| パラ過ヨウ素酸 | $H_5IO_6$ | $2.8 \times 10^{-2}$ | $5.3 \times 10^{-9}$ | |
| ヒ　酸 | $H_3AsO_4$ | $5.6 \times 10^{-3}$ | $1.0 \times 10^{-7}$ | $3.0 \times 10^{-12}$ |
| ピロリン酸 | $H_4P_2O_7$ | $3.0 \times 10^{-2}$ | $4.4 \times 10^{-3}$ | $2.1 \times 10^{-7}$ |
| フェノール | $C_6H_5OH$（または $HC_6H_5O$） | $1.3 \times 10^{-10}$ | | |
| ブタン酸 | $C_3H_7COOH$（または $HC_4H_7O_2$） | $1.5 \times 10^{-5}$ | | |
| フッ化水素酸 | $HF$ | $6.8 \times 10^{-4}$ | | |
| プロピオン酸 | $C_2H_5COOH$（または $HC_3H_5O_2$） | $1.3 \times 10^{-5}$ | | |
| ホウ酸 | $H_3BO_3$ | $5.8 \times 10^{-10}$ | | |
| マロン酸 | $CH_2(COOH)_2$（または $H_2C_3H_2O_4$） | $1.5 \times 10^{-3}$ | $2.0 \times 10^{-6}$ | |
| ヨウ素酸 | $HIO_3$ | $1.7 \times 10^{-1}$ | | |
| 硫化水素 | $H_2S$ | $9.5 \times 10^{-8}$ | $1 \times 10^{-19}$ | |
| 硫　酸 | $H_2SO_4$ | 強　酸 | $1.2 \times 10^{-2}$ | |
| リン酸 | $H_3PO_4$ | $7.5 \times 10^{-3}$ | $6.2 \times 10^{-8}$ | $4.2 \times 10^{-13}$ |

### 表 D.2　25℃における塩基解離定数

| 化合物名 | 化学式 | $K_b$ |
|---|---|---|
| アニリン | $C_6H_5NH_2$ | $4.3 \times 10^{-10}$ |
| アンモニア | $NH_3$ | $1.8 \times 10^{-5}$ |
| エチルアミン | $C_2H_5NH_2$ | $6.4 \times 10^{-4}$ |
| ジメチルアミン | $(CH_3)_2NH$ | $5.4 \times 10^{-4}$ |
| トリメチルアミン | $(CH_3)_3N$ | $6.4 \times 10^{-5}$ |
| ヒドラジン | $H_2NNH_2$ | $1.3 \times 10^{-6}$ |
| ヒドロキシルアミン | $HONH_2$ | $1.1 \times 10^{-8}$ |
| ピリジン | $C_5H_5N$ | $1.7 \times 10^{-9}$ |
| メチルアミン | $CH_3NH_2$ | $4.4 \times 10^{-4}$ |

### 表 D.3　25℃における溶解度積

| 化合物名 | 化学式 | $K_{sp}$ | 化合物名 | 化学式 | $K_{sp}$ |
|---|---|---|---|---|---|
| 臭素酸銀 | $AgBrO_3$ | $5.5 \times 10^{-13}$ | 硫化銅(II)* | $CuS$ | $6 \times 10^{-37}$ |
| 臭化銀 | $AgBr$ | $5.0 \times 10^{-13}$ | 炭酸鉄(II) | $FeCO_3$ | $2.1 \times 10^{-11}$ |
| 炭酸銀 | $Ag_2CO_3$ | $8.1 \times 10^{-12}$ | 水酸化鉄(II) | $Fe(OH)_2$ | $7.9 \times 10^{-16}$ |
| 塩化銀 | $AgCl$ | $1.8 \times 10^{-10}$ | 塩化水銀(I) | $Hg_2Cl_2$ | $1.2 \times 10^{-18}$ |
| クロム酸銀 | $Ag_2CrO_4$ | $1.2 \times 10^{-12}$ | ヨウ化水銀(I) | $Hg_2I_2$ | $1.1 \times 10^{-1.1}$ |
| ヨウ化銀 | $AgI$ | $8.3 \times 10^{-17}$ | 硫化水銀(II)* | $HgS$ | $2 \times 10^{-53}$ |
| 硫酸銀 | $Ag_2SO_4$ | $1.5 \times 10^{-5}$ | フッ化ランタン | $LaF_3$ | $2 \times 10^{-19}$ |
| 硫化銀* | $Ag_2S$ | $6 \times 10^{-51}$ | ヨウ素酸ランタン | $La(IO_3)_3$ | $7.4 \times 10^{-14}$ |
| 炭酸バリウム | $BaCO_3$ | $5.0 \times 10^{-9}$ | 水酸化マグネシウム | $Mg(OH)_2$ | $1.8 \times 10^{-11}$ |
| クロム酸バリウム | $BaCrO_4$ | $2.1 \times 10^{-10}$ | 炭酸マグネシウム | $MgCO_3$ | $3.5 \times 10^{-8}$ |
| フッ化バリウム | $BaF_2$ | $1.7 \times 10^{-6}$ | シュウ酸マグネシウム | $MgC_2O_4$ | $8.6 \times 10^{-5}$ |
| シュウ酸バリウム | $BaC_2O_4$ | $1.6 \times 10^{-6}$ | 炭酸マンガン(II) | $MnCO_3$ | $5.0 \times 10^{-10}$ |
| 硫酸バリウム | $BaSO_4$ | $1.1 \times 10^{-10}$ | 水酸化マンガン(II) | $Mn(OH)_2$ | $1.6 \times 10^{-13}$ |
| 炭酸カルシウム（方解石） | $CaCO_3$ | $4.5 \times 10^{-9}$ | 硫化マンガン(II)* | $MnS$ | $2 \times 10^{-53}$ |
| クロム酸カルシウム | $CaCrO_4$ | $4.5 \times 10^{-9}$ | 炭酸ニッケル(II) | $NiCO_3$ | $1.3 \times 10^{-7}$ |
| フッ化カルシウム | $CaF_2$ | $3.9 \times 10^{-11}$ | 水酸化ニッケル(II) | $Ni(OH)_2$ | $6.0 \times 10^{-16}$ |
| 水酸化カルシウム | $Ca(OH)_2$ | $6.5 \times 10^{-6}$ | 硫化ニッケル(II)* | $NiS$ | $3 \times 10^{-20}$ |
| リン酸カルシウム | $Ca_3(PO_4)_2$ | $2.0 \times 10^{-29}$ | 炭酸鉛(II) | $PbCO_3$ | $7.4 \times 10^{-14}$ |
| 硫酸カルシウム | $CaSO_4$ | $2.4 \times 10^{-5}$ | 塩化鉛(II) | $PbCl_2$ | $1.7 \times 10^{-5}$ |
| 炭酸カドミウム | $CdCO_3$ | $1.8 \times 10^{-14}$ | クロム酸鉛(II) | $PbCrO_4$ | $2.8 \times 10^{-13}$ |
| 水酸化カドミウム | $Cd(OH)_2$ | $2.5 \times 10^{-14}$ | フッ化鉛(II) | $PbF_2$ | $3.6 \times 10^{-8}$ |
| 硫化カドミウム* | $CdS$ | $8 \times 10^{-28}$ | 硫酸鉛(II) | $PbSO_4$ | $6.3 \times 10^{-7}$ |
| 炭酸コバルト(II) | $CoCO_3$ | $1.0 \times 10^{-10}$ | 硫化鉛(II)* | $PbS$ | $3 \times 10^{-28}$ |
| 水酸化コバルト(II) | $Co(OH)_2$ | $1.3 \times 10^{-15}$ | 硫化スズ(II)* | $SnS$ | $1 \times 10^{-26}$ |
| 硫化コバルト(II)* | $CoS$ | $5 \times 10^{-22}$ | 炭酸ストロンチウム | $SrCO_3$ | $9.3 \times 10^{-10}$ |
| 水酸化クロム(III) | $Cr(OH)_3$ | $6.7 \times 10^{-31}$ | 炭酸亜鉛 | $ZnCO_3$ | $1.0 \times 10^{-10}$ |
| 臭化銅(I) | $CuBr$ | $5.3 \times 10^{-9}$ | 水酸化亜鉛 | $Zn(OH)_2$ | $3.0 \times 10^{-16}$ |
| 炭酸銅(II) | $CuCO_3$ | $2.3 \times 10^{-10}$ | シュウ酸亜鉛 | $ZnC_2O_4$ | $2.7 \times 10^{-8}$ |
| 水酸化銅(II) | $Cu(OH)_2$ | $4.8 \times 10^{-20}$ | 硫化亜鉛* | $ZnS$ | $2 \times 10^{-25}$ |

*　次式の様式の溶解平衡に関する値 $MS(s) + H_2O(l) \rightleftharpoons M^{2+}(aq) + HS^-(aq) + OH^-(aq)$

# 付録 E　標準還元電位（25 ℃）

| 半反応 | $E°$(V) |
|---|---|
| $Ag^+(aq) + e^- \longrightarrow Ag(s)$ | +0.799 |
| $AgBr(s) + e^- \longrightarrow Ag(s) + Br^-(aq)$ | +0.095 |
| $AgCl(s) + e^- \longrightarrow Ag(s) + Cl^-(aq)$ | +0.222 |
| $Ag(CN)_2^-(aq) + e^- \longrightarrow Ag(s) + 2CN^-(aq)$ | −0.31 |
| $Ag_2CrO_4(s) + 2e^- \longrightarrow 2Ag(s) + CrO_4^{2-}(aq)$ | +0.446 |
| $AgI(s) + e^- \longrightarrow Ag(s) + I^-(aq)$ | −0.151 |
| $Ag(S_2O_3)_2^{3-}(aq) + e^- \longrightarrow Ag(s) + 2S_2O_3^{2-}(aq)$ | +0.01 |
| $Al^{3+}(aq) + 3e^- \longrightarrow Al(s)$ | −1.66 |
| $H_3AsO_4(aq) + 2H^+(aq) + 2e^- \longrightarrow H_3AsO_3(aq) + H_2O(l)$ | +0.559 |
| $Ba^{2+}(aq) + 2e^- \longrightarrow Ba(s)$ | −2.90 |
| $BiO^+(aq) + 2H^+(aq) + 3e^- \longrightarrow Bi(s) + H_2O(l)$ | +0.32 |
| $Br_2(l) + 2e^- \longrightarrow 2Br^-(aq)$ | +1.065 |
| $2BrO_3^-(aq) + 12H^+(aq) + 10e^- \longrightarrow Br_2(l) + 6H_2O(l)$ | +1.52 |
| $2CO_2(g) + 2H^+(aq) + 2e^- \longrightarrow H_2C_2O_4(aq)$ | −0.49 |
| $Ca^{2+}(aq) + 2e^- \longrightarrow Ca(s)$ | −2.87 |
| $Cd^{2+}(aq) + 2e^- \longrightarrow Cd(s)$ | −0.403 |
| $Ce^{4+}(aq) + e^- \longrightarrow Ce^{3+}(aq)$ | +1.61 |
| $Cl_2(g) + 2e^- \longrightarrow 2Cl^-(aq)$ | +1.359 |
| $2HClO(aq) + 2H^+(aq) + 2e^- \longrightarrow Cl_2(g) + 2H_2O(l)$ | +1.63 |
| $ClO^-(aq) + H_2O(l) + 2e^- \longrightarrow Cl^-(aq) + 2OH^-(aq)$ | +0.89 |
| $2ClO_3^-(aq) + 12H^+(aq) + 10e^- \longrightarrow Cl_2(g) + 6H_2O(l)$ | +1.47 |
| $Co^{2+}(aq) + 2e^- \longrightarrow Co(s)$ | −0.277 |
| $Co^{3+}(aq) + e^- \longrightarrow Co^{2+}(aq)$ | +1.842 |
| $Cr^{3+}(aq) + 3e^- \longrightarrow Cr(s)$ | −0.74 |
| $Cr^{3+}(aq) + e^- \longrightarrow Cr^{2+}(aq)$ | −0.41 |
| $Cr_2O_7^{2-}(aq) + 14H^+(aq) + 6e^- \longrightarrow 2Cr^{3+}(aq) + 7H_2O(l)$ | +1.33 |
| $CrO_4^{2-}(aq) + 4H_2O(l) + 3e^- \longrightarrow Cr(OH)_3(s) + 5OH^-(aq)$ | −0.13 |
| $Cu^{2+}(aq) + 2e^- \longrightarrow Cu(s)$ | +0.337 |
| $Cu^{2+}(aq) + e^- \longrightarrow Cu^+(aq)$ | +0.153 |
| $Cu^+(aq) + e^- \longrightarrow Cu(s)$ | +0.521 |
| $CuI(s) + e^- \longrightarrow Cu(s) + I^-(aq)$ | −0.185 |
| $F_2(g) + 2e^- \longrightarrow 2F^-(aq)$ | +2.87 |
| $Fe^{2+}(aq) + 2e^- \longrightarrow Fe(s)$ | −0.440 |
| $Fe^{3+}(aq) + e^- \longrightarrow Fe^{2+}(aq)$ | +0.771 |
| $Fe(CN)_6^{3-}(aq) + e^- \longrightarrow Fe(CN)_6^{4-}(aq)$ | +0.36 |
| $2H^+(aq) + 2e^- \longrightarrow H_2(g)$ | 0.000 |
| $2H_2O(l) + 2e^- \longrightarrow H_2(g) + 2OH^-(aq)$ | −0.83 |
| $HO_2^-(aq) + H_2O(l) + 2e^- \longrightarrow 3OH^-(aq)$ | +0.88 |
| $H_2O_2(aq) + 2H^+(aq) + 2e^- \longrightarrow 2H_2O(l)$ | +1.776 |
| $Hg_2^{2+}(aq) + 2e^- \longrightarrow 2Hg(l)$ | +0.789 |
| $2Hg^{2+}(aq) + 2e^- \longrightarrow Hg_2^{2+}(aq)$ | +0.920 |
| $Hg^{2+}(aq) + 2e^- \longrightarrow Hg(l)$ | +0.854 |
| $I_2(s) + 2e^- \longrightarrow 2I^-(aq)$ | +0.536 |
| $2IO_3^-(aq) + 12H^+(aq) + 10e^- \longrightarrow I_2(s) + 6H_2O(l)$ | +1.195 |
| $K^+(aq) + e^- \longrightarrow K(s)$ | −2.925 |
| $Li^+(aq) + e^- \longrightarrow Li(s)$ | −3.05 |
| $Mg^{2+}(aq) + 2e^- \longrightarrow Mg(s)$ | −2.37 |
| $Mn^{2+}(aq) + 2e^- \longrightarrow Mn(s)$ | −1.18 |
| $MnO_2(s) + 4H^+(aq) + 2e^- \longrightarrow Mn^{2+}(aq) + 2H_2O(l)$ | +1.23 |
| $MnO_4^-(aq) + 8H^+(aq) + 5e^- \longrightarrow Mn^{2+}(aq) + 4H_2O(l)$ | +1.51 |
| $MnO_4^-(aq) + 2H_2O(l) + 3e^- \longrightarrow MnO_2(s) + 4OH^-(aq)$ | +0.59 |
| $HNO_2(aq) + H^+(aq) + e^- \longrightarrow NO(g) + H_2O(l)$ | +1.00 |
| $N_2(g) + 4H_2O(l) + 4e^- \longrightarrow 4OH^-(aq) + N_2H_4(aq)$ | −1.16 |
| $N_2(g) + 5H^+(aq) + 4e^- \longrightarrow N_2H_5^+(aq)$ | −0.23 |
| $NO_3^-(aq) + 4H^+(aq) + 3e^- \longrightarrow NO(g) + 2H_2O(l)$ | +0.96 |
| $Na^+(aq) + e^- \longrightarrow Na(s)$ | −2.71 |
| $Ni^{2+}(aq) + 2e^- \longrightarrow Ni(s)$ | −0.28 |
| $O_2(g) + 4H^+(aq) + 4e^- \longrightarrow 2H_2O(l)$ | +1.23 |
| $O_2(g) + 2H_2O(l) + 4e^- \longrightarrow 4OH^-(aq)$ | +0.40 |
| $O_2(g) + 2H^+(aq) + 2e^- \longrightarrow H_2O_2(aq)$ | +0.68 |
| $O_3(g) + 2H^+(aq) + 2e^- \longrightarrow O_2(g) + H_2O(l)$ | +2.07 |
| $Pb^{2+}(aq) + 2e^- \longrightarrow Pb(s)$ | −0.126 |
| $PbO_2(s) + HSO_4^-(aq) + 3H^+(aq) + 2e^- \longrightarrow PbSO_4(s) + 2H_2O(l)$ | +1.685 |
| $PbSO_4(s) + H^+(aq) + 2e^- \longrightarrow Pb(s) + HSO_4^-(aq)$ | −0.356 |
| $PtCl_4^{2-}(aq) + 2e^- \longrightarrow Pt(s) + 4Cl^-(aq)$ | +0.73 |
| $S(s) + 2H^+(aq) + 2e^- \longrightarrow H_2S(g)$ | +0.141 |
| $H_2SO_3(aq) + 4H^+(aq) + 4e^- \longrightarrow S(s) + 3H_2O(l)$ | +0.45 |
| $HSO_4^-(aq) + 3H^+(aq) + 2e^- \longrightarrow H_2SO_3(aq) + H_2O(l)$ | +0.17 |
| $Sn^{2+}(aq) + 2e^- \longrightarrow Sn(s)$ | −0.136 |
| $Sn^{4+}(aq) + 2e^- \longrightarrow Sn^{2+}(aq)$ | +0.154 |
| $VO_2^+(aq) + 2H^+(aq) + e^- \longrightarrow VO^{2+}(aq) + H_2O(l)$ | +1.00 |
| $Zn^{2+}(aq) + 2e^- \longrightarrow Zn(s)$ | −0.763 |

# 練習問題解答

## 1章

**1.1** (a) 純粋な単体：i (b) 2種の単体の混合物：v, vi (c) 純粋な化合物：iv (d) 単体と化合物の混合物：ii, iii **1.2** (a) アルミニウムの球体が最も軽く，ついでニッケル，銀の順になる．(b) 白金の立方体が最も小さく，ついで金，鉛の順になる． **1.3** (a) 7.5 cm，有効数字2桁 (b) 72 mi/h（内側の目盛，有効数字2桁），115 km/h（外側の目盛，有効数字3桁） **1.4** 与えられた単位が約され，求める単位が正しい位置にくるように変換係数を並べる． **1.5** (a) 不均一混合物 (b) 均一混合物（もし，溶けていない粒子が存在すれば，不均一混合物） (c) 純物質 (d) 純物質 **1.6** Cは化合物：炭素と酸素の両方を含む．Aは化合物：少なくとも炭素と酸素の両方を含む．与えられたデータからBについて結論はできない．しかし，白い固体の単体はほとんどないので化合物の可能性が高い． **1.7** (a) 1.62 g/mL．テトラクロロエチレンの密度は，水（密度 1.00 g/mL）より大きく水の下に沈む．(b) 11.7 g **1.8** 35 Pg **1.9** (a) 3 (b) 2 (c) 5 (d) 3 (e) 5 (f) 1

## 2章

**2.1** (a) 粒子が負に帯電した板に反発し，正に帯電した板に引きつけられるため，荷電粒子は曲がる．(b) (−) (c) 大きくなる．(d) 小さくなる． **2.2** 粒子はイオンである．$^{32}_{16}S^{2-}$ **2.3** 分子式：$IF_5$，分子性化合物である．名称：五フッ化ヨウ素（iodine pentafluoride） **2.4** 原子説の仮定4によると，化合物中の原子の種類と相対的な数は，どこから得られたかにかかわらず一定である．したがって，1.0 g の純水は，つねに決まった割合の水素と酸素を含む．

**2.5**

| 原子の記号 | $^{79}Br$ | $^{55}Mn$ | $^{112}Cd$ | $^{222}Rn$ | $^{207}Pb$ |
|---|---|---|---|---|---|
| 陽子の数 | 35 | 25 | 48 | 86 | 82 |
| 中性子の数 | 44 | 30 | 64 | 136 | 125 |
| 電子の数 | 35 | 25 | 48 | 86 | 82 |
| 質量数 | 79 | 55 | 112 | 222 | 207 |

**2.6** (a) $^{12}_{6}C$ (b) 自然界では元素は多くの場合同位体の混合物として存在している．それらの同位体の存在比を加味した加重平均質量を u 単位で表したときの数値が原子量である．Bの原子量は各同位体の加重平均で，個々のB原子の質量は原子量と異なる．自然界に1種類の同位体しかないコバルトでは，原子量に u をつけると，自然界のコバルト原子の質量となる．
**2.7** (a) Cr，24（金属） (b) He，2（非金属） (c) P，15（非金属） (d) Zn，30（金属） (e) Mg，12（金属） (f) Br，35（非金属） (g) As，33（メタロイド）
**2.8** (a)

```
            H       H
            |       |
C2H6O,  H—C—O—C—H
            |       |
            H       H
```

(b)

```
            H   H
            |   |
C2H6O,  H—C—C—O—H
            |   |
            H   H
```

(c)

```
           H
           |
CH4O,  H—C—O—H
           |
           H
```

(d) $PF_3$,

```
F—P—F
  |
  F
```

**2.9** (a) $GaF_3$，フッ化ガリウム(III) (b) LiH，水素化リチウム (c) $AlI_3$，ヨウ化アルミニウム (d) $K_2S$，硫化カリウム
**2.10** (a) カルシウムイオン，2+；酸化物イオン，2− (b) ナトリウムイオン，1+；硫酸イオン，2− (c) カリウムイオン，1+；過塩素酸イオン，1− (d) 鉄(II)イオン，2+；硝酸イオン，1− (e) クロム(III)イオン，3+；水酸化物イオン，1−

```
   H   H   H            H   Cl  H
   |   |   |            |   |   |
H—C—C—C—Cl        H—C—C—C—H
   |   |   |            |   |   |
   H   H   H            H   H   H
```

1-クロロプロパン　　2-クロロプロパン

## 3章

**3.1** 反応式(a)が図と最もよく合っている． **3.2** (a) $NO_2$ (b) できない．なぜなら，実験式と分子式が同じであるかどうかがわからないからである．$NO_2$ が最も簡単な原子の比を表しているが，可能な分子式はほかにもある． **3.3** (a) $C_2H_5NO_2$ (b) 75.0 g/mol (c) グリシン 225 g (d) グリシンの中に含まれるNの質量％は 18.7％． **3.4** N原子8個（$N_2$ 分子4個）を完全に反応させるには，H原子24個（$H_2$ 分子12個）が必要である．しかし $H_2$ 分子は9個しかないので，$H_2$ が制限反応物となる．$H_2$ 分子9個（H原子18個）から，$NH_3$ 分子6個が生成し，$N_2$ 分子が1個あまる． **3.5** (a) $CaC_2(s) + 2H_2O(l) \longrightarrow 2Ca(OH)_2(aq) + C_2H_2(g)$ (b) $2KClO_3(s) \xrightarrow{\Delta} 2KCl(s) + 3O_2(g)$ (c) $Zn(s) + H_2SO_4(aq) \longrightarrow ZnSO_4(aq) + H_2(g)$ (d) $PCl_3(l) + 3H_2O(l) \longrightarrow H_3PO_3(aq) + 3HCl(aq)$ **3.6** (a) $2C_3H_6(g) + 9O_2(g) \longrightarrow 6CO_2(g) + 6H_2O(g)$：燃焼 (b) $NH_4NO_3(s) \longrightarrow N_2O(g) + 2H_2O(g)$：分解 (c) $C_5H_6O(l) + 6O_2(g) \longrightarrow 5CO_2(g) + 3H_2O(g)$：燃焼 (d) $N_2(g) + 3H_2(g) \longrightarrow 2NH_3(g)$：化合 (e) $K_2O(s) + H_2O(l) \longrightarrow 2KOH(aq)$：化合 **3.7** (a) 63.0 (b) 158.0 (c) 310.3 (d) 60.1 (e) 235.7 (f) 392.3 (g) 137.5 **3.8** 23 g Na は 1 mol の原子を含む．0.5 mol $H_2O$ は 1.5 mol の原子を含む．$N_2$ 分子 $6.0 \times 10^{23}$ 個は原子 2 mol を含む． **3.9** (a) 分子式 $C_6H_{12}$ (b) 分子式 $NH_2Cl$ **3.10** (a) $Al(OH)_3(s) + 3HCl(aq) \longrightarrow AlCl_3(aq) + 3H_2O(l)$ (b) 0.701 g HCl (c) 0.855 g $AlCl_3$，0.347 g $H_2O$ (d) 反応物の質量 = 0.500 g + 0.701 g = 1.201 g，生成物の質量 = 0.855 g + 0.347 g = 1.202 g．データの精度の範囲で質量は保存されている． **3.11** (a) 60.3 g (b) 収率 70.1％

## 4 章

**4.1** (c) の図　**4.2** $BaCl_2$　**4.3** (b) $NO_3^-$ と $NH_4^+$ がつねに傍観イオンになる．　**4.4** (a) $Fe^{2+}$(aq) と $Cl^-$(aq)　(b) $H^+$(aq) と $NO_3^-$(aq)　(c) $NH_4^+$(aq) と $SO_4^{2-}$(aq)　(d) $Ca^{2+}$(aq) と $OH^-$(aq)　**4.5** (a) 水溶性 (b) 不溶性 (c) 水溶性 (d) 水溶性 (e) 水溶性　**4.6** (b) 0.2 M HI　**4.7** (a) +4 (b) +4 (c) +7 (d) +1 (e) +3 (f) −1　**4.8** 1.398 M　**4.9** (a) 38.0 mL (b) 769 mL (c) 0.408 M (d) 0.275 g

## 5 章

**5.1** (a) 本が落下するにつれて，ポテンシャルエネルギーは低下し，運動エネルギーは増加する．(b) 熱としてエネルギーが移動しないと仮定して，71 J．(c) 同じ本棚からより重い本が落ちる場合，床にぶつかる際の運動エネルギーはより大きくなる．
**5.2** (a) 状態関数ではない．山頂に達するまでに移動する距離は，登山者のとる道に依存する．(b) 状態関数である．高度の変化はベースキャンプの位置と山の高さにのみ依存し，山頂までの経路には依存しない．　**5.3** (a) $w$ の符号は (+) である．(b) 系の内部エネルギーは反応中増加する．$\Delta E$ の符号は (+) である．　**5.4** (a) $\Delta H_A = \Delta H_B + \Delta H_C$；図と式はどちらも過程の最終的なエンタルピーの変化が経路に依存せず，状態関数であることを示している．(b) $\Delta H_Z = \Delta H_X + \Delta H_Y$ (c) ヘスの法則は，反応がこの経路を実際に経て起きるかどうかに関係なく，最終的な反応 Z のエンタルピー変化はステップ X とステップ Y のエンタルピー変化の和であるとしている．これらの図はヘスの法則を視覚的に表している．　**5.5** (a) $1.9 \times 10^5$ J (b) $4.6 \times 10^4$ cal (c) 自動車がブレーキをかけて停車すると速度(すなわち運動エネルギー) が 0 となる．自動車の運動エネルギーははじめブレーキと車輪の摩擦熱に変化し，一部はタイヤの変形を引き起こし，やがて道路とタイヤの摩擦熱へと変換される．　**5.6** (a) $\Delta E = -0.077$ kJ，吸熱 (b) $\Delta E = -22.1$ kJ，発熱　**5.7** (a) −29.5 kJ (b) −4.11 kJ (c) 60.6 J　**5.8** (a) 7.21 kJ (b) $\Delta H = -44.4$ kJ/mol　**5.9** $\Delta H = -2.49 \times 10^3$ kJ/mol　**5.10** (a) $\Delta H^\circ_{rxn} = -196.6$ kJ (b) $\Delta H^\circ_{rxn} = 37.1$ kJ (c) $\Delta H^\circ_{rxn} = -976.94$ kJ (d) $\Delta H^\circ_{rxn} = -68.3$ kJ　**5.11** (a) $C_3H_4$：$\Delta H_{燃焼} = -1850$ kJ/mol，$C_3H_6$：$\Delta H_{燃焼} = -1926$ kJ/mol，$C_3H_8$：$\Delta H_{燃焼} = -2044$ kJ/mol (b) $C_3H_4$：$\Delta H_{燃焼} = -4.616 \times 10^4$ kJ/kg，$C_3H_6$：$\Delta H_{燃焼} = -4.578 \times 10^4$ kJ/kg，$C_3H_8$：$\Delta H_{燃焼} = -4.635 \times 10^4$ kJ/kg (c) これら三つの物質の単位質量あたりの熱量はほぼ同じであるが，プロパンが他の二つの物質と比べてやや大きな値である．

## 6 章

**6.1** (a) 0.122 m または 12.2 cm，(b) 見えない．目で見える電磁波の波長は 0.1 m よりもはるかに短い．(c) エネルギーと波長は反比例する．約 0.1 m と波長が長い電磁波の光子のエネルギーは，可視光の光子のエネルギーより小さい．(d) $\lambda = 0.1$ m の電磁波は，マイクロ波領域に相当する．この調理器具は電子レンジ (microwave oven) である．　**6.2** (a) 増加する．(b) 減少する．(c) 水素放電管からの光は輝線スペクトルである．したがって可視光の波長すべてが "水素放電による虹" には含まれることはない．虹には内側からすき間をおいて紫，青，青緑，赤色の帯が現れる．　**6.3** (a) 1 (b) p (c) $n = 4$ の殻のとき，輪郭表示で表される丸いローブが $y$ 軸に沿ってさらに伸びる．　**6.4** (a) $3.0 \times 10^{13}$ s$^{-1}$ (b) $5.45 \times 10^{-7}$ m (545 nm) (c) (b) は可視光であるが，(a) は可視光ではない．(d) $1.50 \times 10^4$ m　**6.5** (a) $E_{min} = 7.22 \times 10^{-19}$ J (b) $\lambda = 275$ nm (c) $E_{120} = 1.66 \times 10^{-18}$ J．120 nm の光子がもつ過剰のエネルギーが，放出される電子の運動エネルギー $E_k$ となるため，$E_k = 9.3 \times 10^{-19}$ J/電子となる．　**6.6** (a) 紫外線領域 (b) $n_i = 7$，$n_f = 1$　**6.7** (a) $\lambda = 5.6 \times 10^{-37}$ m (b) $\lambda = 2.65 \times 10^{-34}$ m (c) $\lambda = 2.3 \times 10^{-13}$ m (d) $\lambda = 1.51 \times 10^{-11}$ m　**6.8** (a) 1s 軌道も 2s 軌道もともに球形である点は同じであるが，2s 軌道には節が存在し，半径も大きい．(b) 一つの 2p 軌道の電子密度は $xyz$ 座標の一つの軸状に拡がる方向性をもつ．$d_{x^2-y^2}$ 軌道は $x$ 軸と $y$ 軸方向に，また $p_x$ 軌道は $x$ 軸方向に電子密度の拡がりをもつ．(c) 3s 軌道の電子は原子核からの平均距離が 2s 軌道の電子に比べて大きい．(d) 1s < 2p < 3d < 4f < 6s　**6.9** (a) 化学結合に関与する電子のこと．内殻より外側にある外殻電子のすべて，もしくはその一部．(b) 内部の電子殻に存在する電子．直近の貴ガスの電子配置と同じである．(c) それぞれの四角は軌道を表す．(d) 電子を表す．矢印の上下は電子スピンを示す．　**6.10** (a) Cs，[Xe]$6s^1$ (b) Ni，[Ar]$4s^2 3d^8$ (c) Se，[Ar]$4s^2 3d^{10} 4p^4$ (d) Cd，[Kr]$5s^2 4d^{10}$ (e) U，[Rn]$5f^3 6d^1 7s^2$ (f) Pb，[Xe]$6s^2 4f^{14} 5d^{10} 6p^2$

## 7 章

**7.1** (a) A の結合半径である $r_A$ は $d_1/2$，$r_X = d_2 - (d_1/2)$，(b) X—X 結合の長さは，$2r_X$ すなわち $2d_2 - d_1$ になる．　**7.2** (a) $X + 2F_2 \longrightarrow XF_4$，(b) X と F の結合半径はほぼ同じなので，非金属元素である可能性が高い．　**7.3** 最大の茶色の球が $Br^-$，中間の青い球が Br，最小の赤い球が F である．　**7.4** Kr の $n = 3$ の殻の電子が，原子核電荷が大きいため，より大きな有効核電荷を感じる．よって，このほうが原子核のより近くに存在する確率がより大きい．　**7.5** (a) 誤 (b) 正 (c) 誤　**7.6** Br の電子親和力：$Br(g) + e^- \longrightarrow Br^-(g)$；[Ar]$4s^2 3d^{10} 4p^5 \longrightarrow$ [Ar]$4s^2 3d^{10} 4p^6$，Kr の電子親和力：$Kr(g) + e^- \longrightarrow Kr^-(g)$；[Ar]$4s^2 3d^{10} 4p^6 \longrightarrow$ [Ar]$4s^2 3d^{10} 4p^6 5s^1$．$Br^-$ は Kr と同じ安定な電子配置をもつ．Br に付加された電子は，本質的に最外殻電子と同じ $Z_{eff}$ を感じ，安定化されるため，電子親和力は負になる．$Kr^-$ では，付加された電子はより高いエネルギー状態にある 5s 軌道を占有している．5s 電子は原子核からより遠く，球状の Kr 骨格電子によって効果的に遮蔽されるため，安定化されない．そのため，電子親和力は正になる．　**7.7** (a) 減少する．(b) 増加する．(c) 第一イオン化エネルギーのより小さな元素ほど，元素の金属性はより大きい．つまり金属性の周期的傾向は，イオン化エネルギーの傾向と逆である．　**7.8** (a) どちらの反応も酸化還元反応に分類される．水素またはハロゲンは，電子を得て還元される．生成物はイオン性固体であり，水素化物イオン $H^-$ またはハロゲン化物イオン $X^-$ が陰イオンとなっており，似ている．(b) $Ca(s) + F_2(g) \longrightarrow CaF_2(s)$；$Ca(s) + H_2(g) \longrightarrow CaH_2(g)$，どちらの生成物も $Ca^{2+}$ と対応する陰イオンを 1：2 の比で含むイオン性固体である．

## 8 章

**8.1** (a) ·Al· (b) :Br: (c) :Ar: (d) ·Sr　**8.2** (a) K—F：0.271 nm，Na—Cl：0.283 nm，Na—Br：0.298 nm，Li—Cl：0.257 nm (b) LiCl > KF > NaCl > NaBr (c) 表 8.2 から，LiCl：834 kJ，KF：808 kJ，NaCl：788 kJ，NaBr：732 kJ．イオン半径からの予測は正しい．

**8.3**

:Cl· + :Cl· + :Cl· + :Cl· + ·Si· ⟶ :Cl—Si—Cl:（Si に Cl が 4 個結合）

(a) 4 (b) 7 (c) 8 (d) 8 (e) 4　**8.4** (a)，(c)，(d) が極性結合．電気陰性度の高い元素はそれぞれ (a) F，(b) O，(d) I．
**8.5** 形式電荷はルイス構造の上に，酸化数は下に示してある．

(a) $\ddot{\text{O}}=\text{C}=\ddot{\text{S}}$ (形式電荷 0, 0, 0)

O : −2, C : +4, S : −2

(b) $SOCl_2$（O: −1, Cl: 0, S: +1, Cl: 0）

S : +4, Cl : −1, O : −2

(c) $[BrO_3]^{1-}$（O: −1, O: −1, O: −1, Br: +2）

Br : +5, O : −2

(d) H—O—Cl—O（H: 0, O: 0, Cl: +1, O: −1）

Cl : +3, H : +1, O : −2

**8.6** 二つの原子間の結合電子対が多いほど，結合距離は短い．C—O 結合の距離：$CO < CO_2 < CO_3^{2-}$

**8.7** (a) H—P—H（P に非結合電子対，下に H） (b) H—Al—H（下に H）

(c) $[:N\equiv N-\ddot{N}:]^- \longleftrightarrow [:\ddot{N}-N\equiv N:]^- \longleftrightarrow [:\ddot{N}=N=\ddot{N}:]^-$

(d) $CH_2Cl_2$ (Cl—C—H，上に Cl，下に H)　(e) $[SnF_6]^{2-}$

(b) と (e) がオクテット則を満たしていない．(b) は Al に 6 電子，(e) は Sn に 12 電子が存在する．**8.8** (a) $\Delta H = -321$ kJ (b) $\Delta H = -103$ kJ (c) $\Delta H = -203$ kJ **8.9** 430 kJ/mol

## 9章

**9.1** 図 9.3 の三方両錐のエクアトリアル面から原子を 1 個除くとシーソー形となる．**9.2** (a) 2 種の電子領域の形，直線あるいは三方両錐 (b) 1 種の形，三方両錐 (c) 1 種の形，正八面体 (d) 1 種の形，正八面体 (e) 1 種の形，正八面体 (f) 1 種の形，三方両錐．ただし，これは，表 9.3 にはない異常な形．エクアトリアル位の置換基がかさ高く，非共有電子対がアキシアル位をとっている．**9.3** (a) エネルギーゼロは，2 個の Cl 原子が離れて相互作用のない状態．無限に離れた Cl—Cl 距離は図の横軸の右端を外れた位置である．(b) 原子価結合理論によると，原子どうしが近づいて価電子の軌道が重なると電子は 2 個の原子核の間の領域の位置を占めるようになり，2 個の原子核との相互作用で安定化する．(c) エネルギー最小のときの Cl—Cl 距離は Cl—Cl 結合距離である．(d) 原子間の距離が結合距離より短いとき，2 個の原子核の反発のため，系全体のエネルギーが高くなる．(e) エネルギー最小となるときの $y$ 軸の値は，Cl—Cl 結合エネルギーや結合の強さのよい尺度となる．**9.4** (a) i：二つの s 軌道，ii：端と端とで重なり合った二つの p 軌道，iii：側面どうしで重なり合った二つの p 軌道 (b) i：σMO，ii：σMO，iii：πMO (c) i：反結合性，ii：結合性，iii：反結合性 (d) i：節面は二つの原子の間にある．原子核を結んだ軸と垂直に交わっており，両原子核と等距離の場所に位置する．ii：二つの節面がある．どちらも，原子核を結んだ軸と垂直に交わっている．iii：二つの節面がある．一つ目は原子核を結んだ軸と垂直に交わっており，二つの原子核と等距離の場所に位置する．二つ目は原子核を結んだ軸を含み，一つ目の節面と垂直に交わっている．**9.5** (a) いえる．提示された結合距離，結合角から分子の大きさがわかる．(b) いえない．原子 A の非結合電子対の数は 2，3 あるいは 4 の可能性がある．**9.6** (a) 影響しない．(b) P の 1 対の非結合電子対が影響を及ぼす．(c) 影響しない．(d) 影響しない．(e) S の 1 対の非結合電子対が影響を及ぼす．

**9.7** 各化学種は N に 4 個の電子領域がある．しかし，$NH_2^-$ から $NH_4^+$ では非結合電子対は 2 対からゼロへと減っている．非結合電子対の電子領域は大きな反発を及ぼすので，その減少とともに結合角は大きくなっている．**9.8** (a) 極性結合をもつ分子が無極性になるには，極性結合が対称的に配置され，各結合の双極子が互いに打ち消し合わなければならない．非結合電子対の配置も対称的でなければならない．(b) $AB_2$：電子領域の形，分子の形の双方が直線の場合，あるいは電子領域の形が三方両錐で分子の形が直線の場合．$AB_3$：電子領域の形，分子の形いずれも平面三角形の場合．$AB_4$：電子領域の形，分子の形いずれも正四面体の場合，あるいは電子領域の形が正八面体で，分子の形が平面四角形の場合．**9.9** (a) の IF，(d) の $PCl_3$，(f) の $IF_5$ が極性．

**9.10** (a)

ルイス構造

（3 種の $C_2H_2Cl_2$ 異性体の構造式）

分子の形

極性　　無極性　　極性

(b) 中央の異性体が分子全体の双極子モーメントがゼロとなる．(c) $C_2H_3Cl$ は異性体はなく，双極子モーメントをもつ．**9.11** (a) $sp^2$ (b) $sp^3$ (c) sp (d) $sp^3$

**9.12** (a) $[HCO_2]^-$（H—C，C に 2 個の O）

(b) $sp^2$ (c) もう 1 個共鳴構造がある．(d) C と 2 個の O 原子は $p_\pi$ 軌道をもつ．(e) このイオンの π 系には電子 4 個が含まれる．**9.13** (a) 混成軌道は 1 個の原子に含まれる複数の軌道を混成したもので，その原子に局在化している．分子軌道は 2 個あるいはそれ以上の原子の原子軌道からなり，それらの原子に非局在化している．(b) 各 MO には，最大 2 個の電子が入る．(c) 反結合性分子軌道に電子を入れることができる．**9.14** (a, b) 不対電子をもたない物質は磁場に弱く反発される．これを反磁性という．(c) $O_2^{2-}$，$Be_2^{2+}$ **9.15** (a) $B_2^+$，$\sigma_{2s}^2\sigma^*{}_{2s}^2\pi_{2p}^1$，増加する．(b) $Li_2^+$，$\sigma_{1s}^2\sigma^*{}_{1s}^2\sigma_{2s}^1$，増加する．(c) $N_2^+$，$\sigma_{2s}^2\sigma^*{}_{2s}^2\pi_{2p}^4\sigma_{2p}^1$，増加する．(d) $Ne_2^{2+}$，$\sigma_{2s}^2\sigma_{2s}^{*2}\sigma_{2p}^2\pi_{2p}^4\pi_{2p}^{*4}$，減少する．

## 10章

**10.1** 火星で飲み物をストローで飲むほうがはるかに容易である．ストローをコップ 1 杯の液体の中に入れると，ストローの内側と外側にかかる気圧は同じになる．ストローで飲み物を飲むとき，空気を吸い込むことによって，ストローの中の液体に対する圧力が低下する．コップの中の液体にかかる圧力が 0.007 atm しかない場合，ストローの中の圧力の低下が非常に小さくても液体は上昇することになる．**10.2** (a) 一定の温度と圧力で反応が進むと，粒子の数が減少し，容器の体積が減少する．(b) 一定の体積と温度で反応が進むと，粒子の数が減少し，圧力が低下する．**10.3** (a) $P_{赤} < P_{黄} < P_{青}$ (b) $P_{赤} = 0.28$ atm，$P_{黄} = 0.42$ atm，$P_{青} = 0.70$ atm **10.4** (a) $P(\text{ii}) < P(\text{i}) = P(\text{iii})$ (b) $P_{He}(\text{iii}) < P_{He}(\text{ii}) < P_{He}(\text{i})$ (c) $d(\text{ii}) < d(\text{i}) < d(\text{iii})$ (d) 三つの容器内にある粒子の平均運動エネルギーは同じであ

る．**10.5**（a）気体は液体よりも密度がとても小さい．（b）気体は液体よりも圧縮しやすい．（c）気体の混合物はすべて均一になる．似た分子の液体は均一混合物になるが，違いの大きな分子は不均一混合物となる．（d）気体と液体はともに容器の形に変形できる．さらに気体は容器の体積に合わせて変形できるが，液体はそれ自身の体積を有している．**10.6**（c）の操作は圧力を2倍にする．**10.7** 容器Aにはモル質量30 g/molの気体が，容器Bにはモル質量60 g/molの気体が入っている．**10.8** $4.1 \times 10^{-9}$ g **10.9**（a）5.0 L，0.40 atm（b）5.0 L，1.2 atm（c）1.6 atm **10.10**（a）分子の平均運動エネルギーは増加する．（b）分子の根二乗平均速度は増加する．（c）容器の壁面に対する平均衝突力は増加する．（d）分子の壁に対する1 sあたりの全衝突回数は増加する．**10.11** 高温では，Ar（$a = 1.34$，$b = 0.0322$）のほうが $CO_2$（$a = 3.59$，$b = 0.427$）よりもより理想気体に近いふるまいをする．

## 11章

**11.1** 図は液体を表している．粒子は密集しており大部分は接触しているが規則的に配置しておらず，秩序のある構造がない．したがって，粒子が遠くに離れている気体や3方向全部に規則的な反復構造がある結晶性固体にはあてはまらない．**11.2** 最終状態では，メタンは気体で185℃である．**11.3**（a）385 mmHg，（b）22℃（c）47℃ **11.4** 分子間力が強ければ強いほど，液体の沸点は高くなる．分子式 $CH_3CH_2CH_2OH$ のプロパノールでは，分子間に水素結合があり，沸点がより高くなる．**11.5**（a）標準沸点：360 K，標準凝固点：260 K（b）（i）気体，（ii）固体，（iii）液体（c）三重点は約185 K，0.45 atm **11.6**（a）固体 < 液体 < 気体（b）気体 < 液体 < 固体（c）気体状態が最も容易に圧縮できる．なぜなら，粒子間が最も離れていて，多くの空間が存在するからである．**11.7** 棒状のブタン分子と球状の2-メチルプロパン分子には，ともに分散力が働いている．より広い接触面をもつブタン分子間のほうがより強い分散力が働き，沸点がより高くなる．**11.8**（a）温度が上がると表面張力は減少する．（b）温度が上昇すると粘性は減少する．（c）表面の分子を離れにくくする（高い表面張力）のと同じ引力相互作用は，試料中のすべての分子を互いに動きにくくする（高い粘性）から．**11.9** 水 $2.3 \times 10^3$ g **11.10**（c）分子間の引力（d）温度（e）液体の密度の三つが液体の蒸気圧に影響を与える．**11.11**（a）24 K（b）ネオンは三重点圧力（0.42 atm）より低い圧力下で昇華する．（c）できない．**11.12** 液晶相では，少なくとも一次元方向に秩序構造が保たれているため，分子の向きの変化に対して完全に自由ではない．このため，液晶相は液相より流れにくく，粘性が高い．

## 12章

**12.1** おそらく，オレンジ色の固体は半導体で，白色の固体は絶縁体である．オレンジ色固体は可視領域の光を吸収している（オレンジ光を反射している，つまり青色光を吸収している）が，白色固体は可視光を吸収していない．これはオレンジ色固体が白色固体よりも電子遷移エネルギーが低いことを示唆している．半導体は絶縁体よりも低い電子遷移エネルギーをもつ．**12.2**（a）六方最密構造（b）配位数は12（c）1の配位数は9，2の配位数は6 **12.3** フラグメント(b)は，より高い電気伝導性をもつだろう．この構造は非局在化したπ共役系をもち，その中で電子は自由に動ける．電気伝導には動くことのできる電子が必要である．**12.4**（a）水素結合，双極子-双極子力，ロンドン分散力（b）共有結合（c）イオン結合（d）金属結合 **12.5**（a）六方格子（b）NiAs **12.6**（a）Irの原子半径は0.1355 nm（b）Irの密度は22.67 g/cm$^3$ **12.7**（a）正（b）誤（c）誤（d）誤 **12.8**（a）$SrTiO_3$（b）6（c）12個の酸素が配位している．**12.9** 放出される光の波長は560 nm．光の色は黄緑色

**12.10** HOOC–（ベンゼン環，1,3位）–COOH と $H_2N$–（ベンゼン環，1,3位）–$NH_2$

**12.11**（a）誤．粒子の大きさが減少すると，バンドギャップは増大する．（b）誤．粒子の大きさが減少すると，波長は短くなる．

## 13章

**13.1**（c）>（b）>（a）**13.2**（a）同程度ではない（b）格子エネルギーの小さいほうがよく水に溶ける．**13.3** ビタミン$B_6$は，水との水素結合をつくりやすい構造をしているため，水溶性である．ビタミンEは，長い炭化水素鎖をもつので無極性溶媒に分散しやすく，脂溶性である．**13.4**（a）変化するといえる．モル濃度は単位体積あたりの溶液に含まれる溶質の物質量である．（b）変化するとはいえない．質量モル濃度は単位質量あたりの溶液に含まれる溶質の物質量である．**13.5** 0.5 L **13.6**（a）分散力（b）水素結合（c）イオン-双極子力（d）双極子-双極子力 **13.7**（a）ゼロ付近である．溶質も溶媒も同程度のロンドンの分散力を感じているので，それぞれをばらばらにするエネルギーと混ぜ合わせたときに放出されるエネルギーはほぼ等しくなる．すなわち，$\Delta H_{solute} + \Delta H_{solvent} \approx -\Delta H_{mix}$ である．（b）エントロピーは増加する．**13.8**（b）と（c）が飽和溶液になる．（a）と（d）は不飽和である．**13.9** トルエン **13.10**（a）2.15%（b）2.86 ppm **13.11**（a）0.0427（b）7.35%（c）2.48 mol/kg **13.12**（a）1.3 gのKBrを水に溶かし，0.75 Lになるまで希釈する．（b）2.62 gのKBrを122.38 gの水に溶かす．（c）244 gのKBrを水に溶かし，1.85 Lに希釈する．（d）10.1 gのKBrを少量の水に溶かし，0.568 Lになるまで希釈する．**13.13** 71% **13.14** 質量モル濃度は3.82 mol/kg，モル濃度は26.8 M．**13.15**（b）と（c）が真（a）と（d）が偽 **13.16**（a）凝固点は−115.0℃，沸点は78.7℃，以下同順．（b）−67.3℃，64.2℃（c）−0.4℃，100.1℃（d）−0.6℃，100.2℃ **13.17** 0.0168 atm **13.18** $1.39 \times 10^4$ g/mol **13.19**（d）．炭素鎖が疎水性成分と相互作用し，イオン性の末端部が親水性成分と相互作用するから．

# “考えてみよう” 解答

## 1章

**p. 2** (a) 100 (b) 原子 **p. 6** 水は酸素，水素の2種の原子からなる．水素は水素原子のみから，酸素は酸素原子のみからなる．したがって，水素と酸素は単体で，水は化合物である． **p. 8** 1 pg **p. 9** $2.5 \times 10^2\,m^3$，単位が長さの立方となっているから． **p. 10** (b) 1セント硬貨の質量．

## 2章

**p. 16** (a) 倍数比例の法則 (b) 化合物Bでは，炭素原子1個あたり酸素原子2個を含むと推定される． **p. 19** 大部分の粒子は，金箔にあたっても曲がらなかった．金箔を構成する原子の大部分は何もない空間だからである． **p. 23** $B_2H_6$ と $C_4H_2O_2$ は，分子式であろう．これらの実験式は $BH_3$ と $C_2HO$ である．$SO_2$ と CH は実験式，あるいは分子式の可能性がある．分子式ではなく，実験式と断定できるものはない．どんな組成でも分子の可能性はあるからである． **p. 24** (a) $C_2H_6$ (b) $CH_3$ (c) 球-棒模型．棒どうしの角度は原子どうしの角度を示すからである． **p. 28** 硝酸イオン→炭酸イオン→の延長でホウ酸イオンを考えると $BO_3^{3-}$ である．ケイ酸イオンは $SiO_4^{4-}$ である．

## 3章

**p. 37** $2\,Na + S \longrightarrow Na_2S$．生成物は $Na^+$ と $S^{2-}$ からなるイオン性化合物で，化学式は $Na_2S$ である．

## 4章

**p. 51** (a) $K^+$ (aq) と $CN^-$ (aq) (b) $Na^+$ (aq) と $ClO_4^-$ (aq) **p. 52** NaOH である．これが唯一の強電解質だからである． **p. 55** $Na^+$ (aq) と $NO_3^-$ (aq) **p .56** 3個．−COOH 1個について各1個の $H^+$ (aq) が放出される． **p. 57** 金属水酸化物のうち，部分的にでも溶解するものは強電解質だが，$Al(OH)_3$ は不溶性であるため． **p. 59** $SO_2$ (g) **p. 61** (a) −3 (b) +5 **p. 63** (a) 反応が起こる．$Ni^{2+}$ (aq) が Zn (s) を酸化して，Ni (s) と $Zn^{2+}$ (aq) になる．(b) $Zn^{2+}$ (aq) はこれ以上酸化されないので，反応は起こらない． **p. 66** 前者は 1.00 M，後者は 2.50 M で，後者の濃度が高い． **p. 67** 半分の 0.25 M になる．

## 5章

**p. 75** (a) 位置エネルギーは丘のふもとのほうが小さいため，同じではない．(b) 自転車がいったん止まれば，運動エネルギーはゼロである．丘の上でも同じである． **p. 76** 人体は物質とエネルギーを外界と交換しているため，開放系である． **p. 80** 吸熱 **p. 82** $\Delta V$ がゼロの場合，$w = -P\Delta V$ はゼロとなるため，$PV$ 仕事ではない． **p. 84** 正である．外界の一部であるフラスコが冷たくなったということは，系が熱を吸収した，すなわち $q_p$ が正であったことを意味するから． **p. 85** 同じにならない．半分の物質だけ反応するため，$\Delta H = 1/2(-483.6\,kJ) = -241.8\,kJ$． **p. 87** Hg (l)．式 5.17 を変形すると，$\Delta T = q/(C_s \times m)$．ここで，$q$ と $m$ は与えられた物質に対し一定であるため，$\Delta T =$ 定数$/C_s$．したがって，最小の $C_s$ である物質が最大の $\Delta T$ となる． **p. 91** (a) $\Delta H$ の符号は変わる．(b) $\Delta H$ の大きさは2倍になる． **p. 93** $O_3$ (g) は 25℃，1 atm において最も安定な酸素のかたちではない [$O_2$ (g) が最も安定]．したがって，$O_3$ (g) の $\Delta H_f^\circ$ は必然的にゼロとはならない．実際に付録Cより 142.3 kJ/mol である．

## 6章

**p. 104** 可視光とX線はともに電磁波であるため，どちらも光の速度 $c$ で進む．皮膚に浸透する能力の違いはエネルギーの違いによる．これについては次節で述べる． **p. 107** ピアノの音色はとびとびである．例えば，誰もシとドの間の音を鍵盤で弾くことはできない．同じたとえでいえば，バイオリンの音は原理的に連続しており，どのような音色でも（例えばシとドの真ん中の音でも）奏でることができる． **p. 108 左** 同じではない．放出される電子の運動エネルギーは，光子のエネルギーから仕事関数を引いた値に等しい． **p. 108 右** 波としてのふるまい． **p. 110** ボーアモデルのエネルギーはある特定の許容された値だけをとる．これは図 6.6 に示す階段の踏面とよく似ている． **p. 111** 半径のより大きな軌道は原子核からより遠くにあるため，引きつけられる力が弱い．したがってエネルギーは大きくなる． **p. 112 右上** 発光の場合 $\Delta E$ は負の値であるため，直前に負号をつけることで，放出される光子のエネルギーが正の値となるようにしてある． **p. 112 右下** $1/\lambda = \Delta E/h\nu$ となる． **p. 114** 動く物体はすべて物質波をもつ．しかし，野球のボールのような巨視的な物体の場合は波長が小さすぎるため，観測する手段がない． **p. 115** 粒子の大きさと質量．不確定性原理における $h/4\pi$ は非常に小さな値の項であるため，電子のようにきわめて小さい物体を考えるときだけ重要になる． **p. 116** 最初の文では，私たちは電子の居場所を正確に知っていることになる．2番目の文では，ある一点において電子の存在する確率はわかるが，正確にどこにあるかはわからない．後の文が不確定性原理と合致する． **p. 117** ボーアは，水素原子内の電子は原子核をとりまく明確に定義された軌道（orbit）の中を動くと提案したのに対し，量子力学モデルでは電子の動きは明確に定義されず，確率的な記述をする．軌道（orbital）は空間の任意の点において電子がみつかる確率を示す波動関数である． **p. 119** 水素原子内の電子のエネルギーは，式 6.5 に示すように $-1/n^2$ に比例する．$-1/(2)^2$ と $-1/(1)^2$ の差は $-1/(3)^2$ と $-1/(2)^2$ の差よりもはるかに大きい． **p. 122** 予測できない．これまでに学んだことからいえるのは，4s 軌道と 3d 軌道のエネルギーがともに 3s 軌道のエネルギーよりも大きいということである．ほとんどの原子では実際に図 6.23 に示すように，4s 軌道のほうが 3d 軌道よりもエネルギーが小さい． **p. 126** 6s 軌道．原子番号 55 の Cs からこの軌道に電子が入る． **p. 129** いかなる結論も得られない．三つの元素はいずれも $(n-1)$d と $n$s の副殻に関して，異なる価電子の電子配置をもつ．Ni は $3d^8 4s^2$，Pd は $4d^{10}$，Pt は $3d^9 4s^1$ である．

## 7章

**p. 137** 原子量順に並べると原子番号順と入れ替わるのは Co と Ni，Te と I である． **p. 139** Na 原子の 3s 電子は，2s および 2p 軌道のすべての電子によって遮蔽されている．よって，Ne 原子の 2p 電子は，Na の 3s 電子よりも大きな $Z_{eff}$ を感じる． **p. 140** 打ち消し合う（$Z_{eff}$ の増加は価電子をより強く引きつけて原子をより小さくし，一方，軌道サイズの増大は原子サイズもまた大きくなることを意味する）．軌道サイズの効果がより大きい（周期表の族内を下に移動すると，原子サイズは一般に増大するから）．**p. 143**　$Na^+$ からさらに電子を除くのは難しく，式 7.3 の過程は式 7.2 より大きなエネルギーを必要とする．よって，式 7.3 の反応は，よりエネルギーの大きな短波長の光を必要とする（§6.1，§6.2）．**p. 144**　C 原子の $I_2$ は，$C^+$ からさらに 1 電子を除く過程に対応する．$C^+$ は，中性の B 原子と同じ数の電子を有するが，$Z_{eff}$ は $C^+$ のほうが B よりも大きい．したがって，C 原子の $I_2$ は B 原子の $I_1$ よりも大きいだろう．**p. 146**　同じである．**p. 148**　大きさは同じであるが，符号は異なる．**p. 149**　異なる．As の酸化状態は，Cl と結合するときは正で，Mg と結合するときは負になる．**p. 151**　第一イオン化エネルギーが小さいこと．**p. 153**　金属の炭酸塩は胃の中の酸性環境下で反応して炭酸を生じ，さらにそれは分解して水と二酸化炭素（気体）になる．つまり，炭酸カルシウムは中性の水よりも酸性溶液により溶けやすい．**p. 155**　可視光の最長波長は約 750 nm である（§6.1）．これを過酸化水素の結合を切断するのに必要な最低エネルギーの光の波長（$E = hc/\lambda$）と仮定しよう．750 nm を $\lambda$ に代入すると，1 分子の過酸化水素の O—O 結合を切断するための最低エネルギーを計算できる（単位は J）．これにアボガドロ定数を掛けると，1 mol の過酸化水素の O—O 結合を切断するのに何 J 必要かを計算できる．**p. 156**　すべてのハロゲンは，基底状態で $ns^2np^5$ の電子配置をもつ．ハロゲンは，通常，他の原子 1 個と一つの電子を共有することで，安定な化合物をつくる．**p. 157**　表に示された傾向に従うと，半径は約 0.15 nm で，第一イオン化エネルギーは約 900 kJ/mol と予想される．実際，その結合半径は 0.15 nm で，実験により求めたイオン化エネルギーは 920 kJ/mol である．

## 8 章

**p. 162**　Cl は 7 個の価電子をもつ．左と中央のルイス記号はいずれも 7 個の価電子が示されているため正しい表記であるが（1 電子はどこに表記されていても問題ない），右のルイス記号は価電子が 5 個しか示されていないので間違った表記である．**p. 163**　$CaF_2$ は $Ca^{2+}$ と $F^-$ からなるイオン性化合物である．Ca と $F_2$ が反応して $CaF_2$ が生成するとき，Ca は 2 電子を失って $Ca^{2+}$ となり，$F_2$ の F 原子は 1 電子獲得して 2 個の $F^-$ となる．結果として 1 個の Ca 原子は 2 個の F 原子に一つずつ電子を渡したこととなる．**p. 164**　放出されない．この反応は KCl の格子エネルギーに相当するため，大きな正の値である．したがって，この反応にはエネルギーが必要であり，エネルギーが放出されることはない．**p. 167**　ロジウム Rh　**p. 168**　弱まる．$H_2$ と $H_2^+$ はどちらも二つの H 原子をもち，主として原子核と原子間に位置する電子との静電引力により結びつけられている．$H_2^+$ は原子核の間に 1 電子であるが，$H_2$ は 2 電子をもち，その結果 $H_2$ の H—H 結合のほうがより強い結合となる．**p. 169**　三重結合．$CO_2$ には C═O 二重結合が 2 個存在する．一酸化炭素の C—O 結合のほうが短いため，三重結合の可能性が高い．**p. 170**　電子親和力は孤立原子が 1 電子を獲得して電荷 1− をもつイオンをつくるときに放出されるエネルギーであり，その値はエネルギーの単位をもつ．電気陰性度は無単位の数値であり，分子に存在する原子がその分子内で自分自身に電子を引きつける能力を表す．**p. 171**　極性共有結合．S と O の電気陰性度の差は $3.5 - 2.5 = 1.0$ である．$F_2$ および HF，LiF の例から判断すると，この電気陰性度の差は結合にある程度電荷を生じるのに十分な大きさではあるが，一方の原子から他方の原子へ完全な電子移動を引き起こすほどには十分な値ではない．**p. 172**　IF．I と F，Cl と F のそれぞれの電気陰性度の差は前者のほうが大きいため，$Q$ の値は IF のほうが大きいはずである．加えて，I は Cl よりも原子半径が大きいので，IF の結合距離は ClF の結合距離より長い．そのため，$Q$ も $r$ も IF のほうが大きい値をとり，双極子モーメント $\mu = Qr$ は IF のほうが大きい．**p. 173**　H—I の双極子モーメントのほうが大きい．C—H および H—I ともに電気陰性度の差は 0.4 であるため，いずれも $Q$ の大きさは近い値となるはずである．C—H および H—I の結合距離はそれぞれ 0.11 nm と 0.16 nm であり，後者のほうが長い．そのため，双極子モーメント $\mu = Qr$ は H—I のほうが大きい．**p. 176**　おそらくより適切なルイス構造がある．形式電荷は合計で 0 となること，F の形式電荷が +1 であることから，形式電荷が −1 となる別の原子が存在するはずである．F は電気陰性度の最も大きい元素であることから，この原子に正の形式電荷が与えられることはないと予想される．**p. 179 左上**　両立する．オゾンには分子全体を記述するうえで同等に寄与する二つの共鳴構造が存在する．したがって，それぞれの O—O 結合は単結合と二重結合の平均であり，いわば“1.5 重”結合である．**p. 179 左下**　“1.33 重”結合．三つの共鳴構造が存在し，それぞれ三つの N—O 結合のうち二つは単結合，残り一つは二重結合である．実際のイオンにおける個々の結合はそれらの平均であり，$(1 + 1 + 2)/3 = 1.33$ となる．**p. 180 左**　ヘキサトリエンは複数の共鳴構造をとらない．この化合物はベンゼンの場合と異なり，二重結合の位置が固定されているため，動かすことができない．したがって，この分子は図に示すルイス構造以外の構造を描くことができない．**p. 180 右**　それぞれの原子の形式電荷は次図のようになる．

N═O　　N═O
0　0　　−1　+1

左の構造はいずれの原子の形式電荷もゼロであるため，より支配的なルイス構造である．一方，右の構造では，電気陰性度の大きい酸素原子に正の形式電荷が与えられているため，好ましくない．**p. 183 左**　エタンの原子化により，2C(g) + 6H(g) となる．この過程で，6 本の C—H 結合と 1 本の C—C 結合が開裂する．$6D$(C—H) を使って 6 本の C—H 結合を切断するために必要なエンタルピー量を見積もることができる．この値と原子化のエンタルピーの差が C—C 結合の結合エンタルピー，$D$(C—C) の予想値となる．**p. 183 右**　$H_2O_2$．表 8.4 から，$H_2O_2$ 分子の O—O 単結合の結合エンタルピー（146 kJ/mol）は $O_2$ 分子の O═O 結合（495 kJ/mol）の結合エンタルピーよりもはるかに小さい．$H_2O_2$ の弱い結合の存在が $O_2$ よりも反応性が高いことを予想させる．

## 9 章

**p. 192**　正八面体の互いに反対側にある原子 2 個を取り除くと平面四角形になる．**p. 194**　原子 A の周りには電子 10 個があるので，この分子はオクテット則に従っていない．3 個の原子 B は，オクテット則に従っている．原子 A の周りには電子領域が 4 個ある．単結合 2 個，二重結合 1 個および非結合電子対 1 対である．**p. 197**　矛盾しない．このイオンには等価な共鳴構造が 3 個あり，それぞれ窒素原子と酸素原子の間に二重結合をもっている．これら 3 個の構造の平均は，3 本の N—O 結合の結合次数が同じである．したがってそれぞれの電子領域は同じで，角度は 120° と考えられる．**p. 199**　平面四角形の配置では，電子領域は他の 2 個の領域と互いに 90° である（向かい側の電子領域とは 180° である）．正四面体配置では各領域の角度はすべて 109.5° である．電子領域間の角度は 90° を減らしたほうがよい．したがって，正四面体が有利な配置である．**p. 201**　いいえ．結合の極性は，互いに逆の向きだが，大きさが異なる．C—S 結合は C—O 結合ほど極性が大きくないので，2 個のベクトルの和は，ゼロではなく，分子は極性である．**p. 204**　これらの p 軌道はいずれも F—Be—F 結合軸に垂直である．**p. 205**　ない．すべての 2p 軌道は $sp^3$ 混成に使われるからである．**p. 209**　各 N 原子には 3 個の電子領域がある．したがって，各 N 原子は $sp^2$ 混成と考えられ，H—N—N の角度はおよそ 120° で，分子は直線ではない．π 結合の生成には，4 原子が同一平面になければならない．
**p. 211**　sp 混成　**p. 214**　励起状態の分子は，結合が切れて原子に別れてしまう．電子配置は $\sigma_{1s}{}^1\sigma_{1s}^{*}{}^1$ で，結合次数がゼロである．　**p. 215**　安定である．結合次数は 0.5 である．　**p. 220**　反磁性ではなくなる．もし $\sigma_{2p}$MO のエネルギーが $\pi_{2p}$MO より低ければ，最後の 2 個の電子は，$\pi_{2p}$MO にスピンの向きを同じにして入ることになる．そうすると $C_2$ は常磁性となる．

## 10 章

**p. 226**　ない．表 10.1 で最も重い気体は $SO_2$ であるが，そのモル質量は 64 g/mol で，Xe の 131 g/mol の半分以下である．
**p. 228**　(a) 745 mmHg　(b) 0.980 atm　(c) 99.3 kPa　(d) 0.993 bar　**p. 231 左**　半分になる．　**p. 231 右**　ならない．絶対温度は 373 K から 323 K に下がっただけで，半分になっていない．　**p. 223**　28.2 cm　**p. 236**　水蒸気のほうが密度が小さい．水のモル質量は 18 g/mol で，窒素のモル質量 28 g/mol よりも小さい．　**p. 241**　速度の小さいほうから $HCl < O_2 < H_2$ である．$H_2$ が最も速い．　**p. 243**　$u_{rms} > u_{mp} = \sqrt{3/2}$．この比は温度や気体の種類に依存しない．　**p. 245 左**　(a) 減少させる．(b) 変化しない．　**p. 245 右**　(b)　**p. 247**　分子間の引力の働きにより，負の方向にずれる．

## 11 章

**p. 256**　$H_2O$ (g)．沸騰しているときに加えられたエネルギーは，$H_2O$ 分子が分子間力に打ち勝って水蒸気となるのに使われる．
**p. 257**　$CH_4 < CCl_4 < CBr_4$．三つの分子はすべて無極性であるため，分散力の強さが沸点を決定する．分極率は分子の大きさと分子量の順，つまり $CH_4 < CCl_4 < CBr_4$ の順に増加する．したがって，分散力と沸点はこの順で増大する．　**p. 261 右上**　水素結合．水素結合は液体中で $H_2O$ 分子を互いに束縛している．
**p. 261 右下**　水中の $Ca(NO_3)_2$．硝酸カルシウムは水中でイオンになる強電解質で，水は双極子モーメントをもつ極性分子である．$CH_3OH$ はイオン化しないので，$CH_3OH$-$H_2O$ 混合物中にはイオン-双極子力は存在しない．　**p. 265**　(a) 温度上昇とともに分子運動が増大するので，粘性と表面張力は両方とも減少する．(b) 分子間力が強くなるに伴い，どちらの性質も増大する．
**p. 267**　融解．吸熱的．　**p. 268**　$H_2O$ 中の分子間の引力は $H_2S$ よりもはるかに大きい．それは，$H_2O$ が水素結合を形成できるからである．より強い分子間力は，より高い臨界温度および圧力を導く．　**p. 270**　$CCl_4$．どちらの化合物も無極性である．それゆえ，分子間には分散力のみが働く．分散力はより大きく重い $CBr_4$ で大きいため，蒸気圧は $CCl_4$ より低くなる．揮発性が高いのは，同じ温度で蒸気圧のより大きな物質である．

## 12 章

**p. 283**　正方．正方形の底面をもち，第三のベクトルが底面に垂直な三次元格子は，正方および立方である．しかし，立方では ***a*, *b*, *c*** の格子ベクトルがすべて同じ長さである．　**p. 285**　イオン性固体は，イオンから構成されている．反対の電荷をもつイオンが滑って同じ電荷のイオンと近づくと静電反発が生じる．そのため，イオン性固体は脆い．　**p. 288**　充塡効率は，最近接原子の数（配位数）が減少すると減少する．充塡効率が最も高い六方最密構造および立方最密構造における配位数は，両者とも 12 である．体心立方格子（配位数 8）の充塡効率はより低く，単純立方格子（配位数 6）の充塡効率はさらに低い．　**p. 290**　侵入型合金．ホウ素は小さな非金属原子で，より大きなパラジウム原子間の隙間に収まる．　**p. 294**　金 Au は，反結合性軌道により多くの電子をもつ．タングステン W は遷移金属系列の中央付近に位置し，d 軌道と s 軌道から生じるバンドは約半分が満たされている．このとき電子は結合性軌道を満たし，反結合性軌道は空のまま残っている．両方の金属とも結合性軌道に似た数の電子を有するが，タングステンは反結合性軌道に入る電子が少ないので，高い融点を示すと考えられる．　**p. 295**　不可能．結晶中における格子点は，等価でなければならない．つまり，一つの原子がある格子点に存在すると，同じ種類の原子がすべての格子点上に存在しなければならない．イオン性化合物中には少なくとも 2 種類の原子があり，そのうちの 1 種類の原子のみが格子点上に存在できる．　**p. 298**　4．酸化カリウムの組成式は $K_2O$ である．式 12.1 を変形すると，カリウムの配位数＝陰イオンの配位数×(組成式あたりの陰イオンの数/組成式あたりの陽イオンの数) $= 8(1/2) = 4$　**p. 305**　縮合重合．—COOH と—$NH_2$ があるので，$H_2O$ を脱離しながら分子間の縮合重合が進む．　**p. 308**　できない．放射される光子は半導体のバンドギャップのエネルギーと似た大きさのエネルギーをもつ．結晶の大きさが nm サイズまで小さくなると，バンドギャップは大きくなる．340 nm の光はすでに紫外領域にあり，バンドギャップエネルギーが増大したときに放出される光は，さらに短波長シフトしている．

## 13 章

**p. 317**　NaCl を溶解するには，まず NaCl (s) の格子エネルギーに打ち勝って $Na^+$ と $Cl^-$ に分け，それを溶媒中に分散させなくてはならない．ヘキサンは無極性なので，各イオンとヘキサン分子との相互作用のエネルギーが非常に小さいため，NaCl をイオンに分けることができない．　**p. 318**　(a) 吸熱的　(b) 発熱的
**p. 319**　溶質は溶解せず，溶液からの析出もない（実際には動的平衡状態に達する）．　**p. 322**　グルコースよりもずっと小さくなる．水との水素結合ができなくなるため．　**p. 324**　水温が高くなるにつれて水に溶けていた気体（空気）の溶解度が下がるので，沸点よりも低い温度で水から出てくるため．　**p. 325**　0.23 ppm，230 ppb　**p. 328**　蒸気圧の降下は溶質の総濃度に依存する．1 mol の NaCl（強電解質）は水に溶けると解離して 2 mol の溶質粒子をつくるので，1 mol の非電解質の水溶液よりも蒸気圧を降下させる．　**p. 330**　必ずしもいえない．溶質が強電解質または弱電解質の場合は，もっと低い濃度の溶液でも 0.51℃ の沸点上昇をもたらし得る．　**p. 333**　0.20 mol/kg の溶液のほうが低張である．　**p. 334**　両方とも同じ．　**p. 336**　油滴は解離したステアリン酸イオンを含んでおり，その負電荷どうしの反発によって油滴が互いに反発するから．

# 演　習　解　答

## 1章

**1.1**　化合物である．組成が一定で数種の元素からなるからである．**1.2**　(a) 6.0 km (b) $4.22 \times 10^{-3}$ g (c) 0.00422 g **1.3**　(a) 8.96 g/cm$^3$ (b) 19.0 mL (c) 34 g **1.4**　5桁．24.995 gのように，不確かな数字は小数第3位にある．**1.5**　9.52 m/s（有効数字3桁）**1.6**　12 km/L

## 2章

**2.1**　(a) 154 pm (b) $1.3 \times 10^6$ 個 **2.2**　Na：原子番号11，金属元素．Br：原子番号35，非金属元素 **2.3**　陽子34個，中性子45個，電子36個 **2.4**　$CBr_4$，$P_4O_6$ **2.5**　$BrO^-$，$BrO_2^-$ **2.6**　(a) $MgSO_4$ (b) $Pb(NO_3)_2$ **2.7**　HBr，$H_2CO_3$

## 3章

**3.1**　(a) 4, 3, 2 (b) 1, 3, 2, 2 (c) 2, 6, 2, 3 **3.2**　(b) > (c) > (a) **3.3**　164.1 g/mol **3.4**　6.05 mol $NaHCO_3$ **3.5**　(a) $4.01 \times 10^{22}$ の $HNO_3$ 分子 (b) $1.20 \times 10^{23}$ のO原子 **3.6**　(a) $C_3H_6O$ (b) $C_6H_{12}O_2$ **3.7**　1.77 g **3.8**　(a) Al (b) 0.75 mol $Cl_2$ **3.9**　(a) 105 g Fe (b) 83.7%

## 4章

**4.1**　(a) 6 (b) 12 (c) 2 (d) 9 **4.2**　(a) 不溶性 (b) 水溶性 (c) 水溶性 **4.3**　$3\,Ag^+(aq) + PO_4^{3-}(aq) \longrightarrow Ag_3PO_4(s)$ **4.4**　(a) $H_3PO_4(aq) + 3\,KOH(aq) \longrightarrow 3\,H_2O(l) + K_3PO_4(aq)$ (b) $H_3PO_4(aq) + 3\,OH^-(aq) \longrightarrow 3\,H_2O(l) + PO_4^{3-}(aq)$　$H_3PO_4$ は弱酸なので弱電解質だが，KOHは強塩基，$K_3PO_4$ はイオン性化合物なので強電解質である．**4.5**　(a) +5 (b) −1 (c) +6 (d) +4 (e) −1 **4.6**　(a) $Mg(s) + CoSO_4(aq) \longrightarrow MgSO_4(aq) + Co(s)$，$Mg(s) + Co^{2+}(aq) \longrightarrow Mg^{2+}(aq) + Co(s)$ (b) Mgが酸化され，$Co^{2+}$ が還元された．**4.7**　Zn，Fe **4.8**　0.278 M **4.9**　(a) 1.1 g (b) 76 mL **4.10**　(a) 20.0 mL (b) 5.0 mL (c) 0.40 M **4.11**　(a) 0.240 g (b) 0.400 L **4.12**　0.210 M

## 5章

**5.1**　(a) $1.4 \times 10^{-20}$ J (b) $8.4 \times 10^3$ J **5.2**　+55 J **5.3**　70 J **5.4**　金が凝固するためには，金を融点よりも低温にしなければならない．金は熱を外界に移動させて冷える．周りの空気は溶融した金から熱を受け取り温まるので，この過程は発熱である．液体の凝固は，例題で考えた融解の逆であると気づくだろう．逆の過程では移動する熱の符号も入れ替わる．**5.5**　−14.4 kJ **5.6**　(b) **5.7**　−68000 J/mol = −68 kJ/mol **5.8**　(a) −15.2 kJ/g (b) −1370 kJ/mol **5.9**　+1.9 kJ **5.10**　−304.1 kJ **5.11**　C（グラファイト）$+ 2\,Cl_2(g) \longrightarrow CCl_4(l)$ **5.12**　−1367 kJ **5.13**　−156.1 kJ/mol

## 6章

**6.1**　図6.4に示された可視光の拡大部分をみると，赤い光のほうが青色光よりも長波長である．波1が長波長（低振動数）なので，赤色光に対応する．**6.2**　(a) $1.43 \times 10^{14}\ s^{-1}$ (b) 2.899 m **6.3**　(a) $3.11 \times 10^{-19}$ J (b) 0.16 J (c) $4.2 \times 10^{16}$ 個 **6.4**　(a) エネルギーを放出する．(b) エネルギーの吸収を必要とする．**6.5**　$7.86 \times 10^2$ m/s **6.6**　(a) 5p (b) 3 (c) 1，0，−1 **6.7**　(a) $1s^2 2s^2 2p^6 3s^2 3p^2$ (b) 2 **6.8**　14族 **6.9**　(a) $[Ar]4s^2 3d^7$ または $[Ar]3d^7 4s^2$ (b) $[Kr]5s^2 4d^{10} 5p^1$ または $[Ar]4d^{10} 5s^2 5p^1$

## 7章

**7.1**　P—Br **7.2**　C < Be < Ca < K **7.3**　$S^{2-}$ **7.4**　$Rb^+$ **7.5**　Ca **7.6**　Alが最小でCが最大 **7.7**　(a) $[Ar]3d^{10}$ (b) $[Ar]3d^3$ (c) $[Ar]3d^{10}4s^2 4p^6 = [Kr]$ **7.8**　$2\,K(s) + S(s) \longrightarrow K_2S(s)$

## 8章

**8.1**　$ZrO_2$ **8.2**　$Mg^{2+}$ と $N^{3-}$ **8.3**　どちらの原子もオクテットの電子を有する．しかし，ネオンの電子対は共有されていないが，炭素では4個の水素原子との間で電子対が共有されている．**8.4**　Se—Cl **8.5**　(a) F (b) 0.11− **8.6**　(a) 20 (b)

```
       H
       |
 :Cl̤—C—C̤l:
       |
       H
```

**8.7**　(a) $[:N{\equiv}O:]^+$ (b)

```
H         H
 \       /
  C == C
 /       \
H         H
```

**8.8**　(a)

```
[:Ö—C̤l—Ö:]⁻
```

(b)

```
      :Ö:
       |
 [:Ö—P—Ö:]³⁻
       |
      :Ö:
```

**8.9**　(a)

```
 −2   0  +1        −1   0   0        0   0  −1
[:N̤—C≡O:]⁻      [N̈=C=Ö]⁻       [:N≡C—Ö:]⁻
    (i)               (ii)              (iii)
```

(b) このイオン中で電気陰性度が最大の元素である酸素原子上に負電荷が存在する構造は（iii）である．したがって，この構造が支配的なルイス構造である．

**8.10**

```
[H—C=Ö]⁻        [H—C—Ö:]⁻
    |       ⟷       ||
   :Ö:              :O:
```

**8.11**　(a) C (b)

```
:F̤—Ẍ̤e—F̤:
```

**8.12**　−86 kJ

## 9章

**9.1**　(a) 正四面体，折れ線 (b) 平面三角形，平面三角形 **9.2**　(a) 三方両錐，T字形 (b) 三方両錐，三方両錐 **9.3**　H—C—H：109.5°，C—C—C：180° **9.4**　(a) 極性結合が三角錐の形に配置しているので極性である．(b) 極性結合が平面三角形の形に配置しているので，無極性である．**9.5**　正四面体，$sp^3$ **9.6**　(a) 左のC原子は約109.5°，右のC原子は180° (b) $sp^3$，sp (c) σ結合5本とπ結合2本 **9.7**　$SO_3$ と $O_3$．これらの分子には，π結合をもつ複数の共鳴構造がある．**9.8**　0.5 **9.9**　(a) 反磁性，1 (b) 反磁性，3

## 10章

**10.1**　1.6 m **10.2**　807.3 Torr **10.3**　$5.30 \times 10^3$ L **10.4**　2.0 atm **10.5**　$3.83 \times 10^3\ m^3$ **10.6**　27℃ **10.7**　5.9 g/L

**10.8**　29.0 g/mol　**10.9**　14.8 L　**10.10**　2.86 atm　**10.11**　$N_2$：$1.0 \times 10^3$ Torr，Ar：$1.5 \times 10^2$ Torr，$CH_4$：73 Torr　**10.12**　(a) 増加する．(b) 影響なし．(c) 影響なし．　**10.13**　$1.36 \times 10^3$ m/s　**10.14**　$r_{N_2}/r_{O_2} = 1.07$　**10.15**　(a) 7.47 atm　(b) 7.18 atm

## 11 章

**11.1**　$NH_2Cl$　**11.2**　(a) $CH_3CH_3$ には分散力しか働かないが，他の 2 種の物質には分散力と水素結合の両方が働く．(b) $CH_3CH_2OH$　**11.3**　$-20.9$ kJ $-$ 33.4 kJ $-$ 6.09 kJ $= -60.4$ kJ　**11.4**　約 340 Torr（0.45 atm）　**11.5**　(a) $-162$℃　(b) 圧力が 0.1 atm より低いとき　(c) 液体が存在できる最高温度は，臨界温度によって規定される．つまり，$-80$℃より高い温度で，液体のメタンがみつかることは期待できない．　**11.6**　C—C 単結合で回転できるので，骨格が主に C—C 単結合からなる分子は柔軟すぎる．この分子は無秩序に巻いた構造になる傾向にあり，そのため棒状にならない．

## 12 章

**12.1**　0.68 または 68%　**12.2**　稜の長さ $=$ 0.402 nm，密度 $=$ 4.31 g/cm$^3$　**12.3**　両方の化合物で亜鉛は共通であり，セレンは周期表で硫黄の下に位置するので，ZnSe のバンドギャップは ZnS より小さい．　**12.4**　(c)

## 13 章

**13.1**　(a) $<$ (d) $<$ (b) $<$ (c)　**13.2**　$1.0 \times 10^{-5}$ M　**13.3**　(a) 2.91%　(b) 90.5 g　**13.4**　0.670 mol/kg　**13.5**　(a) $9.00 \times 10^{-3}$　(b) 0.505 mol/kg　**13.6**　(a) 10.9 mol/kg　(b) $X_{C_3H_8O_3} = 0.163$　(c) 5.97 M　**13.7**　0.290　**13.8**　$-65.6$℃　**13.9**　0.048 atm あるいは 37 Torr　**13.10**　110 g/mol

# クレジット一覧

**カバーイラスト** Omar M. Yaghi, University of California, Barkeley; **1章** p. I-1 Gennadiy Poznyakov/Fotolia; p. I-3 (左下) Gino's Premium Images/Alamy/AFLO; p. I-3 (左上) kostasaletras/Fotolia; p. I-3 (右上) Anita P Peppers/Fotolia; p. I-3 (右下) Gajic Dragan/Shutterstock; p. I-4 Science Source; p. I-6 (右) 1987 Richard Megna/Fundamental Photographs; p. I-6 (左) Sergej Petrakov/iStockphoto/Thinkstock; **2章** p. I-15 Vangert/Shutterstock; p. I-16 (右上) Phototake/AFLO; p. I-16 (左下) 1994 Richard Megna/Fundamental Photographs; p. I-16 (右下) 1994 Richard Megna/Fundamental Photographs; p. I-17 Mary Evans/AFLO; p. I-25 Ellie Bolton/iStockphoto/Thinkstock; p. I-26 Eric Schrader/Pearson Education/Pearson Science; **3章** p. I-35 (上) Africa Studio/Shutterstock; p. I-35 (下) Iberfoto/AFLO; p. I-39 1991 Richard Megna/Fundamental Photographs; **4章** p. I-49 Verena Tunnicliffe; p. I-50 (右下) Eric Schrader/Pearson Education/Pearson Science; p. I-50 (中下) Eric Schrader/Pearson Education/Pearson Science; p. I-50 (左下) Eric Schrader/Pearson Education/Pearson Science; p. I-53 (左) 1996 Richard Megna/Fundamental Photographs; p. I-53 (中) 1996 Richard Megna/Fundamental Photographs; p. I-53 (右) 1996 Richard Megna/Fundamental Photographs; p. I-58 (左) 1993 Richard Megna/Fundamental Photographs; p. I-58 (中) 1993 Richard Megna/Fundamental Photographs; p. I-58 (右) 1993 Richard Megna/Fundamental Photographs; p. I-60 (左) 1990 Richard Megna/Fundamental Photographs; p. I-60 (右) 1990 Richard Megna/Fundamental Photographs; p. I-62 (左) Eric Schrader/Pearson Education/Pearson Science; p. I-62 (中) Eric Schrader/Pearson Education/Pearson Science; p. I-62 (右) Eric Schrader/Pearson Education/Pearson Science; p. I-64 (左) 1986 Peticolas/Megna/Fundamental Photographs; p. I-64 (中) 1986 Peticolas/Megna/Fundamental Photographs; p. I-64 (右) 1986 Peticolas/Megna/Fundamental Photographs; p. I-68 (左) 2010 Richard Megna/Fundamental Photographs; p. I-68 (左 中) 2010 Richard Megna/Fundamental Photographs; p. I-68 (右 中) 2010 Richard Megna/Fundamental Photographs; p. I-68 (右) 2010 Richard Megna/Fundamental Photographs; **5章** p. I-73 Henglein and Steets/Getty Images; p. I-74 (上) Adam Hunger/Reuters; p. I-74 (下) Roman Sigaev/iStockphoto/Thinkstock; p. I-81 (左) 1993 Richard Megna/Fundamental Photographs; p. I-81 (右) 1993 Richard Megna/Fundamental Photographs; p. I-85 (左) Charles D. Winters/Science Source/AFLO; p. I-85 (右) Charles D. Winters/Science Source/AFLO; p. I-99 Bloomberg/Getty Images; **6章** p. I-103 Frankwalker.de/Fotolia; p. I-104 Pal Hermansen/Getty Images; p. I-106 Zhu Difeng/Shutterstock; p. I-109 Science and Society/SuperStock/AFLO; p. I-110 (左上) 2010 Richard Megna/Fundamental Photographs; p. I-110 (右上) 2010 Richard Megna/Fundamental Photographs; p. I-114 Lawrence Berkeley Natl Lab/MCT/Newscom/AFLO; p. I-115 Iberfoto/AFLO; p. I-123 Medical Body Scans/Science Source/AFLO; **7章** p. I-135 1996 Richard Megna/Fundamental Photographs; p. I-150 (左) Jeff J Daly/Alamy/AFLO; p. I-150 (右) Charles D. Winters/Science Source/AFLO; p. I-151 (左) 1994 Richard Megna/Fundamental Photographs; p. I-151 (中) 1994 Richard Megna/Fundamental Photographs; p. I-151 (右) 1994 Richard Megna/Fundamental Photographs; p. I-152 (左上) David Taylor/Science Source; p. I-152 (中上) David Taylor/Science Source; p. I-152 (右上) Andrew Lambert Photography/Science Source; p. I-152 (左 下) Leo Kanaka/Alamy/AFLO; p. I-153 1994 Richard Megna/Fundamental Photographs; p. I-155 Helen Sessions/Alamy/AFLO; p. I-156 1990 Richard Megna/Fundamental Photographs; **8章** p. I-161 (上) Murray Clarke/Alamy/AFLO; p. I-161 (下) Tobik/Shutterstock; p. I-187 Ted Spiegel/Encyclopedia/Corbis; **9章** p. I-191 (右) Molekuul.be/Fotolia; p. I-191 (右) PAUL J. RICHARDS/AFP/Getty Images/Newscom; p. I-193 (左) 1990 Kristen Brochmann/Fundamental Photographs; p. I-193 (中) 1990 Kristen Brochmann/Fundamental Photographs; p. I-193 (右) 1990 Kristen Brochmann/Fundamental Photographs; p. I-212 Science Photo Library-STEVE GSCHMEISSNER./Getty images; p. I-220 1992 Richard Megna/Fundamental Photographs; **10章** p. I-225 NG Images/Alamy/AFLO; p. I-236 Dvalkyrie/Fotolia; p. I-244 (左) 2010 Richard Megna/Fundamental Photographs; p. I-244 (右) 2010 Richard Megna/Fundamental Photographs; **11章** p. I-253 (上) manfredxy/Shutterstock; p. I-253 (下) Dr. Bhushan/Ohio State University ; p. I-255 (左) Leslie Garland Picture Library; p. I-255 (中) Clive Streeter/DK Images; p. I-255 (右) 1989 Richard Megna/Fundamental Photographs; p. I-260 Ted Kinsman/Science Source/AFLO; p. I-261 Eric Schrader/ Pearson Education/Pearson Science ; p. I-263 1990 Kristen Brochmann/Fundamental Photographs; p. I-265 (上) Herman Eisenbeiss/Science Source; p. I-265 (下) 1987 Richard Megna/Fundamental Photographs; p. I-273 (左) 1990 Richard Megna/Fundamental Photographs; p. I-273 (右) 1990 Richard Megna/Fundamental Photographs; p. I-275 Yuriko Nakao/Reuters; **12章** p. I-279 Emmanuel Lattes/Alamy/AFLO; p. I-281 (上) PHOTO FUN/Shutterstock; p. I-281 (下) Gary Ombler/DK Images; p. I-285 Pearson Science/Pearson Education; p. I-290 micrograph 20 ⓒ DoITPoMS, Mircograph Library/University of Cambridge; p. I-295 Wilson Valentin/ProArtWork/iStockphoto; p. I-304 Dave White/Getty Images; p. I-308 (左) Prof. Dr. Horst Weller, Weller Group at the Institute of Physical Chemistry; p. I-308 (右 上) PackShot/Fotolia; p. I-308 (右 下) Science Photo Library/AFLO; p. I-314 (左 上) 1983 Chip Clark/Fundamental Photographs; p. I-314 (右 上) 2013 Richard Megna/Fundamental Photographs, NYC ; p. I-314 (下) lillisphotography/iStockphoto; **13章** p. I-315 Thomas/Fotolia; p. I-319 (左) 1990 Richard Megna/Fundamental Photographs; p. I-319 (中) 1990 Richard Megna/Fundamental Photographs; p. I-319 (右) 1990 Richard Megna/Fundamental Photographs; p. I-320 (左上) 2007 Richard Megna/Fundamental Photographs; p. I-320 (中上) 2007 Richard Megna/Fundamental Photographs; p. I-320 (右上) 2007 Richard Megna/Fundamental Photographs; p. I-320 (下) 1995 Richard Megna/Fundamental Photographs; p. I-323 Charles D. Winters/Science Source/AFLO; p. I-337 2005 Richard Megna/Fundamental Photographs

# 索　　引

## 欧　文



### A



### B

## F



## G



## H

## N



## O



## P



## Q

## R



## S



## T

## お



## か



## き

## く



## け



## こ

## そ



## た



## ち



## つ



## て

## と



## な



## に



## ぬ



## ね



## の



## は

## ひ



## ふ



## へ

## ほ



## ま



## み



## む



## め



## も



## や



## ゆ



## よ



## ら



## り

## る



## れ



## ろ

ブラウン 一般化学 I 原書 13 版
—物質の構造と性質—

平成 27 年 12 月 30 日 発　　行
令和 7 年 1 月 25 日 第 5 刷発行

監訳者　荻　野　和　子

発行者　池　田　和　博

発行所　丸善出版株式会社
〒101-0051 東京都千代田区神田神保町二丁目17番
編集：電話(03)3512-3262／FAX(03)3512-3272
営業：電話(03)3512-3256／FAX(03)3512-3270
https://www.maruzen-publishing.co.jp

©Kazuko Ogino, 2015

組版印刷・創栄図書印刷株式会社／製本・株式会社 松岳社

ISBN 978-4-621-31089-2 C3043　　Printed in Japan

本書の無断複写は著作権法上での例外を除き禁じられています.

# よく出てくるイオンの化学式と名称

**陽イオン（カチオン）**

**1+**

アンモニウムイオン（$NH_4^+$）
セシウムイオン（$Cs^+$）
銅(I)イオン（$Cu^+$）
水素イオン（プロトン）（$H^+$）
リチウムイオン（$Li^+$）
カリウムイオン（$K^+$）
銀イオン（$Ag^+$）
ナトリウムイオン（$Na^+$）

**2+**

バリウムイオン（$Ba^{2+}$）
カドミウムイオン（$Cd^{2+}$）
カルシウムイオン（$Ca^{2+}$）
クロム(II)イオン（$Cr^{2+}$）
コバルト(II)イオン（$Co^{2+}$）
銅(II)イオン（$Cu^{2+}$）
鉄(II)イオン（$Fe^{2+}$）
鉛(II)イオン（$Pb^{2+}$）
マグネシウムイオン（$Mg^{2+}$）
マンガン(II)イオン（$Mn^{2+}$）
水銀(I)イオン（$Hg_2^{2+}$）
水銀(II)イオン（$Hg^{2+}$）
ストロンチウムイオン（$Sr^{2+}$）
ニッケル(II)イオン（$Ni^{2+}$）
スズ(II)イオン（$Sn^{2+}$）
亜鉛(II)イオン（$Zn^{2+}$）

**3+**

アルミニウムイオン（$Al^{3+}$）
クロム(III)イオン（$Cr^{3+}$）
鉄(III)イオン（$Fe^{3+}$）

**陰イオン（アニオン）**

**1−**

酢酸イオン（$CH_3COO^-$ または $C_2H_3O_2^-$）
臭化物イオン（$Br^-$）
塩素酸イオン（$ClO_3^-$）
塩化物イオン（$Cl^-$）
シアン化物イオン（$CN^-$）
リン酸二水素イオン（$H_2PO_4^-$）
フッ化物イオン（$F^-$）
水素化物イオン（$H^-$）
炭酸水素イオン（$HCO_3^-$）
硫酸水素イオン（$HSO_3^-$）
水酸化物イオン（$OH^-$）
ヨウ化物イオン（$I^-$）
硝酸イオン（$NO_3^-$）
亜硝酸イオン（$NO_2^-$）
過塩素酸イオン（$ClO_4^-$）
過マンガン酸イオン（$MnO_4^-$）
チオシアン酸イオン（$SCN^-$）

**2−**

炭酸イオン（$CO_3^{2-}$）
クロム酸イオン（$CrO_4^{2-}$）
二クロム酸イオン（$Cr_2O_7^{2-}$）
リン酸水素イオン（$HPO_4^{2-}$）
酸化物イオン（$O^{2-}$）
過酸化物イオン（$O_2^{2-}$）
硫酸イオン（$SO_4^{2-}$）
硫化物イオン（$S^{2-}$）
亜硫酸イオン（$SO_3^{2-}$）

**3−**

ヒ酸イオン（$AsO_4^{3-}$）
リン酸イオン（$PO_4^{3-}$）

# 基礎物理定数[*1, ※1]

| | | |
|---|---|---|
| 原子質量単位 | 1 u | $= 1.660\,539\,066\,60 \times 10^{-27}$ kg |
| | 1 g | $= 6.022\,140\,762\,1 \times 10^{23}$ u |
| アボガドロ定数 | $N_A$ | $= 6.022\,140\,76 \times 10^{23}\ \mathrm{mol^{-1}}$ |
| ボルツマン定数 | $k$ | $= 1.380\,649 \times 10^{-23}$ J/K |
| 電気素量 | $e$ | $= 1.602\,176\,634 \times 10^{-19}$ C |
| ファラデー定数 | $F$ | $= 9.648\,533\,21 \times 10^{4}$ C/mol |
| 気体定数 | $R$ | $= 0.082\,057\,4$ L·atm/mol·K $= 8.314\,462\,6$ J/mol·K |
| 電子の質量 | $m_e$ | $= 5.485\,799\,090\,65 \times 10^{-4}$ u $= 9.109\,383\,701\,5 \times 10^{-31}$ kg |
| 中性子の質量 | $m_n$ | $= 1.008\,664\,915\,95$ u $= 1.674\,927\,498\,0 \times 10^{-27}$ kg |
| 陽子の質量 | $m_p$ | $= 1.007\,276\,466\,621$ u $= 1.672\,621\,923\,69 \times 10^{-27}$ kg |
| パ イ | $\pi$ | $= 3.141\,592\,7$ |
| プランク定数 | $h$ | $= 6.626\,070\,15 \times 10^{-34}$ J·s |
| 真空中の光速 | $c$ | $= 2.997\,924\,58 \times 10^{8}$ m/s |

*1　基礎物理定数の一覧は米国 NIST（National Institute of Standards and Technology）のWebサイトで見ることができる．　http://physics.nist.gov/cuu/Constants/index.html

※1　訳注：SI 基本単位は 2019 年 5 月 20 日から新しい定義に変わった（キログラム，ケルビン，モルなど）．それに伴い，基礎物理定数にも変わったものがある．本表に示すのは，新しい定義に基づく基礎物理定数である．

# 本書で用いる主な単位と換算，SI 基本単位との関係

**1. 長　さ**

SI 単位：メートル（m）

ナノメートル（nm）　$1\ \mathrm{nm} = 10^{-9}\ \mathrm{m}$

オングストローム（Å）　$1\ \mathrm{Å} = 10^{-10}\ \mathrm{m}$

**2. 質　量**

SI 単位：キログラム（kg）

原子質量単位（u）　$1\ \mathrm{u} = 1.660\,54 \times 10^{-27}\ \mathrm{kg}$

トン（t）　$1\ \mathrm{t} = 1000\ \mathrm{kg}$

**3. 時　間**

SI 単位：秒（s）

分（min）　$1\ \mathrm{min} = 60\ \mathrm{s}$

時間（h）　$1\ \mathrm{h} = 60\ \mathrm{min} = 3600\ \mathrm{s}$

日（d）　$1\ \mathrm{d} = 24\ \mathrm{h} = 1440\ \mathrm{min} = 86\,400\ \mathrm{s}$

年（y）　$1\ \mathrm{y} = 365\ \mathrm{d} = 8760\ \mathrm{h} = 525\,600\ \mathrm{min} = 31\,536\,000\ \mathrm{s}$

**4. 温　度**

SI 単位：ケルビン（K）

$0\ \mathrm{K} = -273.15$℃

**5. 物質量**（p. I-39 の訳注も参照）

SI 単位：モル（mol）

$1\ \mathrm{mol} = 6.022\,141\,29 \times 10^{23}$

**6. エネルギー**

SI 単位：ジュール（J）

$1\ \mathrm{J} = 1\ \mathrm{kg \cdot m^2/s^2} = 1\ \mathrm{N \cdot m} = 1\ \mathrm{C \cdot V}$

電子ボルト（eV）　$1\ \mathrm{eV} = 1.602 \times 10^{-19}\ \mathrm{J}$

**7. 圧　力**

SI 単位：パスカル（Pa）

$1\ \mathrm{Pa} = 1\ \mathrm{kg/m \cdot s^2} = 1\ \mathrm{N/m^2}$

気圧（atm）

$1\ \mathrm{atm} = 1\,013.25\ \mathrm{hPa} = 101\,325\ \mathrm{Pa} = 101.325\ \mathrm{kPa} = 0.101\,325\ \mathrm{MPa} = 760\ \mathrm{Torr}$

トル（Torr）

$1\ \mathrm{Torr} \equiv 1\ \mathrm{mmHg} = 133.322\ \mathrm{Pa}$

**8. 体　積**

SI 単位：立方メートル（$\mathrm{m^3}$）

リットル（L）　$1\ \mathrm{L} = 10^{-3}\ \mathrm{m^3}$

**9. 力**

SI 単位：ニュートン（N）

$1\ \mathrm{N} = 1\ \mathrm{kg \cdot m/s^2}$

**10. 物質量濃度**

SI 単位：$\mathrm{mol/m^3}$

モル濃度（M）　$1\ \mathrm{M} = 1\ \mathrm{mol/L}$（モル毎リットル）

**11. 電　位**

SI 単位：ボルト（V）

$1\ \mathrm{V} = 1\ \mathrm{kg \cdot m^2/s^3 \cdot A} = 1\ \mathrm{J/A \cdot s}$

**12. 電荷（電気量）**

SI 単位：クーロン（C）

$1\ \mathrm{C} = 1\ \mathrm{s \cdot A}$

# 主な元素のカラーチャート

金属元素

| Ag 銀 | Au 金 | Br 臭素 | C 炭素 | Ca カルシウム | Cl 塩素 |
|---|---|---|---|---|---|
| Cu 銅 | F フッ素 | H 水素 | I ヨウ素 | K カリウム | Mg マグネシウム |
| N 窒素 | Na ナトリウム | O 酸素 | P リン | S 硫黄 | Si ケイ素 |